计 算 机 科 学 丛 书

原书第5版

IT之火

计算机技术与社会、法律和伦理

[美]　莎拉·芭氏（Sara Baase）　著
蒂莫西·M. 亨利（Timothy M. Henry）

郭耀　译

A Gift of Fire

Social, Legal, and Ethical Issues for Computing Technology　Fifth Edition

机械工业出版社
China Machine Press

图书在版编目（CIP）数据

IT 之火：计算机技术与社会、法律和伦理（原书第 5 版）/（美）莎拉·芭氏，蒂莫西·M. 亨利
著；郭耀译 . —北京：机械工业出版社，2019.11（2021.1 重印）
（计算机科学丛书）
书名原文：A Gift of Fire: Social, Legal, and Ethical Issues for Computing Technology,
　　　　　Fifth Edition

ISBN 978-7-111-64007-3

I. I…　II. ① 莎…　② 郭…　III. 计算机技术 – 影响 – 社会科学 – 研究　IV. TP3-05

中国版本图书馆 CIP 数据核字（2019）第 239039 号

本书版权登记号：图字　01-2018-1367

　　本书是一本讲解与计算机技术相关的社会、法律和伦理问题的综合性读物。针对当前 IT 技术与互
联网迅速发展带来的一些社会问题，本书从法律和道德的角度详细分析了计算机技术对隐私权、言论自
由、知识产权与著作权、网络犯罪等方面带来的新的挑战和应对这些挑战的措施，讲解了计算技术对
人类的生活、工作和未来可能产生的影响，并且探讨了 IT 从业人员和软件工程师应当具有的职业道德
准则。

出版发行：机械工业出版社（北京市西城区百万庄大街 22 号　邮政编码：100037）
责任编辑：唐晓琳　　　　　　　　　　　　　　责任校对：殷　虹
印　　刷：大厂回族自治县益利印刷有限公司　　版　　次：2021 年 1 月第 1 版第 2 次印刷
开　　本：185mm×260mm　1/16　　　　　　　印　　张：25
书　　号：ISBN 978-7-111-64007-3　　　　　　定　　价：99.00 元

客服电话：（010）88361066　88379833　68326294　　投稿热线：（010）88379604
华章网站：www.hzbook.com　　　　　　　　　　　　读者信箱：hzjsj@hzbook.com

版权所有·侵权必究
封底无防伪标均为盗版
本书法律顾问：北京大成律师事务所　韩光 / 邹晓东

文艺复兴以来，源远流长的科学精神和逐步形成的学术规范，使西方国家在自然科学的各个领域取得了垄断性的优势；也正是这样的优势，使美国在信息技术发展的六十多年间名家辈出、独领风骚。在商业化的进程中，美国的产业界与教育界越来越紧密地结合，计算机学科中的许多泰山北斗同时身处科研和教学的最前线，由此而产生的经典科学著作，不仅擘画了研究的范畴，还揭示了学术的源变，既遵循学术规范，又自有学者个性，其价值并不会因年月的流逝而减退。

近年，在全球信息化大潮的推动下，我国的计算机产业发展迅猛，对专业人才的需求日益迫切。这对计算机教育界和出版界都既是机遇，也是挑战；而专业教材的建设在教育战略上显得举足轻重。在我国信息技术发展时间较短的现状下，美国等发达国家在其计算机科学发展的几十年间积淀和发展的经典教材仍有许多值得借鉴之处。因此，引进一批国外优秀计算机教材将对我国计算机教育事业的发展起到积极的推动作用，也是与世界接轨、建设真正的世界一流大学的必由之路。

机械工业出版社华章公司较早意识到"出版要为教育服务"。自1998年开始，我们就将工作重点放在了遴选、移译国外优秀教材上。经过多年的不懈努力，我们与Pearson、McGraw-Hill、Elsevier、MIT、John Wiley & Sons、Cengage等世界著名出版公司建立了良好的合作关系，从它们现有的数百种教材中甄选出Andrew S. Tanenbaum、Bjarne Stroustrup、Brian W. Kernighan、Dennis Ritchie、Jim Gray、Afred V. Aho、John E. Hopcroft、Jeffrey D. Ullman、Abraham Silberschatz、William Stallings、Donald E. Knuth、John L. Hennessy、Larry L. Peterson等大师名家的一批经典作品，以"计算机科学丛书"为总称出版，供读者学习、研究及珍藏。大理石纹理的封面，也正体现了这套丛书的品位和格调。

"计算机科学丛书"的出版工作得到了国内外学者的鼎力相助，国内的专家不仅提供了中肯的选题指导，还不辞劳苦地担任了翻译和审校的工作；而原书的作者也相当关注其作品在中国的传播，有的还专门为其书的中译本作序。迄今，"计算机科学丛书"已经出版了近500个品种，这些书籍在读者中树立了良好的口碑，并被许多高校采用为正式教材和参考书籍。其影印版"经典原版书库"作为姊妹篇也被越来越多实施双语教学的学校所采用。

权威的作者、经典的教材、一流的译者、严格的审校、精细的编辑，这些因素使我们的图书有了质量的保证。随着计算机科学与技术专业学科建设的不断完善和教材改革的逐渐深化，教育界对国外计算机教材的需求和应用都将步入一个新的阶段，我们的目标是尽善尽美，而反馈的意见正是我们达到这一终极目标的重要帮助。华章公司欢迎老师和读者对我们的工作提出建议或给予指正，我们的联系方法如下：

华章网站：www.hzbook.com

电子邮件：hzjsj@hzbook.com

联系电话：（010）88379604

联系地址：北京市西城区百万庄南街1号

邮政编码：100037

华章教育

华章科技图书出版中心

进入 21 世纪以来，随着信息技术和网络技术的迅速发展，我们的生活已经离不开计算机和互联网。信息技术和互联网的发展催生了物联网、云计算、大数据、人工智能、深度学习、互联网＋等新兴概念和技术，推动了信息时代的又一次工业革命。毋庸置疑，信息技术给我们带来无限的便利和好处；然而，就像世界上的所有事物一样，获得任何好处都是要付出代价的。伴随着智能手机、社交网络、微信、电子商务而来的，是网络诈骗、密码泄露、人肉搜索、软件盗版等我们无法逃避的诸多问题。

信息技术带来的互联互通，促进了一些行业的繁荣发展，但同时也预示着另外一些行业走向衰落。在我国，电子商务的发展带来了淘宝和京东的繁荣，以及快递业的蓬勃发展，但是也导致了传统电器商店的衰落和中关村电脑城的没落。一些人从中获益，而另外一些人却因此失业。这一切是历史的必然趋势，还是我们应该认真加以思索的挑战？

近年来，人工智能和深度学习技术的迅速发展带来了很多在十多年前人们还无法想象的新进展。2016 年和 2017 年，谷歌公司开发的计算机程序 AlphaGo 先后战胜围棋世界冠军李世石和柯洁，这在很大程度上为人类敲响了警钟：任由人工智能技术发展下去会不会影响人类未来的命运？就像研究动物克隆的生物学家被禁止研究人类胚胎克隆一样，人工智能技术的研究是否也应该有不应涉足的禁区？

为了应对这些与计算技术有关的社会、法律和伦理问题，本书为我们阐释了在学习、工作和生活中可能遇到的诸多问题背后的理论、法律依据和应对策略。正如希腊神话中普罗米修斯给人类带来的火的礼物一样，它不仅能够给我们带来温暖和生的希望，也给我们带来了火灾和毁灭的风险。在本书主要作者——美国圣地亚哥州立大学 Sara Baase 教授的笔下，信息技术就像火一样，为我们带来了无尽的好处和希望，同时也带来了巨大的挑战和风险。

本书主要章节的内容安排如下：

- 第 1 章：介绍信息技术带来的巨大变革、本书涉及的主题，以及伦理的基本概念和不同观点。
- 第 2 章：介绍隐私的基本概念、人们的隐私期望、商业部门和政府部门对隐私的影响，以及如何保护隐私。
- 第 3 章：介绍自由言论的原则、控制言论的不同方式、言论自由和法律之间的冲突，并提出网络是否应当中立的问题。
- 第 4 章：介绍知识产权和版权的概念、数字千年法案的作用和存在的问题，以及自由软件和软件发明专利的相关内容。
- 第 5 章：介绍黑客行为、身份盗窃和信用卡诈骗、跨国犯罪的法律问题，以及可能的解决方案。
- 第 6 章：介绍信息技术对就业带来的影响，包括创造新的就业机会和消灭现有的职位，以及远程办公和全球外包等带来的问题。
- 第 7 章：讨论如何对计算技术进行评估和控制，包括全球数字鸿沟、批评技术的新勒德主义的观点，以及计算智能化的未来趋势。

- 第 8 章：讨论计算机系统出现故障可能对个人和社会带来的影响，如何提高其安全性和可靠性，以及如何控制风险。
- 第 9 章：介绍计算机专业人员的职业道德和专业责任，通过具体案例讲解在遇到具体问题的时候该采取怎样的策略。

值得一提的是，在本书附录中包含了两个非常重要的文档：美国计算机协会（ACM）和电子电气工程师协会（IEEE）发布的《软件工程职业道德规范和实践要求》和《ACM 道德规范和职业行为准则》。这两个规范详细描述了软件工程师（以及其他 IT 从业人员）所需要遵守的职业道德规范以及具体的职业行为准则。推荐所有计算机学科的学生以及从事计算机与相关职业的专业人士阅读并且认真遵守这两个文件中列举的职业道德规范，以此作为自己的职业行为准则。

作为一本教材，本书还提供了丰富的练习题和课堂讨论题。这些开放性的课堂讨论题并没有唯一正确的答案，可以让学生或者读者抛开固有的条条框框，认真思索这些情形下涉及的主要问题，并通过分组辩论来探究问题的本质和解决方案。当然，这些题目也可以作为广大 IT 专业人员自学时的参考。

本书的内容比较翔实，也给出了很多案例，但是由于涉及许多比较新的话题，因此包括很多有争议的内容，例如网络犯罪、网络监控、知识产权和盗版等。译者在遵守我国法律的前提下，在尊重原著的基础上对书中的相关内容进行了小范围的删减。然而，书中仍然可能存在一些有争议的话题，这并不代表译者的观点。另外，书中在讨论隐私与信息访问、隐私与执法、言论自由与网络内容控制等网络环境治理问题时，由于作者本身的局限性，一些观点可能存在偏颇之处，而且这些观点是基于美国的法律规定得出的，有些可能不符合我国国情或我国的法律规定，所以不是所有的观点我们都应该赞同，而是应该用批判的眼光并结合国情做出自己的判断。

"计算机伦理学"在国外很多高校已经成为计算机科学专业的必修课，而在国内则只有很少的高校开设了相关课程。北京大学在 2016 年和 2018 年两次邀请长期在斯坦福大学讲授计算机伦理学课程的 Steve Cooper 教授（现任美国内布拉斯加大学林肯分校计算机学院执行院长）在暑期开设为期两周的计算机伦理学课程。译者有幸担任 Cooper 教授课程的中方主持人，不仅亲身体验了原汁原味的国外顶尖高校的计算机伦理学课程，同时也见证了很多北大同学在课程中受益匪浅。随着信息技术和人工智能的应用领域越来越广泛，国内高校也有必要为我国计算机专业（以及其他专业）的学生开设计算机伦理学相关的必修课，让所有同学在其职业生涯中遇到伦理困境的时候，至少知道该如何应对。

翻译本书既是学习的过程，也充满了挑战和困难。在前前后后两年多的时间里，要特别感谢机械工业出版社的编辑朱劼和唐晓琳，感谢她们的耐心和在此过程中提供的所有帮助。

最后需要说明的是，这是一本内容非常新的教材，而且涉及计算机和通信、知识产权和法律、哲学和社会学等诸多学科的知识，在翻译过程中不仅要在尊重原著和中文习惯之间做出权衡，而且要做到把许多专业知识翻译准确。虽然译者已经尽力而为，然而错误与疏漏在所难免，敬请读者批评指正。

译者
2019 年 9 月于北京大学

前 言

A Gift of Fire: Social, Legal, and Ethical Issues for Computing Technology, Fifth Edition

本书主要面向两类读者：准备从事计算机科学（和相关领域）的学生，以及虽然主要从事其他领域，但对数字技术、互联网和网络空间中的相关方面所引起的问题感兴趣的学生。学习本书没有技术上的先修课程要求。教师可以按照不同的层次来使用本书：既可以用在关于计算或技术的入门课程中，也可以用于相关的高级课程。

本书的范围

许多大学都会开设名为"计算中的伦理问题"或"计算机与社会"这样的课程。有些课程会重点关注计算机专业人员的职业伦理，而其他一些课程则可能会涉及更为广泛的社会问题。从本书的英文副书名[⊖]和目录可以看出本书涉及的大致范围。它还包括相关的历史背景，从而使读者可以更加全面地看待当今遇到的问题。

作为这样一个复杂的技术社会中的成员，现在的学生（无论是计算机和信息技术专业的，还是其他专业的）在其职业和个人生活中都将可能面对本书中讲到的各种各样的问题。我们相信：知道并理解技术的影响和作用，对于学生来说是非常重要的。

本书最后一章侧重于计算机专业人员的伦理问题。最基本的伦理原则与其他职业或者生活中其他方面的伦理原则并没有大的不同：诚实、责任和公平。然而，在任何一种职业中都会遇到特殊的问题。因此，对于计算机专业人员来讲，我们会讨论一些特定的职业伦理指南和具体的案例场景，并且在附录中提供两个主要的伦理规范与职业实践。之所以把与职业伦理有关的章节放到最后，是因为学生有了前面章节中的事件、问题和争议等背景材料，才能对这些职业伦理更为感兴趣，也会发现它们更为有用。

书中的每一章都可以轻松扩展为一整本书。我们不得不忍痛删掉许多有趣的主题和示例，所以我们把有些扩展话题放到了练习中，并期望这些内容会引发进一步的阅读和辩论。

第 5 版的修订内容

在第 5 版的修订中，我们对整本书进行了更新，删除了过时的材料，补充了许多新的主题和示例，并对几个主题进行了重组。整本书都添加了新的材料。下面会介绍一些主要的改动，包括全新的章节和主题，以及进行了广泛修订的内容。

- 本版本中添加了超过 75 道新的练习题。
- 在第 1 章中，添加了一节新内容介绍自动驾驶汽车（该主题在后面的章节中还会重复出现）。在该章中，我们还引入了关于物联网的介绍，这个话题也会在后续章节中再次出现。
- 在第 2 章中新增、扩展或全面修订过的主题包括：在人体中植入跟踪芯片、国民身份证系统、因美国国家安全局（NSA）文档泄露而曝光的政府全面监控项目、新的监控技术、拦截在线广告以及因此带来的伦理争议，以及欧盟提出的"被遗忘的权利"（right to be forgotten）。我们重新组织了 2.3 节，添加了更多与第四修正案有关的内

⊖ 原书副书名为"Social, Legal, and Ethical Issues for Computing Technology"（计算技术的社会、法律和伦理问题）。——译者注

容，以及关于搜查手机和通过监控手机来对人进行跟踪的重要法庭判决。

- 在第 3 章中，我们扩展了关于公司如何处理令人反感的内容的章节，添加了关于敏感材料泄露的有争议的案例，并扩展了关于网络中立性的讨论。
- 在第 4 章中，我们扩展了对数字千年版权法案（DMCA）豁免的讨论，增加了在几个国家中出现的有关新闻摘录的版权案例，添加了在起诉谷歌抄袭数百万本书籍的案件中的法庭判决和辩论观点，并更新和增加了多个专利案件。
- 我们对第 5 章进行了广泛的重组和更新。增加了一个案例研究（Target（塔吉特）超市的数据泄露事件）。还有一些新内容是介绍黑客手段，以及包括物联网在内的数字世界会如此脆弱的原因。关于安全性的新增章节包含许多新的内容，如网络空间安全专业人员的职责、如何负责任地披露漏洞、用户在安全方面的作用，以及针对不可穿透的加密手段和执法机构所采用的后门的争议。整章中都贯穿了许多新的例子。
- 第 6 章添加了很长的一节，讨论共享经济和零工（gig work）。
- 第 7 章增加的新内容包括：在贫穷和发展中国家扩大互联网接入所面临的障碍，以及有关控制设备和数据的各种问题。我们还增加了关于在网络空间中的偏见和扭曲信息的新例子以及更多讨论。
- 在第 8 章中，我们更新了有关投票系统的一节，增加了一个新的案例研究（美国政府医保网站 HealthCare.gov），增加了关于汽车内的软件控制的问题，并增加了对无边界医生组织（Doctors Without Borders）医院误炸事件的讨论。
- 在第 9 章中，我们增加了关于大众汽车公司"尾气排放造假"丑闻的讨论，并更新了一些案例场景。

这是一个变化极其迅速的领域。显然，本书中讲到的一些问题和实例是非常新的，与此有关的细节在出版之前或者之后不久就会产生变化。但我们并不认为这是一个严重的问题。因为这些具体事件只是用来解释更为基本的问题和论点的。我们鼓励学生把与相关问题有关的最新的新闻报道拿到课堂中来讨论。能在课程和当前的事件中找到如此多的关联，肯定会提高他们对本课程的兴趣。

争议观点

本书提出了存在的争议和不同的观点：隐私与信息访问、隐私与执法、言论自由与网络内容控制、离岸外包工作的利与弊、基于市场还是基于监管的解决方案，等等。很多时候，本书中的讨论必然会涉及一些政治、经济、社会和哲学的问题。我们鼓励学生认真研讨各方观点，并且在决定自己要采取的立场之前，能够解释他们为什么拒绝某些观点。我们相信这种方式可以使他们更好地应对新的争议。他们可以分析各种不同建议的后果，给出每一方的论点，并对其进行评估。我们鼓励学生从原则上进行思考，而不只是针对个案进行讨论；或者至少要能够在不同的案例中发现相似的原则，而不管他们是否在该问题上会选择采取不同的立场。

作者的观点

涉及本书中类似主题的任何作者都会有一些个人观点、立场或偏见。我们坚信《权利法案》（Bill of Rights）中所列的原则。我们同样对技术本身持普遍积极的观点。心理学家和技术爱好者唐·诺曼（Don Norman）写了很多关于人性化技术的观点，他发现绝大多数撰写技术书籍的人都"反对它，并会宣扬它是多么的可怕"[⊖]。我们并不是其中的一员。我们认为，总的来说，技术一直是给数亿人带来健康、自由和机遇的一个重要因素。但这并不意味着技术是没有问题的。本书的大部分内容都会关注这些问题。我们必须承认和学习它们，从而可以减少它们带来的负面影响，并努力增加其正面作用。

在许多主题上，本书都采取了问题求解的方式。我们通常会先从描述某特定领域所发生的事情开始，往往还会包括一些历史描述。接下来讨论为什么会存在这些问题，以及还会带来什么新的问题。最后，我们会给出一些评论或观点，以及对于该问题的一些现有的或潜在的解决方案。有些人会把新技术的问题和负面作用看作在这些技术中固有的不良迹象；我们则把它们看作改变和发展的自然过程中的一部分。你们会看到许多人类聪明才智的例子，有些会创造问题，有些会解决问题。通常来说，解决方案都来自技术的改进或者新的应用。

在美国国家自然科学基金会（National Science Foundation）资助的一个关于"计算中的伦理和职业问题"的研讨会上，其中一个发言者凯斯·米勒（Keith Miller）给出了用来讨论伦理问题的如下大纲（他把此归功于一位修女，她是他很多年前的一位老师）："是什么？会怎么样？现在怎么办？"（What? So what? Now what?）这正好描述了本书中许多章节的组织方式。

本书的一位早期审稿人反对某一章开始处的引言，他认为它不符合事实。所以我们可能应该把自己的观点说清楚，我们同意其中的许多引言——但并不是全部。我们特意挑选一些有挑衅性的观点，用它来提醒学生，在许多问题上都存在各种不同的观点。

我们是计算机科学家，而不是律师。我们总结了许多法律和案件的要点，并讨论关于它们的争论，但是我们无法提供全面的法律分析。许多普通词汇在法律中拥有特定的含义，往往相差一个字就会改变一条法律条款的影响，甚至影响法庭的裁决。法律也有例外和特殊情况。如果有读者需要了解某些法律在某个特定情形下该如何应用，那么应当咨询律师，或者阅读相关法律书籍、法庭判决和法律分析。

课堂活动

Sara Baase（作者之一）在圣地亚哥州立大学计算机科学系所开设的课程要求每个学生都提供读书报告、学期论文，并做口头演讲。在课堂上，学生会参与多次演讲、辩论和模拟审判。学生对于这些活动都反响热烈。在每章最后列出的许多"课堂讨论题"都非常适合这样的目的。同时在"练习题"部分中的许多题目也可以作为不错的话题来进行热闹的课堂讨论。

我们都非常高兴有机会讲授这门课程。在每学期开学时，总有一些学生会觉得这门课可能会很无聊或者会像布道一样。到课程结束时，大多数学生会说他们感到大开眼界，并觉得课程内容很重要。他们看到并且欣赏新的观点，他们对于计算机技术的风险以及他们自身的责任有了更多的理解。在学期结束很久之后，有时候甚至在他们毕业和工作之后，许多学生还会给我们发来与在课程中遇到的问题有关的新闻报道。

其他资源

在每章结束处的"本章注解"中包含了正文中特定信息的来源，偶尔还会提供一些额外信息和评论。我们有时会在段末或末尾附近添加一个尾注，用来解释整段的来源。在有的地方，一节的尾注会标在节标题上。虽然我们已经检查了所有的网址，但是文件可能会移动，

⊖ 引自 Jeannette DeWyze，"When You Don't Know How to Turn On Your Radio, Don Norman Is On Your Side"，《The San Diego Reader》，1994 年 12 月 1 日，第 1 页。

而最终有一些会不可避免地找不到。通常情况下，读者可以通过搜索作者名字和文献标题中的短语来找到相关内容。此外，我们还发现，如果直接访问 URL 会要求订阅和登录，而直接搜索文献标题通常会返回可以下载的免费版本的链接。

培生教育（Pearson Education）出版社为本书维护了一个教学辅助网站（www.pearsonhighered.com/baase），其中包含了 PPT 和测试题库⊖。

反馈

本书包含大量不同主题的信息。我们已经尝试尽可能使其准确，但百密必有一疏，书中总会存在一些错误。欢迎读者批评指正。请直接发到我们的邮箱 timhenry@acm.org 或 GiftOfFire@sdsu.edu。

致谢

我很感激为这个版本提供了帮助的许多人。感谢 Charles Christopher 定期发给我相关的法律文章；Ricardo Bilton（Digiday.com）和 Jessica Toonkel（Thomson Reuters）向我询问关于拦截在线广告的伦理问题，从而引起了我对这个问题的关注；Jean Martinez-Nelson 针对书中很多主题与我展开讨论并不断鼓励我；Julian Morris 审阅了其中一节的内容；Jack Revelle 给我提供了很多话题和案例；Diane Rider 提供了图 1.2 的思路；Carol Sanders 给我很多出人意料和有挑战性的观点，告诉我很多与本书相关的文章，审阅了其中一章的内容，并给我很多鼓励；Jack Sanders 审阅了一章的内容，并在很多主题上提供了他的分析洞见和看法；Vernor Vinge 同我进行了很多有价值的讨论，并发给我很多相关文章；还有很多朋友和邻居在一起吃饭时，听我聊起自动驾驶汽车、手机专利等话题。

第 5 版包含了之前版本中的很多内容。因此，我还要感谢对之前版本提供了帮助的所有人。要特别感谢的是 Michael Schneider 和 Judy Gersting 在计算机伦理学还非常新的时候就邀请我撰写了一章相关内容，而 Jerry Westby 鼓励我把它扩展成一本书。

感谢培生教育出版社参与本书工作的团队：Tracy Johnson 负责整个项目，并找到 Timothy M. Henry 来和我一起完成这个新的版本；Erin Ault 精心管理整个产品过程；Marta Samsel 帮我寻找照片并制作了图 1.2；Kristy Alaura 以及所有的幕后团队帮助完成了出版一本书所必需的所有任务细节。

最重要的是，我要感谢 Keith Mayers，他帮助我做研究，审阅了很多章节，非常有耐心地帮我跑腿，在我工作时找其他的事做（这次他做了一套家具）。感谢他的爱。

S. B.

除了 Sara 感谢的许多人之外，我还要特别感谢我的妻子 Tita Mejia，在我试图平衡家庭和写作的过程中给我极大的耐心和支持，从而使得我可以参与包含了如此多美妙话题的项目。另外，我还要感谢 Frank Carrano 引领我走上这条道路，感谢 Sara 的指导、创意、高标准要求和耐心。

T. M. H.

⊖ 关于本书教辅资源，只有使用本书作为教材的教师才可以申请，需要的教师请联系机械工业出版社华章公司，电话 010-88378991，邮箱 wangguang@hzbook.com。——编辑注

目 录

A Gift of Fire: Social, Legal, and Ethical Issues for Computing Technology, Fifth Edition

打开礼物

写在前面

在希腊神话中，普罗米修斯为我们带来了火的礼物。这是一个非常棒的礼物。它赋予我们能量，使我们能够取暖、烹煮食物和运行各种机器，使我们的生活更加舒适、健康和愉快。而它同时也拥有巨大的破坏力，有可能因为意外，也可能是故意纵火。在1871 年发生的芝加哥大火使 10 万人无家可归。1990 年，科威特的油田被有意纵火者点燃。自 21 世纪开始以来，野火在美国已经损毁了上百万亩农田和成千上万的家庭。尽管有风险，尽管有这些灾难，我们很少有人会选择把火的礼物还回去，重新过没有火的生活。渐渐地，我们已经学会如何高效地使用它，如何安全地使用它，以及如何更有效地应对灾害，无论是自然的、意外的，抑或是故意造成的。

计算机技术是自工业革命开始以来最引人注目的新技术。它是非常棒的技术，拥有使日常任务更加快速、简便、准确的力量，可以拯救生命，并创造了大量新的财富。它可以帮助我们探索太空，使沟通更加容易和廉价，帮助我们查找信息、创造娱乐，以及完成成千上万的其他任务。与火一样，这种力量也造成了严重的问题：潜在的隐私损失，高达数百万美元的盗窃，以及我们赖以生存的大型复杂系统（如空中交通管制系统、通信网络和银行系统）可能发生的故障。在本书中，我们将介绍计算机和通信技术的一些非同寻常的好处，与它们相关的一些问题，以及减少这些问题和应对其影响的一些手段。

1.1 变革的步伐

"自古登堡发明印刷机结束了黑暗的中世纪，并点燃文艺复兴时期以来，就再也没有见过像微芯片这样划时代的技术，能拥有常人难以想象的深远的经济、社会和政治影响。"

——迈克尔·罗斯柴尔德（Michael Rothschild）[1]

1804 年，梅里韦瑟·刘易斯（Meriwether Lewis）和威廉·克拉克（William Clark）开始对现在的美国西部地区进行为期两年半的探索旅程。在很多年之后，他们的旅行日记才得以发表。后来的探险家并不知道，刘易斯和克拉克已经在早于他们之前来过这个地方。斯蒂芬·安布罗斯（Stephen Ambrose）在他关于刘易斯和克拉克远征的著作《无畏的勇气》中指出，信息、人和货物的移动速度都无法超越马匹的速度——这个限制在几千年间都没有发生改变[2]。1997 年，数以百万计的人在互联网上观看了"逗留者号"（Sojourner）机器车在火星表面滚动的场景。我们可以同几千英里外的人进行交谈，并且可以实时观看世界各地的网页。我们还可以在以超过 500 英里每小时的速度飞行的飞机上发送微博。

在 19 世纪末和 20 世纪初，人们发明了电话、汽车、飞机、无线电、家用电器，以及其他许多我们已经习以为常的奇迹。它们彻底地改变了我们工作和娱乐的方式、获取信息的方式、交流的方式，以及组织家庭生活的方式。人类进入太空是 20 世纪最为卓越的技术成就之一。第一颗人造卫星 Sputnik ⊖在 1957 年成功发射。到 1969 年，尼尔·阿姆斯特朗（Neil Armstrong）第一次在月球上行走。但现在，我们仍然未曾拥有供个人使用的宇宙飞船，无法到月球度假，或在太空中进行大量的商业或研究活动。即使面向富豪的太空旅游也还处于早期阶段。虽然太空探险对我们的日常生活没有产生什么直接的影响，但是，汽车已经可以自动驻车，而处于试验中的汽车已经学会了自动驾驶。计算机程序在国际象棋、"Jeopardy！"⊜和围棋中已经击败了人类专家，智能手机能够回答我们的各种问题。老年人可以拥有机器人伴侣。全世界的"短信族"每年发送数万亿条短信；Facebook 拥有超过 17 亿注册用户；Twitter 用户每天发送数以亿计的推文；而当你读到这些数字时，它们可能已经被刷新了。要想过一天不使用任何包含微芯片的设备的生活，就像一整天不开电灯一样极为罕见。

第一台电子计算机建造于 20 世纪 40 年代。贝尔实验室的科学家在 1947 年发明了晶体管——微处理器的基本组成部分。第一个硬盘驱动器是 IBM 于 1956 年制造的，重量超过一吨，而且只能存储 5MB（兆字节、百万字节，10^6）的数据，比我们现在一张照片所需的空间还要小。而现在，我们可以在口袋里装上几百小时的视频走来走去。含 1TB（一千千兆字节，或万亿字节，10^{12}）存储容量的磁盘价格也不再昂贵，可以存储超过 250 小时的高清视频。事实上，现在 1 比特（bit，数字存储的最小单位）内存的价格只有最早在 1970 年生产的固态存储芯片上 1 比特价格的大约十亿分之一。在网络空间中可能存有数万亿 GB（千兆字节或十亿字节，10^9）的信息。研究人员已经在开发新的技术，可以在 DNA 分子和原子级别的存储芯片上保存数字信息。有了 DNA 技术，就可能在一个立方毫米的空间中存储一百万 GB 的数据。这些技术都还处于试验阶段，但是它们有很大的潜力会降低当今巨大的数据中心的成本、空间和耗电需求。

1991 年航天飞机上的板载计算机只有 1 兆赫兹⊗的频率。而仅仅在十年之后，在有些豪华汽车上都采用了 100 兆赫兹的计算机。如今几千兆赫兹（GHz）的计算机都很常见。当本书的作者刚开始职业生涯时，个人计算机尚未被发明。当时的计算机是放在空调房间里的大型机器，我们需要在打孔卡片上输入计算机程序。我们当时用的电话机上有真的拨号键，它们看起来都一样，而且是属于电话公司的。如果我们想要做研究，就要去图书馆，图书馆目录架上放满了 3×5 英寸的索引卡片。社交网站就是附近的比萨店和酒吧。我们的意思不是说自己老了，而是变化的速度和幅度是如此之大。现在的大学生很少有人能记得智能手机之前的时代。你们在个人生活和工作中使用计算机系统以及移动与可穿戴设备的方式，可能在两年、五年或十年间发生巨大的变化，而在你们的职业生涯中，这种变化会更加剧烈。计算机的泛在性、变化的快速步伐、无数的应用程序，以及它们对日常生活的影响是 20 世纪后几十年和 21 世纪开端的鲜明写照。

变化如此之快的不仅仅是技术，对社会的影响和争议也在不断发生变化。随着个人电脑和软盘而来的是计算机病毒，以及对著作权概念带来的巨大挑战。随着电子邮件而来的是垃圾邮件。随着越来越多的存储和速度而来的是拥有我们的个人信息和财务生活的详细信息的

⊖　苏联于 1957 年 10 月 4 日发射了人类历史上第一颗人造卫星"斯普特尼克 1 号"（Sputnik-1）。——译者注

⊜　"Jeopardy！"是美国非常流行的一档智力问答电视节目。——译者注

⊗　"赫兹"是用来度量处理速度的单位。1 兆赫兹（MHz）指每秒钟 1 百万个时钟周期，1G 赫兹指每秒钟 10 亿个时钟周期。"赫兹"是用 19 世纪德国著名物理学家海因里希·鲁道夫·赫兹（Heinrich Rudolf Hertz）的名字来命名的。

数据库。有了网络、浏览器和搜索引擎，也就方便了儿童对色情内容的访问，出现了更多对隐私的威胁，以及更多的版权挑战。电子商务为消费者带来了廉价商品，为企业家创造了商机，也带来了身份盗窃和诈骗。把电网一类的基础设施系统进行联网会带来被外国政府破坏的风险。移动电话也已经产生了非常多的影响，我们会在本章后面和第2章中专门讨论更多的细节。事后看来，人们一开始担心电脑和早期的互联网会产生反社会、反群体的影响可能显得非常荒谬。如今，随着社交网络、短信、视频、照片和信息分享的普及，网络成为一个非常社会化的场所。在2008年，有"专家"非常担心因为在线视频的需求增加，互联网会在两年内崩溃。事实并非如此。前几年对隐私威胁的关注与新的威胁相比显得无足轻重。人们曾经担心计算机和互联网是多么难用，而现在几岁小孩都会操作平板电脑和手机上运行的应用程序。

在讨论与计算机相关的社会问题时，往往会集中在它所带来的问题上，而事实上，在整本书中，我们将会研究由计算机技术造成或加剧的问题。然而，认识到计算技术带来的好处也是非常重要的，这对于合理且平衡地看待技术的影响和价值也是非常必要的。分析和评估新技术的影响可能会很困难，因为一些变化是显而易见的，而其他变化则可能会更为微妙。即使有些好处是显而易见的，其成本和副作用却可能不是如此；反之亦然。计算机技术所带来的技术进步，及其发展的迅猛步伐对人们的生活造成了巨大的影响，有时候这也会令人感到不安。对有些人来说，这可能是可怕的和破坏性的。他们把变化看作非人性化的，降低了生活的质量，或者会对现状与他们目前的幸福造成威胁。其他人则看到的是挑战性和令人兴奋的机遇。对这些人来说，技术的进步是人类发展史上又一个令人兴奋和鼓舞人心的例子。

在这本书中提到的计算机包括移动设备（如智能手机和平板电脑）、台式电脑和大型计算机系统、用来控制机器（从缝纫机到炼油厂）的嵌入式芯片、娱乐系统（如录像机和游戏机），以及"网络"（net）或"网络空间"（cyberspace）。网络空间是由计算机（例如，Web服务器）、（有线和无线的）通信设备以及存储介质构成的，但其真正的含义是指广袤的通信和信息网络，其中包括互联网（Internet）和其他类型的网络。

在下一节中，我们会介绍因为计算机和通信技术而成为可能的一些现象，它们往往是无计划的和自发的。它们已经深深地改变了我们与其他人的交互方式、我们可以完成的事情，以及其他人如何闯入我们的关系和活动。在本章剩余部分，我们介绍一些在后面会频繁出现的主题，讲解一些道德理论；在本书的其余部分遇到争议时，这些理论可以帮助指导我们的思考过程。在接下来的七章内容里，主要从生活在现代计算机化的社会里，对技术产生的影响感兴趣的任何个人的角度出发，来讲解与技术相关的伦理、社会和法律问题。最后一章则是从一个计算机专业人员的角度来论述，包括设计计算机系统或者编写计算机程序的人员，或者需要对计算机系统的使用做出决策或者指定策略的任何领域的专业人士。在附录中，《软件工程职业道德规范和实践要求》与《ACM道德规范和职业行为准则》会为计算机专业人员提供相应的指南。

1.2　变化和意想不到的发展

如今在设计桥梁或大型建筑时，没有人能离开计算机，但是早在计算机出现之前，在19世纪70～80年代建造的布鲁克林大桥既是一件艺术作品，也是一个了不起的工程壮举。自由女神像、金字塔、罗马下水道、许多蔚为壮观的教堂，以及其他无数复杂建筑的建造者在没有计算机的情况下也完成了修建。远距离的人们通过信件和电话进行沟通。在社交网站出现之前，人们也可以亲自去参加各种社交活动。然而，我们可以找到计算机和通信技术造成的与它们出现之前完全不同的几种现象（如果不是类型完全不同的话，至少程度上是不同的），它们在有些领域的影响是惊人的，而且其中许多是无法预料到的。在本节中，我们考虑这些现象的一些例子。在 1.2.1 节中，我们会面向未来，推测自动驾驶汽车的影响。我们考虑的一些话题已经是生活中习以为常的部分，但仅仅在一代人以前，它们还没有出现。它们可以用来展示人们为新的工具和技术找到的令人惊讶的各种用途。这些进展大部分都有明显的好处；我们也会提一些问题，来讨论它们可能带来的潜在问题。

> "人类可以超越当下，把一个人生命的目的延伸到未来；也可以使自己的生活不受世界的摆布，而成为世界的建造者和设计师——这正是用以区分人类与动物的行为，或者说区分人类和机器之间的独特能力。"
>
> ——贝蒂·弗里丹（Betty Friedan）[3]

1.2.1 自动驾驶汽车

社会科学家把下列这些对我们的环境和生活方式的巨大改变都归功或归罪于汽车：郊区、污染、自由、家庭度假、结束生命、挽救生命。自动驾驶汽车也会产生类似的广泛影响吗？下面我们简要讨论一些可能的结果，以及一些道德、法律和社会问题。我们的目的不仅在于帮助大家了解自动驾驶汽车，而且还要针对我们在整本书中对技术潜在后果的思考进行"热身"。

也许自动驾驶汽车的最大好处是它们会拯救生命。目前，美国每年大约有 35 000 人死于车祸。人为错误是大约 95% 车祸事故的原因或原因之一。毋庸置疑的是，由于意外情况、软件缺陷或设计错误，自动驾驶汽车也将会导致一些致命的车祸事故，但总数可能远远低于人类驾驶者。

在很多情况下，人们可能会在需要时从汽车服务商那里叫车，这样的服务很可能是由汽车制造商和汽车共享 APP 组成的合资企业来提供的。（记者 Christopher Mims 给出了几个可能的企业名字：Applewagen、Tyft 和 Goober[4]。）自动驾驶汽车提供的服务应该比带司机的汽车服务更为便宜。另外，还可以通过捎带附近的其他乘客来提供更加低廉的汽车共享服务，特别是在早晚高峰时段。软件可以快速地确定附近有哪些客户将要去相近的目的地，并且当需要与陌生人共享汽车时，汽车共享服务还可以对会员进行筛查，以保证乘客的安全。那么，自动驾驶汽车服务会对公共交通产生什么影响呢？

随着方便、低廉的叫车服务的出现，更多家庭可能会选择拥有比现在更少数量的汽车。目前，一辆汽车平均大约有 95% 的时间都处于停车状态[5]。根据定价的情况，很多人可能根本不会考虑自己买车。（驾驶满载工具和材料的皮卡车的建筑工人可能会想要继续拥有这样一辆卡车，无论它是否是自动驾驶的，但除此之外，还有谁还可能想拥有自己的汽车呢？）总的来说，我们会需要更少的汽车。未来的房屋建筑商是否在建造大多数房子的时候只保留一辆车的车库或根本不要车库？

盲人、老年人和患有无法驾车的疾病的人将有一个更廉价也更方便的选择，使他们有更多的自主权。需要去上驾校和考驾照的青少年也会越来越少。

城市、郊区和道路的设计可能会发生显著变化。在拥挤的地区我们需要更少的停车空间。当我们到达目的地的时候，共享汽车会离开去拉其他人，而在晚些时候，我们会重新叫一辆车回家或去其他地方。如果我们拥有这辆车的话，它也可以去一个不太拥挤的地方停车，然后在我们需要的时候再开回来。

会因为汽车空着去接乘客而导致交通量增加，还是会因为我们不用再花时间寻找停车位而且人们会共享出行而导致交通量减少呢？交通会不会因为软件比人类的驾车技能更高而变得更通畅呢？自动驾驶汽车可以调整速度和路线，以减少红绿灯的等待时间，或者在某些地区甚至可以完全消除对红绿灯的需求。一些城市规划人员预计交通流量会改善很多，因此有更多的人愿意住在距离工作地点更远的地方，从而进一步扩大郊区的范围。

图 1.1　自动驾驶汽车内饰的设想图

我们是否需要专门配备传感器和标记的新道路来辅助全自动驾驶汽车呢？建造这样的道路是否会造成太大的开销或负担？这与我们在 20 世纪从为马匹走的土路到为汽车铺设的柏油路的过渡很相像吗？

有人驾驶的汽车是否会被禁止出入高速公路和主要道路？这是否会造成对我们的自由的不合理限制，还是一种合理的过渡？就好像马匹或自行车禁止在公路上行驶一样。那么，喜欢以开车为乐的人是否必须去专门的场地？就像现在骑马的人一样？

控制自动驾驶汽车的软件必须做出一些重要的伦理决策，例如在碰撞不可避免时应该选择撞谁。例如，假设有一个小孩跑到了路上，汽车知道无法及时停下来以避免撞到他，那么唯一的选择是转去撞墙壁或其他车辆。对大多数人来讲，在选择要买"Tyft"或"Goober"家的汽车时，是否要询问汽车软件在遇到这些情形之时所采用的标准？那么，到底该采用什么标准？如果事故死亡人数总体可以下降 90%，那么与让软件安全驾驶的所有其他方面相比，这个问题有多重要？

如果我们想要让车停到路边拍照，该怎么办？自动驾驶汽车会不会拒绝停放在非正规的停车位上？汽车软件还需要实现哪些其他法律和规定？我们能否选择不遵守这些规定？

你还能想到什么其他问题和影响吗？我们会在第 2 章、第 5 章、第 6 章和第 8 章讨论其中一些问题。

1.2.2　连接：移动电话、社交网络和物联网

信息网络、社交网络、移动电话和其他电子设备让我们可以在几乎任何地方、任何时间都能够连接到其他人和信息。我们来看一些拥有连接功能的应用程序，主要专注的是快速变化和不可预测的用途和副作用（包括好的和坏的）。

1. 移动电话

在 20 世纪 90 年代，拥有移动电话（手机）的人比较少。只有经常在办公室以外工作的业务人员和销售人员才带手机。高科技公司职员和电子设备爱好者喜欢使用手机。其他人买手机的目的可能是在汽车抛锚的时候可以拨打紧急电话。当离开家或办公室的时候，我们习惯于和他人失去联系。我们会提前计划和安排活动，因此当没有手机的时候，我们并不需要手机。然而，在很短的一段时间之后，手机服务改进了，价格也下降了。手机制造商和服务提供商开发了新的功能和服务，添加了摄像头、视频、网络连接和位置检测。苹果公司在 2007 年推出了 iPhone，

使手机变得"智能"。人们很快开发出了成千上万的应用程序，并接受了 APP [⊖]这个术语。现在
可供苹果和安卓手机下载的 APP 有数百万种之多，消费者从苹果应用商店下载应用的次数已经
超过了数千亿次。在短短 20 年间，全世界有数以百万计、数以亿计，然后是数以十亿计的人开
始随身携带移动电话——这对于一种新技术来说是一个令人叹为观止的速度。

图 1.2   被手机取代的一些物品

　　手机成为一种普遍的工具，可用于对话、短信、拍照、下载音乐、收发电子邮件、玩游
戏、银行理财、投资管理、找餐厅、跟踪朋友、看视频等。在有些卖场终端和安全检查点，
智能手机还可以作为电子钱包和身份识别设备。手机可以监控家里的安全摄像头，或者远距
离控制家用电器。专业人士可以使用智能手机完成无数的商业任务。带移动探测器的智能手
机会提醒肥胖青少年多做运动。有一个 APP 可以对糖尿病患者的血糖水平进行分析，并提
醒他们什么时候该锻炼身体、服用药物，或者该吃点东西。如果有人打 911 报告说有人突发
心脏病，一个 APP 会通知位于附近的受过急救训练的人，并且会告诉他们到哪里能找到最
近的除颤器。战争前线的军事人员可以使用专门的应用软件下载卫星监控录像和地图。有的

⊖   APP 是一个新的术语，专指"智能手机（或其他移动设备）上的应用程序"。——译者注

APP 可以教小孩学习欧吉布威语言⊖或其他由于母语人士数量下降而可能会消失的美国原住民语言。更多意想不到的用途包括位置跟踪、色情短信和恶意的数据窃取应用。人们可以使用手机来组织"快闪族"在街头跳舞和参与"枕头大战"，也可以用来攻击路人和抢劫商店。恐怖分子用手机引爆炸弹。为贫困国家设计的 APP 可以告知人们何时有水供应，还可以帮助进行医疗成像。

这些例子表明，这一个相对较新的"连接"设备上拥有的应用程序的数量和种类是我们未曾预料到的。这些例子还说明了其中存在的问题。第 2 章会讨论由于数据窃取和位置跟踪造成的隐私入侵。在第 3 章，我们考虑在暴乱中是否应当关闭手机服务。智能手机的安全对于银行服务和电子钱包来说是足够的吗？在第 5 章会考虑手机上的某些安全机制是否应当只限于执法人员使用。当人们同步手机和其他设备时，有没有意识到他们的文件处于最弱的安全级别，非常容易受到攻击？如果你的手机丢了怎么办？

作为使用手机和智能手机复杂性的一个副作用，研究人员正在学习关于我们行为的大量信息 [6]。法律保护我们通话内容的隐私，但是智能手机会记录来电和短信的日志信息，并且包括检测位置、移动、方向、亮度和附近其他手机的设备。研究人员会对这些数据宝库进行分析。（是的，大部分数据都被存储下来了。）数据分析会生成关于交通拥堵、通勤模式、疾病传播，以及谁最有可能正常还贷的有用信息。在一个检测疾病传播的例子中，通过学习麻省理工学院（MIT）学生的移动和交流模式，研究人员可以检测谁得了流感，有时候甚至比这些学生自己知道得还早。研究人员还可以确定哪些人会影响其他人的决策，广告商和政治家很热衷这样的信息。在地震／龙卷风或恐怖袭击等大规模紧急事件发生后，Twitter 等社交媒体上的大量消息可以帮助应急机构确定最需要帮助的地方⊜。

研究人员通过分析数百万的通话时间和位置数据，发现如果有足够数据，就可以建立一个数学模型以 90% 的准确率来预测某人在未来的某个时间会位于什么地点。这是不是会让人感到不安呢？都有谁有权访问这些信息？谁应该有权访问这些信息？即使是在现在，手机上的数字助手已经能够提醒我们什么时候该去做一些日常的事情，例如把小孩送去幼儿园，即使这些事情并没有加到日历中，设备也可以通过监控我们的日常活动来发现其中的模式。

事实上，有这么多人在任何地方都随身携带微型相机（主要是手机，但也可以隐藏到像笔这样的小物件中⊜）会影响我们在公共和非公共场所的隐私 [7]。这些手里拿了手机相机的人是否能很好地把新闻事件和犯罪证据与偷窥、无礼和盯梢区分开来呢？

在驾驶汽车的同时用手机通话会增加发生事故的风险。美国有些州禁止在驾车时使用手持电话（但不少司机都无视禁令）。研究人员开发出一种智能手机 APP，使用运动检测推断手机是否在行驶的汽车上，从而可以屏蔽来电。一个更复杂的应用版本还可以成功做到只屏蔽司机的电话，而不影响乘客打电话。在步行时使用手机也会带来风险。在 2010 年到 2014 年之间，因为在步行时使用手机而受伤的人数增加了一倍。新泽西和夏威夷州都提出了关于"走路分心"的法律，对横跨马路时使用手机的行人进行罚款。

⊖ 欧吉布威（Ojibway）是北美主要的原住民种族之一，主要居住在加拿大和美国，又称齐佩瓦（Chippewa）族。欧吉布威语是该种族所采用的原住民语言。——译者注

⊜ "大数据"（Big Data）这个术语指的是由我们的数字活动和被数字记录下来的身体活动所产生的大量数据。以上这些示例都涉及大数据。研究人员、企业和政府机构会对许多这样的大型数据集进行分析，以寻找其中存在的模式和有用的信息。

⊜ 事实上，至少有一家公司在销售可以摄录高清视频的笔。

当人们开始携带手机，可以打电话寻求帮助之后，更多人会在没有适当准备的情况下去野外或者去攀岩。在生活中的许多领域，当技术提高了安全性时，人们会更加冒险。如果风险的增加与安全性的增加依然平衡的话，这样也并非不合理。当求援电话激增之后，有些地方开始按照救援的真实成本进行收费——这样才能提醒人们对所冒的风险进行正确的权衡。

2. 社交网络

> 虽然这所有的喧闹将我们以电子方式连接在一起，但是却把我们彼此断开，让我们
> 更多与计算机和电视屏"交流"，而不是直接面对我们的人类同胞。这也算是进步吗？
> ——吉姆·海陶尔（Jim Hightower），电台评论员，1995 年 [8]

Facebook 是最早的社交网站之一，它最早从哈佛大学起家，是一个在线版本的学生目录，在许多高校都可以使用。起初，该网站在年轻人之间广受欢迎，而年纪稍大的人则无法理解其吸引力，或是担心安全和隐私问题。成年人很快就发现了个人和企业社交网络带来的巨大好处。如今社交网络受到了数亿人的广泛欢迎，因为它使人们更加容易地与家人、朋友、同事和公众分享生活和活动的诸多方面。

> 社交网络的隐私问题：
> 见 2.2 节和 6.5 节。

与很多其他数字现象一样，人们会发掘出社交网络的一些意料之外的用途：有些好，有些坏。通过一种被称作"众筹"（crowdfunding）的方式，社交网络、Twitter 和其他平台提供一种便捷手段从大量人群中向每人募集很小数量的资金，可用于慈善机构、政治目的、艺术项目，以及向初创公司进行投资。朋友、前男友和前女友会在社交网络上发布恶作剧和各种令人尴尬的内容。别有用心的人会在上面跟踪或欺负别人。政客、广告商、企业和组织在上面征求捐款、志愿者、客户和关系。抗议者组织示威游行和革命。陪审员在审判期间发微博讨论案件（会导致无效审判、推翻裁决，以及违规陪审员被判刑）。社交网络带给我们更多对隐私的威胁和源源不断的对人们生活琐碎细节的频繁更新。渐渐地，社交网络公司开发了复杂的隐私控制和反馈系统来减少问题，然而它们肯定无法完全消除这些问题。总的来说，对大多数人来讲，社交网络带来的好处大于存在的问题。

社交网站会对人和人之间的关系产生什么影响？人们可以拥有数以百计的朋友和联系人，但他们是不是把面对面关系的质量替换成肤浅的数字关系中的数量了呢？网上花费的时间会不会减少体育活动的时间，这样还能保持健康吗？现在看起来，那些预期会产生严重社会隔离问题的批评家们错了。研究人员发现人们使用社交网络的主要目的是和家人及朋友保持联系，而这种更加便利和频繁的接触会增强关系、感情和社区意识。另一方面，年轻人如果在社交网络花费大量时间，可能会影响学习成绩，并产生行为问题。（这些人会不会不管是否上网都会存在这样的问题呢？是不是由于访问网络会加剧之前已经存在的情绪问题呢？）

正如研究人员会使用智能手机系统收集的大量数据来研究社会现象一样，他们也会挖掘大量的社交网络中的数据。例如，社会科学家和计算机科学家通过分析数十亿的用户关系，可以找到有助于识别恐怖组织的模式 [9]。

你在社交媒体中关注的人可能根本不是一个人。社交机器人（socialbot）是一种人工智能程序，可以在社交媒体中模拟人的行为。研究人员使用虚假的模仿人发微博的账号可以欺骗 Twitter 用户建立关系，有时候还会赢得大量粉丝。政治活动家利用社交机器人对选民和立法者施加影响。美国军方对敌人发起的自动化造谣污蔑非常关注。广告机器人也

> 关于人工智能的更多信息：
> 见 1.2.4 节。

可能会更加常见。当互联网刚刚出现时，有些人评论说（很多人都重复过）"在互联网上，没人知道你是一条狗。"这意味着我们可以同有共同兴趣点的人发展关系，而不用去管他们的年龄、种族、国籍、性别或外表吸引力。其中有些人可能甚至连人都不是，而我们可能永远也不会知道。对此我们应当表示无所谓吗？

3. 通信和 Web

电子邮件最早主要是由计算机科学家使用的。在 20 世纪 80 年代，邮件消息一般都很短，而且其中只包含文本。之后长度限制消失了，我们还开始在邮件中附加数字照片和各种文档。虽然短信、微博和其他社交媒体在许多环境下都替代电子邮件成为更受青睐的交流方法，但是全世界人民依然会在每天发送超过两百亿封邮件[10]。

1990 年，高能物理学家在欧洲建立了万维网（World Wide Web，简称 Web），用来与同事和其他国家的研究人员分享他们的工作。在 20 世纪 90 年代中期和后期，随着 Web 浏览器和搜索引擎的发展，Web 成为普通用户和用于电子商务的环境。短短不到一代人的时间里，Web 已经成长为一个巨大的图书馆和新闻来源、巨大的购物商场、娱乐中心以及一个多媒体的全球性论坛。Web 为我们提供了上一代人根本无法想象的获取信息和获得观众的手段。普通人可以对很多事情做出更好的决策，从选择购买什么样的自行车到选择疾病治疗的手段。许多可用的免费软件工具可以帮助我们分析饮食健康状况或者提供饮食规划。我们可以找到法律程序有关的参考资料和各种表格。我们可以读取由其他消费者而不是市场营销部门撰写的关于智能手机、服装、汽车、书籍等的坦率评论。我们可以自由选择娱乐节目，也可以自由选择观看的时间。我们可以在网上反抗强大的机构，可以选择上传"病毒式传播"⊖的视频来羞辱他们，也可以选择把旨在恐吓我们的法律文件张贴出来。企业和组织开始使用"病毒营销"——即依靠大量人观看和传播好玩的视频，来散布嵌在其中的营销信息。一个大学生只要有好主意和不错的软件，就可以开始创业，并使企业迅速成长为价值数百万或数十亿美元，这样的例子已经有好几个了。用互联网的开创者之一温顿·瑟夫（Vinton Cerf）的话来说，互联网的开放性使"未经允许的创新"成为可能[11]。

Web 技术和专用软件使很多新形式的创意变得更容易实现，从而得到蓬勃发展，其中两个例子分别是博客（即"Web 日志"）和视频。它们为许多人创造了新的工作途径，包括新闻传媒、出版社、广告和娱乐公司。当然，一些业余的博客和视频是枯燥的、无聊的、写得或做得不好，但还有很多是宝石，而且会被很多人发现。博客会提供不同的，有时甚至是古怪的观点。博主的独立性会吸引读者；它表现的是与普通百姓所思所想之间的真实连接，而不是通过主流新闻公司或政府过滤之后的内容。企业很快就认识到博客的价值，并且将自己的博客作为公共关系和市场营销计划的一部分。廉价摄像机和视频处理工具促成了业余短视频的爆发：这些短视频往往是幽默的，有时一文不值，有时却相当认真。我们可以看到一个士兵的战争观，某人与食肉鲸鱼的一次遭遇，甚至是警察实施逮捕的过程。在视频网站上，我们很容易发布与交易专业视频，这可能会侵犯娱乐公司和个人所拥有的版权。在第 4 章中，我们将探讨版权问题。

好的，现在你知道了所有这些事情。在这里有必要重复一下我们的观点：这些工具多么新颖和具有变革性。在博客变得如此简单之前，如果一个普通人想要表达关于某件事物的意

⊖ "病毒式传播"指的是在网络空间中发布的内容引起了人们的关注，他们观看、复制并将其传播（或发送链接）达数百万人次。

见，他可能会向一家报纸写一封信——这家报纸可能会决定发表这封信，但编辑也可能会决定不这样做。技术人员可能知道如何往诸如 Usenet 这类的早期在线群组发帖，或者向小型邮件列表发送消息。但是，如果你制作了一个很有趣的视频，你有办法展示给其他人吗？

> ### "我有压力"
>
> 　　在公共汽车上，当一名年轻男子要求另外一位乘客打手机说话声音小一些时，该乘客用愤怒的侮辱和下流语言训斥该名男子长达近六分钟。在过去，几个同车的其他乘客可能会把这件事描述给朋友，然后很快就会遗忘。但在这个案例中，另一个乘客用手机录下了现场视频。视频很快就出现在互联网上，数以百万计的人看到了它。人们给它添加了不同语言的字幕，配上音乐，把声音片段当作手机铃声，还制作了相关图片和文字的 T 恤衫。"我有压力"和这段咆哮中的其他句子成了大家的谈资。
>
> 　　这次事件提醒我们，在公众场合做任何事情都可能会被录为视频并永久保存。但更重要的是，它阐释了互联网如何支持和鼓励创造性，快速创建和分发文化和娱乐节目，把成千上万人的想法、修改、变化、改进和新的工作都融合进来。

　　Web 把学生和教师连接到了一起。最初，大学提供了各自领域的在线课程，提供给从事全职工作的人，因为工作时间不确定而和正常课程安排冲突的人，家里有小孩子要照顾的人，或者是因为残疾不能顺利出行的人。渐渐地，我们清晰地看到这有可能彻底改变高等教育的面貌⊖。在 Khan Academy 的在线网站上，有超过一亿人观看了关于科学、经济和其他学科的数千门课程。当两个人工智能专家把斯坦福大学的一门研究生课程免费在线提供时，他们期望会有 500~1000 个学生注册。结果来自全球各地的 16 万人注册了该课程，其中两万人坚持完成了课程所有内容，包括自动打分的家庭作业和考试[12]。

　　在世界上许多偏远或较不发达的地区，其中很多地方甚至没有座机电话，这样 Web 和手机所提供的连接所带来的影响会更加引人注目。因为没有公路，大山和浓密的丛林把马来西亚的许多村镇隔离开来，但是村民可以上网订购生活必需品，在出售农作物时查询大米的市场价格以获得更好的交易，也可以把家庭照片发给远方的亲戚。非洲农民通过网络获得天气预报和改进耕作方法的指南。在加拿大西北地区的一个小村庄，虽然那里的温度会低到零下 40 华氏度⊜，也有一个因纽特人（Inuit）经营着提供互联网服务的业务。在尼泊尔的村民可以通过设在西雅图的网站向全世界出售手工艺品。因为销售的蓬勃发展，更多的村民有了固定的工作，垂死的本地艺术在逐渐复苏，一些村民现在有能力把孩子送到学校去读书。Web 上充满了大量协作项目的例子，一些是有组织的，比如维基百科⊜（Wikipedia，由志愿者编写的在线百科全书）；还有一些是完全自发的。与没有互联网的时代相比，科学家更容易同在其他国家的科学家一起进行研究上的协作。程序员组成的非正式社区散布在世界各地，他们一起创建和维护着自由软件。非正式的、分散的人群会一起帮助调查网上拍卖诈骗、谋杀、被盗的研究和其他罪行。许多从未见过面的人可以一起协作创建娱乐节目。

　⊖　对初等教育来说，好像到学校正常上课和教师面授还是具有一定优势的。

　⊜　恰好也是零下 40 摄氏度。——译者注

　⊜　维基（wiki）是一个允许所有用户添加内容和编辑其他人所提供内容的网站。维基可以用于企业或组织内部或者公开的协作项目。

远程医疗

远程医疗（telemedicine）或远距离医疗，是指使用专门的设备和计算机网络在远程来进行医疗检查、咨询、监控、分析和治疗过程。在一个地方的医生和护士可以为分布在好几个州的几十家医院提供远程支持。在不发达的国家中，与无国界医生组织合作的医生每天都可以向一个大的专家团队寻求咨询。监狱使用远程医疗来减少危险罪犯出逃的风险。许多诊所和医院使用视频系统与大型医疗中心的专家实时进行协商。各种健康监测设备可以把其读数从患者家里通过互联网发送给护士。这样的技术可以消除把患者转送到医疗中心而产生的费用、时间和可能的健康风险，同时可以对患者进行更多的定期监测，从而有助于尽早捕获危险的情形。[13]

远程医疗的作用远远不只是信息的传输。纽约的外科医生使用视频、机器人设备和高速通信链接远程切除了位于法国的一位患者的一个胆囊。这种系统在紧急情况下可以拯救生命，把高水平的手术技艺带给没有外科医生的小社区。

一些协作项目可能会造成危险的结果：

- 为了减少非法入境者的流量，得克萨斯的一位州长提议在墨西哥边境沿线设立夜视摄像头，从而志愿者可以通过互联网来实施监视。这些监视摄像头的志愿者会不会走出去直接攻击那些他们看到的要跨越边界的人呢？对这些监视安全摄像机的志愿者应该进行什么样的培训或筛选过程才合适呢？
- 一名男子相信另一名男子与他的妻子有外遇，因此他在网上发布了该男子的照片。成千上万的人参与追踪该男子的真实姓名和地址，并鼓励公众对他采取惩罚行动。
- 沙特的许多 Twitter 用户呼吁处决一位年轻作家，因为他们认为他侮辱了先知穆罕默德。

当暴民和个人因为某个政治、宗教或道德原因而感情用事时，往往不会停下来想想该事件的具体细节。他们不会认真确定自己找到的是不是正确的人，这个人是否真的犯罪了，以及什么才是适当的处罚。另一方面，在一些国家的城市中，警察使用即时消息提醒居民来帮助查找在他们附近的走失儿童、犯罪嫌疑人或被盗车辆。征募志愿者是用来打击犯罪和对付恐怖组织的一种有用的新协作手段。我们如何能够在有效避免错误和滥用行为的同时，还能指导数千人同时为某个有用的目标而共同努力呢？

4. 物联网

互联网从一开始就是由一群互联的计算机组成的：先是大型企业和政府计算机，然后是超级计算机、个人计算机、笔记本电脑、网络服务器、分布式云计算机系统、平板电脑、宽带调制解调器、路由器等——几乎所有我们认为算是计算机的设备都已经联网了。随着小型化和其他技术的发展，越来越多的设备（传统上并不认为是计算机）也都连接到网络上：移动电话、电视机、数字电视录像机、网络摄像头、

我们需要所有这些吗？见 7.2.2 节。

医疗设备、汽车、冰箱、冰箱内的鸡蛋托盘、恒温器、灯泡、无人驾驶飞机、车库开门器、婴儿摄像头、狗的项圈、猫的喂食器、雨伞（这样就不容易丢了）、自来水过滤壶（当需要时会自动订购新的过滤器）、尿布等。嵌入了软件并可以通过互联网连接的所有这些物品构成的网络称为物联网（Internet of Things, IoT）。科技公司和分析师估计，在 2015 年有 150 亿台设备连接到互联网，而到 2020 年将会有 500 亿～700 亿台设备联网。我们已经可以在抵达家中之前，在很远的地方就打开家里的电器（见图 1.3），或者远程调节通过某个大坝的水流量。

我们的衣服也可以上网了。婴儿服装中的传感器可检测到婴儿在睡觉时是不是脸部朝下，从而可能会有造成婴儿猝死综合征的危险，并且会在父母的智能手机上发出警告。当尿布需要更换时，尿布中的传感器也会向父母的手机发送信息。如果消防队员过于紧张并需要休息，消防队员衬衫里的心脏监测器会向其上级发出警报。运动员穿着的服装可以测量心率、呼吸、肌肉活动和脚部影响等。智能手表会监控我们的日常活动，以及我们在身体健康、饮食和其他目标方面的进展情况。我们还能找到哪些可穿戴设备的应用场景呢？

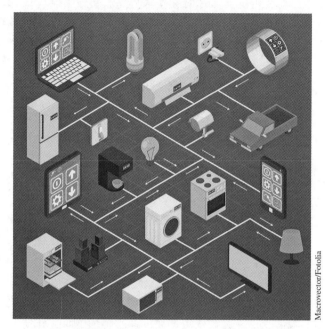

图 1.3　我们可以通过互联网远程控制各种家用电器

我们才刚刚开始看到并了解物联网对我们个人生活和社区的影响，现在我们有能力通过智能手机或智能手表监控和控制家中几乎所有的设备。随着每次新的进步，在家用电器与我们沟通以更新它们的状态或通知我们服务需求的时候，我们的生活中会出现更多"噪音"。这些警报和通知可以发送到我们的社交媒体账户，并与朋友和家人分享。许多人会对他们从朋友那里收到的大量短信感到无所适从。当我们的设备加入进来的时候，我们会做出什么样的反应？为了更好地为我们服务，许多这些设备都会收集有关我们最细小的偏好和日常生活习惯的信息。这些信息存储在哪里？谁能查看这些数据？还有这样做会如何影响我们的隐私和安全？这些设备中的很多都在没有太多安全考虑的情况下快速涌入了市场。在第 5 章中，我们将会讨论物联网的脆弱特性。在第 7 章中，我们会考虑我们是否真的需要在所有这些产品中加上芯片。

1.2.3　电子商务和免费服务

在 20 世纪 90 年代早期，商业网站的想法让 Web 用户感到非常恐惧，而且事实上在 1992 年之前把互联网用于商业用途是不合法的。当时的 Web 被用于研究、信息发布和在线社区的目的。为数不多的传统企业和几个年轻的企业家意识到在线商务的潜力和好处。最早走向 Web 的传统企业包括 UPS（美国联合包裹服务）和 Fedex（联邦快递），它们允许客户在网上查询所发包裹的状态。这在当时是一个既新颖又有用的服务。1994 年创立的亚马逊网站（Amazon.com）从在网上卖书开始做起，已经成为最受欢迎、最可靠和最人性化的商业网站之一。许许多多基于 Web 的企业开始效仿亚马逊，也有的创建了新的商业模型——例如 eBay 的在线拍卖业务。传统企业也都建立了自己的网站。在仅仅十多年间，Web 从一个象牙塔里的学术社区转身变成了一个世界范围的集贸市场。目前美国的在线销售额高达每年数千亿美元。

电子商务化的一些好处是显而易见的：我们可以花更少的钱并且不出门就能挑选更多的产品和卖家，有些还位于很远的地方。还有些好处并不是那么显而易见，甚至只有当它们出现之后才会被发现。拍卖网站让人可以访问到之前他们不可能有效找到的客户。购物之前货比三家的代价更低，也更为容易，因而会把许多产品的价格拉低。举例来说，根据 Progressive Policy Institute 的一份报告，消费者上网购买隐形眼镜可以节省 10%～40% 的开销。在买新车之前，如果消费者在 Web 上花点时间进行价格比较的话，那么平均可以节省数百美元[14]。小企业和个体艺术家在 Web 上销售可以避免付给中间商和分销商巨额手续费。Web 还使得对等经济（也称作共享经济）成为可能，人们可以在网站或 APP 上销售或交易其技能，进行小额贷款，甚至进行房产交易或是为度假租房。

> 🔥 关于共享经济的更多讨论：
> 见 6.3.2 节。

Web 上的交易增长遇到了一些必须要解决的问题。一个问题是信任。如果遇到的是从未交易过甚至从未听过的公司，人们一般不愿在 Web 上透漏自己的信用卡号码。这样就有了 PayPal 这样一个建立在可信中介的想法之上的公司来负责处理付款。加密和安全服务器也可以使付款更安全⊖。BBB（Better Business Bureau）建了一个网站，收集消费者对公司的投诉信息，用户可以公开进行查询。拍卖网站实现了评级和评论系统，以帮助买家和卖家确定谁更值得信任。订单的电子邮件确认、对消费者友好的退货政策，以及方便退货的包装，这一切都为消费者提供了更大的便利，并增加了在线销售额。事实上，随着在线销售的增加，竞争迫使传统商店也采取了一些电子商务的做法，例如消费者友好的退货政策。

> 🔥 电子商务对自由言论的
> 影响：见 3.2.5 节。

免费的东西

图书馆已经为好几代人提供了免费的书籍、报纸和期刊；在互联网出现之前，电台和电视台也会提供免费的新闻和娱乐节目。但是，现在我们可以拥有实在太多免费的东西——数量多得惊人。

社交网络是免费的，手机上绝大多数的 APP 也是免费的。我们可以获得免费的电子邮件程序和电子邮件账户、浏览器、过滤器、防火墙、加密软件、文字处理器、电子表格、查看文档的软件、处理照片和视频的软件、家居清单软件、反垃圾邮件软件、防病毒软件、反间谍软件，以及许许多多用于其他专门用途的软件，而这些还只是我们可以免费使用的软件中的很小一部分。除此之外：

- 我们可以免费阅读来自全世界的新闻。
- 我们可以找到免费的游戏程序，不仅包括以前的棋盘游戏和纸牌游戏，例如象棋和桥牌，而且还有很多新的游戏。

⊖ Web 上付款的方便性与安全性也产生了一个好的副作用：许多人向慈善组织捐款更多。但是又因此造成了一个不好的副作用，即出现了很多骗钱的假慈善网站。

- 如果两个人都有 Skype 账号，那么通过 Skype 打电话和发消息是免费的。
- Web 上有免费的交友服务。
- 主要的音乐节会在互联网上免费提供他们的音乐会，这相比支付 30 到 500 美元买一张门票显然是更加划算的选择。
- 一些知名（且昂贵的）大学（例如斯坦福大学、耶鲁大学和麻省理工学院）在网站上免费提供了成千上万的课程资料，包括视频讲座、课堂讲义和考试题目。
- 我们可以免费从谷歌、古腾堡项目（Project Gutenberg）和其他来源下载整本的图书⊖。
- 我们可以免费在线存储个人照片、视频和其他文件。
- 我们可以免费使用搜索引擎。
- 专门的学术百科全书（例如斯坦福哲学百科全书）、维基百科以及数以千计的其他资料网站都是免费的。

我们需要为图书馆交税，而广告商会为广播电台和电视节目买单。在 Web 上，广告也会为很多的免费站点和服务买单，但并非所有网站都这样。维基百科上没有任何广告——它依靠捐款来支付其硬件和网络带宽的费用，并雇佣少量员工。Craigslist 会向一些发布招聘信息的企业和个别城市中张贴公寓出租信息的代理收费。这样就可以使网站对所有其他人保持免费，并且可以免于接受其他收费广告。企业会提供一些免费的信息和服务，用来提高其良好的公共形象，并且可以用作一种营销工具。（一些免费的程序和服务拥有的功能比付费版本要少一些。）非营利组织把信息作为一种公共服务来提供给大众，通过捐赠或基金会来资助他们。互联网的一个独特的和令人愉快的特点是许多个体提供大量免费的东西，仅仅是因为这样做会让他们觉得愉悦。这些人可以是专业人员或业余爱好者，或者只是普通人，他们很享受把自己的专业知识和热情在网上分享。在 Web 环境下，这种慷慨和公共服务随处可见。

当我们在观看广告时，它往往是（但并不总是）比较明显的。广告会让有些人感到厌烦，但并非不可忍受，它们在屏幕上的存在对于我们享受的免费服务来说，并非是不合理的代价——而且我们还可以阻止其中一些广告。然而，为了赚取广告收入来资助耗费数百万美元的服务，很多免费网站会收集我们的在线活动信息，把它们卖给广告商。这种跟踪往往不是那么显而易见的，第 2 章会讨论这些内容。

广告拦截的伦理问题：见 2.5.3 节。

1.2.4 人工智能、机器人、传感器和动作

1. 人工智能

人工智能（Artificial Intelligence，AI）是计算机科学的一个分支，它使计算机能够执行通常（或者习惯上）我们认为需要人类智慧的任务。这包括玩复杂的策略游戏，例如国际象棋和围棋（相对国际象棋来说要难很多）、语言翻译、基于大量数据做出决策（例如批准贷款申请），以及理解语音（在这里可能会用响应是否及时作为"理解"的度量手段）。人工智能还包括由人脑和神经系统自动执行的任务，例如视觉（通过相机和软件来捕获图像并加以解释）。学习能力是许多人工智能程序的特点，也就是说，程序的输出会随着时间加以改进，因为它会根据对遇到的输入所做的决策结果进行评估来"学习"。许多人工智能应用都会涉

⊖ 可以下载的图书都是在公共领域的图书（也就是说没有版权的图书）。

及模式识别，即识别不同物体之间的相似性。这类应用包括阅读手写体（例如，自动整理平板计算机上的邮件和输入），指纹匹配，以及在照片中识别人脸。

在人工智能发展的早期，研究人员认为针对计算机的难题也是需要人类更高智慧和复杂训练的任务，例如赢得国际象棋比赛和完成复杂的数学证明。在 1997 年，IBM 公司的国际象棋计算机"深蓝"（Deep Blue）在一次比赛中打败了俄罗斯的著名国际象棋世界冠军加里·卡斯帕罗夫（Garry Kasparov）。人工智能研究人员意识到知识面较窄的专门技术对于计算机来说比对于五岁小孩来说要容易，这包括识别人、与人交谈、智能地适应环境等。在 2011 年，也是 IBM 公司研发的另一台专门的计算机系统 Watson 打败了人类的"Jeopardy!"游戏冠军。Watson 计算机可以处理语言（包括双关语、比喻等复杂的语言结构）和一般知识。它可以在三秒钟之内搜索和分析两亿个页面的信息。对于 Watson 计算机技术的实际应用包括医疗诊断，在数百万个文档中查找与某个案件有关的信息，以及各种不同的商业决策应用。在 2016 年，由谷歌母公司 Alphabet 开发的一个称作 AlphaGo 的程序，在比赛中打败了围棋世界冠军李世石。

我们下面会简要介绍一些人工智能应用的例子。这些例子在不久之前还是令人震惊的研究进展，但是现在人们已经对它们习以为常，并且将其应用到了许多企业、政府和消费者中。

在德国，有一个人在游泳池中突然心脏病发作，救生员却没有看到他沉入了游泳池底。而水下监控系统通过摄像头和复杂的软件发现了他，并且提醒救生员，从而拯救了他的生命。软件可以从正常游泳、阴影和倒影中识别出遇险的游泳者。这种系统目前已经安装在欧洲和美国的许多大型泳池中。正如人工智能软件可以区分有麻烦的游泳者和其他游泳者一样，它也可以通过视频监控系统来区分商店中的顾客是否存在可疑行为，从而表明他可能正在进行偷窃或者其他犯罪行为。在一些国家名胜古迹景点（例如自由女神像）部署的类似系统还可以发现是否有人留下了无人看管的包裹——这有可能就是个炸弹，并提醒保安人员。因此，即使没有持续的人工监测，拥有人工智能技术的视频系统也可以帮助防止犯罪，而不只是在事后查明肇事者。

搜索引擎使用人工智能技术来选择搜索结果，并且即使在人敲错词语的时候，也能够确定用户的真实意图。它们使用上下文来确定多义词的确切含义。（例如，"juno"指的到底是航天器、电影、女神、共享出行服务，还是互联网服务提供商？）语音识别已经成为数百个应用程序中的常用工具。我们与我们的智能手机对话，手机可以通过人工智能来弄清楚一个问题是什么意思，并找到问题的答案。手机还可以采用人工智能技术来知道它的主人是否感到无聊。（例如，反复的检查邮件或社交网站就可以作为反映无聊的一个线索。）教外语的计算机程序如果不能识别用户在说什么，就会以正确的发音来发出指令。空中交通管制员在模拟指挥塔中进行训练，指挥塔的每个"窗口"实际上都是电脑屏幕。当受训学员跟模拟的飞行员讲话时，计算机系统会做出响应。这种模拟可以在一个安全的环境中进行更加深入的培训。即使学员错误地指示两架飞机同时降落在同一条跑道上，也没有人会因此受到伤害。

人们还会继续辩论人工智能的哲学本质和社会影响。计算机系统拥有智能到底意味着什么？著名计算机科学家阿兰·图灵（Alan Turing）曾经在计算机还没有出现之前就建立了计算机科学背后的基本概念。他曾经提出一个用于检测计算机是否拥有人类智力水平的测试，现在被称为图灵测试（Turing Test）。在这个测试中，让一个人（通过网络）与系统进行交谈，谈话的内容可以是人选择的任何主题。如果计算机能够说服对面的人，让他以为它是人类的话，那么该计算机就通过了测试。这样是否足够呢？许多技术专家都是这样认为的（前提是实际采用的是经过了精心设计的测试）。但是这是否就意味着计算机拥有智能了呢？

哲学家约翰·塞尔（John Searle）认为，计算机不是而且也不可能是智能的。它们不会思考；它们只会操纵符号，而且操纵符号的速度可以非常快。它们可以存储（或访问）和操纵超大量的数据，但是它们没有意识。它们不会理解，它们只会模拟理解的过程。塞尔使用下面的例子来说明其中的区别：假设你不会汉语，把你放到一个放满了装有汉字符号的盒子的屋子里，再给你一本用英语写的很厚的手册。人们会给你提交汉字符号的序列。手册会告诉你如何操纵给你的符号与盒子里的符号，以生成一个新的符号序列，并返回给外面的人。要求你足够细心，不会觉得无聊，而且能够完全遵循手册中的指示。你并不知道收到的符号序列是汉语写的问题。而你通过查手册（就像执行程序指令的计算机一样）返回给外面人的则是正确的汉语答案。屋子外的人都会以为你的汉语水平很高！用赛尔的话来讲，他可能会说，虽然 Watson 计算机的确赢了 "Jeopardy!"，但是 Watson 自己可能都不知道它赢了 [15]。

无论我们认为机器是智能的，或者是用比喻的方式使用智能这个词，再或者说机器是在模拟智能，事实是研究人员和各种组织正在以更快的速度推进人工智能来模拟人类智能。当谷歌的自动驾驶汽车一开始上路的时候，它们是异常小心的，经常会踩刹车，而且即使因为路边停了两排车把路堵上，它们也不会选择跨越黄线逆行。后来，谷歌公司重新进行了编程，使得汽车驾驶起来更像人类，在有必要的时候也会选择打破规则。

> 🔥 人类级别的人工智能带来的影响：见 7.5.3 节。

17 世纪和 18 世纪的计算器的目标并不雄伟：只是为了自动化完成基本的算术运算。看到一台没有思想的机器可以执行与人类智力有关的任务，会让许多人感到不安。几个世纪后，加里·卡斯帕罗夫输给了一个计算机国际象棋程序，这使得人们在很多文章中对人类智慧的价值（或者价值的丧失）表示担忧。Watson 带来了更多的恐慌。到目前为止，似乎每个新的人工智能突破都会在起初引起疑虑和恐惧。但是用不了几年，人们就会习以为常。当 "Jeopardy!" 变得如此简单，每个人都可以做得很好的时候，我们会作何反应呢？当走进一家医院，所有手术都是完全由机器来完成的时候，我们会作何反应呢？这难道会比坐在第一架自动电梯或者飞机中更加令人恐惧吗？当我们可以在网络上发起关于任何话题的对话，而不用知道与我们交谈的到底是人还是机器的时候，我们会作何反应呢？当大脑中植入的芯片可以把我们的记忆提高到数十亿字节的数据量，并且拥有搜索引擎的功能时，我们又会作何反应呢？这时候我们还算是人类吗？

2. 机器人

机器人是一种机械设备，用来执行传统上由人类完成的体力活，或者我们认为像是人类活动的任务。机器人系统在工厂里负责组装产品已经有几十年的历史了。与人相比，它们的工作速度更快且更加准确。如今，绝大多数机器人设备都是由拥有人工智能的计算机软件来控制的。在牛奶厂里，机器人挤奶设备可以为成千上万的奶牛挤奶，而奶农们则可以去睡觉或者干别的杂事。快餐食品店使用机器人食品准备系统，以降低成本和加快服务速度。一个连接到病人数据库上的机器人药剂师设备，可以通过读取条形码从药房货架上选取适当的药品，检查药品之间的相互作用，并处理账单。这种机器人的主要目标之一是减少人为错误。在医院里，机器人会负责配送药品，它们能绕过障碍，并且会通过无线信号来"按"电梯按钮。利用 3D 显示器和操纵杆来控制机器人设备，医生就可以从控制台完成复杂和精细的手术；同时软件可以过滤掉医生不稳定的动作。机器人可以在对人类来说有危险的环境中工作，例如：

- 检查海底建筑物或通信电缆。
- 在由于爆炸或地震倒塌的建筑物中寻找幸存者。
- 探索火山或其他星球。
- 处理核废物或其他有害废物。

曾经有几年的时间里，索尼公司出售一种机器宠物狗"爱波"（Aibo）。它会（通过提供视觉的摄像系统）走路，能够响应命令，而且会学习。还有几家公司制造了有点接近人的形状的机器人，它们会上下楼梯、跳舞，并且能通过面部表情来传达情感。然而，正如通用智能对人工智能来说是一个难题一样，通用动作和功能对于机器人来说也是一个难题。绝大多数机器人设备都是只拥有一组有限操作的专用设备，不同的公司和研究人员正在开发可以做出智能行动并且执行各种不同操作的机器人。机器人（不管长得像狗还是像人）可以作为老年人和无子女伴侣的同伴和助手。与机器建立感情连接到底是非人性化的，还是对单独生活或者是生活在养老院里但工作人员无法提供经常陪伴的人们的生活质量的一种提升呢？如果知道了奶奶有一个机器人伴侣，是否会减轻家庭成员的罪恶感，并导致他们不经常去看望老人呢？我们会慢慢把机器人同伴作为宠物一样热情地对待吗？

可能对于机器人和人工智能系统最大的担心还是来自它们可能会消灭大量的工作岗位，从而导致很多人失业和贫穷。另外，还有人担心随着人工智能的进步，机器人变得更加聪明之后，它们会反过来消灭人类。

> 🔥 计算技术对就业的影响：见第 6 章。

3. 智能传感器、动作和控制

机器人是怎么走路、爬楼梯和跳舞的呢？它们采用了非常小的动作感应和重力感应装置来收集状态数据。还使用了复杂的软件来解释数据，确定必要的动作，然后把信号发给电机。加速度计或 MEMS（微机电系统）这样的设备会帮助机器人和 Segway 的电动滑板车保持直立。智能手机 APP 使用手机上的动作检测设备，无数人玩的游戏中都使用了控制器来检测用户的动作。MEMS 为数字相机提供了图像防抖功能。它们可以用来检测汽车发生了车祸，有人把笔记本电脑摔到了地上，或者有老人摔倒在地。在这些应用中，系统会自动释放安全气囊，触发硬盘驱动器的锁定以减少损害，或者自动呼叫帮助。

带有传感器和无线电发射器的小型微处理器（有时也称为智能灰尘，但它们仍然比尘埃粒子要大很多）已经找到了各种各样的应用。我们在 1.2.2 节介绍物联网的时候已经提到了一些例子。我们这里再举几个例子，有些已经在使用中，还有些正在开发中。这些例子有很多明显的好处，但是它们会带来什么潜在的问题呢？

- 炼油厂和燃料存储系统使用成千上万的传感器来检测泄漏和其他故障。桑迪亚国家实验室（Sandia National Laboratory）开发了一种"芯片上的化学实验室"，可以检测出汽车排放的尾气、化学品泄漏、火灾中的危险气体（为消防队员降低风险），以及许多其他的危害品。类似的芯片可以用于检测化学武器。
- 传感器可以检测温度、加速度和材料张力（例如飞机零件）。分布在桥梁上（例如旧金山的海湾大桥）和摩天大厦中的传感器可以检测结构问题，报告飓风或者地震带来的毁坏情况。这些应用在降低维护开销的同时，还可以提高安全性。
- 农田里的传感器可以报告湿度、酸度等数据，帮助农民减少浪费，并按照需要使用化肥。传感器能够检测可能会毁害庄稼的霉菌或昆虫。在鸡身上植入传感器可以监测它们的体温；如果鸡的体温过高，那么计算机会自动降低鸡笼的温度，从而可以减少由于过热带来的疾病和死亡。

- 食品中的传感器可以监测温度、湿度和其他因素，以监测在食物运输到商店的过程中是否会存在潜在的健康问题。
- 部署在地下室或卫生间里的传感器可以检测是否有漏水，并通知你远程把水关掉。
- 手腕佩戴的装置或粘在皮肤上的小型装置可以检测佩戴者的血液酒精含量并向手机进行报告：它可以把报告发送给佩戴者、家庭成员或者是缓刑官员的手机。

有些公司开发了相应的传感器系统，用户可以通过手的运动来操纵三维图像，而不需要触摸屏幕或任何控制装置。设计师可以用它来设计楼房、机器、衣服等，在实现它们之前就可以实施检查。人们（例如，机械师、厨师、主刀医生等）在工作中不用洗手（当然也可以把手洗干净）就可以检查他们要用的材料。我们还能想到什么其他的应用场景？

我们已经在人身体内或身体上植入或佩戴了多种微处理器控制的设备：起搏器和去纤颤器，还有让瘫痪的人恢复运动能力的装置（这会在 1.2.5 节中讲述）。很快就会出现用于增强健康人的能力的可植入设备。起初，它的目的可能是用于提高运动员的竞技水平，例如，帮助有竞争力的游泳运动员游得更加顺畅。然后呢？随着生物科学和计算机科学以新的途径结合到一起，你能想到会出现哪些伦理、社会和法律问题呢？

1.2.5 残疾人的工具

对于计算机技术来说，一个最让人感到欣慰的应用是让有身体残疾的人可以恢复其能力、生产力和独立性。一些基于计算机的设备可以协助残障人士使用与其他人一样的普通的计算机应用程序，如 Web 浏览器和文本处理器。有些设备可以提高残疾人的移动能力，使他们可以控制我们大多数人用手来操作的家庭和工作场所的器具。有些技术对我们大多数人来说可能主要只是为了便利，而却可以为残疾人提供更大的好处。举例来说，导航系统可以帮助我们在开车时找路，而对于盲人来说，当他们行走在不熟悉的街道上的时候，可以帮助他们找到正确的方向。以短信为例，当它们在普通大众之间流行之前，就已经很受聋哑人的欢迎。

图 1.4　通过处理墨镜上的摄像头传来的图像，并通过天线把信息传送到人的虹膜上植入的芯片中，就可以让盲人分辨浅色和深色的形状

对于盲人来说，有很多应用可以帮助他们避免碰撞或者辅助阅读。在拐杖上添加超声波传感器可以检测高于拐杖末端的物体，从而帮助盲人躲开可能会撞到他们头部或膝盖的障碍物。软件还会朗读那些对于视力正常的人来说不需要的信息，例如在网页中嵌入的关于图像的描述信息。谷歌公司提供的搜索工具可以根据网站对于盲人用户的友好程度来进行排名。对于不是电子格式的材料，如果把扫描仪或照相机、光学字符识别（OCR）软件和语音合成器这些工具组合起来，就可以把它读给盲人听。现在，利用手持设备就可以在饭馆里朗读菜单、账单和收据，还可以在家里朗读杂志和信件。如果噪音可能会成为一个问题（或者对于既盲又聋的人来说），计算机还可以通过调整一排按钮的高低来形成盲文字符，以取代语音输出。盲文打印机还可以输出硬拷贝。（虽然早就有了盲文图书或是磁带图书，但是由于小市场的生产成本太高，所以可选择的范围很小。）

一些患有帕金森病和其他导致颤抖的病人无法很好地控制饮食器具，所以会导致掉落或洒出大量食物。有一家公司开发了一种勺子，该勺子的手柄可以检测用户的颤抖，并使用动作稳定技术来抵消这样的运动，从而使勺子更稳定[16]。

有些人不能或是几乎无法使用双手，例如手臂截肢、四肢麻痹（胳膊和腿都瘫痪，往往是交通事故造成的）以及某些其他疾病。对于这些人和其他一些人来说，语音识别系统是一个极为有用的工具。通过在他们的平板电脑或手机上显示相应的文字，聋人也可以使用语音识别系统来"听"另一个人的讲话。

假肢装置（例如人造胳膊和腿）已经从繁重的、"呆呆的"木头产品改善为拥有模拟马达的更轻的材料，现在高敏感度和灵活的数字控制设备使截肢者能够参加体育比赛，甚至驾驶飞机。有了"智能"人工膝关节，就算是膝盖以上的腿被截肢的人都可以走路、坐下和爬楼梯。连接到正常腿上的传感器会以每秒钟上千次的频率测量压力和动作，并把数据传给假肢中的处理器。人工智能软件会识别和适应速度、斜坡以及人的行走风格。处理器控制电机来弯曲和伸展膝关节，支撑身体的动作，从而可以取代正常的神经、肌肉、肌腱和韧带之间的复杂相互作用。类似地，在智能腿部支架中的传感器、动作装置和软件可以帮助瘫痪的人正常行走。斯泰西·科泽尔（Stacey Kozel）虽然由于狼疮而失去了腿部功能，但是她通过走完阿巴拉契亚小径⊖证明了这种智能腿部支架的强大力量。

对于双腿瘫痪的人或为其他不能使用假肢的人，可以使用能够爬楼梯的轮椅，以直立的方式把人移动到想要去的地方，也有电动的腿部支架可以让人正常行走。人造手臂使用电极来获取人的（自然）上臂剩余部分中由于肌肉收缩而产生的微小电场。微处理器可以控制微小的电机来移动人造手臂，打开或合上手指等。要想恢复由于脊髓损伤而瘫痪的人的控制和动作能力，研究人员正在研发"人脑－计算机接口"，用来把大脑信号转换为对腿和手臂肌肉的控制[17]。所有这些设备会对用户的情绪产生巨大的积极影响。

1.3 涉及的主题

整本书中会出现一些不同的主题和分析问题的方法。下面介绍其中的几个。

⊖ 阿巴拉契亚小径（Appalachian Trail）是美国东部著名的徒步路径，连接佐治亚州的施普林格山（Springer Mountain）和缅因州的卡塔丁山（Mount Katahdin），途经美国 14 个州，全长约 3505 公里（约 2200 英里）。——译者注

1. 把老问题放到新的上下文中

网络空间中会出现许多在非网络生活中的问题、麻烦和争议，其中包括犯罪、色情、暴力小说和游戏、广告、版权侵权、赌博和伪劣产品。

在本书中，我们经常会描绘一些与其他技术和生活的其他方面进行的类比。通过审视老的技术和既定的法律和社会原则，我们有时候可以发现有助于分析新问题的角度，甚至是解决这些新问题的想法。我们之所以强调类似的问题发生在其他领域这样的事实，并不是把它们当作新问题的借口。相反，它表明问题的根源并不总是新的技术，而可能是来源于人性、道德、政治或其他因素。我们有时候会尝试分析新技术会如何改变上下文，以及旧问题带来的影响。

2. 适应新技术

技术变革通常要求在法律法规、社会机构、商业政策，以及个人技能、态度和行为上都发生适应性的变化。

我们很容易就能找到许多需要对法律进行及时更新的例子，例如：
- 关于机动车辆的联邦法律包含了诸如转向灯控制位置的细节，这些对于自动驾驶汽车来说显然不适用。
- 联邦飞行局的规定要求飞行器上都必须带有操作手册，而且在规定中并没有提到对无人机的例外要求。
- 财务技术初创公司可以通过智能手机 APP 向全美 49 个州提供学生贷款、抵押贷款和个人贷款，但是内华达州除外，因为它要求必须在该州设有实体办公场所。
- 有一个联邦规定要求所有的医疗 X 光片都必须保存在胶片上，而不能以数字格式存储，这个规定直到 2011 年还有效。
- 2005 年日本选举竞选期间，候选人都不敢使用电子邮件和博客，也不敢通过网站互动来同选民交流，因为 1955 年的法律中指定的可以和选民交流的合法途径中当然并没有包括这些方法。它允许的手段中包括的是明信片和小册子。

我们可能很自然会想到有些行为明显是犯罪，而有些应当是合法的，但是立法者在编写旧的法律时却没有考虑到这些行为。如果我们把这些旧的法律应用到新技术上，那么得到的结果可能就会同我们的期望恰好相反。

对个人来讲，我们必须要重新学习新的标准，以决定什么时候该相信我们所读到的东西。我们必须要以新的方式来思考如何保护我们自己的隐私。我们必须决定什么时候隐私是重要的，而什么时候我们会愿意为了一些其他的利益而冒隐私被侵犯的风险。

3. 既得利益者的抵抗

新技术会对现状带来威胁。企业、组织、工会和政府机构往往会失去收入或权力，因此会试图阻止新的方法。

像 Lyft 和 Uber 等出行共享服务的出现提出了一些关于规则的合理问题，比如乘客的保险问题。然而，（在法国提出的）一些新的法律要求司机必须要等待 15 分钟之后才能接乘客上车，这样的法律没有任何的道德基础或社会价值，目的只是使新的服务效率更低，从而乘客会更倾向于选择现有的出租车服务。为了保护法国的实体书店，法国政府还禁止对网上打折的图书采取免费送货。

在第 3 章中，我们将看到影响言论自由的一些例子。在第 4 章中，我们将看到音乐和娱乐业如何对使产品的复制和发行变得更容易的数字技术做出反应。在第 6 章中，我们将看到反对由网络和移动应用程序所使能的出行共享服务和其他新的工作形式的案例。

4. 问题的解决方案会有不同来源

> 新技术带来的问题的解决方案可能会来自更多或更先进的技术、市场、管理策略、教育和公众意识、志愿者的努力以及法律。

问题和解决方案构成一个周期性循环，然后会出现更多的问题和更多的解决方案，总的来说，这是变化和生活中很自然的一个组成部分。在本书中，当我们面对一个问题时，会从不同的角度来寻找解决方案。技术的解决方案可以包括硬件和软件。"硬件"可能意味着计算机系统组成部分以外的东西；在自动取款机附近提高照明的亮度，对于减少抢劫来说就是一个硬件解决方案。通过类似竞争和消费者需求这样的市场机制也会产生许多改进。金融机构实现用户认证技术有助于避免身份窃贼盗用用户的在线账户。我们都必须学习并了解我们所使用的高科技工具可能带来的风险，并且学习如何安全地使用它们。针对数字问题的法律解决方案包括诉讼、改进执法技术，以及新的或修改过的法律法规。例如，对于网上欺诈的人必须要有合适的处罚，而对于系统发生故障的案件也必须要确定合适的法律责任。

5. 网络的全球化

> 通过网络，我们与距离遥远的国家可以进行方便的交流，这会对社会、经济和政治产生深刻影响——有些影响是好的，有些则不是。

互联网使得因为地理或政治制度被隔绝的人们可以更加容易地获取信息和机会。它也使得打击犯罪和执法更加困难，因为罪犯不用进入一个国家就可以盗窃或者破坏该国家的服务。一个国家的法律可能会禁止互联网上的特定内容，而特定种类的互联网服务可能会对其他国家的人或企业加以限制，这是因为互联网是全球都可以访问的。

6. 权衡和争议

> 提供私密性和安全性往往意味着会降低易用性。保护隐私也会使执法变得更加困难。在我们访问互联网上大量有用的信息的同时，也会遇到许多不愉快、令人反感或不准确的信息。

我们要讨论的一些主题可能并不是特别有争议的。有时候，我们会把一个问题当作要解决问题的练习题来对待，而不把它当作一种争议。我们会关注电子技术在特定领域的影响，观察它造成的一些问题，并且给出解决方案。另一方面，许多问题的确是有争议的：在互联网上泄露机密信息，隐私保护的适当政策，版权法律的严格程度，工作机会的外包，计算机对生活质量的影响，等等。

我们会考虑不同的观点和论据。即使你很强烈地支持争论的一方，也有必要了解另一方的论据。这样做有如下几个原因。知道对于不同观点也存在合理的论据，即使你不认为他们的论据强大到足以获胜，这也会有助于使辩论更加文明。我们会看到，站在另一方的人并不一定就是邪恶、愚蠢或者无知的；他们可能只是更加看重不同的因素而已。为了说服别人你的观点是正确的，你必须要挑战对方最强的论据，因此，你当然首先要知道并理解他们的论据。最后，你在考虑了之前没想到的论据之后，也有可能会改变自己的想法。

7. 完美是可望而不可求的

总的来说，当评估新的技术和应用的时候，我们都不应该把它们比作某种理想状态下的完美服务，或者是零副作用、零风险的事物。这在生活的大多数方面都是不可能实现的。相反，我们应该把它们比作一些可能的选择，去权衡其中的利弊。理想情况给我们指引方向，让我们努力去寻求改进和解决问题的方法。

我们不能企及完美的另一个原因是，我们每个人关于完美都有不同的看法。这并不是说我们就可以轻易草率行事。我们依然有能力满足非常高的标准。

8. 个人选择、商业策略和法律之间的差别

做出个人的选择、为企业和机构制定政策，还是为其制定法律，在不同情况下要采取的标准有根本的不同。

我们可以根据个人价值观和具体情况做出个人的选择，例如，想要加入哪个社交网络，在手机上安装什么样的应用程序，或者购买哪本电子书。一个企业在制定政策时要考虑很多因素，包括管理层对消费者喜好的理解、竞争对手在做什么、对股东的责任、企业主或经理人的道德观念，以及相关的法律。

与个人选择和组织机构政策相比，制定法律则有根本上的不同，因为法律会把决定施加到并不参与制定决定的人的身上。用来通过一个法律的论据，与选取个人或组织策略的论据相比，应当有质的区别。乍一看这似乎有点儿奇怪，但是用来支持某个提议的论据可能是：这是一个好的想法，它的效率很高，或者它对企业有好处，对消费者有帮助，这些论据都不足以成为制定法律的论据。我们可以用上面这些论据尝试说服一个人或组织机构来自愿采取某个特定的政策。但是制定一个法律的论据则必须要说明为什么这个决定要施加于那些并不赞同这是一个好想法的人的身上。更好的做法是：法律应当基于权利的概念，而不应当基于某些人的个人利益或是我们想要人们怎么做。

1.4 伦理[⊖]

诚实是最好的策略。

——英国谚语，1600 年之前

1.4.1 伦理到底是什么？

有时候，我们会从一个相对超然的视角来讨论与计算机技术有关的问题和困难。我们看到一种新的技术会如何创造新的风险，而社会和法律组织又如何持续性地适应新的技术。但是技术并不是一成不变的力量，无法超越人类的控制之外。关于要研制什么技术和产品以及如何使用它们，都是人可以决策的。至于一个产品什么时候才可以安全地发布，也是人可以决策的。关于如何访问和使用个人信息，也是人可以决策的。是人在制定法律、设定规则和标准。

你可以从未经授权的网站下载电影吗？你可以在高速公路上开车的时候打电话吗？你

[⊖] ethics 可译为"伦理"或"道德"，在中文版中把二者当作同义词，使用时不加区分。——译者注

可以在新工厂中安装机器人设备而不雇佣人类员工吗？在你销售的手机应用中，你应当警告消费者你需要复制他们的联系人列表吗？如果你的员工在社交媒体上批评你的企业，你可以解雇他吗？在你运营的网站上，你可以允许广告商和其他跟踪者收集网站访问用户的哪些信息呢？有人发给你某个朋友（一个教师或是市议员候选人）的邮件账户的内容，你是否可以把它发布到网上呢？在这些例子中，你面对的不仅仅是现实和法律的问题——还包括伦理问题。在每种情形中，你可以把这些问题重新陈述为一个结构为"这样做是不是正确的？"的问题。例如，在没有提前通知消费者或者会员的前提下，对你的公司的隐私策略做出重大改变是不是正确的？

伦理学研究的是："做正确的事"（do the right thing）意味着什么。这是一个复杂的课题，几千年来有无数的哲学家献身于该研究。在本节中，我们将介绍几个和伦理有关的理论。我们会讨论在解决伦理问题时需要理解的一些区别（例如，在道德和法律之间的区别）。这里的讲解经过了必要的简化。

伦理理论假设人是理性的，并且会自主做出选择。然而，这两个条件却不总是永远和绝对正确的。人是感情动物，因此会犯错误。当有人拿枪指着你脑袋的时候，你就无法做出自主的选择。有人认为，当一个人可能会失去工作的时候，他也无法做出自主选择。然而，自主选择和使用理性判断是人类的能力和特点，因此把它们作为伦理理论的基础假设也是合理的。我们所持的观点是：在绝大多数情形下，个人对于他的行为是负责任的。

伦理规则指的是：在我们与其他人的交往中，或者在可能会影响其他人的行为中，需要遵守的规则。大多数伦理理论都会试图达到同样的目标：提升人的尊严、和平和幸福。伦理规则适用于我们所有的人，它的目的是为了所有人在所有情形下获得良好的效果，而不能只是为了我们自己，也不是为了某个特定的情形。一组好的规则要尊重下列的事实：我们每个人都是独特的，都拥有自己的价值观和目标，我们拥有判断力和意志，而且会根据我们的判断来达成我们的目标。这些规则应该澄清我们的义务和责任，以及我们选择的范围和个人喜好⊖。

我们可以把伦理规则看作是基本和普遍的，就像科学规律一样。或者，我们也可以把它们看作是我们自己制定的规则，像棒球规则一样，它会提供一个框架，人们可以在其中与其他人用一种和平的、富有成效的方式来进行交往。有两本书的标题可以说明这两种截然不同的观点：一本书是《伦理学：发现对与错》，另一本书是《伦理学：发明对与错》[18]。我们不一定要去评判哪种观点对于寻找好的伦理规则是正确的。不管对于哪种观点，我们的工具都要包括关于人性、价值和行为的推理、反省和知识。

按照伦理来做事，无论在个人还是职业领域中，通常都不会成为一种负担。在大多数时候，我们是诚实的，会信守承诺，不偷不抢，把自己的工作做好。这应当是不足为奇的。如果伦理规则本身是好的，它们对人应该是适用的。也就是说，它们应该让我们的生活更美好。按照伦理来做事通常是可行的。例如，诚实可以让人与人之间的交往更加顺畅和可靠。如果我们经常说谎或者不遵守诺言，我们就会失去朋友。社会机构会鼓励我们做正确的事：如果偷东西被抓，我们可能会锒铛入狱。如果我们不认真工作，那么就可能会被开除。在一个职业环境中，按照好的伦理规则做事通常对应于以专业素质和能力来把工作完成好。按照

⊖　并非所有的伦理学理论都符合这个描述。伦理相对主义和其他种类的伦理利己主义就不符合。然而，在本书中，我们假设所有伦理学理论都满足这些目标和需求。

好的伦理规则还通常会对应于好的商业行为，也就是说按照伦理生产的产品和符合伦理的政策会更容易讨好消费者。然而，有时候做正确的事是很难的。在我们可能会遭受负面后果的情形下可能需要勇气，而勇气通常会和英勇行为联系在一起，例如在危险环境中冒着生命危险去抢救另一个人的生命，这些都是可能成为新闻的行为。我们大多数人可能并没有这样的机会去展现自己的勇气，但是在日常生活中，我们却会有许多这样的机会来做出勇敢的道德决定。

1.4.2　关于伦理的各种观点 [19]

虽然人们对于一般的伦理规则有较多共识，但是关于如何确立有坚实依据的规则，以及在特定的情形下如何决定什么是符合伦理的，却又有许多不同的理论。我们会简要描述关于伦理学的几种不同观点。有些伦理学家⊖会把伦理学理论分成两类：一类在认定某个行为是好还是坏的时候，会基于该行为的内在特性来进行判断；另一类则根据该行为的后果来判断它的好坏。他们把这些理论分别称作义务论（或非结果论）和结果论的理论方法⊜。然而，过于强调这种区别是没有必要的。如果在义务论用来确定一个行为的内在善和恶的标准中，不去考虑它可能会对人（至少是对大多数人，在大多数的时间下）可能造成的后果的话，那么他们的标准可能就不具备太多伦理上的优点。

1. 义务论

义务论者（deontologist）往往强调责任和绝对的规则，无论它们在特定的情形下会产生好的还是坏的后果，都必须遵守。一个典型的例子是：永远不要说谎。如果一个行为符合这些伦理规则，那么就是合乎道德的，而你选择它也是基于这个原因。

著名哲学家康德⊝是著名的义务论者，他对伦理理论的许多思想都做出了重要贡献。在这里我们简单提及其中的三个。首先是普遍性的原则，即我们应该遵循那些可以普遍适用于每个人的行为规则。对于伦理理论来说，这个原则是非常重要的基础，我们在解释伦理学的时候就已经接受了它。

其次，义务论认为，逻辑或推理会决定道德行为的规则，而如果行为遵循了逻辑，那么它们本质上就是好的。康德认为，理性是判断好坏的标准。我们要么推理出什么是情理之中的事情，并根据此来采取相应的行动；要么我们就会采取非理性的行为，而这样做就是邪恶的。如果因为某件事情是不合逻辑就认为它是邪恶的，这样貌似不是很令人信服，但是康德提出的"尊重你内在的理性"确实是很明智的，也就是说，在一个道德上下文中，你需要使用你的推理、理性和判断，而不是感情来做出决定。

第三，康德提出一个与其他人交往的原则：我们要将善待他人本身作为一种目的，而不仅仅是将其作为满足我们自己需要的手段。

康德在道德规则的绝对性上采取了非常极端的立场。举例来说，他认为说谎永远都是错

⊖　所谓伦理学家（ethicist），也就是研究伦理学的哲学家（或其他人）。

⊜　义务论（deontological），也称作非结果论（nonconsequentialist），与结果论（consequentialist）相对。——译者注

⊝　康德的全名是伊曼努尔·康德（Immanuel Kant, 1724—1804），德国著名哲学家。康德是德国古典哲学的创始人、唯心主义、不可知论者、德国古典美学的奠基者。在伦理学方面，康德认为真正的道德行为是纯粹基于义务而做的行为，而为实现某一个个人功利目的而做事情就不能被认为是道德的行为。因此一个行为是否符合道德规范并不取决于行为的后果，而是采取该行为的动机。——译者注

的。例如，如果一个人正在寻找某个他要杀害的人，如果他问你这个人在哪里，即使你为了保护受害者而说谎，也是错误的。但是，大多数人会同意下面的观点：因为要考虑可能产生的后果，一定会存在某些情形，即使是非常好的、普遍的规则也是应当可以破坏的。

2. 功利主义

功利主义（utilitarianism）是结果论的一个主要例子。用英国哲学家穆勒⊖的话来说，功利主义的指导原则是增加幸福，也即"效用"[20]。一个人的效用是满足自己的需求和价值观。一个行为可能会降低一些人的效用，同时会增加其他人的效用。我们应当考虑其后果，也即对所有受到影响的人带来的利益和损害，用它来"计算"总效用的变化。如果一个行为会增加总效用，那么就是正确的；反之，如果它会降低总效用，那么就是错误的。

功利主义是一个非常有影响力的理论，而且有很多的变种。正如上文所述，功利原则也适用于个人行为。对于每一个行为，我们考虑它对效用的影响，并根据它的净影响来对该行为做出判断。这有时候被称作"行为功利主义"。另外一个功利主义的变种称作"规则功利主义"，它不仅把效用原则应用到个人行为，而且还应用到一般的道德规则之上。因此，一个规则功利主义者可能认为"不要说谎"这个规则会增加总效用，因此根据该原因，它就是好的规则。规则功利主义者不会对他们认为是说谎的每个实例来分别进行效用计算。一般来说，与义务论者相比，功利主义更加可以接受在可能会带来好的后果的情形下，允许破坏规则。

行为功利主义存在许多问题。我们可能会很难或无法确定一个行为可能造成的一切后果。即使我们能够做到这一点，那么我们是否应该增加那些我们认为可能会或者应当会有利于受影响的人的幸福的行为？还是应当增加他们为自己选择的东西？我们如何才能知道他们会做什么选择？我们如何才能对幸福进行量化，从而可以在许多人之间进行比较呢？有些人的效用应当比其他人的效用的权重更高吗？我们是不是应当把小偷获得的效用等同于受害者损失的效用？一美元对于辛苦工作获得它的人来说，与作为礼物收到它的人相比，是否拥有相同的效用价值？那么对于富人和穷人又是否一样呢？我们又该如何度量自由的效用呢？

对于行为功利主义一个更为根本（也更符合道德）的反对意见是：它不承认或尊重个人权利。它没有绝对的禁忌，因此就可能会支持许多人都认为肯定是错的行为。举例来说，如果有理由证明杀死一个无辜的人（可以把他的器官分配给如果不能接受移植就会死掉的多个人），或是把某人的所有财产都没收然后重新分配给社区的其他成员，这样做会最大化一个社区的效用的话，那么功利主义认为这样的行为是合理的。在这里，人不拥有被保护的自由。

与行为功利主义相比，规则功利主义受到这些问题的影响会低很多。认识到广泛的杀戮和偷窃会降低所有人的安全和幸福，规则功利主义可以推导出反对这些行为的规则。我们也可以在生命和财产权利方面给出一些特定的规则。

3. 自然权利

假设我们希望以诚待人，而不是仅仅把人当作工具，并且我们希望增加人们的幸福感。

⊖ 穆勒的全名是约翰·斯图亚特·穆勒（John Stuart Mill，也译作约翰·斯图亚特·密尔，1806—1873），英国经济学家、思想家、哲学家、古典自由主义思想家。英国功利主义哲学的创立者是杰里米·边沁（Jeremy Bentham, 1748—1832），它提出"从行为的效用来判断人的行为的道德性，以最大多数人的最大幸福来判断立法的正义性"。穆勒是边沁功利主义的信奉者和传播者，在很大程度上推动了功利主义的思想。——译者注

这些目标貌似有些模糊，在特定的情况下可能有很多的诠释方法。我们可能遵循的一种方法是让人们自己做决定。也就是说，我们试图定义一个自由的领域，在其中人们可以根据自己的判断自由行动，而不会受到别人的强制干涉。即使这些别人（包括我们）认为自己正在做的对于所涉及的人或是全人类来说是最好的选择，也不能干涉一个人的自由。这种方法把伦理行为看作首先要尊重他人的基本权利，其中包括生命、自由和财产的权利。

这些权利有时也被称为自然权利（natural right），因为一些哲学家的观点认为，这些权利来自大自然，或者我们可以从人性的本质中推导出这些权利。英国哲学家洛克⊖认为，我们每个人对于我们自己、我们的劳动以及劳动产出的东西都拥有不可剥夺的权利[21]。因此，他认为对于我们创造或者通过劳动和自然资源而获得的财产应当拥有自然的权利。他把保护私有财产看作道德规范。如果不能保护财产，那么发明新工具的人就不会愿意把它展示给别人，或者在别人眼皮底下使用新工具，因为这样可能被别人窃取。开垦土地和种植粮食也将毫无意义，因为人不可能总是站在那里来防止他人采摘自己种植的作物。因此，对私有财产的权利也会增加总的财富（效用）；工具制造商或农民就会有更多的东西拿出来给予或者交易给别人。对生命、自由和财产的权利的尊重也就意味着反对杀戮、偷窃、欺骗和胁迫这样的伦理规则。

有些人把言论自由视为一种自然权利，因为一个人表达自己观点和说出自己所想所感的自由是对我们的人性和自主权的一种自然延伸。

强调自然权利的人往往会强调在人们交互过程（process）中的道德特性，如果在过程中涉及自愿交互和自由交流，双方都没有胁迫或是欺骗对方的话，那么就会认为他们的行为一般来说很可能是符合道德的。与此相反，其他的道德标准或方法可能会倾向于关注交互所达到的结果或状态，例如，如果结果使某些人变得更加贫穷，那么该行为就很可能是不符合道德的。

4. 消极权利和积极权利（自由权和请求权）

当人们谈到权利时，常常会讲到两种完全不同类型的权利。在哲学书中，这些权利通常被称为消极（negative）权利和积极（positive）权利，但是如果换成术语自由权（liberty right）和请求权（claim right），则能够更好地描述二者的区别[22]。

消极权利（或自由权）指的是在行动中不受干涉的权利。它们施加到其他人身上的唯一责任是不能阻止你的行为。它们包括生命权（也就意味着没有人可以杀了你），不受侵犯的权利，使用你自己的财产的权利，使用自己的劳动、技能和心智去创造商品和服务的权利，以及按照资源交换的方式与别人进行交易的权利。在美国独立宣言中所描述的"生命、自由和追求幸福"的权利指的就是自由权（或消极权利）。美国宪法第一修正案所保障的言论和宗教自由制度也是消极权利：政府不能因为你说了什么或者你的宗教信仰就干涉你，把你关进监狱，或者杀了你。工作的权利也是自由权（或消极权利），也就是说，没有人可以禁止你去工作，例如，不能因为你没有得到政府的工作许可就惩罚你。访问互联网的（消极）权利在自由国家中是如此显而易见，以至于我们甚至都没有把它当作一种权利；然而独裁政府可能会限制或拒绝民众访问互联网。

请求权（或积极权利）会在一些人身上施加义务，要求他们向其他人提供特定的东西。

⊖　洛克的全名是约翰·洛克（John Locke，1632—1704），英国哲学家。他是英国"光荣革命"时期著名的思想家和唯物主义哲学家及经济学家、经验主义的开创人，同时也是第一个全面阐述宪政民主思想的人，在哲学以及政治领域都有重要影响。他主张生命、自由、财产是人类不可剥夺的天赋人权。——译者注

工作的积极权利意味着不论他们是否自愿选择，也不管政府为失业的人设立的工作的项目是正确的事情还是强制义务，他们必须雇用你。生命的积极权利意味着对于那些没有能力支付食物或者医疗的人们，有些人有义务为他们提供这些东西。当我们把言论自由解释为请求权（或积极权利）的时候，它意味着我们可以要求商场、电台和在线服务提供商提供空间或时间给他们可能不想包括进来的内容。如果把访问互联网当作请求权，则可以要求通过税收为穷人提供补助，或者为贫穷国家提供接入访问的国际援助。最后一个例子提出了下面的问题：提供积极权利的义务可以延伸到多远呢？此外，在想象什么可能是积极权利（或请求权）的时候，可以考虑一下如果有些东西取决于实现一定程度的社会财富或技术的话，那么它是否应当作请求权呢？例如，如果拥有电话服务在当今是一种积极权利的话，那么在1900年前后，当只有15%的家庭拥有电话的时候，它是否也可以算作一种积极权利呢[23]？如果在现在访问互联网是一个积极权利的话，那么在19世纪它也可以是积极权利吗？

　　这里还有一个更根本的问题：消极权利和积极权利经常发生冲突。有些人认为自由权自身几乎一钱不值，社会必须制定社会和法律的机制以确保对每个人都满足他们的请求权（或积极权利），即使这意味着会降低一些人的自由权也是应该的。另一些人则认为可以没有（或者只有很少的）积极权利，因为几乎不可能在不侵犯他人的自由权的前提下来强制执行一些人的请求权。他们认为保护自由权（或消极权利）在道德上是必不可少的。虽然我们无法解决关于哪种权利更为重要的分歧，如果在争论中遇到类似的问题需要澄清，我们有时候至少可以说清楚在讨论的是哪一种权利。

5. 黄金法则

　　《圣经》和孔子都告诉我们要善待他人，就像我们想要他们善待我们自己一样。这是一个非常有价值的道德准则。它说明的是礼尚往来或角色转换。然而，我们不应该对这个规则过于望文生义，我们需要按照合适的级别来应用这个规则。它告诉我们在做出一个道德决定的时候，要从可能会影响到的他人的视角来考虑问题。不管你多么热爱在蜿蜒曲折的道路上飞速驾车，如果车上有一个特别容易晕车的乘客，那么飞速绕过这些弯道就显得不那么友好。不管你有多么喜欢让朋友分享你的派对照片，如果其中有人希望保护隐私，那么分享他的照片可能就不是很好。我们想要别人把我们看作独立的人，并且尊重我们的选择。因此，我们也应该尊重他们的选择。

6. 奉献社会

　　我们专注的是如何做出符合道德的决定。有些道德理论则会采取更加广泛的目标：如何度过有美德的人生。这可能超出了本书的范畴，但是有些想法和道德决定是有关联的。亚里士多德说过："有美德的人生就是做有美德的行为"。这就给我们提出了一个问题：什么才是有美德的行为？大多数人会同意在无家可归者收容所帮助提供膳食就是一种有美德的行为。许多人都认为这种类型的行为（做无偿的慈善工作）就是唯一或主要类型的美德行为，但是这种观点是非常有局限性的。设想有一个护士需要在每周花一个晚上选一门课来学习新的护理技巧，或是每周花一个晚上在无家可归者收容所帮忙之间做出选择；或者是某个银行的程序员需要在一门新的计算机安全技术课程和在收容所帮忙之间做出选择。无论做出哪个选择都没有错。可以说其中一个选择比另一个更加有美德吗？第一个选择会提高个人的专业地位，而且可能提高他的工资收入；你可能会把它看作是自私的选择。第二个选择是慈善工作，为不幸的人们提供帮助。但是我们的分析不能到此为止。与把一个人放到他的职业领域之外去完成低技能的任务相比，同样一个经受了良好培训、拥有最新知识和技巧的专业人士往往可以在他的领域中做更多的事情来帮助大量的人。(如果选择让护士参加额外的培训,而让程序员去避难所帮忙,是否会更加有利于社会?因为程序员并不能直接帮助他人。我们又该如何将改进网络安全所产生的长期的、间接效果,与帮助提供食物的效果来进行对比?)在评估他人的贡献的时候,不应当拘泥于他是否因为他的工作而拿了钱。有很多强大的道德和个人原因会导致一个人无法为慈善事业贡献时间和金钱。以诚实、负责任、合乎道德、创造性的方式很好地完成自己的工作(不管是收垃圾还是给大脑开刀)都是有美德的行为。

> 他的慈善事业就包含在他的工作中。
>
> ——迈克·韦恩·高德温⊖对苹果公司创始人乔布斯的评价 [24]

7. 社会契约和政治公平的理论 [25]

> 自由社会中的正义意味着按照同样的行为准则对待每个人。
>
> ——本·斯特尔(Benn Steil)和马努·汉兹(Manuel Hinds) [26]

我们认为在本书中讨论的许多主题都超越了个人的道德选择,它们是社会和法律政策。因此,我们还是要简要介绍一下与形成社会和政治制度有关的哲学思想。

社会契约理论的早期基础出现在苏格拉底和柏拉图的著作中,也就是说人们为了生活在文明社会中,会心甘情愿遵守公共法律,但是这一理论直到 17 世纪才完全成形。托马斯·霍布斯(Thomas Hobbes)⊜在他的著作《利维坦》(1651)中发展了社会契约理论的思想。霍布斯描述了一个被称为"自然状态"的起始点:这是一个令人沮丧的地方,每个人都根据自己的利益行事,没有人可以免于身体伤害,也没有能力来确保每个人的需要得到满足。霍布斯认为人是理性的,并将会努力寻求更好的局面,甚至不惜放弃一些独立性来支持公共法律,接受让某些权力来强制实施这个"社会契约"。约翰·洛克(John Locke)认为人们在自然状态下,可以强制执行道德规则,如生命、自由和财产的权利,但是最好还是把这个功能授权给由隐含的社会契约所建立的政府。

现代哲学家约翰·罗尔斯⊜(John Rawls) [27] 对社会契约理论做了进一步的发展,根据它的"正义即公平"的观点⑩,对"契约"的规定进行了扩展。我们会批评他的一部分工作,但是他的有些观点提供了有用的道德准则。罗尔斯试图在一个拥有不同宗教、观点、生活方式的人的社会里,为合理的政治力量建立原则。和其他的社会契约理论家一样,罗尔斯也认为,如果意识到一个法律(或政治)结构对于社会秩序来说是必要的,那么通情达理的人在所有人都接受的前提下会选择合作,他们会遵守社会的规则,即使他们不喜欢也会接受。他

⊖ Michael Wayne Godwin(1956—),美国律师、作家。专注于研究互联网法律。他曾提出著名的高德温法则(Godwin's Law,又称高德温反纳粹类比规则),即"当在线讨论不断变长时,参与者把用户或其言行与纳粹主义或希特勒类比的概率会趋于 1(100%)"。出版有著作《Cyber Rights: Defending Free speech in the Digital Age》(MIT 出版社,2003 年)。——译者注

⊜ Thomas Hobbes(1588—1679),英国政治哲学家。他于 1651 年所出版的《利维坦》一书,为之后所有的西方政治哲学发展奠定根基。——译者注

⊜ John Rawls(1921—2002),美国政治哲学家、伦理学家。曾在哈佛大学担任哲学教授,著有《正义论》《政治自由主义》《作为公平的正义:正义新论》《万民法》等名著,是 20 世纪英语世界最著名的政治哲学家之一。——译者注

⑩ 这里公平的意思并不明显。在不同的情境下,对于不同的人,它的含义可以是:根据一个人的想法而不是无关因素来做出判断,获得相等的份额,或是得到一个人应得的份额。

认为只有当我们期望所有公民都会合理地遵守最基本的（或是宪法的）原则时，政治力量才是合理的。宽容是必不可少的，因为太过深奥的问题很难有绝对的答案，我们会根据自己的生活经历来给出不同的答案，而即使是拥有良好意愿的人也可能会持不同观点。因此，一个合理的政治系统会保护像言论自由和自由选择职业这样的基本的公民自由权。它不会把一些人的观点强加到其他人身上。

到这一点为止，罗尔斯的理论基础与强调自由权（消极权利）是一致的。罗尔斯的正义系统的一个特点是，他在其中添加了对请求权（积极权利）的强烈需求：一个正义和公平的政治制度会确保所有的公民都拥有足够的手段来有效利用他们的自由。对罗尔斯来说，政府为竞选活动筹资是该制度中的一个必要特性。针对这一条非常具体的政治策略，对于它的公平性和在现实中的后果产生了激烈的辩论。罗尔斯的这个观点与他所强调的基础并不一致：也就是说善良的人们也可能会在重要的问题上持不同意见，而合理的政治制度并不能把一个组织的观点强加给另一个组织。

在罗尔斯的观点中，一个行为或一个社会或政治体制，如果它会使最弱势的人群所处的情形比他们之前还要差，或者比在其他替代系统中还要差，那么这样做就是不道德的。因此，从某种意义上说，罗尔斯给最弱势的人群的效用所赋予的权重远远比其他任何人都要高（事实上是给了他们无限大的权重），而且这样做的公平性也并不是很显而易见的。对这种观点还存在两个更具挑战性的问题：决定有多少比例的最弱势人群必须不能过得更差（是针对某一个最弱势的个人，还是 1% 的最弱势人群，抑或是 49% 的最弱势人群），以及如何看待那些可能会让某些人在短期内过得更差，但是从长期看却会让他们过得更好的政策。然而，罗尔斯对于最不富裕的人群的强调和关注是在提醒我们要时刻考虑政策会对这些人产生的影响；对于他们来说，如果有损失或者伤害，那么相比对那些情况更好的人，所造成的打击更具破坏性。

罗尔斯提出了一个概念性的术语，被称为无知之幕（veil of ignorance）⊖，用来为一个公正的社会或政治制度推导出其中的正确原则或政策。推而广之，我们可以把它当作一种工具，用来讨论本书中的伦理和社会问题。我们可以想象，在这个无知之幕的背后，每个人都不知道他在现实世界中的性别、年龄、种族、智力、财富等。在无知之幕的背后，我们选择对所有人公平的政策，保护最脆弱和最弱势的社会成员。许多作者使用这个工具，来得出对社会政策问题来说，他们认为是正确的伦理立场。我们（本书作者）发现，有时候当到了无知之幕的背后，我们却会得到和那些作者不同的结论。像我们前面描述的道德理论的原则一样，这个工具是非常有用的；但也同它们一样，它也不是绝对的。即使不考虑我们的社会地位，善良的人也会得出不同的结论，因为他们关于人类行为和经济学的知识，以及他们对世界是如何运作的理解都是不同的⊖。

8. 没有简单的答案

我们无法通过应用一个公式或者算法来解决伦理的问题。人的行为和遇到的实际情况是非常复杂的，通常都需要考虑很多的权衡。在大多数问题上，道德理论并不能提供清晰的、无可争议的正确立场；事实上，我们可以使用之前描述的方法来支持许多问题的对立面。例

⊖　本意为"无知的面纱"（veil of ignorance）。——译者注

⊖　在罗尔斯的理论中，要求我们假设在无知之幕背后的人都有关于既定经济原则的知识，但事实上，许多哲学家和普通人都不拥有这些知识，因此，人们当然会对哪些是可以接受的持有不同意见。

如，考虑康德的观点"一个人应当善待其他人，而不能仅仅把人当作工具"。我们可以争辩说，如果一个雇主给雇员付的薪水非常低，比如说无法支撑他的家庭开销，那么他就是错误地把该雇员当作了一个赚钱的工具。但是我们也可以争辩说，如果期望雇主一定要付出比他认为合理的范围还要高的工资的话，那么就是把雇主当成了为雇员提供工资的工具。类似地，对于一个特定的问题，如果采用不同的方式来度量幸福感或效用的话，那么两个功利主义者也很容易会得出不同的结论。仅仅拥有数量不多的一些基本自然权利，可能并无法在你必须做出道德决定的许多情形下提供合适的指导，然而，如果我们试图定义更多的权利来覆盖更多情形，那么也会出现关于这些权利应该是什么的激烈争论。

虽然道德理论并不能彻底解决困难的、有争议的问题，但是它们还是有助于发现重要的原则或准则。它们提醒我们需要考虑的事情，有助于澄清推理过程和价值观。在康德的普遍性原则和他关于人本质上是有价值的"工具"的强调上，存在许多有价值的优点。"不要撒谎、操纵或欺骗"就是一个很好的伦理原则。在功利主义对后果的考虑和关于提高人们的幸福感的标准中，也存在很多的可取之处。在自然权利的方法中，在权利框架中设置最少的规则，以确保人们都拥有一个空间，可以根据自己的价值观和判断来自由行动，这种方法也有很多优点。黄金法则告诉我们要考虑我们的行为可能会影响到人们看问题的角度。罗尔斯提醒我们应当着重考虑我们的决定对最弱势群体可能产生的影响。

组织机构是否有道德?

一些哲学家认为，讨论一个企业或组织机构是否有道德是毫无意义的。个体会做出所有决定，并采取一切行动。这些人必须对他们所做的一切负起道德的责任。另一些人则认为拥有意图和正式的决策机构的组织机构（例如一个企业）本身也是一个道德上的实体 [28]。然而，把企业看作道德实体并不会减少个人的责任。最终来讲，还是个人在做出决策和采取行动。我们可以要求个人和公司或组织都要对他们的行为负责⊖。

无论一个人是接受还是拒绝一个企业可以有道德权利和责任的观点，很明显的是，组织结构和政策所导致的行动和决策中都可能会包括道德内容。企业拥有"企业文化"或"个性"，或者是以尊重和诚实的（或粗心和欺骗性的）方式来对待员工和客户的企业声誉。身处管理职位的人可以塑造一个企业或组织的文化或道德。因此，管理者的决策会在该决定所涉及的某个特定的产品、合同或动作之外的范围中产生影响。一位经理如果对客户不诚实，或者在测试中投机取巧的话，那么就会给公司员工树立一个坏的榜样，从而鼓励其他员工不诚实和不认真。经理人的道德责任包括他对公司的道德个性所做的贡献。

1.4.3 一些重要的区别

一些重要的区别会影响我们的道德判断，但是它们却往往缺乏明确的表达或理解。在本节中，我们会解释其中的一些区别。仅仅是了解这些区别，就会有助于澄清在道德辩论中可能遇到的一些问题。

1. 正确、错误和还好

在一些道德困境的情形中，往往有许多在伦理上可接受的选择，而在道德上并没有指定

⊖　不管我们是否把企业或组织看作道德实体，它们都是法律实体，因此要对它们的行为负法律责任。

某个具体的选择。因此，如果非要把一切行为都划分为两大类：即道德上正确的和道德上错误的，这样会产生误导。相反，对行为的一种更好的分类是：道德上强制必需的，道德上严格禁止的，或者道德上可接受的。许多行为可能是美德和可取的，但并不是强制性的。

2. 区分错误和伤害

由于不慎或造成不必要的伤害是错误的，但是需要记住的是，造成伤害本身并不足以作为确定一个行为是不道德的标准。许多道德的，甚至是令人钦佩的行为也可能会使其他人过得更差。举例来说，在明知有人比你更需要某个工作机会的情况下，你可能会接受这个工作。通过生产消费者更喜欢的更好产品，你可能会降低其他人的收入。如果你的产品确实很好，你可能会把某个竞争者完全踢出这个行业，从而导致许多人失去他们的工作。然而，你所做的只是诚实的、富有成效的工作，这并没有什么错。

拒绝给某人提供某个东西（比方说，100美元），与从这个人那里拿走同样的东西，在伦理上是不一样的。两个行为都会使得这个人的财产减少100美元。如果我们简单从伤害的观点来看，那么他们受到的伤害本质上是一样的。如果确定某个伤害是不是错的，我们必须要搞清楚这个人应该得到什么，他的权利是什么，我们的权利和义务又是什么。

另一方面，在没有产生（明显的或直接的）伤害的时候，也可能会做错事。在未经他人许可的情况下从事可能给他人导致危险的行为通常是错误的，即使在某个特定的实例中并没有产生实际的伤害结果。

3. 区分目的和约束

有一位著名的经济学家曾经写过，一个企业的目标和责任是为股东赚取利润。这个说法令一些伦理学家感到震惊，因为他们相信这种说法会使不负责任和不道德的行为变得合理，或者被用来证明其合理性。这个观点的论据中缺少了在目的和为了达到该目的要采取的行动的约束之间的区分，或者说是目标和手段之间的区分。我们的个人目的可以包括财务上的成功和找到有吸引力的伴侣。努力工作、理智投资和成为一个风趣和体面的人可能会达到这些目标。通过另外一些伦理上不能接受的行为（例如偷窃和说谎）也可能会达到这些目标。伦理学告诉我们在达到这些目标的努力过程中，哪些行为是可接受的或不可接受的。一个企业拥有利益最大化的目标，这本身并没有哪里是不道德的，但是公司的道德品格依赖于它们为了达到这些目标而采取的行动是否符合道德约束[29]。

4. 个人喜好和伦理

我们大多数人都对很多问题持有很强烈的感情。在我们认为什么是道德上正确或错误的，与个人支持或不支持这一行为之间，要想画一条线进行区分，可能是很困难的。

假设你从一个公司得到一份工作，但是你却不喜欢它们的产品。你可以拒绝该工作，说你这样做是基于道德上的理由。你会这样做吗？你能够理直气壮地表示，凡是接受了这份工作的人都是在做不道德的行为吗？很可能你不能这样做，而且这也不是你实际上的想法。你不想到你不喜欢的公司去工作。这是个人的喜好。当然，你拒绝该工作在道德上绝对是没有错的。该公司有生产它的产品的自由，而这并不会对你强加需要为之提供帮助的道德义务。

在讨论政治或社会问题时，人们经常认为，他们的立场在道德或伦理上是正确的，或者说对手的立场在道德上是错误的或不道德的。人们往往希望站在"道德的制高点上"。如果被人指控他们的观点在道德上是错误的，那么人们会感到耻辱。因此，基于道德的论点可以用来（事实上也经常用来）恐吓持不同意见的人。所以我们有必要把我们认为是无聊、粗鲁或不明智的行为，与我们可以令人信服地说明是道德上错误的行为区分开来。

5. 法律和道德

在"可以做"和"可能做"之间，还应该存在一个完整的境界，它承认责任的动摇、公平、同情、品味，以及所有其他使生活美好和使社会成为可能的事情。

——莫尔顿爵士（John Fletcher Moulton），英国法官和议员，1912 年 [30]

法律和道德之间有什么联系？有时很少。禁止身患绝症的人使用大麻是道德的吗？政府或州立大学给予特定种族的人在合同、雇佣和招生上的优惠是道德的吗？银行信贷员携带包含客户记录的笔记本电脑在海滩边工作是道德的吗？不管现有法律在某个特定的时刻的具体规定如何，它们并无法对这些问题给出明确的答案。此外，历史提供了大量法律的例子，根据道德标准我们大多数人都会认为它们是大错特错的；其中奴隶制度可能是最为明显的例子。在这个意义上，道德优先于法律，因为道德原则会帮助我们确定是否应当通过某项具体的法律。

有些法律会强制实施道德规则（例如，反对谋杀和盗窃）。根据定义，我们在道德上有义务遵守这样的法律，这不是因为它们是法律，而是因为这些法律所实施的是针对道德规则的义务和禁令。

还有一类法律会规定商业或其他活动的约定。商业法律（例如统一商法典 ⊖），定义了经济活动的交易规则和合同。这些规则提供了一个框架，使我们可以顺利和自信地与陌生人进行交易。它们包括如果法院必须要解决争端的时候，如何来对合同进行解释的条款。对任何社会来说，这些法律都是非常重要的，而且它们应该和道德保持一致。然而，在基本的伦理方面的考虑之外，法律的细节则可以依赖于历史的惯例、实用性和其他非道德的标准。在美国，司机必须在道路右侧驾车；而在英国，司机则必须在左侧驾驶。这两种选择在本质上显然并没有什么对错之分。然而，一旦确立了这样的惯例，那么出现在路的另外一侧就成为错误的行为，因为这样可能会对其他人造成不必要的危害。

不幸的是，许多法律却落入另外一个范畴，它们并不准备去实施道德规则，甚至与道德规则根本不一致。政治进程会受到特殊利益集团的各种压力，他们会尝试寻求通过对他们的团体或企业有利的法律。这样的例子包括（由于电视网的游说）推迟引进有线电视的法律，以及在更晚的时候，（由于有线电视公司的游说）限制卫星天线电视的法律。威斯康星州禁止销售在家里烘烤的食品。因为该州允许销售在家里制作的果酱、生苹果酒和其他食品，因此该禁令很可能不是为了保护公共健康，而是由于烘烤食品商协会为了打击竞争者的大力游说。在金融业中的许多著名人士都报告说收到了国会成员寄给他们的大量筹款信件，而时间正好是国会要讨论他们行业的相关法律的那一周。许多政治的、宗教的或意识形态的组织都会推动法律来要求（或禁止）该组织支持（或是反对）的特定行为。这样的例子包括禁止在学校教外语（发生在 20 世纪早期）[31]，禁止赌博或卖酒，要求垃圾回收，以及要求商店在周日关门。作为一种极端表现，在有些国家，这类情况包括禁止信仰特定的宗教。有些政治家或政党会通过一些从公众看来非常有争议的法律，只是为了他们自己或他们的朋友或捐献者的利益。

版权法拥有我们所描述的所有三个类别中的元素。它定义了所有权（财产权），违反它

⊖ 统一商法典（Uniform Commercial Code, UCC）是美国的一部商法典，在 1952 年正式公布。它是美国各州法律统一化工作的一项产物，现为美国 50 个州所采纳。——译者注

就会构成一种形式的偷窃。由于知识产权无形的本质，关于什么是侵犯著作权的一些规定会更像是第二类，为了可行性的目标而设计的实际规则。强大的群体（例如，出版、音乐、电影产业）会游说通过有利于他们自己的特定规则，这就造成了有些违反著作权法的行为显然是不道德的（前提是人们接受了知识产权的概念），而另外一些则看起来完全是可以接受的，甚至有时候是高尚的。

立法者和他们的工作人员在起草一些法律时是匆忙的，并且常常是不合理的。一些法律和法规有数百或数千页，其中的具体细节会把许多符合道德的选择规定成非法行为。当国会议员在辩论比萨饼是否是一种蔬菜的时候 [32]，他们所辩论的根本就不是一个道德问题。

在道德上，我们是否有义务仅仅因为它是一个法律就服从它？有些人认为我们应当这样：作为社会的一员，我们必须接受立法过程所创造的结果，只要它们表述清楚，而且在道德上不是完全错误的。在一个正常运转的文明社会里，我们必须接受由我们的立法和司法过程所制定的规则。另外一些人则认为，虽然这样做往往可能是好的策略，但并不是一个道德义务。立法者也只是一群人，他们也可能犯错误或者受到政治的影响；因此不能因为他们这样说，就当作我们有道德义务去这样做的理由。

如果一件事情是合法的，那么这样做就一定是道德的吗？其实不然。法律必须是统一的，必须要清晰地说明哪些行为需要受到惩罚。涉及道德的时候就会变得复杂而且多变；相关的人可能知道相关的因素，但是却可能无法在法庭中证明这一切。有一些广泛接受的道德规则，如果要绝对通过法律来强制实施，可能会比较困难，或者是不明智的，例如，不许说谎。

新的法律落后于新的技术，这存在很多合理的原因。要认识到新技术带来的新问题需要时间，思考和争论其后果以及不同提案的公平性也需要时间，以此类推。好的法律会设定可以应用到所有情形之上的最低标准，从而留下很大范围的自愿选择。在技术创造了新问题，而立法机关还没有通过合理的法律的时候，道德就填补了其中的缺口。道德还可以填补在应用到所有案件的一般法律标准和某个特定案件中做出的特定选择之间的缺口。虽然遵守所有的法律法规并不一定是道德义务，但这并不是无视法律的借口，同时我们也不能拿法律（或者缺乏法律）当作无视道德的借口。

本章练习

复习题

1.1　自动驾驶汽车对于城市的设计会带来什么可能的影响？

1.2　给出社交网络两种意料之外的用途。

1.3　网络上的免费服务是通过哪两种方式来提供资金支持的？

1.4　描述语音识别的两种应用。

1.5　列出本章中提到的两个应用，它们可以帮助普通人完成我们通常需要依赖专家才能完成的事情。

1.6　康德关于伦理学的两个重要思想是什么？

1.7　行为功利主义和规则功利主义之间的区别是什么？

1.8　给出一个实施道德准则的法律的例子。再给出一个把某个特定组织机构的想法强加到人们行为之上的法律的例子。

1.9　解释一下关于言论自由的消极权利和积极权利之间的区别。

1.10　当一个人走到罗尔斯的"无知之幕"的后面，他无知的是什么？

练习题

1.11 写一篇短文（大约 300 字），介绍你所感兴趣的与计算机技术或互联网有关的一些话题，讨论它们对社会或道德的影响。描述相关的背景知识，然后提出你认为是重要的问题或疑虑。

1.12 克里斯蒂（www.christies.com）是一个国际拍卖行，早在 1766 年就创立了。既然如此，eBay 又有什么大不了的呢？

1.13 有些中学禁止在课堂中使用手机。有些要求学生在上课之前把手机上交，在下课之后再还回来。为什么会有这些的规定？你认为这些规定好吗？请给出解释。

1.14 （a）对于在网络上发布视频展示人们粗鲁、争吵、乱抛垃圾或者唱歌或跳舞很烂，我们都已习惯以为常。这样的公开羞辱对这样的行为来说是适合的吗？讨论一下在社会和伦理方面的考虑。

　　　（b）有些父母会在网上发布一些令人尴尬的视频或照片，用来作为对发现孩子们不听话或者在房间藏有毒品的惩罚。这样的公开羞辱对这样的行为来说是适合的吗？这与在 a 中的场景有什么区别？

1.15 描述一个有用的应用程序（除了 1.2.4 节结尾提到的那些应用），用户在系统中可以不用接触屏幕和控制装置，通过手的动作就可以控制屏幕。

1.16 设想一些还不存在的电脑设备、软件或在线服务，但是如果能够开发它们，你会感到非常自豪。给出详细的描述。

1.17 给出使用计算机和通信技术可以降低交通需求的三个应用。这样做有什么好处呢？

1.18 对于下列每个任务，描述它在万维网出现之前可能会如何完成。简要描述老的办法可能存在的困难或缺点。如果你觉得老办法有优点的话，也可以列出来。

　　　（a）获得在美国国会（或你的国家的立法机构）中正在辩论的提案的一个拷贝。

　　　（b）查找是否存在肺癌的新的治疗方法，以及它们的效果如何。

　　　（c）出售 20 世纪 60 年代的一个披头士音乐会海报。

1.19 一所主要大学的人工智能在线课程拥有 300 名学生，并且有 9 个助教来帮助在线回答问题和与学生交流。学生并不知道，而很多人也没有猜到，其中一个助教是 AI 程序。如果你选了这门课程，你是否认为应该被告知你在和程序进行交流？请给出你的理由。请解释你是否认为这里涉及伦理问题。

1.20 在一个在道路右侧驾驶汽车的国家，要想辩论在道路左侧开车是错误的，哪种道德理论更为适合，是义务论还是结果论？请给出你的解释。

1.21 制定一份在音乐会上应该如何使用手机的道德和礼仪规范。

1.22 在以下（真实）的案例中，说明当事人把他们的权利解释为消极权利（自由权）还是积极权利（请求权）。并给出解释。在每种情形中，应当是哪种权利呢？为什么？

　　　（a）一名男子状告他的健康保险公司，因为它不肯为伟哥（治疗阳痿的药物）买单。他的论点是保险公司的拒付行为妨碍了他过美满性生活的权利。

　　　（b）两个立法委员在竞选连任中失败。他们起诉为批评他们的广告提供赞助的一个组织。这两个前立法委员认为，该组织干涉了他们连任的权利。

1.23 如果把约翰·罗尔斯放到现在的话，你认为他会把为所有公民提供互联网访问和手机作为公平政治制度的一项基本要求吗？请给出解释。

1.24 在竞选期间，在某政党候选人之间的辩论之后，你悄悄地录制了候选人和个别观众进行交流的视频。当有选民抱怨一个保险公司在处理他的保险索赔的不满的时候，一个候选人表示同情，说道："所有保险公司的高管都应该被枪毙"。另一个候选人在同对非法移民不满的选民交流时说："任何非法偷渡越过国界的人都应该被枪毙"。还有一个候选人坐在屋里后面的椅子上打呼噜。第四个候选人是位男性，他邀请一个漂亮女性到他的酒店房间喝酒，并继续交谈。

　　　讨论一下把这些候选人的评论（或者呼噜声）发布到网络上存在的道德问题。给出支持或反对发布的理由。

你会支持发布其中哪些视频呢？你对于某个候选人的支持或者反对会在多大程度上（或是否应该）影响你的决定呢？

1.25　（a）提前考虑第 2 章的内容，举一个在本章中提到的例子、应用或服务，它可能会对我们的隐私级别造成重大的影响。简要给出解释。

　　　（b）提前考虑第 3 章的内容，举一个在本章中提到的例子、应用或服务，它可能会对言论自由造成重大的影响。简要给出解释。

　　　（c）提前考虑第 8 章的内容，举一个在本章中提到的例子、应用或服务，该系统中的错误可能会对人的生命造成严重危害。简要给出解释。

作业

下面这些练习题需要花时间做一些研究或完成一些活动。

1.26　在你家里或宿舍里认真走一圈，列出所有包含计算机芯片的电器和设备列表。

1.27　与校园中的一个残疾学生安排一次访谈，请该学生描述或演示一下他使用的一些计算机工具。（如果你的校园内有残疾学生活动中心的话，那里的工作人员可能可以帮助你找到采访对象。）写一个关于采访或演示的报告。

1.28　计算机技术对养殖业产生了巨大影响。我们在 1.2.4 节中提到了奶牛挤奶机和一些其他应用。调研一下养殖业的应用，并写一篇简短的报告。（你可以选择本书中的例子，或者其他相关内容。）

1.29　调研在医疗服务中的一个计算技术应用，并写一篇简短的报告。

1.30　各种远程健康服务（比如在线监测病人佩戴的设备和通过互联网回答病人问题）有利于改善医疗保健、减少开支和出行。然而在美国，像大多数专业人士一样，护士和医生都是由各州进行认证的，因此只能在获得执照的州内执业。为了允许远程健康服务的灵活性，人们提议在各州之间达成协议，允许有执照的护士在获得执照的州以外的其他州工作。找出这些提案的支持者和反对者所提出的可能论据，并评估这些论据。

课堂讨论题

下面这些练习题可以用于课堂讨论，可以把学生分组进行事先准备好的演讲。

1.31　《大英百科全书》最早是在 1768 年开始印刷的。它在 1994 年才开始出现在网上。2012 年出版社停止印刷纸质版本。这是一个悲哀的事件，一个积极的发展，还是无关紧要的呢？如果关于历史知识的主要存储形式都是电子化的，会存在什么风险吗？

1.32　艺术家、设计师和其他创客会通过 Kickstarter（一个众筹网站）为大大小小的项目筹集资金（从 100 美元到数百万美元都有）。Kickstarter 可能会比联邦机构的国家艺术捐赠基金（NEA）能够为艺术创造更多的资金，这样的前景（可能已经成为现实）让很多人感到不安。与政府支持的 NEA 相比，Kickstarter（或像它这样的网站）在为创意项目筹集资金上在哪些方面更有优势呢？而 NEA 又比非政府网站在哪些方面更好呢？有人担心 Kickstarter 的成功可能会导致政府取消对艺术的相关资助。这有可能吗？请描述相关的积极和消极的影响。总的来说，这样的结果是好还是坏？

1.33　如果有一个倡导组织推出一个社交机器人（socialbot），让它在社交媒体上假装成一个人来发布消息，偷偷地推广该组织的观点，这样做是道德上可接受的，还是应当禁止的行为？如果把社交机器人换成推广某个公司的特定产品呢？

1.34　在一个大城市里，当附近的高速公路拥挤的时候，一个有数百万人使用的导航 APP 会在早晨的交通高峰期引导司机穿过居民区。当地居民抱怨一大早因为额外交通量和汽车收音机导致的嘈杂声。使用我们讲过的一些伦理理论，分析一下允许该 APP 引导大量汽车通过住宅区的伦理问题。不考虑你自己对于这样的导航是否合乎道德的看法，试着针对居民和司机所面临的问题给出一些可能的解决方案。

1.35 某汽车公司推出了一种可选系统，它可以自动检测汽车行进路线上的行人，向司机提出警告，如果司机没有响应的话会自动刹车。这个可选系统的价格是 2000 美元。如果有人买这辆车的话，那么他是否有道德上的义务也购买这个可选系统来保护行人呢？

1.36 人们可能会到商店里去查看某个产品，然后到网上以更低价格下单购买。这样做是不道德的吗？请分别针对"是"和"否"两种答案给出相关的论点。然后，请选择一种观点，解释你为什么认为它是正确的。

本章注解

[1] Michael Rothschild, " Beyond Repair: The Politics of the Machine Age Are Hopelessly Obsolete, " *The New Democrat*, July/Aug. 1995, pp. 8–11.

[2] Stephen E. Ambrose, *Undaunted Courage: Meriwether Lewis, Thomas Jefferson and the Opening of the American West*, Simon & Schuster, 1996, p. 53.

[3] Betty Friedan, *The Feminine Mystique*, W. W. Norton, 1963, p. 312.

[4] Christopher Mims, " Driverless Cars to Fuel Suburban Sprawl, " *Wall Street Journal*, June 20, 2016, www.wsj.com/articles/driverless-cars-to-fuel-suburban-sprawl-1466395201.

[5] Paul Barter, " ' Cars Are Parked 95% of the time. ' Let's Check! " *Reinventing Parking*, Feb. 22, 2013, www.reinventingparking.org/2013/02/cars-are-parked-95-of-time-letscheck.html.

[6] 从事这类研究的机构包括 MIT 人体动力学实验室、哈佛大学、AT&T 实验室、伦敦经济学院等。相关研究的概述参见：Robert Lee Hotz, " The Really Smart Phone, " *Wall Street Journal*, Apr. 22, 2011, www.wsj.com/articles/SB10001424052748704547604576263261679848814, 以 及 Elizabeth Dwoskin, " Lending Startups Look at Borrowers' Phone Usage to Assess Creditworthiness, " *Wall Street Journal*, Nov. 30, 2015, www.wsj.com/articles/lending-startups-look-at-borrowers-phone-usage-to-assess-creditworthiness-1448933308.

[7] 在网上出现的照片中，包括露出脸的穆斯林妇女、在浴室或者换衣间的一些人的照片，以及其他令人尴尬的场景。这个问题在手机上刚开始有摄像头的时候尤为突出，因为很多人并没有意识到这一点。

[8] 引自：Robert Fox, " Newstrack, " *Communications of the ACM*, Aug. 1995, 38:8, pp. 11–12.

[9] 一个比较好的相关概述，参见：Eric Beidel, " Social Scientists and Mathematicians Join the Hunt for Terrorists, " *National Defense*, Sept. 2010, www.nationaldefensemagazine.org/archive/2010/September/Pages/SocialScientistsandMathematiciansJoinTheHuntforTerrorists.aspx.

[10] " Email Statistics Report, 2015–2019, " The Radicati Group, Inc., Mar. 2015, www.radicati.com.

[11] Vinton G. Cerf 在美国参议院委员会关于重新考虑通信法律的听证会上的发言：June 14, 2006, www.judiciary.senate.gov/download/2006/06/14/vinton-cerf-testimony-061406.

[12] Steven Leckart, " The Stanford Education Experiment, " *Wired*, Apr. 2012, pp. 68–77.

[13] 这里的有些例子来自：Melinda Beck, " How Telemedicine Is Transforming Health Care, " *Wall Street Journal*, June 26, 2016, www.wsj.com/articles/how-telemedicine-is-transforming-health-care-1466993402.

[14] Robert D. Atkinson, " Leveling the E-Commerce Playing Field: Ensuring Tax and Regulatory Fairness for Online and Offline Businesses, " *Progressive Policy Institute Policy Report*, June 30, 2003, www.ppionline.org. Jennifer Saranow, " Savvy Car Buyers Drive Bargains with Pricing Data from the Web, " *Wall Street Journal*, Oct. 24, 2006, p. D5.

[15]　本段的最后一行是对 Searle 写的一篇文章的标题的改写：" Watson Doesn't Know It Won on ' Jeopardy!, '" Wall Street Journal, Feb. 17, 2011, www.wsj.com/articles/SB1000142405274870 3407304576154313126987674. 关于汉语的房间的论点来自：John Searle, " Minds, Brains and Programs," *Behavioral and Brain Sciences*, Cambridge University Press, 1980, pp. 417–424.

[16]　Liftware（现在是谷歌母公司 Alphabet 的子公司）在制造这些可以抵消颤抖的餐具。

[17]　Evan Ratliff, " Born to Run, " *Wired*, July 2001, pp. 86–97. Rheo and Power Knees by Ossur, www.ossur.com. John Hockenberry, " The Human Brain, " *Wired*, Aug. 2001, pp. 94–105. Aaron Saenz, " Ekso Bionics Sells its First Set of Robot Legs Allowing Paraplegics to Walk, " Singularity Hub, Feb. 27, 2012, singularityhub.com/2012/02/27/ekso-bionics-sells-its-first-set-of-robot-legs-allowing-paraplegics-to-walk.

[18]　分别来自 Louis P. Pojman (Wadsworth, 1990) 和 J. L. Mackie (Penguin Books, 1977), respectively.

[19]　本节资料的来源包括：Joseph Ellin, *Morality and the Meaning of Life: An Introduction to Ethical Theory,* Harcourt Brace Jovanovich, 1995; Deborah G. Johnson, *Computer Ethics*, Prentice Hall, 2nd ed., 1994; Louis Pojman, *Ethical Theory: Classical and Contemporary Readings*, 2nd ed., Wadsworth, 1995 (which includes John Stuart Mill's " Utilitarianism," Kant's " The Foundations of the Metaphysic of Morals," and John Locke's "Natural Rights"); and James Rachels, *The Elements of Moral Philosophy*, McGraw Hill, 1993; " John Locke (1632–1704), " *Internet Encyclopedia of Philosophy*, Apr. 17, 2001, www.iep.utm.edu/locke; Celeste Friend, " Social Contract Theory," *Internet Encyclopedia of Philosophy*, Oct. 15, 2004, www.iep.utm.edu/soc-cont; Sharon A. Lloyd and Susanne Sreedhar, " Hobbes's Moral and Political Philosophy," *The Stanford Encyclopedia of Philosophy* (Spring 2011 Edition), Edward N. Zalta (ed.), plato.stanford.edu/archives/spr2011/entries/hobbesmoral; Leif Wenar, " John Rawls," *The Stanford Encyclopedia of Philosophy* (Fall 2008 Edition), Edward N. Zalta, ed., plato.stanford.edu/archives/fall2008/entries/rawls.

[20]　John Stuart Mill, *Utilitarianism*, 1863.

[21]　John Locke, *Two Treatises of Government*, 1690.

[22]　J. L. Mackie 在《Ethics: Inventing Right and Wrong》中使用了"请求权"这一术语。关于"积极权利"的另一个术语是"应享权利"（entitlement）。

[23]　Claude S. Fischer, *America Calling: A Social History of the Telephone to 1940*, University of California Press, 1992, Fig. 4, p. 93.

[24]　来自（并进行了稍微的改写）：Mike Godwin, " Steve Jobs, the Inhumane Humanist," *Reason*, Jan. 10, 2012, reason.com/archives/2012/01/10/steve-jobs-the-inhumane-humanist.

[25]　Julie Johnson 为本节的背景知识提供了帮助。

[26]　*Money, Markets, and Sovereignty*, Yale University Press, 2009, p. 53.

[27]　*A Theory of Justice*, 1971, and *Justice as Fairness*, 2001.

[28]　Kenneth C. Laudon, " Ethical Concepts and Information Technology," *Communications of the ACM*, Dec. 1995, 38:12, p. 38.

[29]　有些目标本身看起来就是道德错误的，例如种族灭绝，虽然往往是因为要想达成这些目标只能通过道德上不能接受的手段（杀死无辜的群众）。

[30]　来自题为" Law and Manners"的演讲，参见：*The Atlantic Monthly*, July 1924, pp. 1–4, www2.econ.iastate.edu/classes/econ362/hallam/NewspaperArticles/LawandManners.pdf.

[31]　举例来说，内布拉斯加州禁止公立或私立学校给九年级以下的学生开设外语课。

[32]　具体来讲，这里指的是番茄酱是否可以当作一种蔬菜，来满足健康午餐的要求。

隐　私

2.1　隐私的风险和原则

2.1.1　隐私是什么?

在数字化时代之前,就有监控摄像机监视银行和商店里的消费者。在进入计算机和互联网时代之后很久,有些药店才处理掉大量的药品处方、收据和订单,把它们扔到了公开的垃圾箱中。私家侦探还在搜索生活垃圾来寻找医疗和财务信息、购物细节、外遇的证据,以及个人的便签。计算机技术并不是一定要侵犯人的隐私。然而,我们在这本书中深入讨论隐私问题,是因为采用数字技术会使新的威胁成为可能,同时使老的威胁更为强大。包括数据库、数码相机、网络、智能手机、全球定位系统(GPS)设备等在内的数字技术对人们能够知道哪些事情,以及他们会如何使用这些信息带来了深刻的变化。理解这些风险和问题是迈向保护隐私的第一步。对于计算机专业人士来说,理解风险和问题是走向设计低风险及内置隐私保护的系统的第一步。

隐私可以分为三个关键的方面:

- 不被侵犯——别打扰我。
- 控制自己的信息。
- 免于被监视(包括被尾随、跟踪、监视和窃听)。

我们不能指望有完全的隐私。我们通常不会指责一个试图发起谈话的人侵犯我们的隐私。很多朋友和有点熟的人都知道你的长相,你在哪里工作,你开什么样的车,以及你是否平易近人。他们无须征得你的许可,就可以观察和谈论你。要控制自己的信息也就意味着要控制别人思想中、电话中和数据存储系统中的内容。这肯定会受到基本人权的限制,特别是言论自由。我们也不可能期望完全不被监控。当我们在公共场合出现时(包括物理上的,也包括在网络空间里),人们都能看到我们和听到我们。

如果你住在一个小镇上,你很难有隐私,每个人都知道你的一切。在一个大城市,你可能更接近于不为人知。但是,如果人们对你一无所知,那么当他们租房子给你、雇用你、借给你钱、卖给你汽车保险、接受你的信用卡的时候,他们都可能会冒很大的风险。为了得到与陌生人打交道的好处,我们会放弃一些隐私。如果为了换取更多其他好处,如方便、个性化服务、与很多朋友沟通更容易等,我们就可能会选择放弃更多隐私。

大多数情况下,在本书中我们会把隐私看作一件好事。隐私的批评者认为,它会成为欺骗、虚伪和不道德行为的保护伞。它会造成欺诈,保护犯罪。对隐私的顾虑可以看作是一种怀疑:“你有什么可隐瞒的?”希望保护隐私并不意味着我们是在做什么错事。我们可能希望保护健康状况、人际关系和家庭问题的隐私。我们可能希望保护宗教信仰和政治观点的隐私,不希望让与我们交往的人知道。某些类型信息的隐私还可能对个人的安全保障很重要。这样的例子包括旅行计划、财务数据,对有些人来说,也可能仅仅是家庭住址。

隐私威胁可以分为下列几类：

- 被某些机构有意使用个人信息（在政府部门主要是用于执法和税收，在私营部门则主要是用于市场营销和决策）。
- "自己人"或是维护信息的人未经授权使用或泄露这些信息。
- 信息被窃取。
- 由于疏忽或粗心大意而不慎泄露信息。
- 我们自己的行为（有时候是有意为之的权衡，有时候是我们不知道风险的存在）。

在许多场景中都会出现隐私问题。在后面的章节中，我们会讨论更多与隐私问题相关的话题。第 3 章会讨论垃圾邮件和短信的侵扰。第 5 章讨论黑客和身份盗窃。第 6 章讨论在社交媒体和工作场所的监控，以及其他和员工隐私有关的问题。有些隐私风险是由于所保存的个人数据很多都是不正确的或者过时的，第 8 章会讨论一些这样的问题。第 9 章还会涉及隐私问题，但我们会关注计算机专业人士的职责。

我们会用许多真实事件、企业、产品和服务作为贯穿本书的例子。在大多数情况下，我们不会针对它们做特殊的赞扬或批评。它们只是用来说明问题和可能的解决方案的众多例子中的一部分。

作为这一节的结尾，我们用下面的引言来从三个不同角度给出关于隐私的看法，这三个角度分别是哲学的、个人的和政治的。

> 如果一个人被迫每分钟都与其他人生活在一起，并且他的所有需要、思想、语言、幻想或喜悦都要受到公众监督，那么他就被剥夺了个性和人的尊严。[他] 被淹没在大众之中……这样的生命，虽然是有意识的，但却是可替代的；他已经失去了自我 [2]。
>
> ——爱德华·J. 布鲁斯（Edward J. Bloustein）⊖

> 需要意识到的是，隐私不仅仅是保护个人的秘密，而是在朋友圈中的安全感，只有这样，一个人才能更愿意坦诚地谈论自己的"秘密" [3]。
>
> ——罗伯特·埃利斯·史密斯（Robert Ellis Smith）⊖

> 团体协会中的隐私对于维护结社自由可能是必不可少的，特别是在一个团体支持持不同政见者的信仰的情况下 [4]。
>
> ——20 世纪 50 年代，美国高等法院对亚拉巴马州试图获取全国有色人种协会（NCAAP）的会员列表时的裁定

2.1.2　新技术和新风险

如今，存在成千上万（可能是数百万）的数据库，无论是政府的还是私营的，都会包含个人信息。在过去，根本就不会记录这样一些信息，比如我们到底购买了哪些食品杂货和书籍。以前当我们在图书馆或商店浏览的时候，没有人知道我们在阅读和观看什么。像离婚和破产

⊖　Edward J. Bloustein（1925—1989），美国法学教授，曾在 1971 年到 1989 年担任美国罗格斯大学的校长。——译者注

⊖　Robert Ellis Smith（1940—），美国律师、作家，毕业于哈佛大学。关注于个人隐私权利，自 1974 年开始出版关注个人隐私权利的《Privacy Journal》。——译者注

记录这样的政府文件虽然长期被放在公共记录中，但是要访问这些信息却要花费很多的时间和精力。想要把我们的经济、工作和家庭的信息记录联系到一起也相当不容易。

现在，运营视频、电子邮件、社交网络和搜索服务的大型公司可以把一个会员使用这些服务的所有信息组合起来，从而获得关于此人的详细面貌，包括个人兴趣、观点、人际关系、生活习惯和从事的活动。即使我们不以会员身份登录，也有软件可以跟踪我们在网络上的所有活动。在过去，谈话在讲完之后就消失了，往往只有发件人和收件人才会去读取个人通信记录。现在，当我们通过短信、电子邮件、社交网络等服务沟通的时候，我们所有的话都有记录，别人可以复制、转发、大范围传播，并且在很多年后还能读到这些内容。我们使用语音命令与家中连接到互联网的数字个人助理和设备进行交谈的时候，麦克风始终在倾听我们的声音。

我们将照片、视频、文档和财务报表存储在远程服务器构成的云上。电力公司和自来水厂很快就会拥有足够精密的计量和分析系统，可以推断我们使用的是什么样的家电，我们什么时候洗澡（每次多长时间），以及我们什么时候上床睡觉。一些 3D 电视机的摄像头会警告小孩子不要坐得太近。这样的摄像机还会记录什么其他内容呢？谁可能会看到这些内容？我们随身携带的无线设备中包含 GPS 和其他定位设备，它们使得别人可以确定我们的位置和跟踪我们的活动。执法机构有非常先进的工具用于窃听、监视以及收集和分析关于人们活动的数据，这些工具有助于减少犯罪和提高社会安全，也会对隐私和自由带来威胁。

把功能强大的新工具和应用程序结合起来，可能产生令人震惊的结果。我们可以做到在大街上拍一个人的照片，然后在社交网络上根据照片匹配到这个人，并使用可公开访问的信息宝库以非常高概率的准确性猜测出此人的姓名、出生日期，以及他的社会安全号码的大部分⊖。这并不需要使用超级计算机，只需要一个智能手机应用就可以完成。我们在电视节目和电影中看到了很多这样的系统，但对大多数人来说，这看起来似乎有些夸张，或者在遥远的未来才会发生。

当然，所有这些小工具、服务和活动都会给我们的生活带来好处，但是它们也会带来新的风险。它们会对隐私产生深远的影响。

> 患者的医疗信息是保密的，不要在公共场合讨论。
> ——某医疗机构贴在电梯里的提示，用来提醒医生和
> 工作人员防止低技术含量的隐私泄露

1. 示例：搜索查询数据

搜索引擎每天收集许多数据（TB 级）。1TB 等于 1 万亿字节⊜。在不久之前，存储这么大量的数据是极其昂贵的事情，但现在已经不一样了。为什么搜索引擎公司要把搜索查询保存下来？一个貌似合理的答案是："因为它们可以这样做。"但是这些数据还可以有许多其他用途。搜索引擎公司想知道在搜索结果中有多少网页是用户实际上看过的，他们点击了其中多少网页，他们如何对搜索查询进行细化，经常犯的拼写错误有哪些。搜索公司通过分析这

⊖ 为了保护用户隐私，很多网站在要求用户输入社会安全号码（SSN，类似中国的身份证号码）时，一般只要求输入其中的几位，而不会输入全部的内容。因此，通过公开的信息，不一定能够很容易获得 SSN 的全部内容，只能获得其中的几位。——译者注

⊜ 1TB（TeraByte）指的是 2^{40} 字节，即 1024^4 字节，约等于 10^{12} 字节。——译者注

些数据，可以改善搜索服务，以更好地发布定向广告，并开发新的服务。包含以往查询的数据库还可以为搜索引擎的选择和排序算法提供测试和评估其功能修改的真实输入数据。除了搜索引擎公司之外，搜索查询数据对于其他许多公司也很有价值。举例来说，通过分析搜索查询记录，公司可以知道人们在寻找的是哪种产品和功能，从而可以对产品进行修改，以满足消费者的喜好。

但是，还有谁会看到这样的大量数据呢？我们为什么要关心这个？如果你自己在网上搜索的只是一些无关痛痒的话题，而且你也不在乎谁会看到你的查询的话，那么想想其他人可能会搜索的一些主题，以及为什么他们可能想要保护其搜索隐私：健康和心理健康问题、破产信息、赌博上瘾、右翼的阴谋、左翼的阴谋、酗酒、反堕胎的信息、支持堕胎的信息、色情文学、非法药物等。如果有个人在网上花了大量时间搜索一本悬疑小说，小说内容是恐怖分子计划炸毁一个化工厂，这会产生哪些可能的后果呢？

联邦政府在 2006 年向谷歌公司发了一个传票⊖，要求其提供两个月的用户搜索查询记录，其中不需要提供用户的姓名。谷歌和隐私倡导人士对政府史无前例地要求获取如此大量的信息表示强烈反对，因为他们相信这会对隐私造成威胁。法院下令减小了传票涉及的范围，而且在不久之后，人们就发现即使在查询请求中不包含姓名，也会对隐私带来威胁。美国在线公司（AOL）的一个员工违反了公司政策，把一个非常庞大的关于搜索请求的数据库放到一个网站上给查询技术的研究人员使用。数据中包括来自超过 65 万人在三个月之内的 2000 万次搜索查询记录。虽然数据中使用编码过的 ID 号来表示每个人，而没有用他们的姓名，然而要想推断出一些人的身份并不是很难，特别是那些搜索过自己的名字或地址的人。通过一个被称作重新识别（reidentification）的过程还可以发现其他人的身份（重新识别的意思是从一组匿名的数据中识别出人的身份）。记者和熟人可以识别在小的社区中的搜索过大量特定话题的人，例如他们拥有的汽车、他们热爱的体育队、他们的健康问题和他们的兴趣爱好。一旦确定之后，就可以把这个人和他所有的其他查询关联起来。AOL 迅速地删除了这些数据，但是记者、研究人员和其他人已经复制了该数据。有些人还在网络上重新发布了整个数据集⊖。[5]

2. 示例：智能手机应用

既然有了这么多聪明、有用且免费提供的智能手机应用（APP），人们是不是应该不假思索就下载它们？研究人员和记者仔细调查了智能手机上的软件和应用，并有一些惊喜的发现。

一些 Android 手机和 iPhone 会把位置数据（本质上是附近的手机信号发射塔的位置）分别发送给谷歌和苹果公司。这些公司可以利用这些数据来建立基于位置的服务，这对于公众和企业都是相当有价值的信息。（据产业研究人员估计，位置服务的市场高达数十亿美元。）这些位置数据按说应该是匿名的，但研究人员发现，在某些情况下，其中也会包含手机的 ID 信息。

在某次测试中，大约一半的 APP 还会把手机的 ID 号或位置发送给（除了提供该 APP 的公司之外的）其他公司。有些还会把年龄和性别信息发送给广告公司。APP 在发送数据的时候并没有告知用户或经过其同意。各种不同 APP 会把用户的联系人列表复制到远程服务器

⊖　传票是一项法庭命令，要求收到的人为正在进行的侦查或审判作证，提供文件或其他资料。

⊜　AOL 会员起诉该公司，认为发布他们的搜索查询违反了大约 10 项联邦和州法律。

上。在 Android 手机和 iPhone 手机上，如果用户允许 APP 做一些特定的事情，虽然这些事情和照片一点儿关系都没有，这些 APP 就可以复制用户的照片（并在互联网上发布）。（谷歌公司表示，这种能力最早是由于照片存储在可移动的存储卡上，从而不太容易受到攻击 [6]。这个事件提醒设计者必须要定期检查和更新与安全有关的设计决策。）通过手机 APP 泄露个人数据是一个持续存在的问题。

这又为什么重要呢？因为这些数据很容易会丢失、被窃取和滥用。如果你不知道手机在保存和传输这些信息，你就不知道需要删除它们。应用可以通过手机的功能来识别手机的位置、周围光线强度、手机的移动、附近其他手机的存在，等等。知道我们曾在某个地方待了一段时间（再加上手机上的其他信息）可以告诉别人关于我们的行为和兴趣的很多信息，以及我们与哪些人有交往（还有是不是开了灯）。我们在 1.2.2 节中提到过，这还可以用来预测我们在未来的某个特定时间可能会出现在什么地方。

3. 被盗和丢失的数据

犯罪分子可以通过很多方式窃取个人数据：通过黑客攻击进入计算机系统，通过盗窃计算机、内存卡和磁盘，通过虚假证明购买或请求相关记录，以及通过贿赂数据存储公司的员工。幕后的信息经纪人会销售数据（包括手机记录、信用报告、信用卡账单、医疗和工作记录、亲属的位置，以及有关金融和投资账户的信息），他们可以通过非法或可疑手段获得这些数据。罪犯、律师、私家侦探、配偶、前配偶和执法人员都可能成为这些数据的购买者。在过去，私家侦探也可以获得一些这样的信息，但是却远没有这么轻松、廉价和迅速。

另一个风险是意外（有时是因为粗心）丢失。企业、政府机构和其他组织都可能会丢失包含数万人甚至数亿人的敏感个人数据（如社会安全号码和信用卡号码）的电脑、手机、磁盘、内存卡和笔记本电脑等设备，这会使人遭遇潜在的信息被滥用的风险，以及各种无法预测的风险。一些企业、政府机构和其他组织可能会在无意中把敏感文件公开在了网络上；研究人员发现，从这些因为操作错误而可以从网上访问到的文件中，可以找到成千上万人的医疗信息和其他敏感的个人数据或保密信息。

数据窃贼往往可以通过电话假装成他们要寻求记录的那个人，从而获得他的敏感信息。他们会提供一些关于目标对象的个人信息（但这些信息很可能是公开或者无害的），以使他们的要求看起来是真实合法的。这告诉我们，对于即使本身不是特别敏感的数据，也要非常谨慎。

下面是一些被盗、丢失或被泄露的个人资料的例子 [7]。在许多事件中，盗贼收集数据的目的是用于身份盗窃和欺诈，这些犯罪行为在第 5 章中会进行详细讨论。

- 来自加州大学、哈佛大学、佐治亚理工学院、肯特州立大学和其他一些大学的数十万学生、申请人、教职工和校友的信息，其中有些包括社会安全号码和出生日期（被黑客窃取）。
- 使用索尼的 PlayStation 游戏机玩过视频游戏的大约 7700 万人的姓名、出生日期和部分信用卡号码（被黑客窃取）。另外在黑客攻击了索尼在线娱乐的 PC 游戏服务时，还暴露了另外 2400 万个账号信息。
- 美国银行（Bank of America）包含账户信息的磁盘（在运输过程中丢失或被窃）。
- 163 000 人的信用历史和其他个人数据（由一个诈骗集团假装成正当企业向一个庞大的数据库公司购买获得）。

- 一家医院的大约 40 万名病人的姓名、社会安全号码、地址、出生日期和医疗账单信息（保存在一个医院员工被窃的笔记本电脑上）。
- 一百多万名求职者的机密联系方式（被黑客使用乌克兰的服务器从 Monster.com 窃取）。
- 大约 30 个主要国家（包括美国、俄罗斯、英国、中国和德国）的政府首脑的护照号码和其他个人信息（被澳大利亚移民局不小心通过邮件发送给了一个体育组织）。

4. 风险来源的总结

上面描述的例子说明了有关个人数据的很多要点，我们总结如下：

- 我们在网络空间中做的所有事情都会被（至少短暂地）记录下来，并且可以被关联到我们的电脑或手机，甚至可能是我们的名字。这其中也包括联网家电的使用。
- 随着可用存储空间的容量越来越大，公司、组织和政府都会保存在不久之前还无法想象的庞大的数据。
- 人们往往并没有意识到有人在收集有关他们及其活动的信息。
- 软件越来越复杂。有时候，连企业、组织和网站管理者甚至都无法知道他们使用的软件到底收集和存储了什么东西[8]。
- 泄漏总是会发生，因此数据的存在本身就会带来风险。
- 把许多很细小的信息收集在一起，就可以比较详尽地描绘一个人的生活。
- 与一个人名字的直接关联对于破坏其隐私不再是那么重要。由于保存的个人信息数量越来越大，数据检索和分析工具的能力越来越强，这使得重新识别身份变得非常容易。
- 放到公共网站上的信息对所有人都是公开的；那么除了信息面向的人之外，其他人也很容易找到它们。
- 一旦信息发布在互联网上或保存到数据库中，把它从流通中删除几乎是不可能完成的任务，因为人和自动化软件会迅速地制作或分发其拷贝。
- 为一个目的（如拨打电话或响应搜索查询）收集的数据，极有可能会被发现有其他用途（如商业策划、跟踪、市场营销，或刑事调查）。
- 政府有时候会请求或要求企业和组织提供其保存的敏感个人数据。
- 我们常常不能直接保护自己的信息，所以我们不得不依赖管理信息的企业和组织来保护它免受盗窃、意外收集、泄露和监控。

有些事情有风险的事实并不意味着我们不应该使用它。每次我们乘车，都有可能发生撞车事故。如果我们扣上安全带并且在驾驶时不发短信，我们会更安全。在本书中，我们将强调了解风险和利用好数据的重要性，这与使用安全带和保持良好驾驶行为是一样的。

2.1.3　个人数据管理的术语和原则

在本章中我们会反复用到个人资料（personal information）这个术语。在隐私问题的上下文中，它包括与某个人相关或者可以追溯到一个人的任何相关信息。该术语包括我们可能认为是敏感信息的内容，但是却不仅仅是这些。它还包括与一个特定的人的身份信息相关的所有信息，例如用户名、网上的昵称、身份证号码、电子邮件地址或电话号码等。它也不仅指文字，还可以延伸到任何信息，比如图像，其中可能会包含能被人识别的人像。

1. 知情同意和隐形信息采集

不同的人所希望保护的隐私数量存在很大的差别。有些人会在博客中讨论他们的离婚或疾病，也会在电视节目中或向社交网络的大量朋友暴露浪漫关系的细节。然而，还有些人总是使用现金，以避免留下他们的购买记录，他们会对所有的电子邮件加密，当发现有人收集其信息的时候会勃然大怒。对个人信息的道德化处理的第一个原则是知情同意（informed consent）。当一个企业或组织告知人们其数据收集和使用的策略，或者某个特定的设备或应用程序告知人们要收集的数据，那么每个人都可以根据他自己的价值观来决定，是否要与该企业或组织发生关系，或是否使用该设备或应用程序。

隐形信息采集（invisible information gathering）指的是在人不知情的情况下收集个人信息。这里一个重要的伦理问题是，如果别人不知道你在收集和使用信息，那么他就不会有机会表示同意或不同意。在上一节中，我们给了几个涉及智能手机及其应用程序的例子。下面是一些在其他场景中的例子。

- 某公司提供一个免费程序，它可以把 Web 浏览器的光标改变成一个卡通人物的形象。数以百万计的人安装了该程序，但后来发现该程序会把包含用户访问的网站与该软件中的客户标识号的报告发送给该公司 [9]。
- 汽车上的"事件数据记录仪"会记录信息用于车祸调查，这包括行驶速度和司机是否系安全带。
- 根据浏览器在显示最近访问网址时使用的不同颜色，"历史嗅探器"可以收集用户的网上活动信息。
- 有一类软件被称作间谍软件（spyware），它们通常是用户在不知情的情况下从网站下载的，在计算机上暗中收集关于用户的活动和数据，然后将信息通过互联网发送给植入该间谍软件的个人或公司。间谍软件可以让广告公司跟踪用户的网站浏览记录，或者收集用户输入的密码和信用卡号码。（当然，这些活动中有些是非法的。）

> 🔥 复杂的监听技术：见 2.3.3 节。

当我们的计算机、手机和其他设备与网站通信时，它们必须提供有关其配置的信息（例如，所使用的 Web 浏览器类型）。对于很大一部分的设备，都可以有足够多的配置变化和细节来为每台设备创建一个"指纹"。有些公司提供的设备指纹识别软件可以用来打击欺诈和知识产权窃取的行为，或者也可以用于为了定位广告而跟踪人们的网上活动。使用设备指纹来保护客户账号安全的金融公司有可能会在隐私策略中进行说明。无论配置信息的收集，还是建立活动的档案，对于用户都是不可见的。若有人用它来建立营销档案，我们就很可能无法知道了。（关于配置信息以及在某个特定网站的活动等这些信息往往会保存在我们自己机器上一个叫作 cookie 的地方。cookie 是由网页浏览器保存在我们计算机上的一些小的文件，可以由保存它的人访问，也可以被其他人访问 [10]。）

某个特定的数据收集实例是否属于隐形数据采集，要取决于公众的认知水平。有些人知道他们的汽车会收集、存储和传输哪些数据，而大多数人可能并不知晓 [11]。许多企业和组织都会有相关的策略声明或客户协议，用来告知客户、会员和订阅者其收集和使用个人数据的政策，但是许多人根本无暇去阅读这些规定。而即使他们读过这些内容，也可能都忘掉

⊖ 加密数据意味着将其编码以使他人无法读取。

了。因此，即使在用户被告知的情形下，许多自动化系统以不明显的方式收集信息也会带来很重要的隐私方面的影响。然而，这种用户被告知但是却不注意的情形，与完全隐秘地采集信息的情形还是存在很大区别的。

2. 二次使用、数据挖掘、匹配和特征分析

> 我最为隐私的想法、我的个人悲剧、关于其他人的秘密，这一切都只是一种交易数据，和超市收据没什么两样。
>
> ——某妇女，她看心理医生的记录被保险公司查阅之后的感慨[12]

二次使用（secondary use）指的是把个人信息用于个人提供信息的目的之外的其他目的。二次使用的典型例子包括：

- 把消费者信息出售给营销商或其他企业。
- 使用保存在各种数据库中的信息来拒绝某人的求职或发送定制的政治信息。
- 国税局（IRS）通过搜索车辆登记记录来查找哪些人拥有昂贵的汽车和船只（从而找到高收入的人群）。
- 警察使用短信来检控某人的犯罪行为。
- 使用一家超市的客户数据库来发现由于跌倒而起诉该商店的男子其实在该店购买过烈酒。

在本章中，我们会看到很多二次使用的例子。关于个人信息有争议的问题之一是人们对关于他们的信息的二次使用应该拥有的控制程度。我们上面给出的几个例子所说明的各种用途，反映了对于不同的用户和不同的使用来说，可能会有完全不同的答案。

在告知用户一个组织收集了他们的哪些个人信息，以及对这些信息做了哪些事情之后，接下来最简单和最可取的隐私策略应当是就二次使用给用户一定的控制权。提供这种选择的最常见的两种形式就是"选择退出"（opt out）或"选择加入"（opt in）。在选择退出的策略下，用户需要选择或点击关于合同和协议的一个选择框，或者主动联系该公司要求他们不要以某种特定形式来使用其个人信息。如果不采取任何行动，那么就会假设该组织可以使用这些信息。在选择加入的策略下，除非用户明确地选择或点击了选择框，或者签订了允许使用的协议，信息收集者都不允许把信息用于二次使用。（要特别注意别把这两种形式混淆。在选择退出的策略下，更多用户可能会"加入"，而在选择加入的策略下，更多用户可能会"退出"，这是因为默认选择正好和策略的名称相反。）负责任的、对用户友好的公司和组织通常会把默认值设为除非用户明确地允许，否则不会向别人共享用户信息，也不会向用户发送营销邮件——也就是说，其采用的是选择加入的策略。另一方面，许多网站会通知用户只要使用了该网站就认为是接受了它们的隐私策略——而绝大多数访问者并没有阅读过这些策略，也不知道哪些关于访问者活动的数据是允许跟踪和共享的。特别是在披露信息对个人用户可能会造成负面影响的情形下，或者从用户看来该组织不应该披露这些信息的时候，默认采用没有明确许可就不披露的策略（即选择加入的策略）才是真正负责任的策略。

数据挖掘（data mining）是指搜索和分析大量数据，从中寻找模式和建立新的信息或知识。例子包括我们在 1.2.2 节中描述的使用社交网络数据和智能手机数据的研究。匹配（matching）是指把来自不同数据库的信息进行组合和比较，通常会使用像社会安全号码或计算机的互联网地址作为标识符来对记录进行匹配。特征分析（profiling）是指通过分析数据来确定用户最有可能会从事某些行为的特征。企业使用这些技术来发现潜在的新客户。政府机构用它们来侦测欺诈行为、执行其他法律和寻找恐怖分子。在大多数情况下，数据挖掘、计算机匹配和特征分析都属于对个人信息的二次使用的例子。

3. 公平信息原则

　　隐私倡导者制定了保护个人数据的各种原则。它们通常被称作公平信息原则（Fair Information Principle）或公平信息实践（Fair Information Practice）[13]。图 2.1 给出了这些原则的一个列表。知情同意和对二次使用的限制分别是其中的第一个和第三个原则。许多企业和组织已经采用了某些版本的公平信息实践。美国、加拿大和欧洲国家（以及其他国家）的法律，在许多情况下都要求遵守这些原则。这些原则是合理的道德准则。然而，对于这些原则的解释则存在很大的差异。例如，企业和隐私倡导者对于商家"需要"哪些信息和需要保存多长时间持有不同意见。

- 当你收集信息的时候，通知要收集的对象你要收集哪些信息和你打算如何使用它。
- 只收集你需要的信息。
- 提供一种方式，使用户可以选择退出相应的邮件列表、广告和其他二次使用。提供一种方式，使用户可以选择退出会暴露个人信息的功能与服务。
- 不要保留不需要的数据。
- 维护数据的准确性。在合适和合理的时候，提供一种方式，使人们可以访问和修改关于他们自己的数据。
- 保护数据的安全（防止被窃取和无意泄露）；为敏感数据提供更强的保护。
- 制定应对执法部门请求数据时的政策。

图 2.1　个人信息的隐私原则

　　把公平信息原则应用到一些新技术和应用可能会遇到困难。它们也无法完全解决由于在公共场所增加摄像头（如警察摄像头系统和谷歌街景）、在社交网络中分享的海量个人信息和我们所使用的各种联网设备而引发的新的隐私问题。例如，当有人把个人信息放到微博中发送给成千上万的人的时候，你怎么确定他提供该信息的真实目的是什么？是不是任何接收者都有权以任何方式使用这些信息？信息在多大范围内进行传播之后，才能被认为是公开的信息，从而任何人都可以查看和使用它？即使人们同意共享信息，共享的新方法和信息的新种类可能会导致无法预料和存在问题的后果。例如，在 2.2.2 节中，我们会讨论社交网络功能中的默认设置可能会造成的重大影响。

　　有些公司和组织会在接到请求时把个人数据转交给执法人员和政府机构，有些只有当收到传票或法院命令时才会这样做。有些公司会质询传票，有些则不会。有些机构在把数据提交给政府的时候会通知客户或会员，有些则不会。掌握数据的实体会决定他们愿意做多大的努力来保护其会员或客户的隐私。被披露数据的个人往往都不知道有政府请求数据这件事。因此，掌握数据的实体对于这些人要负起责任。对其他人的个人数据负责任的管理应当包括对各种可能出现的情形提前做出规划、制定相应的政策，并且对外宣布这些政策（然后还要遵守它）。

2.2　商业和社会部门

2.2.1　市场营销和个性化

　　Acxiom 公司可以提供关于客户和潜在客户的完整和准确的描绘，能很好地服务于所有的市场营销和公关活动。

——来自 Acxiom 公司网站 [14]

营销是大多数企业和组织的一项重要任务。它是个人信息最大的用途之一，被用于企业、政党、非营利组织和倡导团体的各种营销活动。营销包括寻找新客户、会员或选民，以及鼓励已有人员继续参与。它包括对产品、服务或观点做广告。它还包括如何为产品定价，以及决定什么时候向哪些客户提供相应的折扣。

在 20 世纪的大多数时候，企业都会根据一些简单标准（例如，年龄、性别和住所地址）来寄送目录和广告。计算机的出现和存储容量的增加开创了一场定向营销的革命。随着技术越来越复杂，对消费者数据的收集和分析也是如此。各种类型的企业都会存储和分析大量的数据，其中包括消费者购买记录、财务信息、网上活动、意见、偏好、政府记录，以及所有其他有用的信息，用来确定谁可能是新客户，或者老客户可能会购买哪些新产品和服务。企业分析数以千计的标准，用来发送在线和离线的定向广告。在线零售商在欢迎我们时会称呼我们的姓名，并且根据我们之前的购买行为和其他有类似购买习惯的人的购买行为做出相应的推荐。这些行为会破坏隐私的一个重要特性，即个人信息的控制。隐私权倡导者和一些消费者反对基于消费者购买历史和网上活动的广告行为。营销人员认为，根据个人消费者信息的定向营销广告会减少人们看到的总的广告数量，提供人们更可能想要看到的广告，从而减少开销，并且会最终降低产品的成本。举例来说，一个大的邮购业务商 L. L. Bean 公司声称，由于能够更好地对客户定向，它们可以发送更少的产品目录；另一家公司说，有 20%～50% 的人会使用它在屏幕上或通过电子邮件提供的个性化优惠券，这远远超出典型非定向在线广告只有 1% 的点击率。很多人喜欢个性化的广告和推荐。定向广告对某些人是如此受欢迎，以至于谷歌公司声称它们的 Gmail 显示广告中已经完全不存在没有针对性的横幅广告。

另外一些类型的不太明显的个性化方法会让人们感到更加恼怒（当人们得知详情之后）。当你在网上购物时，你看到的展示、广告、价格和折扣都可能与其他人看到的不一样。有些这样的定向是有其合理性的：服装网站不会为来自佛罗里达的购物者在其网站首页显示冬季大衣。有些网站会给首次到访者提供折扣优惠。某些网站会根据访问时间、访问者的性别、位置以及关于用户访问的几十种其他信息来显示一个页面的数百个变种之一。（有些网站会根据点击行为来猜测访问者的性别[15]。）如果一个人在某个产品上产生过犹豫，网站可能会提供一些额外的东西，比如说免费送货。一家酒店预订网站发现使用 Mac 计算机的用户平均来说会比使用 Windows 计算机的用户选择价格更高的酒店房间，所以它就开始给使用 Mac 的用户显示价格更高的选项。这种对行为信息的收集和使用是不正当的隐形信息收集的例子吗？这样做是合理的吗？这算是操纵性行为吗？与销售员亲自在商店里试图说服顾客进行购买，这些策略又有什么不同？

当我们在商店购物时，销售人员可以看到我们的性别和大致年龄。从我们的服装、谈吐、行为，他们也会形成关于我们的其他结论。在奢侈品专卖店、汽车经销场所、跳蚤市场以及第三世界的街头市场里工作的优秀的销售人员，都会对一个潜在的客户愿意支付多少价格做出自己的判断。他们会根据具体情况修改他们的报价，或提供额外服务。对网上购物进行个性化分析的复杂软件，是不是可以认为仅仅是为了弥补那些与我们亲自去购物相比而缺失的信息呢？有一些人感到不安，是不是主要因为他们没有意识到自己的行为会影响其屏幕上的显示内容？抑或是在这些做法中潜藏着对隐私的威胁？在商店中的销售人员手里并没有我们在线查询记录的列表，那么谁拥有这些数据呢？谁又应当拥有这些数据？

数据挖掘和巧妙营销 [16]

下面这些案例是可取的竞争行为，还是对消费者的侵犯和操纵？

- 美国塔吉特（Target）零售连锁公司的数据挖掘人员分析了索取婴儿产品订购目录的妇女的购买行为。塔吉特发现，孕妇往往会增加对25种产品的购买量。因此，如果发现一个妇女开始增加那些产品（例如，无气味的化妆水和矿物质补充剂）的购买量，塔吉特就开始向她们发送孕妇和婴儿产品的优惠券和广告，甚至可以根据客户怀孕的阶段来发送不同的优惠券。

- 像许多连锁超市的顾客一样，英国零售公司乐购（Tesco）的顾客允许该公司收集关于他们购买习惯的信息，以换取折扣。该公司可以识别出购买尿布的年轻成年男性，并给他们发送啤酒优惠券，这样做的假设是：有了新生婴儿之后，他们就会很少有时间再去酒吧。

- 为了与沃尔玛竞争，乐购的目标是找出最关注价格的顾客，因为这些人最有可能被沃尔玛的低价格所吸引。该公司通过分析购买数据，确定哪些客户会经常在存在不同价格的产品时选择购买价格最低的品牌。然后，他们确定这些客户最常购买的产品列表，并把这些产品的价格设定为低于沃尔玛的相应产品。

企业可以在视频游戏机和电视上利用人脸识别系统，把广告定向给正在玩游戏或看电视的人。这样做会对隐私带来什么风险？包含这样的功能是否是不道德的？大多数人会慢慢喜欢这样的定制功能吗？他们能否意识到，在看到与自己兴趣有关的广告的时候，有些人会在某些地方保存关于他们的信息？这些数据是否会被其他人看到，还是这些数据只会通过软件自动处理和操作，二者有区别吗？

到目前为止，我们的例子都来自商业领域。民主党和共和党都会收集和分析大量的信息（包括消费者数据库、社交媒体、网站cookie和其他来源），对数以千万计的人进行分析，以发现那些可能给他们的候选人投票的选民，以及确定在广告中和在要求捐赠时应该强调什么，要求多少捐赠，甚至是在一周中的哪一天更适合发送请求。针对一个每张票高达4万美元的筹款晚宴，有的总统竞选团队可能会发送至少6种不同版本的邀请信，每种都是专门为收到它的特定人群所定制的 [17]。

1. 关键是知情同意

技术和社会的变化有时候让人感到很不舒服，但是，这并不意味着变化都是不道德的。一些隐私倡导者希望禁止所有通过网上行为做出的定向广告。我们应该明确的是，定向和个性化营销本身并不是不道德的。大部分时候，大家更关切的是营销商如何得到他们所使用的数据，以及他们所能收集和购买的大量数据会赋予他们多少我们并不想让他们知道的个人和敏感信息。在某些情况下是经过同意的，有些情况下没有经过同意，而在很多情况下则非常复杂，以至于很难确定是否经过了同意。

不告知或征得人们同意就收集消费者数据用于营销是非常普遍的，甚至基本上成为标准做法。有时候，可能会在字体很小的印刷条款中告知消费者，但人们往往没有看到它，也不明白可能产生的影响，或者是忽略了它。渐渐地，随着公众意识和要求改进的压力的提高，数据的收集和传播政策也得到了改善。现在的网站、企业和组织通常会明确提供长达数十页的声明，指出它们会收集哪些信息，以及它们将如何使用这些信息。它们会向消费者提供"选择退出"和"选择加入"的选项。仍然有许多公司没有采取正确的做法，可能是出于缺乏对人们隐私的关心，也可能是因为误判了人们想要什么。另外还存在一个数据收集的广阔世界，对于它们我们拥有很少（或根本没有）直接控制权。当有人同意公司使用他的消费者信息时，可能根本不知道公司收集数据的范围有多大，以及这些数据会到达哪里。例如（在本节开始引用到的）Acxiom是一个大型的国际数据库和直销公司，它会从数量庞大的在线和离线来源收集个人资料。这样的公司维护着庞大的消费数据库，并且会通过购买（或合并）其他数据库，把数据组合在一起，建立更加详细的数据库和卷宗。然后它们把数据和消费者资料卖给其他企业，用于市场营销和"客户管理"。大多数人不知道有这样的公司存在。

不同的消费者对在线跟踪的了解也有很大差别。当用户决定同一个企业交互或者访问一个网站时是否就意味着默认同意了它发布的关于数据收集、市场营销和跟踪的政策呢？我们知道很多人根本不会去阅读相关的隐私政策。如果一个网站运行

> "请勿跟踪"选项：见2.5.1节。

（或者允许第三方运行）跟踪软件的话，它应当多久提醒用户一次呢？有些人可能在一开始允许广泛的跟踪和信息收集，但以后可能会后悔他们之前做出的决定，我们现在所做的选择（例如，没有花足够的时间锻炼身体）可能未来会存在潜在的负面后果，这在生活中是很常见的。那么在网络空间中保护我们的隐私是谁的责任呢？我们能否在保护人们的同时，还能做到让其他想选择的人拥有选择的权利呢？

许多非营利组织（如隐私权信息交换中心（Privacy Rights Clearinghouse））都致力于帮助教育消费者并鼓励负责任的选择。联邦法律法规要求对财务和医疗信息进行特定的隐私保护[18]，并为某些类型的数据规定了特定的"选择加入"和"选择退出"的要求。（例如，联邦通信委员会制定了一条规则，即宽带互联网服务提供商不能向第三方出售某些客户信息，除非客户自己选择加入。）以道德和负责任的方式设计系统，意味着使用不同渠道来告知和提醒用户：可能会存在不那么明显的数据收集、政策和功能的改变，以及风险。

2. 为消费者信息付费

当企业开始建立广泛的消费者数据库的时候，一些隐私倡导者认为，它们应该为使用这些信息向消费者付费。在许多情况下，它们的确会为使用消费者信息而间接支付费用。例如，当我们填写一份比赛报名表的时候，我们会用自己的数据换取赢得大奖的机会。许多商家会向使用购物卡的消费者提供折扣，因为购物卡可以跟踪他们的消费行为。还有许多商家会向允许接收广告信息或允许收集信息的用户提供免费的产品和服务。有些互联网提供商会根据消费者是否允许该公司以特定方式使用收集到的客户数据而提供两种不同的定价。但是，一些隐私倡导者对这些方案提出批评。隐私论坛（Privacy Forum）的创始人劳伦·温斯坦（Lauren Weinstein）认为，对于不太富裕的人来说，这种免费服务的吸引力会更强，因此会"强迫"他们放弃自己的隐私[19]。人们并不明白在这种协议中可能会怎样使用他们的信息，以及可能造成的长期后果。另一方面，这种方案提供一个机会，让人们可以用一些有价值的其他东西（信息）来换取他们想要的商品和服务。这种风潮开始于1999年，Free-PC公司提供了1万台免费个人计算机，用来换取用户的个人信息和观看广告消息。仅仅在第一天，几十万人提交的申请差点儿把该公司淹没，而且类似的营销手段还在流行。例如，印度的一家消费者产品公司提供了用收听广告来换取赢得免费智能手机的机会[20]。

无论怎么看，这些早期的项目与现在的社交网络、免费视频网站以及数量庞大的其他网

站所提供的免费信息和服务相比，都是小巫见大巫。人们都明白，这些免费服务是用广告来维持的。Gmail 通过分析用户的电子邮件消息来把广告定向到每个用户。在 Google 刚开始提供 Gmail 服务的时候，一些隐私倡导者吓坏了：Gmail 在看每个人的电子邮件！为了换取这样的权限，Gmail 提供了免费的电子邮件和其他服务。

拦截广告：见 2.5.3 节。

无数的人注册了 Gmail。这些业务和服务的成功表明，很多人不反对商家使用他们的购买历史记录或电子邮件，也不认为在线广告的侵扰是非常麻烦的，而他们的网上浏览记录也不是特别敏感——特别是考虑到他们能够免费获得如此多的服务的时候。那么他们是否了解潜在的后果呢？他们是否在做出合理的决定呢？

2.2.2 我们的社会和个人活动

1. 社交网络——我们的责任

社交网络需要考虑两个方面的问题：我们对于自己所分享的东西的责任（我们是否考虑到了自己或朋友的隐私风险），以及保存我们信息的公司的责任。

一位女士喜欢社交网站上的一个功能——告诉她哪些会员阅读了她的个人资料，但她很惊讶并且不高兴地发现，被她读过个人资料的那些人也都知道她读过这些资料。这一事件说明了一个普遍现象：人们经常需要有关他人的信息，但不希望他人访问有关自己的同类信息。在另一起事件中，一名高中毕业生在 Facebook 上贴了一张自己身穿比基尼的照片。该地区的学校系统在社区研讨会中使用这张照片和该学生的名字，用来提醒人们小心他们在网上发布的内容。这个学生很不高兴，她说她以为只有朋友和朋友的朋友才能看到这张照片。这两起事件都提醒我们，有些人不了解（理解）或者没有认真思考信息共享的政策，从而无法对在网络空间的行为做出明智的决策。

很多年轻人会到处张贴朋友们乐于看到的各种观点、八卦和图片。他们的这些帖子如果让父母、潜在的雇主、执法人员或其他人看到的话，可能会导致很多麻烦。一个 17 岁的少女在张贴自己穿泳衣的性感照片的时候，心里想的是让她的朋友们看到，而没有想到潜在的跟踪者、强奸犯或学校管理人员也会看到。在开始找工作之前，人们会试图清理自己在网络上的角色，却发现要彻底消除令人尴尬的材料是非常难的。一些社交网络应用会让用户填写包括他们自己和朋友的一些个人信息，例如宗教、政治观点和性取向。人们想过这些信息可能会被如何使用吗？或者他们的朋友是否愿意披露这些信息呢？

很久以来，在离家出去旅行的时候，为什么一种标准做法是停掉邮件和报纸的递送？因为这样一个关于位置的细节（"主人外出了" $^\ominus$），对于保护自己不被潜在的窃贼盯上是非常重要的。然而，现在还是有很多人都会随意在社交网络上发布自己（和他们的朋友）的位置。这样做难道风险会更小吗？

在发生了如此多的令人尴尬的消息暴露的事件之后，我们还是会继续看到个人、政治家、律师、名人和商人在网上发布冒犯性的、非法的或有损害的事情，他们明显相信除了预定的接收者之外，不会有其他人看到它们。

虽然政府机构和企业会做很多错事，但个人也并不总是能做到深思熟虑地兼顾自己的隐私、未来和安全。

$\ominus$ 在美国，许多独立住宅的信箱都立在路边，而且一般不上锁，因此通过查看信箱里堆积的信件和报纸就可以推测这家人是否出去旅游了。——译者注

民意调查表明，人们关心自己的隐私。

但是他们为什么没那样做呢？ [21]

——伊恩·克尔（Ian Kerr） $\ominus$

2. 社交网络——他们的责任

我们在下面的例子中使用 Facebook，因为它拥有很多功能和会员，还因为它也犯过一些有教育意义的错误。这些原则同样适用于其他社交媒体和网站。

Facebook 会定期引入新的服务和新的功能，让用户与朋友分享关于其活动的最新信息。Facebook 有几次对于用户的可能反应做出了严重的误判，因而做出了非常糟糕的决定。我们要讲的一些例子迅速遭到了来自成千上万用户以及隐私倡导者如风暴一般的批评。

Facebook 网站的消息推送（News Feeds）功能会把最近发生的有关会员个人信息、好友列表和活动的变化情况发送给该会员的朋友 [22]。Facebook 表示，在引入这种推送的时候，它并没有改变任何隐私设置。它只把这些信息发送给那些已经有权访问这些内容的会员，只要他们愿意去点击一下，就可以看到这些信息。然而，在短短一两天内，成千上万的 Facebook 会员提出了强烈抗议。这是为什么呢？相比这些信息在某些地方可以被找到，访问信息的难易程度有时候会更加重要。很多人不会去定期检查几百位朋友的信息。然而，这种推送却会在瞬间把信息传播给所有人。我们举个例子来说明它的区别：在物理世界中，我们可能会把如与朋友分手、得了大病、家庭问题这样一些个人信息有选择地先分享给一些亲密朋友。渐渐地，随着我们适应了新的情况，其他人也可能会知道这些事情。但是网站推送这种行为却消除了这种感情上有保护作用的时间延迟。

当 Facebook 开始告诉每个会员他们的朋友最近购买了什么的时候，出现了各种问题，例如本来是惊喜礼物却被提前知道了，以及许多尴尬和令人担忧的信息被披露。Facebook 的"地点"（Places）功能让用户可以标记与他们在同一个位置的朋友（而不管这些朋友实际上是否在该地点）。当 Facebook 引入一个人脸识别工具，帮助会员在照片中标记朋友的时候，默认设置是该工具对所有的会员都是打开的。用户可以选择退出，但是许多用户都不知道有这样的新功能，因此也不知道可以选择退出。对于引入处于"打开"模式的新功能，一种观点是：该功能应该通知所有用户并且给用户机会来评估它的好处；如果该功能一开始是关闭的，那么很多用户可能永远也不会知道它的存在。那么社交网络公司在引入这样的功能的时候，是否应该给所有人都"打开"呢？还是公司应当在宣布该功能的时候，允许每个会员自己选择是否加入？

惹怒会员肯定对于公司业务是不利的，这些事件表明，无论从伦理道德的角度和商业角度来看，在引入新功能和选择默认设置的时候，仔细考虑可能带来的影响和风险是非常重要的。看起来很细微的变化，却可能导致人们对隐私的看法、可能的风险以及人们是否感觉舒服产生很大的影响。如果有几个朋友在照片中标记了他们，人们有可能会感到很高兴，但如果有一个自动化的系统标记了他们出现的每一张照片的话，他们就有可能感到很不安。数量会对用户的感知质量产生影响（尤其是对于用户能否控制个人信息的感觉）。在复杂的环境中，例如拥有许多功能和用户的社交网络，"选择加入"策略是比较好的，也就是说会员必须要明确地打开该功能，否则它仍处于关闭状态。拥有多种不同的选择也是很有价值的。例

$\ominus$ Ian Kerr 是加拿大渥太华大学教授，关于新兴技术的法律和伦理问题的知名专家。——译者注

如，对于标记功能（位置或照片）来说，可以让用户自己做出的选择包括：告知涉及的用户并允许删除标签，在每个标签发布之前要获得许可，或者允许某个会员选择完全不被标记。（Facebook 后来对"地点"功能进行了修改，提供了各种不同的保护级别。）

根据美国联邦贸易委员会（FTC）的报告，Facebook 在一些案例中违反了其既定的政策：把用户的 ID 和用户活动数据一起提供给广告商，允许第三方应用程序完全访问会员的个人资料，以及在会员删除账号的时候未能及时删除会员的一些数据。这些行为违反了公司自己关于其实际做法的声明，这其实是一种欺骗行为；它们违反了向用户告知的决定和协议。我们可能会对一些关于数据的做法表示讨厌、谴责、辩论和反对，但是欺骗性的做法显然是不道德的。

3. 免费服务的责任

我们应该都很满意可以获得数量惊人的免费服务，这其中包括社交媒体、搜索引擎、免费的移动应用、包含很多专家信息的网站等。我们可以选择是否使用它们。与此同时，运营这些免费服务的企业对于其用户也要负起责任。作为一个类比，如果你邀请邻居可以不用问你就随时使用你的车，那么当你的车刹车出问题的时候，你有道德上的责任不要把钥匙留在汽车里面，这与你是否收取费用一点儿关系都没有。在道德上，一个公司不能在提供有吸引力的服务之后，导致有重大伤害的风险，尤其是当这种风险是隐藏在背后或无法预期的情形下。

4. 生活在云中

随着人们开始拥有多种设备，包括台式电脑、笔记本电脑或平板电脑、电子书阅读器、智能手机、健身监控器等，数据同步的好处就变得很明显。同步带来很大的便利：我们的照片可以出现在我们碰巧拿起的任何设备上，我们的日程安排在任何地方都是最新的，甚至我们的手机知道我们在电子书阅读器上的某本书读到了哪一页。为了实现这样的功能，我们的数据存储在不属于我们而且我们也无法控制的计算机上。我们所有的数据的安全性都很脆弱，它们的安全级别是我们的所有设备和托管数据的云服务中最弱的一环。

我们还可以选择怎样在网络空间中传播敏感的个人数据呢？这样做有什么风险？

数百万人选择在线填写纳税申报表。他们是否想过他们的收入和支出数据会被发送到哪里？这些数据会在线保存多长时间？以及数据的安全性如何？小型企业会把所有财务信息存储在可从任何地方访问的提供会计服务的网站上。一些医疗网站为人们提供了存放医疗记录的便利场所。你还可以在网上（免费）保存你家里所有的贵重财产的清单，从而在遇到火灾或龙卷风后，有助于进行保险索赔。

有人会在网上的个人资料或在找工作的网站上发布的简历中包括他们的出生日期。在家谱网站上，人们会根据家庭成员的完整档案创建家谱，其中包括出生日期和母亲的娘家姓。医疗和金融机构通常会使用相同的信息（出生日期和母亲的娘家姓）来验证客户的身份，可能是在线也可能通过电话。我们可以修改一个被泄露的密码，但是我们却无法改变自己的出生日期或母亲的娘家姓。

在云中提供的这些服务都会带来很大的好处。它们会为我们管理数据和进行备份，而且我们可以在任何能上网的地方访问我们的数据，我们还可以更容易地共享文件，在项目上与他人合作。但是这样做也有缺点：因为我们对自己的数据失去控制而导致隐私和安全方面的更大风险。当我们的文件只保存在自己的个人计算机上时，我们可能会面临丢失和被盗的风险，而当我们的文件保存在家之外的地方时，可能会存在丢失、被盗、被员工滥用、意外曝光的风险，可能会被政府机构扣押的风险，也可能会被服务提供商根据我们在签署时没有读过的协议中描述的协议或隐私政策而使用，以及在以后无法预料的情形下被人使用的风险。

许多年前，当许多家庭在电话机上连接应答机的时候，有些人却选择使用应答服务，把留给他们的消息保存到位于提供服务的站点的录音机器上。我（SB）记得我当时对此感到很惊讶，因为竟然有人会愿意把留给自己的个人消息保存在他们无法控制的机器上。这样的疑虑在现在看起来是多么的古板。关于保护我们个人数据的态度已经发生了巨大的变化。即使绝大多数人并不知道或者并不太去思考网络空间中的风险，他们却都认识到所带来的好处，特别是便利，并且对此大加赞赏。在拥有手机和桌面计算机或平板电脑的人中，很少有人还会手动记录和同步他们的通信录或日历，因为让云来做这些事情是如此的便利。我们可能会决定在网上填写税务表格或在线存储病历所带来的便利大于存在的风险。作为所有这些服务的用户，我们应当了解存在的风险并自觉地做出决定。对于计算机专业人士，风险意识应当激励他们有责任开发出更安全的系统，以保护人们存储在云上的敏感信息。

2.2.3　位置跟踪

> 人类之所以没有找到方向，是因为根本不知道要去哪里。
> ——奥斯卡·王尔德（Oscar Wilde），《身为艺术家的评论者》

全球定位系统（GPS）、移动电话、无线射频识别（RFID）标签[⊖]，以及其他技术和设备的出现，使得各种基于位置的应用程序成为可能，也就是说，可以确切知道在一个特定的时间的人或物体的位置，以提供相应的计算机和通信服务。自从智能手机出现以来，这一类应用出现了爆炸性的发展。这些应用种类异常繁多，不仅带来了相当的好处，也带来了新的风险。

在分析风险的时候，我们应该始终要同时考虑有意的使用和无意的使用。在2.3.3节中我们将看到，执法机关可以通过定位手机来找到手机的主人。虽然他们尝试对该技术的详细信息加以保密，而且使用的设备也很昂贵，但是，最终将有人能开发一个简单的APP就可以做到这一切。假定在不久的将来，任何人都可以在自己的移动设备上输入一个人的ID号码（也可以是电话号码），就可以查询这个人现在的位置。抑或用一个简单的设备就可以对一个特定的位置进行扫描，从而检测识别到这个位置所有人使用的设备，或者通过人脸识别来找到这些人。一个人最可能不想让谁得到这个信息？这包括很多种可能性：可能是小偷、有暴力倾向的配偶或前配偶、离婚律师、讨人厌或好管闲事的邻居、盯梢的人、同事或业务伙伴、政府部门，以及其他可能会反对你的宗教、政治或性取向的人。

关于我们曾在哪里出现过的详尽记录，会为企业和政府在构建关于我们的日益增多的档案和卷宗时提供更多的细节。随着快速搜索、匹配和分析工具的发展，它们还可以添加更多的细节，知道我们花时间和谁在一起，以及我们正在做什么。在第1章中我们提到，研究人员通过研究大量的手机数据，可以了解社会组织的构成和疾病的传播方式（以此类推）。这样的统计数据对我们所有人来说都是极其宝贵的，但是通过一个手机可以

⊖ RFID标签是包含电子芯片和天线的小型设备，在芯片中存储身份数据（可能还包含其他数据）和控制标签的操作；天线用来发送和接收无线电信号，与读取标签进行通信。

辨别一个人的身份，因此，这些跟踪信息（如果手机号或 ID 联系起来）就成为了个人信息，因此就会带来知情同意、潜在的二次利用、存在被滥用危险等之前谈到的问题。我们需要小心确保这些数据会得到足够的保护。如果被偷偷摸摸地访问、被窃取、意外披露，

在工作场所跟踪雇员：
见 6.5.3 节。

或者被政府机构获取，我们的位置和行动记录就会对隐私、安全和自由权构成威胁。隐私和行业组织正在制定用于手机和位置跟踪应用的指南，以实施在图 2.1 中列出的原则，从而可以防范一些风险 [23]。

下面我们考虑一个位置跟踪的应用：对在一个商店或其他设施中的客户行为进行学习，看一下不同的实现方式会对隐私产生什么影响。超市或游乐场可能想要分析在该设施中的客户流量模式，从而可以规划一个更好的布局，或者用来确定人们会在其中花多少时间以及对顾客等待时间进行分析。迪士尼世界使用一个被称作 MagicBand 的腕带来跟踪整个家庭的行动与活动。为了获取折扣和便利（可以用来打开酒店房间门，或者把食物收费直接计入房间账上），以及其他特权（比如游乐项目的专用通道），有的家庭会选择每人都佩戴一个含有无线射频装置的 MagicBand，从而可以跟踪他们在公园里的所有活动。迪士尼可以分析收集到的数据，并使用分析结果改进未来访问者的体验。换一种实现方式，游乐场也可以使用具有位置发射功能的门票来完成这个任务，在顾客进园时开始监控，而离开时就可以扔掉。这样的做法不需要与个人或家庭有关的任何信息。对于这样一个系统，隐私就不是问题了，但是它可能只会提供更小的折扣，或者对于顾客来说也没有更多其他的直接优惠。事实上，成千上万的家庭并不反对把与个人位置有关的信息与活动情况共享给迪士尼世界。在哪些情形下，匿名的实现方式会比类似迪士尼的 MagicBand 更为适合呢？

谁在酒吧里面？

许多酒吧都安装了摄像头和人脸识别系统，把数据提供给网站和智能手机应用。这些手机应用会告诉用户在一个特定的酒吧里有多少人，男 / 女比例如何，以及大致的年龄范围。每个酒吧会获得关于其顾客的汇总数据，从而可以用于广告或其他业务规划。系统不会尝试识别单个的人，也不保存这些视频。因此，这不会带来隐私问题。是这样的吗？

这样的应用程序可以保留完全不构成威胁，或者它也可以越过边界进行位置跟踪和隐私侵权行为。酒吧业主并不能控制该系统，所以他们也无法肯定他们所告诉顾客的信息都是真实的。（在许多实例中，都有系统会在使用该系统的企业不知情的情况下，收集数据并加以存储。）系统开发商和运营商有可能会极为小心地保护顾客的隐私，也有可能会被诱惑添加需要存储视频或识别人脸的新功能。了解潜在的风险和理解好的隐私实践，无论是对于开发和升级这些系统的软件开发人员，还是需要决定要实现哪些功能的经理来说，都是必不可少的。

市场（也就是说，大量的酒吧顾客）最终认为他们对这样的应用感到很不安，因此这样的系统已经被停用了。在五到十年之后，我们的容忍度会发生足够的改变，从而新的类似应用会得到成功吗？

1. 家长的工具

许多技术可以帮助家长追踪子女的物理位置。手机服务可以使家长在自己的移动设备上就能检查孩子的位置。安装在汽车上的设备会告诉父母未成年的孩子在哪里，以及他们的车速有多快。父母可以给年幼的孩子佩戴无线表带传送器或者其他类似设备，当他们在拥挤的场所走丢时，可以定位到孩子的位置。

跟踪孩子可以提高安全性，但当父母使用跟踪工具时，也会涉及一些养育问题和相应的风险。到什么年龄之后，跟踪就可能成了对孩子隐私的侵犯呢？家长是否应该让孩子知道这些跟踪他们的设备和服务？知情同意是成年人的基本原则。那么它适用于多大年龄的少年儿童？严密的跟踪和监视是否会造成孩子的责任心和独立性的发展缓慢？

如果监控系统发送的信号很容易被读取或截获的话，那么不仅不能提高孩子的安全，反而有可能成为安全隐患，因为儿童性骚扰者和身份窃贼会借此收集个人资料。家长还需要知道可能会存在潜在的误报或虚假的安全感。例如，一个孩子可能会丢失手机，或把带标签的衣服放在了某处。年龄大一点的孩子也可能会找出破坏跟踪系统的方法。显然，如何和何时使用监控工具需要整个家庭的成员一起深思熟虑后做出决定。

一所学校提议所有学生在学校范围内都必须佩戴一个 RFID 设备，但是在经过很多家长的强烈反对之后，学校不得不放弃了这个提议。在这个案例中，决定是由学校领导而不是家长做出的，因而对学生的监控也是由学校而不是父母来完成的。这个例子说明了与技术的潜在滥用有关的两个关键问题：应该由谁来做出使用技术的决定？以及谁来控制或者可以访问收集到的数据？

2. 植入跟踪芯片

囚犯、儿童和患有阿尔茨海默氏病症的人可以佩戴定位设备以防止走丢。也有不少人提议在人身上植入用来做身份鉴别和跟踪的芯片。在现在的美国，绝大多数植入芯片的目的似乎都是用来鉴别植入的医疗设备或者病人。有个国家的政府计划对所有检测为 HIV 阳性的人群植入跟踪芯片。还有很多人建议用于各种不同的目标人群，比如外国务工人员。隐私倡导人士担心这样的技术可能会被用来跟踪记者或异议人士，以及任意的特定个人。

假设在大约 20 年前，人们被问到他们是否愿意随身携带一个装置，整天都在不断地传送他们的位置，并允许记录他们的所有行动，大多数人可能会非常坚定地回答：绝对不行！但是在回答这个问题的时候，他们并没有考虑智能手机的应用和优势，因为这在一代人之前还是根本无法想象的。目前，很多人还是不喜欢植入芯片的想法。这样做会有什么好处呢？植入式芯片可以打开智能锁并取代各种门票⊖。我们可能只需要用手指轻轻碰一下就可以完成支付，而不需要再使用手机。（有些人可能会为了这些目的而自愿植入芯片。）芯片可能会被怎样使用？它们又可能会被怎样滥用？我们是否会习惯于每人都被植入芯片的社会，就像我们已经习惯了现在经常会经历或已经可以接受的隐私侵入和风险？

2.2.4　被遗忘的权利

人们有时会想从互联网或从公司的记录中删除有关自己的信息。这里是一些例子：
- 因为生气而做出的泄愤的评论。
- 在自己的社交网络页面上或保存在照片共享网站的照片。

⊖　伦敦有人发明了带有集成的 RFID 技术的假指甲，可以在地铁系统上用来代替充值卡。

- 在某个新闻网站发布的关于某位名人在私人派对上的不雅照片，或是通过搜索引擎可以找到的到这些资料的链接。
- 关于被捕或者财务问题的新闻文章。
- 在线目录中的信息。
- 由其他人（例如，在某个家谱网站上）发布的关于自己的个人资料。
- 某家广告公司通过跟踪人的网络活动而构建的档案信息。
- 从用户的智能手机使用中收集到的数据集。
- 某搜索引擎保存的关于用户查询记录的信息集合。

一些国家的立法机构和隐私倡导者在推动关于此的个人合法权利，可以要求网站删除关于自己的材料，或者要求搜索引擎删除到这些材料的链接。这种要求删除材料的权利，本身也是一种法律或道德上的权利，现在被称为 "被遗忘的权利"（right to be forgotten，或被遗忘权）。一个人可能想要删除的材料的范围是五花八门的，因此针对这种权利也提出了许多实际的、伦理上、社会和法律上的问题和批评 [24]。

不同的网站关于删除材料的策略也会有所不同。一些拥有会员的网站（例如社交网络）会对会员要求删除自己发布的材料的请求，以及当会员关闭账号时要求删除自己材料的请求做出响应。但是如果材料不在用户自己的账户下时，情况就会变得更加复杂。一些网站（如目录网站）会自动收集信息，因此删掉的信息还会重新出现。即使要建立一个过滤系统来避免重复发布某个特定个人的信息，也会面临无法区分有相同或类似姓名的其他人这样的问题。

那么，如果一个人在任何时候提出要删除某个特定内容或者个人记录的请求，一个公司或网站总是应当按要求去完成呢？我们都知道，人总是难免会做愚蠢的事情，并且会后悔，因此在某些特定场景下的合理做法是让其中的许多信息都可以被遗忘掉。如果一个人想要删除他张贴在网站上的东西，那么它是合理的而且正当的请求，可能按照良好的商业策略是应当遵从的。如果是想要删除别人的帖子中包含了关于某个人过去的令人尴尬的信息，如果这个人不是公众人物，而且信息并不具备广泛的社会价值，那么删除它以及删除可以搜索到它的链接，可能是合理而正当的事情。遵从这样的请求，可能是道德上可以接受并且令人钦佩的，但却并不属于道德义务。在某些情况下，它还可能是一个坏主意。因为该信息可能对于某个特定群体的人来说是有意义的，或者张贴该信息的人也可能有很好的理由。

那又该如何看待广告商和搜索引擎收集关于我们的数据呢？从道德的角度来看，他们是否也必须遵从一个人想要删除他或她的记录的要求呢？如果是公司未经同意而秘密收集的数据，或者违反了其规定的隐私政策和使用条款，那么就有很好的理由要求其删除这些信息，这和被遗忘权无关。假设这些信息是一个人的搜索查询的记录，或是免费网站收集的类似东西，并且在使用条款中明确说明了要收集和使用这些数据；那么该公司对这些数据的使用，是我们在为使用它提供的免费服务而支付部分的费用。作为一种商业 "交易"，这些数据既属于个人，也属于这个公司。如果该公司同意了要求删除记录的请求，那么就变成了它在对这些人提供免费服务（或者 "打折" 服务，前提是这些人还会继续观看网站上的广告）。如果只有少量用户要求删除他们的数据，大概对于一个大公司来说可能无伤大雅，不会对它通过分析用户数据而获得的价值产生任何显著的影响。在这种情况下，遵守删除请求可能从道德上和社会上来看是令人钦佩和催人向上的，而且也可能是一个良好的商业政策。另一方面，一个人提出删除请求的目的也可能是想要隐藏一些非法或冒犯的行为，或者是为了消除某种有争议的证据。

如果被遗忘的权利是一种消极权利（自由权），这可能意味着我们可以选择离开互联网，使自己成为一个隐士，但是我们不能强迫别人删除关于我们的某些信息。如果把它当作一种积极权利（请求权），那么它就会允许一个人要求对别人的信息共享进行限制。这可能会妨碍言论自由，或者限制别人访问真实的信息。在有些应用场景中，这种权利可能意味着一个人可以任意破坏协议（例如，某网站的使用条款）。

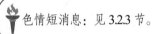
欧盟和俄罗斯的被遗忘权：见 2.7 节。

我们完全可以理解，一个人不想被未来的雇主、邻居或约会对象搜索到关于自己因为后来被证明是错误的指控而被逮捕的文章。申请贷款或为初创企业筹集资金的人，可能不希望银行家或潜在投资者搜索到关于他先前违约、破产或其他财务问题的过时或误导性的信息。因为大家都很忙碌，所以不太可能会要求你对负面信息做出解释，而是很可能会直接去找另一个应聘者。网络上任何信息都具有永恒的生命，其中也包括错误的和误导性的信息，这些可能会给一些人带来严重的问题。然而，根据信息的类型不同，为要求信息不能被找到的道德权利寻找共同的基础可能会是一个挑战。

在哪些情况下，才可能会有必要建立强制的法律条款以满足一个人的请求而删除相应的材料呢？可能是针对特殊人群，例如儿童（父母可能会请求，或者年轻人自己也想要删除在读中学时发给朋友的半裸色情照片）。也可能是针对其他特殊情况。立法者需要精心推敲这样的法律规定，以避免与自由言论、信息的自由

色情短消息：见 3.2.3 节。

流动和契约协议产生冲突。要求兑现删除请求的法律条款可能对小网站来说是更大的负担，因为大的网站可以开发软件来帮助自动化执行这个过程，并且还会有专门的法律人员来对付可能的投诉。

2.3 第四修正案和变革中的技术

2.3.1 第四修正案

> 任何公民的人身、住宅、文件和财产不受无理搜查和扣押，没有合理事实依据，不能签发搜查令和逮捕令，搜查令必须具体描述清楚要搜查的地点、需要搜查和扣押的具体文件与物品，逮捕令必须具体描述清楚要逮捕的人。
>
> ——美国宪法第四修正案

执法机构可能需要截获通信和搜查住宅与企业，以收集关于犯罪行为的证据。情报机关也需要做同样的事情，以收集关于敌对政府或恐怖主义者的活动与计划。美国宪法第四修正案和很多其他法律对这些活动进行了限制，以保护无罪的人们，或者降低被滥用的机会。英国也有类似的传统，在 1763 年威廉·皮特所做的声明[25]中有如下的表述：

> "即使是最穷的人，在他的小屋里也敢于对抗国王的千军万马。屋子可能很破旧，屋顶可能摇摇欲坠；风能吹进来，雨能打进来，但英格兰国王不能踏进来……㊀

㊀ 这是 1763 年，英国首相威廉·皮特在上议院的一次演讲中提到的。"风能进，雨能进，国王不能进"成为一句广为流传的宪政名言，用来强调（合法的）私有财产是神圣不可侵犯的！——译者注

在本节中，我们会讨论变化中的技术（通信技术、监控技术、移动设备和海量数据库）、政府政策和法庭裁决会如何影响到执法机构获取这些信息的能力。我们也会涉及政府侵犯隐私的新的威胁，以及第四修正案是否（以及如何）保护我们的隐私不被侵犯。

第四修正案对政府搜查我们的住宅和企业、查封文件和其他个人物品的权利做出了限制。它要求在搜查和扣押时要有合理的事实依据；也就是说，必须要有足够的证据来支持特定的搜查，而且要有法官批准的搜查令。但是由于有了新的技术，我们的很多个人信息在我们的家里或者我们的医生和财务顾问的个人办公室里已经不再安全。它们会被保存到我们控制之外的大型数据库中，往往还会被拷贝到云上。新技术还使得政府不需要进入我们的住宅就可以进行搜查，在离我们很远的地方在我们不知情的情况下搜查我们的隐私，或者在交通检查的时候只需要两分钟就能够获取我们智能手机上的数据。对于每种新的技术，执法机构都可以在没有搜查令的条件下，用它来进行搜查、获取或截获，并且争论说第四修正案在这里并不适用。在许多场景（但不是所有场景）下，最高法院最终会说第四修正案的确是适用的，但是可能要花费好几年甚至几十年的时间才能让最高法院对某个特定技术做出裁决。

在我们考虑现在政府部门可以访问我们所有的个人信息的时候，我们可以回忆一下美国最高法院大法官威廉·D. 道格拉斯（William O. Douglas）关于政府如果能访问个人的支票账户记录，就可能会产生潜在的滥用行为。在 1974 年，他讲过 [26]：

> "从某种意义上说，一个人可以通过他写的支票来刻画。通过检查他的支票，执法人员能够知道他的医生、律师、债权人、政治盟友、社会关系、宗教信仰、教育兴趣、他读的报纸和杂志，以此类推。这些信息都可以绑定到一个人的社会安全号码，现在我们有了数据银行，把这些数据和其他项充实到该库中，就有可能使一个官僚只要按下一个按钮，就能够在瞬间获得 1.9 亿美国人的姓名，他们都是颠覆分子，或者是潜在的和可能的颠覆分子。"

今天的读者千万不要错过最后一句的讽刺：1.9 亿是当时几乎整个美国的人口数量。

> 当美利坚合众国成立后，宪法制定者们在隐私、信息披露和监控之间建立了一种自由主义者之间的竞争平衡。这种平衡基于的是 18 世纪时技术能达到的生活和现实。由于那时候酷刑和文字狱是已知的能够侵入人的思想的唯一手段，法律禁止政府从事所有这些手段。由于那时物理进入和窃听是入侵私人住宅和会议室的唯一手段，因此，制宪者认定私人窃听属于犯罪，而政府只能在严格的搜查令控制下，为了合理的搜查，才被允许进入私人处所。由于人口登记规定和警方卷宗在当时是用来控制"备受争议的"人的自由流动的手段，因此这种在欧洲常见的警方做法并没有包括在美国政府的限制规定中，从而允许人们在广袤国土上自由流动。
>
> ——阿兰·F. 威斯汀（Alan F. Westin），《隐私和自由》[27]

2.3.2 背景、法律和法院裁决

"本意见中所规定的原则……适用于所有以政府及其员工的名义侵入一个公民的住宅和生活隐私的神圣不可侵犯的权利。不是说踹破他家的门或者在抽屉里乱翻构成了侵犯的本质；而是因为侵犯了他的人身安全、个人自由和私有财产等不能取消的权利。"

——约瑟夫·布拉德利法官，"博伊德诉合众国"⊖，1886 年

1. 电话交流与监听

在发明了电话后的 10 年内，人们（包括政府里和政府外的人）就开始监听它们了[28]。在 20 世纪的大多数时候，监听的法律地位一直是有争议的。当人类接线员进行通话连接，而很多人使用共用电话线路（即很多家庭共用一条电话线）的年代，操作员或者爱管闲事的邻居有时候也会偷听电话交谈。后来，虽然财富的增加和新的技术消除了共用电话线路和人类接线员，但是电话本身还是很容易被监听的。

联邦和州一级的执法机构、企业、私人侦探、政治候选人，还有很多其他人都在广泛使用监听。在 1928 年 "奥姆斯特德诉合众国"（Olmstead v. United States）的裁决中[29]，最高法院认为该窃听行为并不违反宪法，虽然国会可能会禁止这样做。在该案件中，政府曾在没有法庭命令的情况下对电话线路进行了窃听。最高法院把第四修正案解释为只适用于物理入侵，而且只适用于对实际物品的搜查和扣押，而不包括电话交谈。路易斯·布兰代斯法官提出异议，认为第四修正案的作者根据当时的技术，竭尽所能保护自由和隐私（包括对话的隐私）不受政府的侵犯。他认为，法院应当把第四修正案解释为，即使新的技术使得政府可以不用进入我们的住宅就能获得我们的个人文件和谈话，也要求他们先获得法庭命令。

在 1934 年的《通信法案》中，国会规定，未经发送人的授权，任何人都不可以拦截和泄露一条消息；执法机关也不例外。1937 年最高法院裁定，窃听违反了这个法规[30]。然而在此之后的几十年间，联邦和州立执法机构，以及本地警方都假装没有这个法律，而不管是否有搜查令都继续实施窃听。联邦调查局曾经监听国会议员和最高法院；而在一个影响很大的案件中，联邦调查局在审判过程中，窃听了被告和她的律师之间的电话。在许多情况下，执法机构窃听的都是涉嫌犯罪的人，但在其他许多情况下，他们也窃听持不同意见的人、民权团体的成员，以及政府高官的政治对手。虽然有关于警察滥用窃听手段的许多公开指责，但是并没有导致任何正式检控。

在 1967 年 "卡兹诉合众国"（Katz v. United States）的判决中，最高法院推翻了奥姆斯特德一案的裁决，裁定第四修正案也适用于电话交谈⊖，并且在有些场景下也适用于公共场合。在这个案件中，执法机构在电话亭的外面安装了电子监听与录音装置，从而可以记录嫌疑人的通话。法庭裁决说，第四修正案 "保护的是人民，而不是地点"，因此一个人 "寻求保留自己的隐私，即使在一个公众可以访问的场合，也是受到宪法保护的"。如果要侵入正常人拥有正常隐私期望的场所，政府执法人员需要获得法庭许可。即使在卡兹案件之后，政府和政治家进行非法窃听或者合法性受到质疑的情形还在继续，在越南战争期间尤为引人注目，当时许多记者、犯罪嫌疑人和其他人都成为非法监听的受害者。

2. 电子邮件和手机谈话

当电子邮件和手机刚出现时，实施拦截是很常见的。在 20 世纪 80 年代，据说在硅谷

⊖ "博伊德诉合众国"（116 U.S. 616）是 1886 年美国最高法院的一个裁决，它支持 "搜查和扣押等价于对公民的私有文件的强制审查"，在第四修正案的含义下，该搜查就是 "不合理的搜查和扣押"。——译者注

⊖ 政府机构可以确定从某个特定电话呼出的电话号码，以及某人呼叫的电话号码，这样做比截获通话的内容更加容易受到法庭支持。

附近驾驶汽车监听手机谈话，是一种非常流行的工业间谍活动。也有很多人截获政治家和名人的手机谈话。1986 年通过的《电子通信隐私法案（ECPA）》把 1967 年在"卡兹诉合众国"案中的窃听限制延伸到了电子通信上，包括电子邮箱、无绳电话和蜂窝电话。ECPA 禁止对电子通信的内容和传输中的数据进行截获，除非是取得法庭命令的政府执法人员。ECPA 对于执法机关获取存储的电子邮件拷贝以及获取关于通信内容之外的信息（比如呼叫的号码、通话或 email 的时间和日期，以及其他报头信息）设定了较低的标准。政府认为，人们在允许互联网服务提供商（ISP）在服务器上保存他们的电子邮件的时候，就已经放弃了自己的隐私期望，因此，将不适用宪法第四修正案的严格要求。在 ECPA 通过 20 年之后，一家联邦上诉法院裁定，人们对于存储在 ISP 的电子邮件的确拥有隐私期望，从而警方在获取电子邮件时也需要搜查令 [31]。关于隐私期望的概念依然在许多法庭裁决中处于核心地位，因此我们会继续进行探讨。

3. 隐私期望

虽然最高法院对"卡兹诉合众国"案的裁决在某些方面加强了对第四修正案的保护，但是仅仅依赖合理的"隐私期望"的概念来定义执法人员在某些领域是否需要法庭命令，会对隐私造成一些意想不到的和负面的结果。

随着人们的认识逐渐增加，也逐步开始理解现代监控工具的能力，我们可能就会不再期望真的能够保护自己的隐私完全不受政府侵犯。这是否意味着我们不应该有隐私呢？在"史密斯诉马里兰州"（Smith v. Maryland）的案件中，最高法院认识到这个问题，在裁决中指出，如果执法机关通过"公认的第四修正案自由之外的"行动降低了实际的隐私期望，这也不应该降低第四修正案对我们的保护。然而，法院以非常严格的方式对"隐私期望"进行了解释。它在裁决中认为，如果我们把信息共享给像银行这样的企业，那么就对该信息不再拥有合理的隐私期望（"合众国诉米勒"案，1976 年），因此执法人员不需要法院的命令就可以获取该信息。这种解释似乎很奇怪。我们当然期望我们提供给银行或其他金融机构的财务资料是具有隐私的。我们对分享给（有时是精心挑选过的）其他人或组织的很多种信息都是期望保密的，但是许多法律和法庭裁决却允许执法机构不需要法庭命令就可以从非政府的数据库中获取信息。联邦隐私法规还允许执法机构不用法庭命令就可以获取医疗记录。《美国爱国者法案》（在 2001 年的恐怖袭击后不久通过）放宽了政府对许多种个人信息的访问限制，这其中包括不需要法庭命令就可以获取图书馆和财务记录。

仅仅通过敲键盘、按鼠标和讲话，我们就会把我们上网的行为分享给了互联网服务供应商（ISP）、网站、电信公司和搜索引擎公司。当我们采用共享出行 APP 找车的时候，或者仅仅是手里拿着手机的时候，会共享我们的位置信息。我们在网上购买的所有东西、通过会员服务看过的所有视频都会成为某个公司业务记录中的一部分。我们把照片和数据备份到云中。警察是否能够从云存储公司获取很多在我们家里受到第四修正案保护的信息？"合众国诉米勒"（U.S. v. Miller）案是发生在互联网之前的，但是法庭还在继续采用该案中关于我们共享出去的信息不再受到第四修正案保护的裁定。隐私期望应该怎样应用到这些技术和服务？最高法院是否应该对他们的观点进行细化和修订？

酒店记录或其他消费者业务交易

洛杉矶法律要求酒店收集和保存所有住客的信息，而且它允许任何洛杉矶警察随意按需查看，而不需要搜查令。政府认为，由于人们已经把信息"共享"给了酒店，所以就不再拥有隐私主张。这个观点可以被用来消灭掉几乎所有与第三方的与隐私有关的交易。联邦上诉法庭裁定，洛杉矶法律中允许警察不需要搜查令就可以获取酒店记录的这个条款违反了第四修正案，因为住客记录是酒店的财产，而酒店有权要求对它们进行保密[32]。虽然这种说法还是没有承认客户的隐私权，但是它至少为人们保存到企业的记录提供了一些保护。执法机关是否会继续争论说，如果企业把信息"共享"给了另外一家管理其中某些交易的企业（例如酒店预订网站），那么企业也就丧失了对隐私的主张呢？

2.3.3　把第四修正案应用到新的领域

"我们利用这些新技术并不意味着我们对隐私就不感兴趣。政府可以监视我们的行踪、我们的习惯、我们的熟人和我们的兴趣，这种想法还是会让我们不安。我们往往只是不知道它是怎么回事，直到为时已晚。"

——亚历克斯·科津斯基法官[33]

1. 搜查和跟踪移动设备

警察（在没有搜查证的情况下）可以合法搜查被逮捕的人，并检查人身上携带（例如在口袋里）的个人物品，或者他伸手可及的范围内的个人物品。这样做的理由是为了找到和没收武器，以及避免嫌疑人隐藏或销毁证据。但如果警察要搜查该人的手机内容的话，是否需要先获得搜查令呢？

一部手机通常会包含联系人、最近通话信息、消息内容、文档、个人日历、照片、网页浏览历史和关于该电话曾经到过哪里的记录。它也可能会包含书籍、健康信息和宗教 APP。对于许多人来说，手机就是一个移动办公室，包含私人和机密的信息。举例来说，一个律师的手机中可能包含关于客户和案件的信息：这些信息会受到法律的保护，不让警察访问。手机上包含的大量信息恰好是第四修正案意图要保护的一类信息。另一方面，联邦政府律师会反对要求先获得搜查令，他们认为在获取搜查令所需的过程中，罪犯的同伙就可能会从已经被警察没收的手机中远程删除犯罪证据。在到达各州最高法院的案件中，不同州的法庭对于是否需要获得搜查令给出了不同的裁定[34]。在 2014 年，iPhone 发布 7 年之后，最高法院在"莱利诉加州政府"（Riley v. California）一案中一致裁定，警察不能在没有搜查令的情况下搜查一个人的手机内容。

执法人员每年都会跟踪数千人的位置。有时候他们获得了法院命令，有时候却没有。他们是否需要法院命令才能对人实施跟踪呢？我们下面考虑两种不同技术：一种在公共视线下跟踪私人行为；另外一种技术在私人场所对人进行跟踪。

在没有搜查令的情况下，警察秘密在某个嫌疑人的妻子拥有的车辆上安装了 GPS 跟踪设备。警方认为这样做不需要搜查令，因为即使没有 GPS，他们也可以观察到这辆车在公共街道上的移动情况。他们认为，GPS 设备只是一个节省人力的装置。在 2012 年，最高法院对"合众国诉琼斯"（United States v. Jones）案进行了裁决，支持第四修正案的保护。法庭一致同意车辆也属于一个人的"所有物"，因而受到第四修正案的明确保护。因此，警察在把监听装置安装到私人车辆上时需要先获得搜查令。第二个论点是：在一个月的时间里，每天 24 小时实时监控，超越了在公共场所观察这辆车开过的情形；因此它违反了一个人的隐私期望。法官们认识到在直接安装跟踪设备并不是必需的案件中，隐私期望成为一个关键问题，但多数法官的意见是：把裁决留给未来的案件[35]。

假设一个人在自己家里、在朋友或情人的家里、在教堂或某医院里面，或者在任何私人空间中。州立、地方或联邦执法部门可以使用一种设备（通常被称作 stingray⊖），通过定位其手机来找到这个人的位置，即使他没有正在使用手机也可以做到。这种设备可以模拟一个基站，执法人员可以在他们认为要跟踪的人所在的场所附近开车经过或者飞过。在执法人员移动的过程中，要跟踪的手机会在不同的位置连接到该设备上。然后他们就可以使用得到的数据，根据三角定位算法得到手机的精确位置。有了这种技术，警方并不需要进入私人处所，或在一个人的财产上安装任何装置。联邦官员尽了很大努力，尝试对这种跟踪设备以及它们的工作原理保密。美国公民自由联盟（American Civil Liberties Union）获得的文档表明，至少到了 2009 年的时候，联邦官员还鼓励警察隐藏他们在使用这种设备的事实；让他们对外宣称跟踪信息来自保密的来源。当新闻报道开始出现的时候，执法机构辩论说，对移动电话的跟踪并不需要搜查令，因为使用手机服务的人对于手机传送给基站的位置数据并不拥有隐私期望。更有可能的是，许多人并没有意识到他们的手机会持续不断地向附近的基站发送信号，或者没有想到这样做意味着什么，以及并没有意识到只是因为他们随身带了手机，就可以被便携式的基站模拟器跟踪。

在手机跟踪设备被公开批评之后，美国司法部宣布了跟踪移动电话的新政策。最重要的变化是，联邦特工需要从法官那里获得搜查令之后，才能使用这种手机跟踪设备。联邦政策并不适用于地方和州里的警察，但是有些州也采取了类似的要求。在本书写作的时候，最高法院还没有接手关于该技术的案子，但是多个州立和联邦法庭已经裁定，在没有搜查令的情况下使用类似的监听设备违反了第四修正案。

图 2.2   在没有搜查令的情况下，警察是否可以访问包含你手机位置的所有记录

虽然目前的趋势似乎是会在实时跟踪一个人的电话时需要搜查令，但是有几个联邦上诉法院在涉及访问电话服务提供商存储的位置历史数据的案件中，却做出了相反的裁决。电话公司有手机连接到的基站记录，其中包括了日期和时间。因此，这个信息给出了一个人运动的地图和时间线，尽管位置并不是非常精确，因为人是位于基站的附近，而不是直接在基站上。到目前为止，法院已经裁定，这些信息与其他商业记录属于同一类别，警察都可以在没有搜查令的情况下访问这些记录，因为我们已经与这些公司共享了信息，所以就不再拥有隐私期望。

⊖   stingray（黄貂鱼）最早是由美国 Harris 公司生产的一种电话监听设备，在美国、加拿大和英国的执法部门得到了广泛应用。后来被广泛用于称呼所有类似的电话监听装置。——译者注

没有搜查令，政府不能把公民的手机变成一个跟踪设备。

——威廉·鲍利（William Pauley），美国地区法院法官，2016[36]

2. "不侵犯也可以深入揭示"的搜查

上面的标题摘自朱利安·桑切斯关于各种搜查和侦探技术的描述[37]。许多人可能会觉得听起来像科幻小说，但并不是。这些技术可以搜查我们的住宅和车辆，却不要求警方实际进入或打开它们。他们可以从远处，在我们不知情的情况下，搜查我们衣服底下的身体。"不侵犯也可以深入揭示"的搜查工具（有些已经在使用，有些还在开发中）包括用来检测许多特定毒品和炸药的颗粒嗅探器、无须打开卡车就可以分析卡车货物的分子组成的设备、热成像设备（例如可以找到用来种植大麻的加热灯）、在我们的后院或者窗户外面飞过的无人机，以及只需要使用记录在人们讲话的屋子里由声波造成的植物叶子或薯片袋上的微小运动的视频图像，就能够重建对话并根据声音识别讲话者的算法[38]。这些工具显然可以用于有价值的安全和执法应用，但技术也可以用于在没有搜查令和合理原因的情况下，对毫不知情的人进行随机搜查。正如桑切斯所指出的[39]，我们生活的"国家的法规使得几乎所有人都会在某些时候犯一些违法行为。"在政府开始使用这些工具来监视从加拿大买药品回国、自己酿酒，或者在家中保存了被禁止的甜味剂或饱和脂肪（或者做了其他在将来可能非法的事情）的普通人身上之前，保护隐私的关键是，对它们的使用要有清晰的规定，尤其需要澄清的是，什么时候这种搜查需要先获得搜查令才行。

2001 年，在"基洛诉合众国"（Kyllo v. United States）案中，最高法院裁定，在没有搜查令的情况下，警方不能使用热成像设备从外面对住宅进行搜索。法院指出，"政府使用了没有用在一般公众用途中的设备，探索了以前不通过物理上入侵就无法获知的住宅中的详细信息，这样的监控就是'搜查'"。这个推理表明，当一种技术的应用越来越广泛之后，政府无须搜查令就可以使用它进行监视。这种标准可能会让市场、公众意识和技术有时间发展，以提供针对新技术的隐私保护。但是这是否是一个合理的标准——法律对新技术的合理适应？抑或是法院应该允许没有搜查令的搜查？又或者，政府是否必须满足第四修正案的要求，就像在该技术存在之前一样，在每次搜查一家住宅之前都必须有搜查令？

在"基洛诉合众国"案的裁定之后十多年，执法机构还是会在没有搜查令的前提下，秘密在建筑物外使用雷达设备检测楼内人的呼吸与动作[40]。

3. "大哥"会在监听吗？⊖

我们在家庭里（或其他地方）使用越来越多的设备，它们会响应语音命令。许多公司都在销售面向家电和互联网的基于对话的交互接口，这些接口比手机上的要更加复杂。当我们同这些系统交谈时，就好像是和另外一个人对话一样，而实际上，有些公司会为这些系统开发出人的个性。为了使这些系统正常运行，麦克风必须是一直开着的。为了使用或者保护我们的对话，需要制定什么样的原则或指南呢？执法机构如果想要访问我们的麦克风，又需要什么规则来控制他们？

4. 我们的观察

我们讨论的法庭案件涉及武装抢劫、谋杀和贩卖非法毒品的犯罪嫌疑人。我们希望警

⊖ 在乔治·奥威尔的反乌托邦小说《1984》中，"大哥"（即政府）可以通过安装在所有家庭和公共场所中的"电子屏幕"来监视所有人。

察和检察官有合理的工具可以来抓捕和起诉暴力犯罪分子。在讨论第四修正案的原则和案例时，需要记住的一点是，这些禁止使用"黄貂鱼"（移动电话监控设备）和搜查移动电话的裁决，并不意味着警察完全不能这样做。这些裁决意味着他们必须拿出证据来说服法官，在这样做之前需要先获取搜查令。对于法院裁定认为不受第四修正案保护的信息（例如，移动电话服务提供商关于你所使用电话的记录），执法机构可以自行决定如何获取这些信息，或者尝试获得比搜查令的标准更低一些的法庭命令。即使执法机构拥有保护隐私的强有力政策，个别雇员也可能以滥用或非法的方式访问或使用这些数据。第四修正案的作者很清楚对政府权力的可能滥用，因此写了《权利法案》来防止政府权力滥用。

2.4　政府系统

> Quis custodiet ipsos custodes?（监管之人，谁人监管？）
>
> ——尤维纳利斯[⊖]（古罗马第一／二世纪）

2.4.1　视频监控和人脸识别

当监控摄像头一开始在公共场所出现时，许多人把它们看成是对隐私的威胁，认为这是反乌托邦科幻小说里的东西。后来，监控摄像头拍摄的照片帮助识别了在伦敦地铁中引爆炸弹的恐怖分子。在英国，暴乱者焚烧和抢劫了社区之后，警察使用街道摄像头和面部识别系统的记录来识别暴乱者。在波士顿马拉松爆炸后，监控摄像机提供了炸弹引爆者的图像，他们很快就被识别出来了。在布鲁塞尔、巴黎和尼斯的恐怖袭击中，监控录像有助于识别袭击者或提供了其他对调查有用的信息。那么，现在无所不在的摄像头是一种有价值的保护还是一种严重的威胁，还是两者兼而有之？我们将在这里讨论一些摄像头和人脸识别的应用，以及相关的隐私和公民自由问题。

英国是第一个在公共场所安装大量摄像头以震慑犯罪的国家，而且在恐怖袭击浪潮出现的十几年前就开始这样做了。英国一所大学进行的一项研究发现了监控摄像头操作员的许多滥用行为，其中包括收集淫秽画面，例如拍摄在车内从事性行为的人，并将其展示给同事看。辩护律师抱怨说，检察官有时会故意删除可能会洗清嫌疑人罪行的画面 [41]。英国政府发布的一份报告中指出，英国的闭路电视系统在打击犯罪中用处不大。摄像头的唯一成功应用是在停车场上帮助减少针对汽车的犯罪行为 [42]。

在第一次大规模公开的人脸识别应用中，佛罗里达州坦帕市的警察在没有通知参与者的情况下，扫描了所有观看 2001 年超级碗[⊜]的 10 万名球迷和员工的面部图像（导致一些记者把这次超级碗称作"偷窥碗"）。通过搜索包含罪犯信息的计算机上的文件进行匹配，系统在几秒钟内就会返回结果。美国公民自由联盟（ACLU）[⊜]把用于超级碗的人脸识别系统比作

⊖　尤维纳利斯，即 Juvenal，全名 Decimus Iunius Iuvenalis，公元 1 世纪的罗马著名诗人。这里引用的是一个著名的拉丁语谚语，英文翻译为"who will watch the watchers?"或"who will guard the guardians themselves?"，可直译为"谁来把守守卫者？"或"谁来监督监督者？"。——译者注

⊜　超级碗（Super Bowl）是美国职业橄榄球联盟（NFL）的总决赛，曾被认为是全球每年观看直播人数最多的体育赛事。——译者注

⊜　美国公民自由联盟（American Civil Liberties Union，ACLU）是一个美国的大型非营利组织，总部设于纽约市，其目的是为了"捍卫和维护美国宪法和其他法律赋予的这个国度里每个公民享有的个人的权利和自由"。——译者注

一个计算机化的警察队伍，在大家不知情也没有同意的情况下，站在无辜的百姓面前进行监视。坦帕市在最受欢迎的餐厅和夜总会的附近也安装了一个类似的系统。警方在控制室内可以对每个人的面部进行放大，然后在犯罪嫌疑人的数据库中查找是否有匹配[43]。在投入使用的两年间，该系统并没有发现警察想要找的任何人，但是偶尔会把无辜群众误认为警察通缉的要犯。

在 21 世纪初期，人脸识别系统的准确率还比较低[44]，但是随着可用于匹配的照片数量增加（例如，在社交网络中做了标记的照片），识别的技术也得到了相应的改进。警察或者其他任何人现在都可以在大街上抓拍一个人的照片，然后用手机上的应用程序就可以通过搜索流行的社交网站上的档案图像来识别出这个人的身份。

摄像头本身就会带来一些隐私问题。如果和人脸识别系统结合起来，它们严重破坏了我们在公众场合的匿名性。英国警察使用公共摄像头的一个用途是为了强制实施年轻人的宵禁。这个应用意味着摄像头可以使针对特定人群的监视和控制更加容易。警察会使用人脸识别系统来跟踪政治异议人士、记者以及强权人士的政治对手吗？这些人在过去也经常会成为非法或有疑问的监控行为的目标。

一些城市扩大了他们的摄像头监控方案的范围，而其他一些城市则放弃了类似的系统，因为它们没有显著降低犯罪行为。（有些城市更倾向于采用更好的市政照明与更多警察巡逻，这些技术含量低的方法对于隐私的侵犯更小。）多伦多市政府官员拒绝让警方接管他们的交通摄像头来监控抗议游行，以确定游行的组织者。在一个有争议的声明中，加拿大隐私保护独立专员认为，加拿大的《隐私法案》要求在执行政府计划时，"收集任何的个人信息都需要可证明的合理需要"，因此即使为了预防犯罪，记录大量普通市民的活动也是不允许采用的手段[45]。

加州交通局拍下了行驶在一个特定地区的汽车车牌。然后，它联系车主对该地区的交通状况进行调查。数百名司机对此提出抱怨，这些人强烈反对这种他们认为是不能接受的监控行为，认为即使政府机关只是拍了他们的车牌，而不是他们的脸，把这些信息用于普通的交通调查，而不是警察行动也是不对的。许多普通人不喜欢在不知情的情况下被跟踪或拍摄。

显然，有一些摄像头和面部识别系统的应用是对技术的合理、有益的使用，可以帮助提高安全和预防犯罪；但是显然需要有一定的控制和指导。我们应该如何把适当的使用和不当使用区分开来呢？我们应该对像人脸识别系统这样的技术加以限制，使其只用于抓捕恐怖分子或严重罪行的犯罪嫌疑人吗？或者我们还应该允许把它们用在公共场所来发现未付停车罚单的人？有些摄像头是隐藏的。人们是否有权知道摄像头被装在哪里？什么时候使用？我们是否可以把隐私保护的功能设计到这些技术中，为它们的使用建立深思熟虑的政策，并通过适当的隐私保护的法律？从而不至于到了加拿大最高法院所担心的"把隐私全部消灭"的状态（参看下面的引文）。又或者，像美国这样已经拥有了超过 3000 万摄像头，讨论这些都已经为时已晚？我们是否愿意在隐私和识别罪犯与恐怖分子之间做出权衡？

> 要允许政府部门进行无限制的视频监控，就会严重削弱我们在一个自由社会中可以合理期望的隐私程度……我们必须始终警惕一个事实，那就是如果不对电子监控的现代方法加以控制的话，就会拥有把隐私全部消灭的可能。
>
> ——加拿大最高法院[46]

"这是一个公开的会议！"

——记者皮特·塔克（Pete Tucker）因为在美国政府机关的一次公开会议上拍照
被逮捕时的抗议。在他之后，新闻记者吉姆·爱泼斯坦（Jim Epstein）
又因为用手机拍摄了塔克被捕的过程而被捕 [47]。

2.4.2 数据库

1. 保护和违反隐私

联邦和地方政府机构维护了成千上万个包含个人信息的数据库，其中包括税务、房地产所有权、医疗记录、离婚记录、选民登记、破产信息、像止疼片这样的药物处方以及逮捕记录等。其他应用还包括政府基金和贷款计划、职业和交易许可证以及学校记录（包括儿童心理测试结果），等等。政府数据库可以帮助政府机构履行职能、确定享受政府的福利计划的资格、检测政府计划中的欺诈行为、征收税金，以及抓捕违反法律的人。政府活动的范围是巨大的，可以从抓捕暴力犯罪分子，到为编发辫的人发放许可证。政府可以逮捕人、关进监狱，并且没收他们的资产。因此，政府机构对个人数据的使用和滥用，可能会对自由权和个人隐私构成特殊的威胁。我们都会合理地期望政府在隐私保护方面能够满足特别高的标准，并且严格遵守相应的规则。

《1974 年隐私法案》和 2002 年的《电子政府法案》(E-Government Act) 是关于联邦政府使用个人资料的主要法律。图 2.3 给出了《隐私法案》的一些主要条文。虽然这个法律在尝试保护我们的隐私不被联邦政府机构滥用上迈出了重要的一步，但是它也存在一些问题。用某位隐私法律专家的话来说，《隐私法案》中存在"许多漏洞，执法不严，而且只有零星的监督"[48]。《电子政务法案》添加了关于电子数据和服务的一些隐私规定，例如，要求机构对电子信息系统进行隐私影响评估，以及在机构网站上向公众张贴其隐私政策。

- 限制联邦政府记录中的数据只允许包含政府为了"相关的和必要的"法律目的而收集的数据。
- 要求联邦机构在"联邦纪事"(Federal Register) 的记录系统中发布通知，使公众了解存在哪些数据库。
- 允许人们访问他们的记录，并修正不准确的信息。
- 需要建立规程来保护数据库中的信息安全。
- 在没有获得一个人的同意的时候，禁止披露他或她的信息（存在一些例外）。

图 2.3 《1974 年隐私法案》的部分条文

政府问责办公室（Government Accountability Office，GAO）是隶属于国会的"监督机构"。在过去的 25 年中，GAO 发布了大量的研究报告，展示了各种违反《隐私法案》的行为，以及其他的隐私风险和破坏行为。GAO 在 1996 年的报告中指出，白宫工作人员使用的一个"秘密"数据库中含有 20 万人（包括种族和政治信息在内）的记录，却没有足够的访问控制机制。GAO 通过对 65 个政府网站的研究发现，只有 3% 的网站完全遵守了由美国联邦贸易委员会（FTC）建立的用于商业网站的关于通知、选择、访问和安全性的公平信息标准。（联邦贸易委员会自己的网站也是其中之一。）GAO 在报告中提到，美国国家税务局（IRS）、联邦调查局（FBI）、美国国务院和其他机构在使用数据挖掘来检测欺诈或恐怖主义的过程中，没有遵守关于收集公民信息的所有规则。GAO 发现，在美国政府用来传送医疗保险（Medicare）和医疗补助计划（Medicaid）的医疗数据的通信网络中，存在几十个弱点，可能会导致未经授权就能访问到人们的医疗记录 [49]。

国税局是会收集和存储全国几乎每个人的信息的多个联邦政府机构之一。这也是对个人信息进行二次使用的一个主要机构。年复一年，有数百名国税局员工因为擅自窥探人们的税务档案而被查出。由于这些滥用行为，专门制定了法律严惩这些未经授权偷看他人税务信息的政府雇员。然而，几年后的一份 GAO 报告发现，虽然美国国税局已取得了明显的改善，但是税务机关仍然未能充分保障人民群众的财务和税务信息。国税局员工依然能够擅自改变和删除数据；员工在报废包含敏感的纳税人信息的磁盘时，没有删除其上的文件；而且有成百上千的磁带和磁盘丢失不见。财政部监察长的一份报告说，国税局没有充分保护存储在超过 50 000 台笔记本电脑和其他存储介质上的纳税人信息。在 2015 年，黑客通过在国税局的一个网站上注册新的纳税人账号，就能够访问该纳税人的信息。该网站在创建账号时只需要纳税人非常少的信息，而一旦账号创建成功，黑客就可以看到该纳税人过去的退税和纳税记录。国税局不得不关闭了该服务，并通知数十万纳税人说他们的信息存在泄露风险。在这个案例中，纳税人信息被暴露的原因并不是直接攻击国税局系统，而是账号创建的策略存在弱点。

在对遵守《隐私法案》和《电子政务法案》的多次合规审查中暴露了这些法律的一些缺点。举例来说，在发现大多数人都不会去读"联邦纪事"（Federal Register）之后，GAO 建议采用更好的方式向公众通报政府数据库和隐私政策。GAO 还继续主张更严格地限制对个人信息的使用，并且主张修改《隐私法案》，使之涵盖由联邦政府收集和使用的所有个人身份信息，从而可以堵住法律条文中的漏洞，因为这些漏洞造成政府使用的许多个人信息都不受保护。

2. 政府使用私营部门的资源

信息安全和隐私咨询委员会[⊖]指出："《隐私法案》没有充分涵盖政府使用商业公司整理的包含个人信息的数据库。关于联邦政府使用商业数据库，甚至利用商业搜索引擎来获得的信息，相关的规则都一直含糊不清，有时根本不存在。"因此，机构可以绕过《隐私法案》的保护，而利用私营部门的数据库和搜索信息，而不用去自己收集信息 [50]。

在一个例子中，纽约市警察局付钱给一家私人公司以访问该公司的数据库，该数据库收集了来自全国各地的汽车牌照阅读器的数据。读牌照的装置被安置在公寓大楼、办公园区和其他私人区域以及公共街道上。该系统可以提供经常在特定地点出现的车辆，或者常常会出现的车辆列表。它还可以提供车辆在特定时间可能在何处的预测。该系统帮助查找到一个杀人犯的位置，表明它在查找罪犯方面具有明显的优势，但是警察是否能够在没有法律或法庭监督的情况下根据自己的选择访问这些数据？在过去五年来，将这些主要是关于无辜人群的数据提供给纽约警察局，这样做是否正确？ [51]

持续不断有新的提议，通过挖掘非政府的数据库来寻找恐怖分子和恐怖阴谋。下面，我们对杰夫·乔纳斯（Jeff Jonas）和吉姆·哈珀（Jim Harper）提出的关于数据挖掘是否适用于这个目的的一个有趣的观点做总结性介绍 [52]。市场营销公司大量利用数据挖掘。他们在数据分析上花费数百万美元，以发现有可能成为客户的人。可能性有多大？在营销方面，如果有百分之几的回应率就被认为是相当不错的。换句话说，价格昂贵、复杂的数据挖掘依然具有较高的误报率。大多数在数据挖掘中被标识为潜在客户的人其实都不是。许多有针对性的人会收到他们根本不感兴趣的广告、产品目录和推销电话。垃圾邮件和弹出广告会让人感到厌烦，

⊖　即 Information Security and Privacy Advisory Board，这是一个隶属于政府的咨询委员会。——译者注

但它们并不会显著威胁公民自由。而如果在数据挖掘中发现恐怖嫌疑人的误报率很高，那么就会存在很大问题。数据挖掘可能对于从茫茫人海中把恐怖分子摘出来会有所帮助，但是对于如何保护那些被错误选出来的无辜的人，就需制定合适的程序。乔纳斯和哈珀认为，通过其他一些方法寻找恐怖分子更具成本效益，而且对于大量公民的隐私和自由权的威胁也更小。

3. 数据库的例子：跟踪大学生

美国教育部提议建立一个数据库，包含在美国所有学院或大学就读的每一位学生的记录。提案要求所有高校提供并定期更新学生记录，包括每个学生的姓名、性别、社会安全号码、选课情况、已通过课程的情况、学位、贷款和（公立或私人）奖学金的信息。政府将无限期地保留这些数据。由于遭到了强烈反对，教育部尚未开始实施该提议。我们以这个问题为例进行分析，在这里提出的议题和问题同样适用于许多其他情况。

联邦政府每年在为学生提供的联邦基金和贷款上花费数十亿美元，但是却没有好的办法来衡量这些计划是否成功。接受援助的学生都毕业了吗？他们在学习什么专业？该数据库将有助于评估联邦政府的学生援助计划，并有可能促进对该项目的改进，并且提供关于毕业率和实际大学费用的更准确数据。如果能够拥有跟踪未来从事护士、工程师、教师等职业的毕业生人数，那么就有助于更好地修订有关的移民政策和商业与经济规划。

另一方面，把关于每个学生的如此详细的个人信息都收集到一个地方会带来各种隐私风险。在 2.1.2 节中列表中的几个点都与此有关。很有可能政府会发现这些数据可以被用于许多不属于原来提议中的新的用途。这样的数据库也可能会成为身份窃贼作案的一个理想目标。各种各样的泄露都可能会出现。维护数据的工作人员可能会进行潜在的滥用；例如，有人可能会发布某个政党候选人的大学档案。而且在数据库中无疑还会出现错误。如果教育部把数据的使用限制为广义的统计分析，那么错误可能不会有大的影响，但是对于一些潜在的用途，这些错误可能是相当有害的。

> 🔥 由于性罪犯登记库中的错误可能带来的风险：见 8.1.2 节。

数据库的规划用途中不包括寻找或调查那些违反法律的学生，但是这对于执法机构来说，它会成为一个诱人的信息来源。弗吉尼亚州的法律要求高校提供他们录取的所有学生的姓名和其他身份信息。州警察有权检查这些人的姓名是否会在性罪犯登记库中找到。他们还可能会检查什么？其他政府机构可能会希望从联邦学生数据库中获得哪些信息？国防部是否可以把该数据库用于征兵工作？如果雇主获得访问权限的话，会带来哪些潜在风险？所有这些用途都属于未经学生本人同意的二次使用。

一些教育工作者还担心，如果最终有可能在该数据库与（从幼儿园到高中的）公立学校数据库建立起连接的话，那么就有可能促成对儿童行为问题、健康和家庭问题等实施"从摇篮直到坟墓"的跟踪。这样的数据已经存在风险：在起诉加州教育局的一个案件中，法官最终允许起诉的组织可以访问教育局维护的关于数百万学生的大量敏感数据。虽然法官对于如何使用这些数据设置了限制，但是这种对数据的访问在开始数据收集的时候，是家长无法想象到的 [53]。

政府对于给大学生提供的助学金和贷款的有效性进行监控是有道理的。因此，要求接受联邦政府资金或贷款担保的学生提供关于学业进展和毕业情况的数据，也是合理的。但是，有什么正当理由要求所有学生都提供这些数据呢？出于统计和规划的目的，政府可以进行自愿参加的调查，就好比现在的企业和组织，由于他们并不拥有政府的强制权力，在类似活动中就只能要求人们自愿参加。建立一个这样的数据库对于政府的基本职责来说是否足够重要，以至于可以论证它带来的好处超过了它的风险，并且可以强制要求每个学生都提供如此多的个人数据？[⊖]

在考虑政府关于个人数据使用或挖掘的每个新系统或政策的时候，我们应该问很多问题：它所使用或收集的信息是否准确和有用？是否可以采用更低侵犯性的手段来得到类似的结果？这样的系统是否会对普通百姓造成不便，而却很容易成为犯罪分子和恐怖分子攻击的目标？对无辜民众来说，会带来多大的风险？该技术以及控制对其使用的规定中是否包含了隐私保护？

2.4.3　公共记录：访问与隐私

许多联邦和州立政府数据库中包含"公共记录"，即广大市民可以访问的记录，包括破产记录、逮捕记录、婚姻许可证申请、离婚诉讼、财产所有权记录（包含贷款按揭资料）、政府雇员的薪金和遗嘱等。这些信息很早之前就是公开的，但总的来说，它们只存在于政府部门的纸面记录上。律师、私家侦探、记者、房地产经纪、邻居和其他人会使用这些记录。现在，通过网络就可以很容易搜索和浏览这些文件，更多的人会为了个人乐趣，为了研究或者正当的个人目的来访问这些公共记录，而有些人也可能是出于有可能威胁和平、安全、个人隐私和他人财产的目的。

公共记录中包含很多敏感信息，例如社会安全号码、出生日期、家庭住址。美国亚利桑那州马里科帕县[⊜]是第一个把无数完整的公共记录放到网上的县，而在美国该县的身份盗窃犯罪率也最高 [54]。显然，某些敏感信息不应当出现在公共记录网站上。这就需要决定到底什么类型的数据需要受到保护，并可能因此需要对政府软件系统进行昂贵的修改。有些地方政府采取了一些策略，在把文件发布到网上前，会抹掉其中的敏感数据，有些州的法律也有这样的要求。

> 🔥 关于身份窃取的更多信息：见 5.3.1 节。

为了说明更多关于公共记录的问题及其解决方案，下面描述了几种特殊的信息（私人飞机的飞行信息、政治捐款和法官的财务报表），然后引出一些相关问题。

在美国，大约有 12 000 架公司飞机的飞行员会在飞行时提交飞行计划。有些企业会结合从政府数据库中获得的该航班信息和飞机登记记录（也是公开政府记录）提供一种服务，可以告诉我们一架特定飞机的位置，它要去哪里，什么时候到达，以此类推。很多公司报告说他们因此遇到各种问题，从体育粉丝寻求明星签名，到针对公司高管的死亡威胁。还有哪些人可能会想要得到这些信息？公共利益团体和记者可以用这些信息来公开政府或私人飞机被个人使用的情况；竞争对手可以用这些信息来确定另一家公司的高层管理人员会与什么人见面；恐怖分子可能用这些信息来跟踪一个高知名度的目标的行动。由于这些安全和隐私的考虑，联邦航空管理局现在允许私人飞机所有者阻止他们的飞行信息被公开。

政治竞选委员会需要报告向总统候选人捐款超过 100 美元的每个捐献者的姓名、地址、

⊖　对该提议的批评者（其中也包括许多大学）指出在隐私之外还存在其他风险和成本。高校担心，收集的数据将最终会导致联邦政府增加对高校管理的控制和干涉。提供数据的要求也会增加学校的运营成本。整个项目将会把更高的代价成本转嫁到纳税人身上。

⊜　马里科帕县，即 Maricopa County，位于亚利桑那州的中南部，是美国人口最多的县之一，比美国 23 个州的人口还要多。——译者注

雇主和捐款金额[⊖]。此信息对公众是公开的。在过去，主要是记者和对手竞选阵营会检查这些记录。现在，可以在网上很方便地进行搜索。任何人都可以找出他们的邻居、朋友、员工和雇主所支持的是哪些候选人。我们还可以在其中发现可能希望使自己地址保密以保护他们的平静与隐私的一些名人的地址。

联邦法律规定，联邦法官需要提交财务信息披露报告 [55]。这些报告对所有人公开，从而任何人都可以审查这些报告，以确定某个特定的法官是否可能会和某个特定案件存在利益冲突。当一家在线新闻机构提起诉讼，要求把这些报告在网上公开的时候，法官提出反对，因为报告中的信息可以透露家庭成员工作或上学的地方，从而可能使这些家人面临被对法官生气的被告进行攻击的风险。最后，这些报告还是在网上公开了，但是删除了一些敏感信息 [56]。

访问信息的便利性的改变，同时改变了使某些类型的数据公开所带来的优点和缺点之间的平衡。每当访问方法有显著改变的时候，我们应该重新考虑老的决定、政策和法律。在练习题 2.36 中，把所有房产业主的记录都公开带来的好处，是否会超过因此带来的隐私风险和被窃风险呢？要求报告小的政治捐款的好处是否大于隐私风险呢？有可能是这样的。但问题的关键是，我们应当定期提出这些问题并通过讨论解决它们。

我们应该如何控制对敏感公共记录的访问？在旧的规则下，请求访问法官的财务报表的人必须签署一份表格，公开自己的身份。这是一个合理的规则。信息可以提供给公众，但是如果把谁访问了这些内容记录下来，就可以阻止大多数人想要借此做坏事的意图。我们可以在网上实现一个类似的系统吗？虽然在网上对人进行识别和认证的技术正在开发过程中，但它们还不足以广泛用于每个在网上访问敏感的公开数据的人。在未来，我们可能会经常使用到这些工具，但是这又引发了另一个问题：我们将如何区分需要认证和签名才能访问的数据，以及允许匿名公开访问的数据？而且我们还可能需要保护访问者的隐私 [57]。

2.4.4　国民身份证系统

在美国，全国性的身份识别系统开始于 1936 年的社会安全卡片。在最近的几十年里，由于对非法移民和恐怖主义的担忧，使得很多人支持制定更加完善和安全的国民身份证系统。由于反对派对隐私和潜在滥用（以及成本和实际应用问题）的担忧，使得许多政府机构提出的各种关于国民身份证的方案都没能取得重大进展。在本节中，我们会讨论社会安全号码、关于国民身份证系统的各种问题，以及《真实身份法案》(REAL ID Act)，后者是在尝试把驾驶执照转变成国民身份证的过程中迈出的一大步。

1. 社会安全号码 [58]

社会安全号码（SSN）的历史展现了一个国民身份识别系统的发展过程。当 SSN 首次出现在 1936 年的时候，它们仅仅被用于社会保障计划中。政府在当时向公众保证，这个号码不会被用于任何其他用途。仅在几年之后的 1943 年，罗斯福总统签署了一项行政命令，要求联邦机构在新的记录系统中使用 SSN。到 1961 年，国税局开始使用它作为纳税人的识别号码。因此，雇主和其他必须向国税局报税的人都需要用到它。在 1976 年，国家和地方的税收、福利和机动车辆部门都获得了使用 SSN 的授权。1988 年的联邦法律规定，父母在办理孩子的出生证明时必须提供他们的 SSN。在 20 世纪 90 年代，美国联邦贸易委员会鼓励征信机构使用SSN。1996 年的一项法律中要求各州在发布职业执照、结婚证和其他种类的证照时需要收集

⊖　对于金额非常小的捐献，也可以例外。

SSN。虽然这违背了政府最初的承诺，但是 SSN 已经成为一个普遍使用的身份识别号码。

只有为数不多的（如果有的话）政府机构和其他组织似乎会意识到，对于这样一个用于如此多目的的身份号码，其本身的安全性是非常重要的。SSN 往往会出现在各种文档中，例如房产契约，而这些文件本身是公共记录（并且可以从网上公开获得）。几十年来，许多大学都会使用 SSN 作为学生和教师在学校的 ID 号码，这些数字会出现在校园卡和选课名单上。作者（TH）曾任教的大学使用姓名和 SSN 的最后四位数作为公开的电子邮件地址。（该大学现在已经停止了这种做法。）对于参加联邦医疗保险计划（Medicare）的数亿美国人，他们的 SSN 都被直接印在了社保卡上。弗吉尼亚州曾经在公布的选民名单中包含 SSN 的信息，直到联邦法院裁定在进行选民登记时要求提供 SSN 是违宪的。美国国会要求在所有驾驶执照上都必须显示驾驶员的 SSN，但由于强烈的抗议活动，在几年后废除了这项法律。一些雇主使用 SSN 作为员工 ID 号，并将其印在员工胸卡上，或者提供给请求该信息的第三方。美国农业部在其网站上公布有关向农民提供贷款和补助的详细信息时，在无意中泄露了超过 35 000 名农民的 SSN。

从财务机构到当地有线电视公司的很多企业在你给他们打电话时都会要求你提供 SSN，或者是最后四位数字。这意味着他们在记录中保存了你的号码。在 2.1.2 节和第 5 章中，我们会列出在无数的事件中，黑客偷走了数百万条包含 SSN 的这样的顾客记录。这些知道你的姓名和拥有你的 SSN 的人，有的可以经过一些不同程度的努力，获取访问你的工作和收入历史、信用记录、驾驶记录以及其他个人数据。由于 SSN 的广泛使用，使我们面临欺诈和身份盗窃的风险。例如，某加州大专院校的兼职英语教师使用在她的选课名单上提供的学生社会安全号码，开立了许多欺诈的信用卡账户。盗窃数百万用户的 SSN 的黑客则可以自己使用或售卖这些号码，用于大规模的财务欺诈。

社会安全号码的公开范围太大，以至于无法用它来安全地识别一个人。社会安全卡片也很容易伪造，但这一般并不重要，因为一般询问号码的人很少会要求看卡片，而且几乎也从不会去确认号码是否一致。社会安全局本身在过去发卡时，也不去核实申请人所提供的信息。罪犯可以很容易创造虚假身份，而因为 SSN 存在的问题，无辜的老实人却会遭受个人信息被披露、逮捕、欺诈、信用评级被破坏，等等。

渐渐地，政府和企业开始认识到不谨慎使用 SSN 的风险，以及我们不应该广泛使用它的原因。各州发布的不同法律现在对不是真的需要 SSN 的企业和组织进行了限制，不允许他们获得用户的 SSN。

SSN 最初的目的就不是作为一种通用的、安全的识别号码，而试图把它用作这样的目的的尝试不仅失败了，而且还导致了隐私和财务安全的损失。接下来，我们来讨论关于更加广泛安全的、以数字方式互联的全国身份识别系统的规划。

2. 一个新的美国全民身份证系统

很显然我们需要一个安全的身份识别系统来取代社会安全号码，而且对于许多政府用途来说，能识别不同的人是非常至关重要的。近年来，不同的政府机构提出了各种国民身份证系统的提议。根据具体的计划和支持它的政府

有关生物信息的更多讲解：见 5.5.1 节。

部门的不同，这些身份证可能拥有大量的应用，其中会涉及公民身份、就业、健康、税务、财务或其他数据，以及像指纹或视网膜扫描这样的生物身份信息。在许多提议中，身份证还可用于访问包含其他信息的各种数据库。

国民身份证系统的支持者描述了很多好处，其中有些依赖于该卡片可用于大量的政府和

私人用途：

- 你将会需要用实际的卡来验证身份，而不只是使用一个数字。
- 与社会安全卡片相比，会将更加难以伪造。
- 如果该卡片替代了所有其他形式的身份证件，一个人只需要携带一张卡片，而不是像我们现在这样在不同服务中要使用各种不同的卡片。
- 新的身份认证将有助于减少在私人的信用卡交易和政府福利计划中的欺诈行为。
- 使用身份证来核实工作资格，可以阻止人们在美国非法工作。
- 可以更容易跟踪和识别犯罪分子和恐怖分子。
- 由于被怀疑非法进入美国而被警察骚扰或者拘留的公民（这对于某些种族的人群是经常遇到的问题）将可以通过出示身份证来证明他们的公民身份。

对多功能的身份证系统持警惕观点人们认为，它们会成为对自由和隐私的极大威胁，而且在身份证系统中出现的错误会造成毁灭性的效果。"请拿出你的证件"是一个与警察国家和独裁政府紧密联系起来的要求。在南非通过的臭名昭著的法律中，人们必须携带标识他们的种族的通行证或证件，从而可以控制他们可以在哪里生活和工作。在二战期间的德国和法国，身份证件上包括人的宗教信仰，它让纳粹分子可以很容易地抓捕和杀害犹太人。在美国，政府机构可以从人口普查局获取日本裔美国人的位置（在二战期间用于拘禁他们），或者是关于在不同邮政编码地区的阿拉伯后裔的人口数量的数据（在 2001 年恐怖袭击之后），这说明在一个自由的国度也会出现针对不同人群的行动。彼得·诺伊曼（Peter Neumann）和劳伦·温斯坦（Lauren Weinstein）对用来支撑国民身份证系统而需要的数据库和通信系统可能带来的风险提出警告 [59]："造成过分严密的监控和严重的隐私滥用的机会是无限可能的，会带来大规模的伪装、身份盗窃和严厉的社会工程的可能性。"

劳工验证数据库的准确性：见 8.1.2 节。

有些身份证系统的目标是"一卡社会"，这种只需要携带一张卡片的便利性会吸引很多人。然而，现在如果你丢了你的学生卡的话，你还可以使用你的信用卡购物，仍可以去看医生或者驾驶汽车。如果唯一的身份证丢失或被盗的话，那么就会导致很多活动无法进行。类似地，如果系统中出现错误也可能是毁灭性的。下面我们考虑一个案例，在五年中，美国复员军人事务部把 4200 名接受老兵福利的人错误地表示为死亡状态，并因此停止了寄送支票。虽然受到影响的人数与当年去世的老兵相比只占很小的比例，但是影响确实非常严重，比如会使得很多人没有能力支付房租。如果一个人在"一卡系统"中被标示为死亡，那么影响只会更加严重。就像一个批评者所说的，这样的一张卡片是否会成为一个人"存在的许可证" [60]？

有些形式的身份证明（例如军事人员的护照和证件）可能拥有更高的安全级别。（也就是说，获得这样的证件需要对申请人进行审查，而且会比较难以获得。）因此，对于申请这种证件的人来说，就需要能够可靠地识别用户身份。而对于超市会员卡来说则没有那么重要。很显然，我们就需要知道国民身份证卡片到底应该扮演什么样的角色。有些基本的申请可能会包括纳税用途、选民身份识别、社保和医保，以及政府福利的身份证明。还有其他用途吗？如果我们把一个新的国民身份证号码用于太多的方面，比如包括面向各种企业的在线和电话身份认证，那么我们就会很快遇到和 SSN 一样的问题：黑客会盗窃这些号码，并用来访问许多需要号码却不需要出示卡片的系统。

另外一个问题是，公民是否应当被立法要求必须在任何时候随身携带身份证卡片。如果像在许多提议中一样，把卡片连接到许多数据库上，那么当一个警察在大街上拦下一个人的时候，他能够访问哪些信息呢？因此，对于这样的拥有大量用途和连接的国民身份证系统的规划，在实施时要非常谨慎。

我们需要多想想身份识别系统的多样化。

——吉姆·哈珀（Jim Harper）[61]

3. 真实身份

《真实身份法案》（REAL ID Act）试图通过对驾驶执照（对于没有驾照的人，使用各州发放的身份证作为替代）实施联邦标准，建立一个安全的国民身份证系统⊖。驾驶执照需要符合联邦政府可以识别的联邦标准。这样做的目的包括机场安检和进入联邦设施的需要。这样也就意味着，它们可以用于联邦政府的工作，以及获得联邦福利。政府还很可能会增加许多新的用途，就像它们以前使用社会安全号码一样。企业、州政府和地方政府可能也会在很多交易和服务中要求出示联邦政府核准的身份证。在美国，联邦政府会支付大约一半的医疗成本（例如，医疗保险、退伍军人福利，以及众多的联邦政府资助项目）。因此不难想象，在获得联邦医疗服务时会要求出示驾照，并最终成为一个事实上的国家医疗身份卡。

按照《真实身份法案》的规定，要得到一个联邦批准的驾驶执照或身份证，每个人都必须提供包括住址、出生日期、社会安全号码、在美国的法律地位等文件。机动车管理部门需要确认每个人的信息，其中可能要访问包括社会保障数据库在内的联邦数据库。各部门需要扫描驾驶员提交的文件，将其储存为可以转换的形式，至少保存10年（这样机动车管理记录就会成为身份信息窃贼的一个理想目标）。驾驶执照还必须满足各种要求，以减少被篡改和伪造的可能性，它们还必须包括个人照片，而且这些信息还必须是机器可读的形式。

《真实身份法案》把核实身份的负担交给了个人和各州的机动车管理部门。如果用于核实身份的联邦数据库中出现错误，那么就可能会阻止人们获取驾驶执照。许多州反对这个命令和它高昂的成本（估计要花费数十亿美元）。有20多个州通过决议，拒绝参加该法案。如果所居住的州没有一个联邦政府批准的驾照，就可能出现严重的不便。国会在2005年就通过了《真实身份法案》，它最初应该是在2008年生效。美国国土安全部把必须遵守该法案的最后期限拖后了几次。到2020年10月，在美国国内搭乘商业航班的所有人都必须提供《真实身份法案》规定的身份卡片或者是运输安全局认为可以接受的其他身份证明[62]。

4. 其他国家的例子

全世界大概一半国家都采用了某种形式的国民身份证卡片系统。在许多国家里，超过18周岁的公民需要随身携带身份证（或者在被要求的时候出示身份证），而且他们在投票时都必须出示有效的身份证。

在2002年，日本政府建立了计算机化的全国登记系统，为每个公民都分配了一个身份证号码，目的是为了简化政府项目的管理流程，使其更加高效。该系统遭到了强烈的抗议：人们抗议说对隐私的保护不足，可能会被政府潜在滥用，以及容易受到黑客攻击。有些城市还拒绝参与。在2015～2016年，日本实施了一个新的系统："我的号码"（My Number）。这

⊖ 在美国，因为没有全国统一的身份证系统，一般情况下都可以使用各州颁发的驾驶执照作为身份证来使用，但是各州的驾照格式都不一致。对于因为年纪不够无法申请驾照的未成年人，则可以申请类似驾照的身份证。需要注意的是，美国的社会安全卡片虽然很重要，但是因为没有照片，一般不能作为身份证明文件来使用。——译者注

个号码和相关联的卡片会把纳税、养老金、医疗、就业和婚姻状态记录等联系到一起。后面还可能会添加银行记录的连接，从而"我的号码"卡片可以替代信用卡和储蓄卡 [63]。

印度政府正在为全国 12 亿人建立一个全国性的身份证数据库，该数据库将包括每个人的照片、指纹和其他生物身份数据、出生日期，以及其他信息。其既定的目的包括提供身份证明、改善政府服务，以及抓捕非法移民。公民自由群体提出了隐私抗议，结果印度最高法院对于身份证号码的应用进行了限制，并且下令不许把它变成强制性要求 [64]。

英国曾经试图进行一个昂贵的强制性全国身份证系统规划，当关于该计划的缺点的邮件从政府泄露出来之后，由于不受欢迎而停滞。

爱沙尼亚拥有大概 130 万人口，他们采用了成功的全国身份证系统。他们的身份智能卡可以在网上投票时验证身份，也用于医疗保险和网上银行，该卡片还包含了可以让人们对数字文件进行签名的加密密钥。对于爱沙尼亚这样的系统的成功，国家大小是否是一个重要因素呢？

> 像纳粹德国、苏联、种族隔离的南非这样的地方都拥有非常强大的身份识别系统。诚然，识别系统本身并不会导致专制，但是识别系统可以作为专制政府警察使用的治理系统。
>
> ——吉姆·哈珀（Jim Harper）[65]

2.4.5　美国国家安全局和秘密情报收集 [66]

美国国家安全局（NSA）的目的是收集和分析涉及国家安全的外国情报信息，同时保护与国家安全相关的美国政府通信和敏感信息。国家安全局是 1952 年在一个秘密的总统命令之下成立的。它的预算到现在仍是秘密，但在其网站上说，国安局和中央安全局的规模差不多相当于一个排名靠前的财富 500 强公司。国安局还会构建和使用非常强大的超级计算机，用来处理它收集和存储的海量信息。因为政府都会对敏感材料进行加密，因此国安局长期以来在密码学上倾注了巨大的资源，拥有最先进的密码破译能力。

由于国安局使用的方法不符合第四修正案，法律限制它只能截取在美国境外的通信（可以有一些例外）。在它的整个历史中，该机构带来了很大的争议，因为它常常会偷偷违反限制而监视美国境内的人。在 20 世纪 60 年代和 70 年代，国家安全局监控特定的美国公民（包括民权运动领袖马丁·路德·金博士和反对越南战争的演艺界明星）的通信。由参议员弗兰克·丘奇（Frank Church）主持的一个国会委员会发现，自 20 世纪 50 年代以来，美国国家安全局一直在暗中和非法收集国际电报，其中包括美国公民发出的电报，从中搜索外国情报信息。因此，美国国会通过了《1978 年外国情报监视法案》（FISA），为美国国家安全局建立起了监督规则。该法律禁止该机构在没有搜查令的情况下收集大众的电报，在没有法庭命令的情况下也不能建立需要监视的美国人列表。该法案设立了一个秘密的联邦法院，名为"外国情报监视法院"，专门向国安局发放截获人们通信的许可，只要他们能证明这些人是外国政府的特工，或者是参与了恐怖组织或间谍活动。

财富、旅游和贸易的增加产生了更多的国际交流，使沟通渠道变得混杂，并有可能使国安局更加难以监测到感兴趣的消息。随后，由于计算机系统的处理能力大大提高，使国安局又有能力筛选和分析大量无辜民众的通信，而不再是只针对特定嫌疑人。在网络空间中，我们的电子邮件、手机通话、微博、搜索、购物、财务资料、法律文件等信息，会与军事、外交和恐怖通信混杂在一起。国安局会从所有这些信息中进行筛选，分析在互联网上传输的数据包，并收集它感兴趣的东西。它的拦截活动是极具争议的，因为国安局在处理和收集美国人的数据时，既没有法院命令，也没有得到 FISA 法庭的批准。

在 2006 年，AT&T 的员工（在发誓说真话的情况下）描述了美国国家安全局在 AT&T 的一个交换机房中建立的秘密安全房间。从这个房间里，国安局可以访问 AT&T 用户的电子邮件、电话、网络通信 [67]。国安局的数据库中包含数百万美国人的电话和电子邮件记录。政府认为国安局既没有拦截或监听电话，也没有收集个人身份识别信息。它利用先进的数据挖掘技术，来分析呼叫模式，以学习如何检测恐怖团体之间的通信。监控计划的反对者说，国安局通过无证收集获得的记录是非法的，而且电话公司向他们提供这些资料也是非法的。国会在 2008 年通过了《FISA 修正案》。这个法律以回溯的方式保护了 AT&T 公司（和其他协助国家安全局的实体）免于诉讼。针对这个监控项目对国家安全局的几个起诉案件目前还在法院审理中 [68]。虽然《FISA 修正案》包含了对国内监控进行限制的规定，但总体上看它减少了以前的保护。

2013 年，为国家安全局工作的一个安全合同工爱德华·斯诺登（Edward Snowden）下载了关于国家安全局活动的大量文档⊖ [69]。其中许多文档最终都公之于众。这些文档揭示了国安局在做的很多事情，其中包括他们可以搜查任何人在互联网上所做的绝大多数活动；他们还从几个主要美国科技公司（包括雅虎、Facebook、谷歌和微软）的服务器上直接收集数据；他们要求 Verizon 电话公司提供所有美国客户的电话记录（并且通过法庭禁令不许 Verizon 与其客户讨论是否可以释放相关信息）；他们监听了多个主要欧洲国家的领袖；他们还监视了没有被指控为恐怖主义或与恐怖活动有任何联系的数百万外国人的通信。虽然记者在之前也曾经报道过类似的一些活动，但是这批文档提供的细节与国家安全局监控项目的范围还是让很多美国人和外国人感到震惊。

国家安全局建立了规模巨大的数据中心，用来保存、解密和分析数十亿 GB 的通信数据和文件 [70]。如果有些数据他们现在无法解密，那么也会保存下来，等他们未来有了更快的计算机或者更好的算法再进行解密。公民自由主义者非常担心国安局在收集关于普通企业和人民的大量加密数据，而这些数据与恐怖主义和外国情报一点关系都没有。

我们应该如何评估国安局大量收集通信数据和在线活动的计划？正如我们在过去常常会看到的一样，监控和收集通信数据的秘密计划提供了巨大的潜在滥用，如果调查人员错误地认为某人的交易看起来可疑的话，就会威胁到无辜民众的安全和自由。当我们的政府指导我们所有行为、活动和喜好的细节时，他们就会更加容易对异议人士、政治对手和少数族裔群体进行官方的镇压。当个别雇员可以在几乎没有监管的情况下记录一个人的网上活动的时候，他们就可以用来监视熟人，而事实上，被泄露的文档表明，有些国安局雇员会对他们的"求爱对象"进行监视。但是，这样可能出现在一个大型组织中的个人滥用，是否对于为了保护国家的必要性来说，只是一个很小的权衡呢？国安局所做的事情是否是国家安全部门所必须要做的？我们看到过恐怖主义的狰狞影响，包括从美国内部发起的攻击。在过去对于国外和国内的安全威胁有比较明显的区分，而国家安全局和联邦调查局之间也有明显的分工和不同的法律限制。防止恐怖袭击要求用到的工具会超越在犯罪发生之后收集罪犯的相关信息时用到的。我们并不知道谁正在计划着攻击，而提前发现这样的计划是至关重要的。我们的法律应该允许国安局做哪些事情呢？如果它违法了法律，我们又应该如何应对？

⊖　文档总数的范围估计在几千到 170 万之间。

2.5 保护隐私：技术和市场

2.5.1 开发隐私工具

许多个人、组织和企业都会在一定程度上帮助满足对隐私的需求：

- 个人程序员也可以在网上发布免费的隐私保护软件。
- 企业家建立新公司提供基于技术的隐私保护。
- 大型企业会响应消费者的需求，改进政策和服务。
- 像隐私权信息交流中心这样的组织提供了很好的信息资源。
- 维权组织（例如电子隐私信息中心）会告知公众、帮助提起诉讼，并推动更好的隐私保护。

技术的新应用往往可以解决作为技术副作用出现的问题。在"技术人员"意识到网站使用 cookie 之后不久，他们写出了可以禁止使用 cookie 的软件，并在网络上发布。阻止弹出式广告的软件在这样的广告问世后不久就出现了。很多公司销售用于扫描间谍软件的软件，其中有些版本是免费的。有些公司会提供匿名工具和服务，使得人们可以在网上匿名冲浪，而不会留下可能识别他们或他们的计算机的记录。有些搜索引擎修改存储用户搜索查询的方式，使得这些查询不会关联到同一个人[71]。有些公司提供产品和服务来防止电子邮件被转发、复制或打印。（律师是他们的主要客户。）还有的服务可以在用户指定的时间段后，完全删除电子邮件或（从发件人和收件人的手机上删除）文本消息；有个流行的社交 APP 在接收者看完照片几秒钟之后，就会把它删除。如果我们的笔记本电脑、平板电脑和手机被盗或丢失，我们可以远程对文件进行加密、检索或者删除。

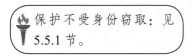

关于匿名工具的更多信息：见 3.5 节。

由于对在线活动的隐蔽跟踪越来越广泛，导致人们呼吁在浏览器中添加一个"请勿跟踪"（Do Not Track，DNT）按钮。浏览器会向用户访问的网站发送 DNT 设置。那么缺省值应该设置成什么呢？似乎为了保护隐私的目的，缺省设置应该是把 DNT 打开。然而，数字广告联盟（Digital Advertising Alliance）和其他商业组织与美国政府达成了协议，要求如果用户打开了 DNT 的设置，才需要遵守请勿跟踪的要求。当有些浏览器默认设置 DNT 为打开的话，有些广告商会选择完全不予理会。因此在目前来看，常见的缺省值是 DNT 是"未设置的"，可以由用户来打开或关闭。对于那些不理会 DNT 设置的网站，我们可以在浏览器中安装免费的插件，以阻止它们对网络行为的跟踪。

保护不受身份窃取：见 5.5.1 节。

有少量的产品和技术应用可以用来保护隐私，但是它们并不能解决所有问题。了解、安装和使用隐私工具可能对技术性不强、受教育程度较低的用户（占人民大众中的很大一部分）来说是很艰巨的任务，因此很重要的一点是，需要在设计系统时随时记住隐私保护，把保护性功能做进去，同时要建立隐私保护的政策。

2.5.2 加密

> 加密是在众目睽睽之下隐藏数据的艺术和科学。
>
> ——拉里·莱恩（Larry Loen）[72]

有免费的工具可以用来截获在传输中的数据，而如果计算机不受保护的话，窃贼或者黑客都可以从偷来或者受到攻击的计算机上获取其数据。如果这些罪犯被抓到并被审判，那么会按照法律规定对他们进行处罚，但是，我们也可以用技术来保护自己。加密（encryption）是一种通常在软件中实现的技术，它可以将数据转换成另外一种形式，从而在可能截获或查看这些数据的人看来，这些数据会变得没有意义。这些数据可以是电子邮件、商业计划、信用卡号码、图像、病历、手机位置的历史等。在接收方（或在一个人自己的计算机上）的软件可以对加密的数据进行解码，以便收件人或所有者可以查看该邮件或文件。人们常常甚至不知道他们使用了加密技术，因为软件会自动进行处理。当我们把信用卡号码发送给购物网站时，通常都是通过软件进行加密的。像 WhatsApp 这样的电话应用也会自动对通话和消息进行加密。

　　许多隐私和安全的专业人员会把加密看作一种最重要的技术，用来确保通过计算机网络发送的消息和数据的隐私。加密还可以保护存储的信息不被入侵者读取，或者不被员工滥用。它也是用来保护经常要带出办公室的笔记本电脑和其他小型数据存储设备的最好手段。

　　加密技术通常包括一个编码方案（或加密算法）以及该算法使用的一个特定的字符序列（例如，数字或字母），称之为密钥（key）。使用数学工具和强大的计算机，有时候可能可以"破解"一种较老的或者较弱的加密机制，也就是说，在没有密钥的情况下对已加密的消息或文件进行解码。

　　现代加密技术已经非常安全，除了保护数据之外，还具有灵活和多样的应用场景。例如，它可用于创建数字签名、认证方法及数字现金。数字签名技术可以让我们在线对文档"签名"，从而在贷款申请和商务合同等工作中节省时间和纸张。还有其他应用程序提供认证功能，比如美国医学协会向医生发放了数字证书，当医生要访问获取病人的测试结果的时候，可以在实验室网站对其数字证书进行验证。

　　数字现金及其他基于加密的保护隐私的交易方式，例如 BitCoin、LiteCoin 和 Ripple 等，让我们可以完成安全的金融交易电子化，而不需要买方向卖方提供信用卡或支票账户号码。它们结合了信用卡购物的方便性与现金的匿名性。有了这样的方案，就不太容易把不同的交易记录与某个消费者的资料或档案卷宗联系起

> 🔥 执法机构的加密后门：见 5.5.4 节。

来。这些技术不仅可以为消费者提供隐私保护，而且可以为与他交互的组织提供保护，使其免受伪造、空头支票和信用卡欺诈的影响。然而，数字现金交易也会给政府带来麻烦，使之很难侦查和起诉那些对非法活动赚的钱进行"洗钱"的人、赚了钱却不向税务机关报税的人，或为犯罪目的而进行转账或付款的人。因此，大多数国家的政府可能会反对和禁止一个真正匿名的数字现金系统。一些数字现金系统包括关于执法和税收征管的规定。其实对数字现金的潜在非法使用，长期以来在真正的现金上也一直存在。只有在最近几十年，因为增加了支票和信用卡的使用，才使我们失去了当我们使用现金时，对于市场营销者和政府存在的隐私。

> 　　匿名和加密的技术可能是唯一能够保护隐私的方式。
> 　　——纳丁·斯托森（Nadine Strossen），美国公民自由联盟前总裁 [73]

2.5.3　拦截广告

　　接下来，我们探讨与在线广告有关的问题、拦截广告的伦理问题和针对广告拦截的回应，因为广告拦截会引发几个问题，因此可以作为在第一章中介绍的伦理理论的应用练习，并用来说明解决一个问题可能存在的各种不同方式。

1. 拦截广告的伦理问题

在我们的手机、电脑屏幕和其他设备上会显示各种弹跳、刺耳、烦人和侵入性的广告。其中一些减慢了我们想要的内容的下载速度；有些广告则会耗尽我们的电池电量。有些广告跟踪在线活动并收集可能被滥用的个人信息。有些广告还会安装恶意软件。

一个广告行业组织估计，美国有 26% 的互联网用户在其台式电脑上安装了广告拦截器 [74]。当苹果发布了一个允许应用程序拦截广告的手机操作系统版本之后，在几周内，就有成千上万的用户安装了广告拦截应用。作为回应，一些软件开发商和网络发布商开始质疑拦截广告或为数百万用户销售这些工具的道德规范。为什么？广告被用来支付免费视频和照片网站、免费社交网络以及网上的大量免费内容。广告有助于支持小型在线发布商，并帮助他们引起公众的注意。那些质疑拦截广告的道德规范（或提供这样做的工具）的人看的是长期的未来，担心如果有太多人拦截广告，很多免费内容就可能会消失，工作可能会丢失——这会对整个社会产生负面影响。那么，创建、销售或使用广告拦截器是否合乎道德？

忽略或拦截广告并不是新出现的事物。在有互联网和录像机之前，当人们观看广播电视节目时，播放广告时，就意味着有时间去洗手间或者去厨房吃零食。当录像机出现之后，人们可以快速跳过广告。跳过用来为免费电视内容付费的商业广告是不道德的吗？在我们继续这个讨论的时候，请考虑你的回应是否与电视和互联网或手机广告保持一致，如果不一致，请明确是什么特征会导致你做出不同的判断。

义务论者的观点：拦截广告并不违反禁止撒谎的道德规范。如果我们屏蔽广告，我们是否会涉嫌窃取免费内容？广告商和网络发布者并不这样认为。他们以免费的方式向观众提供他们的材料；同时他们了解并非所有人都会观看广告或对广告做出响应。

康德强调理性，也就是说符合伦理的行为应该是理性的，并且道德规则应该普遍适用于所有人。让我们考虑认为广告拦截是不道德的立场会带来什么影响。这样的影响是否足以导致我们不应该拦截广告？假设我们不拦截广告，但我们会忽略它们。那么对于许多广告来说，托管广告的网站仅在用户点击或点按广告时付费。那么我们必须点击每个广告吗？最终来说，即使是点击广告也还是不够的。除非他们能够获得足够数量的销售、会员、签名或广告客户所寻求的其他东西，广告商都可能不会继续为广告付费。这意味着每个人都必须购买我们看到的所有广告吗？当然不是。延续广告支持的内容需要一定数量的人购买广告产品或服务。这似乎并不能支持说，我们应该在自己的设备上针对广告拦截实施普遍的道德禁令。

采用其他的伦理方法，更有利于考虑由于广告拦截带来的更广泛的社会后果，以及创建和推广这样的工具会带来的影响。我们接下来考虑这些观点。

功利主义者的分析：功利主义者会评估所产生后果的消极和积极功效。对于广告拦截器来说，消极功效包括：

- 有些小的网络发布者可能会失去广告收入。
- 曾经免费的内容可能会不再存在或者开始收费。
- 人们（作家、广告商等）可能会因此丢掉工作。
- 使用广告拦截器的人可能会错失了解和购买他想要的产品的机会。

积极的效果则包括：

- 改进的隐私——不被侵扰是隐私的一个重要方面。
- 降低被商业行为的侵扰。
- 改进的系统性能。

- 更美好的在线体验。

我们该如何量化这些效用？广告拦截的大多数负面因素都依赖于这样的假设：对广告的响应会大幅下降，从而对广告行业本身产生负面影响，并降低有价值内容的可用性。有报告和预测说，由于广告拦截而导致发布商遭受损失高达数十亿美元，但不同的预测差异很大 [75]。我们如何确定内容消失的可能性、消失的数量以及丢失内容的价值？一些发布商可能会找到其他收入来源以保持继续在线，例如，慈善组织的支持或众筹。有些人可能将他们的精力和技能投入到其他项目中，而这些项目可能对他们和公众来说比之前失败的项目更为有用。

我们如何权衡那些在广告或出版业中失业的人的负面效用与不断创新的社会的活力？在历史长河中是否存在这样一个时间点，在那个时候存在的所有网站和工作都应该永久存在？还是说它们应该再存在一年？抑或是一个月？

我们又该如何量化没有广告的积极效用？很快就选择安装广告拦截器的大多数人可能会认为这种效用非常高。广告拦截的一些积极效用是很难识别和衡量的，因为它们来自只有到了以后才会出现的未来替代品。例如，针对广告拦截引发的问题，软件开发人员创建了一些应用，它们可以阻止某些广告，但同时允许符合低干扰标准的广告。这可能会导致广告客户采用新标准来消除最令人讨厌的广告。因此，我们应该回到上面广告拦截的积极效用列表，并添加一条：

- 改进广告的质量。

应用约翰·罗尔斯的观点：在罗尔斯看来，如果一个行动会造成处于最底层的人过得更糟糕的话，那么这个行动就不符合道德标准。如果我们采用全局的观点，那么处于最底层的人就不会使用互联网，也不会为出版商或广告商工作。广告拦截器的使用与他们无关，或者几乎无关。如果我们要考虑一个子群体中最底层的人群，我们又该如何做出选择？在出版或广告业务中失去工作的人可能并不属于最底层；他们很可能受过好的教育。如果太多人拦截广告，并且大量以前的免费内容消失或需要收费的话，那么使用互联网的低收入人群将会变得更糟。

做出决定：在第 1 章中，我们还讨论了自然权利、积极权利和消极权利，以及其他一些关于伦理的思考方法。我们将如何把这些方法应用于广告拦截的问题留作练习题。

这里的简要分析说明了针对基于长期、间接、通常无法预测的后果的活动，试图制定普遍适用的道德规则会遇到的问题。在不同的人与情形之间存在太多的差异。在充满活力的社会和经济中，对于可能造成的后果有太多的未知数。如果对可能造成的影响存在很大的不确定性，那么最好不要把一种自愿行为认定成是不道德的。

这有助于你决定是否安装广告拦截器吗？或者是否会开发和销售广告拦截器？这样做可能并非是不道德的，但我们可以评估这些论点，并得出我们倾向于怎样做的个人结论。由于我们认为它将产生的影响以及我们想要产生的影响，避免去做一些可能是符合道德规范的事情，本身也肯定是没有错的。

2. 广告拦截器和发布商的回应

正如我们上面提到的，一些广告拦截器的开发者为可接受的广告制定了他们不加拦截的标准。其他人则可能会向广告商收取费用以允许他们的广告通过他们的拦截。Firefox 和谷歌的 Chrome 浏览器会阻止 Adobe Flash 广告。就像互联网内容的过滤器（我们将在第 3 章中讨论）一样，这些产品会争取喜欢其特定政策的用户。

《纽约时报》测试了一条消息，告诉人们他们需要广告来为内容付费。他们发现有 40% 的人会把广告拦截器设置为允许来自纽约时报的广告。

Facebook 选择不向广告拦截器付费以允许它的广告通过。相反，它选择使用技术来解决问题：它宣布它将使用技术使广告拦截器更难以阻止其桌面服务上的广告（但是没有在移动设备上采用相关技术）[76]。Facebook 试图挫败那些想要安装广告拦截器的人的欲望是错误的吗？我们在本节开始时担心拦截广告可能是错误的，因为广告是为免费内容付费的。Facebook 是免费的。它的费用是通过广告来支付的。

一些播客应用允许用户向前跳，当然一些用户会选择跳过广告。根据一则新闻报道，播客公司表示，减少广告被跳过的最佳方法是让广告变得更有趣。

这些回应表明，在改善广告的在线体验方面，技术、市场、教育和创造力都可以起到相应的作用。

2.5.4　保护个人数据的政策

收集和存储个人数据的企业、组织和政府机构有道德上的责任（在许多情况下，也有法律上的责任）保护它不被滥用，还应当能预见到风险并提前做好准备。这些组织必须不断地更新安全策略，以覆盖新的技术和新的潜在威胁，而雇主必须对那些随身携带个人数据的雇员进行培训，使之了解有关的风险和适当的安全措施。

一个设计良好的保存敏感信息的数据库，应该包括多种专用功能，以防止泄漏、入侵者和未经授权的员工访问。有权访问系统的每个人应该拥有唯一的 ID 和密码。系统可以限制用户执行某些操作，如写入或删除某些文件。还可以对用户 ID 进行编码，使他们只能访问一个记录中的特定部分。例如，医院里负责收费的业务员就不需要访问病人的实验室检测结果。计算机系统跟踪每次数据访问的信息，包括查看记录的人的 ID，以及他所查看或修改的特定信息。这可以作为一个审计线索，有助于在以后跟踪未经授权的活动，并因此会吓走许多侵犯隐私的行为。

包含消费者信息、网上活动记录或手机的位置数据的数据库都是宝贵的资产，可以为企业带来竞争上的优势，所以这些数据的拥有者对于防止这些信息的泄漏和无限传播会很感兴趣。这其中包括提供数据安全措施，以及建立可以降低损失的操作模式。基于这个原因，举例来说，类似邮件列表这样的信息通常是不卖的，它们可以被"出租"。承租人并不会收到一份列表的拷贝（包括电子或其他方式），而是只能提供需要发送的材料。然后由专门的公司来负责发送邮件。这样，未经授权而被复制的风险就可以被限制到少数几家企业，而它们的声誉诚信与安全对于它们的业务是非常重要的。在其他应用中也采用了这种想法，让受信任的第三方来处理机密数据。例如，一些汽车租赁公司通过访问第三方服务来检查潜在客户的驾驶记录。该服务可以查看机动车管理部门的记录；但是汽车租赁公司却不会看到驾驶员的记录。

网站运营商会向专门的公司支付高达数百万美元的费用来进行隐私审计。隐私审计师会检查是否有信息泄露，审查该公司的隐私政策，以及它对该政策的遵守情况。还会对要求提供敏感数据的网站上，用于提醒访问者的警告信息和解释进行评估，以此类推。数百家大型企业都设立有首席隐私官（chief privacy officer）或合规官（compliance officer）这样的职位；这类人会对公司的隐私政策加以指导和监督。就像美国汽车协会（AAA）对酒店进行评级，各种其他组织也会提供表示批准的印章一样，公司也可以在其网站上发布一个图标来表示自己严格遵守了他们的隐私标准。

大公司利用其经济影响力来改进消费者的隐私。如果一个网站没有发布明确的隐私政策，那么 IBM 和微软公司就会从该网站删除互联网广告。迪士尼公司和 InfoSeek 公司也做了类似的决定，此外还针对不发布隐私政策的站点，停止接受来自这些网站的广告。直销协会（Direct Marketing Association）通过了一项政策，要求其成员公司在与其他商家共享个人信息时，必须要告知消费者，并且给人们提供一个选择退出选项。许多公司都同意限制敏感的消费者信息的可用性，其中包括不在公开列表中的电话号码、驾驶历史和关于儿童的所有信息。

当然，还有许多企业依然没有提供足够强的隐私政策，而且还有许多公司不遵守自己的既定政策。这里介绍的例子代表了一种趋势，但并不是一个隐私乌托邦，它们为负责任的企业提供了可以采取的行动建议。

2.6　隐私保护：理论、权利和法律

在 2.3 节中，我们考虑了一些法律方面的观点，以及在第四修正案中和保护隐私有关的原则。第四修正案保护个人的消极权利（自由权）不受政府的侵犯和干扰。本节主要集中讨论其他个人、企业和组织在收集和使用个人数据时，与权利和法律保护有关的原则。

我们把法律补救措施与技术、管理和市场解决方案独立开来，因为它们在根本上是不同的。后者是自愿和多样化的，不同的人或企业可以从中做出选择。另一方面，法律是通过罚款、监禁和其他惩罚来强制执行的。因此，我们应该对法律的基础进行更加仔细的审视。隐私是我们可以处于的一种条件或状态，就好像是身体健康或财务安全一样。那么我们应该在什么程度上拥有这样的合法权利？它本身是一个消极权利还是积极权利（见 1.4.2 节的解释）？法律能做到哪些？而又应该把哪些交给市场的自愿相互作用，公共利益团体的教育努力，以及消费者的选择和责任？

2.6.1　隐私的权利

直到 19 世纪后期，法院还在基于财产的权利和约定，对在社会和商业活动中支持隐私的行为做出法律裁决。当时并没有认可隐私权是一种独立的权利。在 1890 年，塞缪尔·沃伦（Samuel Warren）和路易斯·布兰代斯（Louis Brandies，后来成为最高法院大法官）撰写了一篇名为《隐私权》的关键文章[77]，其中认为，隐私有别于其他权利，且需要更多的保护。麻省理工学院的哲学家朱迪思·贾维斯·汤姆森（Judith Jarvis Thomson）则认为，旧的观点是更准确的，因为在所有情况下，侵犯隐私都是对别人权利的侵犯，而对权利的侵犯则有别于隐私权[78]。我们在下面会讲解这些论文中的一些观点和论据。然后我们会接着讨论各种其他观点和有关保护隐私的法律的看法。

本节的目的之一是展示哲学家、法律学者和经济学家在试图阐明隐私基本原则时所执行的各种不同的分析方法。另一个目的是强调原则的重要性，能够制定出一个理论框架，针对具体问题和案例做出决策。

1. 沃伦和布兰代斯：不可侵犯的人格

在 1890 年，沃伦和布兰代斯的文章批评的主要目标是报纸，尤其是八卦专栏。沃伦和布兰代斯强烈批评新闻媒体"超越了……礼节和礼仪的明显界限"。它们最关心的各种信息是个人的外表、话语、行为和人际关系（婚姻、家庭及其他）[79]。沃伦和布兰代斯采取的立场是，人们有权利禁止公布关于他们自己的事实和包含自己的照片。例如，沃伦和布兰代斯认为，如果有人写了一封信，信中提到，他与他的妻子进行了激烈的争吵，那么信的收件人不能公布该信息。他们的这种说法的基础不再是财产权利，或是除了隐私之外的其他权利。它属于不受打扰的权利中的一部分。沃伦和布兰代斯保卫隐私权的依据，用他们经常使用的

一个短语来表示，那就是"不可侵犯的人格"（an inviolate personality）的原则。

虽然针对其他违法行为的法律（如诋毁、中伤、诽谤、侵犯著作权、侵犯财产权利，以及违反合同等）也可以解决一些侵犯隐私的问题，但沃伦和布兰代斯认为，仍有许多侵犯个人隐私的情况是这些法律无法覆盖的。例如，公布个人或商业信息有可能会构成（显式或隐式地）违反合同，但在很多情况下，泄露信息的人与受害人之间并不存在合同。这样他就没有违反任何合同，而是侵犯了受害人的隐私。当有人传播关于我们的虚假和有害的谣言时，诽谤、诋毁和中伤的法律会保护我们，但它们并不适用于保护在曝光之后会让我们感到不舒服的个人信息。沃伦和布兰代斯认为后者需要受到保护。他们也允许一些例外情况，包括出版公众普遍关心的信息（新闻），在有限的场景中使用涉及他人利益的信息，以及口头发布信息。（他们写这篇文章是在广播和电视出现之前，因此口头发布意味着受众很有限）。

2. 汤姆森：对隐私权的质疑

朱迪思·贾维斯·汤姆森（Judith Jarvis Thomson）对此持相反观点。在分析了几个场景后，她提出了自己的观点。

假设你拥有一本杂志。你的财产权包括有权拒绝让别人阅读、破坏，或者甚至看到你的这本杂志。如果有人对你的杂志做了任何你不允许的事情，那么他就违反了你的财产权。例如，如果有人使用望远镜从邻近建筑物看到了你的杂志，那么那人就侵犯了你不让别人看到它的权利。至于这本杂志是一本普通的新闻杂志（没有涉及敏感的隐私问题），还是其他一些你不想让别人知道你在读的杂志，这本身并不重要。被侵犯的权利是你的财产权。

你可以有意或无意地放弃你的财产权。如果你不小心把杂志忘记在了公园的长椅上，那么就可能有人会把它拿走。如果在家里有客人的时候，你把它放在了客厅的茶几上，那么有人可以看到它。如果你在公共汽车上读一本色情杂志，被别人看到，并告诉了其他人你在看不健康的杂志，那么他并没有侵犯你的权利。那人的所作所为可能有些不礼貌、不友好，甚至有些冷酷无情，但并没有违反任何权利。

我们对于我们自己和我们身体的权利包括有权决定我们愿意向谁展示我们的身体的各个部位。通过在公共场所走动，大多数人都放弃了防止他人看到我们的脸的权利。当一个穆斯林妇女把脸部盖住的时候，她是在行使防止他人观看的权利。如果有人用望远镜偷窥我们在家里洗澡，那么他们就侵犯了我们对于自己的权利。

如果有人为了获得一些信息而对你进行毒打，那么打你的人就侵犯你免受他人对你进行人身伤害的权利。如果要获得的信息是一天中的时间，那么就不存在隐私的问题。如果是更为个人的信息，那么他们就已经危及了你的隐私，但是他们侵犯的权利是你不被攻击的权利。另一方面，如果一个人以和平的方式询问你和谁住在一起，或你的政治观点是什么，那么他就没有违反你的任何权利。如果你选择回答，并且没有要求做出关于保密的承诺，那么别人把信息复述给其他人就没有违反你的权利，虽然这样做可能并不是很君子。然而，如果该人同意不把信息传播出去，但然后又这样做了，那么不管他传播的信息是否敏感，他都违反了保密协议。

在这些例子中，产生隐私侵犯的同时又侵犯了其他权利，例如控制我们的财产或我们自身的权利、免于暴力攻击的权利，或者签署合同（并期望它们能被强制执行）的权利。汤姆森的结论 [80] 是："我建议在处理任何看来是对隐私权的侵犯行为时，都采用这样的启发式方式：首先确定该行为是否违反了任何其他权利，如果没有的话，那么应该确定它是否真的违反了任何权利。"

3. 对沃伦和布兰代斯以及汤姆森的批评

沃伦和布兰代斯的批评者[81]认为，其并没有提供一个可操作的原则或定义，来判断是否发生了违反隐私权的行为。他们的隐私概念过于宽泛。它与新闻自由有冲突。它似乎会把在未经授权的情况下提到一个人都认为是侵犯了该人的权利。

对汤姆森的批评者给出了侵犯隐私权（而不只是隐私期望），但没有同时侵犯其他权利的例子。有人认为，汤姆森关于我们人身权的概念比较模糊，或是过于宽泛。关于考虑其他权利可以解决隐私问题的结论，她的例子可能可以（或可能无法）作为一个有说服力的论据，但是任何数量有限的例子都不足以证明这样的结论。

两篇文章都没有直接驳斥对方的观点。他们的侧重点是不同的。沃伦和布兰代斯专注于信息的使用（出版）。汤姆森专注于它是如何获得的。

4. 理论的应用

我们应该如何把这些理论观点应用到今天的隐私和个人数据之上呢？

在沃伦和布兰代斯的文章中，最令人反感的行为是对个人信息的公开发布，也就是个人信息的广泛和公开传播。在他们的文章出现之后，许多法院的判决中都采纳了这种观点[82]。如果有人（以印刷品或者在网上公开的方式）发布了你看过的所有电影的列表信息，这就会违反沃伦和布兰代斯的隐私概念。如果一个人的消费档案被别人公开发布，那么他就可以打赢官司。但如果我们考虑现在的消费者数据库、Web 活动监测、定位跟踪等情况，有意地公开发表已经不再是主要问题。如今被收集的个人信息的庞大数量可能会让沃伦和布兰代斯感到震惊，但他们的文章也允许把个人信息披露给感兴趣的人。这也就隐含着，他们不排除这样的例子：一个人的驾驶记录被披露给他想要租车的某一家汽车租赁公司。同样，沃伦和布兰代斯似乎不会反对把一个人是否吸烟这样的信息，披露给该人试图购买保险的寿险公司。他们的观点也不排除把（未公布的）消费者信息用于有针对性的营销活动，虽然他们可能会反对这样的行为。

社交网络的内容可能也会使沃伦和布兰代斯感到震撼和惊恐。根据他们的立场，将会严厉限制包含其他人以及朋友位置和活动的照片的分享行为。

沃伦和布兰代斯的论文与汤姆森的论文中的一个重要的共同点是征得同意。如果一个人对于信息的收集和使用表示了同意，那么就不会违反隐私。

5. 交易行为

下面我们考虑另一个难题：如何把哲学和法律上的隐私观念用于交易中，这可能会自动涉及不止一个人的参与。下面的场景会说明这个问题。

有一天，在一个小的农场社区"友好屯"（Friendlyville）中，乔伊从玛丽亚那里买了 5 斤土豆，即玛丽亚卖给乔伊 5 斤土豆。（这里采用了这种重复的描述方式，是为了强调有两个人参与了双方的交易。）

无论是乔伊或玛丽亚都有可能希望使该交易对他人保密。乔伊可能会对自己种马铃薯没有收成的事情让人知道感到难堪。也可能是乔伊在友好屯不受欢迎，所以玛丽亚会担心如果村民知道她卖东西给乔伊，会生她的气。无论是哪种情形，如果玛丽亚或乔伊跟村里的其他人谈到关于出售或购买土豆的这件事，我们都不可能认为这是对彼此权利的一种侵犯。但是，假设作为交易的一部分，乔伊要求对该交易保密。玛丽亚有三个选项：

1）她可以同意。

2）她可以说不行，因为她可能想告诉人们她卖土豆给乔伊了。

3）如果乔伊支付更高的价格，她可以同意对该交易保密。

在后两种情况下，乔伊可以决定是否购买玛丽亚的土豆。换过来说，如果玛丽亚要求把保密作为交易的一部分，那么乔伊也有三个选项：

1）他可以同意。

2）他可以说不行，他可能想告诉人们他从玛丽亚处买了土豆。

3）如果玛丽亚把价格降低的话，他可以同意保持对该交易保密。

在后两种情况下，玛丽亚可以决定是否要出售土豆给乔伊。

隐私包括控制关于自己的信息。该交易是关于玛丽亚的事实，还是关于乔伊的事实？似乎我们没有令人信服的理由，认为任何一方拥有比另一方更多的权利，来控制关于该次交易的信息。然而，对于在法律政策上来决定关于消费者信息的使用，这个问题是非常关键的。如果我们要把控制有关交易信息的权利赋予其中一方，那么我们就需要坚实的哲学基础来决定应该选择哪一方。（如果当事人之间存在保密协议，那么他们在道德上有义务遵守它。如果协议是一个具有法律效力的合同，那么他们就有法律义务遵守它。）

哲学家和经济学家经常用简单的双方交易或关系，就像玛丽亚和乔伊的例子，来试图澄清在一个问题中涉及的原则。关于玛丽亚和乔伊的观察和结论能否推广到大型的、复杂的社会和全球一体化的经济中呢（交易的一方常常会是一个企业）？所有交易实际上都是在人与人之间进行的，虽然有时候可能是间接的。因此，如果关于交易信息的财产权或隐私权都归于其中一方的话，那么我们就需要论据来证明现代经济体中的交易行为与在友好屯中的交易是不同的。在本节后面的内容中，我们会讨论关于对消费者交易信息进行监管的两种观点：自由市场的观点和消费者保护的观点。消费者保护的观点认为应该对交易双方采取不同的方式。

6. 个人数据的所有权

一些经济学家、法律学者和隐私倡导者提出赋予人们对有关自己信息的财产权。财产权的概念在应用到无形财产（例如知识产权）之上时也是有用的，但是如果把这个概念用于个人信息则会存在问题。首先，正如我们刚才所看到的，活动和交易往往涉及至少两个人，每个人都会对关于该交易的信息提出合理的但又彼此冲突的权利要求。有些个人信息虽然不会与交易有关，但在分配所有权的时候仍然可能遇到问题。你对自己的生日拥有所有权吗？或者它应该属于你的母亲？毕竟，在该事件中，她是一个更为积极的参与者。

对个人信息的所有权进行分配的第二个问题来自关于拥有事实的概念。（版权保护知识产权，如计算机程序和音乐，但我们不能对事实赋予版权。）对事实的所有权，将严重损害社会信息的流动。我们把信息存储在电子设备上，但我们也可以把它们存储在我们的脑海中。我们可以在拥有关于自己的事实的同时，做到不会违反其他人的思想自由和言论自由吗？

虽然在个别事实的所有权分配中会存在困难，但是还存在的另外一个问题是，我们是否能拥有我们的"档案"，即包含我们的活动、购买记录、兴趣等数据描述的一个集合。我们不能拥有关于我们的眼睛是蓝色的这个事实，但我们确实有合法的权利来控制对于我们的照片的使用。在几乎所有国家，在为了商业目的使用一个人的形象的时候，都需要获得他的许可。法律是否应该以同样的方式来对待我们的消费者资料？法律是否应当以同样的方式对待收集我们的搜索查询？我们又该如何来区分关于一个人的一些事实与这个人的"档案"？

7. 波斯纳法官：关于信息财产权的经济学观点

理查德·波斯纳（Richard Posner）法官是对法律和经济学之间的相互作用进行过广泛研

究的一位法律学者，他从经济学角度论述了如何对关于信息的财产权进行分配[83]。他指出，信息既具有经济价值，又具有个人价值。它是我们的宝贵财富，可以用来确定一个企业、顾客、客户、雇主、雇员等是否是可靠和真诚的。个人和企业的交互中有很多机会可以做出失实的表述，因此会造成对他人的利用。波斯纳的分析得到这样的结论：在某些情况下，个人或组织应当拥有对信息的财产权，而在另一些情况下则不然。也就是说，有些信息应该属于公共领域。如果一个信息具有社会价值，并且要花费时间和金钱去发现、创造或收集，那么对该信息拥有财产权就是适当的。如果对这样的信息不具有财产权，那么为了发现或收集这些信息而做出投入的人或企业就无法从中获利。这样做的结果是，人们会不情愿去产生这种信息，从而导致对社会的损害。因此，举例来说，法律应当保护商业秘密，因为它是一个企业投入了巨大开销和努力才获得的结果。第二个例子是个人信息，例如一个人的裸体形象。它虽然不是一个人花费巨资才获得的，但是我们几乎所有人都会认为有价值进行保护，而且对于这样的信息的隐藏不需要对社会付出高昂代价。因此，把这个信息的财产权赋予个人是有道理的。

一些隐私倡导者提出要保护可能会导致找工作被拒，或者在寻求某种服务或合同（如贷款）时会被拒绝的信息。他们提出要对可能会对人产生负面影响的信息的共享加以限制，例如，房东把关于租户的支付历史信息的数据库进行共享。波斯纳认为，一个人不应该对负面的个人信息，或如果隐藏起来可能会有助于人们进行失实陈述、欺诈或操纵的信息，拥有财产权。这样的信息应该属于公共领域。这意味着一个人无权禁止他人收集、使用、传播这些信息，只要他们没有违反合同或者保密协议，也没有采用窃听私人通信或其他非法手段来获得这些信息。

近几十年来，在立法上的趋势并没有遵循波斯纳的立场。对波斯纳观点的一些批评者认为，道德理论，而不是经济原则，应该作为财产权的来源。

2.6.2　法律和法规

1. 一个基本的法律框架

对于一个复杂的、强大的社会和经济体来说，用来定义和强制执行法律权利和责任的一个好的基本法律框架是至关重要的。其任务之一是强制执行协议和合同。合同（包括自由建立合同和通过法律制度来强制执行合同条款）是用来实施灵活多样的经济交易的一种机制，这些交易可能在不同时间发生，而交易双方互相可能并不是很了解，或者根本不认识。

我们可以将执行合同的理念用于企业和组织发布的隐私政策。我们可以用 Toysmart 作为一个例子，它是一个基于 Web 的益智玩具销售商，收集了关于大约 25 万名网站访客的大量资料，其中包括家庭档案、购物喜好以及儿童的姓名和年龄。Toysmart 曾承诺不会披露这些个人信息。在该公司申请破产时，它拥有大量的债务，而几乎没有任何资产，只有其客户数据库具有很高的价值。Toysmart 的债权人希望出售该数据库，以筹集资金偿还他们的债权。Toysmart 把数据库挂牌出售，引起了抗议的轩然大波。由于对 Toysmart 的政策的解释是，它是与数据库中的人之间的一个合同，因此破产法庭的庭外和解协议中包括把数据库销毁[84]。

法律体系的第二个任务是，在合同没有明确覆盖的情况下，设定默认的情形。假设一个网站没有公布它关于如何收集信息的政策。那么网站运营商对于信息应该拥有什么样的法律权利？许多网站和离线业务都好像把默认情形当作：他们可以做他们想做的任何

关于责任问题的更多信息：见 8.3.3 节。

事情。而一种更强的隐私保护的默认设置应该是，他们只能将信息用于在收集信息时的直接和明显用途。法律制度还可以（也的确可以）对大多数人认为是私人信息的敏感信息设置特殊的保密默认情形，例如医疗和财务信息。如果一个企业或组织想把信息用于超出默认之外的目的，就必须要在它的政策、协议或合约中写明这些用途，或者征得用户的同意。许多商业来往都不具备书面合同，因此，根据法律设立的默认条款可以起到很重要的作用。

一个基本法律框架的第三个任务是对犯罪行为和违反合同制定处罚条例。因此，法律可以对违反隐私政策的行为，以及因为疏忽丢失或泄露了企业和其他人保有的个人资料的行为，制定处罚方法。制定这样的责任法的时候，必须在过于严格和过于宽松之间寻找一种平衡。如果过于严格，会使一些有价值的产品和服务因为太过昂贵而无人愿意提供。如果过于宽松，那么它们就无法形成足够的激励，让企业和政府机构愿意为我们的个人数据提供合理的安全保护。

2. 监管

用于隐私保护的技术工具、市场机制和经营政策都是不完美的。这是否意味着监管法规是必需的？但是法规也不是完美的。我们必须通过考虑有效性、成本和效益，以及副作用来对监管解决方案进行评估，就像我们对技术造成的其他各种问题的可能解决方案进行评估一样。在本书中我们会经常讲到监管的利弊，在这里先简要介绍一下。（在 8.3.3 节中，当我们考虑应对计算机的错误和失败时，还会看到类似的问题。）

我们已经拥有了数百项关于隐私的法律。当国会为像隐私这样的复杂领域通过法律时，法律通常只说明总体目标，而把具体细节留给政府机构来撰写，它们有时候会花费多年时间制定数百或数千页的法规。针对非常复杂的情况，很难写出合理的法规。法律和法规往往存在意想不到的效果或诠释。它们可能会被应用到不合理的地方，或者是人们根本不想要它们的地方。

《儿童在线隐私保护法案》（COPPA）说明了一个关于意外后果的问题。COPPA 要求网站在收集 13 岁以下儿童的个人信息之前必须获得父母的同意——这是一个非常合理的想法。在 COPPA 通过后，由于为了遵从其要求带来的开销和潜在的责任，一些公司干脆删除了所有 13 岁以下儿童的在线档案，还有一些公司取消了面向儿童的免费电子邮件和主页服务，甚至一些公司完全禁止了 13 岁以下的儿童用户。Facebook 的使用条款禁止 13 岁以下的儿童加入其网站，但《消费者报告》估计有数百万 13 岁以下的儿童忽视了这一规则，选择加入了 Facebook[85]。由于他们造成了并不存在 13 岁以下会员这样的虚构事实，所以就意味着他们没有必要专门提供保护他们的机制。

监管的成本往往很高，包括对企业（最终会转嫁给消费者）的直接成本和隐藏或意外的费用，例如服务损失或增加的不便。例如，如果法规禁止宽泛的知情同意协议，而需要对每条个人信息的二次使用都要明确取得同意，就会具有一个经济学家所谓的"高交易成本"的属性。这样的知情同意要求会变得如此昂贵而难以实施，它的效果是会消灭大部分对信息的二次使用，其中也包括那些消费者想要的功能。

2.6.3 截然不同的观点

当被问及"如果有人起诉你而且最后输了官司，那么他们是否应该支付你的法律费用？"超过 80% 接受调查的人会说："是的。"当从相反的角度来问同样的问题："如果你起诉某人而最后输了官司，那么你是否应该为其支付法律费用？"只有 40% 左右的人回答说："是的。"

　　许多学者和倡导者撰写的关于隐私的政治、哲学和经济的观点都有所不同。因此，他们对各种隐私问题的解释，以及提出的解决方法也往往有所不同，特别是当他们考虑到用来控制收集和使用个人信息的法律法规的时候[⊖]。我们下面对两种观点进行对比，分别把它们称作自由市场的观点和消费者保护的观点。

1. 自由市场的观点

　　喜欢以市场为导向来解决隐私问题的人，往往会强调：

* 作为消费者或在企业中的个人拥有达成自愿协议的自由权。
* 不同人的口味和价值观的多样性。
* 技术和市场解决方案的灵活性。
* 市场对消费者喜好的反应。
* 合同的有用性和重要性。
* 详细或限制性的立法和监管解决方案的缺陷。

　　面向市场的解决方案强调许多志愿机构的作用，认为他们可以为消费者提供教育、制定指导方针、监控企业和政府的活动，以及向企业施加压力以改善政策。这些倡导者可能会持有强烈的伦理立场，但是会强调道德作用和法律作用之间的区别。

　　对于收集和使用个人信息，一种自由市场的观点强调的是知情同意：收集个人数据的组织（包括政府机构和企业在内）应当明确告知提供信息的人，他们可能会无法保持它的机密性（可能会提供给其他企业、个人和政府机构），以及他们打算如何使用它。如果违反既定的政策，他们应该承担法律责任。这个观点认为隐形信息采集真正的秘密形式是盗窃或入侵。

　　还有一种自由市场观点强调契约自由：人们应该可以根据自己的判断自由签订协议（或不签订协议），通过透露个人信息以换取收费、服务或其他利益。企业应免费提供这样的协议。这个观点尊重消费者根据自己的价值观为自己做出选择的权利和能力。市场支持者期望消费者承担这种自由带来的责任，例如认真阅读合同，或知道自己喜欢的服务都是有成本的。自由市场观点包括信息的自由流动：法律不应阻止人们（或企业和组织）使用和披露他们在不违反权利（例如，没有盗窃、侵占，或违反合同义务）的情况下，以独立或不侵犯的方式发现的事实。

　　我们不能总是指望在任何产品、服务或工作中得到我们想要的所有属性的集合。正如我们可能无法在每一个比萨店都能买到不带奶酪的比萨，或是找到一辆汽车正好包含完全如我们所愿的功能集合一样，我们可能不会总是能够同时获得隐私和特殊折扣（或者是免费服务）。我们可能无法使某些网站或杂志完全不包含广告，或者如果不同意向用人单位提供某些个人信息就无法得到该工作。在与其他人交互的过程中，这些妥协并非不寻常或不合情理。

　　市场支持者倾向于避免限制性法规和详细的监管规定，这主要出于以下几个原因。过于宽泛、设计不当、含糊不清的法规会扼杀创新能力。在权衡和考虑成本的现实世界中，要确定消费者想要什么，政治制度是比市场更糟糕的系统。立法者不可能事先知道人们想要多少钱、便利或其他利益，才愿意换取更多或更少的隐私。随着时间的推移，企业会根据数百万消费者在购买过程中表达的喜好来做出响应。为了响应很多人表达的隐私愿望，市场提供了

⊖　当考虑政府的隐私威胁和侵犯时，在隐私倡导者之间往往存在更多的一致意见。

多种隐私保护工具。市场支持者认为，法律要求某些具体的政策或禁止某些种类的合同，这会违反消费者和企业主双方的自由选择权。

这种观点包括对那些窃取数据的人和那些违反保密协议的人实施法律制裁。如果由于安全措施不足或者疏忽而导致个人数据的丢失，那么会要求企业、组织和政府机构对此负责。为了鼓励创新和改进，这种观点的拥护者更倾向于支持当一家公司丢失、不适当地披露或滥用数据的时候对其进行处罚，而不是通过法规来给出个人信息的持有人必须要遵循的规章制度。

自由市场观点认为隐私是一种"物品"，因为在某种意义上说，它是大家想要的，而且是我们可以通过在市场上购买或交易能够获得不同数量的一种东西，就像餐饮、娱乐和安全一样。正如一些人选择用安全性去换取兴奋（蹦极或骑摩托车）、金钱（购买价格便宜但是安全性较差的产品）或便利性一样，有些人也会选择不同级别的隐私。与安全性类似，法律也可以规定最低标准，但它应该允许市场提供广泛的选择范围，以满足个人的不同喜好。

2. 消费者保护的观点

支持更强的隐私法规的倡导者强调的是，我们在本章中一直在提到的对个人信息的令人不安的用途，由于数据库中的错误而导致的代价高昂和极具破坏性的结果（会在第 8 章中讨论），以及因为丢失、盗窃或粗心大意而使个人信息轻易遭到泄露的现象。他们支持更加严格的知情同意要求、对消费者资料分析的法律限制、禁止某些类型的披露数据的合同或协议，以及禁止企业收集或存储某些类型的数据。举例来说，他们呼吁法律要求公司对于个人信息的二次使用采取选择加入的政策，因为选择退出的选项可能对于消费者来说不够明显或不易于操作。他们会禁止关于二次使用的豁免和宽泛的知情同意协议。

这种观点的重点是保护消费者免受企业的滥用或疏忽，同时也不会由于自己缺乏知识、判断或兴趣而遭到侵犯。消费者保护观点的倡导者强调，一个人无法知道其他人使用有关他们的信息的所有可能方法。他们也不明白同意披露个人资料会带来的风险。强调消费者保护的人反对用免费设备和服务来换取个人信息或同意监控和跟踪的做法。许多人会支持通过法律来禁止收集和存储可能会产生负面后果的个人数据，因为他们确信带来的风险比给想要收集信息的企业带来的价值更为重要。消费者倡导者和隐私"绝对主义者"玛丽·加德纳·琼斯（Mary Gardiner Jones）反对让消费者同意传播个人数据这样的想法。她说[86]："你不能指望一个忙于生计的普通消费者，能够坐下来并弄明白'知情同意'意味着什么。他们不明白使用他们的数据可能会给他们带来的深远影响。"她大约是在 20 年前说这段话的。如今要想了解数据的收集和使用的方式所带来的影响会更加困难。美国公民自由联盟（ACLU）的"隐私和技术项目"的一位前负责人认为，知情同意不能提供足够的保护。她敦促参议院的一个委员会研究健康档案的保密性，以"重新审视传统上依赖个人同意作为隐私法律关键"的做法[87]。

强调保护消费者权益的角度来看问题的人会认为，在 2.6.1 节中讨论过的友好屯的乔伊和玛丽亚的案例，在一个复杂的社会中是无关重要的。个人和大型企业之间的权力失衡是原因之一。另一个原因是，在友好屯里，有关交易的信息只会在乔伊和玛丽亚认识的一群人中进行流通。如果有人得到了不准确或不公平的结论，乔伊或玛丽亚可以向其做出解释。在一个较大的社会中，信息会在许多陌生人之间流通，我们常常不知道谁知晓了它，以及他们根据这些信息做了关于我们的什么决定。

绝大多数消费者不能期望与企业认真切实地协商合同条款。在任何特定的时间，消费者只能选择接受或拒绝企业摆在面前的内容。而消费者往往会处于一个无法拒绝它的位置。如果我们想要获得房贷或车贷，我们就必须接受贷款人目前提供的任何条款。如果我们需要一份工作，我们可能会同意披露其实我们并不是很想要提供的个人信息。个人无法拥有足够强大的力量，来对抗谷歌和苹果这样的大公司。他们需要使用搜索引擎，不论他们是否知道或接受该公司关于如何使用他们的搜索查询的有关政策。

在消费者保护的观点中，企业的自我监管是不起作用的。企业隐私政策通常是薄弱、模糊和很难理解的。企业有时还不遵守既定的政策。消费者的压力有时是有效的，但一些公司可能会选择置之不理。因此，我们必须要求所有的企业都采取支持隐私的政策。消费者如果要使用软件和其他技术性的保护隐私的工具，这需要付费，而且许多人也买不起。反正这些工具距离完善还有很远，因此还没有好到可以保护隐私。

消费者保护的观点把隐私权看作一种权利，而不是我们可以讨价还价的东西。例如，电子隐私信息中心（Electronic Privacy Information Center）和隐私国际（Privacy International）共同主办的一个网站上闪烁的口号[88]包括"隐私是一种权利，而不是偏好！"，以及"只有通知是远远不够的"。第二条口号表达的意思是，他们认为隐私权是积极权利或请求权（参考1.4.2节的术语定义）。作为一种消极权利，隐私允许我们使用匿名技术，以避免与那些我们不希望提供信息的人进行交互。作为一种积极权利，就意味着我们可以阻止他人交流关于我们的信息。民主与技术中心（Center for Democracy and Technology）的一位发言人在一份声明[89]中向国会表示，我们必须建立相应的法律原则，让人们应该能够"自行决定何时、如何以及在何种程度上共享关于他们的信息。"

2.7　欧盟的隐私法规

欧盟（EU）在1995年通过了全面的《数据保护法令》⊖[90]。它覆盖了个人数据处理的所有方面，包括收集、使用、存储、检索、传输、销毁和其他行为。该法令规定了欧盟成员国必须在本国法律中实现的"公平信息原则"。其中一些原则与图2.1（见2.1.3节）中的前五个原则有些类似。欧盟还有一些额外或更强的规定。数据处理只有在以下情况下是允许的：该人已明确表示同意，或者数据处理对于履行合同或法律义务是必要的，或者对于公共利益或官方机构完成任务是必要的（或其他一些原因）。如果没有获得个人的明确同意，不能处理特殊类别的数据，包括民族和种族、政治和宗教信仰、健康和性生活，以及工会成员的信息。即使取得了同意，成员国也可以取缔这样的数据处理行为。严格限制关于刑事定罪的数据的处理。

下面的例子会说明欧盟和一些成员国所采用的更加严格的规定和法律。

- 谷歌在2012年修改了其隐私政策，允许公司把从它提供的各种服务收集的关于会员的信息结合到一起。欧盟认为，普通用户可能不明白谷歌在新政策下会如何使用他们的数据，因此这样做违反了欧盟的隐私法规。
- 德国一家法院认为，Facebook在其会员协议中的一些政策（例如，授权Facebook可以使用会员发布或保存在Facebook的资料）在德国是非法的。
- 德国政府告诉Facebook停止对德国用户运行人脸识别的应用，因为它违反了德国的隐私保护法。

⊖　一个升级的版本，即《通用数据保护规定》（GDPR），在2018年5月正式生效。——译者注

- 在一些欧洲国家，因为严格的隐私法律，谷歌已经关闭或者停止更新其街景视图[91]。
- 欧盟为社交网站制定了法律规定，推荐网站应该把默认隐私设置在较高级别，告诉用户在上传他人照片时应征得当事人同意，允许使用匿名代号，对他们保留不活跃用户数据的时间设置期限，并且要求删除很长一段时间不活跃的账户。

虽然欧盟对私营部门收集和使用个人信息的规定比美国更为严格，但一些公民自由主义者认为，这些规定并未为政府机构使用个人数据提供足够的保护。尽管该法规认为数据的保存不应超出必要的时间范围，但欧洲国家要求 ISP 和电话公司保留客户通信记录（包括日期、目的地、持续时间等）长达两年，并要求将其提供给执法机构。欧盟表示，它需要这一要求来打击恐怖主义和有组织的犯罪[92]。

欧盟严格的隐私权法规并未阻止与在美国发生的对个人数据的某些一样的滥用行为。例如，在英国，信息委员会（Information Commissioner）的一份报告说，数据经纪人使用欺诈和腐败的内部人员来获取个人信息。与在美国一样，非法数据服务的客户也包括记者、私人调查员、收债员、政府机构、跟踪狂以及寻求用于欺诈的数据的犯罪分子[93]。

《欧盟数据隐私法规》（EU Data Privacy Directive）禁止将个人数据传输到欧盟以外的国家，如果这些国家没有他们认为足够的隐私保护体系。该法规的这一规定给在欧洲内外开展业务的公司带来了重大问题。成千上万的国际公司在位于美国的服务器上为欧洲的客户、员工或会员处理或存储数据。价值数十亿美元的跨境业务因此处于危险的境地。欧盟制定了一项"安全港"（SafeHarbor）计划，根据该计划，在欧盟之外的公司必须遵守与数据保护法规中的原则类似的一套隐私要求，才可以从欧盟获得个人数据。在美国国家安全局对私人数据系统进行广泛监视和收集的事件被暴露之后（见 2.4.5 节），欧盟法院终止了安全港计划，并在 2016 年将它替换为一项名为"隐私盾牌"（Privacy Shield）的拥有更严格规定的新计划。

许多隐私权倡导者将美国的隐私政策描述为"落后于欧洲"，因为尽管美国的隐私法律涵盖了医疗信息、视频租赁、驾驶执照记录等特定领域，但它并没有全面的联邦立法来管理个人数据在所有领域的收集和使用。这源于美国和欧洲不同的文化和传统。例如，欧洲国家倾向于更加重视声誉的法律保护，而美国宪法则重视言论自由。一般而言，欧洲更多地强调监管和集中化，特别是在商业上，而美国的传统则更强调契约、消费者压力、市场灵活性以及通过强制执行法律（例如针对欺骗性和不公平商业行为的法律）对滥用行为进行处罚。

欧盟的"被遗忘权"

在一名西班牙男子起诉要求谷歌删除搜索结果中出现的某些文件的链接的案件中，欧盟法院在 2014 年裁定《数据保护法令》中包含了"被遗忘的权利"：一个人可以要求搜索引擎公司阻止某些类型的信息链接出现在某些搜索结果中（例如，搜索此人的姓名）。有足够公共利益的信息可以例外，但是相关的标准和例外却是非常模糊和主观的。在该案件裁决后的第一年，谷歌收到了近百万条要求删除链接的请求，并批准了其中的大约 35%。（如果一个请求被拒绝的话，申请人可以向政府机构提出申诉。）谷歌处理删除请求的指导委员会表示，许多案例非常容易做出决定（例如，未经个人许可发布的涉及儿童或者半裸照片的某些内容），但有些案例则很难做出决定。

关于被遗忘权：见 2.2.4 节。

被遗忘的权利可能会带来连锁效应：有家报纸报道了一篇案例，其中谷歌同意要求删除该报纸发表的一篇文章的链接。提出原始请求的人随后又要求删除到讨论第一次删除的文章的链接。

起初，当谷歌响应欧洲来的请求屏蔽某个链接的时候，它只是从其搜索引擎的欧洲版本
进行屏蔽，而不是在 google.com 上这样做。法国政府命令
谷歌不仅在 google.fr 上屏蔽相关搜索，还必须在 google.
com 上也这样做，因为在欧洲的人也可以使用 google.com。
但是，在 google.com 上进行屏蔽就会导致在全球范围内强

把一个国家的法律应用
到另一个国家：见 5.7 节。

制实施欧盟公民所拥有的被遗忘权，包括那些不承认这种权利的国家。谷歌最终做出让步，
同意屏蔽其所有全球搜索引擎上的相关链接，但是仅限于来自请求屏蔽的人的国家 / 地区的
搜索。因此，举例来说，美国或德国的人仍然可以使用 google.com 查找在法国被屏蔽的有
关某位法国人的信息。法国监管机构拒绝接受这一妥协，继续坚持要求谷歌必须在全球范围
内屏蔽这些链接。

对言论自由、政治自由和民主没有强有力保护的政府，经常拿自由国家里的审查法律来
当作他们自己国家相关法律的借口。俄罗斯引用欧盟的先例，通过了"被遗忘权"的法律，
但它缺乏关键的保障措施，包括针对公共利益或与公众人物有关信息的特定例外情况[94]。

除了网络搜索之外，欧盟正在努力将其"被遗忘权"应用于数据库和其他领域。

本章练习

复习题

2.1　术语"个人信息"是什么意思？

2.2　术语"二次使用"是什么意思？举例说明。

2.3　术语"重新识别"是什么意思？举例说明。

2.4　解释在对个人信息的二次使用中，"选择加入"和"选择退出"的政策之间的差异。

2.5　美国最高法院对于警察是否可以搜查手机做出了什么样的决定？

2.6　描述一个侵犯隐私的人脸识别的应用程序。

2.7　描述两种工具，人们可以用它们来保护自己在网络上的隐私。

2.8　描述两种方法，可以让一个企业或机构用来降低员工擅自发布个人信息的风险。

练习题

2.9　荷兰一家公司制造收集手机位置数据的导航设备，为客户提供实时服务。它还提供了匿名统计数
据给政府机构，用以改善道路和交通流量。在该公司与其客户不知情的情况下，警察使用这些数
据来选择地点，安装用来捕捉超速的交通摄像头。这样做侵犯了隐私权吗？给出你的理由[95]。

2.10　"来电显示"是用来在被拨电话上显示来电者的电话号码的功能。虽然来电显示现在很习以为
常，得到了广泛应用，但可能令人惊讶的是，当该服务最初开始使用时，也曾因为涉及隐私而
备受争议。

　　（a）来电显示保护的是接电话人的隐私的哪些方面（按照 2.1.1 节的说法）？来电显示又违反了
来电者隐私的哪些方面？

　　（b）一个非商业的、非犯罪的来电者为什么不希望显示他的号码呢？有没有什么很好的理由？

2.11　在陪审团审判中，律师会在挑选陪审团过程开始前不久，才收到在陪审员的候选名单列表。一
些律师会把工作人员带到法庭上，在社交网络上搜索这些候选陪审员的信息。律师会利用此信
息来决定是否选择某个陪审员。

（a）在 2.1.2 节的结尾处讲到的风险中，这个使用个人信息的例子阐述的是哪个风险？

（b）禁止律师搜索关于候选陪审员在社交媒体上的信息，会有什么好处和坏处？

（c）一个法官让双方律师可以选择，是否同意都不去进行这样的搜索，或者通知候选陪审员他们所做的搜索。这样做是不是一种好的妥协？请给出一些理由。

2.12　电力及自来水供应商拥有智能的计量和分析系统，它们足够复杂到能够判断我们都在一天的不同时间使用了哪些设备（例如，手机充电和空调运转），我们什么时候洗澡（以及洗了多长时间），以及我们什么时候睡觉。列出你能想到的如果这些信息被泄露、被盗或被执法人员获得之后，可能会让一个人感到窘迫或者给他带来问题的不同方式。

2.13　在图 2.1 所列的原则中，美国在线（AOL）发布用户搜索查询的案例（见 2.1.2 节）违反了其中哪些原则（如果有的话）？

2.14　AOL 在网上发布的搜索查询数据库中，包括由同一个人发起的"如何杀死你的妻子"和其他相关查询。我们是否可以允许执法人员对搜索引擎公司的查询数据库进行定期搜索，以侦测谋杀的计划、恐怖袭击或其他严重罪行，从而让他们可以尝试阻止这些犯罪行为呢？请分别给出支持和反对的意见。

2.15　与个人信息数据库相关的一个风险是，犯罪分子会窃取并利用这些信息。与"购买昂贵的汽车或立体声音响带来的风险之一是可能会被犯罪分子偷走"这样的说法有什么类似之处？又有什么不同之处？你可以从这个比喻中得到什么有用的见解？

2.16　一些公司的客户服务中心会使用软件来分析客户所讲的话，对客户的个性类型进行分类，并帮助确定服务代理如何最好地响应客户。系统会保存与客户电话号码相关的信息，以便在后续呼叫中，系统可以将呼叫转接到个性更为适合该客户的服务代理。据一家公司称，该系统有助于缩短呼叫时间并增加客户满意的解决方案 [96]。这种对呼叫者的分析是否是一种不合理的隐私侵犯？当我们拨打客户服务电话时，我们经常被告知会记录电话以改善客户服务。"改善客户服务"是否足以告知客户关于这些数据的使用情况？每次打电话时，你想要对方告知多少背后的细节呢？

2.17　从 2.2.1 节描述的营销手法中，选择一个你认为是不道德的行为。（如果你觉得都不是，那么从中选一个你认为至少基于道德立场可以找到一些反对它们的好的理由。）请给出它不道德的论点。

2.18　人寿保险公司正在尝试分析消费者特征（判断一个人是否吃健康的食物、锻炼、抽烟或喝酒过量，以及是否具有高风险的爱好，等等）来估算其寿命。公司可能会使用该分析结果来寻找策略营销的对象群体。从隐私的角度来看，这里引发的一些关键的伦理或社会问题是什么？对其中的一些加以详细探讨和评价。

2.19　一家儿童医院开始收集和分析 10 万名儿童的 DNA，把它们加入到一个 DNA 资料数据库中。该数据库将是匿名的，医院不会把 DNA 资料与其他可能识别它来自哪个人的其他信息保存到一起。讨论这种数据库有价值的潜在用途。讨论其中的潜在风险和问题。如果你是一家医院的负责人，你会批准该项目吗？作为个人，如果你和你的家人被要求为该数据库提供 DNA，你会同意吗？请说明理由。

2.20　在什么情况下（如果有的话），你觉得一个人在张贴包含其他人的照片或视频之前，应该请求另一个人的许可？什么时候这样做仅仅是一种礼貌？而在什么时候它是一种道德义务？解释你的理由。

2.21　接着考虑练习 2.20 中的情形，但假设不是张贴照片或视频，而是你要写一篇文章描述一个人在照片或视频中正在做什么。对于练习 2.20 中关于请求许可的问题，你还会给出相同的回答吗？请给出你的理由。

2.22　一个非常大的社交网络公司分析它从会员活动中收集的所有数据，为营销商提供统计信息，并且可以用于策划新的服务项目。这些信息是很宝贵的。该公司是否应该因为使用了这些信息而向会员支付费用？请给出你的理由。

2.23　假设你经常在特定的连锁店购物。比较一下如下两种场景：当你在商店寻求帮助时，店员知道你的个人信息；以及当你登录商店网站时，系统知道你的个人信息。仅仅考虑他们会知道你的个人信息这一点，你更喜欢哪种体验？为什么？

2.24　（a）一些企业（例如超市、干洗店或剧院）使用电话号码来访问其数据库中的客户或用户记录。假设这些记录并不能在网上供公众访问，其中也不包括信用卡号码。在这种情况下对电话号码的使用是否安全到足够保护隐私？为什么？

　　　（b）部分手机服务提供商允许客户在从自己的手机打电话的时候，不用输入个人密码（PIN）就可以直接获取语音邮件消息。但是，别人可以利用来电显示欺骗服务来伪造主叫号码，从而获取一个人的语音邮件消息。这种无密码消息获取机制是否是在方便和隐私之间的一种合理权衡？给出你的理由。

2.25　在美国国会（和在许多其他国家）提出的议案将要求任何人购买预付费手机的时候，都必须出示身份证明文件和对手机进行注册。对于是否应该通过这样的法律，给出支持和反对的论据。

2.26　法院下令要求某社交媒体公司和某搜索引擎公司，删除关于某流行歌星的不雅照片和指向该照片的链接。这些公司把和该歌星有关的所有引用都删除了。你如何看待这一事件？

2.27　20年前，一家报纸报道了针对某个外科医生提起的医疗事故诉讼。外科医生后来赢得了这起诉讼。假设，目前在谷歌搜索该外科医生的名字会显示原始文章的链接，该文章并未提及诉讼结果。外科医生要求谷歌删除在查找他的名字的搜索结果中出现的到这篇文章的链接。请为谷歌提供支持和反对这样做的论点。

2.28　联邦特工在电线杆上安装了摄像头，并在没有搜查令的情况下收集了关于一个嫌疑人农场10周的视频。检察官认为不需要搜查令，因为公共道路上的所有路人都可以看到摄像头能看到的东西。假设你是一名法官，要裁定是否应该接受视频中的证据。你会问什么样的问题（如果有的话）？你的决定是什么？请给出解释。

2.29　你认为执法人员在指挥配备摄像头和录音设备的无人机飞越某人的后院之前，是否应该被要求获得搜查令？请说明原因。

2.30　纽约州立法机关提出的一个法案要求参与车祸的司机将他们的电话交给警方，警方可以在事故发生时检查司机是否在使用电话。提出支持和反对该法案通过的论据。

2.31　在佛罗里达州坦帕市的一位市议员把安装在坦帕附近的摄像头和人脸识别系统（2.4.1节）描述成"一种公共安全工具，和有警察到处走动拍大头照没有什么两样[97]。"他这样说对吗？摄像系统和警察走动相比，在考虑隐私时有哪些异同？

2.32　一家公司计划出售一种激光装置，人们可以把它戴在脖子上，从而使拍摄他们的照片照出来之后是扭曲和无用的。该公司计划把它销售给总是被很多摄影师追逐的名人。假设该设备也能造成在公共场所和许多企业常用的监控摄像头失灵。假设很多人在离开家的时候，会经常使用该设备。最后，假设执法机关提议把它的使用规定成非法行为。给出支持和反对这样的提议的理由。

2.33　在2.4.1节结束处所引用的记者皮特·塔克（Pete Tucker）的话所讨论的并不是监控摄像头或者第四修正案。为什么我们会在那里引用它？它又说明了什么观点？

2.34　一个大学生安放了一个隐藏的摄像头，在他们的宿舍拍摄他的室友和朋友不雅的视频。他给几个好朋友发了一个密码，让他们可以在网络上观看该视频。这显然是不道德的、粗鲁的、残忍的，而且是对隐私赤裸裸的侵犯。该大学应该作何应对呢？

2.35 在逃离严重的飓风和其他破坏性事件的时候，人们没法带走和丢失了许多重要文件和记录，如
出生证明、信用卡、财产记录和就业记录。美国政府机构提议建立一个新的数据库，在类似的
自然灾害情况下，人们可以自愿在数据库中存放必不可少的个人记录。讨论这一提议的利弊。

2.36 随着房契、抵押记录等信息的联网，一些城市的房屋欺诈性销售出现了显著增加，这是因为有
人会使用在线信息来伪造房契、冒充业主，并将房屋卖给毫无戒心的买家。在网上提供此类信
息有什么好处？考虑到盗窃和隐私问题，你认为这些记录应该放到网上吗？如果是这样，为什
么？如果不是，为什么不呢？你有什么其他的建议替代访问方式吗？

2.37 考虑 2.4.4 节中列出的关于安全国家身份证卡片的优点。其中哪些优点要求人们随时随地都必须
要携带他们的身份证卡片？

2.38 重新阅读第 1 章的练习 1.36。在那个练习题中的伦理问题与在 2.5.3 节中讨论的关于拦截广告
的伦理问题有什么相似之处和不同之处？

2.39 写一段内容，讨论关于广告拦截的伦理问题的自然权利或积极权利与消极权利（参见 1.4.2 节）。

2.40 一个流行的网络浏览器包含一个选项，用户可以告诉网站他不想要被跟踪。当一个人安装这个
浏览器的时候，缺省设置应该是把"请勿跟踪"的选项打开还是关闭？请为每种选择给出一种
理由。

2.41 某县卫生部门有一个心怀不满的雇员，向某报纸发送了一个保密文件，其中包含约 4000 个艾滋
病患者的名字。有哪些方法可以防止泄露这样的敏感数据？

2.42 用实例或类比来解释把隐私当作一种消极权利（自由权）意味着什么。对把隐私当作一种积极
权利（请求权）进行类似的解释。（参见 1.4.2 节关于消极和积极权利的说明。）哪一种权利（如
果有的话）对于隐私来说更为合适？为什么？

2.43 数字现金的实现可以支持安全和匿名交易。人们对于使用匿名数字现金是否拥有（在 1.4.2 节的
意义上的）消极权利？如果考虑到隐私的好处和可能被逃税者、罪犯和恐怖分子利用的可能性，
你认为完全匿名的数字现金应该是合法的吗？给出你的理由。

2.44 2.5.4 节给出了利用值得信赖的第三方来减少对个人信息的访问的两个例子。再举一个这样的例
子，可以是你知道的真实例子，也可以是你认为有用的应用程序。

2.45 一个企业维护了包含商店窃贼姓名的数据库。它负责把该列表分发给订阅了它的商店。

（a）为了保护隐私，这样的服务是否应该是违法的？（请给出原因。）

（b）分别描述沃伦和布兰代斯，朱迪·汤姆森和理查德·波斯纳（见 2.6.1 节）在这个问题上可
能会持的每一种立场，并给出他们的理由。

（c）如果 a 中的问题是关于一个提供给业主的租户历史数据库，请问你的答案是否会有所不
同？如果是一个租户关于业主的评论的公开数据库呢？为什么？

2.46 一位作家把隐私定义为"不受他人不正当审判的自由"[98]。这是不是一个很好的隐私定义？为
什么？

2.47 一个健康信息网站上拥有关于健康和医疗问题的很多文章，还有一个聊天室可以供人们与其他
用户讨论健康问题，并让人们通过电子邮件向医生提问题。你是该公司聘用的一名实习生，工
作是进行隐私审计。审计组会对该网站进行检查，发现隐私风险（或好的隐私保护实践），并根
据需要提出整改建议。描述你会去寻找的至少三件东西，解释它们的意义，并说明如果找到或
没有找到这些东西，你的建议会是什么？

2.48 一所常春藤大学设立了一个网站，学生申请人可以访问网站，使用他们的社会安全号码和其他
个人信息来找出是否被该大学录取了。大学官员发现，来自另一所常春藤大学的招生办公室的
电脑访问了一些学生账户。许多学生会同时申请这两所学校。人们怀疑访问这些账户的大学在
决定是否录取这些学生之前，想要知道另一所学校录取了哪些学生。需要访问该网站的个人信

息是学生在提交申请时提供给招生办公室的。

分析这一事件。找出做错的事情（假设对于监听的怀疑是正确的）。这两所大学的主管部门分别应该采取什么样的行动？

2.49　假设下列各项都是法律提案。对于每一个例子，选择支持或反对的一方，并捍卫你的立场。

（a）为了保护公众，为会员或公众提供网络搜索服务的企业必须把用户搜索查询的记录保存两年（要求把查询记录同进行查询的人联系起来），以满足执法机构或恐怖主义调查的可能需要。

（b）为保护个人隐私，为会员或公众提供网络搜索服务的企业在存储用户搜索查询的时候，一定不能把任何一个人超过一星期的查询关联到一起。

2.50　在欧盟应用"被遗忘权"的时候，谷歌在根据某人的要求删除其内容链接时，会通知提供内容的相应新闻机构。它会告诉新闻机构哪篇文章，但不会指明是谁发出了该请求。一些隐私权倡导者批评谷歌这样的做法。你认为隐私权倡导者为什么会反对这种披露？你认为谷歌又为什么会这样做？谷歌应该继续这样的做法吗？为什么或者为什么不？

2.51　考虑欧盟为社交网站制定的准则（见2.7节）。把它们仅仅作为指南，而不是法律规定来试着进行评价。再把它们作为法律规定来进行评价。（要考虑的事项包括：如何定义哪些网站适用本规定。）

2.52　假设你是在你所选领域内工作的专业人士。描述为了减少我们在本章中所讨论的任何两个问题的影响，你可以选择去做的具体事情。（如果你想不出和你的专业领域有关的任何事情，也可以选择你感兴趣的另一个领域。）

作业

下面这些练习题需要花时间做一些研究或完成一些活动。

2.53　（a）阅读一个热门大型网站的隐私政策。写一个简短的总结。给出网站的描述（名称、网址、网站类型）。举例说明该隐私政策中清晰或合理的部分，以及不清晰和不合理的部分。

（b）选择包含隐私声明或政策的任意智能手机应用。对它进行总结和评估。你能想到其中缺少了任何重要的东西吗？

2.54　谷歌街景的摄像头偶尔会捕捉到人们的尴尬行为，或者人们所处的地点是他们期望整个世界都不会看到的。很多人提出抗议，认为谷歌街景侵犯了人们的隐私。谷歌公司是如何解决这个隐私问题的？解决的效果如何？

课堂讨论题

下面这些练习题可以用于课堂讨论，可以把学生分组进行事先准备好的演讲。

2.55　研究人员在开发一个系统，当一个人在智能手机或其他设备上通话时，能够检测一个人的情感。

（a）假设你是研究人员。描述你的项目所有可能的精彩的潜在应用。

（b）假设你是社会科学家和隐私监督机构人员。描述潜在的令人讨厌的、操纵性的或滥用行为。

（c）假设你是一个技术专家和伦理学家团队的一员。给出关于使用该技术的建议指南。

2.56　从隐私的角度讨论Facebook的政策。它什么地方做得比较好？什么地方做得不好？可以做怎样的改进？

2.57　（a）一个大型零售商挖掘其客户数据库，以确定一个客户是否可能怀孕。（请参见2.2.1节。）它会向该客户发送她可能会购买的产品的广告或优惠券。这种做法是在道德上可接受的，还是在道德上应该禁止的？

（b）该零售商知道，如果客户晓得零售商可以确定自己是否怀孕，一定会感到不舒服。零售商发送的广告册或电子邮件，除了许多怀孕和婴儿用品之外，还包括一些不相关的产品。收到它们的客户没有意识到这些广告是有针对性的。这种做法是在道德上可接受的，还是在道德上应该禁止的？

2.58 兽医会在宠物和农场动物体内植入计算机芯片，以确定它们是否走失。有些人认为也可以对小孩这样做，讨论这样做的好处和可能的隐私问题。

2.59 几名男子在参与主要由同性恋聊天室组织的约会活动之后，染上了梅毒（一种严重的性传播疾病）。公共卫生部门要求主办该聊天室的公司提供使用该聊天室的所有人的姓名和地址，以便它可以告知他们可能接触到这种病。公共卫生部门没有取得法院命令。该网站的政策中表示，它们不会披露可能把屏幕名称与实际姓名关联到一起的信息。在这种情况下，它应该破例吗？给出支持和反对双方的论点。在对不知情的感染者可能产生的影响与所有访问该聊天室的用户的隐私损失之间，你应该如何做出权衡？对于该公司来说，严格遵守其发布的隐私权政策又有多么重要？

2.60 有些商家提供免费的互联网服务或其他好处，以换取跟踪用户的网络活动，这对消费者来说是公平的选择吗？还是说他们不公平地利用了低收入者，因为他们为了获得这些服务必须放弃一些隐私？

2.61 与上一代人相比，现在的年轻人对隐私的看法有什么不同？

2.62 在弗农·维格（Vernor Vinge）的科幻小说 [99] 中，一个组织在网络上散发关于人们的虚假信息。这听起来是不是很卑鄙？该组织的名称是"隐私之友"（Friends of Privacy）。他们是否名如其人？这个组织可能会从哪些方面认为自己是在保护隐私呢？

2.63 一个国际体育组织的负责人被拍到在一个聚会上表演性行为。他赢得了在德国和法国的诉讼，要求谷歌不要在这些国家的搜索引擎上显示这些照片的链接。在这样一个案例中，给出支持和反对删除链接的论点。并指出哪些信息（如果有的话）与你决定是否应删除链接有关。假设除了 google.de 和 google.fr 之外，欧盟还要求谷歌删除 google.com 上的搜索链接。这会严重限制其他国家/地区的人对信息的获取吗？

2.64 为一个大型社交网络公司制定相关政策，以应对来自会员的关于删除他们的帖子和删除其他会员张贴的关于他们的资料（包含他们的照片和视频）的请求。

2.65 你认为谁会拥有更大的存储容量：谷歌公司还是美国国家安全局？为什么？（尝试找到对二者的存储容量的最新估计。）

本章注解

[1] James O. Jackson, "Fear and Betrayal in the Stasi State," *Time*, Feb. 3, 1992, pp. 32–33.

[2] "Privacy as an Aspect of Human Dignity," in Ferdinand David Schoeman, ed., *Philosophical Dimensions of Privacy: An Anthology*, Cambridge University Press, 1984, pp. 156–203, quote on p. 188.

[3] "Reading *Privacy Journal's* Mail," *Privacy Journal*, May 2001, p. 2.

[4] *NAACP v. Alabama*, 357 U.S. 449 (1958).

[5] Michael Barbaro and Tom Zeller Jr., "A Face Is Exposed for AOL Searcher No. 4417749," *New York Times*, Aug. 9, 2006, www.nytimes.com. AOL 承认发布这样的数据是一个严重错误，解雇了负责这的员工，并考虑改进内部政策以降低未来发生类似错误的几率。

[6] Brian X. Chen and Nick Bilton, "Et Tu, Google? Android Apps Can Also Secretly Copy Photos," *New York Times*, Mar. 1, 2012, bits.blogs.nytimes.com/2012/03/01/android-photos.

[7] 许多例子都来自新闻报告。隐私权信息交换机构（Privacy Rights Clearinghouse）在其网站上列出

了这些事件。

[8]　作为一个容易阅读的关于数据泄露的很好的介绍，请参见 Verizon, "2016 Data Breach Investigations Report," www.verizonenterprise.com/resources/reports/ rp_DBIR_2016_Report_en_ xg.pdf. 有问题的软件有时候会被埋藏在广告或由第三方提供的其他内容中。有些零售商甚至都不知道他们用的软件中会保存信用卡号码。（它其实不应该这样做）。作为例子，可以参考 Verizon 商业调查响应团队做出的"2008 年数据泄露调查报告"：www.verizonbusiness.com/resources/ security/databreachreport.pdf.

[9]　Associated Press, "Popular Software for Computer Cursors Logs Web Visits, Raising Privacy Issue," *Wall Street Journal*, Nov. 30, 1999, p. B6.

[10]　关于 cookie 的早期历史，请参见 John Schwartz, "Giving Web a Memory Cost Its Users Privacy," *New York Times*, Sept. 4, 2001, www.nytimes.com/2001/09/04/business/giving-web-a-memory-cost-its-users-privacy.html.

[11]　美国全国公路交通安全委员会（National Highway Traffic Safety Administration）要求汽车制造商告知车主该汽车是否安装了数据记录仪，并且明确要求必须在车主的同意下才能从记录仪采取收据。

[12]　引自 Theo Francis, "Spread of Records Stirs Patient Fears of Privacy Erosion," *Wall Street Journal*, Dec. 26, 2006, p. A1.

[13]　隐私权信息交换机构（Privacy Rights Clearinghouse）在这里给出了几种公平信息原则："A Review of the Fair Information Principles," www.privacyrights.org/content/review-fair-information-principles-foundation-privacy-public-policy.

[14]　Acxiom 的拉丁美洲网站，"Customer Information Management Solutions," www.acxiom.com.

[15]　Jessica E. Vascellaro, "Online Retailers Are Watching You," *Wall Street Journal*, Nov. 28, 2006, pp. D1, D3.

[16]　Cecilie Rohwedder, "No. 1 Retailer in Britain Uses 'Clubcard' to Thwart Wal-Mart," *Wall Street Journal*, June 6, 2006, p. A1. Charles Duhigg, "How Companies Learn Your Secrets," *New York Times*, Feb. 16, 2012, www.nytimes.com/2012/02/19/magazine/shopping-habits.html.

[17]　Lois Beckett, "Obama's Microtargeting 'Nuclear Codes'," ProPublica, Nov. 7, 2012, www. propublica.org/article/obamas-microtargeting-nuclear-codes; Michael Sherer, "Inside the Secret World of the Data Crunchers Who Helped Obama Win," *Time*, Nov. 7, 2012, swampland.time. com/2012/11/07/inside-the-secret-world-of-quants-and-data-crunchers-who-helped-obama-win/. 在筹款邀请信中的区别之一是竞选组织者会根据受邀请人可能的喜好，强调哪些名人可能会出席。

[18]　例如，在 1999 年《Gramm–Leach–Bliley Act》中确立的法规，会用来监管信用卡公司邮寄的无数隐私通知和"选择退出"表格。

[19]　Julia Angwin, "A Plan to Track Web Use Stirs Privacy Concern," *Wall Street Journal*, May 1, 2000, pp. B1, B18.

[20]　Preetika Rana, "Indians Spurn Snacks, Shampoo to Load Their Smartphones," *Wall Street Journal*, Aug. 15, 2016, www.wsj.com/articles/indians-spurn-snacks-shampoo-to-load-their-smartphones-1471163223.

[21]　引自 *Privacy Journal*, Apr. 2006, p. 2.

[22]　Ruchi Sanghvi, "Facebook Gets a Facelift," Sept. 5, 2006, blog.facebook.com/blog. php?post=2207967130. "An Open Letter from Mark Zuckerberg," Sept. 8, 2006, blog.facebook. com/blog.php?post=2208562130; and many news stories.

[23] 例如，可以参考 Center for Democracy and Technology, " Best Practices for Mobile Applications Developers," www.cdt.org/files/pdfs/Best-Practices-Mobile-App-Developers.pdf, 以 及 CTIA—The Wireless Association, " Best Practices and Guidelines for Location Based Services," www.ctia.org/ policy-initiatives/voluntary-guidelines/best-practices-and-guidelines-for-location-based-services.

[24] Jeffrey Rosen 在他的这篇文章中提到很多例子: " The Right to Be Forgotten," *Stanford Law Review*, Feb. 13, 2012, www.stanfordlawreview.org/online/privacy-paradox-the-right-to-be-forgotten/. 也可以参见 Eugene Volokh, " Freedom of Speech and Information Privacy: The Troubling Implications of a Right to Stop People from Speaking about You," *Stanford Law Review* (52 Stanford L. Rev. 1049), 2000, www2.law.ucla.edu/volokh/privacy.htm.

[25] 引自 David Banisar, *Privacy and Human Rights 2000: An International Survey of Privacy Laws and Developments*, EPIC and Privacy International, 2000.

[26] *California Bankers Assn.* v. *Shultz*, 416 U.S. 21 (1974).

[27] Alan F. Westin, *Privacy and Freedom*, Atheneum, 1968, p. 67.

[28] 本节中的有关历史信息来自 Alan F. Westin, *Privacy and Freedom; Alexander Charns, Cloak and Gavel: FBI Wiretaps, Bugs, Informers, and the Supreme Court*, University of Illinois Press, 1992 (Chapter 8); Edith Lapidus, *Eavesdropping on Trial*, Hayden Book Co., 1974; and Walter Isaacson, *Kissinger: A Biography*, Simon and Schuster, 1992.

[29] 本届中提到的案件的引用包括: *Olmstead* v. *United States*, 277 U.S. 438(1928); *Katz* v. *United States*, 389 U.S. 347(1967); *Smith* v. *Maryland*, 442 U.S. 735(1979); and *United States* v. *Miller*, 425 U.S. 435(1976).

[30] *Nardone* v. U.S. 302 U.S. 379(1937).

[31] *Warshak* v. U.S., Case 06-492, Sixth Circuit Court of Appeals, 2008.

[32] *Patel* v. *City of Los Angeles*, Dec. 2013.

[33] Alex Kozinski, " On Privacy: Did Technology Kill the Fourth Amendment? " *Cato Policy Report*, Nov./Dec. 2011, www.cato.org/policy-report/novemberdecember-2011/privacy-did-technology-kill-fourth-amendment.

[34] Mark Walsh, " Low-tech High Court to Weigh Police Search of Smartphones," *ABA Journal*, Apr. 1, 2014. Stephanie Francis Ward, " States Split Over Warrantless Searches of Cellphone Data," *ABA Journal*, Apr. 1, 2011.

[35] *U.S.* v. *Jones*, Jan. 23, 2012, www.supremecourt.gov/opinions/11pdf/10-1259.pdf. 这个案子是从 2004 年开始的。

[36] *United States* v. *Raymond Lambis*, July 12, 2016.

[37] Julian Sanchez, " The Pinpoint Search," *Reason*, Jan. 2007, pp. 21–28.

[38] Larry Hardesty, " Extracting Audio from Video Information," *MIT News*, Aug. 4, 2014, news.mit.edu/2014/algorithm-recovers-speech-from-vibrations-0804.

[39] Sanchez, " The Pinpoint Search," p. 21.

[40] Brad Heath, " New Police Radars Can ' See ' Inside Homes," *USA Today*, Jan. 20, 2015, www.usatoday.com/story/news/2015/01/19/police-radar-see-through-walls/22007615.

[41] Marc Champion and others, " Tuesday's Attack Forces an Agonizing Decision on Americans," *Wall Street Journal*, Sept. 14, 2001, p. A8.

[42] " Cameras in U.K. Found Useless," *Privacy Journal*, Mar. 2005, pp. 6–7.

[43] Dana Canedy, " TV Cameras Seek Criminals in Tampa's Crowds," *New York Times*, July 4, 2001, pp.

A1, A11.

[44] 国家标准技术局（NIST）是一个联邦政府机构，所报告的准确率是 57%。Jesse Drucker and Nancy Keates, "The Airport of the Future," *Wall Street Journal*, Nov. 23, 2001, pp. W1, W12. David Banisar raised issues about accuracy in "A Review of New Surveillance Technologies," *Privacy Journal*, Nov. 2001, p. 1.

[45] Ross Kerber, "Privacy Concerns Are Roadblocks on 'Smart' Highways," *Wall Street Journal*, Dec. 4, 1996, pp. B1, B7. Banisar, "A Review of New Surveillance Technologies." Michael Spencer, "One Major City's Restrictions on TV Surveillance," *Privacy Journal*, Mar. 2001, p. 3. Murray Long, "Canadian Commissioner Puts a Hold on Video Cameras," *Privacy Journal*, Nov. 2001, pp. 3–4.

[46] 引自 Long, "Canadian Commissioner Puts a Hold on Video Cameras."

[47] Jim Epstein, "Why I Was Arrested Yesterday at a D.C. Taxi Commission Meeting," June 23, 2011, reason.com/reasontv/2011/06/23/taxi-commission-arrest.

[48] Steven A. Bercu, "Smart Card Privacy Issues: An Overview," *BOD-T-001*, July 1994, Smart Card Forum.

[49] "Information Security: The Centers for Medicare & Medicaid Services Needs to Improve Controls over Key Communication Network," Government Accountability Office, Aug. 2006, www.gao.gov/new.items/d06750.pdf. *Computers and Privacy: How the Government Obtains, Verifies, Uses, and Protects Personal Data*, U.S. General Accounting Office, 1990 (GAO/IMTEC-9070BR). "House Panel Probes White House Database," *EPIC Alert*, Sept. 12, 1996. OMB Watch study, reported in "U.S. Government Web Sites Fail to Protect Privacy," *EPIC Alert*, Sept. 4, 1997. *Internet Privacy: Comparison of Federal Agency Practices with FTC's Fair Information Principles*, U.S. General Accounting Office, Sept. 11, 2000 (GAO/AIMD00-296R). U.S. Government Accountability Office, *Data Mining* (GAO 05-866), Aug. 2005, www.gao.gov/new.items/d05866.pdf. GAO 在 2004 年之前一直被称作 General Accounting Office。

[50] The Information Security and Privacy Advisory Board, *Toward A 21st Century Framework for Federal Government Privacy Policy*, May 2009, csrc.nist.gov/groups/SMA/ispab/documents/correspondence/ispab-report-may2009.pdf. U.S. Government Accountability Office, *Privacy: Congress Should Consider Alternatives for Strengthening Protection of Personally Identifiable Information* (GAO-08-795T), June 18, 2008, www.gao.gov/products/GAO-08-795T.

[51] Nathan Tempey, "The NYPD Is Tracking Drivers Across the Country Using License Plate Readers," *Gothamist*, Jan. 26, 2016, gothamist.com/2016/01/26/ license_plate_readers_nypd.php.

[52] Jeff Jonas and Jim Harper, "Effective Counterterrorism and Limited Role of Predictive Data Mining," Cato Institute Policy Analysis No. 584, Dec. 11, 2006.

[53] Robert Ellis Smith, "Ominous Tracking of University Students," *Privacy Journal*, Aug. 2006, p. 1. Sharon Noguchi, "10 Million California Student Records About To Be Released to Attorneys," *The Mercury News*, Feb. 16, 2016, www.mercurynews.com/crime-courts/ci_29524376/10-million-calif-student-records-about-be-released.

[54] Federal Trade Commission, "Identity theft," www.consumer.gov/idtheft. "Second Thoughts on Posting Court Records Online," *Privacy Journal*, Feb. 2006, pp. 1, 4.

[55] 这里的法律指的是《The Ethics in Government Act》。

[56] Tony Mauro, "Judicial Conference Votes to Release Federal Judges' Financial Records," Freedom Forum, Mar. 15, 2000, www.firstamendmentcenter.org/judicial-conferencevotes-to-release-federal-

judges-financial-records.

[57] 在文章 "Can Privacy and Open Access to Records Be Reconciled?" *Privacy Journal*, May 2000, p. 6 中，给出了 Robert Ellis Smith 设计的用来访问公共记录的原则和指南。

[58] 本节的资料来源包括：Chris Hibbert, "Frequently Asked Questions on Social Security Numbers and Privacy," cpsr.org/issues/privacy/ssn-faq/; "ID Cards to Cost $10 Billion," *EPIC Alert*, Sept. 26, 1997; Glenn Garvin, "Bringing the Border War Home," *Reason*, Oct. 1995, pp. 18–28; Simson Garfinkel, *Database Nation: The Death of Privacy in the 21st Century*, O'Reilly, 2000, pp. 33–34; "A Turnaround on Social Security Numbers," *Privacy Journal*, Dec. 2006, p. 2; *Greidinger* v. *Davis*, U.S. Court of Appeals, Fourth Circuit; Ellen Nakashima, "U.S. Exposed Personal Data," *Washington Post*, Apr. 21, 2007, p. A05; "USDA Offers Free Credit Monitoring to Farm Services Agency and Rural Development Funding Recipients," www.usda.gov/wps/portal/usda/usdamediafb?content-id=2007/04/0105.xml&printable=true&contentidonly=true.

[59] Peter G. Neumann and Lauren Weinstein, "Inside Risks," *Communications of the ACM*, Dec. 2001, p. 176.

[60] 引自 Jane Howard, "ID Card Signals 'End of Democracy'," *The Australian*, Sept. 7, 1987, p. 3.

[61] Jim Harper, "Understanding and Responding to the Threat of Terrorism," *Cato Policy Report*, Cato Institute, Mar./Apr. 2007, pp. 13–15, 19.

[62] Department of Homeland Security, "Real ID and You: Rumor Control," www.dhs.gov/real-id-and-you-rumor-control.

[63] James Brooke, "Japan in an Uproar as 'Big Brother' Computer File Kicks In," *New York Times*, Aug. 6, 2002, www.nytimes.com/2002/08/06/international/asia/06JAPA.html; Eiichiro Okuyama, "Japan's National ID System Poses Risks and Advantages," Keio University, International Center for the Internet and Society, Jan. 31, 2015, kipis.sfc.keio.ac.jp/japans-national-id-system-poses-risks-advantages/.

[64] Utkarsh Anand, "Supreme Court Allows Aadhaar Card Use on Voluntary Basis for Government Schemes," *The Indian Express*, indianexpress.com/article/india/india-news-india/sc-allows-aadhaar-use-for-other-government-schemes-on-voluntary-basis/.

[65] Jim Harper, "Understanding and Responding to the Threat of Terrorism," *Cato Policy Report*, Mar./Apr. 2007, pp. 13–15, 19.

[66] 本节的背景资料包括：James Bamford, *The Puzzle Palace: A Report on NSA, America's Most Secret Agency*, Houghton Mifflin, 1982; NSA FAQ: www.nsa.gov/about/faqs/about-nsa-faqs.shtml; Statement for the Record of NSA Director Lt. General Michael V. Hayden, USAF, House Permanent Select Committee on Intelligence, Apr. 12, 2000, www.nsa.gov/public_info/speeches_testimonies/12apr00_dirnsa.shtml; James Bamford, *Body of Secrets: Anatomy of the Ultra-Secret National Security Agency, from the Cold War Through the Dawn of a New Century*, Doubleday, 2001; James Bamford, "The Black Box," *Wired*, Apr. 2012, pp. 78–85, 122–124 (online at www.wired.com/threatlevel/2012/03/ff_nsadatacenter). Bamford 在过去几十年写了大量关于 NSA 的文章。他的来源包括很多长期在 NSA 工作的前雇员。

[67] Declaration of Mark Klein, June 8, 2006, www.eff.org/document/klein-declaration-redacted.

[68] 例如：*Jewel* v. *NSA*, filed by the Electronic Frontier Foundation.

[69] 已经公开的文档被收集到了斯诺登监控档案（Snowden Surveillance Archive），Canadian Journalists for Free Expression, snowdenarchive.cjfe.org/greenstone/cgi-bin/library.cgi. 许多新闻

报道都描述了这些文档，例如，Cyrus Farivar, "The Top 5 Things We've Learned about the NSA Thanks to Edward Snowden," *Ars Technica*, Oct. 18, 2013, arstechnica.com/tech-policy/2013/10/the-top-5-things-weve-learned-about-the-nsa-thanks-to-edward-snowden/.

[70] Bamford, "The Black Box."

[71] Ixquick（www.ixquick.com）是一个这样的例子。它是一个元搜索引擎，也就是说，它使用其他搜索引擎来查找结果，并返回它认为对用户是最好的结果。

[72] Larry Loen, "Hiding Data in Plain Sight," *EFFector Online*, Jan. 7, 1993, www.eff.org/effector/4/5.

[73] Quoted in Steve Lohr, "Privacy on Internet Poses Legal Puzzle," *New York Times*, Apr. 19, 1999, p. C4.

[74] Interactive Advertising Bureau, 报道参见：Jack Marshall, "Facebook Will Force Advertising on Ad-Blocking Users," *Wall Street Journal*, Aug. 9, 2016, www.wsj.com/articles/facebook-will-force-advertising-on-ad-blocking-users-1470751204.

[75] 根据发布商的回应不同，研究机构 Ovum and Juniper Research 预测到 2020 年的全球收入在 160 亿～780 亿美元的范围。

[76] Marshall, "Facebook Will Force Advertising . . ."

[77] Samuel D. Warren and Louis D. Brandeis, "The Right to Privacy," *Harvard Law Review*, 1890, v. 4, p. 193.

[78] Judith Jarvis Thomson, "The Right to Privacy," in David Schoeman, *Philosophical Dimensions of Privacy: An Anthology*, Cambridge University Press, 1984, pp. 272–289.

[79] 沃伦和布兰代斯的文章中没有提到的一个背景是，八卦专栏作者撰写了沃伦家中召开的奢华派对，报纸还详细报道了他女儿的婚礼。关于这篇文章的背景可以在关于布兰代斯的一本传记中找到，在 William L. Prosser 对沃伦和布兰代斯文章的批评回应中也有记述。（"Privacy," in Schoeman, *Philosophical Dimensions of Privacy: An Anthology*, pp. 104–155）。

[80] Thomson, "The Right to Privacy," p. 287.

[81] 例如，参见 Schoeman, *Philosophical Dimensions of Privacy: An Anthology*, p. 15, and Prosser, "Privacy," pp. 104–155.

[82] Prosser, "Privacy," cites cases.

[83] Richard Posner, "An Economic Theory of Privacy," 该文章出现在几本不同的文集中，包括：Schoeman, *Philosophical Dimensions of Privacy*, pp. 333–345, 以及 Johnson and Nissenbaum, *Computers, Ethics & Social Values*, Prentice Hall, 1995.

[84] 纽约州总检察官, "Toysmart Bankruptcy Settlement Ensures Consumer Privacy Protection," Jan. 11, 2001, www.ag.ny.gov/press-release/toysmart-bankruptcy-settlement-ensures-consumer-privacy-protection.

[85] "That Facebook Friend Might Be 10 Years Old, and Other Troubling News," *Consumer Reports*, June 2011, www.consumerreports.org/cro/magazine-archive/2011/june/electronics-computers/state-of-the-net/facebook-concerns/index.htm.

[86] Dan Freedman, "Privacy Profile: Mary Gardiner Jones," *Privacy and American Business* 1(4), 1994, pp. 15, 17.

[87] Janlori Goldman 于 1994 年 1 月 27 日在美国参议院司法委员会关于技术和法律的子委员会上的陈述。

[88] www.privacy.org.

[89] Deirdre Mulligan 在 2000 年 5 月 18 日美国众议院司法委员会关于"隐私与电子通信"的听证

会上的陈述：www.cdt.org/testimony/000518mulligan.shtml。她的陈述中引用了 Alan F. Westin, *Privacy and Freedom*, Atheneum, 1968.

[90]　" Directive 95/46/EC of the European Parliament and of the Council of 24 October 1995 on the Protection of Individuals with Regard to the Processing of Personal Data and on the Free Movement of Such Data," 这个文件可以在欧盟司法与内务部的网站上找到：ec.europa.eu/justice_home/fsj/privacy/law/index_ en.htm.

[91]　Caroline McCarthy, "German Court Rules Google Street View is Legal," CNet News, Mar. 21, 2011, news.cnet.com/8301-13577_3-20045595-36.html. David Meyer, " Google's Cars Return to German Roads, but not for Street View," GigaOM Media, Dec. 5, 2014, gigaom.com/2014/12/05/googles-cars-return-to-german-roads-but-not-for-street-view/.

[92]　Jo Best, " EU Data Retention Directive Gets Final Nod," CNET News, Feb. 22, 2006, www.cnet.com/news/eu-data-retention-directive-gets-final-nod/.

[93]　" Just Published," *Privacy Journal,* Aug. 2006, p. 6. Information Commissioner's Office, *What Price Privacy? The Unlawful Trade in Confidential Personal Information*, May 10, 2006, ico.org.uk/media/about-the-ico/documents/1042393/what-price-privacy.pdf.

[94]　" Legal Analysis: Russia's Right to Be Forgotten," Article 19, Sept. 16, 2016, www.article19.org/resources.php/resource/38099/en/legal-analysis:-russia's-right-to-be-forgotten. (Article 19 is a British human rights organization.)

[95]　这里说的公司是 TomTom。它修订了合同以禁止警察使用它的速度数据。

[96]　Christopher Steiner, *Automate This: How Algorithms Came to Rule Our World*, Penguin Group, 2012.

[97]　Robert F. Buckhorn Jr., quoted in Dana Canedy, "TV Cameras Seek Criminals . . ."

[98]　L. D. Introna, " Workplace Surveillance, Privacy and Distributive Justice," *Proceedings for Computer Ethics: Philosophical Enquiry (CEPE2000)*, Dartmouth College, July 14–16, 2000, pp. 188–199.

[99]　Vernor Vinge, *Rainbows End*, Tor, 2006.

言 论 自 由

3.1 宪法第一修正案和通信模式

> 国会不得制定……剥夺言论自由或新闻自由的……任何法律。
>
> ——美国宪法第一修正案（1791 年批准）

> 新闻界的历史内涵包括各种出版物，这些出版物提供了信息和意见的载体。
>
> ——美国最高法院，1938 年[1]

> "有史以来第一次，我们拥有了一种多对多的媒介，你不需要很富有就可以获得访问，你不需要赢得编辑或出版商的批准，就可以发表自己的看法。作为这种新媒体的一部分，新闻组⊖和互联网有史以来第一次，有望承诺第一修正案对新闻自由的保护也同样适用于个人，就像它保护时代华纳、甘尼特⊜和《纽约时报》一样。"
>
> ——迈克·戈德温（Mike Godwin），1994 年[2]

在本节中，我们将研究言论自由的原则、控制早期通信媒体的监管结构以及数字媒体带来的变化⊜。在后面的章节中，我们考虑各种新的尝试，包括限制互联网上的信息，保护儿童免受不恰当内容的侵害，控制垃圾邮件（大量的、不请自来的电子邮件），以及限制匿名（作为对发言者的保护）。第一修正案禁止政府因为人们所说的内容而对其进行监禁或罚款。例如，通过禁止可能会扰乱没有明确定义的"社会秩序"的言论来限制政治对手。言论自由允许存在大量有争议的言论，但是它不要求我们一定要在网站上收听、发布或允许此类讲话。我们和各种出版商都要对道德和社会标准负责。在 3.3 节和 3.4 节中，我们会讨论设置此类标准时的一些窘境和权衡。在 3.6 节中，我们研究通信和监视技术会如何影响不同国家的言论自由，特别是那些具有悠久审查制度传统的国家。在 3.7 节中，我们回到监管上的问题，并讨论关于网络中立性规则是否有助于或阻碍言论自由和信息获取的争议。

3.1.1 自由言论的原则

当美国制定宪法的时候，电话、电影、广播、电视、有线电视、卫星，当然还有互联网和手机都还没有出现。新闻自由适用于印刷报纸和书籍的出版商，以及通过印刷和派发小

⊖ 新闻组即 Usenet，是在 Web 流行之前的一种互联网讨论的形式，曾经非常流行，拥有成千上万不同的讨论组，每个组关注某个特定的领域。——译者注

⊜ 甘尼特（Gannett Company）是美国的一家大型媒体公司，拥有包括《今日美国》（USA Today）在内的多家报纸和电视台。——译者注

⊜ 虽然我们的一些讨论是建立在美国宪法第一修正案中的基础上的，但是关于人类言论自由权利的论点和原则对全球范围都适用。

册子来表达自己标新立异想法的"孤独的作家"[3]。有人可能会认为"第一修正案"应适用于每一种新的通信技术，因为它的精神和意图是要保护我们想说什么就说什么的自由。然而，政治上有权势的人会不断尝试限制可能会对他们造成威胁的言论。从 1798 年的《外国人与煽动叛乱法案》（Alien and Sedition Acts），到对政治行动委员会的监管，这样的法律曾被用来反对与当权政党持不同意见的报纸编辑，以及对某些问题发表公开意见的临时性群体。随着新技术的蓬勃发展，限制言论自由和新闻自由的尝试也随之多了起来。法学教授埃里克·M. 弗里德曼（Eric M. Freedman）[4]总结说："历史经验告诉我们，从印刷机、世俗戏剧院团、照片、电影、摇滚音乐、广播、色情电话服务、视频游戏，到其他媒体，每个新媒体的出现都会首先被政府视为特别的威胁，因为它拥有独特的影响力，也因此成了一个独特的被审查对象。"

当我们继续讨论与自由言论有关的问题时，需要记住如下几个重要的内容。

- 第一修正案制定的目的是为了针对令人反感的和有争议的言论和思想。因为对于没有人会反对的言论和出版物，显然没有保护的必要。
- 第一修正案的覆盖面包括了口头和书面的文字、图片、艺术，以及思想和意见的其他表达形式。
- 第一修正案是对政府权力的限制，而不是针对个人或私营企业。对于他们认为令人反感、写得不好或是不管任何原因可能对他们的客户没有吸引力的内容，出版商可以选择不发表。出版社拒绝或者修改某个稿件，并没有违反作者的第一修正案权利。网站、搜索引擎公司和杂志也可以拒绝刊登他们认为不好的广告。这样做也没有违反广告商的言论自由。

在过去的许多年和许多案例中，最高法院已制定了有关保护表达自由的一些原则和指导方针⊖。

- 当政府行为或法律会导致人们因为害怕受到迫害，而规避合法的言论和出版的时候，有时候可能是因为法律含糊不清，这种行为或法律被称作是对第一修正案权利的'寒蝉效应'。法院通常会把具有显著的寒蝉效应的法律裁定为是违宪的。
- 对游行或集会的噪音规定和许可要求等言论限制必须是内容中立的。也就是说，规则必须独立于所表达的观点。
- 宣传和倡导非法行为（通常）是合法的；因为听众有机会，也有责任对其观点进行权衡，并决定是否去实施这样的非法行为。
- 第一修正案不保护诽谤和直接、具体的威胁。在某些情况下，煽动暴力是非法的。
- 虽然第一修正案并没有区分言论的类别，法院会把广告视作"第二等"的言论，并允许对它施加不能用于其他种类的言论的一些限制。在最近几年，法院已经开始裁决，对诚实的广告加以限制确实违反了宪法第一修正案[5]。同样，自 20 世纪 70 年代以来，政府对政治竞选演说进行了严格管制，但最高法院最近的一些裁定减缓或逆转了这样的趋势。

每当政府拥有或大幅资助通信系统或网络（或有争议的服务）的时候，就会存在审查制度的问题。例如，即使是在堕胎本身合法的时候，联邦政府资助的计划生育诊所也不允许参与关于堕胎的讨论。在过去很多时候，政府曾经禁止过在邮件中发送受到宪法第一修正案保

⊖ 在某些案例中，具体的法律、法院裁决和指导方针可能会比较复杂。这里只讨论一般和简化的情形。

护的信息。曾经有为公共广播电台提供资金的一家联邦机构拒绝了一所大学的申请，因为它会在每个星期播出一小时的宗教节目。在 3.2.2 节中，我们将看到，国会利用其提供资金的权力，要求对公共图书馆和学校中的互联网进行审查。无论你站在支持或反对这些问题的哪一方，也不管不同的总统或国会可能对政策带来什么样的变化，这里的关键是，在许多情况下，当政府付钱时，它就可以选择对宪法保护的言论做出限制。

3.1.2　通信媒体的监管

在本节中，我们介绍第一修正案保护的传统的三部分框架，以及在 20 世纪美国发展出来的政府对通信媒体的监控。我们将会看到，现代通信技术和互联网需要对这个框架进行修改。

这三个类别分别是：

- 平面媒体（报纸、书籍、杂志、小册子）。
- 广电媒体（电视、广播）。
- 公用运营商（电话、电报、邮政系统）。

第一类拥有最强的第一修正案保护，因为在《人权法案》制定时它们就已经存在了，所以没有人会质疑第一修正案是否适用。虽然书籍也在美国被禁过，而也有人因为涉嫌发布关于某些话题（例如避孕）的信息被逮捕，总的趋势是政府对平面印刷媒体的限制越来越少。

与报纸类似，电视和电台的作用也是提供新闻和娱乐，但政府对广播业的结构和节目内容都要进行监管。政府会发放广电牌照，持牌人必须符合政府的一定标准——这样的要求对于出版商来说绝对不能容忍，因为这明显是对言论自由的威胁。政府曾以撤销牌照作为威胁，逼迫电台取消性导向的谈话节目，或者对它们加以审查。在美国联邦通信委员会（FCC）的控制下，政府已经禁止了在广播、电视和电子媒体上出现香烟广告，但在杂志和报纸上这样的广告依然是合法的。在挑战禁止播出"下流内容"是否违宪的案件中，最高法院维持了该禁令[⊖]。联邦政府常常向电视台提出减少暴力内容或增加儿童节目的要求，但政府却无法对印刷出版商提出类似的强制要求。无论你赞成或反对某个特定的法规，我们要说的是，相比在《人权法案》通过时就存在的通信方法，政府对于电视和广播内容拥有更多的控制。

拒绝赋予广播节目完整的第一修正案保护，支持者的一个主要论点是广播频段的稀缺性。在广播电视媒体的早期，只有屈指可数的几个电视频道和为数不多的广播频段。为了换取对稀缺的、公众拥有的频段的"垄断"使用特权，电台就必须接受严格的监管。如今有了有线电视、卫星电视、数百个频道以及互联网，基于稀缺性和垄断性的论点已经不成立了，但是来自政府的控制依旧存在。第二个观点（也是现在还被用于证明政府对内容强加限制合理性的观点）是广播内容会直接进入家庭，因此很难不让儿童不收听或观看。这个观点也被应用到网络上。

作为第三类的通信公司和相关监管规定，公共运营商提供的是一种传播媒介（而不是内容），因此必须要把它们的服务提供给所有人。在某些情况下，例如针对电话服务，政府会要求他们提供"普遍接入"（即对低收入人群提供补贴服务）。基于公共运营商是一种垄断服务的观点，法律禁止它们控制在其系统中经过的内容。电话公司被禁止提供内容或信息服务，理由是他们可能会对也必须要使用其电话线的内容提供商竞争对手造成歧视。公共运营商对内容没有控制权，因此它们对经过其系统的非法内容也概不负责。你很可能已经注意到，现在许多提供通信基础设施的公司本身也在提供内容；通信服务商的类别已经发生了巨大的变化。

⊖　FCC 对喜剧演员乔治·卡林进行了罚款处罚，因为他做了一个关于"广播中不能讲的七个脏字"的节目。

从 20 世纪 80 年代开始，计算机电子公告栏系统（BBS）、像 CompuServe、Prodigy 和美国在线（AOL）这样的商业服务⊖以及最终的万维网成为了发布新闻、信息和观点的主要场所。由于计算机通信系统的巨大灵活性，它们无法直接应用出版、广播和公共运营商这样的模式。有线电视之前也曾对这些类别产生过冲击；在对要求有线电视台必须播出特定内容的法律进行评论时，最高法院认为，有线电视运营商比电视和广播电台拥有更多的言论自由，但是比印刷出版商的自由要少 [6]。但是，网络既不适合现有的类别中的任意一个，也不适合放到它们之间。它与这三类都有相似之处，同时与书店、图书馆、租用的会议室也拥有额外的相似性，而法律对待这些对象都有不同的方式。

随着新技术使得有线电视、电话、计算机网络和内容提供商之间的技术界限变得越来越模糊，国会在 1996 年通过了《电信法案》（Telecommunications Act）。该法案对当时用来对通信监管的主要法律，即对 1943 年的《通信法案》（Communications Act）进行了大量修改。它改变了监管架构，去掉了许多对服务领域人为的法律区分，还取消了对电信公司可以提供的服务的诸多限制。它还在很大程度上澄清了互联网服务提供商（ISP）和其他服务提供商，对于由会员和订阅者这样的第三方发布的内容的责任。印刷出版商和广播公司可以选择和编辑它们出版和播出的内容，但同时也要对这些内容承担法律责任。例如，它们可被起诉诽谤（因为作了虚假或有破坏性的陈述）和侵权，也要对在其出版物和节目中的淫秽内容承担法律责任。在《电信法案》通过之前，有几个人曾因为其他人发布到系统中的内容，对 BBS 运营商、互联网服务提供商、AOL 和其他服务提供商提起诉讼。为了保护自己免受诉讼和可能的刑事指控，服务提供商可能会矫枉过正，删除太多的合法内容，这样就会严重制约网络空间中的信息和观点的数量。《电信法案》[7] 指出，"所有交互式计算机服务的提供商或用户，都不应当被看作是由另一个信息内容提供者所提供的任何信息的发布者或陈述者"。[7]这个规定消灭了不确定性，保护了服务提供商，从而鼓励了用户创建的内容的迅速增长⊖，而这一切我们目前却认为是理所当然的。

在 1996 年，第一个重要的关于互联网审查制度的法律《通信规范法案》⊜的主要内容被裁定违宪。然而，对互联网进行审查的工作还在继续。我们在 3.2 节中讨论关于审查的其他限制性法律的论点及其影响。另外，在 3.2.5 节中，我们会看到许多有创造性的个人和企业家试图在网上发布信息、给产品做广告和提供服务时，遇到了法律问题（有时会被罚款），这不是因为明确的审查制度法律，而是由于长期存在的法律对电子商务的限制，使得强大的组织、企业和政府部门从中受益。在一些案例中，这些新技术和旧法律之间的对抗会导致更多的自由。

3.2 在网络空间中控制言论

> "我不同意你的话，但我会誓死捍卫你说话的权利。"
>
> ——S. G. 塔兰泰尔⑩（伏尔泰传记的作者）[8]

⊖ 这三家都是从 20 世纪 80 年代开始，在美国提供（拨号）上网服务的大公司。——译者注

⊜ 许多国家的服务提供商仍然存在风险。例如，因为有人在 eBay 的印度网站出售色情视频，eBay 在印度的负责人被逮捕，虽然视频本身并没有出现在 eBay 网站上，而且卖家销售它们是违反公司政策的。

⊜ Communication Decency Act，也被称作《通信净化法案》，或《传播净化法案》。——译者注

⑩ 塔兰泰尔（S. G. Tallentyre）是英国作家伊夫林·比阿特丽斯·霍尔（Evelyn Beatrice Hall，1868—1919）的笔名。她于 1906 年完成伏尔泰的传记《伏尔泰的朋友们》。她引用这句话来阐释伏尔泰的信仰，常被误认为是伏尔泰本人所述。——译者注

3.2.1　什么是令人反感的言论？哪些是非法的？

什么是令人反感的言论？法律应该禁止或限制在网络上出现哪些内容？答案取决于你的观点。这可能是政治或宗教言论、色情、对伊斯兰教的批评、对犹太教的批评、种族或性别歧视的口号、纳粹的材料、诽谤性的陈述、堕胎的信息、反堕胎的信息、对气候变化预测的批评、含酒精饮料的广告、一般的广告、关于暴力的描绘、关于自杀的讨论，或者如何制造炸弹的信息。下面是人们所采取、尝试或建议的一些关于禁止言论的行动：

- 佐治亚州试图禁止在互联网上出现吸食大麻的照片。
- 一个医生认为应该对网上关于医疗的讨论加以限制，确保人们不会得到一些错误的建议。
- 法国政府批准了一项法律，禁止除了专业记者之外的任何人录制或散发关于暴力行为的视频。

在美国，关于互联网审查的大部分工作包括一些国会通过的法律，其重点是色情内容和其他暴露性的材料，所以我们使用色情内容作为第一个例子。许多相同的原则也适用对各类其他材料进行审查的努力。

在网络空间中，人们会讨论各种常规和非常规的性活动的详细描绘。在情色、艺术和色情之间的界限并不总是很明确，不同人的个人标准有也很大不同。在网络上有很多内容对于成人来说也是极为反感的。有些人支持完全禁止。有些人则设法使它们远离儿童。互联网一开始是作为一个供研究和科学讨论用的论坛，但色情内容的快速普及让人感到震惊。然而，这其实并不足为奇，因为成人杂志、书店、电影院中早就存在类似的内容。《Wired》杂志的一个作者认为，与性有关的内容会迅速入侵所有新的技术和艺术形式[9]。他指出，从早期的洞穴壁画，到庞贝古城的壁画，其中不乏与色情有关的内容。印刷机不仅生产《圣经》，还会生产色情杂志。摄影师也可以为《花花公子》拍照。无数的注册网站都在提供成人娱乐[10]。这一切到底是好还是坏，它们到底是人本性中自然的一部分，还是堕落和邪恶的标志，我们是应该选择容忍它还是消灭它，这些是道德和社会的问题，这样的讨论超出了本书的范围。人们还会无休无止地对色情问题进行辩论。在解决色情问题和其他令人反感的言论种类时，我们会尝试特别关注新的问题，以及与计算机系统和网络空间有关的问题。

什么已经是非法的？

最高法院的裁定认为，第一修正案并不保护淫秽内容。在1973年，最高法院在"米勒诉加利福尼亚州"（Miller v. California）的案件裁决中，建立了确定某个材料在法律上是否属于淫秽物品的三部分准则。这些标准是：

1）它描绘了州法律明令禁止描绘的性（或排泄）行为。

2）它以明显令人反感的方式描绘这些行为，依据正常人使用的社区标准来判断，它会唤起人的性欲。

3）它不具有严肃的文学、艺术、社会、政治或科学价值。

在第二点中应用大众标准是一种妥协，这样做是为了避免在一个如此庞大和多样化的国家，设置一个关于淫秽的全国性的标准。因此，与大都会城市相比，保守或笃信的小城镇可能会对色情内容施加更大程度上的限制。互联网的广泛可访问性会对这种妥协带来威胁。在早期的一个互联网案件中，住在加利福尼亚州的一对夫妇在网上向会员销售色情内容，并因此在田纳西被起诉，并且根据当地的社区标准，他们被认为犯了传播淫秽物品的罪行，虽然法律观察员都认为这对夫妇如果在加州审判的话应该是无罪的。美国公民自由联盟（ACLU）的一位发言人评论说，这样的起诉意味着"在互联网上的内容必须不能超出全美国最保守的社区所能够容忍的程度"[11]。出于这个原因，有些法院已经开始意识到"社区标准"不再是用来判断是否是可接受的材料的合适工具。

长期以来，创建、拥有或传播儿童色情物品都是非法的。3.2.3 节会进一步讨论儿童色情问题，到时候我们还会讨论色情短信和关于儿童色情法律的一些意想不到的应用。

第一修正案是否适用于软件？

在整个 20 世纪 90 年代，当人们开始把加密用于电子邮件和其他用途时，美国政府与互联网社区和隐私倡导者进行了长时间的斗争，想要对安全加密技术加以限制。（所谓安全加密，指的是破解起来非常困难和代价高昂的加密方法，在实际情况中不可能被破解。）政府还试图通过政策来禁止出口功能强大的加密软件，这也被证明是浪费钱且徒劳的做法。政府把放在互联网上发布的任何内容都解释为出口。因此，即使研究者把加密算法张贴在网络上，也可能面临起诉。（政府认为，禁止出口是必要的，从而可以避免恐怖分子和敌对国家获得强大的加密技术，但是在全世界的互联网网站上到处都能找到更强的加密方案。）

隐私和安全倡导者基于"第一修正案"对出口限制提起了法律挑战。这里的问题是，加密算法是一种计算机程序，它们是否可以被看作言论，从而受到第一修正案的保护。政府认为，软件不属于言论，而且控制加密技术是一个国家安全的问题，而不是一个言论自由的问题。审理此案的联邦法官却持不同意见。她说[12]：

"法院无法找到在计算机语言和德语或法语之间存在任何有意义的区别……就像音乐和数学方程一样，计算机语言就像语言一样，用于在计算机和其他能阅读它的人或机器之间进行交流……基于对第一修正案目的的分析，本法庭认为，源代码也是一种言论。"

到 2000 年，美国政府取消了关于加密的一些出口限制。

3.2.2 审查制度的相关法律和替代品

> 我们的唯一目的是为了使互联网对我们的年轻人更加安全。
> ——司法部发言人（Brian Roehrkasse）[13]

> 即使目的是为了保护儿童，宪法对政府行为的限制也是适用的。
> ——最高法院大法官安东宁·斯卡利亚（Antonin Scalia）[14]

1. 主要的互联网审查制度相关法律

在万维网出现的最初 10 年，为了响应公众对于互联网上的色情内容与其他形式的令人反感材料的公开反对，国会最终通过了几个审查制度相关法律。最终，最高法院裁定这些法律大部分都违反了第一修正案。下面，我们回顾这些法律的历史，因为它们的结果对于建立我们现在看到的开放的互联网是非常关键的。因为还是会经常冒出来尝试进行审查的各种声音，因此熟悉这些论点也是非常有用的。

关于互联网的第一项，同时也是最全面的法律是 1996 年通过的《通信规范法案》(CDA)。[15]在 CDA 和随后的审查制度相关法律中，国会试图专注于保护儿童，从而避免与第一修正案产生明显的冲突。向任何 18 岁以下的未成年提供任何淫秽或不雅的通信，CDA 都认为是犯罪。要设计一个法律让儿童无法访问不恰当的内容，而同时允许成年人的访问，这存在本质上的困难。"巴特勒诉密歇根州"（Butler v. Michigan）案是发生在 1957 年的一个重要案件，最高法院在这个问题上的裁定推翻了密歇根州规定出售可能对儿童造成危害的材料都属于非法的法律。弗兰克福（Frankfurter）法官在意见中写道，州法律必须不能"限制密歇根州的成年人只能阅读适合儿童的内容"[16]。一个孩子可以访问网络上的几乎所有内容。因此，反对者认为，它违反了弗兰克福法官的裁决意见，而且不仅仅是在密歇根州，而是在全国所有地方。CDA 的反对者给出了一些具体信息的例子，它们在印刷品中是合法的，但如果放到网上就可能导致被起诉，这些例子包括圣经、莎士比亚的戏剧，以及关于性行为和艾滋病的健康问题的严肃讨论。CDA 的支持者认为，这是一种过度反应。他们争辩说，没有人会因此被起诉。然而，由于缺乏明确的标准，可能会导致不均衡和不公平的检控。潜在的起诉的不确定性，可能让那些为成年人提供可能不适合儿童的信息的人产生寒蝉效应。

最高法院在"美国公民自由联盟等诉珍妮特·雷诺"（American Civil Liberties Union etal. v. Janet Reno）的案件中一致裁定，CDA 的审查规定是违宪的。法院做出了强硬的声明，强调保护表达自由的重要性，不管是在互联网上还是在其他地方。反对 CDA 的裁定确定了"互联网也应当得到免受政府侵犯的最高级别保护"。

图 3.1 总结了法院用来帮助确定一个关于审查制度的法律是否符合宪法的原则。当政府追求一个可能会侵犯言论自由的合法目标时（在这个例子中是保护儿童），它必须要使用限制最少的手段来达成其目标。法院认定，当时新开发的过滤软件的限制较少，比审查制度更为可取。法官们还评论 [17] 说，"通过对淫秽物品和儿童色情制品严格实施现有法律，政府可以继续保护儿童在互联网上免受色情淫秽的危害。"

- 区分言论和行动。宣传和支持非法行为（通常）是合法的。
- 法律必须不能恐吓合法的言论表达。
- 不要使成年人只能阅读适合儿童的内容。
- 以限制最少的手段来解决言论问题。

图 3.1　言论自由的指导性原则

儿童面临的风险在持续演化

父母有责任监管孩子，并教导他们如何对付不适当的材料与威胁。但是技术肯定会使儿童面临的风险发生改变，从而使父母的职责变得更加困难。如果一个年轻小孩尝试在电影院购买 X 级电影的入场券，或者在商店里购买成人杂志，收银员会看到这是个孩子，并加以拒绝（至少在大多时候会是如此）。在超市或游乐场上，父母或其他人可能会看到"陌生人"在与孩子交谈，但是网络上潜在的儿童猥亵者是看不见的。家庭曾经是免于受到色情和暴力或仇恨材料骚扰的安全港。当孩子在他的卧室玩耍时，父母原本可以放松一下。有了互联网连接和智能手机，这一切都改变了。

儿童在大街上可能遇到的危险也发生了变化。例如，纽约市的政府官员担心儿童猥亵者可能会通过玩"Pokémon Go"⊖的游戏（一个免费的增强现实游戏，玩家可以在室

⊖　这个游戏也曾经火极一时，不是吗？

外寻找和"捕获"在他们屏幕上出现的 Pokemon 人物)与小孩会面。

恋童癖者有自己的网站,会链接到童子军、布朗尼(Brownies,年轻版的女童子军)、中学足球队等网站,而这些网站会包括儿童的照片,有时候还会有姓名和其他个人信息。它并不意味着这些组织不应该把照片发布到网站上,然而,它们应该认真考虑是否应当公布孩子的姓名,以及是否需要注册才能访问该网站,或者采取其他的防护措施。

国会在 1998 年再次尝试通过《儿童在线保护法案》(COPA)。此法案比 CDA 的限制更多。根据社区标准的判断,如果商业网站向未成年人提供了"对未成年人有害"的资料,那么 COPA 认为这是一种联邦犯罪行为。第一修正案的支持者还是认为该法案过于宽泛,会威胁到艺术、新闻和健康网站。法院在评估 COPA 时指出,因为网络访问无处不在,所以社区标准的规定将会把整个国家限制为最保守的那个社区的标准。法院认为,COPA 限制访问大量对成年人合法的网络言论,COPA 要求成年人在查看不适合未成年人的资料时,必须提交身份证明材料,这样会对言论自由造成违反宪法的寒蝉效应。经过超过 10 年的诉讼和上诉,最高法院拒绝审理上届政府的上诉,COPA 在 2009 年正式胎死腹中。

国会于 2000 年通过了《儿童互联网保护法案》(CIPA),要求图书馆和学校在互联网终端上使用过滤软件。当公共图书馆最早安装互联网终端时,就带来了很多问题。人们用互联网终端观看"X级"的照片,这会让视线中的儿童或者其他人感到反感。有些人花费几个小时占着终端观看这类内容,而想要使用终端的人们只能站在旁边等着。儿童可以访问成人色情材料。儿童和成人都可以访问极端主义政治网站和种族主义的材料。全国各地的图书馆员试图满足图书馆用户、家长、社区组织、公民自由和他们自己的"图书馆权利"(反对因为年龄而限制访问图书馆中的材料)。下面是一些他们采取的行动的例子:

- 有些在终端安装了偏光过滤器,或者在四周建造了墙壁,从而只有直接坐在前面才能看清楚屏幕(这样既保护了用户的隐私,也屏蔽了其他用户和员工可能会看到让他们反感的材料)。
- 对终端使用设置时间限制。
- 有些馆员会要求顾客停止观看色情内容,就像他们会要求某人停止制造噪音一样。
- 有些图书馆在所有终端上安装了过滤软件,有些只在儿童区的终端上安装过滤软件。
- 有些会要求儿童上网时必须要家长监督,而有些则要求家长提供书面许可。

CIPA 试图推翻这些方法,并试图通过使用联邦政府的自主能力来逃避法院的对 CDA 和 COPA 的反对。CIPA 要求参与某些联邦计划(在技术上接受联邦资助)的学校和图书馆都必须在所有互联网终端上安装过滤软件,阻止访问包含儿童色情、淫秽材料以及"对未成年人有害的"材料的网站。当然,许多学校和图书馆都离不开这些资金。公民自由组织和美国图书馆协会试图通过起诉来阻止 CIPA[18]。最高法院裁定 CIPA 不违反宪法第一修正案。CIPA 不强制要求使用过滤器。它并没有要求对在互联网上提供内容的人判处监禁或罚款。它只是为接受某些联邦资金设置了一些条件。法院明确表示,如果一个成年人要求馆员把图书馆的互联网终端上的过滤器关掉,那么馆员必须这样做。当然,一些成年人并不知道这些过滤软件的存在,也不知道他们可以合法地要求把它关掉,或不愿意因为做出这样的请求而受到别人的关注。

除了公立学校和图书馆之外,司法判决的趋势是赋予互联网同平面印刷媒体一样的第一修正案保护,也就是最高级别的保护。

2. 审查制度的替代品

除了审查制度之外，还有什么替代方法可以保护儿童不受网上不健康材料的侵犯（同时让成年人也可以躲开对他们反感的材料）吗？是否存在好的解决方案，既不会威胁到讨论严肃主题的自由，也不会拒绝想要色情内容的成年人获得它们的权利？正如我们见过的很多问题，都会存在基于市场、技术、责任、教育，当然也包括法律方面的各种不同解决方案。

软件过滤器的开发是市场对问题快速做出响应的一个例子。很多有孩子的家庭都会使用过滤软件（其中一些是免费的，或者被内置到现代操作系统中）。软件过滤器可以阻止某些网站与特定单词、短语或图像，它们也可以根据不同的评级系统封锁某些网站。过滤器可以包含要屏蔽的特定网站的长名单。家长可以选择特定类别（如色情或暴力）进行过滤，也可以添加自己的被禁网站列表，还可以审查孩子网上活动的日志。但是，和我们讲过的针对由于新技术带来的诸多问题的各种解决方案一样，过滤器也并不完美，它们要么筛选得太多（有关 Middlesex 和 Essex 的网站⊖），要么太少（漏掉一些明显令人反感的材料）。过滤器封锁的网站可能会包含政治讨论和教育资料，例如，一所大学生物系的主页和某个国会候选人的网站上，可能会包含关于堕胎和枪支管制的内容。

谈论的是炸弹，还是种植？

2013 年波士顿马拉松爆炸案的恐怖主义者从互联网上的杂志中学会了如何制造炸弹。早在 1995 年，在俄克拉何马市联邦大楼爆炸事件发生之后没几个星期，参议院"恐怖主义和技术子委员会"举行听证会，讨论"互联网上的炸弹制作信息的可访问性"。关于网上的炸弹制作信息的争议与有关色情信息的争议之间，存在许多相似性。与色情一样，制作炸弹的信息在传统媒体上也是广泛存在的，并且受到第一修正案的保护；而且它也有合法的用途。有关如何制造炸弹的信息，可以在印刷版的《大英百科全书》、在图书馆和书店的书籍中找到。美国农业部门发了一本名为《放炮手册》的小册子，告诉农民如何使用炸药来清除树桩[19]。

参议员戴安娜·范斯坦（Dianne Feinstein）主张对互联网上有关炸弹的信息进行审查，她说[20]，"言论自由和教别人杀人之间是有区别的。"一位前联邦律师在反对对其审查时说，"延伸的信息"（即，用于资助犯罪行为的信息）才是法律应该监管的对象。参议员帕特里克·莱希（Patrick Leahy）强调它是"有害和危险的**行为**，不是言论，可被证明会产生负面的法律后果"。当然，现行法律反对用炸弹杀人或破坏财产，也有法律禁止制造炸弹或密谋制造它们用于此目的。在 20 世纪 90 年代，国会通过了一项法律，规定如果一个人在散布炮弹制造信息时，知道它有可能会被用于实施犯罪，那么就会被判处长期监禁，但是这并没有降低这些信息的可访问性。

在一个自由社会里，把制造炸弹的信息禁掉是合理的吗？作为一种现实考虑，期望在互联网上完全消除制造炸弹的信息是合理的吗？就像一个沙龙作者建议的[21]，真正的问题到底是这些狂热分子或精神病人，还是信息的可用性？

过滤器也会随着时间改善，但是它不可能完全消除错误和主观的看法，例如，什么是太过性感或太过暴力，或者对宗教太过批评，哪些医疗信息对于多大年龄的孩子是合适的，等等。安装过滤器对于有些父母来说可能太难，所以他们会选择放弃，但是大约一半儿童和青

⊖ Middlesex 和 Essex（其中都包含 sex）是英国的地名（郡），在美国也是很常见的地名。——译者注

少年的父母会使用某种形式的家长控制工具，来控制或监视孩子的网上行为 [22]。在立法者强制要求使用过滤器或在公共机构安装过滤器的时候，过滤器的缺点，尤其是对合法内容的屏蔽，的确会带来言论自由的问题。

企业和在线社区为政府审查机制提供了各种各样其他的替代解决方案。这里是一些例子：

- 无线运营商为在他们的网络上提供内容的公司制定了严格的"净化"标准。他们的规则比政府可以禁止的内容更加详细和更加严格 [23]。
- 商业服务、网上社区和社交网站都制定了政策来保护其会员。他们会删除令人反感的内容，并且如果有用户张贴违反法律或被站点政策禁止的内容，会被网站驱逐。（这些组织还会协助执法机关调查儿童色情或尝试接近和骚扰儿童的行为。）
- 社交网站开发的技术可以用来跟踪发布儿童色情制品的会员。
- 有些公司和组织还提供了面向家庭和儿童的在线服务、网站和手机服务。一些网站允许用户把儿童锁定在某些区域之外。
- 许多网站会发布信息提示如何控制孩子能够查看的内容。

3. 视频游戏

暴力视频游戏从它们一开始出现，就已经备受批评。有的非常血腥；有的描绘谋杀和酷刑；有的关注对妇女、特定民族和宗教群体成员的暴力侵犯。它们是否对孩子有害？与未成年人在书籍或其他媒体上看到的、其他形式的暴力行为与暴力性别歧视和种族歧视相比，视频游戏会更加危险吗？我们是否应该禁止它们呢？

有些人认为，与被动地观看电视或阅读暴力故事相比，视频游戏的互动性会对儿童造成更强大的影响。有些人指出，孩子们世世代代都在玩互相残杀的游戏（警察抓小偷、牛仔和印第安人等）。在草地上倒下"死去"，可以与视频游戏中反复出现的血腥场面相类比吗？多大年龄的孩子才成熟到足以可以玩暴力视频游戏呢：是 12 岁还是 18 岁？谁来决定小孩可以玩什么游戏：父母还是立法者？父母并不总是与他们的孩子在一起。他们经常担心同伴之间的压力会打败父母的规定和指令。

一项加州法律禁止向未成年人销售或租赁暴力视频游戏。在 2011 年，最高法院裁定该法律违反了宪法第一修正案。法院指出，暴力和血腥在经典童话故事（例如，格林兄弟的暴力作品）、漫画（小结巴总是会朝兔八哥开枪⊖）、超级英雄漫画和所有高中生都必读的文学作品中都是很常见的。许多视频游戏的确非常恶心，但法院认为，"厌恶并不能作为限制表达的有效依据。" [24]

视频游戏行业开发了一个评级系统，向家长提示在一个在游戏中涉及性、亵渎和暴力的程度 [25]。一些在线游戏网站会限制他们的产品只提供非暴力游戏，并且广泛宣传这一政策。

3.2.3 儿童色情和性短信

1. 关于儿童色情的法律

儿童色情制品包括记录真实的未成年人（18 岁以下儿童）从事色情行为的图片或视频⊜。早在互联网之前，法律就禁止了制造、拥有或传播儿童色情制品。它们涵盖了范围广泛的影

⊖　经典漫画《Looney Tunes》中的人物：Bugs Bunny（兔八哥），Elmer Fudd（小结巴）。——译者注
⊜　这是一个简化的说法，在法律上有更多的细节和定义。

像，其中许多如果涉及的是一个成年人，那么可能就不符合非法淫秽材料的定义。生产儿童色情制品之所以是非法的，主要是因为它的生产被认为是对真实儿童的滥用，不是因为其内容可能会对观众产生的影响。生产儿童色情制品的成年人通常会强迫或操纵儿童来做姿势或表演。（仅仅拥有儿童色情制品不会直接虐待儿童，但最高法院接受了买家或用户的行为会鼓励其生产的论点，因此支持了对拥有的禁令。）如果由成年演员扮演一个未成年人进行表演，那么制作或传播这样的色情电影或照片不一定就是非法的。换句话说，对儿童色情立法的法律依据是为了防止使用、滥用和剥削儿童，而不是因为描绘了这种行为。

执法人员经常会逮捕通过电子邮件、聊天室、社交媒体和手机来传播儿童色情作品的人。他们使用监视、搜查令、突击和卧底调查来查案，并以此逮捕相关罪犯。

在 1996 年的《防止儿童色情制品法案》（Child Pornography Prevention Act）中，国会扩展了禁止儿童色情制品的法律，使之包括"虚拟"的儿童，即计算机生成的看上去是未成年人的图像，以及由实际的成年人假装成未成年人的其他图像。最高法院在 2002 年（"阿什克罗夫特诉自由言论联盟"（Ashcroft v. Free Speech Coalition）案）裁定这一法律违反了第一修正案。安东尼·肯尼迪（Anthony Kennedy）大法官认为，这个扩展"规定禁止的是对一个想法的视觉描绘，青少年从事性活动，不仅在现代社会是一个事实，而且古往今来一直都是艺术和文学的主题"[26]。

随着数字图像质量的提高，对于执行禁止儿童色情制品的法律来说，面临的一个潜在问题是：如果警察发现某人拥有未成年人的色情图像，那么该人可以声称这些图像是计算机生成的，而不是真实儿童的照片，这样会把证明其非法的负担留给检察官。国会在 2003 年通过了《结束剥削儿童行为的检察补救和其他工具（PROTECT）法案》，该法案（除许多其他规定外）将儿童色情归类为"计算机生成的图像，即未成年人从事性行为的图像，或者看起来无法区分的图像"。因此，检察官不必证明实际上有一个真正的孩子被卷入其中。然而，通过包括看起来真实的虚拟图像，这样就导致把儿童色情法扩展到超出了防止虐待或剥削真实儿童的范围，并且可能会因此禁止某些形式的艺术。到目前为止，最高法院还没有审理过关于这部分保护法案是否符合宪法的案件。

2. 性短信

性短信（sexting）意味着发送性暗示或色情文字或照片，通常是通过手机或社交媒体来发送的。我们在这里讨论的现象涉及儿童，尤其是 18 岁以下的青少年，可能把他们自己或自己的男友或女友的全裸或半裸照片发送给对方或同学㊀。这种做法让父母感到震惊，因为他们意识到它给子女可能造成的危险。性短信的一个常见的结果是，如果它被广为转发的话，会带来严重的尴尬和被人嘲弄。在一个极端的案例中，在前男友到处转发一个 18 岁女孩的照片之后，她选择了自杀。许多年轻人（许多成年人也一样）并没有想过，原本是发给一个人或一小群人的东西会如此迅速蔓延到大批观众，而且一旦发出去，想要从网络空间中删除某个东西是多么困难。他们也没有考虑过可能对他们未来的个人和职业关系的影响。除此之外，绝大多数青少年并不知道性短信本身是非法的，而且惩罚还很严厉。

儿童色情法律意图应用的对象是犯了虐待儿童罪行的成年人。但是，手机和性短信导致该法律的应用出现了一些未曾预料的情形。检察官曾经对发送性短信的未成年人提出儿童色情物品的指控。既然拥有儿童色情物品是违法的，那么如果未成年人的手机上拥有未满 18

㊀　当然，性短信肯定不只局限于青少年。至少有两名国会议员因为性短信丑闻而先后辞职。

岁的朋友的照片，那么检察官就认为满足了关于可能违反儿童色情物品规定的定义。发送自己的裸体或性暗示照片是否可以算是一种表现形式呢？这是否仅仅是一个不成熟的人做出的愚蠢的和具有潜在破坏性的行为，应该由家长和学校官员来处理呢？它是否严重到可以被看作是刑事重罪行为，而需要被判处严厉的刑罚，并且要把名字放到性罪犯数据库中持续许多年呢？

一些检察官可能会把威胁起诉当作唯一的工具，用来阻止年轻人做这些他们在未来会非常后悔的事情。有些人可能会把自己的道德标准施加到别人家的孩子身上。在一个案件中，一个14岁的女孩拒绝了要求她参加辅导课程和写一篇道歉文章的庭外和解协议，因此被正式起诉到法院。法院裁定认为以这种方式使用起诉的威胁，是强迫别人发表言论（写文章），因此，违反了宪法第一修正案。有些工具可能可以在学校里用于阻止性短信（例如参加辅导课程和写道歉文章），但是如果由政府强制实施的话，那么就是不可接受的。

有几个州的立法机构修订了州法律，通过各种不同方法来降低对性短信的处罚。例如，如果一个年轻人把非法照片发送给另一个年龄相仿的年轻人，有些州把它当作是一般违法，而不是刑事重罪。如果（在未成年人之间）传播的照片是经过画面中的人的同意的时候，那么也会减少或取消一些处罚。修改儿童色情的法律来妥善处理性短信的问题是必要的，但仅仅这些还是不够的。性短信的问题应该通过家长的参与、合理的学校政策，以及关于这些行为带来后果的教育一起来解决。

还有一个相关的问题是未经授权分发同学的暴露照片。这样做的目的通常是使照片中的人感到难堪。如果采用针对成年人传播儿童色情制品的惩罚，对于学生来说似乎有点太严厉了，但是什么样的反应才是适当的呢？

嘲弄教师

儿童既可以是攻击性材料的目标或受害者，也可以是攻击性材料的来源。孩子也会取笑其他的孩子和老师，而也可能会表现得很残忍。家长和学校总是需要政策来处理这种行为。在这里，我们来看一下法律系统是如何处理或应对针对教师的网上攻击的，这些攻击可能包括从笑话和模仿到威胁评论，甚至是对严重犯罪的错误指控。

最高法院于1969年裁定，第一修正案保护在公立学校范围内的言论自由，但也允许有例外。例如，如果其学生扰乱学校活动，学校可以惩罚学生。在学校范围之外，则几乎是没有争议的：第一修正案可以适用，其他反对威胁和错误指控的现行法律也一样适用。正如我们在第1章中所观察到的，网络和社交媒体增加了负面评论的效果，并且可以促成类似暴民的行为。近年来，学校已经开始惩罚学生在社交媒体上发表的针对教师和学校官员的评论。不同法院对针对此类惩罚的挑战给出的裁决并不一致。在一个州，教师成功地游说制定了一项法律，规定在某些情况下在网上恐吓学校雇员是一种犯罪行为。

对于这样一项法律，这里有几个问题需要考虑；它们涉及的根本问题超越了新技术所带来的问题：儿童在言论自由方面的法律保护应该少于成年人吗？是否有某一类成年人（在这种情况下是学校雇员）应该得到特殊的法律保护，使他们免受批评或欺负？而这种保护是否也应该提供给其他人？比如学校朋友的父母、当地的店主或者邻居？这里体现出的犯罪行为的模糊性，以及教师和检察官在决定适用法律时所具有的广泛的自由裁量权，到底是好事还是坏事？

3.2.4　垃圾邮件

1. 问题是什么?

在电子通信的上下文中,"垃圾邮件"(spam)[⊖]这个术语最初用来指代那些不请自来的批量电子邮件。它现在也适用于短信、微博和电话。它的准确定义取决于你如何定义"批量"和"不请自来",它的定义在讨论如何对付垃圾邮件时是非常关键的,尤其是当我们考虑通过法律来限制它的时候。

在过去几十年间,垃圾邮件已经激怒了大量的互联网用户。大多数(但不是所有)垃圾邮件都是商业广告。垃圾邮件的快速发展是由于它们同印刷的直邮广告相比,成本非常低廉。垃圾邮件让人感到愤怒,不仅因为它的内容,还因为它的发送方式,以及庞大的数量。其内容可以是普通的商业广告、政治广告、非营利组织的捐款倡议书、色情内容和色情广告、"一夜暴富"的骗局,以及销售假冒或不存在的产品的诈骗。话题一波接一波,例如伟哥的广告、极低的抵押贷款利率的广告、各种股票的促销活动、尼日利亚难民需要有人帮助他们把 30 000 000 美元转出非洲等。因为互联网服务供应商会对已知的垃圾邮件发送者的电子邮件进行过滤,所以很多发送者都会伪装自己的来源,并使用各种其他机制来躲开过滤器。发送垃圾邮件的罪犯会通过传播病毒劫持大量计算机,从而使他们可以从被感染的机器(称为"僵尸电脑")发送大量的垃圾邮件。

> 🔥 用于身份窃取的垃圾邮件:见 5.2.2 节。

在互联网上每天会有多少垃圾邮件在传播?第一个造成反垃圾邮件愤怒浪潮的案例是在 1994 年,一家律师事务所向 6000 个布告栏或新闻组发送了广告信息。在那个时候,与话题组没有直接关系的任何广告或帖子都会引起网络用户的愤怒。在最近的一个例子中,一名男子被指控运行一个僵尸网络,每天发送数十亿封电子邮件。另一个垃圾邮件发送者因为用 2700 万条消息堵塞了 Facebook 网站而被捕入狱 [27]。

为什么不干脆禁止垃圾邮件呢?接下来会讨论其中的一些原因。

2. 与言论自由有关的一些案例

在 1996 年,在 AOL 收到的电子邮件中大约有一半是垃圾邮件,其中很多都来自一个被称为"网络推广"(Cyber Promotions)的电子邮件广告服务。AOL 安装了过滤器来拦截来自"网络推广"的所有邮件。"网络推广"获得法院命令,禁止 AOL 使用过滤器,禁令认为 AOL 侵犯了第一修正案的权利。关于垃圾邮件的法律地位的拉锯战从此拉开了序幕。

"网络推广"的案子论点比较薄弱,法院很快就取消了该禁令。为什么 AOL 有权拦截发进来的垃圾邮件呢?因为这些垃圾邮件使用了 AOL 的计算机,会对 AOL 带来开销。AOL 的财产权允许它决定在其系统上可以接受哪些内容。AOL 是一个会员组织,它可以制定自己的政策,提供它认为其会员希望的那种环境。最后,AOL 是一家私营公司,而不是政府机构。另一方面,一些公民自由组织对于允许 AOL 实施电子邮件过滤表示不满,因为 AOL 可以决定拦截其会员接收什么样的电子邮件。他们认为,因为 AOL 太大了,因此就像是邮局一样,它不应该被允许拦截任何邮件。

在接下来的几年中,AOL 提起了若干法律诉讼,并寻求禁令来阻止垃圾邮件发送者把

⊖　spam(译为世棒)原本是荷美尔食品公司出品的一种罐头午餐肉的名称。在电子邮件的上下文中使用这个词的来源是,在英国蒙提·派森(Monty Python)喜剧表演团体的一个小品中,有些角色在反复大喊,"spam, spam, spam",把所有其他的谈话都给淹没了。

未经请求的大量邮件发给其会员。注意这里发生的微妙变化：“网络推广”申请禁令阻止 AOL 过滤掉电子邮件；现在是 AOL 寻求禁令，以阻止垃圾邮件发送者发送电子邮件。由 AOL 来安装的过滤器并不违反垃圾邮件发送者的言论自由，但如果政府下令不让其发送邮件的禁令是否违反言论自由呢？我们在上面列出了一些论点，来说明服务提供商为什么可以选择自由过滤发进来的邮件。那么这些论点是否可以用来支持对垃圾邮件发送者实施禁令吗？其中一个是可以的，也就是垃圾邮件违背其意愿使用了邮件接收方公司的财产（计算机系统），并使其产生了额外开销。AOL 和其他服务提供商从“网络推广”和其他垃圾邮件发送者那里赢得了数百万美元的庭外和解赔偿。但是，这种拥有者的控制权力能够扩展到什么程度呢？或者是否应该被扩展？英特尔公司的一位前员工肯·哈米迪（Ken Hamidi）在不到两年的时间里，向 3 万多名英特尔员工每人发送了 6 封批评英特尔公司的电子邮件。他伪装了自己的返回地址，使英特尔难以屏蔽他的电子邮件。英特尔要求法院下令禁止他向其（在公司上班的）雇员发送更多的电子邮件。请注意，在这种情况下，垃圾邮件并不是商业行为。英特尔认为，言论自由赋予哈米迪在他自己经营的网站上批评英特尔的权利，但并没有给他权利可以侵入英特尔公司的财产，并使用其设备传递他的消息；英特尔认为，电子邮件是一种形式的非法入侵。加州最高法院的裁定支持哈米迪。法院认为，哈米迪的群发电子邮件不是非法入侵，因为它没有损害英特尔的计算机或为公司造成经济损害 [28]。

长期以来，国际特赦组织（Amnesty International）利用其数千名志愿者组成的网络，在遇到有政治犯被折磨或者可能要被处决的时候，向各个国家的政府官员发送抗议邮件。假设一个组织建立一个网站，每次有人访问该网站并点击一个发送按钮，就可以把相同的电子邮件发送到每一位国会议员（或者是许多公司的员工）。这是言论自由还是垃圾邮件？我们会对此持不同的看法吗？是否会取决于我们对该组织的特定邮件内容的同情程度？

过滤器设计者和使用者的问题

我们可以看到过滤器是不完美的。它们可能拦截的比我们想要拦截的内容更多或更少，而且它们往往会同时出现拦截过多和过少的情况。如果过滤器的目的是为了拦截色情内容以免被儿童看到，它可以选择拦截一些可能无害的内容，以确保能够阻止不良内容的通过。另一方面，如果过滤器是用来对付垃圾邮件的，那么大多数人可能会不介意收到几封垃圾邮件，但是如果他们的一些非垃圾邮件被屏蔽掉的话，就会相当不高兴。

3. 拦截垃圾邮件

言论自由并不能要求目标听众或邮件收件者必须听你讲话。企业和程序员开发了各种过滤产品，用来从收件人的网站筛选垃圾邮件，包括屏蔽来自指定地址的电子邮件、屏蔽包含特定词语的消息，以及更加复杂的方法。许多大的电子邮件服务提供商，比如谷歌、雅虎、微软和苹果，当成千上万（甚至数百万）用户都收到类似内容的邮件时，可以准确识别可能的垃圾邮件，但是这种过滤技术通常意味着服务提供商必须扫描我们的邮件内容。这样做是不是在隐私和消除垃圾邮件之间的一种可以接受的权衡？

现在很多人只会看到很少量的垃圾邮件，这是因为他们的邮件服务提供商施加了过滤。

许多企业都会订阅一些服务，用来提供需要屏蔽的垃圾邮件发送者名单。在比较激进的反垃圾邮件服务列表中，不仅包含垃圾邮件发送者，也包含没有采取足够的行动以阻止他们的社区成员发送垃圾邮件的互联网服务供应商、大学、企业和在线服务。这样的行动可以鼓励管理者做出一些行动，例如，限制从一个账户发出的邮件数量。反垃圾邮件服务在决定把谁包括在垃圾邮件发送者列表中的时候，可以有多大的自由裁量权呢？哈里斯互动（Harris Interactive）是一家通过电子邮件（"Harris Poll"）进行民意调查的公司，它起诉"邮件滥用预防系统"（MAPS）把哈里斯列在了黑名单上。哈里斯声称，所有接收它们的电子邮件的人都是自己订阅的。而 MAPS 声称，哈里斯没有达到其关于确保接收人同意的标准。哈里斯声称，把它列入名单会切断它与一半左右的调查参与者之间的联系，因此损害了其业务；而且其实是一个民调公司的竞争对手建议把它们添加到垃圾邮件发送者列表中[29]。这个案例说明，在确定谁是垃圾邮件发送者的时候，竞争者和持不同意见者可能会对该系统实施"滥用"。

任何有电话的人都应该知道，我们每天都会收到很多自动群拨电话（robocall）⊖。一家公司维护了一个保存垃圾电话来源的数据库，并提供了一个应用程序，该应用程序会在一次响铃后挂起自动电话。该公司还把其数据库的访问权销售给选择要自动屏蔽群拨电话的电话服务公司[30]。

有趣的是，人们对待垃圾邮件过滤的态度已经发生了改变。我们看到，当 AOL 开始积极通过过滤来阻止垃圾邮件的时候，一些互联网组织把这种过滤比作审查制度。尽管 AOL 并不是一个政府机构，但它是一个大公司，有数百万人使用 AOL 接收他们的邮件。人们担心，如果给了一个大公司以任何理由过滤电子邮件的先例，那么就可能会导致其他公司因为他们不喜欢的内容而对电子邮件进行过滤。现在，许多倡导组织和通信服务的客户也看到垃圾邮件过滤功能是有价值和必不可少的。

4. 反垃圾邮件的法律

反垃圾邮件的法律和关于其合宪性的裁决会产生相当显著的影响。弗吉尼亚州的法律禁止匿名的、不请自来的批量电子邮件，而一名男子因为在弗吉尼亚州发送垃圾邮件被判处了 9 年徒刑。该判决到了该州最高法院被推翻，理由是该法律违反了宪法第一修正案。

联邦《CAN-SPAM 法案》[31] 适用于发送至计算机和移动设备的电子邮件和文本消息。它针对商业垃圾邮件，涵盖了广告信息的标签方法（使过滤更容易）、选择退出条款以及生成电子邮件列表的方法。商业信息必须包括有效的邮件头信息（即，禁止通过伪造"发件人"的内容来伪装发件人）和有效的返回地址或电话号码。禁止使用欺骗性的邮件主题。除非你明确表示同意，广告商不允许使用自动拨号系统来向你的移动电话发送文本消息。刑事处罚适用于一些更具欺骗性的做法，以及擅自从别人的计算机发送垃圾邮件（比如，通过病毒）[32]。

该法律有助于减少从合法企业发出来的问题垃圾邮件，或者是我们不想要的消息。我们可以把它过滤出来，也可以选择退出某个邮件列表。有些电子营销机构无视这个法律，还有许多自动营销电话会找法律的漏洞。那些发送包含欺诈性的"一夜暴富"的方法或儿童色情广告的垃圾邮件的人，显然并不关心什么是合法的；他们也不太可能为了遵守法律而表明自己的身份。在基于他们发送的内容没有足够证据给他们定罪的情况下，像 CAN-SPAM 这样的反垃圾邮件法律可以更容易对他们处以罚款或监禁⊜。这样做带来的是好处？还是会威胁到言论自由和正当程序呢？

⊖ 指播放录音消息的自动拨打的电话（可出于营销、政治或垃圾消息的目的）。

⊜ 例如，在禁酒时期的著名黑帮阿尔·卡波恩因为逃税进了监狱，虽然检察官没有足够证据定他犯下的其他罪行。

因为反垃圾邮件的法律必须要避免与言论自由产生冲突，而且还由于大多数滥用垃圾邮件的人根本就无视法律，因此，法律虽然可以减少垃圾邮件，但以想要彻底消除其问题的可能性并不大。

3.2.5 挑战老的监管结构和特殊利益

大多数人不会认为在网上的葡萄酒和房地产广告是令人反感的内容。然而，特殊利益团体会试图将其删除。这些团体（经常成功）游说通过各种法律，对他们看到可能威胁到他们的收入和影响力的新技术的用途加以限制。我们在这里讨论的大多数案例都会对言论自由产生影响。有些案例涉及限制网上广告和销售的监管法律。这些法规都拥有其高尚的目的，如保护公众免受欺诈。它们产生的效果则包括：巩固已经很强大的势力，使价格居高不下，使新小企业和独立的声音更加难以蓬勃发展。

有几家公司出售自助软件，帮助人们撰写遗嘱、婚前协议和许多其他法律文件。该软件的功能包括法律表格和填表说明。它是赋予普通民众力量，以减少我们对收费高昂的法律专家的依赖的一个典型例子。得克萨斯州的一位法官禁止 Quicken 公司的法律软件在德州销售，他的论点是该软件就好像是没有德州律师执照，却在德州从事律师的行为。得克萨斯州的立法机关后来改变了其法律，使软件出版商不受此限制。

当人们开始对在网上出版一些类型的投资通讯的时候，他们发现，他们违反了一个 25年前的规定，要求他们必须获得政府执照。执照要求包括费用、指纹识别、背景检查，以及向一家联邦监管机构“商品期货交易委员会”（CFTC）提交订阅者列表。没有在 CFTC 注册的出版商可能会被处以高达 50 万美元的罚款，并被判最多五年监禁。法规的设计初衷是针对帮别人投资的交易代理，但 CFTC 却把它们应用到销售投资通讯或软件来分析商品期货市场的人们。一位联邦法官裁定，美国商品期货交易委员会的规定是一种对言论的事先限制，违反了互联网出版商和传统的时事通讯出版者的宪法第一修正案权利。通过提出网上自由言论的问题，这个案例还导致终结了一个长期存在的、限制传统媒体上的自由言论的违宪禁令[33]。这项裁决可能减少了对投资者获得不良投资建议的保护，这对一些人来说是一个令人担忧的结果，因为人们通常会相信专家以及他们从计算机软件中获得的答案。在第 7 章中，我们会进一步考虑网上不可靠信息的问题以及如何确定我们可以相信的内容。

通过消除“中间人”，网络提供了降低许多产品价格的潜力。无法负担起昂贵的分销商或批发商的小生产者，可以在网上直接卖给消费者，这在全国范围内降低了很多产品的价格。但如果企业是一个小酒厂则不然。在美国有 30 个州拥有限制将葡萄酒直接运送给州外消费者的法律。法律保护大型批发企业，它们通常会从中获得葡萄酒价格的 18%～25%，而且它们出售的葡萄酒大多来自大型酒厂，或者定价很高的酒厂。法律还保护了州内的财政收入，因为在销往许多外州时，该州政府无法征收营业税。这些州政府的论点是，法律要求防止向未成年人卖酒。这是一个非常薄弱的论据，因为许多州允许向州内的消费者直接发货。纽约还禁止直接向该州消费者销售外州葡萄酒的广告。一家酒厂如果在网上为它们产的酒做广告，就存在法律风险，因为纽约的消费者可能会访问其网站。酒厂运营商对纽约州的葡萄酒法律进行了挑战，认为它违反宪法对言论自由加以限制，干扰了州之间的贸易，并且歧视外州企业[34]。最高法院裁定，禁止直接从州外向消费者发货是违宪的。

如果你是一家制造某种产品的企业，你能告诉人们你的产品都在哪里销售吗？你可以在你的网站上为销售该产品的零售地点列出一个清单吗？许多企业都在这样做，但得克萨斯州却禁止啤酒制造商这样做。法官裁定该禁令违反了第一修正案[35]。

加利福尼亚州和新罕布什尔州的政府试图要求像 ForSaleByOwner.com 这样的房产销售网站运营商获得在这些州的房地产代理执照，因为其网站列出了该州出售的房产。对于这些网站来说，这种执照要求没有道理，而且花费很贵。这些州的法律允许在报纸上不需要房地产执照就可以刊登房产广告，而且不仅可以出现在发行的报纸上，还可以放到报纸的网站上。联邦法院裁定，这些对房地产执照的要求违反了网站运营商的宪法第一修正案权利。裁决保护网站可以像传统媒体一样，拥有相同的第一修正案权利，同时也减少了特殊利益群体（这个案例里是房地产经纪）限制竞争的权力。

法国的一项法律禁止商店对印刷书籍大打折扣。小的书商要求法国政府对电子书也实施类似的监管。也许电子书的普及和折扣将会导致推翻限制印刷书籍的折扣的旧法律。

3.3　关于合法但令人讨厌的内容的裁决

> 文明可以提高言论自由。
>
> ——蒂姆·奥赖利（Tim O'Reilly）[36]

1. 大公司的政策

到目前为止，我们讨论的重点关注的是与审查制度相关法律的有关问题，即禁止传播或访问某些种类的材料的法规。在 3.2.4 节中，我们讨论了当大的公司或组织开始屏蔽消息，而且被屏蔽的很多都是合法消息的时候，会遇到一些新问题。在本节中，我们会继续讨论一些虽然合法，但是却比较敏感或者会引人反感的内容。我们主要关注大的网络公司的政策问题，因为这些公司每天有数以百万计的用户，也因此拥有重要的社会影响。下面是一些例子，让读者对于有些公司进行信息屏蔽的方式，以及针对的内容种类的广泛程度有一些直观的了解。

- 谷歌不接受关于武器、烟草或高利贷的广告。
- Facebook 删除了它认为是仇恨言论的内容，以及它认为是暴力或是暴露的图片。它还关停了恐怖主义者和他们的朋友的账号，因为这些人看起来是在支持恐怖主义。
- 微软在它的在线服务中，禁止仇恨言论、宣扬暴力和与恐怖主义者有关的内容。
- 有一小段时间，Facebook 禁止了关于母亲哺乳的图片，因为有些会员抱怨说这些图片是下流的。
- 许多拍卖网站都禁止销售某些类型的合法产品。比如，eBay 不允许销售美利坚联盟国国旗⊖（简称联邦国旗，Confederate flag）或者包含联邦国旗图片的其他物品。
- 在一次总统大选过程中，一家在线的新闻和娱乐公司拒绝为一个主要的政党刊登竞选广告。
- 因为怀疑某个域名的用户在张贴儿童色情内容，谷歌禁止了来自整个域名的搜索结果。
- 有些公司会禁止特定内容，拒绝销售或拒绝为之做广告，或者拒绝在搜索结果中出现这些内容；这其中可能包括：合法的"成人"娱乐材料、制造炸弹的信息、纳粹材料或其他形式的仇恨言论、报复性色情内容⊜、关于其他人的个人信息以及其他可

⊖　美利坚联盟国是从 1861 到 1865 年因美国内战而建立的政权。虽然对于联邦国旗是否宣扬分裂和仇恨一直有争议，但是联邦国旗在南方多个州都长期被立在很多官方场所，比如南卡罗来纳州议会大厦直到 2015 年才因为查尔斯顿教堂枪杀案（有 9 人死亡）撤掉了联邦国旗。——译者注

⊜　报复性色情内容指的是被传到互联网上的暴露色情图片，其目的是为了羞辱或者打击图片中的人（通常是分手的伴侣）。有些州立法反对这种行为，但有些州没有这样做。

能被恐怖分子利用的信息。

下面则是有些公司会允许发布的材料内容，但是有些人却认为应该禁掉。

- YouTube 允许发布关于宗教信仰的视频，其中会被有些人认为是有冒犯性的（比如，反穆斯林或反犹太人的视频）；YouTube 上的有些视频包含暴力内容，这些内容如果放到广播电视中很可能是非法的。
- 谷歌地图的卫星图像中非常清晰地展示了韩国的总统府。韩国政府要求把总统府、很多电厂和军事地点的图像进行模糊处理，以保证其安全性。

不管一个公司采取什么样的政策，都可能会面临众多批评的声音。当雅虎对其在线商店进行扩展，使之包含成人内容（色情文学、色情影片等合法内容）时，许多用户提出了抱怨。批评者反对此行为，因为雅虎是一个大规模的主流公司，它的所作所为意味着对色情的认可。雅虎扭转了其政策，并删除了关于成人内容的广告。这又带来了其他一些人的投诉，他们认为该公司的做法是"屈服"于其主流广告客户和用户的压力。

成年人购买、阅读或观看某些东西的合法权利（不受逮捕的消极权利）是否可以强制要求企业有在他们的系统中提供这些内容的道德或社会义务？就像前面的例子中所讲到的，我们主要关注的是大型公司，如谷歌、Facebook、Craigslist、亚马逊、雅虎等，他们向高达上亿人提供包括新闻、娱乐、网站托管、社交网络、广告、电子邮件服务、图片存储等服务。如果有人对上述问题给出肯定答案，也就是说反对禁止合法的内容，他们的一个主要理由是：有庞大影响力的企业禁止任何合法内容，等同于政府的审查制度。虽然与政府的审查制度还是存在一些主要区别，比如政府的禁令是全面的，而且违反禁令的人会被罚款或监禁，但是对于如此广泛使用的站点、工具和场所，他们做出的决定也会拥有巨大的社会影响。另一方面，在一个自由的社会里，政府没有决定我们可以阅读或查看什么，因此就需要卖家和个人要认真对待自己的角色和责任，决定他们将提供什么材料，这里的部分原因也是因为他们拥有的影响力太大。如果认识到某些材料的反社会或危险用途，就可能会导致做出拒绝允许它们的伦理决定。

内容禁令的范围应该有多大？公司是应该禁用非常少量的非常糟糕的材料（也许是恐怖内容、煽动暴力和仇恨言论），还是应该禁用更多、也许可能冒犯某些用户群体但并不是冒犯大多数用户的材料？一个公司是应该按照公司创始人或领导者的个人想法（可能是偏见）来决定，还是应该努力避免他们的这种个人偏见？针对不同的对象，比如搜索引擎和托管内容，这些问题的答案也很可能是不同的。搜索引擎应该如何应对用户搜索关于政府酷刑或恐怖分子酷刑的图片？对一个广泛使用的搜索引擎来说，其作用不同于在公司网站上托管视频或者托管社交网络。在使用搜索引擎的时候，我们想要的是更加广泛的搜索，有时候目的本来就是为了发现新闻和不愉快的事实。我们不希望搜索引擎歧视不受欢迎的意见和有争议的资料。因此，如果一个搜索引擎采取的策略比其他服务的策略有更低的限制，这本身是合理的。例如，微软在 Bing 搜索引擎的结果中，只有当遇到非法内容时，才会删除与恐怖分子相关的内容链接，但它对自己的在线服务（如云存储和电子邮件）则采用了更加严格的标准。

应该被禁止的仇恨言论的类别应该有多广？如果是一篇支持在某些穆斯林国家对同性恋者判处死刑的文章，或者是一篇支持基督教《圣经》中谴责同性恋的文章，它们应该被看作是仇恨言论的例子？还是宗教自由的一种表达形式？有一个组织建立了两个相似的煽动性Facebook 页面，一个是反巴勒斯坦的，另一个是反以色列的。两个网页都被人向 Facebook举报是令人反感的内容，结果是 Facebook 删除了其中一个，但是却保留了另外一个。这样做是合理的吗？我们应该怎样才能减少偏见？

谷歌禁止关于发薪日贷款的广告，这让人们质疑这样一个公司在通过其广告政策促进特定的社会政策方面应该被允许做到什么程度？发薪日贷款是短期（例如，几周或几个月）、高利息（通常年利息超过 100%）的小额贷款（例如，几百美元）。其客户往往是没有信用卡、没有资产净值的低收入人群，他们没有资格获得正常的银行贷款。有些人把这类贷款视为这些客户的选择，有些人则认为这类贷款是对他们的剥削行为。谷歌实施这个广告禁令的时候，它的母公司 Alphabet 是一家贷款公司的投资者。这里的重点不是决定这些贷款本身是好是坏。我们需要认识到的是可以被禁止的内容是如此广泛：从恐怖分子的内容，到既有利又有弊的产品和服务，因此我们需要考虑如何为这些影响力大的公司制定适当的政策。

我们提出了太多问题，很多都无法给出答案。有些问题本质上是很难回答的；我们无法为每个案例都找到相应的法律条款或者明确的道德原则，也就无法做出明确的回答。但是，随着拥有大量在线业务的公司开始对提供给其会员和公众的内容负责，它们必须面对这些问题。

2. 存在风险的网站

考虑个人或某个小组织可能会建立的网站。为了使讨论更加具体，我们考虑这样一个网站，它包含关于让处于持续剧烈疼痛状态的绝症患者自杀的信息。我们在这里要提出的观点也适用于其他敏感信息。网站的组织者应该考虑什么问题⊖？首先，即使网站不做广告，搜索引擎也能找到它。患抑郁症的青少年和沮丧的成年人也能找到它。我们在公共网站上放的任何内容都是公开的，全世界每个人都可以访问到。组织者应该想想潜在的风险，并对此做一些研究。然后呢？一种选择是决定不要建立这样的网站。假设网站组织者决定继续这样做，因为他们相信他们的计划对于目标受众有显著的价值。他们可以做些什么事情来降低风险呢？比如说需要密码才能访问该网站。人们该如何取得密码呢？是不是设定一个简单的等待期就可以减少暂时感到郁闷的人的自杀风险？对密码的要求是否会让本来打算访问的用户因为隐私问题而选择放弃？你是否有道德上的责任，避免帮助 15 岁的人自杀？还是你认为他们在别的地方也会找到所需的信息，所以如何做出决定应该是他们自己的责任？你有道德上的责任去帮助一个浑身疼痛的身患绝症的人自杀吗？或者你的网站提供的是一些人想要的服务，但是你需要去尽量减少可能对其他人带来的风险？

张贴危险材料的人有道德上的责任要认真考虑这些问题。答案有时并不显然或不容易获得。言论自由有时候并不是决定因素。

无论是想建立一个包含敏感信息的网站，或是想着要传递一个有趣但会令人尴尬的朋友视频，我们在这里总结了一些指导原则：

- 要考虑潜在的风险。
- 考虑目标以外的其他读者或用户。
- 考虑采取措施防止非目标用户的访问。
- 请记住，一旦释放出去，想要收回这些资料是非常困难的。

3.4 泄露敏感材料

对于告密者来说，网络是一个非常方便和功能强大的工具。人们可以匿名上传文件，把它们提供给全世界。小机构和大型新闻公司设立了专门网站，来负责接收并公布泄露的文

⊖ 有些人会认为自杀本身，以及任何鼓励自杀的行为，都是不道德的。为了讨论起见，我们假设建立该网站的人不会这样想。

件。在企业和政府中的腐败和滥用权力是常见的主题。有些泄密行为具有宝贵的社会服务目的。另一方面，因为泄露关于其他人的文档的大量内容会比较容易，人们有时会不够谨慎。不负责任地泄露敏感材料可能会伤及无辜。

自始至终，我们都应该谨记，泄密从一开始就具有很强的不道德色彩。泄密的文件往往是通过黑客进入别人的计算机，或者通过违反保密协议的内线来获得的。该文件属于某个人，它们在未经主人许可的情况下被盗或被使用。泄密可能会对并没有做错任何事情的个人或组织造成严重伤害。言论和出版自由并不意味着盗窃文件和公布它们的行为也是合法的，也不会原谅不负责任的行为。当然，这也并不意味着泄密永远都是错的；它意味着泄密这些材料的理由必须足够强大，足以克服反对它的道德论据，而且泄露这些材料的发布者在处理过程中也必须要负责任。

为了分析特定泄密的伦理问题，我们考虑要发布的材料类型、它们对社会的价值，以及可能对社会和无辜群众带来的危害。我们也会审视与释放非常大量的文件有关的其他问题，以及建立一个网站来接受和公布泄密文件的这些人需要负的责任。

包含严重不当行为的重要证据的文件，一般是合理的泄密候选。这里的不当行为可能是贪污腐败，政治镇压，国际（或内部）战争中军队的大规模谋杀，严重违反法律或职业道德的行为，在大型系统中会影响到公众的安全隐患，企业、科学家或警察的欺骗性行为，以及对这些行为的隐瞒等，这还只是其中很少的几种。另一类文件用于描述在企业、组织或政府内部的讨论和决策过程，以及关于产品和活动的不加遮掩的报告。如果要泄漏这些行为，合理的理由是它们能够提供不当行为或风险的证据，而不仅仅是为了让人难堪，或是打压竞争对手和一个人不赞成的组织机构的形象。

在最近这些年，海量的机密和秘密材料被新闻机构，或者维基解密（WikiLeaks）这样专门建立来为了发布泄露或偷来的重要信息的网站，暴露给了公众。在这里的讨论中，我们会讲解几个有争议的例子，它们的内容过于宽泛和复杂，因此在这里无法进行全面的分析。它们有助于说明在评估泄密时需要考虑的问题，另外，我们希望它们会产生更多的讨论。其中两个例子涉及关于数千封电子邮件的公布；有两个例子涉及美国军事和国家安全文档；还有一个例子是暴露了一家律师事务所的私人档案。

在第一个案例中，一名未知黑客从英国东英吉利大学的气候研究组（研究全球变暖的主要中心之一）拷贝了大量邮件和其他文档；这个事件被称作"气候门"（Climategate）[37]。邮件内容显示，东英吉利大学的研究人员采取多种方法拒绝对全球变暖持质疑态度的科学家访问他们的温度数据，这种拒绝对数据的访问违反了科学实践。这些文档中还描述了如何拒绝质疑全球变暖的科学家在科学期刊发表论文，并且努力攻击这些科学家的声誉。在有些电子邮件中，还讨论了人类活动导致全球变暖的论点中的有关细节的批评和不确定性。研究人员在论文和会议中会讨论这些不确定性，但在新闻报道中往往不会去讲它们。英国政府和其他团体的调查结论是，该研究中心违反了英国的《信息自由法》。报告批评了该研究小组采用的各种程序，但没有质疑它的科学结论。公众是否有必要知道这些电子邮件中包含了什么内容？我们应该用什么样的标准来支持或反对这样的泄密行为？

切尔西·曼宁（Chelsea Manning）⊖曾是美国陆军的一员，他在当时复制了大量的美国

⊖ 当时的名字叫布拉德利·曼宁（Bradley Manning）。曼宁是一名变性人，后来正式更换成了女性名字。她曾被指控泄密和通敌，在 2013 年被法庭判处 35 年监禁，后来奥巴马把她的刑期特赦为 7 年，目前已经出狱。——译者注

军事和外交文件，以及与伊拉克和阿富汗战争有关的视频，包括一些枪击事件的视频。维基解密公开了这些文档。当一场耗资巨大、旷日持久的战争引起争议的时候，公众是否有权看到内部报告和栩栩如生的视频？这些视频可以让公众知情，但同时也可能会给辩论添油加火。曼宁给维基解密提供了大约 25 万份美国机密外交电报，其中包括对外国领导人性格的讨论。许多电报都是正常讨论的一部分，比如私人之间的谈话，或者在制定公共政策之前的讨论。在制定外交政策时，向公众提供信息的价值是否超过了秘密、坦率的内部讨论的价值？

美国国家安全局（NSA）的一个合同工爱德华·斯诺登（Edward Snowden）向一名记者传递了数千份文件，这些文件展示了国家安全局对美国公民、其他国家的公民和许多国家的领导人进行间谍活动的程度。正如我们在 2.4.5 节中所描述的，公众发现其中许多通信内容和以前被认为是私密的大量数据都会被 NSA 捕获，并进行处理。在许多此类案件中，NSA 超越了它的权限，迫使电信公司交出与通话相关的数据，或者超出了由外国情报监督法院（Foreign Intelligence Surveillance Court）赋予它的权限。关于斯诺登泄密事件各方有很多不同观点，我们可以从先这些回应中看一看其中的巨大差异：一个由退休的中情局官员建立的组织授予了斯诺登在情报工作中的诚信和道德奖；而美国政府则正式指控斯诺登犯了间谍罪。斯诺登是英雄还是叛徒，如果我们考虑他泄露的材料的数量和多样性，他到底是做了好事还是坏事？

一名黑客从巴拿马一家律师事务所 Mossack Fonseca 获得了超过 1100 万份文件，称为"巴拿马文件"或" Mossack Fonseca 文件"[38]。文件中显示，该事务所帮助了来自几十个国家的上百名政府首脑和政治高官，以及他们的家庭成员，创建了离岸公司和其他实体来保存或投资他们的大量资金。在许多情况下，这些钱可能来自腐败；在某些情况下，它是合法赚取或继承的。还有一些文件表明其中包括了为毒品交易洗钱、军火交易、偷税漏税、欺诈等。离岸公司也可以有合法的用途，一些文件揭示了在体育、商业和其他领域挣很多钱的人所进行的合法、私人和金融交易。一些国家开始根据泄露的信息进行调查；其他国家（如俄罗斯）的反应则是压制和屏蔽关于这些文件的新闻。

在 2016 年的总统竞选中，维基解密发布了从民主党全国委员会（DNC），以及克林顿的竞选主席约翰·波德斯塔（John Podesta）的一个电子邮件账户中，窃取的数万封电子邮件[39]。对于自己政党的候选人，DNC 本来应该是中立的；但是电子邮件却表明它在努力破坏伯尼·桑德斯（Bernie Sanders）的竞选活动。美国政府将 DNC 的电子邮件攻击归咎于俄罗斯政府，并认为此举的目的是为了影响总统选举[40]。维基解密负责人朱利安·阿桑奇（Julian Assange）辩称，这些电子邮件作为新闻的意义重大，表明 DNC 曾经试图影响初选结果[41]。波德斯塔的电子邮件披露了内部竞选的讨论和计划，其中包含一些令人尴尬的内容（例如，不尊重天主教徒，以及有迹象表明有人在一个 CNN 节目之前向克林顿泄露了要提问的问题）。这些电子邮件的内容是否足以不寻常或足够重要，从而有必要通过维基解密来公布吗？

1. 公布大量的文件

在网络的精神指引下，泄密者可以让公众通过巨大的文件缓存来搜索那些特别感兴趣的内容。这可能是有价值的，但它也可能是错误的。回想一下，泄露属于其他人的文件的一个重要的道德理由是，泄密者知道它们包含公众应该看到的信息。如果其中大量的信息不符合泄露的道德标准，那么就可能很难证明公布整套文件的正当性。这些文件可能对公众来说是有趣的，但在大多数情况下，这并不能构成充分的理由。另一方面，选择性的披露还可能会因为在没有上下文的情况下呈现出扭曲的信息；因此在做出选择时必须要非常谨慎。

我们使用的五个主要泄漏例子包括成千上万个甚至数十万个文件。文件的泄露者或出版者是否审查和评估了所有文件，以确保它们符合合理的标准以证明泄露和公布的正当性？似乎有些团体在发布泄密文件的时候，试图在选择哪些内容可以发布。例如，有迹象表明，维基解密公布的一些文件中删除了姓名；气候门电子邮件的泄密者删除了电子邮件中的一些个人联系信息和其他个人信息。再比如，国际调查记者联合会（ICIJ）在审查发布 Mossack Fonseca 的一些文件的时候，先花了一年多的时间审查这些文件，然后同时在几个新闻网站上公布了一套选定的文件。然而，仍然有很多不应该发布的东西被公开了。在被公开的 DNC 和波德斯塔的电子邮件中也包括了许多私人通信记录。

2. 有潜在危险的泄密

维基解密公布了美国政府的一个秘密电报，其中列出了许多关键地点，如电信枢纽、水坝、管道、关键矿物质供应商、制造工厂等，如果它们遭到损害或破坏，会造成重大的伤害。有些人可能会认为公开该列表可以鼓励更好地对这些地点进行保护，而且恐怖主义者可能已经知道了这些地点，但风险似乎压倒了这个泄密所带来的任何公共价值。其他文件中包括美国政府官员之间，关于非常专制的政府的反对派领导人的详细讨论。有些电报会泄露一些人名，包括告密者、保密线人、人权活动家、情报人员等。公布这些文档会对这些人带来危险。还有文件泄露了逃离专制国家的人的名字，这有可能危及他们的家庭。有些泄密行为不会危及生命，但它们侵犯隐私，或威胁到人们的工作、名誉、自由和其他价值 [42]。提供材料的人和公布它的人有道德上的责任避免或尽量减少伤及无辜，但是这些信息提供者和发布者往往没有做到对此足够负责。

3. 更多的伦理考虑

隐私和保密对于个人，以及企业和政府的合法运作，都是非常重要的。隐私和保密都不是绝对的权利，但它们拥有显著的价值。与政府和企业一样，泄密者也应当对隐私持有相同的道德上的义务（即使是针对他们不喜欢或不同意的人）。因此，要不顾他人的隐私，发布机密文件，需要有很强的和合理具体的理由。

律师和客户之间的保密原则和"律师 – 客户特权"是保护律师和客户之间的通信，以及保护与律师为客户的工作有关的各种文件的基本原则。这些原则被认为对无辜和有罪的人来说都很重要。当考虑从法律公司偷来的文件时，是否应该采用比通常要求更严格的标准？在 Mossack Fonseca 泄露事件中，ICIJ 想要揭露它所谓的"朦胧的海外产业"的愿望，是否超越了律师和客户关系的隐私权？尤其是对于那些没有做错事的人？

泄密政府文件是另一种特殊情况。在某些方面，泄密和公布政府文件是更为合理的；但在某些方面则更加不合理。公众有权知道政府正在以他们的名义、用他们的钱做什么事情，这是一个合理的要求。另一方面，刑事调查和国家安全往往需要保密。美国许多州和其他自由国家有法律要求披露某些公共记录，而在许多情况下，像《信息自由法案》这样的法律也允许公众查阅政府档案。法律程序有时候可能很繁琐和低效，但是如果适用的话，那么至少应该先尝试一下这个过程，然后再诉诸于利用黑客获取文件或通过内线取得信息。而有时候，泄密可能是揭露腐败和包庇的唯一方式。

在评估泄露有关政治或高度政治化问题的文件的道德标准时，我们很难独立于我们对这些问题本身的看法来做出判断。有些人认为，我们对泄密的判断不应该独立于问题本身：如果我们反对美国的外交政策，那么曼宁的泄密就是好的。如果我们相信气候变化是人为造成的，并且是一个严重的威胁，那么气候研究的泄漏就是不好的。当然，如果我们持相反的观点，我们就可能会得出相反的结论。这不能帮助我们制定评估泄露行为的道德标准，也不能指导我们如何获取敏感数据。如果我们愿意将同样的标准用于在泄露有关一个政治问题的双方观点的类似材料上的话，那么我们就可以为评估泄漏的伦理标准提出更强有力的理由。

4. 运营商的网站是否要对泄密负责

假设一个人或组织决定建立一个网站，来公布对公众来说很重要的泄密文件。除了认真考虑我们之前提出的许多要点，网站运营商还有责任避免该网站遭到滥用。该网站必须有足够的安全措施来保护提供文件的告密者。对于如何处理（各国）执法机关请求或要求提供提交文档的人的身份，运营商应该有一套经过深思熟虑的政策。一些泄密的目的是为了污蔑竞争对手或政治对手。要验证泄密文件的真实性和有效性也是很困难的，但这也是网站运营商的一个责任。发布不准确或伪造的文件，以及有时候虽然真实却是恶意泄露的文件，都可能导致严重伤害无辜的个人、企业、经济和社区。

一家德国报纸指出，"当决定是否公开微妙的信息的时候，一定要非常审慎，确保它们不会落入坏人之手，否则会伤及无辜"[43]。即使有言论自由和新闻自由，我们也要对说什么和发布什么承担道德上的责任。

3.5　匿名

> 殖民时代的记者特点是怪异的外表、用假名谩骂和对任何形式的政府缺乏一丁点的尊重。
>
> ——《科学、技术和第一修正案》，美国技术评估办公室[44]

1. 常识

从上面引述的描述中，殖民时代的记者（也是美国宪法第一修正案的作者认为非常需要保护的对象）与互联网有很多共同点，其中就包括关于匿名的争论。

乔纳森·斯威夫特（Jonathan Swift）匿名发表了他的政治讽刺小说《格列佛游记》。托马斯·潘恩（Thomas Paine）的名字并没有出现在《常识》（Common Sense）的第一次印刷上，虽然这本书激起了公众对美国独立革命的热情。在 1787 年和 1788 年，在报章上刊登的"联邦党人文集"（The Federalist Papers），主张采用美国新宪法。它们的作者包括亚历山大·汉密尔顿（Alexander Hamilton）、詹姆斯·麦迪逊（James Madison）和约翰·杰伊（John Jay），他们在当时都已经在刚独立的联邦政府中担任了重要的角色。杰伊后来成为最高法院的首席大法官，汉密尔顿是第一任财政部长，麦迪逊后来做了总统。但是，当他们撰写"联邦党人文集"的时候，他们用的是化名：帕布里乌斯（Publius）。反对宪法的人，他们的观点是认为该宪法给了联邦政府太多的权力，但他们使用的也是假名。在 19 世纪，因为当时认为女性写书是不合适的，因此像玛丽·安·埃文斯（Mary Ann Evans）和阿芒迪娜·吕茜勒·奥奥萝尔·迪潘（Amantine Lucile Aurore Dupin）都使用的是男性假名或笔名（分别是，乔治·艾略特和乔治·桑）来发表作品。有名的专业人士和学者使用假名来发表谋杀谜案、科幻或其他非学术作品，而有些作家，例如特立独行的门肯（H. L. Mencken），则只是为了享受使用假名的乐趣。

2. 匿名的积极作用

> 匿名编制小册子并不是一种有害的欺诈行为，而是表示支持或反对的一种光荣传统。匿名是为了躲避多数人的暴政。
>
> ——美国最高法院[45]

在美国，虽然宪法第一修正案保护政治言论，但政府仍然可以采用很多的方式打击报复批评者。在互联网上，人们会谈论很多私人话题，如健康、赌博上瘾、与未成年孩子之间的问题、宗教，等等。强奸受害者和其他类型的暴力和虐待受害者，还有想要戒毒的非法毒品使用者，都会受益于不用泄露自己身份，而可以匿名坦率进行交流的论坛。（在传统的面对面的支持和辅导活动中，也只使用名字的简称，以保护隐私。）告密者在报道他们工作场所的不道德或非法活动时，也可能会选择匿名发布信息。在战争年代和存在压制性政府的国家里，匿名可以是一个生或死的问题。在所有这些场景中，匿名可以为此提供防止打击报复和避免尴尬的保护。

企业会提供各种复杂的匿名工具和服务（例如匿名电子邮件），给记者、人权活动家和普通百姓使用。一家提供匿名网上冲浪服务的公司创始人表示，该公司开发的工具，可以帮助在伊朗、沙特阿拉伯的人们绕开政府对互联网访问的限制 [46]。许多人使用匿名的网络浏览器，以阻止企业收集有关他们的网络活动的信息，从而可以避免他们的信息被用于建立以市场营销为目的的卷宗。

我们可能会认为匿名服务的主要好处是保护个人，例如保护隐私、防止身份盗窃和消费者分析，以及防止政府迫害。然而，企业、执法机构和政府情报部门同样需要使用互联网上的匿名服务。如果一家公司的竞争对手可以得到该公司的员工访问网站的日志，他们也许就能猜出来这家公司正在筹划什么新的产品。因此，一个企业可能通过一种加密和转发网络流量的服务来转发它的互联网流量，这样就可以隐藏其身份。假设执法人员怀疑某个网站含有儿童色情制品、恐怖信息、侵犯版权的材料，或其他任何与调查有关的内容。如果他们从其部门的计算机访问该网站，他们可能只会看到一个并不违法的普通网页。另外，当执法人员去做"卧底"，假装是一个网上犯罪集团的成员或潜在的受害者的时候，他们也不想让他们的 IP 地址暴露自己的身份。在解释中央情报局为什么要使用匿名在线服务时，中情局的一位高级官员说 [47]："我们想要在访问互联网上的任何地方的时候，都没有人会知道中情局在看着他们。"

匿名邮件转发服务

1993 年，约翰·黑尔森尤斯（Johan Helsingius）㊀在芬兰设立了第一个著名的匿名电子邮件服务。（用户是不完全匿名的，系统会保留身份识别信息。）黑尔森尤斯原本只打算对斯堪的纳维亚国家的用户服务。但是，该服务非常受欢迎，很快拥有了来自全球的大约 50 万用户。对于在极权主义国家的持不同政见者和全球各地的自由言论和隐私支持者，黑尔森尤斯成了他们的英雄。新加坡的山达基教会（Church of Scientology）和新加坡政府采取行动，要求获得使用该服务的人的名字，迫使黑尔森尤斯于 1996 年关闭了该服务。但到这个时候，已经出现了许多其他类似的服务。

要使用"邮件转发"服务发送匿名邮件，一个人先向邮件转发服务器发送一封邮件，邮件的返回地址会被删除，然后被重新发送给目标收件人。消息可以通过许多中间目的地进行转发，从而可以更彻底地掩盖它们的来源。如果有人想要保持匿名，但还想收到回复，那么他可以使用经过编码的 ID 号码，在邮件转发的时候把它附加到邮件中。转发系统所分配的 ID 是发件人的一个化名，它会保存在邮件转发者的服务器上。回复邮

㊀ 全球最著名的黑客之一，他的邮件转发服务的地址是 Anon.penet.fi。——译者注

件会首先到达转发网站，然后被转发给原来的发件人。

在泄露国家安全局的文档（参见 2.3.5 节和 3.4 节）之后，斯诺登使用加密电子邮件服务 Lavabit 来隐藏自己的位置。在美国联邦政府调查斯诺登案件时，强制要求该网站的拥有者和运营人 Ladar Levison 交出网站的加密秘钥，他不得不关闭了这个网站。如果公布这些秘钥，就会暴露 Lavabit 所有用户，破坏他们的保密性。

3. 匿名的负面作用

在网络空间中匿名可以保护犯罪行为和反社会的活动。人们用它进行诈骗、骚扰和勒索，分发儿童色情物品，诽谤或威胁他人而不受惩罚，窃取商业机密文件或其他私有信息，以及侵犯版权。匿名发帖可能会导致散布虚假谣言、给企业带来严重伤害、操纵股票，或煽动暴力。匿名使得我们很难跟踪做坏事的人，并因此给执法机关和我们的安全带来了挑战。匿名可以隐藏政府机构的非法监视，或是隐藏在不自由国家中虽然合法但有镇压性的监控行为。

由于匿名存在保护犯罪活动的潜在可能，或者因为认为它不符合礼貌和网络礼仪（netiquette），有些服务和在线社区选择不鼓励或干脆禁止用户匿名。

4. 匿名是否真的受到了保护？

对于不使用真正匿名服务的人，我们在网络空间中的身份是否保密，取决于服务提供商和我们所访问网站的隐私政策，以及法律和关于披露传票的法院裁决。我们的真实身份到底受到了什么程度的保护？它们又应该受到多么强大的保护？

一个企业或组织可以获得法院传票，要求服务提供商透露一个人的真实身份。在许多情况下，企业会寻找张贴批评意见的人的姓名，虽然发布批评意见是第一修正案所保护的，但是企业可能刚好想要解雇这个员工。在另外一些案件中，企业要求获得那些张贴虚假评论的用户的姓名，因为企业认为这些人在 Yelp 这样的网站发布了不实评论。不能仅仅因为我们使用的是互联网，或者是在发布评论时用了别名而不是真实姓名，我们就能够不遵守通常的伦理和法律。那么我们又该如何在保护自由言论和批评的同时，还能提供手段让人们对非法言论承担责任？许多州的法院开始建立和遵守发放类似传票的指导规定。一个规定是他们会认真审查每个案件，并确定是否有足够强大的证据认为要求公开身份的公司可能会赢得官司（比如说诽谤），而只有这样才能发出传票，要求取得到该用户的真实姓名。在一个案件中，当一个匿名的用户发布了一个声明，指控当地一名政治候选人是虐待儿童的性侵害者时，法院允许该候选人向 Comcast（美国一家大型的有线电视和网络服务商）索取身份信息，从而可以起诉他诽谤。自由言论倡导者建议互联网公司在收到索要身份的传票时，必须要通知其会员，这样对方才有机会到法院去对该传票进行抗争。

有关匿名的法律问题与我们在第 2 章和第 5 章中讨论的执法争议是类似的。执法机构可以通过网络来追查犯罪嫌疑人。那么执法部门是否有义务开发工具来找到躲在匿名背后的罪犯？还是应该要求我们都亮明自己的身份，使他们的任务变得更加容易？犯罪分子使用匿名躲避执法带来潜在的危害，是否超过诚实的人们负责任地使用匿名带来的隐私和言论自由呢？匿名是用来反对可能的政府滥用权力的重要保护手段吗？人们是否有权使用能找到的工具（包括匿名服务）来保护自己的隐私？

土耳其海关当局禁止进口打字机进入该国，这个例子证明了他们莫名的保守主义和嚣张气焰。当局对于此行为的理由是，打字机无法提供作者的任何线索，因此如果使用该机器制作的煽动性或下流的小册子和著作被发行的时候，将无法追溯到机器的操作员……同样的法令也适用于油印机和其他类似的复印机器和媒介。

——《科学美国人》，1901 年 7 月 6 日 [48]

3.6   全球网络：审查制度和政治自由

镇压自由言论是一种双重错误。它既违反了倾听者的权利，也违反了讲话者的权利。

——弗雷德里克·道格拉斯（Frederick Douglass），1860 年 [49]

3.6.1   通信的工具和压迫的工具

在妇女有更多机会接触媒体和技术的同时，妇女也可以更好地实现她们的权利。

——祖赫拉·尤素夫（Zohra Yusuf），巴基斯坦人权委员会主席 [50]

咖啡馆成为了新闻与谣言的主要来源。查尔斯二世在 1675 年关闭了所有咖啡馆，因为他与许多其他统治者一样都对公众交换信息的场所抱有疑心。

——彼得·L. 伯恩斯坦（Peter L. Bernstein）[51]

在整个历史长河中，独裁政府一直在采取各种措施削减或严重妨碍信息和意见的流动。由于互联网而带来的充满活力的通信手段，在缺乏政治和文化自由的国家可能成为对政府的威胁。在很长一段时间里，在互联网用户和观察员之间的一个"传统智慧"是，它可以用作反对审查制度和增加政治自由的一种工具。电子邮件和传真机在苏联解体中发挥了重大的作用。如果网站的内容在一个国家是违法的，可以把该网站设立在其他一些国家。如果一个人所处的国家会审查新闻，也可以通过网络到其他地方访问想要的信息。Facebook 和手机分别成为组织 2011 年"阿拉伯之春"的重要工具。伊朗、越南和许多中东国家的持不同政见者都选择使用 Skype 和 WhatsApp 进行沟通，因为它拥有强大的加密功能。

不幸但并不奇怪的是，压制政府会学习和采纳各种对策，以阻止信息的流动。他们使用复杂的拦截和监视技术，来比从前更加全面地监视他们的公民。在本节的其余部分中，我们会讨论压制政府（以及一些民主国家）用来进行审查和压迫的工具。

在一些国家，如沙特阿拉伯，国民政府拥有互联网骨干网（人们通过主干网的通信线路与计算机来访问信息），政府会在他们的人民和外界之间安装自己控制的计算机，他们使用先进的防火墙和过滤器来阻止不希望人们看到的内容。像许多国家一样，沙特政府会阻止色情和赌博内容，但是它还会阻止关于巴哈伊信仰、大屠杀和劝导穆斯林皈依其他信仰的网站。而且为了维护他们的控制，它还屏蔽关于匿名服务、如何打败过滤器和如何加密的网站。

土耳其和巴基斯坦已经有多年时间禁用 YouTube。巴基斯坦禁止互联网电话，而在 Twitter

上出现了关于土耳其总理的腐败指控的消息之后，Twitter 也被土耳其政府禁用。缅甸禁止在未经官方许可的情况下，使用互联网或创建网页；它还禁止发布有关政治的材料，以及发布政府认为对其政策有害的任何材料。（根据以前的一个法律，私自拥有未经授权的调制解调器或卫星天线都会被判处长达 15 年的监禁。）越南使用过滤软件来查找和屏蔽来自其他国家的消息。两个歌曲作者因为在网上发表了被政府认为是批评政府的歌曲，而被判处了多年监禁⊖。

一些国家禁止使用 Skype，还有一些国家选择破坏它。例如，埃及政府会使用间谍软件拦截 Skype 通信。他们在人们的计算机上安装间谍软件，在发送者的计算机对信息加密之前，或者在接收者的计算机对消息解密之后，可以截获该消息[52]。后来，他们与安全公司一起开始对 Facebook、Twitter、Skype 和 WhatsApp 的通信进行监控。

伊朗政府在不同时期，封锁过亚马逊、维基百科、《纽约时报》和 YouTube 的网站。它还封锁了一个网站，因为它倡议停止用石头砸死妇女的做法。"无国界记者"组织说，近年来，伊朗封锁了超过 500 万个网站。一般来说，政府的说法是它封锁网站的目的是为了抵制西方腐朽文化。伊朗还屏蔽了卫星电视节目。政府使用复杂的网络监控工具和训练有素的网络警察，来暗中监视持不同政见者。他们的系统会检查电子邮件的每个数据包、电话交谈内容、图形图像、社交网络通信等。

在一些国家，政府特工会使用社交媒体，假装自己是持不同政见者，散布有关抗议计划的信息；然后警方会逮捕所有来参与抗议的人。一些国家的政府会截获通信内容，并在 Facebook 和雅虎网站上使用间谍软件来收集密码，寻找持不同政见的博客作者的名字，并关闭批评政府的网页。一些国家的政府（如伊朗、俄罗斯、越南）禁止或封锁西方的电子邮件服务和社交网站，然后设立他们可以控制的服务和网站。俄罗斯要求拥有俄罗斯会员或顾客的公司必须把用户信息保存到位于俄罗斯境内的服务器上⊖。俄罗斯的博客作者，如果每天有超过 3000 个读者的话，就必须要在政府登记和提供家庭住址。在 3.6.2 节中，我们将看到，限制性政府会越来越多地利用想要和他们做生意的公司，在其国家中强制执行审查要求和其他的内容标准[53]。

互联网和相关通信技术会不会成为增加政治自由的工具，还是他们将给予政府更多的权力来监视、控制和限制他们的人民？

> 通信办公室被责令想方设法以确保没有人可以使用互联网。"促进美德和防止犯罪部"有义务监视该法令的执行，并处罚违规者。
> ——摘自 2011 年塔利班禁止阿富汗境内所有互联网使用的法令[54]

3.6.2　帮助外国审查者和专制政权

> 言论自由不是一个无足轻重的原则，不能在与独裁政权打交道时把它推到一边。
> ——记者无国界组织[55]

⊖ 在有些技术没有跟上的地方，政府会对旧的通信媒体进行限制。在津巴布韦 2001 总统大选中，津巴布韦总统罗伯特·穆加贝的一个竞争对手被控藏匿了没有牌照的双向无线电通信设备。

⊖ 有些政府声称这是对他们公民的隐私保护的要求，然而，事实上这会让政府更加容易获得持不同政见者的网上活动信息。

在许多国家，我们可能已经给予了他们从未经历过的太多言论自由。

——亚当·康纳（Adam Conner），Facebook 雇佣的国会说客 [56]

1. 提供服务的同时遵守当地法律

总部设在自由国家的搜索引擎公司、社交媒体公司、新闻和娱乐公司会向拥有严格审查制度的国家和专制政府提供服务。要在一个国家内运营，企业必须遵守该国法律。如何在向大众提供服务和遵守政府的审查要求之间进行权衡？在一个新的国家的巨大商业机会带来的前景，会在多大程度上影响一个公司的决定，或者是否应该影响一个公司的决定呢？企业应该如何应对这些审查要求？他们有什么样的道德责任？

如果一家公司交出了违反审查法律的人的名单，政府会逮捕这些少数的违法者，但是大量的人群会从增加的服务和通信中受益。然而，如果考虑到长期影响，就必须考虑少数持不同政见者的工作会对整个社会的自由产生的巨大影响。逮捕持不同政见者可能会激起抗议，最终会带来更多自由，也可能是残酷镇压。基于权利的伦理体系可能接受提供包含某种限制的搜索或社交媒体服务。人们有权（这是道德的，即使不是合法的）寻求和分享信息，但是服务提供者在道德上没有义务提供百分之百的完整信息。然而，基于权利的观点告诉我们，不能因为一个人表达他的政治观点或批评政府，就提供帮助把他监禁起来。企业是否应该划定一个界限，或许可以同意限制对信息的获取，但是拒绝披露可能被政府用来监禁发表意见的人的信息？政府可能需要对涉嫌偷窃、诈骗、贩卖儿童色情制品或其他犯罪行为的人加以识别。服务提供商可能希望在此类刑事案件中提供信息。如果政府没有披露请求的理由，或者对请求的原因不诚实，那么服务提供商又该如何做出符合道德的决定？

2. 销售监控工具

专制政府会截取通信和过滤互联网内容，这也许并不令人惊讶。更令人不安的是，西方民主国家（包括英国、德国、法国和美国）的公司会向它们出售价这样做的工具。公司向这些政府出售复杂的工具来过滤互联网内容、破解手机和电脑、拦截短信、收集和分析大量的互联网数据、植入间谍软件和其他恶意软件、监控社交网络，以及跟踪手机用户。这些公司说，这些工具是为了用于刑事调查（以及检测和过滤不良内容），而且使用它们并不违反该国法律。当然，任何国家都会有罪犯和恐怖分子。但是我们相信这些国家政府会只针对坏人使用这些工具吗？来自自由国家的公司向专制政府出售工具是符合道德的吗？

我们并没有真的去问，"这是符合公众利益的吗？"

——一个向政府销售黑客攻击和拦截工具的展览会的主办人 [57]

3.6.3　在自由国家关闭通信服务

在相对不自由的国家，政府会严密控制通信手段，时不时会关闭互联网接入或关闭手机服务。这些事件在自由世界引起了批评，因为很少有人预计它还可能在哪里发生。但是，英国政府和美国的一些城市这样做了，例如旧金山的公交系统就曾经关闭了手机服务几个小时，这些事件引出了在自由国家和通信有关的新问题。赋予政府权力来关闭通信服务，会对言论自由、普通的活动和政治自由产生明显的威胁。在公共安全处于危险之下的特殊情况面前，它是否是合理的？在自由国家关闭通信服务是否会给独裁者以借口？我们可以明确区分在自由国家采取的对暴力群体的短期应对措施和在不自由的国家中对政治讨论的审查吗？作为思考这些问题的背景，下面我们介绍一下在英国和美国发生的一些事件。

英国流氓暴徒在伦敦和其他英国城市街区上横冲直撞、放火、劫掠，并且殴打那些试图保护自己或财产的人。他们使用手机、微博、黑莓 Messenger 等工具来规划和协调他们的攻击。在暴力事件发生的时候，政府部门的人（和其他人）认为，RIM 公司（生产黑莓设备的公司在当时的名字）应该关闭黑莓 Messenger 软件。（RIM 公司没有这样做。）在骚乱发生后，英国政府考虑寻求立法，授权它在这种情况下关闭社交媒体和短信系统这样的通信工具。但是它也决定，至少在现在，还不会去尝试寻求这种权力。

在英国的暴力事件后不久，旧金山湾区捷运系统（BART）在得知有计划"使用移动设备来协调……破坏活动，并且在彼此交流 BART 警察的位置和数量时"，在一些地铁站关闭了无线服务 [58]。BART 拥有这些通信设备，它与手机服务公司的合约规定允许在它认为必要时关闭通信服务。一个私营企业的管理者，如果发现在其设施附近有暴力行为，有权关闭其无线服务；也可以拒绝携带棒球棍的人进入，或者干脆关闭整个设施，只要他们认为这是保护公众和企业的一个明智措施。如果 BART 是一家私营公司，那么在争论它的行为是否明智时，可以有正反两方面的论点，也不会引发关于政府下令关闭的第一修正案的问题。有些争论以及政府或私人行为的区别与那些关心过滤垃圾邮件的权利类似，详见 3.2.4 节。虽然 BART 是一个政府机构，但是它是在自己的空间内，下令关闭它自己的无线服务。这样做威胁言论自由了吗？或者是一个合法的安全决定？这同埃及政府在 2011 年"阿拉伯之春"起义的时候关停互联网访问有什么不同吗？

经历过有组织暴力的几个美国城市，也考虑通过法律授权政府机构关闭通信，但是都没能通过这样的法律。加州实施的方案是，在警察可以屏蔽通信服务之前，需要获得法庭命令，同时还有具体的细节限制，但对于紧急情况可以例外。我们之前讨论过的事件在发生时并没有预警，因此也可能被认为是紧急情况。因此，像加州这样的法律也可能会允许而不是禁止对通信服务的屏蔽。

除了短期关停通信之外，我们还可以做些什么，来减少使用社交媒体和移动设备这类系统策划大规模暴力行为的事件的发生？在各种社交媒体公司的会员政策中，都禁止暴力威胁。例如，Facebook 会对帖子进行监控以实施其禁令，但是有的组织会使用隐蔽的代码来交流，从而可以隐藏他们的计划。公司可以关闭那些违反协议的账户，但想要这样的公司能够迅速采取行动以制止暴力事件，那是不可能的。在过去的骚乱中，警方收集来自社交媒体和他们逮捕的人的手机的信息，这样可以得知更加暴力的攻击策划，并且提前做准备以防止他们。这样做虽然会有些帮助，但这似乎也还有点保护不力。但是，如果让政府有权关闭通信服务，会带来什么后果？警察有可能会滥用这项权力，阻止合法的抗议和示威。大规模的关闭服务会对无辜的人带来不便（也可能是伤害）。在美国，如果有了授权政府机构可以下令关闭私人通信服务的法律，那么最高法院是否会宣布这样的法律是违反宪法的呢？

> 它可能是 BART 的设备，但是，这并不意味着他们有为所欲为的自由。
> ——迈克尔·里舍（Michael Risher），美国公民自由联盟（ACLU）的律师 [59]

3.7　网络中立：监管还是依靠市场？

1. 什么是"网络中立"？

"网络中立"（net neutrality）是指对电话公司和有线电视公司如何与他们的宽带客户（主

要是互联网服务）进行交互，以及如何设定服务收费标准加以限制的各种提议。这里存在两种不同但又彼此相关的问题，但有时候又会在争论中变得模糊：1）提供通信网络的公司是否允许根据内容本身、内容种类以及提供内容的公司或组织的不同，而给予不同的处理方式；2）提供通信网络的公司是否应该允许向内容提供商和个人用户提供不同价格水平的、不同级别的速度和优先级。后者有时被称为"分级"服务，即不同级别的服务收费不同。对特定的服务或应用采取不收取移动数据费用，或者不加流量限制，这种行为被称作"零费率"政策，它本身也是一种不中立的行为。

关于网络中立原则的一个简单阐述是：所有互联网流量都应当得到等同对待。支持者想要政府强制要求电信公司对穿越其宽带线路和无线网络的所有合法内容，都以相同的方式来对待。反对者则想要在内容传送的服务和定价机制的制定上有一定的灵活性。

网络中立的支持者认为，允许通信公司设置不同费率，对于互联网将是毁灭性的，因为它会挤掉独立的声音，并侵蚀互联网的多样性。只有大的公司和组织才能够负担得起所需的价格，以确保其内容被包含在内，或者传输的速度足够快。分级访问的项目和零费率会让电信公司对互联网上的内容拥有太大的控制权，因为电信公司可以给它们自己的内容提供商或者它们支持的公司以特殊待遇。网络中立的支持者认为，分级服务对于民主参与和网上自由言论是一种威胁。

虽然在辩论时，有时候会把争议双方看作是大公司和小声音的一种直接对立，事实上在辩论两边都有非常大型的公司，以及期望保留网络开放性和活力的组织和知名人士。互联网内容提供商、个人博客主以及如 eBay、微软、亚马逊、Netflix、谷歌和 Twitter 等大型公司都支持（或者曾经支持过）网络中立规则。主要的电信公司、提供灵活（非中立）服务的公司和支持自由市场的组织则反对这样的规则。

对网络中立要求的反对者认为，这样的法规将放缓创新性服务的发展、高速互联网连接的进展和基础设施的改善。强制要求网络中立与 1996 年《通信法案》是不一致的，该法案中说道 [60]，"美国的政策是……保护在互联网上现存的有活力和竞争力的自由市场，以及其他交互式的计算机服务，不受联邦或州立法规的束缚。"反对者把缺少政府看管和法规控制看作是在 1996 年以来互联网服务快速增长的关键原因。有些支持自由市场的人从原则上反对强制要求的统一定价，因为这是对买卖双方自由选择的一种不道德的干预。

为不同级别的服务收取不同的费率其实并不鲜见，而且在许多领域还是有其意义的：

- 我们在网上购物时，都可以选择是支付标准的普通邮寄费，还是交更多钱来使用更快速的递送服务。
- 电力公司会在一天内的不同时段收取不同的电价，从而鼓励用户错峰使用电器。
- 人们在开车时可以选择支付过路费在快速通道上开车；并且在一天中的不同时间，过路费也可能会有所不同。
- 我们中的许多人都在使用免费但是功能受限的各种在线服务，例如云存储。
- 许多企业会为大量购买提供相应的折扣。
- 一些机构和企业（例如医院）会向电力服务支付更高的费率，而在合同中要求在必要时保证更高优先级的维修或紧急服务。

这种可变定价和可变服务的机制，对于互联网来说是合理的吗？比如说，医学监测数据应该比其他类型的数据有更高优先权吗？还有视频该怎么样？在本书写作的时候，Netflix 和 YouTube 占据了一半以上的互联网流量。这就引出了一些问题：是否因为视频延迟会导致客户不耐烦，它就（像语音通话一样）应该具有高优先级？或者，因为视频占用了如此大量的带宽，所以它应该具有低优先级？又或者还是它应该与所有其他流量一样对待？Netflix 和 YouTube 是否需要支付额外的费用，因为它们的高使用量会导致到其他站点和服务的流量变少？又或者它们应该可以选择通过付费来获得更高优先级的网络传输，以便它们的观众可以接收高质量的视频⊖？这里列出的问题说明我们有许多可能的选择。法律是否应该只选择其中的一种方式，而把所有其他的选择都禁止掉？更根本的问题是：应该由谁来决定提供什么服务以及如何定价？是服务提供者和客户，还是国会和联邦通信委员会（FCC）？高带宽服务的额外费用会鼓励开发更高效的传输技术吗？总体而言，对这些问题的不同反应又会如何影响创新、信息访问、网上内容的多样性和对互联网资源的有效利用？

2. 非中立的互联网服务

T-Mobile 提供的 Binge On 功能允许用户从数十个服务提供商处获取不受限制的视频流量，而不需要支付额外的数据费用。没有被包含在内的视频供应商抱怨说，它们很难与实际上是免费的 Binge On 内容进行竞争。在另一个例子中，有几个电信公司提供的计划中，可以让其他企业为访问它们的资料（例如电影预告片和酒店网站）的用户补贴数据费用。Sprint 提供了廉价的数据流量计划，用户可以访问为数不多的几个网站，包括 Facebook 和 Twitter，但不能访问所有的互联网网站。这些计划违反了网络中立原则。那么这些计划是否与企业试图吸引客户的其他常见方式（例如，提供免费送货服务）是类似的？又或者它们给了电信公司太多可以控制内容的权力？Free Basics（即，免费基础功能）是 Facebook 为世界各地的穷人提供的访问互联网的一个项目。它包括数百个免费的应用程序和免费的一些网站，但是只能以低速免费访问符合它的要求的有限数量的网站（例如，不包括视频网站）。某些电信公司为 Free Basics 接入提供补贴，因为它们希望这些人一旦开始使用互联网的话，以后就有可能会付费来订阅完整的计划。这个项目之所以存在争议，是因为它没有提供对整个互联网的访问，而且 Facebook 为它所包含的内容设置了标准。（其中一个要求是应用程序必须能够在带宽有限的老式手机上运行。）与 Binge On 一样，Free Basics 的批评者认为它为所包含的公司和服务提供了竞争优势⊖。还有批评者把它称作"数字殖民主义"（digital colonialism），会导致形成一个由强大的美国公司来控制的互联网。Free Basics 可以在超过 35 个国家使用。它在印度运营了大约一年之后，因为印度政府的互联网管理机构认为它违反了印度的网络中立政策，导致被禁。该机构表示，互联网公司不应该去尝试"塑造用户的互联网体验" [61]。

上面的大多数例子都是"零费率"的例子。除印度外，一些国家也禁用了零费率项目。关于零费率项目的总的争议，特别针对是 Free Basics 的争论，给我们提出了许多有意义的问题：部分自由访问是否比没有访问要好？谁会从免费服务中受益？谁会从取缔免费服务中受益？零费率项目为被纳入其中的公司所提供的竞争优势是否很显著？如果出版商免费或以低价向贫穷国家提供大量书籍，我们是否会抱怨它们不应该去尝试塑造人们的阅读体验？来自免费或低价服务的竞争会推动其他企业退出市场吗？这对在贫穷国家里访问更广泛的不同互联网站点和应用程序会产生什么可能的长期影响？应该由谁来决定是否可以提供零费率的服务：是政府机构，还是可以选择是否使用它们的公众成员？

⊖ 在这些年间，Netflix 在一些移动网络上降低了用户的视频流分辨率，这样用户就不会超过它们的数据流量计划的上限。这一情况的揭露导致有人批评 Netflix 是伪善的，因为 Netflix 是网络中立的有力支持者。

⊖ 在上世纪 80 年代，当个人电脑还是新事物的时候，苹果公司向一些学校捐赠了很多电脑，那时候也有类似的论点。批评者反对这种捐赠行为，认为学生会习惯使用苹果产品，从而给苹果公司带来不公平的竞争优势。

3. 强制实施网络中立

在本书写作时，美国国会还没有通过一项法律来要求网络中立或给予联邦通信委员会（FCC）权力来这样做。联邦法院至少有两次（分别是 2010 年和 2014 年）裁定，FCC 没有法律权力来强制实施网络中立。在 2015 年，FCC 宣布，根据 1934 年的《通信法案》，宽带互联网作为一种公用设施，应该接受 FCC 的监管，该法案赋予 FCC 比互联网出现之前的电话公司拥有更加广泛的监管权 [62]。根据这个法案，FCC 就拥有了强制实施网络中立规定的权力（它还可以选择施加任意的例外情况），而且还可以批准或拒绝新服务的提议，以及控制定价方案。在这一次，一家联邦法院支持了 FCC 的行动 [63]，但这个案件可能还会被上诉到美国最高法院。

文森特·瑟夫（Vincent Cerf）是谷歌公司副总裁兼首席互联网传道者（Chief Internet Evangelist）⊖，同时也是一位备受推崇的互联网先驱。他认为，运营商的中立性、缺少监管和集中控制，恰恰是互联网成功的关键因素，也是像博客和互联网电话这样的创新的源泉。他认为，虽然速度对于视频流这样的应用来说很重要，而对于电子邮件和文件传输这类的应用来说则显得不那么重要，但是不应该由提供网络接入的公司来做这样的决定 [64]。另一位备受推崇的互联网先驱大卫·法尔（David Farber）则反对中立性规定与 FCC 的决定，他说 [65]，"我们不想在无意中通过强加规则或法律来阻碍创新，特别是这些规则或法律的含义还远远不清楚"，并且该规则是"朝向一个更加严格的制度迈出的一步，这与互联网经济的自由创新是背道而驰的"。

在二十年多来的互联网蓬勃发展过程中，既没有可变的定价政策和零费率服务，同时也没有网络中立要求和 FCC 的监管。要求 FCC 批准新的互联网服务提议，会涉及不确定性、延迟、高成本、政治偏袒的潜在可能，以及一些非常糟糕的潜在决定。FCC 对互联网的控制是会扼杀过去几十年的增长和创新，还是对它的一种保护？

> 让华盛顿来监管互联网，就是好像是让大猩猩演奏一把高贵的小提琴（Stradivarius）。
> ——L. 戈登·克罗维茨（L. Gordon Crovitz），《华尔街日报》信息时代专栏作家 [66]

> 零费率是有害的；它不仅是危险的，而且还是恶性的。
> ——苏珊·克劳福德（Susan Crawford），哈佛大学法学院教授 [67]

本章练习

复习题

3.1　简要解释公共运营商、广播公司和出版商在自由言论和内容控制方面的差异。

3.2　法院裁定《通信规范法案》中的审查规定违反宪法第一修正案的一个主要原因是什么？

3.3　减少垃圾邮件的一种方法是什么？

3.4　谷歌不会为特定种类的产品做广告。请举一个例子。

3.5　给出在 100 年之前的匿名出版物的一个例子。

3.6　描述一些政府用来控制信息访问的两种方法。

3.7　举一个与网络中立原则不一致的互联网服务的例子。

⊖　对的，这的确是他在谷歌的职位！

练习题

3.8　一个大公司的政策禁止员工在博客中谈论公司产品。出台该政策的一些可能原因是什么？它是否违反宪法第一修正案？它是合理的吗？

3.9　对于小学来说，你认为应该采用什么样的互联网接入政策和过滤软件？如果是对于中学来说呢？请给出你的理由。

3.10　各种组织和国会议员都曾经提出建议，要求把包含"对未成年人有害"内容的网站都移动到一个新的 Web 域 ".xxx" 之下。请分别给出支持和反对这样的要求的一些理由。

3.11　在国会提出了一项法案，要求包含色情内容的网站对试图访问该网站的任何人都必须进行年龄验证，可以是通过信用卡号码或其他一些成人识别号码。讨论支持和反对这样的法律的一些论据。

3.12　两个城市的图书馆工作人员在"联邦平等就业机会委员会"（EEOC）提出申诉，认为他们受到"冒犯性的工作环境"的影响。他们工作的图书馆提供了互联网终端，但没有安装过滤器。工作人员被迫观看在图书馆用户的电脑屏幕上出现的冒犯性材料，以及图书馆打印机输出的色情内容。讨论在这种情形下的冒犯性工作环境和言论自由之间的冲突。在不考虑现行法律的情况下，你会如何解决这个冲突？

3.13　一位州立法者提议，要求制作"Pokémon GO"游戏的公司（参见 3.2.2 节中关于儿童风险的介绍）禁止 Pokémon 人物出现在注册性侵犯者的住所附近。这样的要求会违反第一修正案吗？请给出你的解释。如果公司自愿这么做，你认为会是个好主意吗？请给出你的解释。

3.14　假设有人在 Twitter 上转发了针对他人的明确威胁，而这些威胁是不受第一修正案保护的。考虑转发的人是否应该与最初发布消息的人对该内容承担同等程度的法律责任。在做出这个决定时，你还会考虑哪些其他的信息？

3.15　在制定无人机法规的同时，联邦航空管理局在几年内禁止了大多数商业用途的无人机，但允许业余爱好者和其他非商业用途。然而，该机构警告爱好无人机的用户，他们不能在 YouTube 上发布无人机的视频，因为 YouTube 有广告，因此是商业性的。发布一个合法活动的录像是否应该受到第一修正案的保护？

3.16　对于下面的每一种行为，请说明你是否认为一个高中的校方应该惩罚学生。说出你是否认为该行为应该是犯罪行为。给出你的理由。如果这些学生是在大学里，会有什么不同吗？

（a）向其他学生发送关于老师的色情电子邮件。

（b）通过社交媒体鼓励其他学生给学校校长起下流的名字。

（c）发送一篇推文，错误地指责老师有猥亵学生的行为。

3.17　假设你正在制定一个反垃圾邮件法。在此背景下，你认为对垃圾邮件的合理定义是什么？请给出邮件的数量范围，以及该法律将如何确定一个邮件是不请自来的。

3.18　联邦法规和美国有些州的法律（一些是长期存在的，一些是专门针对互联网通过的）禁止或限制很多种网上销售行为。例如，有的法律限制在互联网上销售隐形眼镜、首饰盒和处方药。有法律禁止汽车制造商在互联网上向消费者直接销售汽车⊖。进步政策研究所（Progressive Policy Institute）估计，这些州法律每年至少会让消费者多花费数十亿美元 [68]。

你可以想出来这些法律有什么很好的理由吗？哪些法律看起来更像是在 3.2.5 节中描述的反竞争法？

3.19　世界各地的天文爱好者都会对卫星进行定位和跟踪，其中包括商业和间谍卫星，他们会在网上发布它们的轨道信息 [69]。一些情报官员认为，如果敌人和恐怖分子知道美国间谍卫星什么时候

⊖　禁止或限制在互联网上出售或购买的具体物品可能会有所变化。

会在头顶上，它们就可以设法隐藏他们的活动。这种做法会引发什么样的问题？天文学家是否应该避免发布卫星的轨道信息？请给出正反两方面的原因。

3.20 假设一家提供广泛使用的搜索引擎、社交网络或新闻服务的大型网络公司正在考虑从其网站上禁止以下产品和服务的广告：电子香烟、堕胎诊所、冰淇淋和含糖软饮料。如果有的话，你认为它们之间哪些是应该被禁止的？请给出理由。具体来说，如果你选择了其中一些，但不是全部，请解释你对它们进行区分的标准。

3.21 有人在一个流行的视频网站发布了一段视频，显示一群带棍棒的男子进入一个建筑物，并且对手无寸铁的人实施了殴打。该网站的政策禁止发布视频与暴力画面。当有观众提出抱怨之后，该网站删除了该视频。其他观众对此行为提出了抗议，并称该视频记录的是在俄罗斯的监狱中对战俘的虐待。假设你是该网站的一位经理。制定如何处理这样的视频的一个方案。你会选择重新发布该视频吗？请解释你会加以考虑的问题。

3.22 （a）假设一家公布泄露文件的网站发布了某总统候选人的雅虎电子邮件账户在竞选期间的邮件内容。描述在被泄露的文件中，哪些东西可能会对其竞选活动产生伤害，但其实并不意味着有任何不正当行为。

（b）制定一些道德标准来判断，在哪些情况下，不管你赞成或反对该候选人，你都会觉得发布其账户内容是可以接受的。

（c）在 2016 年总统竞选过程中，有人攻击并泄露前国务卿科林·鲍威尔（Colin Powell）的个人邮件，其中对共和党和民主党的两位候选人唐纳德·特朗普和希拉里·克林顿都进行了严厉批评。这样的泄露在道德上是合理的吗？给出你的原因。

3.23 你知道有一项研究得出的结论认为，加州的应急系统（包括医院、紧急救援物资、警察等）都不足以应对在未来 30 年可能发生的地震强度。该研究尚未向公众发布，而你想把它泄露到一个公布被泄露文件的网站。列出泄漏该研究可能带来的好处和这样做的风险。列出你认为与做出该决定有关的其他任何问题。指出对于其中一些问题的答案可能会如何影响你的决定。

3.24 对于 Facebook 允许用户使用代号（假名字）的做法，请分别给出支持和反对的论点。

3.25 建立隐蔽所有权的离岸账户的公司与为网络运营匿名化服务的公司是类似的，因为两者都有合法的用途，但同时都会被犯罪分子利用。假设一个黑客给了你 Mossack Fonseca 文件（见 3.4节）和一组从匿名服务中窃取（和解密）的电子邮件。你会用什么标准来选择每一个集合中的哪一些文档来发布？试着具体说明你的标准会如何适用于你可能会发现的特定内容。

3.26 在印度的许多村庄，18 岁以下的女孩和没有结婚的妇女都禁止拥有手机。这样的禁令会带来哪些积极和消极的因素呢？

3.27 一家公司销售间谍软件，可以拦截并记录电话通信和各种电子邮件服务提供的电子邮件。该公司决定把该软件销售给美国（或你的国家的）政府机构，以帮助他们追捕罪犯和恐怖分子。使用第 1 章的道德标准和法律或宪法的标准（也包括第 2 章的标准，或者根据你自己国家的宪法），对出售该软件的决定进行评价。

3.28 使用第 1 章的道德标准，对出售上一题目中的软件给一个压制性政府的决定进行评价。

3.29 我们在 3.2.4 节中看到，有些人把 AOL 和美国邮政局进行对比，觉得 AOL 不应当拦截任何电子邮件，包括垃圾邮件。你认为网络中立原则是否适用于垃圾电子邮件。请给出原因。

3.30 在美国国会制定网络中立性的要求时，你认为它应该包含哪些例外情形（如果有的话）？

3.31 你是否同意在 3.7 节结尾处引用的哈佛教授苏珊·克劳福德（Susan Crawford）的话？给出你的理由。

3.32 假设你是在所选择的领域中工作的一个专业人士。描述为了减轻在本章中讨论过的任意两个问题所产生的影响，你可以做什么具体的事情。（如果你想不到和你的专业领域相关的任何问题，也可以选择你感兴趣的其他领域。）

3.33 设想一下在未来几年中，数字技术或设备可能发生的变化，描述一个它们可能带来的、与本章中讨论的问题有关的新问题。

作业

下面这些练习题需要花时间做一些研究或完成一些活动。

3.34 调查你的学校是否在其计算机系统上限制了到任何网站的访问。他们确定要限制哪些网站时所采取的政策是什么？你对这些政策作何评价？

3.35 为什么要求从维基泄密（WikiLeaks）上删除材料是非常困难或几乎不可能的，而 Gawker 网站却因为张贴了名人的不雅视频而被成功起诉？

3.36 Glassdoor.com 是一个找工作和发布招聘信息的网站，允许现有和以前的员工对公司匿名发表看法。在 2016 年，一家名为 Layfield & Barrett 的律师事务所给 Glassdoor 发来法院传票，要求提供发表批评该事务所的用户的身份信息[70]。查找一下这个案件的当前状态。如果已经有法院做出决定，请给出其结果和理由。你认为在这个案件中，应该保护匿名吗？

课堂讨论题

下面这些练习题可以用于课堂讨论，可以把学生分组进行事先准备好的演讲。

3.37 根据德国保护正在服刑的罪犯的隐私的相关法律，一个杀人犯采取了法律行动，迫使维基百科（Wikipedia）删除了关于他的案子的文章。讨论在这个案例中，在隐私和言论自由之间的冲突。

3.38 网络上的暴力材料和计算机游戏中的暴力内容，应该在何种程度上对学校枪击案负责？在不违反宪法第一修正案的前提下，我们又能对此做些什么？

3.39 一所公立大学的计算机系统管理员注意到，到其系统的网页访问数量大幅飙升。大部分增加的访问都是针对一个学生的主页。系统管理员发现在他的主页上包含几张与性有关的图片。该图片与刊登在许多合法杂志上的图片是类似的。系统管理员要求该学生删除这些图片。一位女学生在它们被删除前浏览了这些图片，并对学校提起了遭受性骚扰的申诉。而设立该主页的学生也对学校提出申诉，认为管理员侵犯了他的第一修正案的权利。

　　把全班分成四组：分别代表女学生、男学生和大学（两组，每组对应一起申诉）。每组有一位发言人提出自己的论点。经过对这些论点进行公开讨论之后，针对两起申诉分别进行全班投票。

3.40 得克萨斯州有一位拥有 30 年经验的持证兽医，他通过互联网就宠物健康问题向宠物主人提供咨询，其中有些宠物主人生活在世界偏远地区。得克萨斯州政府命令他关闭网站，因为在得克萨斯州，兽医不检查动物就通过互联网提供建议是非法的。请给出支持和反对这项法律的理由。

3.41 一名黑客声称闯入了美国中央情报局局长的私人 AOL 账户，并复制了他的联系人名单、电子邮件和各种文件。黑客发布了 2000 多个电子邮件联系人。不久之后，维基解密发布了其中的一些文件。讨论发布这些信息的利弊。有什么好处？又有什么风险或问题？发布这些材料是道德的吗？请给出支持你答案的理由。

3.42 一家地毯清洁服务店主对七位匿名 Yelp 评论者发起诽谤诉讼。他声称他们不是真实的顾客，他们的评论是虚假的和欺骗性的，并要求 Yelp 公开他们的身份。首先，讨论人们可能不得不发表虚假评论的各种动机。然后分为两组：一组赞成要求 Yelp 披露这些评论者的身份，另外一组则持反对观点。

3.43 像谷歌这样的大公司对互联网搜索结果的控制，有没有构成对言论自由的威胁？

3.44 （a）在一起骚乱中，暴徒使用一个常见社交系统来规划和协调他们的活动，运营该系统的公司是否应该暂时关闭其服务？假设政府不具有法律权力责令其关闭该服务，但是，执法机构和政府官员已经对其提出了这样的要求，以避免更多的暴力。

　　（b）联邦政府在紧急情况下是否拥有关闭互联网的权力？

本章注解

[1] *Lovell* v. *City of Griffin*.

[2] 经授权引自 1994 年 11 月在卡内基梅隆大学的演讲。(关于其演讲的摘要，包括这里使用的引言，请参见：Mike Godwin, "alt.sex.academic.freedom," *Wired*, Feb. 1995, p. 72.)

[3] 这个句子来自最高法院对"洛弗尔诉格里芬市"(*Lovell* v. *City of Griffin*) 案的裁决。

[4] Eric M. Freedman, "Pondering Pixelized Pixies," *Communications of the ACM*, Aug. 2001, 44:8, pp. 27–29.

[5] 在联邦上诉法院裁定第一修正案保护真实的、非误导性的信息("美国诉卡罗尼亚案")之前，制药公司向医生透露医学期刊上发表的特定主题的文章是非法的。在明尼苏达州 2006 年的一个案件中，在互联网上发布葡萄酒广告被裁定是受第一修正案保护的。在此之前的案件还包括下列物品的广告：烟草、合法赌博、维生素补充剂、包含酒精的啤酒、处方药的价格，以及耐克宣称它没有雇佣血汗工人。Lee McGrath, "Sweet Nectar of Victory," *Liberty & Law*, Institute for Justice, June 2006, vol. 15, no. 3, pp. 1, 10. Robert S. Greenberger, "More Courts Are Granting Advertisements First Amendment Protection," *Wall Street Journal*, July 3, 2001, pp. B1, B3.

[6] "High Court Rules Cable Industry Rights Greater Than Broadcast's," *Investor's Business Daily*, June 28, 1994.

[7] Title V, Section 230.

[8] 参见 *The Life of Voltaire*, Smith, Elder & Company, 1904。也可以参见 Fred S. Shapiro, ed., *The Yale Book of Quotations*, Yale University Press, 2007。这个引用经常被错误地归到伏尔泰自己身上。

[9] Gerard van der Leun, "This Is a Naked Lady," *Wired*, Premiere Issue, 1993, pp. 74, 109.

[10] Dick Thornburgh and Herbert S. Lin, eds., *Youth, Pornography and the Internet*, National Academy Press, 2002, books.nap.edu/catalog/10261.html.

[11] Robert Peck, quoted in Daniel Pearl, "Government Tackles a Surge of Smut on the Internet," *Wall Street Journal*, Feb. 8, 1995, p. B1.

[12] Marilyn Patel 法官的引言参见：Jared Sandberg, "Judge Rules Encryption Software Is Speech in Case on Export Curbs," *Wall Street Journal*, Apr. 18, 1996, p. B7。"伯恩斯坦诉美国"(*Bernstein* v. *United States*) 案和其他案件还持续了好几年，但是在 1999 年和 2000 年，两个联邦上诉法庭裁定出口限制违反了言论自由。其中一个法庭还赞扬密码是保护隐私的手段。

[13] Brian Roehrkasse, quoted in Bloomberg News, "U.S. Need for Data Questioned," *Los Angeles Times*, Jan. 26, 2006, articles.latimes.com/2006/jan/26/business/fileahy26, viewed Nov. 22, 2011.

[14] 在"布朗诉娱乐商会"(*Brown* v. *Entertainment Merchants Association*) 一案中，最高法院在 2011 年裁定加州禁止向未成年人销售或出租暴力视频是不合法的。

[15] 1996 年通过的《通信法案》中的第 5 章。

[16] *Butler* v. *Michigan*, 352 U.S. 380 (1957).

[17] Adjudication on Motions for Preliminary Injunction, *American Civil Liberties Union et al.* v. *Janet Reno* (No. 96-963) and *American Library Association et al.* v. *United States Dept.* of Justice (No. 96-1458).

[18] *American Library Association* v. *United States*.

[19] Brock Meeks, "Internet as Terrorist," *Cyberwire Dispatch*, May 11, 1995, www.cyberwire.com/cwd/cwd.95.05.11.html. Brock Meeks, "Target: Internet," *Communications of the ACM*, Aug. 1995, 38(8), pp. 23–25.

[20] 本段中的引言来自：Meeks, "Internet as Terrorist."

[21]　Andrew Leonard, "Homemade Bombs Made Easier," *Salon*, Apr. 26, 2013, www.salon.com/2013/04/26/homemade_bombs_made_easier/; 这是一篇有趣的文章，讨论了这个问题的很多方面。

[22]　Larry Magid, "Survey: Parents Mostly Savvy on Kids' Internet Use," SafeKids.com, Sept. 14, 2011, www.safekids.com/2011/09/14/survey-parents-mostly-savvy-on-kidsinternet-use/.

[23]　Amol Sharma, "Wireless Carriers Set Strict Decency Standards for Content," *Wall Street Journal*, Apr. 27, 2006, pp. B1, B4.

[24]　*Brown* v. *Entertainment Merchants Association*.

[25]　Entertainment Software Ratings Board, www.esrb.org.

[26]　来自推翻《儿童色情预防法案》（Child Pornography Prevention Act）的裁决（"阿什克罗夫特诉自由言论联盟"（Ashcroft v. Free Speech Coalition））。更多关于反对这个法律的观点请参见：Freedman, "Pondering Pixelized Pixies." 支持这个法律的观点可以参考：Foster Robberson, "'Virtual' Child Porn on Net No Less Evil Than Real Thing," *Arizona Republic*, Apr. 28, 2000, p. B11.

[27]　Mike Rosenberg, "Facebook 'Spam King' Indicted after FBI Investigation," *The Mercury News*, Aug. 5, 2011, www.mercurynews.com/ci_18619427.

[28]　Martin Samson, "*Intel Corp.* v. *Kourosh Kenneth Hamidi*," Internet Library of Law and Court Decisions, www.internetlibrary.com/cases/lib_case324.cfm.

[29]　Jayson Matthews, "Harris Interactive Continues Spam Battle with MAPS," Aug. 9, 2000, www.dotcomeon.com/harris.html.

[30]　关于 Nomorobo 这个 APP 的评论可以参考：M. David Stone, "Nomorobo," *PCMagazine*, Sept. 30, 2015, www.pcmag.com/article2/0,2817,2492079,00.asp.

[31]　全名是《控制不请自来的色情和营销行为的法案》（Controlling the Assault of Non-Solicited Pornography and Marketing Act）。

[32]　Federal Trade Commission, "CAN-SPAM Act: A Compliance Guide for Business," Sept. 2009, www.ftc.gov/tips-advice/business-center/guidance/can-spam-actcompliance-guide-business.

[33]　John Simons, "CFTC Regulations on Publishing Are Struck Down," *Wall Street Journal*, June 22, 1999, p. A8. Scott Bullock, "CFTC Surrenders on Licensing Speech," *Liberty & Law*, Institute for Justice, Apr. 2000, 9:2, p. 2.

[34]　*Swedenburg* v. *Kelly*.

[35]　Texas Alcoholic Beverage Commission, "Summary of Judge's Ruling in Authentic Beverage Company Inc. v. TABC," Apr. 23, 2012, www.tabc.state.tx.us/marketing_practices/authentic_vs_TABC.asp.

[36]　引自：Brad Stone, "A Call for Manners in the World of Nasty Blogs," *New York Times*, Apr. 9, 2007, www.nytimes.com/2007/04/09/technology/09blog.html.

[37]　使用 foia.org 这个域名的个人或者组织泄露了气候研究的电子邮件。（FOIA 是《信息自由法案》（Freedom of Information Act）的缩写。）这些文档最初发布在 foia2011.org/index.php?id=402，但是后来被删除了。这些电子邮件在许多新闻报道中被引用，同时也包含了 CRU 研究人员的回应。"University of East Anglia Emails: The Most Contentious Quotes," *The Telegraph*, Nov. 23, 2009, www.telegraph.co.uk/news/earth/environment/global-warming/6636563/University-of-East-Anglia-emails-the-most-contentious-quotes.html. Antonio Regalado, "Climatic Research Unit Broke British Information Law," *Science*, Jan. 28, 2010, www.sciencepubs.com/news/2010/01/climatic-research-unit-broke-british-information-law. Larry Bell, "Climategate II:

More Smoking Guns from the Global Warming Establishment,"*Forbes*, Nov. 29, 2011, www. forbes.com/sites/larrybell/2011/11/29/climategate-ii-more-smoking-guns-from-the-global-warming-establishment/#1d609cc33a6b. "Cherry-Picked Phrases Explained,"University of East Anglia, Nov. 23, 2011, www.uea.ac.uk/about/media-room/press-release-archive/cru-statements/rebuttals-and-corrections/phrases-explained.

[38] "The Panama Papers,"International Consortium of Investigative Journalists, panamapapers.icij. org/.

[39] Aaron Blake, "Here Are the Latest, Most Damaging Things in the DNC's Leaked Emails,"*Washington Post*, July 25, 2016, www.washingtonpost.com/news/the-fix/wp/2016/07/24/here-are-the-latest-most-damaging-things-in-the-dncs-leaked-emails/, and many other news reports.

[40] David E. Sanger and Charlie Savage, "U.S. Says Russia Directed Hacks to Influence Elections,"*New York Times*, Oct. 7, 2016, www.nytimes.com/2016/10/08/us/politics/us-formally-accuses-russia-of-stealing-dnc-emails.html.

[41] Meg Anderson, "Julian Assange Sees 'Incredible Double Standard' in Clinton Email Case,"National Public Radio, Aug. 17, 2016, www.npr.org/2016/08/17/489386392/ julianassange-sees-incredible-double-standard-in-clinton-email-case, and Judy Woodruff, "More DNC Information to Come, Says WikiLeaks Founder,"PBS News Hour, Aug. 3, 2016, www.pbs.org/newshour/bb/dnc-information-come-says-wikileaks-founder/.

[42] Tim Lister, "WikiLeaks Lists Sites Key to U.S. Security,"CNN U.S., Dec. 6, 2010, www.cnn. com/2010/US/12/06/wikileaks/. Tim Lister and Emily Smith, "Flood of WikiLeaks Cables Includes Identities of Dozens of Informants,"CNN U.S., Aug. 31, 2011, www.cnn.com/2011/US/08/31/ wikileaks.sources/.

[43] Die Welt 的引言来自：Floyd Abrams, "Don't Cry for Julian Assange,"*Wall Street Journal*, Dec. 8, 2011, online.wsj.com/article/ SB10001424052970204323904577038293325281030.html.

[44] U.S. Congress, Office of Technology Assessment, *Science, Technology, and the First Amendment*, OTA-CIT-369, Jan. 1988.

[45] *McIntyre* v. *Ohio Elections Commission*, 1995.

[46] Jeffrey M. O'Brien, "Free Agent,"*Wired*, May 2001, p. 74.

[47] Neil King, "Small Start-Up Helps CIA Mask Its Moves on Web,"*Wall Street Journal*, Feb. 12, 2001, pp. B1, B6.

[48] 引自 Robert Corn-Revere, "Caught in the Seamless Web: Does the Internet's Global Reach Justify Less Freedom of Speech?"chapter in Adam Thierer and Clyde Wayne Crews Jr., eds., *Who Rules the Net? Internet Governance and Jurisdiction*, Cato Institute, 2003.

[49] 来自他的演说 "A Plea for Free Speech in Boston"。

[50] 引自 Saeed Shah and Niharika Mandhana, "Killing in the Name: South Asia's Badge of Dishonor,"*Wall Street Journal*, July 18, 2016, www.wsj.com/articles/killing-in-the-name-south-asias-badge-of-dishonor-1468861581.

[51] Peter L. Bernstein, *Against the Gods: The Remarkable Story of Risk*, John Wiley & Sons, 1996, p. 89.

[52] 这个报道出现在 2011 年埃及革命之前。

[53] "Russia Enacts 'Draconian' Law for Bloggers and Online Media,"BBC, Aug. 1, 2014, www.bbc. com/news/technology-28583669. 关于政府如何使用网络来打击自由运动的更多信息，可以参见：Evgeny Morozov，*The Net Delusion: The Dark Side of Internet Freedom*, PublicAffairs, 2011.

[54] Barry Bearak, "Taliban Will Allow Access to Jailed Christian Aid Workers,"*New York Times*, Aug.

26, 2001, www.nytimes.com/2001/08/26/world/taliban-willallow-access-to-jailed-christian-aid-workers.html.

[55] 引自："Google Launches Censored Version of its Search-Engine," Jan. 25, 2006, www.rsf.org.

[56] 引自：L. Gordon Crovitz, "Facebook's Dubious New Friends," *Wall Street Journal*, May 2, 2011, online.wsj.com/article/SB10001424052748703567404576293233665299792.html.

[57] 引自：Jennifer Valentino-DeVries, Julia Angwin, and Steve Stecklow, "Document Trove Exposes Surveillance Methods," *Wall Street Journal*, Nov. 19, 2011, www.wsj.com/articles/SB10001424052970203611404577044192607407780.

[58] "Statement on Temporary Wireless Service Interruption in Select BART Stations on Aug. 11," BART, Aug. 12, 2011, www.bart.gov/news/articles/2011/news20110812.aspx. 还可以参见 Geoffrey A. Fowler, "Phone Cutoff Stirs Worry About Limit on Speech," *Wall Street Journal*, Aug. 16, 2011, www.wsj.com/articles/SB10001424053111904253204576510762318054834.

[59] 引自：Fowler, "Phone Cutoff Stirs Worry..."

[60] 1996 年《电信法案》把它添加到了 1934 年《通信法案》中 (U.S. Code Title 47, section 230)。

[61] Nellie Bowles, "Facebook's 'Colonial' Free Basics Reaches 25 Million People–Despite Hiccups," *The Guardian*, Apr. 12, 2016, www.theguardian.com/technology/2016/ apr/12/facebook-free-basics-program-reach-f8-developer-conference. Julie McCarthy, "Should India's Internet Be Free of Charge, Or Free of Control?" All Tech Considered, NPR, Feb. 11, 2016, www.npr.org/sections/alltechconsidered/2016/02/11/ 466298459/should-indias-internet-be-free-of-charge-or-free-of-control.

[62] FCC 的规定文件有 400 页之多，网址为：transition.fcc.gov/Daily_Releases/ Daily_Business/2015/db0312/FCC-15-24A1.pdf。

[63] *U.S. Telecom Association* v. FCC.

[64] Alan Davidson, "Vint Cerf Speaks Out on Net Neutrality," Google Blog, googleblog.blogspot.com/2005/11/vint-cerf-speaks-out-on-net-neutrality.html. Matt McFarland, "5 Insights from Vint Cerf on Bitcoin, Net Neutrality and More," *Washington Post*, Oct. 10, 2014, www.washingtonpost.com/news/innovations/wp/2014/10/10/5-insights-from-vinton-cerf-on-bitcoin-net-neutrality-and-more/.

[65] David Farber, "A note on Net Neutrality and my reaction to the current 'debate,'" quoted from the post on seclists.org/interesting-people/2006/Mar/216. Steve Lohr, "In Net Neutrality Push, F.C.C. is Expected to Propose Regulating Internet Service as a Utility," *New York Times*, Feb. 2, 2015, www.nytimes.com/2015/02/03/technology/in-net-neutrality-push-fcc-is-expected-to-propose-regulating-the-internet-as-autility.html.

[66] L. Gordon Crovitz, "Horror Show: Hollywood vs. Silicon Valley," *Wall Street Journal*, Nov. 28, 2011, online.wsj.com/article/ SB10001424052970204452104577059894208244720.html.

[67] Backchannel, Jan. 5, 2015, backchannel.com/less-than-zero-199bcb05a868.

[68] Robert D. Atkinson, "Leveling the E-Commerce Playing Field: Ensuring Tax and Regulatory Fairness for Online and Offline Businesses," Progressive Policy Institute, www.ppionline.org, June 30, 2003.

[69] Massimo Calabresi, "Quick, Hide the Tanks!" *Time*, May 15, 2000, p. 60.

[70] Kathryn Rubino, "'Working Here Is Psychological Torture': Law Firm Sues over Anonymous Comments," *Above the Law*, May 16, 2016, abovethelaw.com/2016/05/working-here-is-psychological-torture-law-firm-sues-over-anonymous-comments/.

知 识 产 权

> 国会应有权……保障著作家和发明家对各自著作和发明在一定期限内的专有权利，以促进科学和实用艺术之进步……
>
> ——美国宪法第一条第8款

4.1 原则和法律

4.1.1 什么是知识产权？

你是否曾经为一首流行歌曲录制过视频，并把它发布在网络上？你是否曾经录制过电视里播放的电影，打算过几天再观看？你是否从网上下载过音乐而没有为它付费？你是否观看过体育赛事直播的视频流？你知道这些行为中哪些是合法的？哪些是非法的？为什么？搜索引擎为了显示摘录片段而对视频和书籍进行复制是否合法？随着新技术使得复制和分发作品更加容易，知识产权所有者应如何应对？版权拥有者又会如何滥用版权？如果你在为一个在线零售网站开发软件，那么你是否可以在未经专利持有人许可的情况下，实现一键购物的功能呢？如果严格实施版权和专利的概念，是否会扼杀现代科技的创造力？我们会探索与知识产权相关的问题，首先解释知识产权的概念，然后讨论美国知识产权法律的原则⊖。

版权（或著作权⊜）是一个法律概念，它定义的是针对某些种类的知识产权的权利。版权保护创造性作品，如书籍、文章、戏剧、歌曲（音乐和歌词）、艺术品、电影、软件和视频。事实、想法、概念、过程和操作方法是不能拥有版权的。另一个相关的法律概念是**专利**，它定义的也是对知识产权的权利，专利保护的是发明，也包括一些基于软件的发明。

除了版权和专利，各种法律还会保护其他形式的知识产权，包括商标和商业秘密。本章会更多地讨论版权，而不是其他形式的知识产权，这是因为数字技术和互联网对版权产生了强烈的影响。软件和网络技术的专利问题也是非常重要和有争议的，我们会在4.6节中讨论它们。

了解知识产权保护的关键是，要理解我们要保护的东西是无形的创造性工作，而不是它的具体物理形态。当我们购买一本纸制的小说时，我们买的是纸张和油墨的物理集合。当我们购买一本小说的电子书时，我们购买的是该电子图书文件的某些权利。我们买的不是知识产权，即情节、思想的组织、表述方式、人物和事件，它们在一起构成了抽象的无形的"书"或"作品"。一本实体书的所有者可以把他买来的书送人、出借或转售，但不能制作副本（除了一些例外）。制作副本的合法权利属于无形的"书"的主人，也就是版权的所有者。类似的原则可以用于软件、音乐、电影等。一个软件包的买方购买的只是它的一个副本，或使用该软件的许可。当我们购买电影光盘或视频流的时候，我们购买的是观看它的权

⊖ 虽然关于知识产权存在国际条约，但是不同国家的法律还是有所不同。

⊜ 虽然在严格法律意义上，版权和著作权有一定的区别，但在本书中，可以把二者当作同义词。——译者注

利，但不是在公共场所播放它或收取费用的权利。

为什么知识产权需要法律保护呢？一本书、一首歌或一个计算机程序的价值远远超过把它打印出来、拷贝到磁盘上或上传到网上的成本。一幅画的价值远高于用于制作它的画布和颜料的成本。知识和艺术作品的价值来自创意、想法、科研、技能、劳动，以及它们的创作者提供的其他非物质的努力和属性。我们对所创造或购买的有形财产拥有财产权，这包括它的使用权、防止其他人使用以及设定价格（要价）来销售它的权利。如果其他人可以随便把它们拿走，那么我们将会不愿意付出努力来购买或生产这些物品。如果任何人都只需花费很小的代价就可以复制一本小说、一个计算机程序，或拷贝一部电影，那么该作品的创作者将只能从他的创作中获得很少的收入，因此会失去继续创作的激励。对知识产权的保护对个人和社会都有好处：通过保护艺术家、作家和发明家的权利，可以补偿他们的创造性工作，而通过这样做，也会鼓励人们从事有价值的、无形的、容易被复制和有创造性的工作。

某项知识产权的作者或者他的雇主（如报社或软件公司）可以持有该版权，也可以把版权转移到出版商、音乐唱片公司、电影制片厂或其他一些实体。版权保护只能持续有限的时间，例如，作家的寿命再加上 70 年。在此之后，作品会被放到公共领域，任何人都可以自由复制和使用。美国国会已把版权控制的时间段延长了几次。这些时间延长是有争议的，因为它们会使更多的材料在很长时间内无法进入公共领域。例如，当第一本维尼熊的书和第一部米老鼠卡通电影（都属于华特迪士尼公司）就要进入公共领域的时候，电影业通过游说成功使其版权保护期从 75 年延长到了 95 年。

美国版权法（美国法典第 17 篇 [1]）给予版权持有人下列专有权利（其中有些重要的例外我们会在随后讲解）：

- 对该作品进行复制。
- 用于生产衍生作品，例如根据图书改编成其他语言或电影。
- 发行复制品。
- 在公共场合表演该作品（如音乐、戏剧）。
- 在公共场合展示该作品（如艺术品、电影、电脑游戏或网站上的视频）。

侵犯这些权利会被处以民事或刑事处罚。餐厅、酒吧、商场、卡拉 OK 场所需要为播放受版权保护的音乐而支付费用⊖。电影制作人会为基于图书改编的电影支付版权费，即使他们对故事进行了大的改动。

对受版权保护的作品制作拷贝，或者使用某个专利发明，并没有剥夺其拥有者或任何其他人对该作品的使用权。因此，通过复制来夺取知识产权与盗窃有形财产的性质是不同的，而且版权法并不禁止所有未经授权的复制和分发等行为。一个很重要的例外是合理使用（fair use）信条，这会在 4.1.4 节中进行讨论。

本章中的大部分讨论都会基于如下的情境设定：接受知识产权保护的正当性，但围绕其需要保护的程度，新的技术会带来什么挑战，以及它能够或应该如何进行演变。有些人拒绝接受知识产权作为财产的整个概念，因此，也拒绝版权和专利保护的概念。他们把这些机制看作提供了政府授权的垄断、违反言论自由和限制生产力。这个问题是独立于数字技术的，所以我们不会在这本书中进行深入探讨。然而，在 4.5 节中讨论免费软件时，会涉及关于版权合法性的一些一般性论点。

⊖ 当然，不是所有人都会这样做，但是它是公认的、合法的做法。

4.1.2　新技术的挑战

版权法必将瓦解。

　　　　　　　　　——尼古拉斯·尼葛洛庞帝⊖（Nicholas Negroponte）[2]

几个世纪以来，新技术一直在试图扰乱现有的均衡，但是以前总是能够找到均衡的解决方案。

　　　　　　　　　——帕梅拉·萨缪尔森⊖（Pamela Samuelson）[3]

在过去，通常只有企业（报社、出版社、娱乐公司）和专业人员（摄影师、作家）才会拥有版权，而一般来说只有（合法和非法的）企业才会有资金购买要侵犯版权所必需的复制和生产设备。个人很少需要和版权法打交道。数字技术和互联网让我们每个人都有能力成为出版商，从而成为版权人（例如，我们的博客和照片），它们也给了我们进行复制的能力，因此可能会侵犯版权。

以前的一些技术也对知识产权保护提出了挑战。例如，复印机使复制印刷材料变得非常容易。然而，这些早期的技术带来的挑战都没有数字技术这么严重。复印一本书的全部内容不仅笨重，而且有时候印刷质量较低，读起来会比较难受，甚至比一本平装书的成本还要更高。图 4.1 描述了在过去几十年间的一些技术进步，它们使得高品质的复印和大量发行变得非常容易且成本低廉。

- 以标准化数字格式存储的各种信息（如文字、声音、图像和视频）；复制数字化内容更加容易，而且每个副本事实上都是一个"完美"的副本。
- 高容量、价格相对低廉的数码存储介质，包括用于服务器的硬盘，以及诸如 DVD、记忆棒和闪存驱动器（U 盘）等小型便携式媒体。
- 压缩格式（比如用于音乐的 MP3，可以把音频文件的大小缩小至原来的 1/12～1/10），使得音乐和电影文件足够小，更易于下载、复制和保存。
- 网络和搜索引擎，使得我们更加容易找到想要的内容。
- 点对点（P2P）技术，不需要一个集中的系统或服务，通过 P2P，大量陌生人就可以在互联网上轻松传输文件；后来的文档托管服务使我们可以存储和共享大型文件（如电影）。
- 宽带（高速）互联网连接，使得大文件和视频流的传输更加快速。
- 小型化相机和其他设备，使得观众可以录制和传输电影与体育赛事；在这之前，扫描仪也可以用于把印刷的文本、图片和艺术品转换为数字化的电子形式。
- 操纵视频和声音的软件工具，允许和鼓励非专业人士使用他人作品来创造新的作品。
- 社交媒体，使得共享照片和视频变得非常方便和常见。

图 4.1　数字技术使得侵犯版权变得非常容易且成本低廉

数字媒体会带来重大威胁的第一类知识产权就是计算机软件本身。拷贝软件在过去是很常见的做法。正如一位作家[4]所说的，这"曾经被认为是一个标准的和可以接受的做法（如果真的有人考虑过的话）。"许多人都会把软件用软盘拷贝给朋友，而且企业也会这样拷贝商业软件。人们在计算机公告栏上交易盗版软件（warez，即未经授权的软件拷贝）。软件出版

⊖　尼古拉斯·尼葛洛庞帝（Nicholas Negroponte, 1943—），美国著名计算机科学家，MIT 媒体实验室的主席和共同创办人。他是"百元笔记本"（OLPC）项目的发起人、数字教父、数字时代的三大思想家之一。——译者注

⊖　帕梅拉·萨缪尔森（Pamela Samuelson），美国著名法学思想家，加州大学伯克利分校法学院和信息学院教授。她的主要研究领域为知识产权法。——译者注

商开始使用术语软件盗版（software piracy）来指代大量的未经授权的软件复制行为。盗版软件曾经包括（现在仍然包括）几乎所有在售的消费软件或商业软件。新版本的流行游戏经常会出现在未经授权的网站上，或在其他一些国家在其正式发布之前被私下买卖。根据软件行业的估计，盗版软件的总价值超过了数十亿美元。

在 20 世纪 90 年代初期，人们可以在互联网上找到并下载未经授权的流行的幽默专栏（从报纸上复制来的）、通俗歌曲的歌词和一些图像（例如，迪士尼公司的人物、花花公子的照片和无数的《星际迷航》电影中的资料）。音乐文件当时太大，不方便传输。找不到在电脑上听音乐的工具，或者找到了也不好用；录制或复制数字音乐设备价格高昂。随着技术的进步，价格也开始下跌。（CD 刻录机刚出来的时候卖到 1000 美元左右，在三年左右的时间内就降到了 99 美元。）

到 20 世纪 90 年代中期，出现了新的音频数据压缩格式（MP3），人们可以在几分钟之内从互联网下载一首 MP3 歌曲，随即出现了数以千计的 MP3 网站，使人们可以下载数百万首歌曲。MP3 格式没有机制来防止无限制或未经授权的复制。虽然许多词曲作者、歌手和乐队都自愿把自己的音乐放到网上，但在网络上的大多数 MP3 歌曲交易都是未经授权的。

在 21 世纪早期，随着互联网访问速度的提高和压缩技术的改进，先进的文件共享机制、廉价的摄像机、视频编辑工具以及视频共享网站使得普通民众可以向其他人提供娱乐节目，并且发布和共享他人拥有的视频。复制音乐和电影变得更加方便、快捷、廉价和无处不在。"盗版"的范围被扩大到包括：

- 对任何形式的知识产权的大量的、未经授权的复制行为。
- 个人在合法的文件共享网站上发布未经授权的文件。
- 地下组织交易未经授权的拷贝。

随着技术的进步，还崛起了很多高利润的、数百万美元的大型企业（主要是在美国境外的），它们鼓励其会员上传和共享明知是未经授权拷贝的文件。

内容产业声称，全球互联网流量中大约四分之一包含侵权材料 [5]。和软件行业类似，娱乐行业也估计每年被人复制、交易和出售的知识产权的总价值超过数十亿美元。业内人士表示，这里估计的金额可能被夸大⊖，但未经授权地复制和发行的音乐、视频和其他形式的知识产权的数量的确是非常巨大的。娱乐公司和其他内容供应商正在失去它们可以从自己的知识产权赚取的大量收入和潜在收入，而且这还会影响到帮助创作这些作品的成千上万的有创造力的个人。

然而，当我们寻求这个问题的解决方案时，应该认识到，这个"问题"从不同的角度看起来是很不同的。那么，解决技术对知识产权带来影响的问题到底是什么意思？我们到底要为哪些问题寻求解决方案？

- 对消费者来说，问题是以便宜和方便的方式获得娱乐内容。
- 对于作家、歌手、艺术家、演员以及从事作品的生产、营销、管理工作的人，他们的问题是确保他们在创造无形知识产权的产品上付出的时间和精力得到补偿。
- 对于娱乐行业、出版商和软件公司，问题是要保护它们的投资，以及预期（或希望）得到的利润。
- 对于上传利用他人作品来制作的业余作品的数百万人来讲，问题是能够继续他们的创作，而不会受到各种不合理的繁琐要求，或者是遭到诉讼的威胁。

⊖　有些数字的估计似乎基于每个人非法免费下载的电影或歌曲，如果本身不是免费的话，都假设会以全价购买。

- 对于学者和其他倡导者来说，问题是如何保护知识产权，但又同时能保护合理使用、合理的公共访问，以及充分利用新技术来提供新服务和创造性作品的机会。

本章会从多个角度来探讨这些问题和解决方案。

本节开始的两个引用的出现时间都是在 1995 年，当时数字媒体对版权带来的重大威胁刚刚开始变得清晰。数字媒体和互联网的用户和观察员进行了激烈辩论：随着复制和共享信息变得越来越容易，人们建立了对网上共享信息和娱乐的习惯和期望，那么版权是否能够生存下去？有些人认为版权会生存下来，主要是因为对版权法的坚定执行；也有人说复制的容易程度将会导致大部分内容成为免费或几乎免费的。从某种程度来看，这两种预测结果都出现了：版权法的强制实施一直都来势汹汹，但由于技术的改进以及提供广告赞助的免费内容的诸多服务的出现，许多合法内容都是免费或很便宜的。

4.1.3 相关历史

本节介绍版权法的简史，它会为我们提供一些背景知识，有助于解释新技术的出现会要求在法律上做什么样的改变或澄清[6]。

美国的第一部版权法于 1790 年通过，覆盖图书、地图和图表。这部版权法保护了它们长达 14 年。后来国会把该法律扩展到涵盖摄影、录音和电影。在 1909 年《版权法案》(Copyright Act) 中规定，未经授权的拷贝的定义必须是从视觉上可以看到或阅读的一种形式。即使对于 20 世纪早期的技术，这一要求也存在问题。法庭把它应用到一个关于把歌曲复制到打孔的钢琴音乐卷片（这种卷片可以在自动钢琴上演奏）上的案件。因为人无法从视觉上阅读该钢琴卷片上的音乐，因此这个复制就不被认为是对歌曲版权的侵犯，即使它侵犯了版权的精神和宗旨[7]。在 20 世纪 70 年代，一个公司提起诉讼，要求保护在掌上电脑中的象棋游戏，这是一个实现在只读存储器 (ROM) 芯片上的下象棋的程序。另一家公司出售的游戏中使用了相同的程序，它很可能是复制了其 ROM。但由于 ROM 无法从视觉上读取，因此法院认为该副本没有违反这个程序的版权[8]。同样，这也并没有达到很好地服务版权的目的：虽然竞争对手销售了他们的作品，但是程序员并没有收到任何补偿。

美国国会分别在 1976 年和 1980 年对版权法进行了修改，使之涵盖了计算机软件。受版权保护的"文学作品"中包括了表现出创造力和独创性的计算机数据库[9]，以及展现了原创思想表达的计算机程序。当认识到技术发生变化的速度很快，修改后的法律规定：版权适用于实际上的作品，"与它们体现的物质对象的性质无关"。如果"可以直接或间接地通过副本，或从副本中感知、重现或以其他方式传播"原始作品的话，那么该副本就违反了版权法。

上面的例子说明版权法发展过程中的一个重要目标是：制定好的法律定义，把保护范围扩展到新的技术。随着复制技术的改进，另一个问题又出现了：如果一件坏事很容易去做，而且处罚又很弱的话，那么就会有很多人会违反该法律。在 20 世纪 60 年代，伴随着音乐产业的增长，非法销售未经授权的录制音乐拷贝（如磁带）也随之增长。在 1982 年，大批量复制唱片和电影成为一项重罪。1992 年，"故意和出于商业利益或谋取私利的目的"小规模地复制版权作品也成为重罪。为了应对在互联网上免费共享的文件快速增长的现象，1997 年的《禁止电子盗窃法案》(No Electronic Theft Act) 把即使没有获得商业利益或谋取私利地故意侵犯版权（在 6 个月内复制总价值超过 1000 美元的作品）也定为刑事犯罪行为，并且可能会遭受很严重的惩罚。在销售未经授权的盗版电影出现巨大增长之后，美国国会把在电影院录制电影定为重罪行为，因为这是非法复制和销售电影的人获得副本的一种常见方法。

批评者认为，这些法律所涵盖的轻微罪行并不应得到这样严厉的处罚。

为什么版权法会越来越具有限制性和惩罚性呢？美国国会经常会把在复杂领域起草版权法律的工作委托给所涉及的行业来完成。一般来说，版权作品的创作者和出版者（包括印刷出版社、电影公司、音乐出版商、录音公司（唱片公司）和软件产业）都支持更强大的版权保护。在 20 世纪的大多数时间里，知识产权行业起草的法律都会严重倾向于保护它们自己的资产。另一方面，图书馆、学术圈和科学组织则普遍反对严格的规则，因为这样会减少公众可以获取的信息。大多数人则不知道版权问题，或对此漠不关心。但是，随着数字媒体，尤其是互联网的增长，人们把注意力集中在关于版权拥有者应该有多大控制权的问题上。在 20 世纪 90 年代，网民和像电子前沿基金会（Electronic Frontier Foundation）这样的组织加入了反对者的行列，来反对他们认为过于严格的版权法。内容产业则继续保持着强大的游说团队来支持自己的观点。

4.1.4 "合理使用"信条

版权法律和法院判决试图在定义作者和出版商的权利的时候做到符合两个目标：促进生产有益的作品，同时鼓励信息的使用和流通。"合理使用"（fair use）信条允许在有助于创作新作品时使用受版权保护的材料（如在评论中引述一个作品的一部分），也允许不太会剥夺作者或出版商的合法收入的使用行为。在合理使用时，不需要版权持有人的许可。合理使用的概念（对于文学和艺术作品）也随着司法判决在成长；在 1976 年，美国版权法明确包含了合理使用的条款。1976 年版权法的制定要早于个人电脑的广泛使用，因此它涉及的软件问题主要和大型业务系统有关，而该法律根本没有涉及与互联网有关的任何问题。因此，它没有考虑到现在出现的许多关于合理使用的问题中涉及的新情况。

该法律指出了一些合理使用情形，例如"批评、评论、新闻报道、教学（包括课堂使用的多个副本）、学术或研究"[10]。它列出了在确定某个特定的使用是否是"合理使用"时，需要考虑的 4 个因素：

1）使用的目的和性质。例如，是用于商业目的还是教育目的（商业用途一般不太可能是合理使用），以及是把被拷贝的作品改造成了新的东西，还是简单地再生产。

2）版权作品的性质。（使用有创造性的作品（例如小说）相比使用事实性的作品更加不太可能是合理使用。）

3）被使用的部分的规模和其重要性。

4）对该版权作品的潜在市场或价值可能产生的影响。（如果可能会降低原来作品的销量，那么就不太可能被认为是合理的。）

没有一个单一的因素可以单独决定一个特定的使用是否是合理使用，但上面最后一个因素通常比其他因素的权重更大。

在美国，有关版权的法院判决必须要符合宪法第一修正案。例如，法院可以宽泛地解释合理使用的原则，以保护对其他作品的模仿创作。在许多情况下，某个使用是否是合理使用并不显然。在特定的情况下，法院会对此进行解释并应用相关原则。法律学者认为，关于合理使用案例的判决结果往往是出了名的难以预料。不确定性本身就可能会吓阻言论自由。由于担心可能会引发昂贵的法律诉讼，就可能会减少使用其他作品来创造有价值的新作品的行为，即使这里的使用很可能会被裁定是合理的。

4.1.5 关于复制的伦理争议

关于复制的伦理性，存在一些内在的"模糊性"。许多人在从未经授权的来源获得音乐、电影和软件的时候，都意识到他们是在"不劳而获"。他们受益于他人的创意和努力，却没有为它付费。对大多数人来说，这似乎是错误的。另一方面，在很多情形下，许多复制行为似乎并没有错。下面我们来探讨其中的一些原因和区别。

复制或分发一首歌曲或计算机程序并不会减少他人使用和享受其作品。这是在知识产权和有形财产之间的一个根本区别，也是复制行为相比拿走别人的有形财产会在更多情况下属于符合道德的关键原因。然而，大多数在娱乐或软件等行业创造知识产权的人这样做的目的是为了赚取收入，而不是为了自己使用这些作品。如果电影院和网站可以不用付费就放映或者播出电影拷贝的话，那么就会很少有人或公司愿意在拍电影中投入金钱、时间、精力和创造性的努力。如果网站可以提供图书的免费下载，而不用与出版商达成协议，那么出版商可能会卖不到足够的份数以收回成本，因此他们将停止出版。知识产权的价值也包括作为产品提供给消费者以赚取金钱所体现出的价值。当人们疯狂地擅自复制知识产权时，他们的行为就减少了该作品作为所有者资产的价值。这是他人可以从版权持有人手中窃取的一种财产。这也就是为什么抄袭在很多场景下是错误的。

未经授权的文件共享服务的支持者和主张宽松的知识产权拷贝限制的人们争辩说，允许复制（比如，在购买前试听一首歌曲或试用计算机程序）会使版权拥有者受益，因为它可以促进销量。这种用途似乎是道德的，而且事实上，由于在未经授权的拷贝中的很多"错误"都源于剥夺了拥有者从他们的作品中赚取的收益，因此合理使用原则中的第四条考虑了对该产品市场的影响。然而，我们要小心不要太过分，从而剥夺版权所有人的决定权。许多企业会提供免费样品和价格低廉的入门报价，以鼓励销售，但这是一个商业决定。企业的投资者和员工会担负起这种选择的风险。通常应该由一个企业决定打算如何销售其产品，而不是由想要免费样品的消费者来决定。

通过拷贝以供个人使用或无偿分发他人作品的人们通常不会从中得到经济利益。从道理上来讲，个人使用比商业用途更有可能（在道德上和法律上）成为合理使用，但是个人使用总是合理的吗？是否有经济利益一定是很重要的吗？在某些情况下，利润动机或经济利益是决定一个行为是否错误的因素；但在其他情况下，这可能是无关紧要的。打砸抢行为并不会获得经济利益，但是他们的行为会破坏或者降低别人财产的价值，因此打砸抢行为是不道德的（而且是犯罪行为）。在确定如何保护言论自由时，利润动机并不是一个重要因素。言论自由是针对书籍、杂志、报纸和网站发布的一项重要的社会、伦理和法律原则，而从事这些行业的大部分企业都是赚取利润的。许多辱骂或威胁言论也与经济收益无关，但却是不道德的。

下面我们列出人们用以支持未经授权的个人拷贝或在网络上张贴内容的一些论点（在并非是明确的合理使用的情况下），以及需要考虑的反方论点。下面的回应并不意味着未经授权地复制或使用别人的作品永远是错的——在许多情况下，事实并非如此。这些简短的建议只是用于对这些论点的分析。

- 我买不起这个软件或电影，或者付不起在我的视频中使用某首歌曲的专利权使用费。有很多东西都是我们无法承受的，但是没有能力购买某些东西，并不能说明拿走它就是合理的。
- 该公司是一家规模很大的、很有钱的公司。一个公司的规模和成功并不意味着我们就可以拿走他们的东西。当拷贝行为普遍发生时，程序员、作家和表演艺术家也会失去其收入。

- 我反正也不会照零售价格去购买它（或支付所需的费用）。该公司并没有真的失去销售额或降低收入。即使它对你的价值小于版权所有者所收取的价格，但你还是没有付费就拿走了一些有价值的东西。有时候，我们会不用付钱就得到有价值的东西。例如，别人在帮忙，或者许多人在网上免费提供了有价值的信息。但是我们可能会很容易忽略一个关键的区别：应该由谁来做出这样的决定？

- 为朋友做一个拷贝只是一种慷慨的行为。哲学家海伦·尼森鲍姆（Helen Nissenbaum）认为，拷贝软件给朋友的人对程序员禁止制作拷贝的权利形成了一种反补贴的请求："追求慷慨美德的自由"[11]。我们当然有追求慷慨的自由（即消极权利），我们可以通过为朋友制作或购买礼物来行使该权利。但是，我们是否拥有追求慷慨的请求权（积极权利）则不是很清楚。拷贝软件的行为是我们自己的慷慨行为，还是迫使版权拥有人做出的非自愿的慷慨行为呢？

- 与不诚实的人从盗版中获得巨大利益而损失的数十亿美元相比，这种违反行为是微不足道的。是的，大规模的商业盗版更为糟糕。但是，这并不意味着个人复制就是道德的。而且，如果这样的做法很普遍，那么损失也会变得更加显著。

- 每个人都在这样干；如果你不这样做，就会显得很愚蠢。做某件事的人群的数量多少，并不能决定该事情是否正确。在某个组织中的大量人群可能存在（或缺少）类似的动力或经验，从而会影响他们的观点。

- 我想在我的视频中使用某个歌曲或视频片段，但我却不知道如何获得许可。与许多其他理由相比，这是一个更好的理由。技术的进步已经超越了可以轻松制定商业运营机制的能力。经济学家所谓的"交易成本"是如此之高，严格要求获得许可会减缓新的知识产权的创作和发行。

- 我发布这个视频（或一个电视节目片段）的目的是作为公共服务。如果公共服务是娱乐（给公众的礼物），那么前面关于拷贝是一种表示慷慨的形式的观点与此有关。如果公共服务是为了对某个重要问题表达想法或做出一些声明，那么发布它可能类似于创建一个评论或模仿。在某些情况下，这可能是拥有社会价值的合理使用。简单地发布一个完整的节目或它的主要部分则很可能是不合理的使用。

法律并不总是关于道德决策的良好指南，但合理使用准则可以作为一个可接受的识别标准，可以在一定程度上用来帮助区分合理和不合理的复制行为。由于问题的复杂性，在应用该准则的过程中，总是会存在道德和法律上的不确定性。该准则可能需要进行扩展和澄清，以覆盖新的媒体，但它们给我们提供了对应于合理道德标准的一个良好框架。

剽窃和版权

剽窃是使用别人的作品（通常是文字作品），把它当作自己的作品。在学生当中，剽窃（抄袭）通常意味着从网站、书籍或杂志中摘抄一些段落（可能加一些小修改），没有标明出处，就把它们添加到论文中，当作课堂作业提交。剽窃还包括花钱购买学期论文，并把它当作自己的工作提交。有些小说家、纪实文学作家和记者有时会抄袭其他作者的部分或完整作品。

社会公约可能会影响是否构成抄袭的判定。例如，公众和图书出版商一般都知道，代笔者帮政治家或名人写书的时候，书上只会出现政治家或名人的名字，而不出现真正的作者姓名。很少有人把这种做法称为抄袭，因为这些代笔人在合同中明确同意了这种不署名的情形。

大多数情况下，被抄袭材料的作者并不知道或未授权其使用，所以抄袭通常包含了侵犯版权。如果材料是在公共领域，或如果有人同意为另一个人写论文，那么它就不是侵犯版权，但它仍然可能是抄袭。

抄袭是不诚实的，因为它是对别人工作的挪用，（通常）未经许可而且也没有标注引用。在学校，它是对教师撒谎，是对自己作业的弄虚作假。在新闻或出版业，它是对雇主或出版商以及对公众的一个谎言。抄袭违反学校规定，也被认为是严重违反职业道德的行为。

成千上万的高中生和大学生的学期论文都会被提交到诸如 TurnItIn（turnitin.com）这样的网站服务器上，用来检查它们是否抄袭。TurnItIn 会拿学生提交的内容与其数据库中数以百万计的学生论文和材料，以及网络上的和存档中的资料进行对比。该服务会把提交检查的学生论文添加到数据库中。有几个学生状告该公司侵犯其版权，因为他们的文件被添加到了数据库中。联邦上诉法院裁定，TurnItIn 存储学生的学期论文属于合理使用，虽然 TurnItIn 复制了整个文件，而且它是一个商业实体。然而，它提供的服务和写学期论文完全不同，而且它的服务并不会减少学生论文的市场，这些事实对于裁决的影响很大 [12]。

4.2　重要的合理使用案例和判例

合理使用信条在不同的场景下都是很重要的。首先，它有助于我们找出在什么情况下，我们作为消费者可以合法地复制音乐、电影、软件等。其次，开发新软件、录音设备、游戏机和其他产品的开发人员通常必须要拷贝另一家公司的软件的一部分或者全部，作为开发新产品的过程中的一部分。新产品可能会与其他公司的产品产生竞争。这样的拷贝行为是合理使用吗？我们会看到一些覆盖这些场景的案例。有些案例还涉及在使用某产品或服务的用户侵犯版权时，提供该产品和服务的公司要承担的法律责任的程度。对于许多基于 Web 的服务，这一点是很重要的，有些服务会或明或暗地鼓励用户非法使用别人的作品。

4.2.1　"环球影城诉索尼公司"（1984）

索尼公司的案例是美国最高法院裁决的关于对受版权保护的作品进行私人的、非商业的拷贝的第一个案例 [13]。它涉及的是录像带摄录机，但它在基于 Web 的娱乐案件和有关新型数字录制设备的案件中也被经常引用。

两家电影制片厂状告索尼侵犯版权，因为一些客户使用索尼生产的 Betamax 录像带摄录机来录制在电视上播放的电影。因此，这个案例提出了一个重要的问题：版权人是否可以因为一些买家使用这些设备侵犯了版权，而起诉复制设备的制造商？首先，我们关注一下最高法院在索尼案件中裁决的一些其他问题：录制电影供个人使用是版权侵权还是合理使用？人们复制整部影片。电影是创意作品，而不是事实作品。因此，若以合理使用准则中的第二和第三个因素（见 4.1.4 节）为依据，则应反对该录制行为。录制该电影的目的是为了在稍后时间可以观看。通常情况下，消费者在观看电影之后，会重复使用该录像带录制其他内容，因此该拷贝就成为了"短命拷贝"。该拷贝是用于私人的、非商业的目的，电影制片厂无法证明它们受到任何伤害。法院对合理使用准则中的第二个因素（即版权作品的性质）进行了解释，它不仅包括简单地对创意或事实的判断，还包括制片厂在电视上播放该电影时已经收到了一大笔费用，而该费用的收取是基于大批观众会免费观看该电影。所以合理使用准则中的第一、第二和第四个因素都支持是合理使用。法院裁定，录制影片在稍后时间观看属于一种合理使用。

事实上，人们拷贝整个作品并不一定就会构成非合理使用的裁决，虽然许多关于合理使用的例子都只应用于小规模的摘录片段。拷贝本身是用于私人的非商业用途这个事实是很重要的。法院认为，私人的非商业用途应当被假定是合理的，除非存在对版权持有人造成实际经济损害的可能性。

在 Betamax 机器的合法性问题上，法院认为，拥有大量合法用途的设备制造商不应该因为有些人用其设备来侵犯版权就受到惩罚。这是一个非常重要的原则。

4.2.2　逆向工程：游戏机

在索尼的案例中，最高法院的裁决认为，非商业性地复制整个电影可以是合理使用。在几起涉及游戏机的案件中，法院裁定，为了商业用途复制整个计算机程序也是合理的，主要是因为其目的是为了创建一个新的产品，而不是为了销售其他公司的产品拷贝。第一个案例是"世嘉株式会社诉 Accolade 公司"。Accolade 公司制作的是可以在世嘉（Sega）机器上运行的视频游戏。为了使他们的游戏正常运行，Accolade 公司需要弄清楚 Sega 游戏机软件中的一些部分是如何工作的。Accolade 拷贝了 Sega 的程序，并对它进行反编译（即把机器代码翻译为他们可以阅读和理解的一种形式）。这种行为属于逆向工程（reverse engineering），即搞明白一个产品的工作机制，通常需要把该产品拆开来看才行。Sega 提起诉讼，Accolade 赢得了官司。Accolade 拷贝 Sega 的软件的目的是创建新的创造性作品，这样做满足了合理使用准则中的第一个因素。Accolade 是一个商业实体这个事实并不是最关键的。虽然 Accolade 的游戏可能会降低 Sega 游戏的市场，但这是一种公平竞争。Accolade 并没有销售 Sega 的游戏拷贝 [14]。在"雅达利游戏公司诉任天堂"的案件中，法院还裁定拷贝一个程序用于逆向工程也不是侵犯版权，而是合理的"研究"用途。

法院把类似的论据用在索尼计算机娱乐公司提起的一起诉讼中，做出支持 Connectix 公司的裁决。Connectix 公司拷贝了索尼的 PlayStation BIOS（基本输入输出系统），并对它进行逆向工程，以开发软件来模拟 PlayStation 游戏机。这样游戏玩家就可以购买 Connectix 的程序，并在他们的电脑上玩 PlayStation 的游戏，而无需购买 PlayStation 游戏机。Connectix 公司的程序中没有包含任何索尼的代码，并且它是一个新产品，与 PlayStation 游戏机是不同的。因此法院裁定他们基于这个目的对 BIOS 的拷贝是合理使用 [15]。

这些裁决表明，法院在解释合理使用的时候，考虑了在制定准则时并没有想象到的情形。如果目的是为了创造必须与其他公司的硬件和软件进行交互的新产品，那么逆向工程是一个必不可少的过程。

4.2.3　分享音乐：Napster 和 Grokster 的案例

当大钢铁和汽车行业在上世纪 70 年代受到廉价进口产品的压力时，他们的第一反应不是改变其过时的制造工厂，而是乞求法院禁止外来产品。唱片业也采取了类似的策略。

——卡尔·塔罗·格林菲尔德（Karl Taro Greenfeld）[16]

Napster 公司于 1999 年开始在网上提供服务，允许用户从其他用户的硬盘复制 MP3 文件的歌曲。该服务广受欢迎，在仅仅一年多之后，就拥有了超过 5000 万的用户，提供了近一亿个 MP3 文件。Webnoize 在调查中发现，大约 75% 的大学生都使用过 Napster。众所周知，Napster 用户复制和分发的歌曲都未经过授权。18 家唱片公司联名控告 Napster 侵犯版权，并要求对在 Napster 上交易的每首歌曲赔偿数千美元。唱片公司赢得了诉讼 [17]。

Napster 的案子之所以重要，有很多方面的原因。事实上，这么多的人参加一个活动，而法院裁决它是非法的，这表示的是新技术如何挑战现有法律的一个迹象，以及对于什么行为是可以接受的一种态度。很多人认为，Napster 的成功意味着版权的终结。相反，法院的裁决表明，法律制度仍然可以产生强大的影响力。在该案例中的论点同样适用于互联网上的许多其他网站和服务。

在该诉讼中，反对 Napster 公司的主要问题如下：

- 根据合理使用准则，Napster 用户复制及分发音乐是合法的吗？
- 如果不是，Napster 是否应当对其用户的行为负责？

Napster 公司认为，它的用户共享歌曲是法律上的合理使用。让我们回顾一下合理使用准则以及它们在这里如何适用。

通过 Napster 复制歌曲，并不适合由合理使用所覆盖的任何一种一般用途的类别（例如，教育、科研、新闻），但在录像带上复制电影也一样不适合。"环球影城诉索尼公司"的案例表明，最高法院愿意把娱乐包括进来，作为一种可能的合理使用目的。

Napster 公司认为，通过其服务共享歌曲是合理使用，因为人们制作拷贝是出于个人目的，而非商业用途。版权专家表示，"个人"意味着非常有限的使用，例如在一个家庭范围内，而不是与成千上万的陌生人进行交易。

歌曲（歌词和音乐）是有创意的材料。用户复制了完整的歌曲。因此，根据合理使用准则的第二和第三个因素，认为它不是合理使用，但是，索尼的案例表明，它们并不总是比其他因素更重要。

最后，也许最重要的一点是对歌曲市场的影响，即对持有版权的艺术家和音乐公司收入的影响。Napster 公司辩称，它没有伤害唱片行业销售；用户在 Napster 上试听音乐之后，会购买他们喜欢的 CD。音乐业内人士则声称 Napster 严重影响了销售。调查和销售数据并没有明确支持任何一方。销售数据显示，在 20 世纪 90 年代的大多数时间内，销售额大幅上升，期间只在 2000 年略有起伏。例如，2000 年音乐销量在（最大的市场）美国下跌了 1.5%。单曲的销量则下降了 46%[18]。我们并不知道 Napster 是否是下跌的唯一原因，但一个合理的结论是，Napster 上的大量复制对销售产生了负面影响，而且该影响会继续增长。

许多法律观察员认为，Napster 用户进行的大规模复制是非法的版权侵权，而不是合理使用，这也正是法院最后的裁决。但是，Napster 公司要对其用户侵犯版权负责吗？

Napster 公司并没有在其计算机上保存歌曲的副本。它提供了在任意时刻可下载歌曲的清单，以及登录用户的列表。用户使用从 Napster 下载的点对点（P2P）软件来从对方的硬盘下载歌曲。Napster 公司认为，这类似于搜索引擎，而一个新的法律《数字千年版权法案》（详见 4.3.2 节和 4.3.3 节）保护它不需要对用户侵犯版权负责。唱片公司认为，法律要求公司做出努力防止侵犯版权，Napster 公司没有采取足够的措施以删除未经授权的歌曲，或删除从事侵权行为的用户。

Napster 公司援引了索尼 Betamax 的案例，在该案例中，法院认为有大量的合法用途的设备制造商不因为用户侵犯版权而承担责任，即使制造商知道有些用户会这样做。Napster 有大量的合法用途，可以宣传新的乐队和艺术家，他们更愿意让用户复制他们的歌曲。唱片业认为，Napster 不是一种设备或新技术，而且他们并不要求禁止一项技术或关闭 Napster。唱片公司反对的是 Napster 公司使用了广泛可用的技术来帮助版权侵权。唱片业想要 Napster 在未经版权人许可时，停止把歌曲放到列表中。

在客户购买了 Betamax 机器之后，索尼公司与客户的关系就结束了。Napster 公司会与会员互动，为他们要复制的歌曲提供访问方式。法院认为，Napster 公司需要承担责任，因为它有权利和能力监督其系统，包括其中的侵权活动，并在这些活动中拥有经济利益。Napster 公司是一家企业，虽然它并没有对复制歌曲收费，但它期望免费复制可以吸引用户，从而使其在其他方面赚钱。

在 2001 年，法院裁定 Napster 公司"明知鼓励和协助侵犯版权"[19]。Napster 面临民事诉讼，可能需要支付数十亿美元的损失赔偿。在尝试从其歌曲列表中移除未经授权歌曲的努力无效之后，Napster 公司被迫关闭。另一家公司购买了"Napster"的名字，并建立了一个合法的流媒体音乐订阅服务。

消费者想要从娱乐界得到什么？

Napster 为什么如此受欢迎？当我（Baase）问我的学生时（在 2000 年，非法版本的 Napster 公司正在蓬勃发展的时候），许多人高呼"因为它是免费的！"这是很明显的原因，但它并不是唯一的原因。我的学生很快就列出了 Napster 其他可取的特点。他们可以做到：

- 无需购买整张 CD，就能得到他们想要听的单首歌曲。
- 试听一些歌，看看是否真的想要购买它们。
- 能访问到一个巨大的"库存"，而不是仅限于一个特定的商店或音乐公司。
- 得到不在市面上销售的歌曲。
- 从网上得到音乐的便利。
- 在任何地方下载并播放一首歌曲；并不需要拥有一个物理上的 CD 或播放机。
- 查看关于歌手和音乐家的信息。
- 在后台下载歌曲的同时，还可以与其他用户在线聊天。

引人注目的一点是，我们现在可以通过合法的付费订阅服务、由广告支撑的免费服务和其他网站获取所有这些功能。Napster 公司采用了当时的各种新技术，除了免费音乐之外，还提供了灵活性、便利和服务。唱片公司不想拥抱新技术，相反，他们期望客户还会继续从商店或在网上购买光盘，并等待几天之后才能寄到。唱片公司习惯了每个客户为每个拷贝付费的旧模式，并不愿意尝试新的方法。

大约在 Napster 的案件做出裁决的时候，还同时兴起了许多其他公司和网站（Gnutella、Morpheus、Kazaa 等），它们提供了一种新的点对点文件共享服务。这些系统使互联网用户之间可以复制文件，但是却不需要像 Napster 这样的中央服务，所以当用户侵犯版权时，不会被起诉。在 Gnutella 出现的几个月内，就拥有了超过一百万个文件。许多都是未经授权的 MP3 音乐文件和未经授权的软件。在"MGM 诉 Grokster"案中，音乐和电影业起诉 Grokster 和 StreamCast Networks（Morpheus 的拥有人）。虽然这些公司并没有提供一个中央服务或用户磁盘上可用的音乐文件列表（像 Napster 一样），但他们提供

了用于共享文件的软件。技术专家和文件共享的支持者认为，点对点文件传输方案有许多潜在的生产性的合法用途。(他们是正确的。)然而，最高法院一致裁定，因为鼓励侵犯版权，知识产权所有者可以起诉这些公司。(大约在同一时间，一家澳大利亚法院做出了反对 Kazaa 的类似裁决。)

在对 Napster 和 Grokster 的裁决中明确提出，鼓励侵犯版权的企业和提供工具做这些事情并以此作为其商业模式的核心部分的企业不能在美国合法运营。许多文件共享企业都与娱乐业进行了庭外和解，被迫支付了数百万美元。许多公司都被迫关闭，但有一些还在地下或者其他国家生根发芽。那些想要运营合法企业来提供音乐的人意识到，他们不得不同音乐公司达成协议，并且向他们付费。

4.2.4　用户和程序界面

版权是否适用于用户界面？一个程序的外观和感觉(look and feel)指的是如下功能：下拉菜单、窗口、图标以及手指的动作和使用它们来选择或激活动作的具体方式。两个程序如果拥有类似的用户界面，有时也被称为软件通用型的(workalike)程序。它们的内部结构和编程结构可能是完全不同的，因此一个程序可能会更快或有其他优势。一个程序的外观和感觉是否应当受版权保护呢？一个软件通用型的程序是否侵犯了与它长得像的早期程序？

在 20 世纪 80 年代和 90 年代，一些公司在起诉他人软件拥有类似的外观和感觉时，赢得了版权侵权的诉讼。当苹果公司最开始销售带有它的窗口操作系统的 Macintosh 计算机时，它强烈鼓励 Mac 程序要采用这样的外观和感觉，从而用户可以很快知道如何执行许多基本的应用活动，从打开和打印文件，到剪切和粘贴文本。当苹果公司鼓励在它的平台上使用通用的外观时，它又在同时强烈地保护 Mac 外观和感觉不能在其他的平台(比如微软的 Windows)上实现。

一个上诉法院推翻了其中一个"外观和感觉"的案件，裁定菜单命令是"一种操作方法"，明确排除在版权保护范围之外。法院解释说，它们就像一辆汽车上的控制面板[20]。法院判决的趋势是反对"外观和感觉"的版权保护。在法院裁定中，重叠的窗口、下拉菜单以及像剪切和粘贴这样的常用操作都被排除在版权保护的范围之外。

支持保护用户界面的主要论点是，它是一个重要的创造性工作。因此，通常的版权和专利的论点(例如，奖励和鼓励创新)也适用于用户界面。另一方面，标准用户界面可以提高用户和程序员的生产率。我们不用再学习每个程序、设备或操作系统的新界面。程序员不必"推倒重来"，只是为了有所不同而非要设计一个新的界面。他们可以专注于开发程序中真正创新的方面。在浏览器、智能手机等等之中采用类似界面的价值现在已经得到了公认，并被视为理所当然[⊖]。

当软件开发人员创建程序时，他们通常依赖于应用程序接口(API)，允许他们的代码与另一个程序员的应用程序交互。API 是程序员的"用户界面"。在开发 Android 操作系统时，谷歌使用了 Java 语言中的 37 个 API(约占 Java API 总数的 20%)。谷歌在设计 Android 时，并没有想用它来替代 Java 或是利用 Java，而是想让熟悉 Java 的程序员在编写 Android 程序的时候更加容易；使用 Java API 减少了新的 Android 开发者的学习曲线。甲骨文公司

　　⊖　有几家公司还拥有支持触摸命令的屏幕专利技术。

（Oracle）是 Java 的拥有者，谷歌未经其许可使用了 Java API，甲骨文公司起诉谷歌侵犯版权，要求赔偿近 90 亿美元。"甲骨文公司诉谷歌"案的第一个关键法律问题是 API 是否享有版权。第一审的法官说 API 不享有版权，因为系统或操作方法是不可以进行版权保护的。然而，美国联邦上诉法院裁定，API 中有足够的独创性，因此使其可以受到版权保护。这个有争议的决定让很多程序员感到不安，因为实现 API 是确保程序互操作性而广泛采用的实践。在上诉后的审判中（2016 年），在决定谷歌使用 Java API 到底是侵犯了甲骨文公司的版权还是属于合理使用的裁决中，陪审团认定它是合理使用。甲骨文公司表示将上诉，因此最终结果尚不得而知。

4.3 对版权侵犯的响应

4.3.1 内容产业的防守和积极响应

娱乐和软件行业采用了多种方法来防止未经授权使用其产品的行为。其方法包括用技术手段来检测和阻止拷贝，关于版权法和为什么要保护知识产权的教育，法律诉讼（既有合理诉讼，也有滥用），为了扩展版权法而进行的游说（有些合理，有些则不然），游说以限制或禁止有助于侵犯版权的技术，以及通过新的商业模式以方便的形式向公众提供数字内容。总的来说，这些行动是可以理解的，但是有的时候内容产业采取了不适当的行动或者滥用他们的权利，尝试超越版权法的最初目标。

1. 利用技术手段来挫败侵权

早期有很多用于保护软件的各种不同技术，它们取得了不同程度的成功。包含软件的软盘上有"拷贝保护"机制以防止被拷贝。软件公司在免费试用的软件版本中设置一个到期日期，而该软件在该日期之后会无法使用。一些昂贵的图形或商业软件会包含一个硬件加密狗（dongle），买方需要把一种装置插入计算机的一个端口才能运行该软件，从而确保该软件在同一时间只能在一台机器上运行。有些软件需要激活或注册一个特殊的序列号。这些技术中的大部分都"被破解了"，也就是说，程序员发现了打败这些保护机制的方法。许多公司在并不是很昂贵的软件应用中放弃了软件保护技术，主要是因为消费者不喜欢这些机制所带来的不便。大多数现代软件通过互联网与软件公司通信，以确认软件是有许可证的。有些软件访问控制机制后来发展成用于娱乐节目和电子书的更复杂的数字版权管理方案，我们会在本节后面进行讨论。

有些音乐公司采用巧妙的战术阻止未经授权的文件共享：他们把大量损坏的音乐文件（称为"诱饵"）放到文件共享网站上。例如，这些诱饵可能无法正常下载，或者充满了噪音。当时的想法是，如果人们试图下载的歌曲中有很大比例无法正常播放，他们会因此变得沮丧，从而停止使用文件共享网站。电影公司也采用类似的战术，在互联网上散布新电影的许多假的副本。

有些电影院在播放最近发布的电影时，会在面向观众的方向设置特殊的摄像机，用来检测录像设备，并提醒安全保卫人员。作为防止非法录像的另外一种保护，在电影院放映的有些电影会包含数字水印，当播放机检测到水印时，就会提醒播放设备这个电影是从电影院中非法录制的。在播放该电影 20 分钟后，就足以把观看者"吊住"，而设备会停止播放并要求观看者付费以购买合法拷贝。

2. 执法

软件行业组织也被称为"软件警察",它们从互联网之前的早期商务计算时期就开始活跃。在大多数情况下,违反版权法的行为非常清楚,企业或组织会同意接受巨额罚款,而不会选择走向法庭审判。企业中的软件拷贝行为逐渐下降,部分是因为更好地理解了所涉及的道德问题,部分是因为害怕被罚款和曝光,因为在现在的商业环境中,人们都会把大规模侵犯版权认为是不能接受的。

执法机构会搜查交易场所、仓库和其他地点,对盗版软件(以及后来的音乐 CD 和电影 DVD)的卖家提起诉讼。法院会对有组织、大规模的盗版行为处以严厉的处罚。例如,iBackup 公司的老板在承认非法拷贝和销售了价值 2000 万美元的软件的罪行之后,被判处 7 年监禁,并被罚款 500 万美元。类似地,经常到电影院用摄像机录制新电影并销售自己制作的盗版拷贝的一名男子也被判处 7 年监禁。

网络空间中的执法工作还在继续,并对交易或销售大量未经授权的软件和娱乐内容拷贝的网站进行跟踪。

国际上的盗版行为

传统上,一些国家还不认可知识产权或对其加以保护,这其中包括版权、专利和商标。假冒的名牌产品(从蓝色牛仔裤,到昂贵的手表和药品)在世界上的一些地方很常见。忽视国外书籍和其他印刷材料的版权,长期以来是许多国家的普遍做法。因此,在这些国家存在盗版软件、音乐和电影并不稀奇。出售或分享未经授权的游戏、软件、娱乐文件的网站在许多国家蓬勃发展。

商业软件联盟(Business Software Alliance,BSA)是一家软件行业组织,据其估计,全球在个人计算机上使用盗版软件的大约占 39%。盗版率最高的地区是中欧、东欧和拉丁美洲[21]。(很明显,想得到关于非法活动的准确数字是非常困难的。BSA 在估算时,考虑了出售的计算机数量、每台计算机上软件包的预计平均数,以及销售的软件包数量。)

许多盗版猖獗的国家没有大规模的软件产业。因此,他们也没有国内的程序员和软件公司游说保护软件。国内软件行业的缺乏是软件法律保护薄弱的一个结果,也可能是其中一个贡献因素。当无法从软件开发的投资中获利时,这样的产业就难以发展。事实上,如果各大软件公司都来自其他国家,会使得该国人民和政府都更倾向于不去采取行动以减少未经授权的销售。在美国,由于存在许多合法的娱乐和软件卖家,客户可能知道他们在购买的是非法产品或共享的是未经授权的文件。而在露天市场购买未包装食品很常见的一些国家,可能对于未经授权的卖家销售软件和音乐并不觉得有什么不寻常(或觉得有错)。在有些国家,可能更容易在地摊上找到一盘美国 DVD 电影,而要找到一个授权经销商却比较困难。在一些国家盗版猖獗的另一个原因是:经济薄弱,人们收入较低。一张 20 美元的 DVD 可能等于他们一星期的工资,而 1 美元的盗版光碟则在经济上可以承受。(所以一些美国电影公司在他国以相对较低的价格销售 DVD,来吸引顾客远离非法市场。)因此,文化、政治、经济发展、低收入、知识产权法律的执法不严都是导致高盗版率的贡献因素。

3. 禁令、诉讼和征税

通过诉讼和游说，知识产权产业已经推迟、限制或阻止了使拷贝变得容易的服务、设备、技术和软件，有时候仅仅因为人们有可能以侵犯版权的方式来广泛使用它们，尽管它们也具有很多合法用途。可供消费者使用的音乐 CD 录制设备技术早在 1988 年就有了，但唱片公司提起的诉讼推迟了它的销售。一些公司（其中包括一家电视网和迪士尼公司）起诉存储电视节目的数字视频摄录机的制造商，因为该机器可以跳过广告。美国电影和唱片业通过威胁要起诉制造 DVD 播放机的公司，禁止消费者在设备上对电影进行复制，推迟了 DVD 播放机进入市场的日期。美国唱片业协会（RIAA）取得禁制令，要求 Diamond Multimedia Systems 公司停止发售其生产的 Rio 机器（一种可以播放 MP3 音乐文件的便携式设备）。Diamond 公司最终赢得了官司，部分是因为法院解释说 Rio 只是一种播放设备，而不是录音机，它允许人们在不同的位置播放自己的音乐，就像在索尼的裁决（4.2.1 节）中，人们可以在不同时间观看电视节目[22]。有些观察员认为，如果 RIAA 起诉 Rio 成功的话，那么苹果公司的 iPod 也就不可能出现了。

在新公司推出多种新产品和服务，以灵活方便的方式来提供娱乐节目的同时，与行业诉讼的战斗成本在事实上迫使其中一些公司不得不关闭，而很多并没有真正通过审判来决定他们的产品是否合法。

娱乐产业强力推行法律和行业协议，要求个人电脑、数码录像机和播放机的制造商在其产品中内置拷贝保护机制。它对设备制造商施加压力，要求把他们的系统设计为：使用未受保护的格式的文件时无法很好地播放，或者根本不能播放。这样的要求当然可以降低非法拷贝，然而，它们也干扰了用户自制作品的使用和共享。它们使公共领域的内容共享变得复杂化。它们限制用于个人使用和其他合理使用的合法拷贝。要求或禁止特定功能的法律违反了制造商可以开发和销售他们认为合适的产品的自由。

针对下载或分享未经授权的音乐文件的成千上万的人，娱乐行业则会提起诉讼或是采取其他法律行动。在寄给大学生的一些信中，威胁要处以数千美元的罚款。最终，意识到这些诉讼激怒了客户，而且没有特别有效地停止复制和共享，该行业减少了大规模诉讼的政策。相反，他们与互联网服务供应商达成了协议，对于非法传输音乐或电影的顾客发出警告，如果无视警告的话，可能关闭其账户。

作为禁止增加版权侵权可能性的设备的一种替代方法，一些国家的政府（包括大部分欧盟国家）对数字媒体和设备征收额外的税费，以支付版权持有人因为未经授权的复制而可能造成的损失。在 20 世纪 60 年代，他们对复印机和磁带征收特别税，后来又对个人电脑、打印机、扫描仪、空白 DVD、录像机、音乐播放器和手机收税。这些税费的倡导者认为，复制设备制造商要对他们的设备会导致知识产权所有者的损失负责，而在他们无法抓到每个侵犯者的情况下，税收计划是一种合理的妥协。批评者则认为，税收使这些设备更加昂贵，惩罚设备制造商不公平，对诚实的用户收费也不公平，而且要把收集到的钱进行公平分配也是一种被政治化的困难工作。

类比和观点

是否因为某个软件、技术、设备或研究可能用于非法用途，我们就应该对它们加以禁止或限制？还是我们应该只禁止其非法用途？这个问题涉及的原则的覆盖面远远超过了针对版权的侵权行为。执法机构主张禁止匿名 Web 浏览和电子邮件，因为它们可能会隐瞒犯罪活动。在第 5 章中，我们会讨论联邦调查局要求禁止使用难以监听的电话技术和他们难以破解的加密方案。禁止或限制可能用于犯罪的工具，这个问题也出现在许多与计算机技术无关的领域。美国的一些城市禁止向未成年人出售喷漆，因为他们可能会在墙壁上乱画涂鸦。当然，他们也可能会用它来为桌子喷漆。有些城市禁止嚼口香糖，因为有些人把它们乱丢到大街上，搞得乱七八糟。许多国家禁止普通百姓拥有枪支来保护他们的家庭或企业，因为有些人会滥用枪支。法律禁止特殊的药物用具，因为人们可能会把它用于吸毒。这些法律使预防特定犯罪更容易。例如，可能很难找到是谁画的涂鸦，但是如果对店主施以罚款威胁，那么就会减少对喷漆工具的销售。

在一个自由的社会中，谁会是最终的赢家？是人们应该拥有自由开发和使用有合法用途的工具，还是应该防止潜在的犯罪？"禁止拥有既有合法用途也有非法用途的工具"这一禁令的反对者，认为把这个禁令发挥到极致是极其荒谬的：我们是否因为有人会用火柴纵火，就应该禁止它呢？其他人则认为：我们应该单独对待每种可能的应用，考虑到其伤害的风险。工具禁令的支持者和游说者通常会把工具可能会造成的损害（考虑到他们客户的利益）排在对诚实使用该工具的人造成的自由和便利的损失的前面。我们很少能预测一种新技术带来的所有创造性和创新性的（合法）使用。禁令、延迟和代价高昂的限制，往往让全社会损失无法预见的好处。4.1.2 节的图 4.1 中列出的技术既是出现知识产权保护问题的原因，也是我们享有的令人难以置信的许多好处的基础。

4. 数字版权管理

数字版权管理（DRM）是一组技术，用来控制在数字格式中知识产权的访问和使用。

关于加密的更多内容：见 2.5.2 节。

DRM 包括使用加密和其他工具的硬件和软件方案。把 DRM 实现内嵌到文本文件、音乐、电影、电子书等中，可以阻止保存、打印、复制超过指定数量、分发文件、提取摘录或快进跳过商业广告。

有很多人批评数字版权管理技术。DRM 在阻止侵权使用的同时，也阻止了很多合理使用。例如，它可以阻止为了评论而提取的小量摘录，或者在一个新作品中的合理使用。你无法在老的或不兼容的机器和操作系统（例如 Linux）上，播放或观看受保护的作品。

我们很早就拥有出借、转售、出租或赠送实体书、唱片或 CD 的权利。（这些活动不要求制作副本。）如果我们不能把一本书借或送给朋友，那么朋友就可能会再买一份，增加版权人的收入。但在 1908 年，最高法院确立的原则中认为，版权拥有人只对一个拷贝的"首次销售"拥有权利 [23]。出版商（特别是经常被转售的教科书的出版商）游说立法机构，要求对每次转售提成；他们的游说失败了。然而，DRM 使内容销售商可以阻止用户出借、销售、租赁或赠送自己购买的拷贝。

音乐产业为反对以（不受保护的）MP3 格式发行音乐进行了长期的斗争，他们更喜欢使用 DRM，尽管唱片行业的一些人也认为 DRM 对防止盗版是无效的。在 2007 年到 2009 年间，音乐销售发生了重大变化，EMI 集团、环球音乐集团和索尼（这都是世界上最大的音乐公司）开始销售不包含 DRM 的音乐，苹果在 iTunes 商店中的音乐也不再使用 DRM。关于 DRM 的争论在电影和图书产业中还在继续，许多人认为它是防止盗版的必要条件。他们担心，如果不包括对数字内容的访问控制，这些行业将遭受严重的经济损失。

DRM 与我们之前讨论的禁令、诉讼和征税相比，有着根本上的不同，因为公司在自己的产品上采用 DRM，不会干扰到其他人或企业。他们是在以一种特定的方式提供自己的产品，这种方式对于公众来说存在缺点，但是出版商有选择以任何形式来提供他们的产品的自由。如果我们想要买的车型只有黑色、白色或绿色，我们不能要求公司提供一辆橙色的汽车。但是，我们可以先买一辆，再把它漆成橙色。我们是否可以对包裹在 DRM 中的知识产权做类似的事情？在下一节中，我们将看到有条法律规定我们往往不能这样做。

> 我们越对做生意的老旧方式提供政府保护，娱乐行业对于新技术的适应和从中受益就会拥有更少的自我激励。
>
> ——Les Vadasz，英特尔公司前副总裁 [24]

4.3.2 数字千年版权法案：反规避

在 1998 年，美国国会通过了《数字千年版权法案》(Digital Millennium Copyright Act, DMCA)。这是一个非常重要的法律，包含两个主要的部分。反规避（anticircumvention）条款禁止规避版权拥有人在知识产权中实现的技术访问控制和防复制系统。避风港（safe harbor）条款保护网站不因用户的侵权而受到起诉。我们在本节讨论反规避条款，在下一节讨论避风港。

1. 规避访问控制

程序员和研究人员经常想方设法破解或阻止（或"规避"）DRM，有时会造成大规模的版权侵犯，有时是为了各种合法的目的。DMCA "反规避"条款禁止制作、分发或使用工具（包括设备、软件或服务）以规避版权持有人所使用的 DRM 系统；该法律还对违反者提出了严厉的惩罚措施和罚款。（当然也有在之后会提到的例外。）这些规定是非常有争议的。DMCA 的理想目的是为了减少盗版和针对知识产权的其他非法用途。但是，它也会把不侵犯任何版权的行为定义为刑事犯罪。它把具有合法目的的设备和软件定为非法，而在 DMCA 之前的法院判决中对这些是保护的。内容公司利用该法律，通过各种方式威胁合理使用、言论自由、研究、竞争、逆向工程和创新。下面，我们来举一些例子 [25]。

基于 DMCA 的第一次重大法律案件涉及的是"内容加扰系统"（Content Scrambling System，CSS），它是电影的一种保护机制。三位程序员（其中包括来自挪威的 15 岁的乔恩·约翰森（Jon Johansen）⊖），编写并散发了一份名为 DeCSS 的程序，用来打败干扰系统 [26]。虽然 DeCSS 可以用来创建大量未经授权的拷贝，但是它还可以用于合法目的，比如制作个人备份的拷贝。几个好莱坞电影公司起诉了在其网站上发布 DeCSS 的人，而法官裁定，根据 DMCA，DeCSS 是非法的，并责令将其从网上删除 [27]。在该裁决后不久，在网上出现了关于 DeCSS 的各种描述，包括诗歌、条形码、小电源、歌曲、电脑游戏和艺术作品，目的是为了证明要想区分意见的表达和计算机代码是多么困难，前者受到第一修正案的强烈保护，而法官则认为后者是一种政府可以更容易监管的言论形式⊖ [28]。乔恩·约翰森在挪威

⊖ 其他人选择保持匿名。

⊖ 回想一下，3.2 节中讨论过的加密出口条例，像 DMCA 一样对研究和软件进行限制，但在与 DeCSS 案件差不多同一时间，法官裁定软件是一种言论形式。

根据挪威法律接受审判。挪威法院裁决，破解 DVD 安全来观看合法购买的 DVD 并不违法，检察官没有证明约翰森先生使用该程序非法复制电影。

一组研究人员对一个行业协会安全数字音乐计划（Secure Digital Music Initiative，SDMI）的挑战做出回应，以检验其用于音乐文件中的数字水印机制（版权保护的一种形式）。研究人员很快找到了办法来阻挠其中一些技术，并计划在一次会议上做论文演讲，展示其中的一些缺陷。研究小组的领头人（普林斯顿大学计算机科学系教授爱德华·费尔顿（Edward Felten））说，因为 SDMI 威胁根据 DMCA 提起诉讼，他不得不决定取消该论文的演讲[29]。DMCA 包含对于加密研究和计算机安全的必要行为

> 俄罗斯程序员因为违反 DMCA 被捕：见 5.7.1 节。

的豁免，但是豁免的范围有限，且不够清晰。这个案例表明，DMCA 和行业的诉讼威胁在研究发表上产生了寒蝉效应。又如，一家大型图书出版公司决定不出版计划中的一本书，其内容是关于在流行的游戏机中存在的安全漏洞。软件工程类学术期刊必须对他们要发表的一些研究论文是否会涉及法律责任做出判断。一个计算机科学专业组织认为，由于担心根据 DMCA 被起诉，可能会导致研究人员和学术会议离开美国，从而削弱其在该领域的领导地位。最终，唱片业和政府发表声明，承认对研究访问控制技术的科学家和研究人员提起基于 DMCA 的诉讼是不恰当的[30]。

在智能手机、平板电脑、游戏机和其他设备中，都拥有机制以防止安装或使用设备制造商不提供或没批准的软件和服务。破解这些机制有时也被称为越狱、解锁或 rooting（获得 root 权限）⊖。例如，苹果最初只允许在 iPhone 上使用 AT&T 服务合约；乔治·霍茨（George Hotz）想办法绕过了这个限制，他还设法绕过了在索尼游戏机上的一些限制。越狱的许多用途并不侵犯版权，例如，可以在 iPhone 上安装未经苹果公司认证的应用。对某些设备越狱还允许用户禁用一些功能，例如可以从用户的设备中远程删除一个应用程序。我们在 4.2 节中看到的几起案件中，在 DMCA 之前，法院裁定为了逆向工程生产新产品的复制是合理使用。然而，苹果公司威胁基于 DMCA 起诉一个网站，因为它包含关于对 iPod 进行逆向工程的讨论，使它们能够用于除了 iTunes 之外的其他软件[31]。电子前沿基金会（EFF）援引了一些公司使用反规避条款来威胁销售新的竞争产品的其他企业的例子，比如，打印机墨盒和车库门开门装置的遥控器[32]。在有些案件中，新产品制造商最终会获胜，但是也要先经过长期和代价高昂的法律诉讼。我们无法知道有多少人们可能开发的新的创新产品和服务因为 DMCA 而导致无法出现。

2. 豁免

美国国会图书馆决定对 DMCA 的反规避条款添加豁免。这需要一个复杂的过程，但它会每三年考虑一次新的提议并发布相应的规则。之前被批准的豁免必须每三年都要重新考虑一次，即使没有反对声音也是如此。美国国会图书馆现在允许为了合理使用的目的而规避 CSS。它在 2010 年裁定，允许为了教育的合理使用而规避 CSS，比如研究光盘上的访问控制中的安全漏洞。在 iPhone 发布三年之后，它允许修改手机以安装第三方软件（例如 APP），或使用替代的服务提供商，但是直到 2015 年之前，它都不允许对平板电脑和视频游戏控制器进行越狱。在非常有限的情况下，它允许绕过电子书的访问控制，让用户使用文本到语音的转换软件（对盲人是一个有用的功能）。在 2015 年，它允许针对汽车的安全研究和修理进

⊖ 这里使用的都是非正式的术语，而不是严格的技术定义。

行豁免。当新的设备（包括健康可穿戴设备、医疗设备、智能手表等）出现的时候，人们必须向美国国会图书馆申请批准豁免，然后他们才能规避对这些设备执行合法的行动控制。当新的使用方法出现，例如在一门名为"电影研究"的网上大规模在线课程（MOOC，慕课）中，学生需要对一部电影制作摘要的时候，就需要申请豁免 [33]。

为了商业目的发行的蓝光影碟使用 DRM 来防止被拷贝。在这个时候，如果有人制作软件来拷贝受保护的蓝光碟片，即使是为了非侵权的个人使用，也还是违法的。

美国国会图书馆批准的豁免范围通常非常窄，而且要比合法购买的产品晚好几年，因此会推迟新产品和服务的创新。DMCA 和它的豁免过程说明了法律制定的错误方式；像 EFF 这样的组织还在持续呼吁国会推翻 DMCA 的反规避条款，或者把它们限制到只适用于版权侵犯。

4.3.3　数字千年版权法案：避风港

当网站用户发布侵权材料时，DMCA 的"避风港"条款保护网站和社交媒体公司免受诉讼和侵犯版权的刑事指控。该网站运营商必须做出善意的努力，以保持在其网站上不出现侵权材料；而且如果版权人要求删除这种材料时，他们必须这样做。如果他们从侵权材料中获得利润，则可能会失去保护。与 1996 年《电信法案》（见 3.1.2 节）中关于其他类型的非法内容的避风港条款一样，这对于网站所有者和公众来说，都是受欢迎的保护措施。它认识到，拥有用户内容的网站具有巨大的社会价值，但运营商不能对所有用户张贴的内容进行审查。DMCA 的避风港条款促进了成千上万网站的发展，它们包含各种用户生成的内容，包括博客、照片、视频、食谱、评论以及在 Web 上共享的无数其他创意作品。如果针对用户可能发布的侵权材料而要求网站负法律责任的话，那么很可能会严重限制这种蓬勃发展的现象。

另一方面，这些网站包含了大量受版权保护的材料，从电影、电视节目和音乐会的片段，到整部电影和其他演出。人们可能从在 YouTube 上发布的视频所展示的广告中挣很多钱，但是如果其他人开始在 Facebook 上拷贝或转发的话，他就一分钱也挣不到了。版权持有人会发送所谓的"撤除通知"，要求删除相关内容（以及到该内容的链接），但是侵权材料的出现和重新出现的速度是如此之快，以至于内容所有者无法及时找到它并要求将其删除。娱乐业和其他内容公司对此非常不满，认为他们不得不承担这背后的责任和费用，需要不断地在网站上寻找侵犯他们版权的材料，并发送撤除通知。内容提供商认为像 YouTube 这样的依赖广告收入的大型网站，其收入在很大程度上依赖于未授权的内容。他们认为，这些网站类似于点对点的音乐网站，他们通过未经授权的他人的知识产权来赚钱，因此这些网站应该有责任过滤掉侵权材料，而不应该把负担转嫁给版权持有人。避风港条款的支持者担心，削弱避风港的保护，将威胁到许多包含用户生成材料的网站。

"Viacom ⊖诉 YouTube"一案本来有机会澄清避风港的范围，但是在经过七年的法庭审理之后，Viacom 和谷歌在 2014 年选择了和解，并没有透露其条款。（Viacom 要求 10 亿美元的赔偿，声称 YouTube 对于从网站上的 Viacom 视频中获利是知情的。）然而在另一个2015 年裁决的重要案件（BMG 集团诉 Cox 通信公司）中，结果是 Cox（一家大型有线电视公司和互联网服务提供商）输掉了避风港的保护官司。BMG 代表的是数千名娱乐版权持有

⊖　Viacom 是美国最大的媒体公司之一，拥有许多电视台和电影制作公司。——译者注

人，发现了数十万非法下载的歌曲，并把撤出通知发送给了 Cox。法官裁定，Cox 在这个案件中并不适用避风港保护条款；Cox 有权利关闭反复违反规定者的账户，他们使用点对点文件共享工具非法上传和下载音乐文件，但是 Cox 并没有一贯坚持这样的做法。Cox 对法院判决进行了上诉，但是如果维持该判决的话，这个案件就说明：有些法庭会认真要求想要避风港保护的公司就必须真的努力将侵权材料从它们的系统中撤除。

在很长的时间里，寻找侵权材料的负担几乎总是在内容版权持有人身上。现在，大型视频网站、社交网站等都会使用先进的工具，通过搜索用户生成的内容，来查找一个公司知识产权的数字"指纹"。这些工具的质量参差不齐，因此自动化搜索过程会漏掉很多。举例来说，有些音乐公司说，自动化搜索会漏掉大概一半他们的音乐。YouTube 说，音乐产业每天提交大约 2000 条通知，提醒手动找到的包含他们音乐的视频 [34]。另一方面，就像我们在第 3 章中讨论的过滤器可能会过滤掉非冒犯性材料一样，自动化工具也可能会错误地把非侵权内容标记和移除。有些自动化搜索工具会为愿意付费的内容拥有者提供非常有用的机制；我们会在下一节接着讨论。

虽然避风港条款总的来说是积极和重要的举措，但在撤除通知过程中还是存在一些弱点，对于网站和公众以及版权持有人都会带来问题。撤除要求显然可能会被滥用，从而威胁言论自由和公平竞争。版权持有人有可能很狭隘地解释合理使用原则，从而对有可能是合理使用的材料发送撤除通知。一项研究发现，在大约 30% 的撤除通知中，对于该材料是否确实侵犯版权，实际上存在相当大的疑问。合理使用规定会保护其中的大部分，例如，在一份负面的书评中引用该书的部分内容。在一次事件中，法学教授温迪·塞尔策（Wendy Seltzer）发布了一次橄榄球比赛中的一段视频剪辑。当全国橄榄球联盟（NFL）发出撤除通知后，YouTube 将其删除，当塞尔策声称它是用于教育的合理使用时（展示有关版权的问题，剪辑中包括 NFL 的版权声明），又被重新发了出来；接着在 NFL 发出另一个撤除通知后，网站又把它拿下。在企业发给谷歌的要求删除到涉嫌侵权的网页的链接的通知中，超过一半来自所针对网站的竞争对手 [35]。

搜索引擎公司和网站需要对他们收到的全部撤除通知进行评估吗？当他们认为收到的撤除通知是为了压制批评或削弱竞争对手的时候，他们又该如何应对？由于法院将如何解释合理使用准则往往也不是很显而易见，因此网站运营商很可能会出于保护自己的目的，从而遵从来自拥有大量法务人员的大型内容公司的要求。

娱乐行业和其他内容公司试图通过游说以削弱 DMCA 的避风港条款，认为托管网站应该对用户张贴的侵权内容承担更多的责任。他们争辩说，他们需要更多的法律工具来关闭美国以外国家的盗版网站。与在其他情况下一样，当很难找到政府希望停止其所作所为的人并加以制止的时候，内容公司会把更多的执法负担（处罚）施加到合法公司的身上。例如，他们主张要求互联网服务供应商阻止访问指定的侵权网站，并要求支付公司（例如，Paypal 和信用卡公司）停止处理对此类网站的付款。这些新的严格要求会对诸如 YouTube、搜索引擎、Flickr、Twitter 等网站带来什么影响？对没有足够的技术来遵守而又没有足够的律师来打官司的小公司，又会产生什么影响？对这些要求的批评者警告说，内容行业用来确定侵权网站的标准过于含糊和宽泛，而且一旦开始封锁相关访问和资金，那么就可能会扩大到其他用途，并威胁到言论自由。盗版仍然是令知识产权的创造者和所有者头疼的一个主要问题，也会给他们带来主要的损失。继续寻找有效方法来减少盗版，同时不对合法活动和企业带来负担，或者阻碍新服务的创新和发展，依然是我们面临的巨大挑战。

4.3.4 不断变化的商业模式

电影业在 20 世纪 80 年代曾经把采用盒式录像带的录像机看作是威胁，但最终发现它们可以从租赁和销售电影录像带中赚取数十亿美元。在经历了似乎很长时间之后，许多娱乐公司才慢慢意识到共享音乐文件的人其实都是喜欢音乐的人，他们是潜在的客户。苹果公司的 iTunes 已售出超过 100 亿首歌曲及数千万的视频，它的成功显示公司可以成功销售数字娱乐内容，不管从消费者还是版权持有人的角度来看都是如此。现在，很多音乐订阅服务在与音乐公司达成的协议下运作。同样，许多公司也提供（授权的）电影下载服务。

多年以来，对于内容提供商来说，如果他们的内容被人发布到像 YouTube 这样的流行网站的话，那么他们就无法从中获得收益；唯一的选择只能是要求把它移除。有些新的自动化系统可以用来搜索侵犯版权的材料，它们同时提供一种付费机制。根据公司之间的协议，该网站可以阻止或完全删除侵权视频，或者也可以为它的出现向版权持有人支付一定的费用。这是一种创造性的方式，它允许用户张贴有版权的内容，或者在他们自己的（通常是非商业化的）创作中使用这些材料，而不用费很多麻烦去获取许可或承担法律责任。因为网站会从广告中获益，并且他们拥有财力和技术去开发和利用先进的过滤工具，因此由他们而不是由用户来负责支付费用，这样做也是有道理的。

用于授权共享的工具

许多作者和艺术家（包括那些在网上销售作品的人）都愿意在一定程度上分享自己的作品。如果没有出版公司的律师和没有明确授权的麻烦，他们怎么能够轻松地表明他们愿意让别人对他们的作品做些什么呢？从用户的角度来看，想要复制他人网站上的照片的时候，该如何确定他是否必须获得许可或支付费用？许多人愿意尊重作者或艺术家的偏好，但通常不容易确定这些偏好是什么。

Creative Commons[36] 是一家非营利组织，根据 GNU 通用公共软件许可证（见 4.5节）制定了一系列的许可协议。通过选择可点击的图标，作者或艺术家可以向观众指定所允许的许可证，就可以明确允许通常需要版权所有者授权的一些可选择的行为。例如，一个人可以允许或禁止复制用于商业用途，要求任何使用都必须满足一定的信用额度，仅在不加修改时允许复制或展示整个作品，允许在新的作品中使用该作品，或者也可以把整个作品放到公共领域。与网上的许多内容一样，许可证和相关软件的使用是免费的。照片网站 Flickr 是 Creative Commons 许可的最大用户之一。任何在 Flickr 上存储照片的人都可以指定其允许的用途。

这种易于使用的方案可以消除混乱的局面和昂贵的开销，从而在促进和鼓励共享的同时，也保护了知识产权所有者的意愿。

侵权的商业模型

曾经出现过一些行不通的新的商业模式。在 2011 年，一家小型初创公司 Zediva 购买了许多 DVD 向客户租赁，但是并不是快递 DVD 光盘，而是通过流媒体把电影发送给租客。Zediva 认为，如果它可以不经由电影制片厂授权就出租 DVD 光盘，就像 Netflix 根据首次销售原则（见 4.3.1 节）所提供的服务一样，那么在互联网上利用数字方式出租电影，每次只把一部 DVD 以流媒体方式发送给一个租客，这样也应该是合法的。电影制片厂认为，以流媒体方式播放电影是一种公开演出，因此需要授权。法院同意这种解释，Zediva 也只好

被迫关门 [37]。这种对法律的解释是否合理呢？ Zediva 利用流媒体的这种形式应该是合法的吗？

另一家初创公司 Aereo 利用了美国的免费电视广播信号。该公司在全国各地设立了仓库，提供成千上万个一毛钱硬币大小的天线；用户可以租用一个天线的独家使用（一个用户一个天线）来观看直播电视。用户还可以访问云中的数字视频录像机（DVR）。根据几家电视网络与有限电视公司之间的早期法院裁决，认为像 Aereo 这样的远程 DVR 服务没有侵犯版权。电视广播公司反对 Aereo 天线租赁概念，认为 Aereo 是在重新传输信号，因此需要收取有线电视公司必须支付的相同费用。与 Zediva 案一样，最高法院裁定 Aereo 的服务是一种公开演出。即使广播信号本身是免费的，Aereo 也没有权利在未经内容创作者同意的情况下转发其节目 [38]。

还出现了一些其他商业模式，其旨在绕过版权法，帮助人们分发非法复制的视频。它们能走多远？ 根据对 Pirate Bay 案件（2009 年在瑞典）判决的解释，即使网站本身没有包含未经授权的材料，但是帮助用户查找并下载未经授权的版权材料（音乐、电影、电脑游戏）也违反了瑞典版权法。Pirate Bay 的四名组织者被裁定帮助侵权的罪名成立。美国电影协会也起诉了一些不承载侵权视频，但是只提供链接的网站。它也赢得了一些官司。这些网站与最初的 Napster 和 Grokster 有任何根本上的不同吗？仅仅是列出或者提供到包含未经授权文件的网站的链接就是非法的吗？

网上寄存空间（cyberlocker）在网络上提供大型文件存储的服务。热门网站的会员每天都会传输几十万个文件。与十多年前的 Napster 公司一样，歌手和音乐家把文件保存到网上寄存空间，供用户免费下载，以宣传他们的作品。然而，"cyberlocker"这个术语往往指的是有意鼓励共享未经授权的文件（例如，电影）的服务，或者是他们的业务结构本身就使得大规模侵犯版权的做法变得更加容易。娱乐业援引 Megaupload 作为一种通过网上寄存空间实施盗版行为的例子，它的业务收入（例如，会员费）超过 1 亿美元。Megaupload 在中国香港和新西兰运营，它还在许多国家拥有服务器，拥有 1.8 亿的注册用户。它声称：它的使用条款中禁止侵权行为，而如果收到通知要求撤除时，它会拿掉侵权材料。要确定一个特定企业是否非法帮助了侵权行为，取决于避风港保护所要求的因素，以及该企业是否严格遵守了这些规定。美国政府关闭了 Megaupload（通过法律收走了它的域名），新西兰警方逮捕了其创始人和一些员工。一个研究发现，在 Megaupload 和另一个类似的共享网站 Megavideo 被关停之后的几周内，电影的在线销售和租赁上涨了 6%～10%，这说明网上寄存空间的确影响了电影的市场。其他网上寄存空间的企业也修改了他们的一些做法，以保护自己不受法律追究 [39]。

4.4 搜索引擎和网上图书馆

对于搜索引擎的许多业务和服务来说，拷贝是必不可少的。在回应搜索查询时，搜索引擎会显示网站的文字摘录，或者图像或视频的副本。为了快速响应用户查询，它们会对网页内容进行复制和缓存⊖，有时也会向用户显示这些副本。搜索引擎公司会复制整本书，使它们能够在响应用户查询时，对书的内容进行搜索和显示其中的片段。除了复制，搜索引擎提供链接的网站中也可能包含侵权材料。许多个人和公司对谷歌提供的几乎每种搜索服务

⊖ 缓存（cache）：在计算机科学中，一般指存储在专门的存储器中的需要频繁更新的数据，用于优化数据传输。

（Web 文本、新闻、书籍、图片、视频）都提起过诉讼。对于搜索服务至关重要的这种复制行为，搜索引擎是否应当获得复制的授权？它们应该向版权拥有人支付费用吗？与往常一样，行业实践中有关法律的不确定性可能会延缓创新。谷歌在侵犯版权的投诉威胁下，依然大胆引入了新的服务，但是因为担心诉讼，已经吓退了许多规模较小的公司，因为如果不知道它们的责任，就无法事先估计其业务成本。下面，我们考虑一些与有争议的做法相关的论点。

在搜索引擎的实践中，通常会显示从网页中摘录的副本，这似乎很显然属于合理使用准则包括的范围。摘录都很短，显示它们可以帮助人们找到包含所摘录文档的网站，这对于该网站拥有者来说通常是有好处的。在大多数情况下，搜索引擎复制摘录的网站都是公开的，任何人都可以读取其内容。对于使信息更加容易获取的社会目标来说，网络搜索服务是一个非常有价值的创新和工具。在“Kelly 诉 Arriba 软件公司”的案件中，上诉法院裁定，从网页复制图像，把它们转换成缩略图（较小的低分辨率的拷贝），并把缩略图显示给搜索引擎的用户，这样做没有侵犯版权。在“Field 诉谷歌”的案件中，一个作者起诉谷歌公司，因为谷歌复制和缓存了他在自己的网站上发布的故事。缓存中包括对整个网页的拷贝。法院裁定缓存网页是一种合理使用。

然而，持反对意见的一方也存在一些合理的论点。大多数主要搜索引擎运营商都是商业企业。它们从广告中赚取了大量收入。因此，拷贝本身也完成了其商业目的。在某些情况下，显示简短摘录会减少版权持有人的收入，例如对新闻机构来说，如果人们从摘要中已经得到了足够多的信息，他们可能就不会选择点击到新闻网站去接着阅读。

与美国法律相比，欧洲法律更加倾向于支持出版商。一组比利时报纸声称由于谷歌展示了它们新闻存档的标题、照片和摘要，它们从订阅费中得到的收入下降了，它们在一家比利时法院赢得了诉讼。德国通过了一项法律，要求搜索引擎和像 Google News 这样的新闻聚合工具必须从报纸出版商获得许可后，才能展示它们新闻中的简短摘要。谷歌不想为这样的许可付费，所以一伙德国出版商（其中包括德国最大的新闻出版商 Axel Springer）禁止谷歌展示它们的内容。Springer 随后发现从谷歌网站到它自己站点的流量产生了显著下降，所以它不得不改变了它的政策。西班牙的法律比德国法律则更进一步。西班牙要求像谷歌这样的服务必须向新闻产业组织付费，它还不允许单个出版商免除该费用。谷歌的回应是：它关闭了西班牙版的 Google News，并且把西班牙出版商从它的其他新闻服务中移走。在该法律生效一年之后，西班牙报纸报告说，其网站的访问者下降了 10%～14%，而西班牙一些小的新闻聚合网站也被迫关闭[40]。

针对解决新闻出版商的版权是否应该扩展到搜索和聚合服务的摘录的问题，下面我们来讨论一下刚刚看到的三种不同方式。在美国，趋势是将摘录的使用视为合理使用，因此价格为零。在德国和比利时，趋势是版权适用于摘录，然后双方可以权衡出版商网站流量增加或减少的可能性和价值，来确定显示摘录的价格（可能为零）。西班牙法律则并不是基于上述任何一种版权观点。它执行的政策是：制定一个很高的价格，从而足以消灭这些虽然是消费者和许多相关企业都更愿意拥有的服务（特别是那些小网站，因为它们在更大程度上依靠访问者通过搜索引擎才能找到它们）。

在线图书

在 20 世纪 70 年代，古腾堡计划（Project Gutenberg）开始把公共领域的书籍转换成数字格式。志愿者以手工方式键入全部书籍的文字，因为当时便宜的扫描仪还没有问世。随着好用的扫描工具在 21 世纪初期开始出现，在征得图书馆的同意之后，谷歌和微软开始扫描来自大学（和其他）研究图书馆的数百万册图书。微软只扫描已经在公共领域的书籍（没有版权保护）。谷歌的图书馆计划（Library Project）扫描受版权保护的书籍，把电子版提供给拥有这些图书的图书馆，并且展示用于相应搜索的摘要（"片段"）——而这一切都没有得到版权持有人的许可。谷歌在没有经过许可的情况下扫描了数以百万计的整本书，肯定看起来像是严重的大规模侵权。可以预想到的是，谷歌的"图书馆计划"遭到了多起法律诉讼。其中最重要的是"作家协会诉谷歌"案，在 2005 开始立案，直到 2016 年才正式宣判。陈卓光（Denny Chin）[⊖]法官裁定谷歌的图书馆计划是合理使用 [41]。陈法官非常强调合理使用准则中的第一条（见 4.1.4 节），特别是谷歌的计划将书籍转化为新的、对社会非常有价值的东西。他认为，通过扫描和索引数百万本书的内容，谷歌提供了一套新的强大工具，可以增加信息的获取，帮助研究人员和读者找到相关书籍，并使语言研究人员能够分析历史和语言的使用。扫描还保护了旧的和脆弱的书籍。谷歌为图书馆提供在其馆藏中的图书的数字副本，这还有助于图书馆员帮助用户定位资料。陈法官还观察到谷歌并不销售书籍或片段的副本，也不会在与其无权复制的书籍有关的网页上展示广告。对于合理使用准则中的第四条，即复制作品对市场的影响，陈法官描述了谷歌采用的各种技术，以防止用户收集到足够的片段来创建图书的完整副本。通过帮助人们找到图书，并且因为它包含指向人们可以购买所搜索到的书籍的网站的链接，陈法官推理说，谷歌图书（Google Books）无疑会提高销售额。作家协会指出，谷歌的复制规模是前所未有的，谷歌使用书籍的内容来改进其搜索结果、翻译和语言分析——这些都有助于谷歌的商业成功。它认为，合理使用准则中的变革使用（transformative use）一词以前意味着新的创造性材料（比如模仿），而陈法官将该术语应用于谷歌的书籍复制是对合理使用的一种史无前例的扩展。最终作家协会上诉失败，因为最高法院拒绝接受此案的上诉。

除了考虑支持和反对这一裁定的论据之外，我们还可以推测一下，如果陈法官在 2005 年就此案做出裁决的话，他做出的决定是否会有所不同呢？在这个案件中，法律程序的长期延迟是否是一件好事？因为它提供了时间让新服务的好处变得更加清晰。又或者这种长期延迟是一件坏事？因为它确实存在不公正的影响，导致很多人已习惯使用的服务很难再被关停。

> 我们正在目睹从创意领域到科技领域的大规模财富再分配现象，这不仅包括书籍，还涉及整个艺术领域……
>
> ——Roxana Robinson，作家协会会长 [42]

4.5 自由软件

在第 1 章中，我们谈到了网上免费的各种东西。个人在网上发布信息，并创建有用的网站。很多的志愿者组织虽然互不相识，但却可以一起合作项目。专家分享他们的知识，提供他们的作品。这样创造的有价值的信息"产品"是分散性的。在商业意义上，它只有很少或根本没有"管理"。它所受到的激励与利润和市场价格无关。这种现象有时候被称作对等

⊖ 美国联邦第二巡回上诉法院法官。除了第九巡回上诉法院之外，他是首位被任命的亚裔美国地区法官。——译者注

生产（peer production），它的前身是在 20 世纪 70 年代开始的自由软件运动（free software movement）[43]。

4.5.1 自由软件是什么？

自由软件（free software）是一种思想、一种职业道德，由一大群松散组合的计算机程序员倡导和支持，允许和鼓励人们复制、使用和修改他们的软件。自由软件中的 free 指的是自由（freedom）⊖，不一定是没有成本的，但往往是不收费的。自由软件爱好者主张允许软件可以被无限制地复制，同时把源代码（即一个软件可阅读的形式）免费提供给所有人。以源代码形式分发或公开其源代码的软件被称作开源软件（open source），而开源运动与自由软件运动是密切相关的。商业软件通常也被称为专有软件（proprietary software），通常出售的是目标代码，即由计算机运行的代码，但人是无法理解的。商业软件的源代码是保密的。

理查德·斯托曼（Richard Stallman）是最知名的自由软件运动的奠基人和倡导者。斯托曼在 20 世纪 70 年代发起了 GNU 项目⊜（虽然 GNU 这一名称是从 1983 年才开始使用的）。它一开始包括一个类 UNIX 的操作系统、一个复杂的文本编辑器，以及许多编译器和工具。GNU 现在拥有数千个免费公开的程序，主要在计算机专业人员和熟练的业余程序员中流行。除此之外，还有数十万的软件包都作为自由软件可供使用，其中包括音频和视频操作软件包、游戏、教育软件，以及各种科学和商业应用[44]。

由于提供了源代码，与传统的专有软件相比，自由软件有许多优点。任何一个程序员都可以查找其中的 bug 并迅速将之修复，也可以对程序进行裁剪和改进，修改程序以满足特定用户的需求，或者利用现有的程序来创造新的

> 🔥 自由软件程序中存在的一个严重 bug：见 5.4.1 节。

和更好的程序。斯托曼把软件比作菜谱。我们都可以决定在其中多加点蒜，或是少放些盐，而无需向发明菜谱的人支付任何使用费。

为了在目前提供版权保护的法律框架内，实施自由软件的开放和共享，GNU 项目制定了对称版权（copyleft）的概念[45]。根据对称版权的定义，开发者拥有程序的版权，并且在发布的协议中允许他人使用、修改和分发该程序，或基于它开发任何程序，但是他们也必须对新的作品采用相同的协议。换句话说，任何人都不能在根据对称版权的程序开发了新程序之后，对其添加条款来限制其使用和自由分发。被广泛使用的 GNU 通用公共许可（GPL）实现的就是对称版权。法院也支持对称版权：一个联邦法院表示，发行开源软件的人可以起诉违反开源许可协议、把该软件用于商业产品的人，对其申请禁制令。在"Jacobsen 诉 Katzer"一案中，就涉及了 Jacobsen 开发的自由和开源的模型训练软件[46]。

有很长一段时间，精通技术的程序员和爱好者是自由软件的主要用户。商业软件公司对于该想法持有很大的敌意。随着 Linux 操作系统⊜的发展，这种观点发生了改变。Linus Torvalds 最早编写了 Linux 内核，并把它免费发布在了互联网上，随后通过一个自由软件

⊖ free 的另一个含义是免费，因此 free software 也可以理解为免费软件，但这里强调的含义是自由软件。——译者注

⊜ "GNU"是"GNU's Not UNIX"的缩写。（程序员喜欢这种递归的缩写形式。）

⊜ 从技术上来讲，Linux 本身只是一个操作系统的内核，或核心部件。它是比它更早的 UNIX 操作系统的变种。操作系统中还包含来自 GNU 项目的其他部分，但人们通常会把整个操作系统都称作 Linux。

爱好者的全球网络来继续对它进行改进。在最开始，Linux 是很难用的，也不适合作为消费类产品或企业产品；企业把它称为"邪教组织的软件"。渐渐地，一些小公司开始销售 Linux 的不同版本（包含其手册和技术支持），最终，主要的计算机公司（包括 IBM、甲骨文、惠普和 Silicon Graphics）都开始使用、支持和销售 Linux。其他流行的自由软件的例子包括 Mozilla 提供的火狐浏览器（Firefox）和使用最广泛使用的网站运营程序 Apache。谷歌的移动操作系统 Android 也是基于 Linux 开发的，其中包含了很多自由和开源软件的成分。

各大公司开始体会到了开源的好处。有些公司现在还把自己的产品源代码公开，允许在非商业应用中免费使用。太阳微系统公司☉根据 GPL 发布 Java 编程语言的许可证。谷歌、亚马逊和其他公司发布了各自人工智能翻译软件的代码。采纳自由软件运动的观点之后，公司的期望是，如果程序员能够看到其软件是如何运作的，那么将会更加信任该软件。IBM 向开源社区捐赠了数百个专利。自由软件逐渐成为微软的竞争对手，所以那些批评微软的产品和影响的人们把它看作是一种对社会有益的促进。有些国家的政府鼓励政府办公室从微软 Office 转向基于 Linux 的办公软件，以避免微软产品的许可证费用。

自由软件模型也存在一些弱点：

- 对于普通消费者来说，许多自由软件并不好用。
- 因为任何人都可以修改自由软件，因此会存在一个应用的许多版本，却很少有通用的标准，对于非技术性的消费者和企业会产生一个困难和混乱的环境。
- 许多企业希望能与一个特定的供应商打交道，从而他们可以提出改进和帮助请求；他们对于自由软件运动的松散结构感到不安。

在越来越多的企业学会如何与一个新的范式打交道之后，这些弱点中的一些会逐渐消失；而且还建立了许多新的企业、组织和协作社区来专门支持和改进自由软件（例如为 Linux 提供支持的 Red Hat 和 Ubuntu）。

自由软件和开源背后的精神还传播到了其他形式的创造性作品。例如，伯克利艺术博物馆在网上提供数字艺术作品及其源文件，并允许人们下载和修改这些艺术作品。

4.5.2 所有软件都应该是自由软件吗？

自由软件运动中的一些人认为，版权根本不应该用来保护软件。他们认为，所有软件都应该是开源的、免费的软件。因此，我们认为要考虑的问题并不是"自由软件是一件好事吗？"而是"自由软件应该是唯一的途径吗？"在考虑这个问题时，我们必须谨慎地澄清该问题的上下文。我们是从决定如何发布软件的程序员或企业的角度来看待该问题呢？还是要建立我们自己关于怎样对社会更有益的个人观点？或者说我们是否主张改变法律结构，以消灭软件版权和消灭专有软件？我们将专注于最后两个问题：如果所有软件都是自由软件，这是否是一件好事情？以及我们是否应该修改法律结构来进行强制要求？

自由软件无疑是有价值的，但它是否能够提供足够的激励，以创造现在所有这些可用的如此大量的消费类软件？如何为自由软件开发者支付报酬？程序员捐献自己的工作，是因为他们相信分享的道德标准。他们喜欢自己所从事的工作。斯托曼认为，许多优秀的程序员会像艺术家一样，为了支持自己的创造可以接受较低的工资。自由软件工作要通过捐款来支

☉ 甲骨文（Oracle）在 2010 年收购了太阳微系统公司（Sun Microsystems）。

持，其中一些捐款来自计算机制造商。斯托曼建议政府向大学提供经费，以作为资助软件的另一种方式。

这些自由软件的资助方法是否足够呢？大多数程序员工作都是为了挣钱，即使他们利用自己的时间来编写自由软件也是如此。他们能仅靠自由软件养活自己吗？企业通过额外服务收取的费用是否能带来足够的收入，以支持所有的软件开发活动？自由软件范型能否支持销量达数百万份的各种消费类软件？开发人员还可以使用什么样的其他资助方法？

一位自由软件的支持者把其比作由听众支持的电台和电视台。对于自由软件，这是一个很好的比喻，但是并不足以支持消灭专有软件，因为大多数社区在拥有一个听众支持的电台的同时，还拥有众多的专有电台。

斯托曼认为，专有软件在道德上是错误的，尤其在其禁止人们在未经软件发行商的同意的前提下复制或修改程序这一点上。他认为，复制一个程序并不会剥夺该程序员或者其他任何人对该程序的使用。（在 4.1.5 节中，我们看到了一些对这种观点的反驳。）他强调有形财产和知识产权之间的区别。他还指出，正如美国宪法所述，版权的主要目的是促进艺术和科学的进步，而不是用来补偿作家[47]。

对于那些完全反对版权和专有软件的人，对等版权的概念和 GNU 通用公共许可提供了一个很好的机制，在目前的法律框架内保护自由软件的自由。对于那些相信自由软件和专有软件都拥有重要角色的人来说，它们也是使这两种模式可以共存的一种非常好的机制。

4.6　软件发明专利[⊖]

> 凡发明或发现任何新的和有用的过程、机械、制造或物质组合，或者任何新的和有用的改进的人，都可以按照本法律的规定和要求申请专利。
>
> ——美国专利法（美国法典第 35 部，第 101 节）

> 一部智能手机中可能会涉及多达 25 万个（很大程度上可疑的）专利权利要求。
>
> ——大卫·德拉蒙德（David Drummond），谷歌公司首席法务官[48]

4.6.1　专利趋势、混乱和后果

专利保护发明的方式是给予发明者在指定时间段内的垄断地位[⊜]。专利与版权的区别在于，它保护的是发明，而不只是一个特定的表现形式或其实现。任何人想要使用受专利保护的发明或过程，都必须得到专利持有人的授权（通常是要获取许可，并支付专利使用费），即使其他人独立地想出了同样的想法或发明也是如此。企业通常会因为在它们的产品中使用了受专利保护的发明而支付许可使用费。自然规律和数学公式不能申请专利。如果一个发明或方法是显而易见的（从而在该领域工作的人都会采用同样的方法），或者如果它在专利申请提交之前就有人使用过了，那么它是不能被授权专利的。

美国专利和商标办公室（下面简称专利局）会对专利申请进行评估，决定是否批准授权。

⊖　专利法是极其复杂的。我们在这里使用这些术语是非正式的，而不是其精确的法律含义。这里的目的是为了概述相关的争议，而不是进行严格的法律分析。另外，虽然我们讲的是软件专利，有些例子也涉及实现在软件中的商业方法，以及软硬件交叉的例子。

⊜　根据现行法律，专利保护期为自申请之后的 20 年。

在计算技术的早期，专利局拒绝批准软件专利的申请。1981 年，最高法院认为，虽然软件本身不能被授予专利（因为它是抽象的），但是，包含软件的机器或过程，即使其中唯一新的方面是在软件中实现的创新，也可以申请专利。在接下来的几十年中，专利局授权了数千项软件专利，美国联邦巡回法院（负责处理专利上诉）也批准了许多专利，在这个过程中它们都以比较松散的方式对最高法院的指引加以解释。被授权的专利包括加密算法、数据压缩算法、一键购物等电子商务技术、拷贝保护机制、新闻源（newsfeed）、智能手机上基于位置的服务、隐私控制、弹出广告、把电子邮件传送到手机上的方法等。专利局未处理的专利申请一直在积压，每年超过了 65 000 个。一位作者评论说，从软件开发者的角度来看，每一个新的专利就等同开发者必须遵守的新法律。事实上我们甚至没有足够多的专利律师来审查所有的专利，以确定一个新的软件产品是否违反某个现有专利[49]。

关于是否应该存在基于软件的发明专利这个本质问题有很多激烈的争论，而还有其他人争论许多特定专利和使它们授权的标准。各种组织和公司认为，许多已经授权的专利技术并不是特别新颖或具有创新性。以下是一些示例案件，用来说明其中一些争议，以及所涉及的不确定性和高额开销。

- 亚马逊起诉 Barnesandnoble.com 侵犯了其关于"一键购物"的专利时，就遭到了许多批评的声音。许多业内人士的反对意见认为，政府一开始就不应该对该专利授权⊖。

- 在亚马逊开始根据之前的购买情况向客户推荐图书之后，IBM 起诉亚马逊违反了其电子商务技术的若干专利。IBM 在 1994 年在线零售还不是很普遍的时候，获得了一个关于电子目录的专利，它涵盖了广泛的领域，包括有针对性的广告和向客户推荐特定产品。最终，亚马逊同意向 IBM 支付许可费[50]。

- 美国 Uniloc 公司起诉了数十家公司，其中包括微软和游戏 Minecraft 的开发者，因为侵犯了它在产品激活方法上的一个专利，该方法要求用户输入一个代码来激活软件。（激活过程的目的是防止用户在多台计算机上安装同一个软件。）在 Uniloc 与微软之间长期的法律纠纷过程中，曾经有一个陪审团命令微软向 Uniloc 支付 3.88 亿美元的专利侵权费用。然后，在 2016 年，经过十年的诉讼，专利局的审查委员会裁定 Uniloc 的专利本身是无效的。

- 苹果公司从 2011 年开始对三星（Android 手机的一个主要制造商）提起多起诉讼。诉讼声称三星侵犯了苹果专利，涉及智能手机和平板电脑的各种功能，包括滚动行为、滑动解锁功能，以及用来实现通过手指动作（例如缩放和点击）来执行一些任务的技术，这些任务包括拨打在电子邮件或短信中出现的电话号码。在苹果公司赢得了对三星超过 10 亿美元的判决后，专利局和法院宣布了一些苹果专利无效，这其中就包括缩放和滑动解锁，因为这些技术已获得专利或早先被使用过。对三星的 10 亿美元判决被降低了，但该案件直到 2016 年尚未得到完全解决[51]。

有关授予（或撤销）专利的决定是非常复杂的，在决定某个软件、设备或方法是否侵犯一个专利的时候也是如此。为了做出合理的决定，需要了解关于特定案例的详细知识、该领域的专业知识，以及相关技术的历史知识。要确定一个发明并不显而易见且没有在使用中，对于像互联网和智能手机技术这样迅速发展的领域来说是非常困难的。专利局的工作人员必须调查和处理大量的专利申请，所以他们也会犯一些代价高昂的错误。

⊖ 两个企业之间在该诉讼上达成了和解，但是条款没有披露。

1. 专利许可和把专利作为武器

有些公司积累了数千项技术专利，其中大部分或全部专利都是从个人或其他公司手中购买来的，但是他们自己不生产任何产品。他们把专利授权给他人，并收取费用；如果发现有人违反了他们所购买的专利，他们就会对其发起诉讼。有一家公司拥有约 30 000 项专利，并且已经收取了接近 20 亿美元的专利许可费。对这种现象持批评态度的专家把这种专利许可公司的存在看作专利制度的一个严重的缺陷。但是，如果他们的专利是正当合法的（对于许多专利来说，这依然是一个悬而未决的问题），那么这种商业模式也具有其合理性。推销专利和谈判专利许可合同，是向不具备这些技能而且也不愿意这样去做的发明者所提供的服务。某些个人、公司或大学可能更擅长于发明新技术并申请专利，而不是把这些技术转化为成功的企业，也不知道如何找到其他人来对专利进行转化。在一个高度专门化的经济体中，这些专门购买和许可专利的企业的存在本身并不是一个负面的东西。在其他场景下，也存在很多类似的服务。（例如，一些农民会在农作物收获之前很久就提前出售他们的作物，从而可以避免自己受到市场波动的风险。而买家则是拥有经济学和风险分析的专业知识的企业。）

然而，有的企业买断成千上万个专利的主要（或唯一）目的就是为了提起专利侵权诉讼。批评者把这些公司称为专利钓饵（patent troll）。简单来说，专利钓饵就是"把滥用专利当作一种商业战略"的公司或组织 [52]。他们发起诉讼的目的是为了获取金额巨大的裁决或和解，给受害者造成高额法律开销（最终也会影响受害者的客户和投资人），并且通过威胁或阻止创新者来造成高昂的社会成本。

大量与软件相关的专利导致了另一个特殊现象：大公司购买专利作为防御性武器。当无线设备制造商北电网络公司（Nortel）倒闭的时候，谷歌、苹果、微软和其他几家公司组成了一个财团，支付了数十亿美元购买该公司的数千项无线和智能手机专利。这个财团之所以购买所有这些专利，不是因为他们在开发的产品中需要这些专利。他们之所以购买这些专利，是为了在其他公司起诉他们专利侵权时，他们也可以反诉其他公司专利侵权。谷歌明确表示，它出价（数十亿美元）竞购北电网络的专利，目的是为了"使别人不会随意控告谷歌"，从而保护在 Android 和其他项目上的持续创新 [53]。在新闻文章中，经常可以看到专利武器库（arsenals of patents）的说法，并明确把专利称作"武器"。

2. 法院裁决和解决方案的尝试

法庭曾多次尝试澄清基于在软件中的创新可以授权专利的标准，却又往往会做出推翻之前的标准的决定。有些决定依赖于一个软件是否产生"有用、具体和有形的结果"，一种商业方法是否"将某特定物品转换为一种不同的状态或事物"，以及在专利法中的术语"过程"是否包括"方法"。在最高法院的一个裁决中，宣布之前用来确定软件专利可授权性的一个标准，只是作为"有用的和重要的线索"，而不是一个决定性的因素。如果这些说法和术语看起来对于澄清标准并没有用，这才是问题的关键所在 [54]。

最高法院肯尼迪（Anthony Kennedy）法官总结了在做出专利决定上的困难所在：

> 这个 [信息] 时代把创新的可能性放在了更多的人手中，从而给专利法提出了新的困难。与以往任何时候相比，有更多的人在尝试创新，并且试图为自己的发明申请专利保护，因此专利法一方面要保护发明者，另一方面又不能对其他人通过对普遍原理的独立、创造性应用也能发现的过程赋予垄断权力，在二者之间取得平衡面临着巨大的挑战。在本法庭意见中的任何内容都不应被理解为具体支持应该在哪一点上取得平衡的立场 [55]。

尽管软件专利数量还在持续增长，但国会和法院已经采取了一些措施来减缓或扭转授予大量可疑专利的趋势。最高法院在 2007 年的一项重大裁决（KSR 诉 Teleflex 案）中扩大了拒绝专利的"明显性"的定义范围。根据 2011 年《美国发明法案》（America Invents Act），专利局采用了新的规则，使其更容易以更低成本的方式质疑先前授予专利的有效性。最高法院在 2014 年对一起案件中的某些软件专利进行了裁决[56]；自该判决以来，联邦法院开始在更多案件中拒绝承认某些专利。然而，对这些步骤也并非没有批评者，其中一些人认为2014 年判决中确定的标准是如此模糊，以至于它们可能被用来判定任何一个专利都是无效的。正如对专利侵权诉讼的恐惧可能造成减缓创新的不确定性，如果判定先前授予的专利无效的过程更加容易，也会增加发明人的不确定性，并且可能影响对发明创造进行投资的决策。

设计适用于软件的规则和标准的尝试很复杂是由于事实上，相同的规则通常需要适用于完全不同领域的专利。例如，谷歌和 Facebook 支持更严格的专利授权标准，更容易挑战和推翻专利的程序，以及在专利侵权诉讼中对损害赔偿加以限制；然而对于在开发新产品方面进行了大量投资（例如，生物技术、药品和医疗器械）的行业的企业来说，它们则支持更强的专利保护。

我们之前已经看到，采用"合理使用"的标准来确定版权侵权会导致一些不确定的结果。专利的情况显然要更为混乱和悬而未决。

4.6.2 到底要不要专利？

1. 支持软件专利的观点

在数字化时代之前，发明主要是物理设备和机器。但是，在计算和通信技术领域的数量惊人的创新发展中，一大部分包含在软件中实现的技术。这些发明为我们所有人带来巨大的价值，虽然我们现在对于其中许多技术都习以为常，但它们是真正的创新。支持基于软件的发明和特定的商业方法可以申请专利的主要论点，与支持一般性的专利和版权的观点是相似的。通过保护创造性作品的权利，专利有助于从道德和公平的角度对这些人给予奖励，并鼓励他们公开自己的发明细节，让其他人可以在这些发明之上继续努力。出于鼓励在开发创新系统和技术中大量投资的目的，专利保护也很有必要。

企业通常会为使用知识产权而支付特许权使用费和许可费。这是一种经营成本，就像支付电费和原材料费用等一样。软件相关的专利也可以融入这个人们已经广为接受的环境。

版权涵盖了一些软件，但并不足以覆盖软件的所有。软件是一个广泛而多样的领域，它可以类比成写作或发明。例如，一个特定的电脑游戏可以类比成一部文学作品，像一本小说，因此，版权对其是适用的。另一方面，在 1979 年推出的第一个电子表格程序 VisiCalc 则是一个了不起的创新，对于人们进行业务规划的方式以及计算机软件和硬件的销售都产生了巨大的影响。同样，第一个超文本系统、第一个点对点系统以及让智能手机如此有用的许多创新都拥有更像是新发明的许多特性。专利可能更适用于这样的创新。

2. 反对软件专利的观点

软件专利的批评者包括那些在原则上彻底反对软件专利的人，以及认为对当前制度所产生的效果很不满意的人。他们都认为软件专利是在扼杀创新，而不是鼓励创新。

现在有如此多的软件专利，以至于软件开发人员（不管是编写应用程序的个人，还是开发新技术的大公司）很难知道他们的软件是否侵犯了专利。许多软件开发商独立想出了相同的技术，但是如果别人已经申请了相关专利，那么专利法就不允许他们使用自己的发明。雇佣律师研究专利的成本，加上可能被起诉的风险，阻止了许多小公司自主开发和销售创新产品的尝试。由于诉讼的普遍存在，而且诉讼的结果无法预料，导致企业不能理智地估计新产品和服务的成本。正如我们在前面提到过的，即使是大公司，也不得不想办法聚敛大量专利作为防御性武器，应对无法避免的诉讼。

如果法院支持关于常见的软件技术、电子商务和智能手机功能等的专利，那么这些产品的价格就会上涨，而且我们将会看到更多的不兼容设备和不一致的用户界面。在 4.2.4 节中，我们回顾了关于用户界面（软件系统的"外观和感觉"）版权的早期争论。在这些案例中演化出来一些原则：例如，接口统一性是有价值的；但外观和感觉是不应该受版权保护的。这些原则意味着对于智能手机用户界面的专利可授权性也应该采用类似的原则。

我们很难确定什么是真正的原始创新，也很难把一个可授予专利的创新和基于某个抽象概念、数学公式或自然事实的创新区分开来。（事实上，许多计算机科学家会把所有算法都看成数学公式。）正因为存在这么多有争议性的软件和商业方法专利，这个事实给了我们反对授予这些专利的理由。最高法院也一直无法达成明确一致的法律标准。这一法律上的混乱表明，不要给这些领域的专利授权，可能才是最好的选择。

3. 对这些观点的评价

关于软件专利的一些问题，其实也是关于专利的一般性问题。但这并不意味着我们应该彻底放弃专利，大多数事情都是优点和缺点并存的。（也就意味着存在可以改善的地方。）关于实体发明专利的诉讼也很常见。（1895 年的汽车专利持有人曾对亨利·福特提起过诉讼。）知识产权法是物权法的一个子集。对于复杂的领域，有时需要许多年才能制定出合理的原则[○]。软件专利持有人起诉他人自主开发相同的技术，但所有的专利都允许这样的诉讼。这是专利所具有的一个不公平的方面。它对于软件相关的发明带来的伤害比其他发明更多吗？

在过去的几十年里，一直存在大量的创新，这一点是显而易见的。以相同的事实和趋势来看，一些人认为软件专利是这种创新的关键，而其他人则把它看作是威胁。虽然专利制度存在一些大的缺陷，但它可能是在美国几百年的创新进程中做出巨大贡献的一个重要因素。法律学者和软件行业评论员强调，我们需要明确的规则，使企业能够更关注于做好自己的工作，而不会因为不断变化的标准和不可预见的诉讼而受到威胁。因此，对软件创新授权专利的想法，是否从根本上就是有缺陷的？还是说我们还没有制定出合理的标准？如果是后者，那么我们应当在制定出更好的标准之前停止授予此类专利，还是应该继续授予软件专利呢？几位最高法院大法官曾经指出，虽然特定的专利标准对于工业时代是有用的，但是信息时代和新技术需要一个新的方法[57]。到目前为止，我们还没有找到好的新方法。高达数十亿美元的市场以及未来的技术发展进步，都取决于这些争议如何得到圆满解决。

本章练习

复习题

4.1　在判断使用受版权保护的材料是否属于合理使用的时候，需要考虑哪四个因素？

○　河岸法（riparian law）就是一个很好的例子。如果你自己的地产中包括一条河的一部分，那么你是否拥有修建水坝的权利，例如用它来发电或建立一个休闲的湖泊？你是否拥有通过该河道的一定量的清水的权利？这两者是不可兼得的，因为拥有第二个权利就意味着业主不能根据第一个权利在上游修建水坝。

4.2 举一个抄袭构成侵犯版权的例子；再举一个抄袭不构成侵犯版权的例子。

4.3 总结一下在索尼 Betamax 案件中，法院裁定从电视上录制电影供以后观看不侵犯版权的主要原因。

4.4 举一个音乐或电影产业曾试图禁止的设备的例子。

4.5 举两个使用 DRM 控制的知识产权的例子。

4.6 《数字千年版权法》的两个主要规定是什么？

4.7 根据法庭裁定，谷歌复制数百万本图书的行为是合理使用，还是侵犯版权？

4.8 列出自由软件的一些好处（按照 4.4 节）。

4.9 在软件相关的创新中，一种有争议的专利是什么？

练习题

4.10 描述娱乐产业为了保护其版权所做的两件事情。对于每一件，判断你是否认为这种做法是合理的。请说明理由。

4.11 你的叔叔拥有一家三明治店。他要求你为他写一个库存管理程序。你很高兴地帮助了他，并且不会对该程序收费。该程序运行良好，并且后来你发现，叔叔把它的拷贝发给了也在经营小吃店的几个朋友。你是否认为你的叔叔应该在把你的程序送人的时候，需要先得到你的许可？你是否认为其他商家应该为使用这些拷贝向你支付费用？

4.12 一个政治团体在其网站上举办了一个论坛，鼓励人们发表与该组织关心的政治议题有关的报刊文章，并可以添加评论。其他参与者又添加了自己的评论，并且会继续关于这些文章的辩论和讨论。两家报纸起诉该网站，认为他们张贴的文章侵犯了自己的版权。分析一下这个案例。在这里该如何应用合理使用准则？你认为谁应该赢得这场官司[58]？

4.13 在 2008 年总统竞选期间，一位平面设计师在互联网上发现了一张奥巴马的照片，并对它进行了修改，使之看起来更像是一个平面设计，制作了当时非常流行的"Hope"竞选海报，但是他没有标注该照片的拍摄者，也没有从拥有该照片版权的美联社那里获得许可。美联社认为，该设计师侵犯了其版权，而把该设计用于运动衫等产品，产生了几十万美元的收入。设计师声称他的使用是合理使用。请根据合理使用准则，对该索赔行为进行评价[59]。

4.14 你是一个老师。你想让你的学生使用一个软件包，但是学校没有足够预算为全体学生都购买该软件包的拷贝。你的学校位于贫民区，你知道大部分的家长也没钱为他们的孩子购买这些软件。

（a）列出一些方法，使你可以尝试获得该软件，并且不需要制作未经授权的拷贝。

（b）假设你在尝试上述方法之后，没有起到应有效果。你会选择私自复制该软件，还是决定不使用它呢？试给出支持和反对你的立场的论点。解释为什么你认为支持你的论据更为有力[60]。

4.15 你认为下列活动中哪些应该是合理使用？使用版权法或法院案件裁决给出你做出这样的判断的原因。（如果你认为道德上正确的决定与使用合理使用准则得到的决定不一致，请解释为什么。）

（a）拷贝朋友的电子表格软件，试用两个星期，然后将其删除或决定购买自己的拷贝。

（b）制作一个电脑游戏的拷贝，玩两个星期，然后将其删除。

4.16 在大约 50 年前，J 先生写了第一本认真探讨口吃问题的书。这本书已经绝版，并且 J 先生也已经去世。J 先生的儿子想扫描这部经典作品，把它放到自己的网页上，供言语病理学家使用。出版商持有该书的版权（仍然有效），但是另一家公司收购了原来的出版公司。J 先生儿子不知道现在谁拥有它的版权。

（a）根据合理使用准则，分析这个案例。考虑其中每一条准则，并说明它是否适用。你认为 J 先生的儿子是否应该把该书放到网上？

（b）假设 J 先生的儿子把这本书放在了网络上，而拥有其版权的出版公司要求法官命令 J 先生的儿子将其删除。假设你是法官，你会做出什么样的判决？为什么呢？

4.17 保护主义者不愿意把一些非常老的、有损坏趋势的电影胶片转换成数字格式，这是因为很难确定和找到其版权拥有人。版权法的哪些方面有助于解决这个问题？试提出一些解决办法。

4.18 数百万人将合法购买的文件（如音乐）存储在云服务上，用于备份，而且还可以从任何地方获取这些文件。将合法购买的文件复制到云上或从云上复制下来是否属于合理使用？说明你在这里会如何应用合理使用准则。

4.19 Service Consultants 是一家软件支持公司，向一个软件供应商的客户提供软件维护服务。Service Consultants 拷贝了供应商的程序，但不是为了转售该软件，而是为客户提供服务。该供应商提起诉讼，而服务公司辩称，他们所做的拷贝是合理使用。请给出双方的论点。你认为哪一方应该赢得诉讼？为什么[61]？

4.20 描述 DMCA 的避风港条款的一个重要优点。从娱乐行业的角度，描述避风港条款的一个重要的缺点。再从公众的角度描述它的一个重要缺点。

4.21 第一部米老鼠卡通片出现在 1928 年。对于下列没有经过迪士尼公司授权就使用米老鼠的卡通形象的做法，给出支持和反对它的伦理和社会方面的论点。判断哪一方的论点更强，并给出原因。

（a）把原始的卡通动画片的数字化版本发布到一个视频共享网站上。

（b）使用米老鼠形象作为广告代言人，非常强烈地批评某位总统候选人。

（c）对原始动画片的数字化版本进行编辑，改善其视觉和声音质量，生产包含其他各种语言字幕的拷贝，并且在其他国家销售了数千份。

4.22 销售音乐或电影的公司可以在其中包含数字版权管理工具，导致文件在指定的时间之后会自动销毁。假设在销售时已经向潜在买家明确说明了时间限制。指出这种做法的优点和缺点。你认为娱乐行业以这种方式销售内容是符合道德的吗？请给出原因。

4.23 你认为对有助于侵权的媒介和设备制造商收税（见 4.3.1 节），把收来的资金付给内容提供商是否是一个合理的解决方案？请给出你的理由。

4.24 （a）假设电影行业要求法院下令一家网站删除到评价电影并提供未经授权的（完整）拷贝下载的其他网站的链接。请给出正反两方的论点。你认为这个判决应该是什么？为什么？

（b）假设一个宗教组织要求法院下令一家网站删除到包含该组织的受版权保护的宗教文档，或者关于该组织信念的讨论的其他网站的链接。请给出正反两方的论点。你认为这个判决应该是什么？为什么呢？

（c）如果在这两种情况下的判决是相同的，请解释哪些相似之处或原则导致你做出这样的结论。如果在这两种情况下的判决是不同的，请解释两种情况的区别。

4.25 在本章第一段中提到的行为中选择一种，判断它们是否合法，并给出原因。如果没有足够的信息以做出判断，请解释你的答案会取决于哪些因素。

4.26 比较下面的两种说法。它们是否同样合理（或不合理）？请给出原因。是否可以用入室盗窃作为破解拷贝保护的类比？请给出原因。

- DMCA 反规避条款的一个副作用是减少了娱乐和出版业开发真正强有力的保护机制的动力。DMCA 允许它们使用功能较弱的机制，然后对破解保护机制的人威胁采取法律行动。
- 打击入室盗窃的法律的一个副作用是减少了房主使用更坚固门锁的动力。法律允许人们使用功能较弱的门锁，然后对破门而入的人采取法律行动。

4.27 考虑合理使用的第二条和第三条，解释你会如何把它们应用到与谷歌的"图书馆计划"（4.4 节）有关的案件（作家协会诉谷歌公司）上。（被复制的图书中有超过 90% 是非小说类作品，这对于合理使用准则中的第二条可能会比较重要。）总的来说，你是否同意陈法官的判决？请给出你的理由。

4.28　关于自由软件的论点（4.5 节）中，哪些适用于音乐？哪些不适用？请说明理由。

4.29　厨师可以自行修改食谱，在其中添加或删除一些原料，而不用得到最早制定食谱的人的许可，或为此支付使用费。

（a）举一个修改专业歌曲或软件模块的例子，它们可以类比为厨师使用菜谱。

（b）你认为你的例子是否满足合理使用准则？也就是说，法院是否很可能把它当作是合法的合理使用？请解释原因。

（c）版权会保护食谱书。如果你销售的一本食谱书中的很多食谱都是在别人的食谱配方上稍作修改的话，那么法庭可能会发现这属于侵犯版权。举一个专业歌曲或软件模块的例子，它们可以类比为销售这样的食谱书。

4.30　托马斯·杰斐逊（Thomas Jefferson）和一些现代作家使用火来作为对知识产权进行复制的比喻：我们可以用一支蜡烛去点燃许多支蜡烛，而不会减少第一支蜡烛的光亮或热度。假设有一群人在旷野中用原始的方法露营。其中一个人最先点了一堆火。其他人想利用她的火来生自己的火。他们是否应该为了使用别人的火而付出一些可交易的东西（例如他们采的一些野果）呢？请给出道德上或现实中的原因。

4.31　有两位教授建议，软件应该是"公益性的"（就好像公立学校和国防事业），我们应该允许任何人随意拷贝，并且应当由联邦政府提供资助 [62]。假设这一建议在当时被采纳。你认为它会顺利执行吗？它会如何影响所生产的软件的数量和质量？请说明理由。

4.32　描述一类软件或软件中使用的一种技术，你认为它是有创新性的，就好像发明一样，可以申请专利保护。

4.33　在阅读本章之前，你是否听说过餐馆会为他们播放的音乐而支付费用？社区剧场会为他们表演的戏剧支付费用？大型企业会定期向其他公司支付使用其专利发明和技术的巨额费用？这一为知识产权付费的悠久传统是否会影响你关于在网络上共享未经授权的娱乐作品的合法性的看法？请给你的理由。

4.34　假设你是在所选择的领域中工作的一个专业人士。描述为了减轻在本章中讨论过的任意两个问题所产生的影响，你可以做什么具体的事情。（如果你想不到和你的专业领域相关的任何问题，也可以选择你感兴趣的其他领域。）

4.35　设想一下在未来几年中，数字技术或设备可能发生的变化，描述一个它们可能带来的、与本章中讨论的问题有关的新问题。

作业

下面这些练习题需要花时间做一些研究或完成一些活动。

4.36　阅读某个托管用户视频的网站的会员协议或政策声明。给出你所选择的网站的名称和网址，如果它不是一个知名网站，请给出它的简要介绍。对于上传未经授权包含或使用了他人作品的文件，它的声明中有没有说明该如何处理？

4.37　查找过去 15 到 20 年间，与录制音乐有关的音乐产业的收入。描述它在这段时间是怎么发生变化的。（标注你得到的数据是针对美国的还是全世界的；除了销售额之外，它们是否包括了音乐订阅服务和广告收入。）

4.38　阅读下面两篇发表在《Wired》杂志上的文章：

● Lance Rose, "The Emperor's Clothes Still Fit Just Fine," Wired, Feb. 1995, www.wired.com/1995/02/rose-if/

- Esther Dyson, "Intellectual Value," Wired, July 1995, www.wired.com/1995/07/dyson-2

写一篇短文，对于上述作者提出的关于"数字时代"的未来知识产权的观点，根据他们写该文之后这些年发生的事件，请说明哪些观点被证明是更准确的。

课堂讨论题

下面这些练习题可以用于课堂讨论，可以把学生分组进行事先准备好的演讲。

4.39　某网站托管作者自己发布的作品。有些人在未经授权的情况下，擅自发布其他作者的受版权保护的作品。当一个作者要求该网站删除这类材料时，网站会满足其要求，并且把该作品添加到过滤数据库中，以防止未经许可的重新发布。一个作家起诉该网站，声称该网站因为保存了她的作品而侵犯了她的版权。给出为该作家进行辩护的论点。给出为网站辩护的论点。对这些论点进行评价，并对该案件做出裁决。

4.40　有些人认为数字版权管理（DRM）违反了公众的合理使用权利。

（a）一个人或公司在创建知识产权之后，是否有道德或法律上的权利来选择以受数字版权管理技术保护（假设这种限制对潜在顾客来说是清楚的）的形式来销售其作品呢？请说明理由。

（b）人们是否有道德或法律权利来开发、销售、购买和使用可以破解数字版权管理限制的设备和软件，把它用于合理使用？请说明理由。

4.41　辩论美国国会是否应该废除《数字千年版权法案》中的反规避条款。

4.42　下列哪种因素对于保护数字知识产权更为重要：严格的版权法（和严格执行）还是基于技术的保护方案（或者两者都不是）？为什么？

4.43　考虑数字媒体和网站的版权问题，娱乐公司在哪些方面是受害者？娱乐公司在哪些方面是恶人？

4.44　辩论软件是否应受版权保护，或者应该允许自由复制。

4.45　讨论对于我们用来在智能手机触摸屏上操作的手指动作，在哪些程度上是应该受版权保护的。

本章注解

[1]　www.copyright.gov/title17.

[2]　Nicholas Negroponte, "Being Digital," *Wired*, Feb. 1995, p. 182.

[3]　Pamela Samuelson, "Copyright and Digital Libraries," *Communications of the ACM*, Apr. 1995, 38:3, pp. 15–21, 110.

[4]　Laura Didio, "Crackdown on Software Bootleggers Hits Home," *LAN Times*, Nov. 1, 1993, 10:22.

[5]　David Price, "Sizing the Piracy Universe," NetNames, Sept. 2013, copyrightalliance.org/sites/default/files/2013-netnames-piracy.pdf.

[6]　在本节中，除了其他单独列出的参考文献之外，我们还用到了下列这些关于历史信息的来源：National Research Council, *Intellectual Property Issues in Software*, National Academy Press, 1991; Neil Boorstyn and Martin C. Fliesler, "Copyrights, Computers, and Confusion," *California State Bar Journal*, Apr. 1981, pp. 148–152; Judge Richard Stearns, *United States of America* v. *David LaMacchia*, 1994; Robert A. Spanner, "Copyright Infringement Goes Big Time," *Microtime*s, Mar. 8, 1993, p. 36.

[7]　关于钢琴卷片的案件是"怀特史密斯出版公司诉阿波罗公司"，关于它的报道参见：Boorstyn and Fliesler, "Copyrights, Computers, and Confusion."

[8]　*Data Cash Systems* v. *JS & A Group*, reported in Boorstyn and Fliesler, "Copyrights, Computers, and Confusion."

[9] 在"费斯特出版股份有限公司诉乡村电话服务公司"案中，最高法院裁定乡村电话服务公司的电话目录没有满足关于版权保护的标准。

[10] U.S. Code Title 17, Section 107.

[11] Helen Nissenbaum, "Should I Copy My Neighbor's Software?" in Deborah G. Johnson and Helen Nissenbaum, *Computers, Ethics & Social Values*, Prentice Hall, 1995, pp. 201–213.

[12] *Vanderhye* v. *IParadigms LLC*, decided Apr. 16, 2009, U.S. Court of Appeals, Fourth Circuit, caselaw.findlaw.com/us-4th-circuit/1248473.html.

[13] *Sony Corporation of America* v. *Universal City Studios, Inc.*, 464 U.S. 417(1984). Pamela Samuelson, "Computer Programs and Copyright's Fair Use Doctrine," *Communications of the ACM*, Sept. 1993, 36:9, pp. 19–25.

[14] "9th Circuit Allows Disassembly in Sega vs. Accolade," *Computer Law Strategist*, Nov. 1992, 9:7, pp. 1, 3–5. "Can You Infringe a Copyright While Analyzing a Competitor's Program?" *Legal Bytes*, George, Donaldson & Ford, L.L.P., publisher, Winter 1992–93, 1:1, p. 3. Pamela Samuelson, "Copyright's Fair Use Doctrine and Digital Data," *Communications of the ACM*, Jan. 1994, 37:1, pp. 21–27.

[15] *Sony Computer Entertainment, Inc.* v. *Connectix Corporation*, U.S. 9th Circuit Court of Appeal, No. 99-15852, Feb. 10, 2000.

[16] Karl Taro Greenfeld, "The Digital Reckoning," *Time*, May 22, 2000, p. 56.

[17] Stuart Luman and Jason Cook, "Knocking Off Napster," *Wired*, Jan. 2001, p. 89. Karl Taro Greenfeld, "Meet the Napster," *Time*, Oct. 2, 2000, pp. 60–68. "Napster University: From File Swapping to the Future of Entertainment," June 1, 2000, described in Mary Hillebrand, "Music Downloaders Willing to Pay," *E-Commerce Times*, June 8, 2000, www.ecommercetimes.com/story/3512.html.

[18] Charles Goldsmith, "Sharp Slowdown in U.S. Singles Sales Helps to Depress Global Music Business," *Wall Street Journal*, Apr. 20, 2001, p. B8.

[19] *A&M Records* v. *Napster*, No. 0016401, Feb. 12, 2001, DC No. CV-99-05183-MHP.

[20] David L. Hayes, "A Comprehensive Current Analysis of Software 'Look and Feel' Protection," Fenwick & West LLP, 2000, www.fenwick.com/FenwickDocuments/Look_-_Feel.pdf.

[21] 2015 年的数据来自 BSA："BSA Global Software Survey," May 2016, globalstudy.bsa.org/2016/downloads/studies/BSA_GSS_InBrief_US.pdf.

[22] *RIAA* v. *Diamond Multimedia*, 1999.

[23] *Bobbs-Merrill Co.* v. *Straus*, 1908. 首次销售原则在 1976 年成为版权法的一部分。

[24] Les Vadasz, "A Bill that Chills," *Wall Street Journal*, July 21, 2002, p. A10.

[25] 这里的一些例子和许多其他例子可以参考：Root Jonez, "Unintended Consequences: Twelve Years under the DMCA," Electronic Frontier Foundation, Mar. 3, 2010, www.eff.org/press/archives/2010/03/03.

[26] Scarlet Pruitt, "Norwegian Authorities Indict Creator of DeCSS," CNN.com, Jan. 14, 2002, www.cnn.com/2002/TECH/industry/01/14/decss.writer.idg/index.html.

[27] *Universal City Studios, Inc.* v. *Reimerdes*, 111 F.Supp.2d 294 (S.D.N.Y. 2000).

[28] 美国卡内基梅隆大学的教授 David S. Touretzky 在他的网站上收集了许多不同形式的关于 DeCSS 的表达："Gallery of CSS Descramblers," www.cs.cmu.edu/~dst/DeCSS/Gallery/.

[29] 这篇论文被泄露并出现在了网上。它最终被发表到了一个计算机安全会议上。Scott A. Craver

et al., " Reading Between the Lines: Lessons from the SDMI Challenge, " www.usenix.org/events/sec01/craver.pdf.

[30] Jonez, " Unintended Consequences." *Felten et al.* v. *RIAA, SDMI, et al.* ACM 是计算机专业人士和计算机科学家的一个主要组织，它的声明在如下网址可以找到：cacm.acm.org/magazines/2001/10/7240-viewpoint-the-acm-declaration-in-felten-v-riaa/fulltext.

[31] " Unintended Consequences: Sixteen Years Under the DMCA, " Electronic Frontier Foundation, www.eff.org/files/2014/09/16/unintendedconsequences2014.pdf.

[32] 同上。

[33] Copyright Office, Library of Congress, " Section 1201 Exemption to Prohibition Against Circumvention of Technological Measures Protecting Copyrighted Works, " www.copyright.gov/1201/. Marcia Hofmann and Corynne McSherry, " The 2012 Rulemaking: What We Got, What We Didn't and How to Improve the Process Next Time, " Electronic Frontier Foundation, Nov. 2, 2012, www.eff.org/deeplinks/2012/11/2012-dmca-rulemaking-what-we-got-what-we-didnt-and-how-to-improve. Parker Higgins *et al.*, " Victory for Users: Librarian of Congress Renews and Expands Protections for Fair Uses, " Oct. 27, 2015, www.eff.org/deeplinks/2015/10/victory-users-librarian-congress-renews-and-expands-protections-fair-uses.

[34] Hannah Karp, " Music Industry Out of Harmony with YouTube on Tracking of Copy-righted Music, " *Wall Street Journal*, June 28, 2016, www.wsj.com/articles/industry-out-of-harmony-with-youtube-on-tracking-of-copyrighted-music-1467106213.

[35] Jennifer M. Urban and Laura Quilter, " Summary Report: Efficient Process or ' Chilling Effects ' ? Takedown Notice under Section 512 of the Digital Millennium Copyright Act, " full report in *Santa Clara Journal of High Tech Law and Technology*, Mar. 2006, digitalcommons.law.scu.edu/cgi/viewcontent.cgi?article=1413&context=chtlj.

[36] www.creativecommons.org.

[37] Ryan Singel, " Movie Studios Sue Streaming Movie Site Zediva, " *Wired*, Apr. 4, 2011, www.wired.com/epicenter/2011/04/mpaa-sues-zediva, and Barbara Ortutay, "Movie Studios Win Lawsuit against Zediva, " Oct. 31, 2011, www.yahoo.com/news/movie-studios-win-lawsuit-against-182614348.html.

[38] *American Broadcasting Companies* v. *Aereo*, 2014.

[39] Joe Mullin, " How ' Cyberlockers ' Became the Biggest Problem in Piracy, " Jan. 19, 2011, gigaom.com/2011/01/20/419-how-cyberlockers-became-the-biggest-problem-in-piracy/. Geoffrey A. Fowler, Devlin Barrett, and Sam Schechner, " U.S. Shuts Offshore File-Share ' Locker, ' " *Wall Street Journal*, Jan. 20, 2012, www.wsj.com/articles/SB10001424052970204616504577171060611948408. Brett Danaher and Michael D. Smith, " Did Shutting Down Megaupload Impact Digital Movie Sales? " Initiative for Digital Entertainment Analytics, Carnegie Mellon University, idea.heinz.cmu.edu/2013/03/07/megaupload/. Brett Danaher and Michael D. Smith, " Gone in 60 Seconds: The Impact of the Megaupload Shutdown on Movie Sales, " Social Science Research Network, Sept. 14, 2013, papers.ssrn.com/sol3/papers.cfm?abstract_id=2229349.

[40] Harro Ten Wolde and Eric Auchard, " Germany's Top Publisher Bows to Google in News Licensing Row, " Reuters, Nov. 5, 2014, www.reuters.com/article/2014/11/05/us-google-axel-sprngr-idUSKBN0IP1YT20141105. Steven Musil, " Google News to Close Up Shop in Spain in Response to New Law, " CNet, Dec. 10, 2014, www.cnet.com/news/google- news-to-close-up-shop-in-spain-in-response-to-new-law. Anna Solana, " The Google News effect: Spain Reveals the Winners and

Losers from a ' Link Tax, '" ZDNet, Aug. 14, 2015, www.zdnet.com/article/the-google-news-effect-spain-reveals-the-winners-and-losers-from-a-link-tax.

[41] Judge Denny Chin, *The Author's Guild et al.* v. *Google, Inc.*, Case 1:05-cv-08136-D, Nov. 14, 2013, www.nysd.uscourts.gov/cases/show.php?db=special&id=355.

[42] 引自: The Authors Guild, " Supreme Court Declines to Review Fair Use Finding in Decade-Long Book Copying Case against Google, " Apr. 18, 2016, www.authorsguild.org/industry-advocacy/supreme-court-declines-review-fair-use-finding-decade-long-book-copying-case-google/.

[43] 关于对等生产（peer production）的现象的分析，参见: Yochai Benkler, " Coase's Penguin, or Linux and *The Nature of the Firm*," *The Yale Law Journal*, Dec. 2002, pp. 369 – 446, www.yale.edu/yalelj/112/BenklerWEB.pdf.

[44] The Free Software Directory, directory.fsf.org/wiki/Main_Page.

[45] " What Is Copyleft? " www.gnu.org/philosophy.

[46] Andy Updegrove, " A Big Victory for F/OSS: Jacobsen v. Katzen Is Settled, " The Standards Blog, ConsortiumInfo.org, Feb. 19, 2010, www.consortiuminfo.org/standardsblog/article.php?story=201002190850472.

[47] 这是对 Stallman 的观点的一个简短总结。详细内容参见他的文章 " Why Software Should Be Free " 以及在 GNU 网站上的许多其他文章。www.gnu.org/philosophy.

[48] David Drummond, " When Patents Attack Android, " *The Official Google Blog*, Aug. 3, 2011, googleblog.blogspot.com/2011/08/when-patents-attack-android.html. 关于他的声明的图示，可以参见: Steve Lohr, " A Bull Market in Tech Patents," *New York Times*, Aug. 16, 2011, www.nytimes.com/2011/08/17/technology/a-bull-market-in-tech-patents.html.

[49] 关于软件专利总数的估计，以及每个专利和新法律的对比来自: Brian Kahin, " Software Patents: Separating Rhetoric from Facts, " *Science Progress*, May 15, 2013, scienceprogress.org/2013/05/software-patents-separating-rhetoric-from-facts/.

[50] Charles Forelle and Suein Hwang, " IBM Hits Amazon with E-Commerce Patent Suit," *Wall Street Journal*, Oct. 24, 2006, p. A3.

[51] 这里的总结使用来 Joe Mullin 在 *Ars Technica* 发表的几篇文章中的信息: " A Year After Trial, USPTO Knocks Out Apple's ' Pinch to Zoom ' Patent, " July 29, 2013, arstechnica.com/tech-policy/2013/07/a-year-after-trial-uspto-knocks-out-apples-pinch-to-zoom-patent/, and " Apple's $120M Verdict Against Sam-sung Destroyed on Appeal, " Feb. 26, 2016, arstechnica.com/tech-policy/2016/02/appeals-court-reverses- apple-v-samsung-ii-strips-away-apples-120m-jury-verdict/.

[52] 这个定义的来源: www.investopedia.com/terms/p/patent-troll.asp.

[53] Kent Walker, " Patents and Innovation, " *The Official Google Blog*, Apr. 4, 2011, googleblog.blogspot.com/2011/04/patents-and-innovation.html. Nortel 的专利是在破产拍卖中卖掉的。

[54] 这里的关键案件包括: *Diamond* v. *Diehr*, 450 U.S. 175 (1981); *State Street Bank & Trust Co.* v. *Signature Financial Group*, 1998; *In re Bilski*, Federal Circuit, 2008; *Bilski* v. *Kappos*, June 28, 2010, www.supremecourt.gov/opinions/09pdf/08-964.pdf. 还可以参见: Daniel Tysver, " Are Software and Business Methods Still Patentable after the Bilski Decisions? " Bitlaw, 2010, www.bitlaw.com/software-patent/bilski-and-software-patents.html.

[55] *Bilski* v. *Kappos*.

[56] 关于 " Alice 公司诉 CLS 银行" 案的讨论以及它的影响参见: www.scotusblog.com/case-files/cases/alice-corporation-pty-ltd-v-cls-bank-international/.

[57] *Bilski* v. *Kappos*.

[58] 这个练习题基于"美国洛杉矶时报诉自由共和国网络公司"案。法庭决定支持报纸方,这似乎与我们在 4.2 节中讨论的逆向工程的案例和其他合理使用案件中的推理是不一致的。因此该案件也受到了一些学者的批判。

[59] 设计者 Shepard Fairey 和美联社(AP)于 2011 年在庭外和解,和解内容的一些细节是保密的。Fairey 后来对伪造文件和在起诉过程中说谎认罪。

[60] 这个练习题的想法来自于这本书里的简短说明:Helen Nissenbaum, "Should I Copy My Neighbor's Software?" in Deborah G. Johnson and Helen Nissenbaum, *Computers, Ethics & Social Values*, Prentice Hall, 1995, p. 213.

[61] 在一些这样的案件中,软件支持公司被认为侵犯了版权。在 2010 年,Oracle 赢得了针对 SAP 的 TomorrowNow 部门(对 Oracle 软件提供支持)的官司,陪审团裁决要求 SAP 支付大笔罚款。

[62] Barbara R. Bergmann and Mary W. Gray, "Viewpoint: Software as a Public Good," *Communications of the ACM*, Oct. 1993, 36:10, pp. 13–14.

犯罪和安全

5.1 概述

很多形形色色的骗子会在网络空间里发现各种机会，以欺骗很多丝毫不起疑心的人。一些骗局与它们在有网络之前的形式几乎没有什么变化：金字塔计划、连锁信、假冒奢侈品的销售、虚假的商业投资机会等。无论使用什么水平的技术，每一代人都需要提醒自己，如果一项投资或交易看起来好得都不像真的了，那么它很可能就不是真的。还有一些诈骗是新出现的，或已经演变为会利用在线、互联和移动活动的特点。在网上约会诈骗中，骗子使用从社交媒体网站上获取的个人资料和照片，然后发展在线恋爱关系，并说服那些不起疑心的人为家庭紧急情况或其他虚假原因转账。在一个特别不道德的骗局中，有人在诸如恐怖袭击或飓风等灾难之后建立网站，以欺诈方式从人们那里收集信用卡捐款，而捐款的人还以为自己正在向红十字会捐款或向受害者提供资金。

在本章中，我们主要关注黑客行为，即有意的、未经授权的对计算机系统的访问，因为它是各种严重犯罪的重要组成部分，例如盗窃（包括金钱、信息、身份和有形财产）、欺诈和破坏。我们经常看到关于大型公司和政府机构的计算机系统被攻击的重大新闻报道。以下是一些例子：

- 美国国税局（IRS）报告说，窃贼从 IRS 数据库中存储的 30 多万份纳税申报表中窃取了个人信息。
- 一个黑客窃取了超过 1 亿个 LinkedIn 会员的记录，包括 ID 号、电子邮件地址和密码。这些记录被公开出售。一个出售被盗账号密码的网站声称有超过 3000 万个 Twitter 用户名和密码可以出售。Dropbox 被窃取了 6800 万用户的用户名和密码。一个黑客窃取了超过 5 亿雅虎账户的数据，这些数据包括名字、出生日期、加密之后的密码以及安全问题及其回答。在这些案例中，这些公司直到几年后才意识到被攻破的范围。
- 乌克兰的黑客闯入新闻服务网站，在有关公司收益的信息正式公开之前，他们就可以拿到这些信息。这些信息被用来进行高价值的股票交易。很可能出于同样的目的，黑客侵入了一些律师事务所的计算机系统，这些律师事务所的客户包括银行和大公司。他们获取了很多机密数据，包括可能影响股票价格的潜在合并和诉讼等。
- 黑客闯入了美国联邦政府人事管理办公室的计算机，窃取了 2000 万多名联邦雇员的档案。被盗文件包含超过 500 万人的指纹，以及从事一些敏感工作的人员的背景调查信息（其中包括精神病护理的信息），这些人员包括执法人员、军事和外国服务机构的人员。许多现役和退休雇员发现自己是身份盗窃的受害者。这些数据的泄漏可能威胁到有安全许可的雇员和他们能访问的数据，因此也威胁到了国家安全。

现在，黑客越来越频繁地闯入各种电子设备和机器，从汽车和无人机到婴儿监视器。网络犯罪影响了数百万人，造成的经济损失高达数十亿美元。在许多例子中我们可以看到，主要犯罪的肇事者可能在另一个国家；事实上，他们也可能是外国政府。入侵汽车控制的事件表明，有可能会造成潜在的人身伤害。许多政府研究警告关键基础设施系统（例如电力和交通）的脆弱性，以及遭受复杂攻击的可能性。

在本章中，我们考虑如下的社会问题，例如：为什么像联邦雇员的背景检查和信用卡号码这样的敏感信息没有加密存储？我们的数据、设备和物理基础设施的漏洞有哪些来源？作为专业人士和个人用户，我们能做些什么来减少黑客攻击的风险？我们也会考虑其中的法律问题：什么活动应该是非法的？什么处罚比较合适？执法机构应该怎样做才能减少网络犯罪？对于大多数网络犯罪的道德品质，我们的观点是非常明确的：盗窃和破坏财产及信息是错误的。但是其中还是包含许多有意思的伦理问题：我们应该如何对非恶意黑客进行评价，包括那些目的是发现漏洞的黑客？在道德上谁应该对安全负责任？在发现了一个安全漏洞时，你如何才能以负责任的方式让合适的人知道，而又不会引起犯罪黑客的注意？我们还描述了黑客的做事方法，以及网络安全专业人员正在如何努力保证我们的系统安全，以供后续讨论。

我们在5.1～5.6节讨论的许多罪行都是破坏性的活动，大多数人认为应该是非法的。但在一些国家，许多和平活动是合法的，而在其他国家则是非法的。由于他们的网络业务或作品违反了能够访问到的国家的法律，企业和个人会被起诉和逮捕。在5.7节中，我们考虑这个问题的严重程度以及我们应该如何处理它。

在5.2节中，我们的第一个任务是讨论"黑客"意味着什么，它的含义如何随着时间的推移发生变化，以及黑客如何进行他们的活动。

5.2　黑客是什么？

5.2.1　黑客行为的演变过程

对很多人来说，术语黑客行为（hacking）意味着一种不负责任的、破坏性的犯罪行为。黑客（也就是说进行黑客行为的人）会闯入计算机系统并有意释放计算机病毒。他们窃取金钱，以及敏感的个人、企业和政府信息。他们使网站停运、破坏文件和破坏商业交易。但是，还有一些自称是黑客的人根本不去做这里列出的事情（本书的两位作者有时候也属于这一类人）。我们分三个阶段来讨论黑客行为：

- 第1阶段：早期黑客行为（20世纪60年代和20世纪70年代），此时黑客是一个正面的词语。
- 第2阶段：从20世纪70年代到20世纪90年代，此时黑客行为拥有了更多的负面含义。
- 第3阶段：从20世纪90年代中期开始，伴随着网络、电子商务和在线设备（例如医疗设备和汽车）数量的增长。

这里的界限并不绝对，在每个阶段都会包括在更早阶段中常见的黑客行为类型。在5.3节和5.5.3节中，我们会讨论用于特殊用途的黑客行为（包括政治行动、为了在其他国家从事间谍和破坏行动的政府黑客行为，以及为了暴露安全漏洞的黑客行为）。

1. 第1阶段：编程的喜悦

在早期的计算技术中，黑客（hacker）指的是富有创造力的程序员，他们能够编写非常优雅、巧妙的程序。黑客被认为是"计算机艺术鉴赏家"，而"好的黑客作品"指的是一段特别巧妙的代码。黑客创造的作品中包括许多最早的计算机游戏和操作系统。虽然他们有时也会发现能够进入未经授权的系统的方法，但是早期的黑客大多是为了寻求知识和智力挑战，有时也会追求能够进入不属于他们的领地所带来的快感。大多数人无意破坏现有的服务，他们也不会试图造成任何损害。有些黑客会选择游离于社会主流之外，许多是高中生和大学生，或者中途退学的学生。这一时期的黑客行为通常是在单台计算机或者由黑客控制的小型网络上，也可能是在黑客通常的工作或学术研究环境中进行的。

《新黑客词典》把黑客描述为具有如下特点的人："喜欢探索可编程系统的细节，以及如何延伸这些系统能力；……；对编程序拥有巨大热情（甚至是痴迷其中）。"[1] 裘德·米尔虹（Jude Milhon）⊖ 把黑客行为描述为"巧妙地规避人们所设定的限制。"[2] 这些限制可以是所使用的系统的技术限制、别人的安全技术所强加的限制、法律限制，或是一个人自己技巧的限制。她所给出的定义比较好，因为它囊括了该术语的许多用途。在这个时期的黑客就像新世界里的探险家一样，推动技术的边界，并且为他们的发现感到兴奋。

在许多会议和其他场所，"黑客行为"有时仍然有巧妙编程的早期含义，它体现的是高水平的技能和对限制的规避。任天堂的 Wii 视频游戏机的爱好者通过重新对其遥控器编程，可以执行任天堂从来没有想到过的任务。在苹果公司发布 iPhone 不久之后，黑客就发现了一些方法，使之可以按照苹果公司曾试图阻止的方式来运行。经常会有几千人聚在一起，参加一整天的黑客马拉松（hack-a-thons）活动，以非常紧张的工作方式来开发创新的软件产品。

2. 第 2 阶段：黑客活动黑暗面的崛起

在计算机变得越来越常见，并且越来越多的人开始滥用它们的时候，"黑客"这个词的含义，特别是它的内涵发生了变化。对于很多人来说，在进行黑客活动时，不再是推动技术和人类智慧的边界；他们变成了是在打破法律和道德的边界。到了 20 世纪 80 年代，黑客行为还包括传播计算机病毒，在当时大多会将病毒植入用软盘销售的软件。黑客行为包括恶作剧、数字破坏行为、骚扰、盗窃（信息、软件和金钱），以及盗用电话线路（操纵电话系统）。这些活动对这个词添加了恶意含义，成为它现在最常见的意思：侵入黑客并不被授权访问的计算机系统。

侵入某个大型研究中心、企业或政府机构的计算机是一种挑战，会给黑客带来一种成就感，能够探索很多文件，并得到同行的尊重。年轻黑客通常会从事这种为了赢得"奖杯"式的入侵。由于受到电影《战争游戏》的影响，有些黑客特别喜欢闯入国防部的计算机，而且他们往往能成功。克利福德·斯托尔（Clifford Stoll）在《The Cuckoo's Egg》一书中描述了一个更严重的案例。为了解释一个 75 美分的记账错误，斯托尔经过好几个月的调查之后发现：一个德国黑客入侵了数十台美国计算机，其中包括军事系统，在其中寻找信息出售给苏联。

在 1988 年，一个被称为互联网蠕虫⊖（也被称作 Morris Worm）的程序清晰地暴露了整个互联网面对恶意黑客行为的脆弱性。康奈尔大学的一位研究生编写了这种蠕虫病毒，把它发布到互联网上。这种蠕虫不破坏文件，也不窃取密码，关于它的作者是否打算或期望它导致如此巨大的影响，人们还存在分歧。但是，它迅速蔓延到运行特定版本的 UNIX 操作系统的计算机上，通过运行它自己的许多拷贝，导致这些机器变慢，使之无法处理正常工作。这

⊖　Jude Milhon（1939—2003），网上代号为 St. Jude，是互联网上最知名的女黑客之一。——译者注

⊜　蠕虫病毒是一种将自身复制到其他计算机的程序。这一概念的本意是利用闲置资源，但它被人恶意使用。蠕虫病毒可能会破坏文件，也可能只是浪费资源。

导致很多工作被打乱，而且让很多人感到不便。这种蠕虫影响了好几千台计算机（在当时已经是互联网上的一大部分机器了）。系统程序员花了几天时间，才发现、破译并清除了系统中的蠕虫。这起事件引发了人们对关键的计算机服务可能会被破坏，甚至造成社会混乱的疑虑，并因此导致建立了计算机应急响应团队协调中心（CERT/CC）[3]。

随着成年罪犯开始认识到黑客攻击的可能性，他们开始招收黑客来实施商业间谍、重大盗窃和欺诈。1994 年，在被认为是最早的一起网上银行抢劫案中，一个俄罗斯人（Vladimir Levin）与来自几个国家的同伙一起，用偷来的员工密码从花旗集团盗取了 40 万美元。他还把另外 1100 万美元转移到了其他国家的银行账户。将这个俄罗斯人从他被逮捕的伦敦引渡到美国受审，就花费了两年多时间；这件事说明了计算机犯罪的国际性质，以及它对执法造成的困难。

3. 第 3 阶段：黑客作为破坏性工具和犯罪工具

随着大大小小的企业以及从国家到城市级的政府都已经将他们的记录转移到了网上，互联网上可访问的信息数量呈现了爆炸性增长。由于互联网错综复杂的相互关联，以及网络越来越多被用于敏感信息、经济交易和通信，使得黑客行为对犯罪团伙更具吸引力，也使之对受害者变得更加危险和有害。随着基础设施系统（例如，水电、医院、交通、应急服务，以及通信系统）也可以在网络上访问，黑客的潜在目标还在急剧增加，对我们日常生活带来的风险也在急剧增加。

随着万维网的扩展，罪犯黑客也可以把手伸到不同的国家。计算机病毒引起的感染在全球范围内迅速传播。1999 年的梅丽莎（Melissa）病毒使用隐藏在微软 Word 文档中的代码，将自身的拷贝通过电子邮件发送给被感染计算机上的联系人列表中的前 50 人，它迅速感染了全球近 20% 的计算机。仅仅在一年之后，"Love Bug"（"ILOVEYOU"病毒）在几个小时内就传播到全球各个角落。它破坏图像、音乐和操作系统文件，并且会收集密码。这种病毒感染了福特和西门子这样的大公司，以及 80% 的美国联邦机构，其中包括美国国务院和五角大楼，以及英国议会和美国国会。许多企业和政府机构不得不关闭他们的电子邮件服务器，以清理病毒和修复其影响。该病毒感染了数以千万计的全球计算机，并造成了大约 100 亿美元⊖的损失[4]。

一个青少年破坏了一个小型机场中用来处理机场塔台和入港航班之间通信的计算机系统。英国的黑客模仿飞行交通控制员，向飞行员发出假的指令。有的黑客还修改了一个赌博网站的程序，从而让所有人都可以赢钱；该网站损失了 190 万美元。纽约市指控几个人从该城市的地铁系统中盗窃了 80 万美元，他们利用了销售地铁卡的机器中的一个软件错误。

黑客们还会实施报复攻击。在瑞典警方突击搜查了一个流行的盗版音乐网站之后，一起明显的黑客报复攻击关闭了瑞典政府和警方的主要网站。在乔治·霍茨（George Hotz）展示了如何在 PlayStation 3 游戏机上运行未经授权的应用程序和游戏之后，索尼公司对他提出了指控，在此之后，一个黑客小组对索尼网站发起了拒绝服务攻击⊜。在随后的另一次攻击中，黑客盗取了索尼游戏系统中数百万用户的姓名、生日和信用卡信息[5]。

随着智能手机和社交网络使用的增长，它们也成为了黑客的目标。在人们使用不安全的银行 APP 或不安全的手机时，黑客就可以偷走银行登录证书。黑客可以获得访问 Facebook

---

⊖ 这样的病毒造成的损害难以精确估计，因此这些金额可能会比较粗略。
⊜ 在拒绝服务攻击中，黑客会频繁向目标网站发出信息请求，使其因过载而崩溃。参见 5.2.2 节中的相关讨论。

用户的个人资料页面的权利，并且欺骗用户运行恶意软件，从而可以在这些网页上张贴色情和暴力图像。很常见的一种黑客策略是，制造假优惠折扣、免费赠品，或者只是一些有趣或好玩的东西，而用户只需按一下鼠标就会启动恶意软件。社交网络提供了一个巨大的潜在受害者群体，因为这些人已经习惯了这种共享方式[6]。

随着计算机安全应急响应组（CERT）的建立，计算机科学家通过改进安全技术来应对不断增加的安全威胁，但在企业、组织和政府机构中，对安全的态度却迟迟未能赶上这些风险的发展。安全技术和行业实践直到 21 世纪初才开始出现显著改进，因为当时一些破坏性病毒和安全漏洞上了头条，并影响到无数的企业和组织。网络安全领域已经发展成熟，安全人员会同执法部门一起密切合作，以应对黑客的威胁。

4. 黑客之间的区别

在老的牛仔电影中，好人都戴着白色的帽子，而坏人则戴着黑色的帽子。所以，一些人使用术语"白帽黑客"和"黑帽黑客"来区分计算机前沿领域的牛仔们。黑帽黑客是指那些其活动具有破坏性、不道德，并且通常是非法的黑客；在后面，我们会将这些人简称为"黑客"。白帽黑客会使用他们的技能来演示系统漏洞，并帮助提高其安全性，这些人中间包括网络安全专家，他们努力保护系统并且提供针对潜在威胁的早期警告。我们在 5.5 节中会讨论白帽黑客面临的技术和道德挑战，并将他们称为"网络安全专家"，以区别于黑客。当我们更详细地研究这两类人的时候将会看到，他们的许多活动是相似的，但是他们的动机和结果常常非常不同。还有第三类人，有时被称为"灰帽黑客"，即两者的成分都有一些。

5.2.2 黑客工具

为了访问国防部员工的电子邮件账户、电网或医疗记录，黑客会使用很多不同工具。下面我们来看看一些较为常见的工具和恶意软件的类型。在 5.3.2 节中，我们将研究一个案例，其中的黑客团队使用多种工具窃取数百万张信用卡号码和更多信息。

病毒（virus）——把它自己附加或添加到其他软件的软件。通常，病毒是一个程序中的一小部分，可以复制自身并执行其他功能，如删除文件或发送电子邮件。当一个人运行一个受感染的程序或打开受感染的邮件附件时，病毒通常就会开始传播。

蠕虫（worm）——类似于病毒，但是不需要将自己附着到另一个程序上就能运行。蠕虫的设计是为了利用特定的系统缺陷。一旦蠕虫获得了宿主系统的访问权，就会扫描附近系统的类似缺陷，使其能够扩散到那些系统。在 2008 年首次被检测到的 Conficker 蠕虫感染了数百万台计算机，而且就像某些疾病一样，它一直存活着。在 2015 年，它的一个变种版本被安装到了警察用的随身相机里。当这样的相机被连接到计算机上时，该蠕虫试图传播到计算机并开始联系远程服务器[7]。我们还能够信任来自这个相机的视频，或来自这台计算机的数据吗？

特洛伊木马（Trojan horse）——伪装成一个良性的软件应用程序，但是携带着恶意构件的恶意应用。用户相信程序是安全的并启动它。当程序运行时，除了正常功能之外，它还会执行恶意活动，例如安装病毒或向用户通讯簿中的所有联系人发送垃圾邮件。

社会工程（social engineering）——通过对人的操纵来获得信息或执行违反安全协议的任务。黑客可能冒充组织中的技术支持办公室中的某个人，并打电话给你，询问登录凭证或其他重要信息。从计算机时代刚开始的时候，黑客就学会了使用社会工程学，而且非常成功。它被用来启动前面讨论到的 Melissa 和 ILOVEYOU 病毒，并劫持了美联社的 Twitter 账号。在一个已经运营了多年的骗局中，有人打电话给你，声称来自"Windows 技术部门"，告诉你说你的电脑有病毒或正在运行恶意软件。如果你继续交谈的时间足够长，呼叫者就会要求你下载一个软件来清理它，但是该软件实际上会安装恶意软件。

网络钓鱼（phishing）——你收到过来自 Paypal、Amazon 或某个银行的电子邮件或短信，要求你确认账户信息吗？你收到国税局（IRS）发来的电子邮件，告诉你该机构有你的退税支票吗？这些很可能就是欺诈性垃圾邮件的例子，被称作网络钓鱼（针对电子邮件）或短信钓鱼（smishing，针对短信）：发送数百万条信息，目的是"钓"到一些有用的信息，用来假扮某人和偷窃钱物。发来的消息中会告诉受害者需要点击一个著名的银行或网络公司的网站链接。假冒站点会要求输入账户名、密码和其他身份信息。黑客还会利用我们知道网上有很多欺诈这一事实：一些经常出现在网络钓鱼诈骗里的借口是先警告你说你的银行或支付宝账户存在安全漏洞，并且被攻击了，你需要立即做出反应来确定别人是否在滥用你的账户。有些消息还会告诉收件人他们刚刚下了一个金额很大的订单，如果订单不是他们自己下的，则应该点击一个链接去取消订单。在恐慌中，人们会听从建议，并且在被询问时输入他们的身份识别信息。鱼叉钓鱼（spear phishing）是指有针对性的网络钓鱼，有时是针对企业或政府的高层雇员的个性化网络钓鱼。这些用来钓鱼的电子邮件或消息似乎来自一个同事，内容是关于一个工作相关的项目；或者来自一个朋友，内容是关于收件人感兴趣的主题。在 2016 年的两次民主党竞选邮件泄露事件中，都是因为人们点击了网络钓鱼电子邮件中的链接。

网址嫁接（pharming）——诱惑人们访问盗贼收集个人数据的假网站。通常，当我们指定要访问的网站时，浏览器先找到某个域名服务器（DNS），来查找网站的 IP 地址[⊖]。在 DNS 上的地址对应表中植入虚假的互联网地址，就可以将浏览器引向由黑客建立的假网站。

勒索软件（ransomware）——对计算机或移动设备上的一些或所有文件进行加密，然后显示一条消息要求支付赎金来交换文件解密秘钥的恶意软件。通常，黑客会要求使用比特币（一种匿名的数字货币）来进行支付。受害者（包括个人和大企业），尤其是那些没有进行安全备份的人，通常会支付费用。根据美国司法部的数据，2016 年，勒索软件攻击增加到了平均每天 4000 起 [8]，黑客收取了数百万美元。

间谍软件（spyware）——可以监视和记录用户在计算机或移动设备上活动的恶意软件。这包括记录键盘上的击键信息以捕获用户名、密码、账号和其他信息。间谍软件可以记录访问过的网站和其他网络活动，并将数据发送到由黑客监视的远程服务器。更具破坏性的是，间谍软件可以在用户不知情的情况下控制摄像头并录制用户的活动——间谍软件可以在录像时关掉摄像头的指示灯。2013 年的美国小姐卡西迪·沃尔夫（Cassidy Wolf）无意中打开了同学发来的电子邮件的附件，该邮件在她的电脑上安装了一个间谍软件包。这个同学花了不到 100 美元买了这个间谍软件，只需要很少的技术知识就可以部署，并用它来观看和拍摄沃尔夫（和其他年轻女性）的私密照片。后来，他威胁要出售这些照片，试图从她那里勒索钱财 [9]。

僵尸网络（botnet）——互联网上的一组电脑或其他设备，它们带有病毒或恶意软件，与黑客控制的中央主机或服务器通信；或者，就像记者肖恩·加拉格尔（Sean Gallagher）所

⊖　IP（Internet Protocol）地址是用来标识互联网上设备的一组数字。

表述的：僵尸网络就是由被破坏的设备组成的相互协调的军队[10]。被感染的装置称为僵尸（bots 或 zombies）。黑客从中央服务器发出命令，指示僵尸网络执行诸如发送垃圾邮件、参与在线广告欺诈或发起分布式拒绝服务攻击（下面有定义）之类的任务。僵尸的实际拥有者通常不知道他们的设备在做什么。僵尸网络极难根除：大多数僵尸网络包括数百万台计算机和其他设备，并且病毒可以快速地再次感染设备。当 Conficker、Zeus、Simda 和其他僵尸网络被打败的时候，通常是因为执法人员通过他们自己的黑客活动控制了僵尸网络的中央服务器。

一个复杂的国际骗局涉及来自 100 多个国家的 10 万多台计算机，在两周内发送了 200 亿条垃圾邮件。这些信息引导人们去一些电子商务网站，而不警觉的用户如果在这些网站用信用卡订购产品，是什么也不会收到的。信用卡扣的费用都到了俄罗斯的一家公司。这个骗局说明了网络犯罪日益复杂，组合了包括黑客、垃圾邮件、假网站和跨国欺诈等技术[11]。

在 21 世纪初，僵尸网络主要由个人电脑组成。现在，一些僵尸网络中也包括了手机和各种各样的物联网设备。

拒绝服务（DoS）或分布式拒绝服务（DDoS）攻击——在这种攻击中，僵尸网络利用大量的服务请求把网站、邮件服务器或其他因特网站点"淹没"，导致普通用户无法访问这些站点或服务。在某些情况下，攻击可能会导致网站崩溃。DDoS 攻击是互联网上的一种日常事件，也相对容易实现。目标通常是大公司和网站，或互联网的大片区域，但也可以是个人（例如，撰写相关安全事件而激怒了黑客的新闻记者，或者在游戏过程中被竞争对手当作攻击目标的专业游戏玩家）。在智能手机上，有一个恶意软件激活的 DDoS 攻击会导致手机拨打 911，并因此可能会减慢对突发事件的反应。在 2016 年的一次攻击中，一个被称为 Mirai 的僵尸网络使用了数十万台（或更多）数字视频录像机、照相机和其他设备进行攻击，导致了包括 PayPal、Twitter、Netflix、Reddit、Box、Github、Airbnb 和索尼的 PlayStation 网络等在内的一千多个站点的服务中断[12]。

后门（backdoor）——通过绕过正常的安全检查层，允许在未来的某个时间访问计算机系统或设备的一种软件。黑客可能安装后门，或者软件开发人员可能故意将后门写入一个系统，以便轻松地重新获得访问权限，以进行维护或收集使用情况。

🔥 执法机构使用的后门：见 5.5.4 节。

上述内容只包含了黑客会用到的一些较为常见的工具。创建大多数黑客工具都需要技术技能。然而，黑客脚本（要执行的指令序列）和数以千计的计算机病毒代码都可以在互联网上免费或低价获得，因此也很容易被青少年和盗贼利用。

5.2.3 "无害攻击"真的无害吗？

在许多情况下，激励黑客（特别是年轻黑客）侵入计算机系统的原因是它带来的兴奋和挑战。有些人声称，如果他们不拷贝数据，也不修改文件，那么这些黑客行为就是无害的。真的是这样吗？

当某个大学、网站、企业或军方的计算机系统中检测到入侵行为时，系统管理员不能立刻分辨出入侵者是没有恶意的黑客，还是小偷、恐怖分子或间谍。因此，最低限度来讲，一个组织也要花费时间和精力来跟踪入侵者，关闭其访问的手段，并试图去确认入侵者没有修改任何数据或者偷走任何文件。当一个组织必须关闭自己的互联网连接来阻止或调查一次入侵的时候，给员工和公众都会带来极大不便，而且由于这还会带来不好的公众形象或销售额的降低，因此付出的代价可能很高。为了应对非恶意或恶作剧的黑客行为，可能不得不消耗掉本来可以用来对付更严重威胁的资源。

入侵者的意图和活动的不确定性，对于包含敏感数据的系统会造成额外的开销，因为即使入侵者没有拷贝任何东西，他也可能会查看机密信息或个人数据。据美国司法部计算机犯罪部门的负责人透露，在一个黑客访问了波音公司的计算机之后，虽然其目的显然只是通过该计算机跳到另一个系统，但是波音公司还是花了一大笔钱来确认入侵者的确没有更改任何文件。试想一下，如果他们不这样做的话，我们坐在一架新的波音飞机上旅行的时候，是否会感到不安、提心吊胆呢？一伙丹麦年轻人闯进了美国国家气象服务中心的计算机，以及位于美国、日本、巴西、以色列和丹麦的许多其他政府机构、企业和大学的计算机。最终，警察抓住了他们。似乎他们并没有造成很大的损害。但是我们还是需要考虑风险。他们的活动导致气象服务中心的计算机速度变慢，这就有可能会带来影响，例如像龙卷风这样的严重情形就可能会因此未能被发现或者没有上报[13]。同样，如果系统管理员在医疗记录系统、信用数据库或工薪数据系统中检测到未经授权的访问，他们就必须阻止入侵者，并确定他们是否复制或更改了其中任何记录。即使黑客并没有破坏性的企图，他们的行为带来的不确定性也会造成损害或额外开销。

当然，还存在另一个问题：虽然黑客的意图可能是好的，却也可能会犯错，并造成重大的意外损坏。几乎所有的黑客行为都是某种形式的非法侵入。即使黑客并没有恶意企图，在发现其他人往往不把他们当作好人时，也不应该感到惊讶。

5.3　黑客行为的一些特定应用

5.3.1　身份盗窃

我们会在网上从陌生人手里购买产品和服务，也会在网上进行银行交易和投资，却不知道和我们打交道的公司的真实物理位置。我们只用带上护照和信用卡或借记卡就可以出门旅行，也可以在几分钟内就通过住房抵押贷款或汽车贷款的资格审查。作为提供这种方便和效率的一部分，我们的身份已经成为一系列数字（信用卡和借记卡号码、社会安全号码、驾驶执照号码、电话号码、银行账户号码等）和计算机文件（信用记录、工作经历、驾驶记录等）。但是，这种便利性和效率也会产生风险。远程交易是多种犯罪行为的沃土，特别是身份盗窃，以及由它引起的信用卡和借记卡欺诈。

身份盗窃（identity theft）指的是罪犯（或者大的有组织犯罪集团）使用一个不知情的无辜者的身份来从事各种犯罪行为。如果盗贼获得了信用卡（或借记卡）号码，他们会购买昂贵的物品，或者把该号码出售给其他人使用。他们还可以使用其他个人信息（例如社会安全号码）以受害人的名义开设新的银行账户。身份窃贼还会通过骗取贷款、超市购物、抢劫受害者的银行账户、开空头支票，或使用受害者的身份以各种其他方式骗取经济收益。

收集对身份盗窃有用的信息是大量黑客攻击的目标，并且黑客攻击是导致某些金融盗窃案的重要步骤，比如，访问某人的银行账户并偷钱。在本章的开始处，还有在 2.1.2 节中，我们列出了关于从包含个人信息的大型数据库中损失或窃取数据的少量事件。在其中的一些事件中，身份盗窃和欺诈就是攻击的目标。一个网络安全漏洞经常会影响数百万人，并导致数以千计的欺诈案件。在美国，每年总损失金额高达数十亿美元[14]。信用卡公司和其他企业承担了信用卡诈骗的大部分直接成本，但是造成的损失会间接导致向消费者的收费增加。此外，每个受害者可能会失去自己良好的信用评级，从而无法借钱或兑现支票，甚至无法找到工作，或者无法去租房子——债权人还可能起诉受害者，追讨被罪犯借走的钱。

身份窃贼非常喜欢人们在求职网站上发布的数以百万计的简历。他们在其中收集地址、社会安全号码、出生日期、工作经历，以及其他所有的细节，这有助于他们令人信服地盗用这些求职者的身份。有些身份窃贼假装成雇主，张贴虚假的招聘启事；还有一些人会联系求职者，要求他们提供更多信息来进行背景检查。因为现在身份窃贼开始滥用这些网站，人们也必须自己适应并更加谨慎，这意味着在张贴简历时要删掉敏感数据，在你进行实际面试之前不要向对方提供敏感信息，或者通过其他方式来确认潜在的雇主是真实的。而招聘网站一旦意识到这些威胁，也开始提供一些服务，允许用户选择把敏感信息设置成保密。

> ⚑ 减少身份盗窃：见 5.5.1
> 节。

虽然我们关注的是犯罪团伙使用黑客行为和其他技术手段来实施身份盗窃，受害人的家庭成员和熟人也应当对身份盗窃负相当大的责任。还有许多身份盗窃案件是因为丢失或被盗的钱包和支票。不管是在网络空间中，还是在网络空间外，我们都必须非常谨慎地保护自己的密码、文件、社会安全号码等信息。

5.3.2　案例研究：Target 数据泄露事件

在 2013 年为期四周的一段时间里，黑客获得了关于美国 Target 超市顾客的大量个人信息，包括 4000 万个信用卡号码和大约 7000 万个姓名、邮寄地址和电话号码。这是怎么发生的？我们可能永远不会知道所有的细节，但是网络安全调查人员通过把关于此次攻击的已知事实组合在一起，已经大致拼凑出了当时的场景 [15]。

在大规模数据被窃取之前的两个月，黑客向 Fazio 机械公司的一名雇员发送了一封钓鱼电子邮件。Fazio 是一家小型企业，拥有大约 125 名员工，为包括 Target 在内的许多公司提供供暖、空调和制冷维护。该雇员接受了来自钓鱼电子邮件的诱饵，点击了附件或链接，然后在无意中安装了 CitadelTrojan 木马。Citadel 恶意软件可以窃取用户名和密码。安全专家不知道窃贼为什么选择 Fazio，可能是因为它是一个为 Target 提供服务的供应商，也可能仅仅因为它是一个小企业。小型企业的计算机系统往往具有很低的安全性，黑客可以使用它们作为通向更大目标的网关。在攻击发生时，Target 的许多供应商的名称和联系信息是可以公开访问的，这给黑客提供了比 Target 公司网络更容易攻击的猎物列表。

通过互联网，Fazio 机械公司的员工连接到至少两个不同的 Target 内部应用程序，用于电子账单和合同提交。当使用受感染机器的 Fazio 雇员登录到这些目标系统之一的时候，Citadel 就开始窃取用户名和密码，并将其发送给黑客。看到 Target 的登录凭证会激起黑客团队的更大兴趣，黑客团队可能因此开始进一步研究，以发现 Target 如何管理供应商的更多信息。

被盗的 Fazio 员工证书使黑客能够获得 Target 向供应商提供的大量内部信息。当时，Target 还在它的公共网站上提供了关于自己的大量信息，不需要登录就可以访问。黑客可能已经从这些站点下载了这些文件，搜索到关于 Target 内部网络结构的一些提示信息。例如，许多微软 Office 文档会保存编辑文档的人员的 Windows 用户名和域名，以及文档所在的服务器——这些都是黑客可以利用的重要数据。

为了进入 Target 的内部网络，黑客可能已经用被攻击的 Fazio 雇员的身份登录到了处理合同的网络应用中。然后，黑客不像网络应用所期望的那样上传合同，而是上传了一个程序，用它来控制了 Target 的服务器。现在，黑客团队已经进入了 Target 的内部网络，并且很有可能放慢了他们的速度。一个原因是为了避免被抓住；另一个原因是执行侦察和探测内部网络，以确定哪些计算机是可访问的。

尽管 Target 采用了密码策略，但网络安全调查人员发现，内部网络有一些 Web 和数据服务器使用了默认或安全性较弱的密码，很容易被黑客破解，从而可以获得对系统、服务器、网络和客户数据的管理员访问权限。在这个时候，黑客可能获得了 7000 万个 Target 客户的姓名和地址。

出于安全原因，零售（POS）系统（在结账时计算客户账单并开始支付过程的系统）被放到了另一个内部网络上。目前还不清楚黑客是如何访问到 POS 系统网络及其服务器的，但是在像 Target 这样的大型组织中，Web 或数据库服务器配置错误并不罕见。只需要一个破绽就能给黑客一个接入点。通过数周的侦察和试错，一个黑客发现了破绽并获得了内部 POS 系统的访问权。然后，黑客将名为 BlackPOS 的恶意软件传送到 Target 的网络中，并将其安装在 Target 的 POS 工作站上，这些工作站是运行特殊 POS 应用程序的 Windows 计算机。为了保护消费者数据，在消费者刷卡之后，系统在发送卡号之前会对持卡人信息进行加密。但是，为了让 POS 应用程序验证卡号，并知道应该找哪个支付处理机构来授权此次交易，系统必须对卡号进行解密，并将其短时间存储在计算机内存中。这个小的时间窗口就成为 BlackPOS 盗取持卡人数据的时机。在大约四周的时间内，BlackPOS 捕获了大约 4000 万个 Target 客户的持卡人信息。

黑客团队还有一个障碍要跨越——他们必须让系统给他们发送信用卡信息，以便他们能够利用它。使用较早获得的管理员权限，黑客团队在内部目标网络上建立了自己的服务器。所有受感染的 POS 终端将信用卡号码和其他客户信息都发送到该服务器。从那里，黑客可以获取和销售这些信息。

图 5.1 总结了 Target 泄露事件的影响。这种泄露事件并不是唯一的。仅仅在 18 个月后，黑客又从 HomeDepot 连锁店窃取了超过 5000 万的客户信用卡号码和电子邮件地址；他们使用从 HomeDepot 供应商窃取的凭证在连锁店的 POS 终端上安装了 BlackPOS 恶意软件的一种变体。

- 黑客出售 Target 客户信用卡数据，平均每张卡的价格约为 27 美元。
- 在银行意识到这个情况并注销所有剩余的卡之前，3%～7% 的卡号已经被用于欺诈。
- 黑客从这起犯罪事件中获得了大约 5370 万美元。
- 与前一年相比，Target 的季度利润下降了 46%。
- 银行和信用合作社花费了大约 2 亿美元，为其中大约一半的账户重新发放信用卡。

图 5.1　Target 泄露事件的影响

5.3.3　黑客行动主义或政治黑客

黑客行动主义（hacktivism）指的是使用黑客行为来推动某个政治意图。对于这种黑客行为是否需要道德上的理由？对于黑客行动主义者的处罚是否应该有别于对其他黑客的处罚？

正如一般的黑客行为根据程度可以分成从轻微到极具破坏性的活动，对政治黑客来说也一样。下面我们来讨论一些例子。

- 恶作剧者修改了美国司法部的主页，把它修改为"不公正部" [⊖]，以抗议《通信规范法案》的实施。他们还修改了美国中央情报局的主页，把它改为"中央愚蠢局"。
- 三名少年攻入印度原子研究中心的网络，下载相关的文件，以抗议印度进行核武器试验。
- 黑客攻入加州湾区捷运（BART）系统，并泄露了关于大约几千名 BART 客户的电子邮件、密码和个人信息。他们这样做的目的是抗议 BART 为了挫败一起计划中的抗议示威而关闭了几个车站的无线通信系统。

评估政治黑客的一个根本问题在于它难以分辨。支持该黑客的政治或社会立场的人，往往会把其行为看成"行为主义"，而反对其立场的人则倾向于把它当作普通的犯罪行为（或者更为严重）。在篡改美国政府网站的几起事件中都做出了隐晦的政治声明。在警察局网站张贴支持毒品的消息，这是对于美国毒品政策的徒劳、欺骗、巨大费用和所造成的国际侵扰的一个政治声明？或者只是某个孩子的炫耀行为？对有些政治活动家来说，破坏或者窃取一个大公司的任何行为都属于政治行为。而对客户和企业来说，这种行为就是恶意破坏和偷窃。

假设我们知道某个政治上的原因是黑客背后的动力。我们应该怎样开始评估他们的黑客行动是否符合道德呢？假设有一个宗教群体，为了抗议同性恋，破坏了支持同性恋者的网站。假设有一个环保团体，为了抗议新的住房开发，破坏了某个房地产开发商的网站。许多人可能会认为其中的某个行为是合理的黑客行动主义，而另一个行为则不是，因为一个例子采取的是保守立场，而另一个例子采取的是自由立场。然而，我们却很难建立一个合理的道德基础来对这些行为加以区分。

一些学术作者和政治团体认为黑客行动主义是道德的，视其为公民抗命行为（civil disobedience）的一种现代形式 [16]。其他人则认为，是否存在政治动机是无关紧要的，或者在另一个极端，认为政治黑客是网络恐怖主义的一种形式。公民抗命行为拥有一个受人尊敬的非暴力传统。亨利·大卫·梭罗（Henry David Thoreau）、甘地和马丁·路德·金拒绝配合他们认为是不公正的规则。和平示威者通过游行、集会和抵制来促成他们的目标。烧毁滑雪胜地（因为有人可能希望保留未经开发的土地）或者烧毁堕胎诊所（因为有人反对堕胎）则完全是另一种活动类型。要评估黑客行动主义的事件，我们可以把它们分成不同的级别，从和平抵抗到破坏他人财产和可能会严重伤及无辜的行动。

黑客行动主义者是否仅仅是在行使他们的言论自由权利？言论自由并不包括在邻居的窗口悬挂政治符号，或者在别人家的篱笆上绘制自己的口号，即使这个"别人"是一个企业或公司也是不允许的。我们有讲话的自由，但并没有权利强迫别人听我们讲话。破坏一个网站或者篡改一个网页可以类比为关掉你不喜欢的人正在讲话用的麦克风。如果一个人坚信具体内容或理由比言论自由的原则更为重要，则可能会捍卫这种行动。往往很常见的是，参与政治行动的人总是会把自己的一方当作在道义上毫无疑义是正确的，而站在另一方的任何人都是道德上邪恶的，而不只是拥有不同观点的一群人。这样做往往会导致的看法是：认为对方的言论自由、选择自由和财产权利都不值得尊重。和平、自由和文明社会要求我们尊重这样的基本权利，而不要把自己的观点强加给持不同意见的人。

⊖ 把司法部（Department of Justice）改成了"Department of Injustice"。——译者注

评估黑客行动主义时要考虑的另一个因素是黑客行动主义者所处的政治制度环境。无论从道德和社会的角度，在自由的国家，几乎任何人都可以自由地在网络上发表自己的言论和视频，因此通过攻击别人的网站来促进其政治议题就很难自圆其说。活动家利用互联网来组织对在阿拉斯加进行的石油勘探的抗议，因为他们担心这样做会伤害到一个驯鹿群；他们组织大规模示威游行，以反对由各国政府领导人参加的国际会议。人权组织有效地利用了互联网和社交媒体，支持各种非主流观点的团体也在网络空间中宣传他们的观点。这些活动都不需要用到黑客活动。

最有理由支持采取黑客行动主义的国家，通常是那些最不会尊重公民抗命行为的国家。压制型政府会控制通信手段，禁止公开的政治讨论，禁止某些宗教，并且会关押或杀掉表示反对意见的人。在这些国家，因为公开表达一个人的观点是不行的或者危险的，因此可能会有好的理由来支持通过政治黑客行动公开传达这些观点，而在某些情况下，可能是为了破坏某些政府网站。

5.3.4　政府的黑客行为

> 源自一个国家的按键可以在一眨眼的功夫影响地球另一端的国家。在21世纪，比特和字节可能会带来与子弹和炸弹一样的威胁。
> ——国防部副部长威廉·林恩（William J. Lynn Ⅲ）[17]

1. 一些事件的例子

政府进行的黑客活动正在急剧增加，这可能是为了经济和军事间谍活动，也可能是为了打击敌人（或未来的敌人）。很难证明政府是网络攻击的幕后操纵者。有时候，攻击源可以追溯到特定国家，但是可能无法确定攻击者是为政府工作还是平民罪犯。然而，攻击的性质和复杂性以及攻击目标的类型可能导致安全研究人员相信有些攻击是政府机构所为。

政府资助的攻击目标不仅仅是信息系统。针对乌克兰三个地区权力机构的协调袭击，造成数十万人失去了电力保障。在一个月后，以色列电力当局遭到袭击，不得不关闭几个地方的电网以恢复电力供应。安全专家报告说，黑客闯入控制美国电网的计算机网络。他们留下的代码如果被激活的话，可能会破坏系统。黑客还侵入了美国卫星，并达到可以控制、破坏或摧毁这些卫星的地步（但并没有这样做），还有黑客则有计划地侵入世界各地的石油和天然气公司。美国司法部对与伊朗政府有联系的伊朗黑客提起指控，认为他们侵入了纽约市北部的一座小型水坝的控制系统，还发起了一次拒绝服务攻击，影响了数十家美国金融机构。

美国和以色列利用一种被称作 Stuxnet 的病毒，执行了一次成功的网络攻击，破坏了伊朗铀浓缩工厂的设备。因为该浓缩工厂的控制系统中的计算机并没有连到互联网上，因此很可能是使用 U 盘来引入病毒的。可能是一个熟人把受感染的 U 盘给了工厂的工人，也可能该工人是在家里遭到钓鱼攻击的受害者，而该攻击把病毒安装到了他的电脑上，然后又安装到 U 盘上。一旦到了工厂的网络上，Stuxnet 就感染了铀离心机的控制硬件。与许多其他工业设备一样，嵌入式计算机芯片控制着离心机，而工厂中控制远程工作站的工人则在监控其输出。Stuxnet 会根据离心机的类型对设备施加压力，使离心机高速旋转以远远超过其安全极限，或者大大增加离心机的内部压力。当病毒对设备施加压力时，它把伪造的输出传到监控工作站，因此工作人员没有发现任何错误。为了进一步隐藏其活动，Stuxnet 并没有立即破坏离心机。通过反复随机高速旋转或增加压力，Stuxnet 导致离心机周期性地失效，但是却没有规律可以预测。这让核电站的工作人员觉得，离心机质量很差，因为它们的故障率比号称的要高 [18]。

在联合国检查员试图了解伊朗的核设施是否会用于军事目的的时候，伊朗政府试图侵入这些核检查员的计算机和电话。我们尚不能确定伊朗情报机构是否能够获取到这些敏感信息（核查人员发现了什么，谁协助了核查人员，等等）。

被泄露的国家安全局文件显示，美国国家安全局在向海外运输之前修改了美国制造的通信设备（如路由器），以便可以安装用于间谍活动的监视软件或恶意软件 [19]。由于担心中国会对向美国出口的装备也采取同样的措施，这成为限制中国电信设备进口的一个原因。

2. 网络战争

五角大楼宣布，美国将把一些网络攻击视为战争行为，并以军事力量做出应对。被网络攻击的目标国家必须首先确定是外国政府、恐怖组织还是青少年组织了这次攻击。关于使用网络攻击手段来对付另一个国家，以及应该如何应对，存在许多具有挑战性的问题：

- 网络攻击在什么时候是正当的？（Stuxnet 对伊朗的网络破坏是正当的吗？如果用无人机或飞机直接攻击这些设施来推迟伊朗的核计划，会是更好的行动吗？）
- 什么时候网络攻击可以被视为战争行为？如果攻击造成重大经济损失，可以算作战争行为吗？
- 在进行反击前，对于攻击来源的确认需要做到什么程度的确定性？
- 对于各种不同的攻击，什么样的反应才是适当的？
- 我们如何使关键系统更加安全或免受攻击？
- 战争经常包括平民死亡，而且会出现军事部队意外杀死己方战斗人员的事件。网络攻击类似的副作用有多普遍，又有多严重？

5.4 为什么数字世界如此脆弱？

为什么黑客似乎很容易就能访问到我们朋友的联系人名单，并向我们发送垃圾邮件？为什么对敏感数据和设备的黑客成功攻击如此之多？为什么对医疗设备的保护不足以免受黑客攻击？正如我们反复看到的，我们的新工具非常强大，但是也非常脆弱。

几乎每种数字设备或系统，从你的移动电话和平板电脑到健身监视器、网络控制的家庭照明系统和电视、个人计算机、Web 服务器和互联网，都存在漏洞，即包含人可以发现和利用的弱点或缺陷。

安全漏洞和弱点来自各种不同的因素：

- 计算机系统固有的复杂性。
- 互联网与网络的发展历史。
- 运行电话、网络、工业系统的软件和通信系统，以及我们使用的许多互连设备。
- 新应用程序开发的速度。
- 经济、商业和政治因素。
- 人性。

让我们来看看我们的数字生活到底是如何变得如此脆弱的。

5.4.1 操作系统和互联网的弱点

1. 操作系统

任何一台计算机最重要的部分之一就是它的操作系统。它控制对硬件的访问，并使计算机用户可以使用应用程序和文件。像微软 Windows、苹果 MacOS 和 Linux 这样的操作系统都试图在下列特性中做出平衡：

- 向用户提供尽可能多的功能。
- 向用户提供对尽可能多的功能加以控制的能力。
- 方便和易用性。
- 提供稳定、不崩溃的系统。
- 提供一个安全的系统。

每个操作系统以及操作系统的每个版本都会以不同的方式来平衡这些标准。编写软件来管理计算机、键盘、鼠标、触摸屏、硬盘和内存，同时连接到网络，并提供对上述标准的平衡，是一项极其复杂的任务，可能需要协调由数千名软件设计师、开发人员和测试人员组成的庞大团队。在移动设备或手机上，前后摄像头、多点触控压力敏感屏幕、指纹阅读器、电池使用和无线连接进一步增加了操作系统设计者面临的挑战。

在操作系统或应用程序中存在错误并不少见。编写软件的公司定期发布补丁⊖来更新它们的产品，以修复错误。一些公司开始发送自动更新，而不再需要用户知情或同意。这些公司认为，软件的安全性至关重要，它们不想等到非技术用户的同意，才去进行重要的安全性更新。有些人认为这是对他们购买的设备"失去了控制"，并因此反对软件的自动更新。企业中的信息技术（IT）部门反对自动更新，因为它们经常导致无法与企业内部的应用程序正确地交互。IT 部门需要时间来控制和测试更新，然后再将其提供给员工。到现在，大多数软件公司已经为用户提供了可选的自动软件更新，导致操作系统和应用软件在进行安全更新和打补丁的过程中会产生不一致的情况。

大型组织、企业和政府机构拥有跨越多个网络的庞大的信息系统，有时还会位于世界不同地区。这些网络上的硬件和软件被不断地升级和替换。跟踪在这个动态环境中发生的一切，并保持对网络安全人员的培训，是一项艰巨的任务。在某个时间点可能是安全的系统在稍后时间就可能会变得很脆弱。

> 🔥 投票系统的弱点：见 8.1.3 节。

2. 互联网的弱点

互联网的起源是 ARPANET，它把许多大学、科技公司和政府设施联系在一起。在早期，互联网主要是研究人员的通信媒介，因此把重点放在开放访问、易用性和易共享信息上。许多早期的系统并没有密码，并且很少连接到电话网络；对入侵者的防护并不是他们需要担心的问题。早期的互联网先驱们并不会想到用户竟然会去故意破坏系统。安全主要依赖于信任。为开放而设计的互联网现在有 30 亿全球用户，而且有数十亿设备都连接到了互联网上。

20 世纪 90 年代，当企业和政府机构开始建立网站时，网络安全专家丹·法默（Dan Farmer）运行了一个程序，来探查银行、报纸、政府机构甚至色情卖家的网站，寻找其中的软件漏洞，这些漏洞使得黑客很容易入侵，造成网站无法使用或者遭到破坏。在他调查的 1700 个网站中，大约三分之二存在安全漏洞，只有四个网站明显注意到有人在探查它们的安全性。但是，法默的警告没有起到什么效果。

万维网上的一个漏洞是用于查找消息转发的最佳路径的协议，例如，从你的设备路由到你想要访问的网站。网络实际上是由成千上万个较小的互连网络所组成的。在这些网络连

⊖ 补丁是指专门设计来修复错误的软件，通常用来修复已经在市场上销售和使用的软件。

接的点上，每一个点都向其他站点发送它能提供最短路径的站点列表。在这个庞大的连接网中，一个消息可以有大量不同的传播方式。有了这些关于最短路线的信息，可以大大加快通信速度。当新的网络和节点联机时，需要频繁更新最短路径列表，但是却没有机制来对更新进行验证。结果是每个网络都相信它得到了准确的信息。这些列表曾被故意和无意地篡改过几次。结果，互联网错误地将美国军事有关的网络流量中的很大一部分都绕到了中国，一些人认为这是一起蓄意监视美国军事秘密的企图。在另一起事件中，丹佛市相距很近的两台计算机之间的通信却被绕到了冰岛的一台恶意服务器上。

许多小企业没有 IT 部门，并且很多企业都没有足够资源雇佣一个专职人员来支持企业的计算机、软件和网络。他们的员工没有经过正式的安全培训，这些企业的安全软件通常仅限于免费版本的反恶意软件。虽然免费的反恶意软件也能提供一些保护，但它的范围有限，可能不会自动扫描病毒，并且很少定期更新已知恶意软件的列表。

许多小型企业网站是由当地的网页设计公司，或者可能是企业老板的朋友或家庭成员创建的。这些网站只是提供有关公司及其服务的信息——"这里没有什么有价值的东西，为什么要担心安全呢？"因此这些网站对于黑客来说是很容易获得的有价值的奖品。黑客可以在这些企业网站上建立新的隐藏网站，然后使用该隐藏网站模拟银行网站，用于钓鱼诈骗、网址嫁接、作为僵尸网络的命令和控制服务器，或者用于其他恶意目的。从银行或其他大企业窃取数百万条数据记录的黑客通常一开始都会以小公司为目标，并找到跳到大公司的方法。我们在 5.3.2 节中看到了关于 Target 被攻击的案例。

3. Heartbleed 安全漏洞

正如我们在 4.5 节中看到的，许多系统使用开源软件或自由软件。OpenSSL 就是一个这样的产品，它为程序员提供了用来发送和接收加密消息的计算机代码库。使用 Apache 软件的 Web 服务器（也是开源的）依靠 OpenSSL 向银行、政府和包含敏感信息的其他站点提供安全的 Web 浏览服务。Android 智能手机操作系统、许多电子邮件服务器和大多数网络路由器（将互联网流量从一个网络转发到另一个网络的硬件设备）也都在使用这个库。据估计，在 2014 年，当在其中发现一个灾难性的 bug 使得黑客能够访问未加密的用户名、密码、数字证书和加密密钥时，将近三分之二的互联网都依赖于 OpenSSL 进行安全保护。从 2012 年以来，OpenSSL 的版本中就存在该 bug，所以在找到该缺陷之前黑客可能已经利用该缺陷将近两年了。这个缺陷被称为"Heartbleed"（心脏出血），因为它是在 OpenSSL 代码中的心跳（heartbeat）部分 [20]。

许多人对关键软件可能会有如此严重的缺陷感到震惊，并因此传出了关于该错误是被恶意加入的阴谋理论。真正的原因其实没有那么玄乎。为支持 OpenSSL 创建的非营利组织只有一名员工，该组织每年仅收到约 2000 美元的捐款。这个 bug 是一个简单的编程错误，是在一个兼职贡献者提供的更新过程中引入的，并且在软件版本发布之前的审查中没有被发现。由于代码是开源的，任何开发者都可以查看其代码，但直到好几年之后，才有人发现这个错误。由于 Heartbleed 缺陷对大量基于 Web 的公司造成了严重的问题，一些组织（如 Linux 基金会）同意大幅增加支持 OpenSSL 项目的资金 [21]。

5.4.2   人性、市场和物联网的弱点

导致安全性薄弱的一个重要因素是创新的速度和人们对新事物的快速渴望。竞争压力促使公司在开发产品时，没有投入足够多的思考或预算来分析潜在的安全风险，并对这些风险

加以防范。共享文化，以及用户为社交网络和智能手机开发应用程序和游戏的现象，不仅带来了我们所拥有的一切美妙的好处，同时也带来了很多安全漏洞。消费者购买新产品和服务并下载应用程序时，更感兴趣的是便利性和令人眼花缭乱的新功能，而很少去关心其风险和安全性。每当出现新的产品、应用程序或网络空间的新现象时，黑客和安全专业人员都经常会发现漏洞。

许多敏感数据被盗的事件涉及被盗的便携式设备，如笔记本电脑和手机。这是当个人、组织、政府机构和企业在拥抱技术进步（具有大量数据存储的便携式设备）时很少考虑风险以及几乎不采取任何安全措施的一个典型例子。公司最终学会了使用更多的物理保护措施，例如用安全线缆将笔记本电脑固定在办公室或酒店的重型家具上，并培训员工对便携式设备更加小心。移动设备的安全性已成为一项快速增长的业务。现在我们可以跟踪被盗或丢失的设备，并且还可以远程擦除文件或整个设备。人脸识别、声纹和指纹识别器正成为访问设备的常用生物身份特征识别控件。

> 🔥 关于生物特征识别的更多内容：见 5.5.1 节。

我们在 1.2.2 节中介绍了物联网（IoT），它包括数十亿的设备，从手机、汽车和灯泡到道路和桥梁传感器。惠普公司的一项研究 [22] 表明，物联网上的每个设备平均有几十个漏洞。这些设备中的大部分都具有用于存储个人信息的移动应用程序，而黑客通过其漏洞很容易就能访问这些信息。一位安全顾问曾展示过，使用一台笔记本电脑大小的设备模仿一个无线基站，一个人就可以从 30 英尺之外入侵一些智能手机并复制其存储器中的信息、安装软件，并控制手机的摄像头和麦克风。研究人员证明，可以远程控制 Phillips Hue 灯泡的早期版本，并关闭受害者家中的灯。连接到互联网的智能电视和 DVD 播放器存在漏洞，黑客可以监控人们在家中正在观看的节目和电影。我们在 5.2.2 节中看到，黑客还可以命令类似设备用于拒绝服务攻击。

在某些场景中，制造商可以通过互联网自动修复漏洞，但一般情况下这很可能是做不到的。家用电缆调制解调器和路由器一般会被用作家庭中所有互联网活动的中心枢纽，但其中几种型号的设备具有允许黑客对设备进行控制的漏洞。要修复这些漏洞，用户必须首先知道它们的存在。制造商不能通知产品的所有用户，因为它只知道注册了该产品的用户，而大多数人没有或者不愿意花时间注册其购买的产品，或者购买的是二手产品。一旦有人发现需要修复这些设备，必须手动下载并安装补丁。对于典型的家庭用户来说，这是一项艰巨的任务，如果没有正确执行打补丁的过程，则可能会造成该设备无法使用。有时候，最简单的解决方案是购买一个新设备，但即便如此也并不总是有效：在数百万台新制造的路由器中发现了一个 10 年前已经修复的 bug，因为其中一个路由器零件的制造商继续在其芯片中使用旧的有问题的软件，而路由器制造商也并未意识到该零件使用了过时且易受攻击的软件。

随着汽车也开始联网，驾驶员和乘客都会面临新的危险。安全研究人员研究了如何通过蜂窝通信网络发送一条消息，就可以操控汽车中的安全系统，解锁汽车并启动其引擎。其他研究人员使用简单的现成可购买的硬件，就可以把虚假交通和天气信息发送到汽车的导航系统中。在另一个案例中，计算机科学家通过互联网使用笔记本电脑，闯入汽车控制系统并接管操作，从娱乐系统到变速器和制动器都可以进行控制，而驾驶员（知晓此实验的记者）则只能不知所措地坐在移动的车辆中。汽车制造商发布了一个补丁，要求所有车主都下载，将其拷贝到 U 盘上，然后把 U 盘插入汽车接口；或者也可以到汽车经销商处去打补丁。只有在漏洞被公开后，汽车制造商才对超过 140 万辆汽车发出了召回通知 [23]。

数百万架无人机在天空中执行任务（见图 5.2）。黑客可以欺骗⊖无人机用来确定其位置的 GPS 信号。这意味着有人可能从网上卖家发来货物的路上偷走你的包裹，迷惑跟踪罪犯的监视无人机，或者捕获军用无人机。

图 5.2　对于黑客来说，无人机的安全性又如何呢

虽然看起来可能像科幻小说，但是医生可以向人体植入用来监测和控制健康的医疗设备的数量和类型正在增长。这些设备有助于管理各种疾病，如心律失常、糖尿病和帕金森病。通过网络更容易访问这些医疗设备，以便医生、患者和家庭成员可以监控某人的健康状况，并在需要采取行动时立即发出警报。通常，你不仅可以简单地进行监控，而且还可以通过网络控制这些设备——从 X 光机和实验室设备，到用于治疗心脏病患者的设备。在发现有关漏洞后，联邦药品管理局（FDA）会定期发布医疗设备的安全警报。其中一个警报是关于输液泵的，即一种控制向患者静脉输送液体的装置。黑客可以远程控制输液泵，并改变其剂量。对这些设备的用户造成意外或故意伤害的可能性已成为一个严重的问题。

也许这时候我们应该停下来思考一下。假设有人攻击了心脏起搏器，那么可能杀死一个人；但发生这种情况的风险可能远远低于需要心脏起搏器但没有起搏器的人心脏病发作的风险。与此同时，开发人员必须不断寻找漏洞并设法减少漏洞。

5.5　安全

> "让我感到奇妙的事实是，我可以进入该系统。"
> ——弗兰克·达登（Frank Darden），死命军队（Legion of Doom）
> 的一名成员，他们攻入了南方贝尔公司的电话系统 [24]

我们已经讨论了技术的发展和导致我们的数字生活如此脆弱的其他因素，我们也已经探讨了犯罪分子、外国政府和其他人会如何利用这些漏洞。几乎每天都有头条新闻宣布各种安全漏洞和网络攻击，但似乎没有人在努力保护我们的数据、设备和系统。事实上远非如此。安全性其实很强，考虑得也很周密：如果不是这样的话，我们就无法完成所有的在线购物、银行业务、投资和工作。然而，安全性有时候也会表现得非常脆弱，甚至到了危险和不负责任的地步。在本节中，我们将讨论保护我们的人员和工具，以及存在弱点和不负责任的一些地方。我们还会研究当安全系统阻碍执法工作时会出现的冲突。

⊖　通常是通过使信号看起来像来自可信源而不是恶意入侵来实现。

5.5.1　帮助保护数字世界的工具

在描述各种安全措施时，我们还将描述黑客发现的用来阻止这些安全措施的弱点或方法，然后会讨论一些应对措施。随着每一方对另一方的进步做出反应，许多工具都会出现持续的跨越式发展，或者就像猫捉老鼠的游戏一样。我们接下来可以在讨论信用卡和其他支付技术时清楚地看到这一点。

1. 信用卡欺诈和保护的演变过程

信用卡诈骗一开始是很简单的低技术犯罪行为，例如，一个人使用捡来或偷来的卡片疯狂购物。有组织的盗窃团伙和单干的抢包贼都会尝试偷窃信用卡，而且他们现在仍然还在这样做。在一个早期的案例中，一家航空公司的一伙雇员从该公司的飞机上运输的信件中盗窃新申请的信用卡；在他们被抓到之前，这些被盗的卡片上被盗刷的金额总计大约 750 万美元[25]。为了防范从信件中盗窃新卡的行为，发卡机构对开卡程序进行了修改。为了验证的确是合法拥有者收到了该卡片，信用卡发卡机构要求客户打电话确认，并提供身份信息，才能激活该信用卡，但是此过程的安全性取决于身份识别信息的安全性。最开始，信用卡公司通常使用客户的社会安全号码和母亲的娘家姓来作为验证信息。在另外一个早期的案例中，根据联邦检察官的一份报告，几个社会安全局雇员把成千上万人的社会安全号码和母亲的娘家姓信息提供给了一个信用卡诈骗团伙，从而使他们能够激活被盗的信用卡[26]。现在，信用卡公司使用来电号码来验证开卡请求电话是否来自该客户提供的电话。

电子商务使得窃取信用卡号码（而不是卡片）以及无须物理卡片而使用卡号进行消费变得更加容易。当网络上开始进行商品零售的时候，技术上训练有素的盗贼使用软件来截获从个人计算机传输到购物网站的信用卡号码。加密技术和安全服务器基本上解决了这个问题，才使得电子商务有今天这样的繁荣局面。

盗贼们在商店、加油站和饭馆的读卡器内暗中安装录制设备（这些被称作 skimmer）。他们使用这种方法收集借记卡号码和密码，利用这些信息制造假冒卡片，在 ATM 机器上盗窃受害人的银行账户。一些盗贼还会通过安装假的 ATM 机来记录卡号和密码；这些机器也会有少量现金可以提取，这样让它们看起来好像是真的。在拉斯维加斯举行的一次安全会议上安装了一台这样的机器，在有人发现它是假的之前，已经过了好几天，而它也获取了很多与会者的卡片数据。

现在，信用卡公司运行复杂的人工智能软件来检测不寻常的消费活动。当系统发现可疑事件时，商家可以要求客户提供额外的身份证明，或者信用卡公司可以向持卡人打电话来确认该笔交易。例如，如果你居住在美国，而有人使用你的信用卡在罗马购物，软件就可以检查你最近是否购买了机票。企业会保存关于购物和其他活动的大量数据，这些数据可能会威胁我们的隐私，但是同时也能够帮助信用卡公司的软件相当准确地预测信用卡上的消费是否是欺诈。

信用卡发卡机构和商家需要在安全性和客户便利性之间进行权衡。对于在商店中购物，大多数顾客在使用信用卡时不想花时间提供身份证明，并且要求看身份证可能会让顾客感到冒犯，因此许多商家并不会检查身份。随着自助结账柜台的推出，我们可以自行扫描购买的物品并自行支付，这样根本没有任何超市员工会看我们的卡片。作为开展业务的一部分，商家和信用卡公司愿意承担一些欺诈损失。这种权衡并不是新鲜事。零售店（超市）总是会愿意因为有人偶尔偷东西而接受一些损失，而不是选择把商品都锁起来，因为这样会给顾客带来极大的不便。当公司认为损失过高时，就会想办法提高安全性。

商家和信用卡公司在什么时候会不负责任地忽视简单而重要的安全措施？又在什么时候会在方便、高效和避免冒犯客户之间进行合理的权衡？近年来，这种平衡倾向于安全一方。为了应对越来越高的欺诈率，信用卡公司开发了一种名为 EVM（名字来自 EuroPay、Visa 和 MasterCard 这三家提议该标准的公司的缩写）的"智能"卡技术。智能卡芯片可以提供更好的卡片认证，盗贼不能像克隆磁条芯片数据那样将芯片信息克隆到伪造的卡片上。许多信用卡公司现在只发行带芯片的卡。

像 PayPal 这样的服务，会提供一个值得信赖的第三方，以增加在线交易的信心（和便利性），同时可以减少信用卡欺诈。客户可以在线向陌生人购买，而无须提供信用卡号。PayPal 在处理支付的过程中只收取少量的费用。Apple Pay、Android Pay 和 Samsung Pay 等服务可与移动设备和某些台式计算机配合使用。相应的移动版本使用称为近场通信（NFC）的技术，客户只需要简单地拿手机在支付终端附近扫一下，系统就会创建一个加密的交易记录，该记录对于此次购买是唯一的，而且不会向商店员工公开任何信用卡信息。具有芯片的信用卡和基于移动的 NFC 支付应用程序使欺诈变得更加困难，因此窃贼已经将更多的努力转移到了互联网上，导致了所谓的"无卡"（card-not-present）欺诈行为的增加。

身份窃贼和信用卡与借记卡欺诈的许多策略，以及作为对这些欺诈行为的响应而开发的许多解决方案，都说明了安全策略的日益复杂化以及犯罪策略的复杂性。它们还说明，为了减少盗窃和欺诈，将技术、商业政策、消费者意识和法律组合起来具有重要的应用价值。随着技术的发展，在法律两边的聪明人都会发展新的想法。对于普通大众和在工作中使用支付技术的任何人来说，有必要在这个过程中时刻保持警觉和灵活性。

2. 加密技术

加密是一种特别有价值的安全工具。一些早期的互联网设计师强烈主张使用加密技术。

> 🔥 关于加密的更多内容：
> 见 2.5.2 节。

然而，核心互联网通信协议 TCP / IP 并不对数据加密，因为加密需要大量的计算能力，这在制定协议的时候会带来比较大的代价，并且还因为在那时安全地分发密钥以解密消息的问题也非常具有挑战性。

现在，可以使用非常强大的加密技术，但在开发成本和计算资源方面，仍然很不方便且成本高昂。因此，政府和企业通常不会充分或适当地使用加密技术，即使在非常重要的应用中也是如此。例如，由于军方没有加密美国捕食者无人机（在伊拉克使用的无人驾驶飞机）的视频输入，伊拉克叛乱分子使用互联网上花 26 美元就可以买到软件来拦截这些信息。可以访问这些视频信息为叛乱分子提供了有关监视和攻击的宝贵信息，并具备对这些视频流进行修改的潜力。自 20 世纪 90 年代以来，美国军方官员都知道这些视频流没有受到保护（当时他们在波斯尼亚使用了这些无人机）。他们在 2004 年重新考虑进行加密，但是却假设对手不知道如何利用这个安全漏洞。在一个系统部署之后，再为系统添加加密手段是代价很高的，但即使在 20 世纪 90 年代省略它可能是一个合理的权衡，现在军方官员显然应该重新考虑该决定 [27]。低估对手的技能和不愿意为更强的安全性花钱，成为政府和商业系统中包含漏洞的常见根本原因。

零售商 TJX 使用易受攻击的过时加密系统来保护收银机和商店计算机之间在其无线网络上传输的数据。调查人员认为，黑客使用高功率天线拦截这些数据，破解员工密码，然后入侵了公司的中央数据库。在大约 18 个月的时间里，黑客窃取了数十万人的数百万信用卡和借记卡号码，以及其他重要的身份信息。（然后在至少 8 个国家以欺诈手段使用了这些被盗号码。）调查还发现了其他安全问题，例如将借记卡交易信息传输到没有加密的银行，以及未能安装适当的软件补丁和防火墙的金融机构[28]。

我们刚才描述的两起事件中都涉及对传输中的数据的加密保护不足。加密的另一个重要用途是用于保存的数据和文档。在几起重大的消费者个人数据被盗事件中，在零售商的数据库中包含未加密的密码、信用卡号和从卡片磁条上读取的其他安全号码。对主要安全公司的黑客攻击表明，即使是这类公司也经常将未加密的敏感数据（包括信用卡号码）保存在系统上。

黑客用来获取用户信息的另一种技术就是坐在咖啡店或其他拥有未加密 Wi-Fi 信号的地方。黑客扫描每个人连接到商店网络的 Wi-Fi 传输，在其中寻找个人信息和登录凭据。如果你在不用密码的情况下连接到免费 Wi-Fi，那么连接和数据都很容易受到攻击。

3. 反恶意软件和受信任的应用程序

一些工具和软件可以帮助非技术用户保护自己的设备和文件，并避免成为安全链中的薄弱环节。你可能已经对防病毒或反恶意软件比较熟悉，并且你的 ISP（互联网服务提供商）或学校可能建议你在计算机上安装特定的软件包。防病毒软件会使用两种技术在你的计算机上搜索恶意软件。

首先，当你将新设备（如相机或 USB 驱动器）连接到计算机时，反恶意软件会查看或扫描设备上的所有文件。同样，你也可以将软件设置为定期扫描计算机上的文件。该软件会搜索文件中的计算机代码，查找病毒的"签名"，即与其数据库中存储的已知病毒相匹配的字符序列。如果找到匹配项，它会通知你其中一个文件有病毒并"隔离"它，通常是将其放在特殊文件夹中，直到你决定删除该文件或通过从文件中删除恶意代码来清除它。

有时候，病毒或其他恶意软件可能会在扫描过程中躲过检测。因此，反恶意软件的第二种技术是监视计算机系统上的"病毒式"活动。某些类似病毒的活动正在修改通常不会被修改的系统文件，修改计算机允许修改的计算机内存区域以外的部分，或同时启动和修改多个程序。当反恶意软件检测到此类活动时，它会关闭执行这些活动的程序，并向用户提出警告。

随着时间的推移，黑客会找到绕过反恶意软件的方法，例如更改病毒的签名。反恶意软件的供应商也会升级他们的软件，然后黑客又找到了绕过新版本的新方法，以此类推。

大多数操作系统制造商都在其操作系统中添加了一项功能，使用户可以选择要求其计算机或移动设备上的所有软件都必须来自经过认证的开发人员。合法开发人员可以向操作系统制造商（例如苹果、微软或谷歌）申请获取数字证书。该开发人员创建的任何应用程序都可以附带这种数字证书，并且因此被认为是"受信任的应用程序"。启用操作系统中的这项功能后，设备上运行的软件都必须来自经过认证的开发人员，否则操作系统不允许其运行。正如我们所描述的其他保护措施一样，这个保护也并不完美；例如，黑客在 Android 操作系统用于验证证书的程序中也发现了漏洞。这些黑客能够伪造证书，直到操作系统供应商修补系统来解决这些错误为止。用户可能希望关闭认证功能，并使用由没有证书的小公司或个人创建的应用程序，但这种操作会增加运行恶意应用程序的风险。

苹果公司的移动操作系统 iOS 要求所有应用程序都来自经过认证的开发人员，App Store 中仅提供此类应用程序。许多人认为这一政策限制了创造力，并通过减少竞争增加了苹果的利润。一些用户破解了他们的 iPhone 和 iPad，以禁用这个认证要求。这样做是一种形式的越狱，可以参考我们在 4.3.2 节中的描述。虽然越狱后用户可以更好地控制他们的 iOS 设备，但也会增加设备感染病毒的机会。实际上，有几种病毒会专门针对越狱的 iPhone。因此，我们再次看到一种需要平衡的行为，一方面是安全性，另一方面是灵活性、用户控制或便利性。安全性被削弱所带来的危险性可能会超出被越狱手机的范围：恶意应用程序可以控制手机的拨号功能，使之成为拒绝服务攻击的一部分 [29]。

4. 网站认证

有时候，假网站或引导我们访问假网站的电子邮件相对比较容易被发现，因为它们通常语法不通或者质量普遍较低。软件还可以相对准确地确定一个网站的地理位置。如果它声称是一家美国银行，但却来自罗马尼亚，那么选择赶快离开才是明智之举。电子邮件程序、Web 浏览器、搜索引擎和附加软件（有些是免费的）也会提醒用户可能存在欺诈行为。如果一个链接把你带到的实际 Web 地址与消息文本中显示的 Web 地址不同，有些邮件程序也会提醒用户。

Web 浏览器、搜索引擎和附加软件可以过滤被认为安全的网站，或者对收集和滥用个人信息的已知网站发出警报。虽然对比较谨慎的用户可能很有帮助，但这些工具也会产生潜在问题。回想一下第 3 章，我们可能希望色情内容过滤器更具限制性，即使这意味着可能会造成儿童无法访问某些非色情网站；而垃圾邮件过滤器应该限制较少，以免误删合法邮件。Web 工具在将网站标记为安全的时候，应该采取多么严格的标准？如果一个主要的浏览器只把它已经认证的大型公司标记为安全的，那么网络上的合法小企业就会受到影响。将合法网站错误标记为已知或可疑的网络钓鱼网站，可能会毁掉一个小型企业，并可能导致提供评级的公司被起诉。无论从道德还是商业角度来看，在设计和实施此类评级系统时都需要非常谨慎。

在要求客户输入密码或其他敏感识别信息之前，银行和金融企业开发了一些技术来向客户保证他们访问的是真实的站点。例如，当客户首次设置账户时，一些银行要求客户提供一个数字图像（例如，宠物狗）或从银行网站的许多图像中选择一个。之后，只要该人员通过输入自己的名字（或对安全性不重要的其他标识号）开始登录过程，系统就会显示该图像。因此，在客户通过输入密码验证自己之前，站点会先向客户验证自己。

5. 用户认证

用户认证是安全性的重要组成部分。在本节开头，我们描述了用于保护信用卡号码和减少信用卡欺诈的不断发展的安全方法，其中就包括了认证用卡用户。在这里，我们专注于 Web 和其他应用程序中的用户。

一名俄罗斯男子先买入股票，然后侵入许多人的在线证券账户，并通过这些账户购买了相同的股票。大量的购买推高了价格，该男子随后卖掉了股票，并获得了巨大利润 [31]。（注意，即使黑客无法从一个账户取走资金或股票，对投资账号的恶意访问对于合法的所有者来说也会带来高昂代价。）这一案例以及来自网上银行和投资账户的众多盗窃事件导致人们开发了更好的程序来对客户和用户进行认证。这些企业该如何区分真实账户所有者与拥有被盗账号和其他常用识别信息的身份窃贼？

远程对客户和用户认证本身就很困难：许多人、企业和网站必须接收到必要和足够的信息，才能识别某人或对此次交易进行授权。如果身份验证仅依赖于少量的数字（例如社会安全号码和出生日期），最终总是会有人丢失、泄漏或被窃取这些信息。下面，我们简要介绍一些已经出现的更好的方法，然后再更深入地研究生物识别技术，后者是一个正在不断发展的新兴领域。

有些网站要求客户在首次开户时提供额外信息（例如，最喜欢的老师的名字），然后在登录时验证这些信息。还有些网站会保存用来标识客户通常登录的设备信息，并且只有当有人尝试从其他设备登录时，才询问这些额外信息。有些人要求客户在设立账户时从一组图像中进行选择，然后要求客户在登录时验证这些图像。（注意，后者类似于前面描述的网站身份认证方法，但以这种方式使用它有助于对用户进行身份认证。）

更复杂的身份认证软件会用到人工智能技术。这些软件会根据客户通常登录时间的变化、经常使用的浏览器类型、客户的典型行为和交易等来计算风险评分。如果披露说网上银行或证券公司保存了有关每个客户访问网站的所有信息，那么隐私权倡导者和公众又会如何对此做出反应？

地理位置工具（例如那些告诉用户网站物理位置的工具）有时也可以告诉一个在线系统客户所在的位置。如果客户从他居住的国家/地区以外的国家/地区登录，或者如果客户来自欺诈率高的国家/地区，则零售商或金融机构可能会要求提供额外的身份识别。

6. 生物识别技术

生物识别技术（biometrics）指的是对每个人来说唯一的生物特征，包括指纹、声纹、面部结构、手形、眼（虹膜或视网膜）模式以及DNA。执法和司法系统利用DNA已经众所周知。

把生物识别技术应用于身份识别上是一个价值数十亿美元的产业，并且会带来许多很好的应用场景。它会在提供安全的同时也提供便利性。通过用手指触摸扫描仪，就可以打开你的智能手机、平板电脑和家门。不用再担心会忘掉密码、丢失钥匙，或是在拎着大包小包开门时把钥匙掉到地上，而且扫描指纹还可以降低被黑客和盗贼访问的可能性。有些智能手机应用使用人脸或语音识别技术来对所有者的身份进行认证，以防止信息和手机"电子钱包"中的资金被盗。有些州使用面部扫描和图像匹配来确认一个人不会用不同的姓名来申请额外的驾驶执照或者各种福利。为减少恐怖主义的风险，一些机场使用指纹识别系统，确保只有员工才能进入受限区域。在工厂里，工人不需要再打卡，他们现在只需要扫描手就可以了。

正如人们一直还会想出绕过其他安全机制的方法（从撬锁到网络钓鱼），他们也会想方设法来打败生物特征识别技术。在生物特征识别的早期，美国和日本的研究人员利用由明胶和橡皮泥制成的假手指，成功骗过了指纹识别器。利用智能手机拥有者的照片，就可以解锁由（功能较弱的）面部识别技术加锁保护的手机；犯罪分子可以戴隐形眼镜来骗过眼扫描仪[31]。今天的生物识别器要好得多。例如，手指扫描仪可以测量手指的电容，并拍摄皮下指纹的超高分辨率图像——它不会读取手指顶部的死皮，而是读取下方的活皮肤。这些功能大大降低了扫描仪被死手指和假指纹欺骗的可能性（见图5.3）。

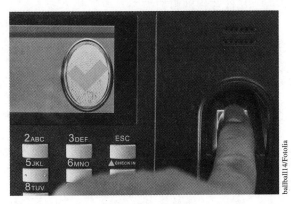

图5.3　扫描手指

一些智能手机执行虹膜扫描以识别手机主人。虹膜扫描会分析人眼瞳孔周围的彩色环中的图案。还有一种更准确的扫描方法，即视网膜扫描，在手机上还没有实现。视网膜扫描拍摄并分析每个人在眼睛视网膜中的独特血管模式。使用当前的技术，几乎不可能通过伪造骗过视网膜扫描，而且因为视网膜中的图案在死亡后会迅速消失，因此一个人必须活着才能通过认证。

若小偷偷走了我们的信用卡号码，我们可以建立一个新的账户和一个新的号码，但如果黑客得到我们的数字化指纹或视网膜扫描的电子文件的副本，我们却无法把它们换成新的。应该如何保护这些数据？其中又存在什么风险呢？为了防止数字化指纹被盗，有些手机会对数据加密，并保存到手机上一个特别设计的安全区域中。由于数字化指纹不会离开手机，黑客就无法拦截它。类似的安全技术用于其他生物识别设备中以保护数字化的识别信息。如果黑客窃取了某人的指纹或视网膜扫描的数字化文件，该人的身份是否会永久性地受到损害？不，至少现在不是这样。生物识别的数字文件通常是加密的，因此它们仅在有限的情况下可用。另外，黑客必须物理地绕过或欺骗扫描设备以发送文件的副本而不是执行手指或眼睛的实际扫描。

随着生物识别技术的使用继续大幅增加，它有可能增加对我们的监视和跟踪。事实上，犯罪分子可以打败生物识别技术，生物识别技术也可能会带来隐私风险，但我们不能因为这些事实就谴责这些技术。一如以往，我们必须要对它们的优缺点和风险建立一个准确的视图，并把它们同替代方法进行比较，谨慎地确定在我们的应用中应该使用什么技术。通过预测它带来的隐私风险，以及罪犯将会使用什么方法来绕过新的安全措施，我们才能设计更好的系统。举例来说，由于想到了眼睛虹膜扫描仪可能会被照片欺骗，某些扫描仪会对着眼睛闪光，然后判断瞳孔是否会收缩，这样就可以判断对面站着的是否是真人。同样，一些指纹匹配系统可以区分活的人体组织和假手指，研究人员开发的方法可以区分人脸照片和真实的人脸。就像负责任的企业必须使用最新的加密技术一样，那些提供生物识别保护的公司也必须定期更新技术。

7. 多因素身份验证

我们已经看到，仅通过密码或某些生物识别扫描进行用户认证可能存在不确定性。为了防止被盗的凭证，许多网站和组织使用"多因素"或"双因素"身份验证。主要有三类认证技术：

1）你知道的东西——密码、口令或密钥短语。

2）你是什么——声纹、指纹或视网膜扫描。

3）你拥有的东西——借记卡或信用卡、智能手机或密钥卡（fob）[⊖]。

多因素身份验证使用至少来自两个不同类别的项目。举例来说：

- 刷借记卡（3）并输入口令码（1）。
- 输入密码（1），然后输入网站发送到手机的特殊代码（3）。
- 说出（2）一个独特的密码短语（1）。
- 使用指纹（2）和密钥卡中的特殊代码（3）。

注意输入密码和口令并不是多因素身份验证，因为这两个项目属于同一类别。

⊖ 在这里，fob（原意为表链）指的是一种小型硬件设备，可以生成访问网络的代码。

5.5.2　帮助保护数字世界的人

1. 网络安全专家

现在每天都有数以百万计的网络攻击——来自个人、犯罪组织、政府和自动化软件。由于安全技术的改进以及网络安全专业人员全天候的工作，大多数攻击都被打败了。网络安全专家可以是一个组织的信息技术部门、独立安全公司、学术界或政府的一部分。他们的活动主要涉及三大领域：

- 保护系统和网络。
- 测试现有系统和网络的安全性。
- 调查安全漏洞。

无论他们在哪里工作，都会努力实现下面这三个目标，所有这些目标都包括阻止针对系统和设备的未经授权的访问：

- 机密性（confidentiality）——确保应该是私有的数据保持私密。
- 完整性（integrity）——确保数据未经授权不得更改、随时间推移的一致性，以及与现实世界保持同步。
- 可用性（availability）——确保在需要时可以访问系统、服务和数据。

这些目标有时可能会发生冲突。例如，为了保护电子邮件的机密性和隐私性，你需要用户名和密码才能访问账户。而如果忘记了密码，你的电子邮件将不再可用。系统设计人员和网络安全专家通常必须执行许多权衡操作：没有任何人可以访问的系统显然会非常安全，但如果没有人可以访问它，那么它就不会是一个非常有用的系统。

在大型私人和政府组织中，网络安全团队会为组成其系统的硬件、软件和网络建立一个清单，并研究其中已知的漏洞。他们还会确定他们所保护的系统上的服务和信息所存在的风险和网络威胁。这些工作还衍生了一项网络安全计划，该计划会确定设备、服务和软件的安全配置，并包括了维护和更新软件的流程。对于网络安全专家来说，为了更好地了解系统的弱点和漏洞，他们会定期测试自己系统的安全性，并使用结果来提高安全性；我们在 5.5.3 节中会介绍他们的一些方法。

网络安全专业人员充分了解黑客的技术层面和黑客文化。他们阅读黑客通讯、参与黑客（通常是卧底）的在线讨论，并参加黑客会议。他们维护着黑客使用的聊天频道的日志，他们设置了蜜罐（honeypot，即对黑客有吸引力的网站和服务器），用来记录和研究黑客在网站上的活动。调查人员在互联网上通过 ISP 记录和许多其他数据源来跟踪病毒和黑客攻击。一些威胁隐私的工具和现象有助于追踪病毒和捕获罪犯——例如，文件中隐藏的识别信息以及有关我们在线活动的所有存储数据。通常情况下，调查人员可以确认黑客的身份，因为他们往往喜欢吹嘘自己的攻击行为。

2. 企业、组织和政府的决策者

正如 Target 泄露事件所说明的，用户、系统开发人员和管理人员对于保护数字系统拥有共同的责任。黑客的成功取决于一系列安全防护措施的失败，有些是难以防止的，但有些是公司应该阻止的（例如，带有默认密码或弱密码的网络和数据服务器）。据安全调查人员称，在 TJX 被黑事件（见 5.5.1 节）中，该公司使用了过时的加密技术，而且未能安装合适的安全软件。企业和政府的高级管理人员有责任制定优先考虑安全的政策。当黑客进行破坏时，一个不能充分保护其系统和敏感数据的组织应当承担部分的道德责任。

令人感到不安的是，黑客似乎很容易入侵军事系统、政府机构、基础设施系统和国防承包商。一名国防部副部长报告说，入侵者（从政府和国防工业公司）窃取了飞机航空电子设备、卫星通信系统、网络安全协议、导弹跟踪系统、卫星导航设备、监视无人机和喷气式战斗机的各种计划。入侵者闯入了几位高级政府官员的电子邮件账户，其中包括总统的高级顾问和中央情报局局长。他们访问并公布了数千名联邦调查局特工和国土安全部官员的互联网名称（代号）、电话号码和电子邮件。在追踪黑客的几个月里，官员推测这次袭击可能是由外国政府所为，但最终发现的罪犯却是来自英国的 16 岁和 15 岁的两个青少年。黑客甚至进入国家安全局（NSA），一个黑客组织在对外出售似乎是 NSA 内部的一些黑客工具 [32]。

我们该怎么做？我们不能指望完美。无论我们设计的安全软件和程序有多精细，计算机系统的复杂性都意味着会出现意外的漏洞。来自强大外国政府情报机构的高技能攻击者很可能会取得一些成功。如果没有更多关于攻击的技术细节和高度的安全专业知识，很难判断哪些违规行为是真的难以预防，而哪些是由于设计、管理和运营这些系统的人工作不力或不负责任而造成的。

对于那些拥有网站或创建了使用互联网的移动应用的小型组织、企业和个人又该怎样呢？他们通常很少或根本没有进行安全培训。正如 Target 泄露事件所展示的，他们的网站可以作为黑客入侵其他系统的入口。我们是否应该要求网站（无论大小）开发人员在创建网站之前都必须进行安全培训？或者这样的要求会大幅减少网站的数量，从而减少网络上可用的信息量吗？创建网站的限制是否会与言论自由发生冲突？对于没有技术人员的组织，他们的管理人员又该如何保证系统的安全性？

3. 软件设计人员、程序员和系统管理员

开发安全设备和软件的原理和技术是存在的，并且负责任的软件设计者必须学习和使用它们。计算机应急响应组（CERT）制定了安全软件开发的编码标准，学校给软件开发人员上第一门编程入门课程的时候就应该讲授这些内容。然而，许多学校并不知道存在这些编码标准。

系统管理员有专业、道德和法律上的义务，以采取合理的安全预防措施来保护他们的系统。他们必须预测风险，做好准备，并及时了解新风险和新的安全措施。这不是一项容易的任务，但它是一项基本目标和专业责任。第 9 章会重点介绍软件专业人员的职责和道德。

4. 用户

虽然很容易将大数据泄露事件归咎于软件开发人员、系统管理员和 IT 员工，但用户对某些信息泄露事件也负有责任。下面的三种密码实践可以帮助我们保护自己的数据，以及保护我们在工作和网上与之交互的系统：

- 选择强密码。
- 定期更改密码。
- 请勿将同一密码用于多种用途。

人们通常选择较差的（即易于猜测的）密码，例如图 5.4 中的密码。（你是否使用过在此列表中的任何一个？）优秀的系统开发人员和管理员的职责之一是防止用户选择不当。一些系统要求密码具有最小长度，不能是出现在字典中的单词，并且包括混合的字符类型（例如，要有大写和小写字母）。某些系统要求用户每六个月更换一次密码。但是系统无法阻止某人在其他地方使用相同的密码。为什么这会是一个问题？以下是一个广受关注的例子：Facebook 首席执行官马克·扎克伯格显然在 LinkedIn、Twitter 和 Pinterest 上使用了相同的密码。在一名黑客窃取了数百万的 LinkedIn 凭据后，有人因此接管了扎克伯格的 Twitter 和

Pinterest 账号 [33]。你会在 LinkedIn 和网上银行上使用相同的密码吗？记住一个复杂的密码，经常更换它，并且对大量不同的账户都要这样做，这很不方便——但这也是在便利性和安全性之间需要做出的另一个权衡。

123456	1234	1qaz2wsx	qwertyuiop
password	1234567	dragon	solo
12345678	baseball	master	passw0rd
qwerty	welcome	monkey	starwars
12345	1234567890	letmein	
123456789	abc123	login	
football	111111	princess	

图 5.4　25 个常见的用户密码 [34]

一些企业拥有数十万名员工，其中任何一员都可能在无意中危及公司系统。安全网络实践和规程的教育和培训对一个组织的安全至关重要。良好的网络安全计划可以让员工了解网络风险以及每个人在该组织的安全方面所发挥的作用。它可以培训员工学会正确的程序和流程，以执行他们的任务。持续的安全意识提升计划（例如每周或每月提醒和进修培训）有助于将安全放在我们每个人的心中。

我们是否对普通的非技术用户期望过多？人们会犯错误。我们知道我们不应该随便点击收到的电子邮件中的链接或打开它的附件，但电子邮件看起来并不总是那么可疑，我们也可能并不总是能记住这一点。一家公司向另外两家公司发送了 150 000 封包含附件的测试电子邮件。有 11% 的收件人点击了附件，如果不是测试的话，这可能会引发大规模的恶意软件传播。这在多大程度上归罪于被愚弄的人，在多大程度上是系统本身的问题？我们将在第 8 章中看到，程序员在编写程序时有责任做到：即使用户在输入时不小心输入错误，也不会导致系统崩溃（或杀死某人）。未来也许自拍和面部识别将会取代密码。系统设计人员还可以做些什么事情来保护系统不会因为常见的人为错误而威胁到安全呢？

> 我们攻击了他的 Bitly 链接，得到了他的 Gmail 密码，然后我们破解了他的 Gmail，查到了他在浏览器中保存的密码，这样我们就得到了他的 Twitter 密码。
>
> ——一个黑客组织从某技术公司 CEO 的社交媒体账户发送的消息 [35]

物理安全

有时，破坏物理安全性会暴露我们的数据，阻止我们的访问，或使基础设施面临风险。因此，安全责任也包括对这些风险的认识和保护。以下是一些例子：

- 在一年的时间里，有人在旧金山湾区切断了 12 条主要光缆，造成大量家庭和企业的网络服务中断。
- 包含客户信息的硬盘从 Vudu.com 办公室被盗。密码已加密，但其他客户信息（如姓名、电话号码和地址）并未加密。
- 在得克萨斯州奥斯汀的加油站中，盗贼在不安全的信用卡读卡器上安装了信用卡克隆设备，从而可以在人们刷卡加油时读取信用卡数据。
- 员工"借道"也是一些安全设施中的问题——一个授权员工通过扫描手指或眼睛打开通往安全区域的门禁，然后让门开着，允许下一个可能未经授权的人进入。

5.5.3 通过黑客攻击提高安全性

1. 渗透测试

即使是设计良好的程序，并且已经安全运行了很长时间，也往往会存在漏洞和安全缺陷。网络安全专业人员和各种类型的黑客在开发或运行复杂系统的组织内外，不断探索弱点和漏洞。安全专业人员会执行称为渗透测试（penetration testing）或笔测试（pen testing）的过程，在访问信息系统或应用程序的时候，尝试违反系统或其服务的机密性、完整性或可用性。执行渗透测试的人员或团队扮演了黑客的角色，并使用黑客使用的许多技术。

一个组织的网络安全人员可以对组织内部的系统进行渗透测试，也可以聘请专门从事安全工作的外部公司。在后一种情况下，进行测试的公司通常受保密协议（NDA）的约束，不得向除该组织安全人员以外的任何人传播渗透测试的结果。违反渗透测试的 NDA 向公众披露结果是严重违反职业道德规范的行为。

渗透测试也是网络安全专业人员培训的重要组成部分，他们的工作是检测恶意黑客攻击并跟踪黑客——要想打败黑客，你必须要像黑客一样思考。

2. 负责任的披露

从计算机和互联网的早期开始，就出现了黑客的亚文化，他们在未经许可的情况下，将计算机系统作为一种智能练习来发现其中的安全漏洞。其中一些黑客将此活动视为公共服务，并称自己为"安全研究人员"或"灰帽子"，以避免黑客一词的负面含义。与学术界的网络安全研究人员一起，当他们发现软件和数字设备中的漏洞时，他们面临的一个关键的道德挑战是：如何负责任地告知潜在的安全漏洞受害者，同时又不让会利用该漏洞的恶意黑客获得信息？

负责任地披露网络安全漏洞比典型的告密场景更为复杂。在许多告密的案例中，不安全或非法活动已经在组织内进行并且是已知的（甚至被纵容）。通过揭露和宣传这些活动，告密者的目的是通过公之于众，以寄望于提高安全性或制止犯罪。另一方面，当局外人发现网络安全漏洞时，创建该软件的组织可能还没有意识到这一点。暴露漏洞会公开提醒那些可能在修复程序可用之前利用漏洞的黑客。私下披露漏洞是一种更负责任的做法，以便相关组织有时间准备补丁或关闭安全漏洞。

以下是一些案例：安全研究员 Dan Kaminsky 发现了互联网域名服务器系统（将 Web 地址（例如 www.yourbank.com）转换为 IP 地址的系统）的一个主要缺陷，可能会让黑客重定向和窃取在网上传输的任何信息。他在与几家公司合作开发补丁时对这个问题进行了保密，然后在宣布补丁后，他表示将在 30 天后对外公开详细解释这个问题以及如何利用它。他说，30 天的限制可以鼓励公司安装补丁，并鼓励其他知道该漏洞的人不要尽早披露。

Google 网络安全团队会搜索常见软件中的安全漏洞，并在将找到的缺陷公开之前，为开发人员提供 90 天的时间来解决这些漏洞，但如果他们发现黑客已经在利用该漏洞的话，他们将迫使组织更快地修复这些漏洞。30 天或 90 天是否属于适当的等待时间？许多网站和软件应用程序都很复杂，并且在有时间进行彻底测试之前，急于修复它还可能会引入额外的错误和漏洞。因此，一个具有道德含义的决策是在公开漏洞之前需要等待多长时间。

Google、Facebook 和 Microsoft 等公司为私下向其披露软件漏洞的人提供奖励或奖金。认识到连接到互联网上的汽车也具有潜在危险的安全漏洞，一些汽车制造商也在这样做。另一方面，一些公司认为任何黑客攻击他们的设备都是非法的，即使黑客自己拥有该设备也不行，也有人通过起诉以防止公布安全漏洞。在学术研究人员发现大众汽车无钥匙点火系统存在缺陷后，该公司成功（在英国）起诉以防止该漏洞被公开。差不多两年之后，大众汽车才允许发表相关论文，而且是经过修改之后的版本 [36]。

许多黑客都对大型软件公司嗤之以鼻，因为他们的产品存在大量安全漏洞，而且即使他们知道这些漏洞，采取行动堵住这些漏洞也动作很慢。一些企业和政府机构对他们的系统充满信心，他们拒绝相信有任何人可以侵入。黑客认为这些组织对公众不负责任，公开其安全问题会促使他们采取纠正措施。黑客和安全顾问反复警告一些公司，他们存在允许未经授权访问的漏洞，但有些公司却没有做出任何回应，直到被恶意黑客利用该漏洞，并导致了严重问题。

正如我们将在下一节中看到的，现在几乎所有未经授权的计算机系统访问都是非法的，因此无论动机多么高尚，黑客都必须考虑可能违反法律的道德规范。正如我们在第 1 章中所建议的那样，违反法律并不总是不道德的，但必须拥有强有力的论据证明自己这样做是对的。暴露安全漏洞通常不是进行非法黑客攻击的合理理由，但是，作为副作用，它确实有时会加快安全性的改进。

在阅读以下案例时，请考虑涉及的各方应如何负责任地行事。

- 一名从医疗中心复制了患者档案的人说，他这样做是为了宣传系统的漏洞，而不是使用这些信息。在医疗中心不承认有人复制患者档案后，他向记者披露了部分档案 [37]。我们应当把他看作告密者还是罪犯？

- 黑客从一个公共的 AT&T 网站收集了超过 100 000 名 iPad 用户的电子邮件地址，该网站向输入 iPad ID 号的任何人显示该 iPad 所有者的电子邮件地址，且并不需要密码。黑客通知了一些媒体组织有关这个安全漏洞的信息，并在 AT&T 知晓该事件之前在聊天频道上进行了讨论。他们的行动是负责任的吗？还是不负责任的或者是犯罪行为？其中一名黑客被法院判处犯了身份欺诈罪和未经授权访问计算机的罪行，但上诉法院推翻了这一判决 [38]。

- 一名黑客闯入了儿童玩具制造商 VTECH 的网站，并提取了数百万成人和儿童的个人数据和照片。他没有公开数据或联系 VTECH，而是联系了一家媒体，然后该媒体报道了关于漏洞的存在和儿童风险的故事。VTECH 迅速做出反应，在一周内修复了这个缺陷。英国警方因其违反该国的《计算机滥用行为法》而逮捕了该名黑客。这名黑客是否在负责任地行事？警方的反应又是否合理？

5.5.4　用于执法的后门

安全的智能手机和信息系统的出现，导致甚至其制造商也无法访问其上的内容，重新引发了从 20 世纪后期就出现过的关于用于执法的通信系统"后门"的早期辩论。我们首先回顾前面辩论中的背景和论点，因为这里的论点并没有发生太大变化。

> 🔥 用于黑客行为的后门：见 5.2.2 节。

1. 20 世纪后期的拦截和加密问题

在 20 世纪的最后几十年中，新技术、市场竞争和各种客户需求催生了各种各样的电信服务、设备、协议、算法和公司。执法机构发现，新技术使他们更难以拦截通信，旧的窃听方法不再适用。

联邦调查局（FBI）和其他机构开始推动要求在通信设备中添加"后门"，以便他们可以访问通信内容，美国国会于 1994 年通过了《执法通信援助法令》（CALEA）。该法律要求电信设备的设计要确保政府能够拦截电话（通过法院命令或其他授权）。过去，工程师在设计通信设备时，是为了完成通信的目的，现在 FBI 开发了拦截工具，通信提供商则为此必须提供帮助。CALEA 的重要意义在于，在此之前，政府不能强制要求设计和修改通信设备以满足执法部门的拦截需求。根据 FBI 的说法，支持 CALEA（和其他政府拦截通信的程序）的基本论点是：保持执法机构在不断变化的技术环境中保护我们免受毒贩、有组织犯罪、其他罪犯和恐怖分子的侵害 [39]。评论家认为，CALEA 的问题包括了后门访问的副作用，可能因此危及通信系统安全。任何后门都会增加系统的脆弱性，可能会被黑客、犯罪分子、恐怖分子、外国政府以及本国政府滥用。为了"监控的全国标准"来设计通信技术对那些高度重视隐私和公民自由的人来说，简直就是一场噩梦。

在 20 世纪 70 年代和 80 年代，出现了一种称为公钥加密（public-key cryptography）的新型加密技术，可以产生极难破解的加密。一开始是了解技术的人使用它来加密电子邮件等，最终普通人也开始使用它来加密。为了确保其能够访问加密邮件中的未加密内容，FBI 支持国会的一项法案，要求在美国制造、销售或使用的所有加密产品都必须有后门。后门的目的是允许在收到法院命令后立即对加密数据进行解密 [40]。支持和反对这项法案的论据与支持和反对 CALEA 的论据相似。此外，反对者认为强加密技术对于在线商务至关重要，可以防范黑客和小偷。反对者还指出，复杂的犯罪分子和恐怖分子可以使用不包含后门的非法强加密技术来加密他们的消息和数据。国会最终没有通过这项法案。

2. 后门争议的复活

在 21 世纪 10 年代中期，在一些公司开始提供的产品和服务中，具有非常强大的基于加密的隐私和安全保护，可以防止公司本身访问用户的数据。例如，只有发送者和预期的接收者可以阅读通过 WhatsApp 发送的消息，而苹果公司都不能解锁用户的 iPhone。执法机构对这种趋势持批评态度，因为它使得获取罪犯和恐怖分子的加密数据极其困难。

2015 年的一个恐怖主义案件表明了加密以及其他隐私和安全技术给执法机构造成的困境。这个案例也说明了关于深层问题的各种争论。加利福尼亚州圣贝纳迪诺（San Bernardino）县卫生部门的一名雇员和他的妻子开枪杀害了 14 人，并导致多人受伤。警察击毙了袭击者，并找回了部门发给他的 iPhone。但是他的手机是加锁的，而且手机上有一个功能，如果 10 次解锁尝试失败，手机就会自动删除所有数据。美国联邦调查局想查看电话中的数据，以确定恐怖分子是否有同谋，或者与大型恐怖组织是否有联系，以及他们是否策划了更多的袭击。美国联邦调查局要求苹果公司创建一个特殊版本的 iPhone 操作系统，即使输入了错误的密码，该操作系统也不会删除数据。这样就可以允许联邦调查局反复尝试密码，直到手机解锁为止。苹果拒绝了，说提供这样的程序会使数百万 iPhone 面临风险。问题不仅仅是用户隐私，而是安全。现在，我们的手机中的功能可能包含数字钱包、开门应用，以及控制我们家里和其他地方的各种不同设备，手机的安全对于我们的物理和金融安全，以及手机可以控制的其他任何东西的安全都至关重要。

美国联邦调查局将苹果公司告上法庭，要求苹果公司创建这个程序，并辩称没有其他途径可以从手机上获取数据。在类似的情况下，联邦特工有可能通过其他途径从电话中获取数据吗？在这种案例中，答案是肯定的。第一，这个电话属于这个县，而且这个县正在测试一款软件，该软件可以让监管者越过对雇员电话的密码保护。许多公司使用这样的软件，但这个县还没有安装它。第二，电话会将数据备份到 iCloud 存储服务。苹果给 FBI 提供了时间较早的备份数据，并告诉 FBI 如何让该手机做一次当前备份。这个方法失败了，因为联邦调查局已经要求县官员更改了该账户的 iCloud 密码，使得备份无法进行。FBI 使用第三种方法成功获取了 iPhone 中的数据，但对这个方法保密，在未指明的第三方帮助下，FBI 拿到电话中的数据后撤销了对苹果的诉讼。这些方法不会在所有情况下都起作用；随着安全技术的改进（包括恐怖分子自己开发的技术），执法人员也需要新技术来阻止犯罪行为 [41]。

如果苹果同意提供 FBI 想要的软件，或者如果苹果在法庭上输了，那么 FBI 还可能提出其他要求吗？这里涉及哪些原则？强烈支持反恐计划的《华尔街日报》上的一篇社论 [42] 认为，"如果政府能够强迫制造商发明知识产权……用来侵入它自己的合法产品，好像并没有法律原则可以对其进行限制。例如，联邦调查局是否可以要求一个技术制造商以常规更新的形式向用户的设备发送恶意软件蠕虫呢？"除了恐怖主义，还可能针对什么样的犯罪提出这种要求？

仍然存在许多基本和非常具有挑战性的（法律和道德方面的）问题：我们如何平衡保护通信系统的安全和隐私的需要与政府保护其公民人身安全和调查犯罪的责任？如果消费者的通信产品和服务使得执法人员很难进入，这是否是我们想要的？开发访问这些受保护数据的技术应该是谁的责任：是执法和情报机构，还是生产这些产品的公司？

5.6　法律

5.6.1　《计算机欺诈和滥用法案》

当人们开始从事黑客行为，入侵位于禁区的各种计算机的时候，人们争议的不仅仅是根据现行法律这是否是一种犯罪活动，对于是否应当把它看作一种犯罪活动也存在不同意见。渐渐地，美国各州政府通过了法律来专门处理计算机犯罪。美国国会通过的主要的联邦计算机犯罪法是 1984 年的《计算机欺诈和滥用法案》（Computer Fraud and Abuse Act, CFAA）。作为一项联邦法律，CFAA 的覆盖范围包括美国联邦政府有管辖权的区域：政府计算机、金融系统，以及在跨州和国际贸易或通信中使用的计算机，当然，在最后一类中也包括连接到互联网和移动电话系统之上的计算机。根据 CFAA，未经授权或超出授权地访问一台计算机（在大多数情况下），以及阅读或拷贝其上的信息，都是违法行为。

在法律条款中涉及涂改、损坏或破坏信息，以及干扰计算机的授权使用。这包括拒绝服务攻击、投放计算机病毒和其他恶意程序。CFAA 是主要的反黑客法律，但检察官也可以使用其他联邦法律来起诉与计算机和电信系统有关的犯罪人员。非法行为包括实施诈骗，透露密码或其他接入代码给未经授权的人，中断或损害政府运作、公共通信、交通或其他公共事业。在各州和联邦的反黑客法律中规定了包括监禁和罚款在内的严厉惩罚。

《美国爱国者法案》中包括对 CFAA 的修订，提高了对于初次犯罪的最高刑罚，也对攻击刑事司法系统或军方使用的计算机的黑客行为提高了处罚力度。它允许政府在没有法院命令的情况下，监控黑客嫌疑人的网上活动。我们观察到，黑客行为涵盖了范围很广的活动，有些确实值得采取严重的处罚，有些却可以类比成每一代的未成年人都会犯的轻微罪行，还有一些则旨在发现安全漏洞并鼓励修复它们。《爱国者法案》中的反恐条款所规定的行为定义非常宽泛，对于其中包括的许多行为，几乎没有人会认为是恐怖主义。

没想到的应用

CFAA 出现在万维网、社交网络和智能手机之前。它的目的是打击恶意和恶作剧的黑客攻击。后来对该法律的一些应用说明了法律的影响会如何随着新技术发生变化和成长——并有可能将数百万人的常见活动定为犯罪。主要问题是，对于"未经授权"和"超出授权"缺乏清晰和适当的定义。例如，假设一个朋友允许你用她的账号和密码使用视频流服务。当你登录并在她的账户上看电影时，你是否触犯了联邦法律？根据联邦反黑客法律，这是否应该属于可能被处以严厉刑事处罚的犯罪行为？

根据 CFAA 的条款，违反网站规定的使用条款是否属于超出授权访问权限的犯罪行为？违反使用条款应该被认为是犯罪吗？假设 Lori Drew 女士在她的 MySpace 上假装成一个 16 岁的男孩。她开始与邻居家的一个 13 岁女孩（她女儿之前的一个朋友）在网上调情。后来，她断绝了这段关系，并给女孩发去了残酷的分手消息；结果这个女孩得了抑郁症并自杀身亡。女孩的父母和许多其他人都希望看到 Drew 受到惩罚，因为她的行为是恶意的，并且她不负责任的行为是造成女孩自杀的一个原因，但是目前还不清楚她是否违反了法律。检察官根据 CFAA 指控她进行了非法活动，说她超出了授权访问，因为她违反了 MySpace 的使用条款，其中要求个人信息必须是真实的。陪审团判定这名女士有罪，但法官后来推翻了这一定罪，称违反服务条款的法律适用范围太广。在通常情况下，违约不是刑事犯罪，而且 CFAA 也没有明确陈述或暗示该行为是犯罪。一个普通的、通情达理的人不会认为违反网站使用条款是刑事犯罪 [43]。

然而，一名法官的决定并不能解决所有的法律问题。检控和诉讼还在继续将一些密码共享、违反使用条款和其他行为视为 CFAA 规定的犯罪行为，因此 CFAA 的使用在很多地方受到质疑。下面我们描述两个案例。

亚伦·斯沃茨（Aaron Swartz）是一位聪明、有创造力的程序员和活动家，他帮助开发了几种广泛使用的在线工具。在哈佛大学做研究员的几个月里，他从一个非营利组织 JSTOR 管理的一家大型数字图书馆下载了数十万篇学术研究论文。大量下载论文违反了 JSTOR 的政策，并导致该系统被暂时关闭。由于斯沃茨是信息开放获取的强烈拥护者，他的意图可能是为了让研究成果公开，因为其中大部分都是由政府来资助完成的。因此，他的行为可以被看作黑客行动主义（见 5.3.3 节）。斯沃茨通过麻省理工学院的一个访客账户进入了该系统，而麻省理工学院也以鼓励公开、实验、恶作剧和"创造性的违抗命令"而闻名。斯沃茨被指控多项罪名，包括根据 CFAA 规定的非授权访问。如果指控成立，他可能面临多年监禁的刑罚，非常不幸的是，他选择了自杀 [44]。

假设你把你在 Facebook、LinkedIn 和其他网站的密码交给一家公司，它提供的服务是在一个地方收集和管理你的所有数据（比如联系人）。一个名为 Power Ventures 的公司正好就提供这样的服务。然而，Facebook 反对 Power Ventures 访问其会员账户，联邦上诉法院裁定该公司违反了 CFAA，因为 Facebook 没有授权其访问 [45]。

许多法律观察员认为检察官和法官在应用 CFAA 中"未经授权的访问"一词的时候过于广泛。虽然检察官不太可能因为某人在一个朋友的网络账户下看电影而起诉他，但对 Power Ventures 的判决表明他们也有可能会这样做。检察官有时利用起诉的威胁来向人们施加压力，或者以容易证明的指控来起诉那些他们怀疑犯了其他罪行但却无法定罪的人。许多法律专家、计算机科学家、科技公司和公民权利组织都主张对 CFAA 的范围进行澄清和限制。

5.6.2 编写病毒和黑客工具是否犯罪？

一些执法人员和安全专家建议，把编写或发布计算机病毒和其他黑客软件列为犯罪行为。如果存在一项法律反对编写或发布病毒和黑客软件，那么就可以使业余黑客无法得到这些软件。刑事处罚可能会阻止潜在的未成年人黑客，但可能还不足以吓跑严重的犯罪分子。这样的法律还可能会使安全工作和研究变得更加困难。安全人员和研究人员必须拥有安全和黑客软件，才能有效地做好本职工作。一些公司将大量病毒和其他恶意软件及黑客工具打包出售给网络安全专业人员，以帮助进行渗透测试（见 5.5.3 节）。许多大学的网络安全课程也使用这样的软件包。那么使用这些教学工具应该被认为是非法的吗？

我们在第 4 章中讨论过，有关限制技术来规避版权保护会带来一些问题，而一项反对传播病毒和黑客攻击代码的法律也可能会引发一些类似问题。我们在 3.2.2 节中看到，撰写关于如何制造像炸弹这样的非法或破坏性装置，（在大多数情况下）并不违法。另一方面，就像一个安全专业人士所评论的一样 [46]，"对于计算机病毒来说，你的话语就是炸弹。"联邦法院裁定，软件是一种形式的言论（见 3.2.1 节），所以反对黑客软件或病毒软件的法律可能会与宪法第一修正案产生冲突。第一修正案不保护某些种类的言论，例如煽动骚乱。然而，鼓励人们实施破坏或非法的行动，在听者有时间进行思考并自己决定是否采取行动的情况下，通常是受第一修正案保护的。当一个人读到这些病毒代码的时候，也是有机会自己决定是否要激活该病毒的。

你认为法律应该怎样应对病毒代码和黑客脚本呢？有没有办法在保护这种软件的合理使用的同时，还能在鼓励破坏性使用的情况下将故意或鲁莽的软件发布行为认定为犯罪？

5.6.3　对年轻黑客的处罚

布鲁斯·斯特林（Bruce Sterling）在他的《黑客镇压》(The Hacker Crackdown) 一书中，描述了 1878 年的电话线路盗用者（phone phreaker）的故事。在那时新成立的美国贝尔电话公司最初聘请了很多十几岁的年轻男孩作为电话操作员，其中一些人会随意掐断电话，或者交叉交换机上的线路，把人们的电话转给陌生人。这些男孩子也像现在许多十几岁的黑客一样，举止比较粗鲁 [47]。电话公司从中汲取了教训，后来用女性操作员取代了年轻男孩。对每一代人来说，青少年都可能做过恶作剧或有轻微犯罪行为；因此，通过黑客方式侵入学校、企业和政府计算机系统来做一些出格的事，貌似是他们走出的理所当然的一步。

对社会来讲更好的方式应该是，给这些年轻的黑客机会让他们变得成熟，了解他们的行为所具有的风险，从而可以通过更好的方式利用他们的技能，并继续走向非常成功的、富有成效的职业生涯。我们不希望把他们变成心怀不满的惯犯，或是非要把他们送进监狱，破坏他们找到一份好工作的机会。但是，这并不意味着我们不应该惩罚年轻黑客，他们应该对其侵犯行为或造成的损坏负责。如果没有好的指引，或者我们反而嘉奖他们的不负责任，那么孩子就不会真的成熟，也不会成为负责任的人。但我们应该记住的是，一些年轻的黑客将成为下一代伟大的创新者，就好比史蒂夫·沃兹尼亚克（Steve Wozniak），他发明了苹果计算机，并与人合伙创办了苹果公司。但在他建立苹果之前，沃兹尼亚克曾一度在开发"蓝色盒子"，该设备可以让人们拨打长途电话，而无须支付任何费用。在 20 世纪 40 年代，诺贝尔奖获得者理查德·费曼（Richard Feynman）在洛斯阿拉莫斯国家实验室工作时，是参与高度机密的原子弹计划的年轻物理学家，当时他就使用了"黑客"技术。他攻击的对象是含有关于炸弹的机密信息的保险箱（而不是计算机）。他猜到了保险箱的密码组合，在夜间打开保险箱之后异常兴奋，并且给该保险箱的授权用户留了小纸条，告诉他们保险箱的安全性并没有他们认为的那么好 [48]。

年轻黑客的许多攻击行为是恶作剧、僭越和小规模的破坏，这些行为通常不会为黑客带来经济利益（虽然在 4.1.5 节中讨论版权侵权的时候，我们观察到，缺乏经济利益往往并不足以用来决定一个行为是否是错误的）。有些黑客并不想造成损害，而有些黑客则因为意外、无知或不够成熟的不负责任而造成了巨大的伤害，这可能会远远超出他们可以赔偿的范围。针对这些年轻黑客，我们可能很难决定如何对他们做出处罚。我们应该如何区分哪些年轻黑客是恶意的，可能还会犯下更多罪行，而哪些年轻黑客则有可能成为诚实和成功的专业人士？什么样的处罚才是适当的呢？与僭越、捣乱、侵犯隐私、欺诈、盗窃和破坏等行为一样，与未经授权的访问有关的罪行的程度是否也应该有所不同？而相应的处罚是否也应该有所不同？

有些组织主张对年轻黑客加以严惩，这样可以向其他可能也尝试做类似事情的人"发出一个信号"。支持这种方案的论点是，这会使受害者遭受巨大财产损失，并且对公众带来潜在风险。另一方面，司法制度要求惩罚与特定的犯罪行为相对应，而不应该因为别人可能会做什么，而大规模对其增加惩罚。

在很多黑客入侵的案件中，特别是那些涉及年轻人的案件，黑客和检察官之间通常会达成认罪减刑的协议。起初，大多数未满 18 岁的黑客都会获得相对较轻的刑期，包括两年或三年缓刑、社区服务，而有时候是罚款或者支付赔偿。在 2000 年，一位 16 岁少年被判处在少年拘留所服刑 6 个月，他是因为黑客入侵被判处刑期的第一个未成年人。他入侵了美国国家航空航天局和国防部的计算机，并且加入了一个破坏政府网站的黑客组织。随着越来越多的年轻人造成更多的破坏，处罚的严重程度也在增加。

有时候，被黑客入侵计算机的公司反而会在抓到他之后，给他一份工作。怎么会不把他关进监狱，而是给他一份工作呢？一些计算机专家和执法人员对于这种"奖励"给黑客一份安全工作的做法持很强烈的批评态度。如果我们鼓励年轻人，让他们认为侵入计算机系统可以用来代替发送求职简历的话，那么我们就无法降低黑客入侵的数量。但是，在某些情况下，一份工作以及该工作赋予他的责任和尊重，再加上对将来再犯的惩罚威胁，足以让一个黑客把他的能量和技能用到更有成效的地方。对于任何刑事法律，在定量惩罚（为了公平和避免偏袒）和灵活性（要考虑特殊情况）之间都会存在权衡。对于年轻人来说，惩罚可以更关注如何以更有效的方式利用该黑客的计算机技能，并且（在可能的情况下）为对受害者造成的伤害加以赔偿。对一个特定的人来说，决定什么处罚更适合是比较微妙的，这也正是检察官和法官面对青少年犯罪时所遇到的困难之一。

我们如何才能劝阻青少年不要闯入计算机系统、发布病毒或是破坏网站？我们需要把适当的惩罚、道德和风险教育同家长的责任结合起来。很多年轻黑客的家长并不知道他们的孩子在做什么。我们该如何教导父母来阻止年轻人的黑客行为？正如父母有责任教导子女，让他们知道如何避免网络空间中的不安全行为一样，他们也有一定的责任防止自己的孩子从事恶意的、破坏性的黑客行为。当然，找到更好的方法来说服年轻人不要从事有破坏性的黑客行为，不仅对他们有好处，也会有益于整个社会。

5.7 谁的法律在统治网络？

5.7.1 跨国的数字行为

ILOVEYOU 病毒感染了世界各地数以百万计的计算机，它销毁文件、收集密码，并且侵入了大型企业和政府机构的许多计算机系统。然而，检察官撤销了一位被认为应该对此负责的菲律宾人的指控。当时，菲律宾法律并没有禁止发布病毒。（在此事件之后不久就通过了一项法律。）那么如果这个人访问加拿大、美国、德国、法国或任何其他遭受该病毒破坏的国家的话，警察是否应当逮捕他呢？我们都想对这个问题回答"是"，在任何被该病毒破坏的国家，如果释放病毒是非法的，那么他就应该被逮捕。这样的做法对于拒绝服务攻击、盗窃、诈骗等行为的指控应该也适用，不只是在肇事者从事犯罪的国家可以逮捕他，在受到损害的国家也应该可以。但是，当我们把相同的政策应用到所有法律的时候，就需要认真地审视可能产生的影响。

图 5.5 列出了一些领域，在这些领域各个国家的法律可能会有所不同。除了各国对于一种行为是否犯罪的认定不同之外，一些国家的法律程序也有相当大的区别。例如，在美国，政府不能对无罪判决提出上诉，但是在一些国家（包括其他的西方民主国家），政府则可以这样做。

- 内容控制 / 审查（主题包括政治、宗教、色情、刑事调查和审判，以及许多其他内容）
- 知识产权
- 赌博
- 黑客攻击 / 病毒
- 诽谤
- 隐私
- 贸易（广告、商店营业时间、销售）
- 垃圾邮件

图 5.5　各个国家的法律有所不同的一些领域

下面是一些案例，它们都涉及一个人的行为，虽然在他做出该行为的国家是合法的，但却在另外一个国家被起诉或担心可能被起诉。

- 泰国政府逮捕了一名在泰国旅游的美国公民，并判处他两年多的监禁。该男子曾翻译了批评泰国国王的传记中的一部分（该传记由耶鲁大学出版社出版），并且在五年前从美国把它们发布到了互联网上。因为泰国法律严格禁止侮辱王室，因此泰国政府把这本书列为了禁书[49]。
- 一名荷兰男子在互联网上发布了一部批评伊斯兰教的有争议电影。这部电影在荷兰是合法的；然而，他在约旦被起诉，罪名是亵渎和其他罪行。这个组织在约旦起诉他的一个显然目的是，这样会对他出国旅行造成困难或危险。
- 加拿大法院禁止对特殊案件的法院诉讼程序进行报道，这些案件包括政治丑闻和手段残忍的谋杀案件。曾经有一次，加拿大法庭禁止报道一起涉嫌工党腐败的案件，而住在边境附近的一个美国博主报道了此次法院诉讼程序的详细信息。他的博客被点击超过 40 万次，其中大部分来自加拿大。该博主因为害怕被逮捕，甚至都不敢再去加拿大度假。
- 如果一个公司提供的服务不违反当地法律，但是违反美国法律，美国政府也会逮捕该公司的员工和管理人员。（我们在后面会详细描述一些案例。）

跨国公司和游客一直都需要了解和遵守他们经营或访问的当地国家的法律。而过去如果不出国，他们就只需要遵守本国的法律。互联网改变了这一切。当网络内容跨越国家边境的时候，应该适用哪个国家的法律呢？到目前为止的一些案例中，各国政府正采取的行动都假设一个原则，我们称之为"有责任阻止访问"的原则。

> **有责任阻止访问**：它指的是服务和信息提供者有责任确保他们的材料在访问它们属于非法的国家是无法访问的。如果服务和信息的提供者不能阻止这些访问，那么他们在这些国家就可能被政府检控，也可能被这些国家的人起诉。

在接下来的几节中，我们会介绍更多事件，引出新的问题，并讨论支持和反对这个观点的论据。

1. 法国审查制度

一个国家把它的审查法律应用到位于其他国家的公司，第一个有影响的这类案例在 1999 年发生在法国。展示和销售纳粹纪念品在法国是非法的，只有出于历史的目的才会有一些例外。雅虎在法国的站点（位于法国境内）遵守了法国的法律，但是法国人却可以到雅虎位于美国的站点上查看提供销售的纳粹纪念品。法国法院下令，要求雅虎阻止法国人访问其位于法国以外的网站上所包含的、在法国非法的材料 [50]。

在 2.7 节中，我们讲到了欧盟提出的被遗忘的权利。回想一下，谷歌不得不阻止搜索结果中的某些链接。起初，谷歌只封锁了来自其搜索引擎的欧洲版本的链接，而不是整个谷歌网站。法国政府命令谷歌不仅要阻止 google.fr 上的搜索，还要阻止 google.com 上的搜索，不仅要阻止来自法国的搜索，还要阻止来自世界任何地方的搜索。这种封锁将会强迫将欧盟公民被遗忘的权利扩展到全世界，包括在那些不承认这种权利的国家。法国已经对谷歌施加了罚款，但谷歌还在继续上诉。

在法国以外的计算机上，法国法律是否适用于 google.com 和雅虎拍卖网站？演讲者应该有义务不发表别人不想听的演讲（或者政府不想让另一个国家的人民听到），还是说听众应该有自己捂住耳朵的义务？法国是否应该去阻止人们访问他们认为是非法的境外材料呢？

如果拥有更严格法律的国家可以把其法律强加给更加自由的国家，那么会对全球言论自由带来什么影响？ 3.6 节提醒过我们，在许多国家，审查法律的限制性和广泛性是多么强大。

2. 把美国法律应用到外国公司

ElcomSoft 是一家俄罗斯公司，他们销售一种计算机程序，用以规避嵌入在 Adobe 公司电子图书中用来防止侵权的控件。该程序的买家可以把它用于合法用途，例如对电子书进行备份，或者在不同的设备上阅读一本电子书，但是也可以使用该程序制作非法的侵犯版权的复制品。该程序本身在俄罗斯和世界上大多数国家都是合法的，但在美国不合法。分发该软件来阻止内置的版权保护功能，违反了《数字千年版权法案》（见 4.3.2 节）。当该程序的作者，梅德·斯克里亚罗夫（Dmitry Sklyarov）来美国访问，演讲关于电子书中使用的控制软件中的弱点的时候，他被警方拘捕，可能会面临 25 年监禁。当人们在美国和其他一些国家提出抗议之后，美国政府让斯克里亚罗夫回国，但是却针对 ElcomSoft 公司提起了另一宗刑事诉讼。一个联邦陪审团宣告该公司无罪。ElcomSoft 公司声称它不知道该软件在美国非法，并且在 Adobe 提出抗议之后，就已经停止了分发该程序。因此，该案例也没有解决一个根本问题，即：如果一个公司继续发布在它自己国家合法的产品，那么对其起诉是否会成功？

美国政府逮捕了戴维·卡拉瑟斯（David Carruthers），他是英国公民，时任 BetOnSports PLC 的首席执行官（CEO）。在他从英国飞往哥斯达黎加的航班在达拉斯转机时，被美国政府逮捕。美国政府还逮捕了 BetOnSports 的其他高管，以及另一家大型的英国在线赌博公司

Sportingbook 的董事会主席。网上投注在英国是合法的。互联网赌博公司甚至可以在伦敦证券交易所上市及交易。这些逮捕导致赌博公司的股票大幅下跌。美国政府认为：这些公司的大多数客户都来自美国，而网上赌博在美国是非法的。根据美国政府的说法，这些公司应该设法阻止美国公民的访问。这些逮捕根据的是 1961 年的一项法律，而因为法律专家、赌博专家和立法者正在争论该法律是否适用于互联网，因此这些逮捕显得尤为激进。卡拉瑟斯在一个酒店的房间中被禁闭了三年以等待审判，后来法庭判他在联邦监狱服刑近三年 [51]。

对于外国网上赌博公司来说，只要保证其员工不涉足美国，就可以继续依靠美国的客户繁荣发展，所以美国国会通过了《非法互联网赌博强制法案》。该法案禁止信用卡和在线支付公司处理投注者和赌博网站之间的交易。美国信用卡公司和 PayPal 等在线支付公司（在受到来自政府的压力后）已经停止了处理赌博交易，但在网上赌博和处理相关交易合法的其他国家还存在可以提供支付服务的公司。在该法律公布短短几个月之后，美国政府逮捕了为赌博网站处理付款的英国互联网支付公司的一个创始人。

> "如果你在从事这些业务，那么你根本不要考虑去美国旅行。"
>
> ——在两名英国在线赌博公司的高管在美国被捕后，
> 一位伦敦商业分析师的评论 [52]

5.7.2　诽谤和言论自由

1. 自由国家之间的差异

根据诽谤法，如果有一个人、企业或组织，在平面媒体或在其他媒体（例如电视或网络）上，说了一些虚假的和有损我们声誉的言论，我们可以起诉他们。诽谤可以分为书面诽谤和口头诽谤。在美国，如果内容是真实的，那么就不造成诽谤。对于言论自由和表达意见，美国提供了强有力的保障。公众人物（例如政治家和艺人）与普通人相比受到的诽谤保护更少。其原因是：如果人们因为担心被起诉或者指控，无法对这些著名人士发表强烈的意见，那么激烈的公开辩论就会受到影响，并最终会影响到言论自由。另一方面，英国和澳大利亚的法律和传统则更加注重维护声誉。迈克尔·杰克逊赢得了对一家英国报纸诽谤的诉讼，认为其关于他的整形手术的报道"可怕地扭曲"了他的形象。如果是在美国，他很大概率不会赢得这样的诉讼。在英国，人们常常会起诉报纸，因此发表关于商业和政治丑闻的细节可能会带来风险。科学家和医学研究人员都担心有人举报和发表针对研究的批评⊖。举证责任在不同的国家也有所不同。在美国，提起诉讼的人有责任提供该案件的证据。公众人物必须要证明所发布的信息是假的，而且发布者也知道它是假的，或是存在鲁莽行事的事实。在其他一些国家的诽谤法中，则要求存在疑问的报道的出版商来证明它的真假，或者是出版商有令人信服的理由相信它是真实的。

其结果是，如果一篇文章在某个国家是违法的，那么新闻出版商必须阻止来自该国家的人看到这篇文章。在 2006 年，《纽约时报》第一次做了这样的事情。他们对通常用于目标广告地理的定位工具进行了重新编程，以阻止英国人阅读某一篇新闻文章。该文章是一篇新闻调查，描述了几个犯罪嫌疑人打算把液体炸药携带到飞机上，试图炸毁飞机的阴谋。在审判

⊖　在 2006 年，在一次"里程碑式"的裁决中，英国上议院高级法官（类似于美国最高法院）赋予新闻机构免于诽谤诉讼的保护，只要其报道的新闻对公众有价值。

之前发布损害被告的信息，在英国是非法的。而这在美国并不违法。要解决在自由国家之间法律不同带来的问题，都要涉及一些妥协。《纽约时报》对阻止访问该恐怖阴谋的文章的决定进行了解释，虽然英国没有像美国一样的宪法第一修正案来强烈保护新闻自由，但是英国确实也支持新闻和媒体自由，而且尊重该国法律也是合理的做法。[53]

《纽约时报》的行动表明，各大新闻出版商拥有足够的法律人员和技术工具来应付法律之间的不同。假设有人从美国把被封锁的《纽约时报》的文章通过电子邮件发送给英国的某个人。假设某个拥有英国粉丝的美国博客转发了该文章中的一些信息。他们既不具有法律工作人员和识别地理位置的工具，也可能不知道在另一个国家哪些文章是非法的，那么在这些人身上可能会发生什么呢？

2. 诽谤法对言论自由的威胁

一个美国出版商在美国出版了一本书，该书是美国学者撰写的关于资助恐怖主义的内容。英国的某些人从网上购买了几本。根据这书中内容，一名沙特银行家对奥萨马·本·拉登提供了资助，他在英国提起诽谤诉讼，并且打赢了针对该书作者的官司。出于对类似诉讼的恐惧，另一个美国出版商下架了一本类似话题的书（作者也是一个美国人），而该书一直卖得很好。在英国赢得诽谤案件相对容易，这就导致了一种被称为"诽谤旅游"的现象。它具有以下特点：在英国以诽谤罪起诉他人的人并不在英国居住或工作。而在许多案件中，被起诉的个人或企业也不位于英国。在有些案例中，被质疑的内容甚至都不是用英语撰写的。内容往往被张贴在英国之外的服务器上，但是，该内容在英国可以访问。这样的诉讼造成对自由言论的压制，也会影响诽谤起诉可能不会成功的其他国家的人访问该信息的自由。在2014年，英国对于诽谤起诉案件添加了限制来保护记者、科学家、学者和其他人，同时减少"诽谤旅游"事件的发生。

美国法院通常会强制执行外国法院对美国居民的判决。由于其他国家对诽谤法的滥用，导致美国通过了2010年的《言论法案》（SPEECH ACT），规定如果外国的诽谤判决违反了美国宪法第一修正案，那么该判决在美国不能执行。但是，即使美国法院不执行该外国法院的判决，外国政府也可以攫取美国公司位于他们国家的资产，或者在不遵守该国审查命令的个人或公司高管去该国访问时，将他们逮捕。

在美国诽谤案件中，如果当事人来自不同的州，那么法院可能裁定该诽谤行为发生在遭受损害的地方，而审判也应该在那里进行。这也应该适用于跨国案件，至少在相对自由的国家是这样的；但是，即使当两个国家的法律几乎完全相同，审判的地点也非常重要。在国外参加审判意味着高昂的旅行和法律费用、长时间远离工作和家庭、需要面对外国律师和陪审团、不熟悉的形式和程序，以及在文化上处于劣势。但是，如果我们把该原则推广到把严格的诽谤法律用于政治目的专制政府时，会产生什么结果呢？

沙特阿拉伯禁止"任何损害国家元首的尊严的行为"[54]。在俄罗斯，诬蔑政府官员是一种犯罪行为。新加坡政府官员一直在利用诽谤法律来打击批评他们的政敌。现任新加坡总理和他的父亲（前总理）⊖要求总部位于中国香港的《远东经济评论》删除其网站上的采访文章，因为接受采访的政治对手对他们提出了批评。他们以诽谤罪起诉其出版商和编辑。在这些国家，会针对外国报纸、来访记者和博客主提起诉讼或刑事指控，不仅是对被告的威胁，而且会对真实和批评性的新闻报道造成威胁。

⊖   指新加坡总理李显龙和前总理李光耀。——译者注

5.7.3 文化、法律和道德

如果出版商需要遵守近 200 个国家的法律，他们如何才能保护自己避免任何有争议的内容？学习所有其他国家的法律会带来巨大负担，而必须阻止潜在的非法内容并因为这种不确定性而带来的寒蝉效应，是否会导致全球新闻博客所带来的巨大效益被强制缩水？有些人担心这样做会破坏网络的开放性和全球信息流动，而网络将不得不同时满足各种国家的限制，包括某些地区禁止讨论宗教信仰、美国反对在网上赌博等。还有人则认为企业会做出适应，并将会有相应软件来完成适当的筛选工作。

杰克·戈德史密斯（Jack Goldsmith）和蒂姆·吴（Tim Wu）在他们所著的《谁控制互联网？》[55] 一书中认为"全球网络正在成为一个民族 – 国家网络的集合"，而且这是一件好事情。戈德史密斯和吴认为，如果每个国家都可以根据自己的历史、文化和价值观来控制在其境内的内容，那么网络会变得更加和平和富有成效。戈德史密斯和吴指出，许多人民和政府（包括极权国家和民主国家）认为言论自由在美国是过度的。美国出版商和博客主应该尊重不同国家的标准和法律，并避免他们的出版物传播到那些被禁止出版的国家。

批评他们观点的人可能会指出，尊重文化和尊重法律是不一样的。文化会随着时间的推移发展，而且在一个国家之内也很少是绝对的或者完全一致的。政府经常声称要保护国家文化和价值观，而其实他们是在对本国公民施加控制，以维护自己的权力，或者帮助他国家内的特殊利益集团。正如我们在第 1 章中讨论法律和道德之间的差异时一样，法律的制定也有许多卑鄙的来源。美国政府捍卫其禁止境外赌博网站的理由是，它有权禁止在道义上令人反感的活动。显然从社会和道德的角度，对赌博还可以提出许多有效的批评理由，但是政府这种说法却是没有说服力的。联邦政府和各州政府允许许多形式的合法赌博，并且对它们收税，各州政府还通过对彩票业的垄断而获取利润。这样看的话，政府、赌场和赛马场之所以反对离岸的网上扑克游戏，很可能是为了反对竞争，而不是他们宣称的道德观点。

考虑加拿大和法国对于美国电视节目的播放限制。有些捍卫这些法律的人强调其目的是为了保护他们的文化不会被美国文化吞没。其他人（例如加拿大的一些人）则坦诚其目的是为了给加拿大人提供就业机会，并保护国内的小规模广播业的财务健康。在每个拥有类似的保护主义法律的国家（包括美国），都会存在强烈的反对意见，认为这样的法律是对自由的不公正侵犯；以及它们是否在伤害别人的同时，能帮助国内一些行业；或者它们是否是用来帮助本地经济的一种合理方法。政府应当把保护主义法律强加到国境之外的人身上吗？

在有些国家，如果大多数人都支持禁止某些特定内容，比如说讨论某些特定的宗教，那么因此禁止自由表达的基本人权和少数民族的宗教信仰是否在道德上是合理的？挫败一个国家的审查制度，并提供该政府严令禁止的材料，在道德上是否有积极的价值呢？

5.7.4 潜在的解决方案

国际条约可以制定共同标准或手段，以处理签署该条约的国家之间的国际案件。世界贸易组织（WTO）的成员国家同意，如果其他国家提供的特定服务在该国家是合法的，那么就不能禁止本国公民购买这些服务。这是一个很好的开始，可以看作是对美国关于各州之间不能歧视在其他州销售合法产品的卖家的一个扩展。（回想一下在 3.2.5 节中讨论过的葡萄酒运输和房地产销售的案例。）但是这个 WTO 协议并没有解决当一个产品、服务或信息在一个国家合法，而在另一个国家不合法的情形。

这里是对我们在 5.7.1 节中提及的"有责任防止访问"原则的一种替代方式，我们可以称它为"有权防止进入"原则：

> **有权防止进入**：A 国政府可以在 A 国范围内以行动阻止在该国非法的材料进入该国，但是如果这些材料在 B 国是合法的，那么 A 国不能把它的法律应用到创建和发布这些材料或者提供服务的 B 国公民身上。

这个原则对于赌博这样的服务可能是合理的，因为赌博在有的国家是文化中很重要的一部分，而在另外一些国家是非法的，在还有一些国家中是受到监管和征税的。很长时间以来，对于政治言论采取的也是这种做法。例如，在冷战时期，苏联掐断了西方国家的广播节目。苏联政府并不拥有国际公认的权力来责令其他国家的广播电台停止播出节目。类似地，伊朗在卫星电视上屏蔽了 BBC 的波斯语节目。在其境内，各国政府都有很多工具来屏蔽他们不想要的信息和活动。正如我们在 3.6.1 节中看到的，他们要求（在他们的国家之内的）互联网服务供应商和搜索引擎公司阻止人们访问被禁网站。在《远东经济评论》发表了新加坡政府认为是诽谤性的采访文章之后，新加坡政府规定，新加坡人订阅、进口或复制《远东经济评论》的行为都是犯罪行为。当然，相信言论自由的人们并不同意这种行动。"有权防止进入"原则是一种妥协。它认识到，政府在其领土内拥有主权。它也试图降低这些限制性法律在其境外的影响。如果像美国和法国这样有重要影响的国家采用这个原则，而不去逮捕来访的外国人，那么以此为榜样可能会对不是很自由的国家施加压力，要求他们做同样的事情。然而，他们似乎并不打算这样做。

当然，这一原则也存在缺点。缺乏最新的网络犯罪法律的国家会吸引那些犯下国际网络罪行的人，例如重大的诈骗罪犯。我们希望让其他国家的受害者可以有比较明智的方式来对他们采取行动。要制定良好的解决方案来解决不同国家不同法律问题的主要困难之一是，存在有太多不同种类的法律。正如我们在第 1 章中看到的，有些法律是为了惩罚对人造成伤害的非法活动，而另外一些法律则是为了强加一些特定的观点到可接受的个人信仰、言论和非暴力活动之上。如果所有法律都是第一种类型，那么对于它们的执行就可以有更多的一致性。这样的话，问题将只是细节的差异（例如，美国和英国的诽谤法之间的差异）。"有责任阻止访问"原则是目前许多国家的政府遵守的原则，而它之所以很危险是因为存在很多第二种类型的法律。但是，许多人民和政府都强烈支持这样的法律。我们很难达成一致意见，确定哪些法律是"正确"的法律，也就是一个国家可以在其境外强制实施的法律。不幸的是，这种关于应该强制实施哪种法律的妥协会降低最为自由国家的人民在特定领域的自由。因此，我们仍然需要创造性地发展更好的解决方案，以确定哪个国家的法律适用于跨境互联网案件。

本章练习

复习题

5.1 在计算技术的早期，"黑客"这个词的含义是什么？

5.2 释放一个计算机病毒，在别人的屏幕上展示一个好玩的消息，但不破坏其文件，这样的行为是合法的吗？

5.3 什么是网络钓鱼？

5.4 举一个政府黑客行为的例子。

5.5 描述金融网站用来说服消费者其网站不是假冒网站的一种方法。

5.6 指纹读取器用什么技术来确保它们读到的不是假的手指？

5.7 美国政府逮捕的几个英国企业高管从事的是哪种基于 Web 的服务？

练习题

5.8 在你睡觉的时候，你的室友克里斯使用了你的计算机。在你睡觉的时候，你的室友罗宾在夜里开了你的汽车，在外面兜了会儿风。他们都没有得到你的许可，也没有造成任何损害。列出这两个事件之间相似的一些特点（特点包括该事件的影响、道德性、合法性、风险等）。列出这两个事件之间不同的一些特点。哪个会让你觉得更受到冒犯？为什么呢？

5.9 考虑由于病毒、蠕虫或拒绝服务攻击导致的网络偶尔宕机时间，与交通高峰期或恶劣天气期间道路上的车辆交通速度减慢之间的类比。描述其相似性，然后做出评价。二者都属于我们必须学会习惯的现代文明的副作用吗？个人和企业应该如何减少对自身的负面影响？

5.10 描述黑客从 Target 窃取消费者数据使用的两个工具，或者他们利用的漏洞。

5.11 有些人认为，对于污损白宫、国会、议会或其他政府机构网页的黑客行为，应该比污损一家私营公司或组织的网页处以更加严厉的惩罚。请给出支持和反对这种观点的一些论点。

5.12 黑客行动主义者可能会争辩说，在自己的网站和社交媒体平台上发表自己的观点是不够的，因为大多数到那里去看的人都已经相信和支持这些观点。他们想要让自己的观点接触到那些持反对意见的人。分析一下支持黑客行动主义的这一论点。

5.13 在 5.3.3 节中，我们描述了一个事件：一个黑客团体攻入了旧金山湾区捷运（BART）系统，以抗议 BART 关闭了某些捷运车站的无线通信。这种行为属于黑客行动主义吗？这是道德的吗？请说明理由。

5.14 一个黑客团体从一家安全公司窃取了客户的信用卡号码，并用它们来进行慈善捐款。黑客的部分目的是为了证明该企业的安全漏洞。试分析这一事件是否道德。

5.15 在巴黎发生恐怖袭击后，一个黑客组织 Anonymous 说，它破坏了属于伊斯兰国家成员的 Twitter 账户，并在网上发布了有关他们的个人信息。当我们考虑这个团体的行为是否在伦理上是可以接受时，应该问什么问题？请列出至少两个问题。

5.16 描述一个（假设）由外国政府发起的、你会考虑把它当作战争行为的黑客攻击。指出该攻击的哪些特征让你得出这样的结论。

5.17 互联网的历史对它的脆弱性产生了哪些影响？

5.18 为了减少针对网上银行的诈骗行为，一些人建议创建一个新的互联网域名".bank"，只把它提供给特许银行使用。考虑我们讨论过的身份盗窃和欺诈技术。这个新域名对于预防哪些问题是有效的？对于哪些问题是无效的呢？总体而言，你认为这是一个好主意吗？请说明理由。

5.19 一些年轻黑客认为，如果一个计算机系统的主人想不让外人闯入，他们有责任提供更好的安全性。然而，UNIX 的发明者之一肯·汤普森[56] 曾经说过，"我们必须把闯入计算机系统的行为和闯入邻居的房子看作是一样的可耻。这和邻居家的门有没有上锁并没有关系。"你更同意哪个立场？给出你的理由。

5.20 在 5.5.1 节中，我们把商家可以接受一定量的入店行窃，类比为商家和信用卡公司可以接受一定数额的信用卡诈骗。请分别给出这种类比的一个优点和一个缺点。

5.21 我们看到，黑客和身份窃贼使用了许多技术，并且还在不断开发新的技术。设想一个新的计划，可以用它来获得某种类型的密码或可能用于身份盗窃的个人信息。然后描述一种可能的应对措施来阻止你的计划。

5.22 在 5.5.1 节中，我们描述了一种客户身份验证方法，它会根据顾客在一个公司网站上的典型活动的许多细节来计算一个风险评分。如果要使用此方法，该网站必须保存每个客户访问该网站的很多细节。这是否违反图 2.1 中所列出的关于只能收集必要的数据且存储数据的时间不能超过必需的隐私原则？请解释你的答案。

5.23 要求同时输入指纹和密码才能登录一个系统，是否满足 5.5.1 节所述的多因素身份验证的标准？请给出你的解释。

5.24 在一个多因素认证方案中，在用户键入用户名和密码之后，网站向该用户的移动电话发送一个代码。他必须输入正确的代码才能继续。分别给出使用这种方法来访问医疗保险账户的一个支持的论点和一个反对的论点。

5.25 对于亚伦·斯沃茨从 JSTOR 下载大量研究论文的事件，你认为哈佛、麻省理工学院或法律应该给他什么样的惩罚才是合适的？（见 5.6.1 节。）

5.26 假设一个 16 岁的少年使用自动拨号软件使 911 急救电话呼叫系统一直占线，从而导致 911 服务的崩溃。他声称他是在用该软件做实验的时候不小心造成的。你认为采用什么样的处罚是适当的？

5.27 一个大型演唱会售票网站的使用条款禁止自动购票的行为。如果一个人使用一个软件程序购买了大量的门票，他是否应该因为超过该网站规定的访问权限而遭到起诉呢？请说明理由。

5.28 评价赞成和反对通过制定法律来把编写和发表计算机病毒的书看成是犯罪的论点。（见 5.6 节。）你会支持这样的法律吗？为什么？

5.29 请判断下面的情形可能导致一些什么问题：
　　　来自美国加州的某人在亚马逊网站（amazon.com）上对英国作家写的一本新书给出了严厉批判的评论。该评论说，这位作家是一个没有任何好想法的彻彻底底的大傻瓜，他甚至无法清楚地表达他那些很烂的想法，大概连小学都没毕业；所以他应该去洗碗，而不是浪费纸张和浪费读者的时间。该作家决定对这位评论者和亚马逊提起诽谤诉讼。

5.30 使用在第 1 章中的一些伦理原则，分析张贴关于加拿大审判的详细信息的美国博客作者的行为（见 5.7.1 节）。你认为他应该这样做吗？

5.31 在二战期间，"自由欧洲电台"向被德国控制的国家播出新闻和其他信息。收听这些广播节目在这些国家是非法的。在"冷战期间"，苏联电台干扰了西方向该国发送的广播节目。在讨论"雅虎 / 法国"案例的时候（见 5.7.1 节），我们提了一个问题：是讲话者有责任不让其他不想听其讲话的人听到他的声音呢（或者是针对不想让该国人民听到其声音的政府）？还是说听众应该有责任选择捂住自己的耳朵？你对于雅虎案件的回答和你对德国和苏联的例子的回答是否会有所不同？如果的确有所不同，请给出不同之处，并解释理由。如果不是，也请解释你的理由。

5.32 假设你是在所选择的领域中工作的一个专业人士。描述为了减轻在本章中讨论过的任意两个问题所产生的影响，你可以做什么具体的事情。（如果你想不到和你的专业领域相关的任何问题，也可以选择你感兴趣的其他领域。）

5.33 设想一下在未来几年中数字技术或设备可能发生的变化，描述一个它们可能带来的、与本章中讨论的问题有关的新问题。

作业

下面这些练习题需要花时间做一些研究或完成一些活动。

5.34 在讲解政府黑客行为的小节（见 5.2.4 节）中，我们提到的事件大部分都是用于军事或战略目的。查找有关用于工业间谍活动的黑客信息。总结你的发现。对于这些行为应该做出什么样的适当反应？

5.35 了解"Facebook 诉 Power Ventures"案是否已经重审(在 5.6.1 节描述的 2016 年第 9 巡回上诉法院判决之后)。讲一下该案件的现状。查找最近是否有人在不涉及黑客的其他案件中，因为未授权访问而遭到违反《计算机欺诈和滥用法案》的指控。如果有的话，请描述一个这样的案件。

课堂讨论题

下面这些练习题可以用于课堂讨论，可以把学生分组进行事先准备好的演讲。

5.36 在 5.2.3 节接近尾声的地方，我们描述了披露计算机系统中的漏洞的三个例子。请对它们进行讨论和评价。它们有没有得到负责任的处理？

5.37 有些人认为，如果没有(未经授权的)黑客不断提供的威胁和挑战，我们可能无法了解漏洞，并因此导致安全性很薄弱。黑客是英雄吗？通过发现和宣传计算机安全弱点，他们所从事的是公共服务吗？

5.38 在我们的计算机上，我们有道德上的责任安装最新的防病毒保护和其他安全软件，以防止我们的个人计算机被计算机远程控制软件感染从而对他人造成损害吗？是否可以制定一项法律要求每个人都必须安装这样的软件吗？考虑与其他一些技术或领域进行类比。

5.39 假设一次拒绝服务攻击造成几千个大型网站被迫关闭了几个小时，其中包括零售商、股票经纪公司和大型企业的娱乐和信息网站。该攻击被追溯到下面所列的一位嫌疑人。你认为是否应该根据嫌疑人的身份不同而处以不同的处罚？请解释原因。如果打算处以不同处罚，它们会有什么样的不同？

(a) 一个境外恐怖分子发动的攻击，对美国经济造成数十亿美元的损害。

(b) 一家组织借此宣传他们对 Web 商业化和企业操纵消费者的行为的反对观点。

(c) 一个未成年人使用了在某网站发现的一个黑客工具。

(d) 一个黑客团体向另一个黑客团体炫耀他们在一天之内可以关闭多少网站。

5.40 假设一个当地的社区中心邀请你们(一伙大学生)做一个关于保护智能手机免受恶意软件侵扰的 10 分钟演讲。请为此做出规划，并在课堂上做演讲。

5.41 考虑 5.3.2 节中描述的 Target 泄露事件。下面的这些人分别犯了什么错误(如果你认为有的话)？他们分别应该负什么级别的责任？

(a) 收到钓鱼电子邮件的 Fazio 机械公司的雇员。

(b) Fazio 机械公司的系统管理员。

(c) Fazio 机械网站的开发者。

(d) Target 电子账单系统的开发者。

(e) Target 合同提交系统的开发者。

(f) Target 系统和网络管理员。

(g) Target 收银员。

(h) Target 高层管理人员。

(i) 2013 年在 Target 使用信用卡的购物者。

5.42 美国政府应该如何应对来自伊朗的黑客攻击？假设这些黑客造成关键的军事通信设施被迫关闭了几个小时。

5.43 违反一个网站的使用协议是不是一种犯罪行为？请说明理由。如果你认为它应该取决于网站的类型和具体的违反行为，请解释你会用什么标准来做出区分。

5.44 正如我们在 5.5.4 节中讨论过的，一些技术公司已经为某些用户通信和存储数据添加了强加密方法，从而可以防止电话窃贼、黑客和政府的访问(或使之非常困难)。当执法机构提出要求时，公司自己都无法访问这些数据。

(a) 假设没有法律禁止或限制使用防止政府访问的技术。你是一家大型科技公司的高级管理人员组成的委员会成员，正在讨论是否在智能手机和其他产品的操作系统中实现这种技术。提出几个相关问题并加以讨论。

(b) 人们应该可以自由使用（且公司应该可以自由提供）保护隐私和安全的最佳可用工具。请给出你支持这个观点的论据。请解释如果遇到调查严重犯罪和恐怖主义的问题该怎么做。

(c) 请给出论点，支持法律应要求该技术允许执法人员访问通信和存储的数据。解释在 5.5.4 节中描述的针对此类法律的反对者所提出的担忧。

5.45 肯塔基州的一名法官没收了超过 100 个赌博网站的网址，因为它们让人们可以在网上玩老虎机和轮盘赌等赌博游戏。在肯塔基州，这种赌博是非法的，但是网上赌博公司在肯塔基州并没有任何实体公司。给出支持和反对该法官判决的论点。

本章注解

[1] Eric S. Raymond, ed., *New Hacker's Dictionary*, MIT Press, 1993.

[2] 引自 J. D. Bierdorfer, "Among Code Warriors, Women, Too, Can Fight," *New York Times*, June 7, 2001, pp. 1, 9.

[3] Jon A. Rochlis and Mark W. Eichin, "With Microscope and Tweezers: The Worm from MIT's Perspective," *Communications of the ACM*, 32:6, June 1989, pp. 689–698.

[4] Lev Grossman, "Attack of the Love Bug," *Time*, May 15, 2000, pp. 48–56.

[5] 这个瑞典网站是 The Pirate Bay; Ivar Ekman, "File-Sharing Crackdown and Backlash in Sweden," *International Herald Tribune*, June 5, 2006, p. 1. Jason Scheier, "Sony Hack Probe Uncovers 'Anonymous' Calling Card," *Wired*, May 4, 2011, www.wired.com/gamelife/2011/05/sony-playstation-network-anonymous.

[6] Robin Sidel, "Mobile Bank Heist: Hackers Target Your Phone," *Wall Street Journal*, Aug. 26, 2016, www.wsj.com/articles/mobile-bank-heist-hackers-target-your-phone-1472119200. Hayley Tsukayama, "Facebook Security Breach Raises Concerns," *Washington Post*, Nov. 15, 2011, www.washingtonpost.com/business/economy/ facebookhack-raises-security-oncerns/2011/11/15/ gIQAqCyYPN_story.html.

[7] Eduard Kovacs, "Conficker Worm Shipped with Police Body Cameras," *Security Week*, Nov. 16, 2015, www.securityweek.com/conficker-worm-shipped-police-body-cameras.

[8] "How to Protect Your Network from Ransomware," U.S. Department of Justice, www.justice.gov/criminal-ccips/file/872771/download.

[9] Aaron Katerksky, "Dozens of Arrests in 'Blackshades' Hacking Around the World," *ABC News*, May 19, 2014, abcnews.go.com/Blotter/dozens-arrests-blackshades-hacking-world/story?id=23778246.

[10] Sean Gallagher, "How One Rent-a-botnet Army of Cameras, DVRs Caused Internet Chaos," *Ars Technica*, Oct. 25, 2016, arstechnica.com/information-technology/2016/10/inside-the-machine-uprising-how-cameras-dvrs-took-down-parts-of-the-internet.

[11] Victoria Murphy Barret, "Spam Hunter," *Forbes*, July 23, 2007, members.forbes.com/forbes/2007/0723/054.html.

[12] Dan Goodin, "iPhone Hack that Threatened Emergency 911 System Lands Teen in Jail," *Ars Technica*, Oct. 28, 2016, arstechnica.com/security/2016/10/teen-arrested-foriphone-hack-that-threatened-emergency-911-system/. Gallagher, "How One Rent-abotnet Army of Cameras, DVRs Caused Internet Chaos." Nicole Perlroth, "Hackers Used New Weapons to Disrupt Major Websites

Across U.S." *New York Times*, Oct. 21, 2016, www.nytimes.com/2016/10/22/business/internet-problems-attack.html?_r=0. Brian Krebs, "IoT Device Maker Vows Product Recall, Legal Action Against Western Accusers," *Krebs on Security*, Oct. 24, 2016, krebsonsecurity.com/2016/10/iot-device-maker-vows-product-recall-legal-action-against-western-accusers/.

[13]   John J. Fialka, "The Latest Flurries at Weather Bureau: Scattered Hacking," *Wall Street Journal*, Oct. 10, 1994, pp. A1, A6.

[14]   Erin Fuchs, "Identity Theft Now Costs More than All Other Property Crimes Combined," *Business Insider*, Dec. 12, 2013, www.businessinsider.com/bureau-of-justice-statistics-identity-theft-report-2013-12.

[15]   本节的资料来源包括：Brian Krebs, "New Clues in the Target Breach," *Krebs on Security*, Jan. 29, 2014, krebsonsecurity.com/2014/01/new-clues-in-the-target-breach/; Brian Krebs, "The Target Breach, By the Numbers," *Krebs on Security*, May 6, 2014, krebsonsecurity.com/2014/05/the-target-breach-by-the-numbers/; Brian Krebs, "Inside Target Corp., Days After 2013 Breach," *Krebs on Security*, Sept. 21, 2015, krebsonsecurity.com/2015/09/inside-target-corp-days-after-2013-breach/; Sara Peters, "The 7 Best Social Engineering Attacks Ever," *Dark Reading*, Information Week, Mar. 17, 2015, www.darkreading.com/the-7-best-social-engineering-attacks-ever/d/d-id/1319411?image_number=8; and Thor Olavsrud, "11 Steps Attackers Took to Crack Target," *CIO*, Sept. 2, 2014, www.cio.com/article/2600345/security0/11-steps-attackers-took-to-crack-target.html.

[16]   Mark Manion and Abby Goodrum, "Terrorism or Civil Disobedience: Toward a Hacktivist Ethic," in Richard A. Spinello and Herman T. Tavani, eds., *Readings in CyberEthics*, Jones and Bartlett, 2001, pp. 463–473.

[17]   In Cheryl Pellerin, "DOD Releases First Strategy for Operating in Cyberspace," U.S. Department of Defense, *American Forces Press Service*, July 14, 2011, archive.defense.gov/news/newsarticle.aspx?id=64686.

[18]   Jonathan Fildes, "Stuxnet Worm 'Targeted High-Value Iranian Assets,'" *BBC News*, Sept. 23, 2010, www.bbc.co.uk/news/technology-11388018. David Sanger, "Obama Order Sped Up Wave of Cyberattacks against Iran," *New York Times*, June 1, 2012, www.nytimes.com/2012/06/01/world/middleeast/obama-ordered-wave-of-cyberat-tacks_against-iran.html.

[19]   Glenn Greenwald, "How the NSA Tampers with U.S.-made Internet Routers," *The Guardian*, May 12, 2014, www.theguardian.com/books/2014/may/12/glenn-greenwald-nsa-tampers-us-internet-routers-snowden.

[20]   Dan Goodin, "Critical Crypto Bug in OpenSSL Opens Two-thirds of the Web to Eavesdropping," *Ars Technica*, Apr. 7, 2014, arstechnica.com/security/2014/04/critical-crypto-bug-in-openssl-opens-two-thirds-of-the-web-to-eavesdropping/.

[21]   Steve Marquess, "Of Money, Responsibility, and Pride," Speeds and Feeds Blog, Apr. 12, 2014, veridicalsystems.com/blog/of-money-responsibility-and-pride/. Marquess 是 OpenSSL 软件基金会的总裁。Jon Brodkin, "Tech Giants, Chastened by Heartbleed, Finally Agree to Fund OpenSSL," *Ars Technica*, Apr. 24, 2014, arstechnica.com/information-technology/2014/04/techgiants-chastened-by-heartbleed-finally-agree-to-fund-openssl/.

[22]   "Internet of Things Research Study, 2015 Report," *Hewlett Packard*, Nov. 2015, www8.hp.com/h20195/V2/GetPDF.aspx?4AA5-4759ENW.pdf.

[23]   Elinor Mills, "Expert Hacks Car System, Says Problems Reach to SCADA Systems," *CNet News*,

July 26, 2011, news.cnet.com/8301-27080_3-20083906-245/experthacks-car-system-says-problems-reach-to-scada-systems. Joris Evers, "Don't Let Your Navigation System Fool You," *CNet News*, Apr. 20, 2007, news.com.com. Andy Greenberg, "Hackers Remotely Kill a Jeep on the Highway—With Me in It," *Wired*, July 21, 2015, www.wired.com/2015/07/hackers-remotely-kill-jeep-highway/.

[24] John R. Wilke, "In the Arcane Culture of Computer Hackers, Few Doors Stay Closed," *Wall Street Journal*, Aug. 22, 1990, pp. A1, A4.

[25] Barbara Carton, "An Unsolved Slaying of an Airline Worker Stirs Family to Action," *Wall Street Journal*, June 20, 1995, p. A1, A8.

[26] Saul Hansell, "U.S. Workers Stole Data on 11,000, Agency Says," *New York Times*, Apr. 6, 1996, p. 6.

[27] William J. Lynn Ⅲ, "Defending a New Domain," *Foreign Affairs*, Sept./Oct. 2010, www.foreignaffairs.com/articles/united-states/2010-09-01/defending-new-domain.

[28] Joseph Pereira, "How Credit-Card Data Went Out Wireless Door," *Wall Street Journal*, May 4, 2007, pp. A1, A12. 在 2011 年，黑客们从一家为政府机构、银行、石油公司和其他大企业分析国际安全的事务所收集了未加密的敏感客户数据。来源：www.telegraph.co.uk/technology/news/8980453/Anonymous-Robin-Hood-hacking-attack-hits-major-firms.html.

[29] Kim Zetter, "How America's 911 Emergency Response System Can Be Hacked," *Washington Post*, Sept. 9, 2016, www.washingtonpost.com/news/the-switch/wp/2016/09/09/how-americas-911-emergency-response-system-can-be-hacked/.

[30] Robert Lemos, "Stock Scammer Gets Coal for the Holidays," *The Register*, Dec. 28, 2006, www.theregister.co.uk/2006/12/28/sec_freezes_stock_scammer_accounts.

[31] William M. Bulkeley, "How Biometric Security Is Far from Foolproof," *Wall Street Journal*, Dec. 12, 2006, p. B3.

[32] Thom Shanker and Elisabeth Bulmiller, "Hackers Gained Access to Sensitive Military Files," *New York Times*, July 14, 2011, www.nytimes.com/2011/07/15/ world/15cyber.html?pagewanted=all. Pellerin, "DOD Releases First Strategy for Operating in Cyberspace." Robert McMillan, "Security Experts Say NSA-Linked Hacking Effort Was Itself Compromised," *Wall Street Journal*, Aug. 17, 2016, www.wsj.com/articles/security-experts-say-nsa-linked-hacking-effort-was-itself-compromised-1471458035.

[33] Robert McMillan, "Mark Zuckerberg's Twitter and Pinterest Accounts Hacked," *Wall Street Journal*, June 7, 2016, www.wsj.com/articles/mark-zuckerbergs-twitter-and-pinterest-accounts-hacked-1465251954.

[34] Morgan Slain, "Announcing Our Worst Passwords of 2015," TeamsID, SplashData, Jan. 19, 2015, www.teamsid.com/worst-passwords-2015/.

[35] 引自：Alex Hern, "Google CEO Sundar Pichai Joins Long List of Celebrities Hacked by OurMine Group," *The Guardian*, June 28, 2016, www.theguardian.com/technology/2016/jun/28/sundar-pichai-hacked-ourmine-group-bitly.

[36] Darlene Storm, "Hack to Steal Cars with Keyless Ignition: Volkswagen Spent 2 Years Hiding Flaw," *Computerworld*, Aug. 17, 2015, www.computerworld.com/article/ 2971826/cybercrime-hacking/hack-to-steal-cars-with-keyless-ignition-volkswagen-spent-2-years-hiding-flaw.html.

[37] Marc L. Songini, "Hospital Confirms Copying of Patient Files by Hacker," *Computerworld*, Dec. 15, 2000, www.computerworld.com/article/2589907/data-privacy/hospital-confirms-copying-of-patient-files-by-hacker.html.

[38]　Kim Zetter, "Appeals Court Overturns Conviction of AT&T Hacker 'Weev'," *Wired*, Apr. 11, 2014, www.wired.com/2014/04/att-hacker-conviction-vacated/.

[39]　John Schwartz, "Industry Fights Wiretap Proposal," *Washington Post*, Mar. 12, 1994, pp. C1, C7.

[40]　《通过加密的安全与自由法案》(The Security and Freedom through Encryption Act, SAFE), 国会情报委员会修订, 1997 年 9 月 11 日。

[41]　Robert McMillan, "San Bernardino County Had Software that Could Have Given FBI Access to Shooter's iPhone," *Wall Street Journal*, Feb. 22, 2016, www.wsj.com/articles/san-bernardino-county-had-software-that-could-have-given-fbi-access-to-shooters-iphone-1456184504. Martyn Williams, "FBI Director Admits Mistake Was Made with San Bernardino iCloud Reset," *Computerworld*, Mar. 1, 2016, www.computerworld.com/article/3039838/security/fbi-director-admits-mistake-was-made-with-san-bernadino-icloud-reset.html. Katie Benner and Eric Lichtblau, "U.S. Says It Has Unlocked iPhone Without Apple," *New York Times*, Mar. 28, 2016, www.nytimes.com/2016/03/29/technology/apple-iphone-fbi-justice-department-case.html?_r=0.

[42]　Editorial, "Apple Is Right on Encryption," *Wall Street Journal*, Mar. 1, 2016, www.wsj.com/articles/apple-is-right-on-encryption-1456877827.

[43]　*United States* v. *Drew*, 259 F.R.D. 449 (C.D.Cal.), 2009.

[44]　Harold Abelson *et al.*, Report to the President: MIT and the Prosecution of Aaron Swartz," July 26, 2013, swartz-report.mit.edu/docs/report-to-the-president.pdf; Marcella Bombardieri, "The Inside Story of MIT and Aaron Swartz," *Boston Globe*, Mar. 30, 2014, www.bostonglobe.com/metro/2014/03/29/the-inside-story-mit-and-aaron-swartz/YvJZ5P6VHaPJusReuaN7SI/story.html.

[45]　Orin Kerr, "9th Circuit: It's a Federal Crime to Visit a Website After Being Told Not to Visit It," *Washington Post*, July 12, 2016, www.washingtonpost.com/news/volokhconspiracy/wp/2016/07/12/9th-circuit-its-a-federal-crime-to-visit-a-website-after-being-told-not-to-visit-it/. 这个案件是 "Facebook 诉 Power Ventures", 上诉法庭的裁决在: cdn.ca9.uscourts.gov/datastore/opinions/2016/07/12/13-17102.pdf.

[46]　Peter Tippett, quoted in Kim Zetter, "Freeze! Drop That Download!" *PC World*, Nov. 16, 2000, www.pcworld.com/article/34406/article.html. 这篇文章中包括了对编写病毒定罪的优点和缺点, 并且讨论了减少病毒的其他手段。

[47]　Bruce Sterling, *The Hacker Crackdown: Law and Disorder on the Electronic Frontier*, Bantam Books, 1992, pp. 13–14.

[48]　Craig Bromberg, "In Defense of Hackers," *New York Times Magazine*, Apr. 21, 1991, pp. 45–49. Gary Wolf, "The World According to Woz," Wired, Sept. 1998, pp. 118–121, 178–185. Richard P. Feynman, *Surely You're Joking, Mr. Feynman: Adventures of a Curious Character*, W. W. Norton, 1984, pp. 137–155.

[49]　Gareth Finighan, "U.S. Citizen Jailed for More than Two Years in Thailand," *Daily Mail*, www.dailymail.co.uk/news/article-2071468/Joe-Gordon-US-citizen-jailed-Thailand-posting-online-excerpts-book-banned-king.html, Dec. 8, 2011.

[50]　Lisa Guernsey, "Welcome to the Web. Passport, Please?" *New York Times*, Mar. 15, 2001, pp. D1, D8.

[51]　Pete Harrison, "Online Gambling Stocks Dive Again," *Reuters UK*, Sept. 7, 2006, www.gamesandcasino.com/gambling-news/online-gambling-stocks-dive-again-as-us-dojholds-gaming-executive-again/147.htm. Pete Harrison, "Sportingbet Arrest Sparks Fears of Wider Crackdown,"

Reuters, Sept. 8, 2006, go.reuters.com. Bloomberg News, " Gambling Executive Sentenced to Prison, " *New York Times*, Jan. 8, 2010, www.nytimes.com/2010/01/09/business/09gamble.html. Kristen Hinman, " David Carruthers: From House Arrest to Prison, " *Riverfront Times*, Jan. 8, 2010, www.river-fronttimes.com/newsblog/2010/01/08/david-carruthers-from-house-arrest-to-prison.

[52] 引自 Harrison, "Sportingbet Arrest Sparks Fears."

[53] Tom Zeller, Jr., " Times Withholds Web Article in Britain, " *New York Times*, Aug. 29, 2006, www.nytimes.com/2006/08/29/business/media/29times.html.

[54] Robert Corn-Revere, " Caught in the Seamless Web: Does the Internet's Global Reach Justify Less Freedom of Speech? " *Cato Institute*, July 24, 2002, p. 7.

[55] Jack Goldsmith and Tim Wu, *Who Controls the Internet? Illusions of a Borderless World*, Oxford University Press, 2006, p. 149.

[56] 来自 Donn Seeley, " Password Cracking: A Game of Wits, " *Communications of the ACM*, June 1989, 32:6, pp. 700–703, reprinted in Peter J. Denning, ed., *Computers under Attack: Intruders, Worms, and Viruses*, Addison-Wesley, 1990, pp. 244–252.

工　作

6.1　恐惧和问题

　　计算机把我们从重复、枯燥的工作中解脱出来，这样我们就可以花更多的时间在更具创造性、需要人类智慧的任务上。计算机系统和互联网提供了快速、可靠的信息获取方法，使我们更聪明和有效地工作。但是，工作还是要人去做的。护士要照顾老人，建筑工人需要去盖楼。建筑师虽然使用了计算机辅助设计系统，但是还需要人去设计楼房。会计师使用了财务应用软件，从而会有更多的时间进行思考、规划和分析。但是计算机能设计楼房吗？审计过程可以自动化吗？

　　最初，很多社会批评家、社会科学家、政治家、工会和活动家都认为，计算机对工作产生的几乎所有潜在影响都会带来高度威胁。有些人预测由于效率的提高，会导致大规模的失业；还有些人认为在计算机上花的钱完全是浪费，因为计算机会导致效率下降。他们认为，要求工人掌握计算机技能会成为过重的负担，而由于需要增加技术培训和技能，将会使没有掌握新技能的人，与获得新技能的人相比，收入差距会加大。他们还认为远程办公（telecommuting）对于工人和社会都是坏事。他们预计离岸外包（即雇用其他国家的人或公司来完成原来是本国工人所提供的服务）会消灭大量的就业机会。

　　虽然这些可怕的预言都被证明是错误的，许多广泛的快速变化还是引发了重大的社会问题。我们如何应对因为计算技术和互联网消除工作岗位而带来的错位和再培训的需求？不在传统的公司办公室，而是远距离从家里或者咖啡馆使用移动设备来上班，这样做的优点和缺点是什么？移动办公会如何影响人口和企业的物理分布？通过智能手机应用可以支持新形式的工作，对于短期工作来说，可以对潜在的劳动力和潜在的客户按需进行匹配，这种做法会对社会和劳动者带来什么影响？如果员工可以把他们自己的智能手机、平板电脑和其他设备用于工作，我们需要考虑哪些风险？

　　信息技术给一些工人带来更多的自主权的同时，也给雇主增加了对员工的工作、通信、移动和网上活动进行监控的能力，以及观察他们的员工在工作之外（例如，在社交媒体上）做了什么事情。这些变化会影响生产力、隐私和士气。为什么雇主需要监视员工？哪些监控行为是合理的，哪些是不合理的？

　　另外，还有一个反复会被问到的问题：技术（现在可能也包括人工智能和机器人）是否会造成大量人群失业？

　　在本章中，我们将会探讨这些问题，以及由于我们在工作中使用的持续演化的技术造成的其他问题。

6.2　对就业的影响

　　"但是任何地方都没有提及关于信息高速公路的真相，也即大规模的失业。"

　　　　　　　　——大卫·诺布（David Noble），*"关于信息高速公路的真相"*[1]

6.2.1 消灭和创造工作机会

人们曾经担心计算技术和互联网将导致大规模失业，这样的观点现在看来似乎很荒谬。然而，自工业革命开始以来，技术就一直在导致人们对大规模失业的担忧。在 19 世纪初，勒德分子（Luddite，我们在第 7 章中会有关于他们的更多讲解）焚烧织布机，因为他们担心织布机将消灭他们的工作岗位。在几十年后，因为同样的恐惧，一群裁缝组成的暴徒也对缝纫机进行了破坏[2]。

在更近一些的 20 世纪 50 年代和 60 年代，工厂自动化遭到总统候选人约翰·肯尼迪以及产业和劳工团体的（口头）讨伐，因为他们担心自动化会导致增加失业和贫困的威胁。在本节开始的引用针对的是信息高速公路（它是一个在 20 世纪 90 年代用来表示互联网的常见术语），但社会科学家认为该观点也适用于所有其他计算机技术。以杰里米·里夫金（Jeremy Rifkin）为代表的一些科技评论家认为，生产商品和服务所需人力和时间的降低，将会是计算机和自动化带来的最可怕的后果之一。在 2011 年，奥巴马总统认为，造成当时高失业率的原因包括人们利用自动取款机（ATM）来代替银行柜员，以及用机场自助值机柜台来代替服务人员[3]。

毫无疑问，技术总的来说会消灭工作机会，而计算机技术尤其如此。下面是一些例子[4]：

- 自 17 世纪以来，工程师一直在使用计算尺$^{\ominus}$，但是电子计算器的出现使计算尺成为了历史；制造和销售它们的工作也随之消失了。
- 制造、销售和修理打字机的工作已经彻底消失了。
- 电话总机接线员的数量从 1970 年的 421 000 人下降到 1996 年的 164 000 人。
- 随着自动柜员机（ATM）的数量增加，银行出纳员的数量从 1983 年到 1993 年下降了约 37%。
- 铁路调度业务的计算机化减少了成百上千的岗位。
- 随着消费者开始在线预订机票，旅行代理机构逐渐关门。
- 随着电力公司安装的设备可以直接向公司计算机发送电表读数，读电表的工作岗位随之消失了。类似的技术可以用来监视自动售货机和油井，因此为了亲自核实它们所需的工作岗位在减少。
- 互联网购物和商店里的自助结账系统减少了对销售业务员的需要。
- 随着音乐、杂志、报纸和书籍的数字化，数以百计的音乐商店关闭，而印刷行业的就业机会大幅下降。
- 随着手机使用的增加，在有线电信行业工作的员工数量下降了超过 12 万人。
- 随着人们开始在网上阅读新闻，新闻记者的岗位减少了数千人。
- 数码相机使得处理胶片的人失去了工作；创立于 1880 年的柯达公司曾经风光无限，却不得不裁员数千人，并在 2012 年申请破产保护。
- 自动驾驶汽车很可能会减少卡车、出租车和共享乘车的驾驶员岗位的数量。因为降低了拥有汽车的需要，或者是拥有第二辆车的需要，也可能会降低汽车制造业的工作岗位数量。

发展和实现技术的目标中包括减少达成某个结果而所需的资源，以及提高生产力和生活

$\ominus$　计算尺（slide rule），也称作滑动尺（slipstick），在西方常用的一种计算工具，通过滑动多个有刻度的尺子来计算乘法、除法和平方根、对数等数学运算。——译者注

水平。人类劳动是一种资源，技术减少了开展某项工作所需的工人数量。如果我们回头看看前面所列举的失去的工作岗位的例子，我们可以看到，其中许多例子都伴随着生产力的提高。在 1970 年到 1996 年间，虽然电话操作员的数量下降了 60% 以上，长途电话的通话次数却从 98 亿次上升到了 949 亿次⊖。在 1980 年到 2002 年间，美国制造业的生产率增加了一倍以上 [5]。生产率的增长虽然时有波动，但总的趋势是向上的。

图 6.1　如果还是由人类接线员来转接通话的话，我们能有今天这样规模的电话服务吗

有了缝纫机之后，一名裁缝每天可以制作两件以上的衬衫。不仅没有造成工作机会减少，缝纫机还意味着衣服价格的降低和需求的增加 [6]，并因此最终创造了数十万新的就业机会⊖。一个成功的技术会消灭一些工作岗位，但同时也创造了其他工作岗位。现在看来，很明显，计算机创造了新的产品和服务、全新的产业，以及数以百万计的就业机会。从替换计算尺的电子计算器以及替代电话接线员（见图 6.1）的网络和手机，到创造了全新现象的社交网络服务，新的设备和服务都代表了新的就业机会。

到 1998 年，半导体产业协会报道，芯片制造商在美国直接雇用了 242 000 名员工，而间接雇佣的工人数高达 130 万。在 20 世纪 70 年代发明微处理器之前，根本不存在芯片产业，而此时根据年度总收入，芯片产业已经排在了美国所有行业中的第四位。虽然电子商务和商店中的自动结账机器减少了对销售人员的需求，但这并不意味着这些职位的人数会减少。劳工统计局（BLS）预测，从 2014 年到 2024 年，零售行业的就业人数会增加 7%。与在 20 世纪 90 年代初的预测相反，在美国目前还有大约 50 万名银行出纳员 [7]。

基于计算机技术的无数新产品和服务都会创造新的工作机会：医疗设备、3D 打印机、个人健身设备、导航系统、虚拟现实系统、智能手机及其上的应用程序，如此不甚枚举。到 2016 年，仅仅是为手机开发移动应用（APP）的产业在美国的全职工作数量就有近 170 万个。新产品和新服务在设计、营销、制造、销售、客户服务、维修和维护这些产品上都会创造就业机会。新的技术工作也会为接待员、看门员、库存管理员等支撑人员创造就业机会。网上零售业的巨大增长导致了快递行业工作岗位的增长。计算机和互联网技术创造了

⊖　在 20 世纪 40 年代，操作员通过在电路板上插线来完成几乎所有电话的路由和交换（见图 6.1）。在美国的电话通话次数的增长是如此之快，以至于如果还是用手工完成这项工作而不是自动进行，它将会要求这个国家一半以上的成年人口都需要去做电话操作员的工作。

⊖　缝纫机最早都是销售给工厂主，就像计算机最开始只有大公司才会使用。艾萨克·辛格拥有敏锐的洞察力，他直接把缝纫机出售给妇女。这个过程可以类比为从公司拥有的大型机到消费者使用的个人计算机的最终转变的过程。

Alphabet（谷歌母公司）、苹果、eBay、Hulu、亚马逊、微软、Facebook、Twitter、Zappos 以及数千家其他公司的所有工作机会。一家产业研究事务所报道说，世界各地的政府和企业在 2015 年在信息技术上的支出高达 3.5 万亿美元，而其预测在未来几年中将持续投入更多资金。这笔钱可以支撑非常大量的就业机会 [10]。

音乐家的数量是增加还是减少了？

一位竖琴演奏家描述（并哀叹）了一系列的技术如何消灭了音乐家的工作机会 [8]：钢琴辊、自动播放钢琴和录音取代了在播放无声电影时使用的现场钢琴演奏者。点唱机取代了酒吧里的现场乐队。唱片以及之后的数字音乐取代了百老汇表演、舞蹈表演和婚礼中的现场乐团和乐队。

对于同样的变化，我们还可以采用另一种方法来解读。在几百年以前，听专业品质的音乐对于大多数人来说是一种难得的奢侈。只有富人才能请得起专业音乐家来现场演奏。包括电、广播、CD 光盘、DVD 光盘、音乐播放器、智能手机、数据压缩算法和网络在内的各种技术，使得在私人住宅（或去远足时）进行个人"演奏"的成本是如此的低，以至于任何人都可以享受。

那么这一切对就业带来了什么影响？根据 BLS 的报告，超过 170 000 的音乐家和歌手的收入中位数大约是每小时 24 美元 [9]。其中很多人以爵士、乡村、古典、zydeco、新时代、摇滚和说唱音乐作为其生计，有的还发了大财。独立音乐人通过包括 Spotify、iTunes Music、Pandora 这样的服务，可以找到数百万新的听众。如果技术使得某项产品或服务的成本下降到足以扩大其市场，将会有更多的人在这一领域工作。

一些相同的技术在消灭工作机会的同时，也会帮助人们获得新的机会。在过去，求职者在报纸上、图书馆里或通过电话来寻找相关的工作和公司的信息。Web 和社交媒体使得更多的信息和服务可以通过更加方便的方式以更低的价格提供给求职者。我们在招聘网站上发布简历。我们在各种论坛上了解一个公司在其员工中的声誉。在花费时间和金钱去一个遥远的城市面试之前，我们可以通过网络了解当地的气候、学校、娱乐和宗教设施。而且，我们可以不用出门就可以参加面试，公司会通过视频会议软件与我们"见面"，这样可以减少旅行所需的时间和花费。

飞机、汽车、广播、电视、计算机、许多医疗技术，还有许多事物在 20 世纪之前都不存在。整个 20 世纪在技术上出现了巨大的增长，而在农业和马鞍制作等领域的工作逐渐减少。如果技术的整体影响是消灭工作，那么相比 1900 年，在 2000 年工作的人数应该是减少了。但是，虽然在 1900 年到 2000 年间美国人口翻了大约两番，美国的失业率在 2000 年只有 4%，低于整个世纪中的大部分时段。（只有一个年龄段的人口的就业率出现了下降——儿童。在 1870 年，人们开始工作的平均年龄是 13 岁；到 1990 年，平均年龄增加到了 19 岁。在 20 世纪初期，儿童不得不在农场、工厂和矿山中每天工作很长时间。科技和法律一起消灭了他们所从事的许多工作岗位。）

计算机技术创造的许多新的就业机会都是以前无法想象，或者是在以前根本不可能做到的。它们的范围从拥有巨大社会价值的工作（例如，连接到神经系统的假肢设备），到娱乐和体育（例如，计算机游戏设计师和专业的计算机游戏玩家）。在上世纪之交，有谁曾想到，人们会为自己的手机购买（而且会有人因此专门产生、推广和销售）铃声？有谁曾想到，会出现成千上万的智能手机软件专家的职位空缺？在接下来的几十年，生物电子技术这个新的领域（把电子技术应用到生物学和医学中）还会创造许多我们现在还未知的工作岗位。

那么，计算机化对于就业率的整体影响到底如何？它创造的就业机会比它消灭的要多吗？单独统计计算机的影响是很困难的，因为还有其他因素在影响就业趋势，但我们可以看一些整体的数字。在美国，从1993年到2002年的十年间（计算机和网络的使用出现增长的十年），被终止的就业岗位有3.099亿个——这个数字对于任何初次看见的人来说都相当庞大。但同期增加的就业岗位有3.277亿个，因此净增了1780万个就业岗位。这种"工作流失"的现象（即每年有大约3000万个就业岗位⊖会出现和终止）对于灵活的经济体来说是一种典型现象。在经济停滞的环境中，人们就不会频繁更换工作[11]。

考虑20世纪美国失业率比较高的时代。技术并没有引起在20世纪30年代出现的大萧条。经济学家和历史学家把大萧条归于多种因素的影响，其中包括"商业周期"、当时的联邦储备银行对于利率操纵的无能以及"贪婪"。在20世纪80年代初和20世纪90年代初，失业率较高。但是，计算机使用的增长不仅一直都很迅速，而且是持续性的，尤其是从20世纪70年代中期个人计算机开始出现之后。（金融机构和政府的）按揭贷款政策是在2007年开始的经济衰退的一个主要原因；技术并不是其原因。

经济合作与发展组织（简称经合组织，OECD）是一个国际组织，其成员包括了大部分西欧和北美国家、日本、澳大利亚和新西兰，它研究了25个国家的就业趋势。经合组织总结称，失业率源于"导致经济僵化，使之失去适应能力的政策"[12]。研究还表明，"失业的解决方法不应该只是放慢变革的步伐，而是要恢复经济和社会适应变化的能力"。许多欧洲国家的失业率往往高于美国。但是，欧洲并不比美国的技术更先进，或者更加计算机化。这种差异更多地与经济的灵活性以及其他政治、社会和经济因素有关。经合组织的报告[13]说："历史已经证明，在技术进步加速时，经济增长、生活水平和就业机会也会加速。"

新技术可能会在特定领域和在短期内减少就业，但很明显，计算机技术并不会导致大规模的失业。那些不断地预测大规模失业的人看到的只是老的、原有工作岗位的减少。他们缺乏想象力或历史学和经济学的知识，无法看到人们创造了新的就业机会。随着人工智能（AI）或机器人领域的重大进步，在未来几年，我们还会听到更多关于大量工作岗位流失的耸人听闻的说法。这些担忧在这一次会是真的吗？智能化系统会提高我们的工作效率，还是会替代我们？

即使从整体上来看，技术创造的新的工作会比它消灭的要多，但是总有人会因为技术的进步而失去工作，而对于被解雇的人来说，长期的社会净值增加并没有太大意义。失去工作会立即对个人产生影响，对这个人和他的家人可能是毁灭性的。如果在一个小社区，或在很短的时间内，有大批人失去工作，那么就会产生艰难的社会问题。因此，人们（个体劳动者、雇主和社区）和机构（如学校）都要足够灵活，并且为可能的改变做好应对计划。我们需要各种角色，包括做长期规划的教育专业人员，提供培训课程的企业家和非营利组织，可以重新培训其员工的大公司，以及可以为初创公司提供资金的金融机构，等等。

> "为什么不用挖掘机呢？"
> ——某人看到数千名工人在施工现场用铲子挖地时的第一反应。
> 当他问他们为什么不利用现代开挖设备时，
> 有人告诉他，用铲子可以创造更多的就业机会。

⊖　其中大约一半是每年都会出现和消失的季节性工作。

6.2.2　改变的技能和技能水平

虽然似乎新的技术（特别是计算机技术）并没有造成大规模失业问题，但人们还是认为计算技术的影响是不同的，与早期的技术相比会产生更多的负面因素。下面我们会介绍一些相关的疑虑和问题，并了解一些积极的发展情况。

1. 担忧

与过去任何一种单个技术进步相比，计算机消灭了更多种类的工作。在过去，新机器或新技术的影响往往集中于一个产业或一种活动。缝纫机会对服装业带来直接的影响，但是计算机、机器人和人工智能可能会影响很大范围的技能和活动。早期的自动化技术淘汰的主要是制造业的工作，但是计算机却可以很容易把服务自动化。在过去需要用到受过训练、会思考的人类的地方，现在软件可以做出决策；计算机还可以接管许多白领从事的专业领域的工作。下面给出一些例子和趋势：

- 计算机程序可以分析贷款申请，并决定批准哪些申请。与人相比，有些程序能更好地预测哪些申请人有可能会拖欠贷款。
- 在检测某些癌症的时候，软件比一些放射科医师做得更好。
- 设计工作也早已自动化。例如，为新的住房项目设计电气布局的软件可以在几分钟内完成以前需要花一个高薪员工 100 小时的任务。
- 计算机编程自动化减少了对训练有素的程序员的需求。
- 在计算机芯片的布局中，虽然依然需要一些训练有素的工程师，但是也存在很大程度的自动化。
- 人工智能的进步（包括击败围棋大师的计算机程序技术）越来越多地会帮助软件比训练有素的聪明人做得还要更好。

这类软件对拥有高超技巧的工人来说意味着更少的工作岗位吗？工作场所中的人类智慧和判断的重要性和需求是否会下降？

另一个问题是计算和通信技术的能力和成本的发展速度比任何先前的技术都要快得多。随着人们不断面临裁员和重新培训的需要，这种快速的步伐会导致更多的工作岗位受到影响。

由于计算机系统正在同时消灭高技能工作和低技能工作的岗位，工作岗位在未来会不会被划分为这样两个截然不同的群体：给高度熟练和训练有素的知识精英的高薪工作越来越多，而留给没有受过计算机技能和先进教育的普通大众的低薪职位却会减少？

2. 积极的发展

虽然似乎我们这个时代的问题与以前发生过的相比，看起来往往会是崭新和不同的，但是其他技术也曾经出现过类似的担忧。蒸汽机和电力也对就业带来了巨大的变化，使得许多工作变得过时。通常情况下，随着对新技能需求的增加，人们会设法习得这些技能。例如，在 1900 年，每 1000 个美国人中，只有 0.5 个人在担任工程师这一职位。经过 20 世纪技术的巨大进步，每 1000 人中有 7.6 人是工程师[14]。经济学家克劳迪亚·戈尔丁（Claudia Goldin）和劳伦斯·卡茨（Lawrence Katz）研究了早期的技术快速发展时期，他们发现，教育系统会很快做出适应，对孩子们进行培训，以掌握必要的技能。他们指出，在 1890 年，簿记员必须是高度熟练的，而到了 1920 年，高中生就可以担当簿记员，因为他们使用了一种早期形式的加法机。

他们两人的观察在当前都能找到相似之处。在线课程中有些会使用游戏来教幼儿编程的原理，而很多编程训练营则适用于所有年龄段的儿童。复杂的交互式增强现实⊖系统可以引导工人完成以前需要大量培训的工作步骤。绩效支持软件和培训软件可以帮助低技能的工人，并且使复杂工作的培训过程变得更低价、更快和更容易。例如，这些系统可以指导审计员进行对证券公司的审计，帮助金融机构的员工进行交易，以及培训销售人员。全国证券交易商协会报告说，其审计员在使用这种系统一年后就可以做到完全胜任，而以前没有这样的系统时则需要两年半。编程工具使非专业人员能够进行某些编程，设计 Web 页面，等等。当公司能够快速培训新员工并使用自动化支持系统时，公司更愿意雇用没有特定技能的人员。

绩效支持系统的好处发生在广泛的工作层面，并使一些特殊人群受益。包括 Walgreens 在内的几家大公司雇用了以前处于失业状态的一些精神残疾或身体残疾的员工，他们可以在这些系统的帮助下完成工作 [15]。随着人类寿命的延长，他们会从可以帮助他们延长工作时间的系统中受益。例如，在日本，年纪较大的建筑工人、农民和行李搬运工使用高科技的外骨骼和"智能套装"来感知他们的动作，并帮助他们弯腰和举起重物。

尽管存在高技能工作自动化的趋势，美国劳工统计局（BLS）预计，2014 年至 2024 年期间，会计、审计、财务分析、计算机和信息技术以及其他专业领域的工作岗位数量将会增加，而且增长率会超过平均水平，例如软件开发人员的工作岗位数量会增加 17%。与此同时，BLS 预计还是会出现许多需要很少（或者不需要）计算机技能的新工作。BLS 预计到 2024 年创造大部分新职位的领域包括护理、个人健康助理、零售店员、食品准备和服务（虽然在自动化的过程中，也会消灭这些领域的一些工作岗位，如图 6.2 所示）。BLS 预计工作岗位的下降会发生在如下两个主要领域：制造业，以及农业、渔业和林业 [16]。

Deposit Photos/Glow Images

图 6.2 有些餐馆通过安装自助下单终端来减少人力成本，图中就是在某机场的一个例子

曾几何时，会写字是一种只有很少数"训练有素的"精英才拥有的技能，而印刷机使许多抄写员都丢掉了工作。回想在第 1 章中我们提到过的，在 17 世纪和 18 世纪，能够做简单算术运算的机器就让人们感到震惊和不安。当时的人们认为，算术需要独特的人类智慧。在过去，人类的想象力和欲望促使人们不断寻找新的工作领域，以替代那些不再需要的工作岗

⊖ 增强现实技术使用智能手机、平板电脑或眼镜将计算机生成的图像或文本叠加在设备摄像头捕获的真实图像上。

位。他们今天还在继续这样做。

6.2.3　是不是我们挣得少而干得多了?

各种分析表明,自 20 世纪 70 年代以来,工资增长很少(根据通货膨胀进行调整之后)。这有时被引用作为一种迹象,用来证明人类工作的价值在下降,因为计算机接管了人们过去经常做的任务,但是对此还可以有许多其他的解释,而且对于实际收入水平的理解人们也存在分歧。非工资福利在增加,现在在员工薪酬总额中已经占到了工资的 40%。经济政策研究所利用美国劳工统计局的数据计算的结果是,从 2000 年到 2012 年间,实际薪酬总额增长了6.5%——这一增长幅度大大低于工人生产率的增幅[17]。

两位研究人员迈克尔·考克斯(MichaelCox)和理查德·阿尔姆(RichardAlm)决定避开因为使用收入和通胀数据可能带来的问题,作为替代,他们研究了一长串针对消费和休闲活动的直接衡量标准。例如,他们报道说,从 1970 年到 1990 年代中后期,歌剧和交响乐的出席人数增加了一倍(对于每人),新房子的平均规模增加了三分之一以上(而每个家庭的人数却减少了),参加体育运动和观看职业体育赛事的人数比例显著增加,玩具支出翻了两番(对于每个孩子)。从 1970 年到 2010 年,每户家庭的平均电视和汽车数量增加,装有空调的新房比例从 49% 上升到 88%。

考克斯和阿尔姆还计算了一个普通工人为赚取足够的钱购买各种产品和服务所需的工作时间。他们认为这是一种更为有效的方法,可以有意义地衡量收入趋势,而不是查看工资单中的数字。他们发现,以一个工人的平均工作时间来计算,航空旅行的成本下降了 40%,而美国大陆的跨域电话成本下降到 1970 年所需的工作时间的十分之一。在 20 世纪 70 年代,如果想要购买如同我们现在智能手机上运行的计算能力水平,其成本要高于普通工人一辈子的收入。在 1984 年,购买一部(不是特别智能的)手机需要花费 456 个小时的收入;而现在,全价智能手机的成本只需不到一般工人一周的收入。在 2008 年,冰箱的成本约为 20 世纪 70 年代工作时间的一半。根据工人所需的工作时间,许多基本食品的成本也有了大幅下降。此外,产品在质量、安全性、便利性和舒适性方面都有所提高。例如,汽车变得更安全,超市现在的货架上摆满了预先洗过的预切沙拉和蔬菜;而这在几十年前并不常见[18]。

自工业革命开始以来,工作时间已经下降,大多数人不再需要经常每天工作 10～12 小时,每周工作 6 天。对于自 20 世纪 50 年代以来工作时间是否有显著下降,经济学家还有不同的观点。(像收入数据一样,研究人员可以通过各种方式计算工作时间,从而得到不同的结论。)在收入增长的同时,有些人还会继续工作更长的时间,因为他们有更高的期望;他们认为现在的生活方式是必不可少的。另一个因素是某些税收和薪酬结构的因素会鼓励雇主让员工加班,而不是雇用额外的工人。第三个因素是税收占收入的比例高于过去;人们必须花更多的时间来获得相同的税后收入。

以普通工人的工作时间可以购买的产品和服务来衡量,计算机化似乎并没有导致收入降低或停滞,或需要更长的时间去工作。事实上,对于我们生活的进步,技术可能占了其中很大一部分原因。对于收入较少或工作较多的人来说,除了技术的影响之外,原因还可能包括社会、政治和经济因素。

6.3　工作模式的变化:从远程办公到零工经济

计算机和通信技术极大地改变了我们的工作方式,也改变了我们上班的场所。这些技术支持非传统的工作形式以及新的挣钱方式。在本节中，我们会介绍这些现象，并讨论它们带来的好处和问题，以及因为看到新的竞争出现而导致企业和工人发出的抗议。

6.3.1　远程办公

几千年来，大多数人都在家或在家附近工作。工业革命导致了一次重大转变，因为许多工作被转移到了办公室和工厂，但在家工作对于某些工种仍然很普遍。医生（尤其是小城镇的医生）的家中有医疗办公室；很多店主经常在商店背后或楼上有一套公寓。作家传统上会选择在家工作；虽然农民需要在农田里劳动，但是农场办公室会设在家里。然而，在 20 世纪的大部分时间里，专业人员和办公室工作人员大多在雇主所在地的办公室工作。

计算机、互联网和无线通信带来了工作地点的另一次转变。作为大公司员工的人可以远离办公桌，甚至远离公司办公室。许多人在家工作，或者至少有一部分时间在家工作。个人和小企业可以从家里或网上在全球范围内运营。许多人在咖啡店、户外公园、飞机和汽车中使用笔记本电脑或其他移动设备。有各种术语被用来描述这些现象。远程办公（telecommuting）是指使用计算设备在家工作，而不用通勤到雇主的办公室。移动工作（mobilework）和远程工作（remotework 或 telework）也指的是这种工作模式或者其变种。

1. 优点

通过替换或缩减大规模的市区办事处（因为其地产和办公室租金昂贵）而改为远程办公可以降低雇主的成本，并产生显著的开销节省。很多员工报告说，远程办公使他们更高效，对自己的工作更满意，也会更忠于其雇主。远程办公（或统称为电信技术）使得我们更加容易与其他国家的客户、顾客和员工一起工作：在自己的家中，一个人能够更容易在夜间工作几个小时，这样可以与国外的时区更加匹配。

远程办公带来的好处包括：

- 减少通勤开支和工作服开支。
- 降低高峰时段的交通拥堵和相关的污染，减少能源的使用。
- 降低工作压力，对于节省下来的时间，工人可以把它用于运动、睡眠，或者与朋友和家人进行更多交流。
- 减少父母需要支付的儿童托管开支。
- 在暴风雪、飓风或其他灾害导致道路关闭或不适宜交通的时候，还可以正常继续工作。
- 为一些通勤困难的老年人或残疾人士提供以前无法拥有的工作机会。

在一些专业领域，人们不再必须与雇主住在同一个城市或同一个国家。当一个人无须搬家就可以接受位于很远的公司的工作岗位时，员工和雇主都会从中受益。双职工的夫妻可以为数百或数千英里外的公司工作。

互联网使公司能够设立到小城镇，并且与处于各地的顾问进行合作，而不需要再在较大的城市拥有数百或数千名员工。如果他们愿意，工人可以选择住在农村地区，而不是大城市和郊区（使用未来主义者艾温·托夫勒（Alvin Toffler）的话说，可以住在"电子别墅"里）。城市政策研究员乔尔·科特金（Joel Kotkin）观察到，远程办公可能会鼓励人们重新参与到当地社区中去 [19]。他的观点是否正确呢？如果整天都待在一个地方，在当地做事情，在当地的餐馆吃饭，如此等等；这样是否会让我们对安全、漂亮和有活力的社区更加感兴趣？而如果一个人只是在天黑后，在办公室劳累了一天之后才回到家里，那么是否会对这样的社区提不起兴趣？另一方面，现在我们可以在互联网上与世界各地的人沟通，那么即使在家工作，是否还是躲在家里与看不见的企业和认识的人进行沟通，而且与那些每天通勤的人相比，还是无法认识更多的邻居？再或者也可能是位于这两种情况之间的一种中间形式？

2. 问题和反对声音

许多早期的远程办公人员是志愿者，是想要在家工作的人，他们很可能是独立的工人。（许多是计算机程序员。）随着越来越多的企业开始要求员工将他们的办公室搬到家里，这对于员工和雇主双方都产生了一些问题。

由于远程办公带来的一些问题包括：

- 远程办公的员工对企业的忠诚度减弱。
- 由于缺乏直接监督，有些人的生产力会降低，而其他人则可能会工作得太辛苦和需要花费太长时间。对于他们的雇主希望他们在家里做什么工作，以及做多少工作，员工需要得到更好的指导。
- 由于在远离公司办公室的地方工作，员工会错过上下级关系和晋升机会。
- 一些员工抱怨说，雇主确实减少了办公空间和开销的成本，却把这些成本简单地转移到了员工身上，他们为了在家里分出办公空间，必须放弃一些家庭空间。
- 在家带孩子对有些远程工作人员来说可能会分心。
- 减少家庭和工作的界限会造成一些员工和他们的家人很紧张。
- 为了便于与世界各地的人们一起工作，会导致有些人为了配合客户的时区，不得不在非正常的时间工作。

对于许多人来说，在工作中的社会交往是愉快的工作环境的一个重要组成部分。雇主可以通过定期举行会议，并鼓励其他的活动（如职工体育联赛）让员工亲自进行面对面交流，以解决社会隔离的问题。通过参加专业协会和其他社交网络活动，远程办公人员也可以减轻他们的隔离状态。

在家里使用计算机设备工作已经变得如此普遍，以至于听到有人说在早期的时候地方政府和工会曾试图阻止它，我们都可能会觉得很惊讶⊖。当时各种工会的观点似乎是，大多数在家可以使用计算机完成的工作都是由低薪女性在血汗工厂中完成的数据录入工作。AFL-CIO 主张政府禁止所有使用计算机在家完成的工作[20]。阻止在家中使用计算机工作的努力很快就变得徒劳无功了。关于谁将在家工作以及工作条件的错误观点提醒我们，在一种新现象的应用和好处以及可能存在的问题充分展现出来之前，对它进行禁止或限制是需要谨慎的。

6.3.2 共享经济、按需服务和零工

1. 不断变化的交易形式

网络和后来的智能手机通过将提供商品或服务的人与想要它们的人进行匹配，实现了蓬勃发展的共享经济（sharing economy）。通常来说，如果没有将提供商与客户进行匹配的技术，那么商品或服务就会被闲置，从而不产生经济效益。人们通过 Craigslist 或 eBay ⊖销售

⊖ 例如，芝加哥市命令一对夫妇停止在家中使用计算机撰写教科书和教育软件，因为芝加哥分区法律限制使用机械或电气设备在家里进行工作。

⊖ 现在的 eBay 看上去更像是一个拥有全职规模化卖家的虚拟化购物商城，但最开始的时候，它是个人用来销售自己不需要的东西的一个平台，而且现在还包括这样的物品列表。

他们不再需要的物品。Airbnb 将旅行者与全世界想要出租公寓、备用房间、沙发床或者空气床垫（Airbnb 名字的来源）的人进行匹配。当一项重大的体育赛事或大会吸引成千上万的人来到一个没有足够酒店房间的城市时，这种服务尤其有用；也有些人在旅行时更喜欢使用这种服务。像"食品无浪费"（WasteNoFood）和"社区食品救援队"（Community Food Rescue）这样的组织通过将农民、餐馆和超市与慈善团体进行匹配，来减少食物浪费，这些慈善团体可以分发没有卖完的或者因为水果和蔬菜的个头太小而无法合法销售的多余食品。

虽然该术语讲的是"共享"经济，但是物品或服务可以被交易、赠送或出售，事实上，有许多著名的例子（如 Airbnb 和共享乘车服务）都支持服务或商品的销售，或者为可能有（也可能没有）其他工作的人提供额外的收入。这些服务的交易额每年达数十亿美元。实现共享经济的关键要素是可以轻松访问到潜在的提供商和消费者，以及用来处理交易细节的系统⊖。

按需（on-demand）服务包括非常快速地交付产品和服务。根据具体情况，"快速"可能意味着几分钟或一天。例如，一些在线零售商提供当日送达。他们绕过传统的快递公司，使用他们自己的车队或独立司机，使用移动应用以动态的方式完成取件任务。按需交付（或快递）减少了在线购物的一个负面特点，即需要等好几天才能到达。

零工（gig）这个术语大约是在 100 年前出现的，它指的是音乐家的工作，通常是一个晚上或很短的时间。现在，人们将这个术语用于各种类型的工作，一般是通过移动应用将可用工作人员与特定任务连接起来。通常情况下，gig 工作人员按照他们选择的工作时间工作，而且是按工作而不是按小时来收费。最著名的例子是共享出行，已经在几百个城市广受欢迎（包括在美国和其他地区的 Uber 和 Lyft，美国的 Juno，中国的滴滴，以色列的 Gett，印度的 Ola，新加坡的 Grab，还有很多其他服务）。共享出行服务行业已经有成千上万的司机每天提供数百万次出行服务。初创企业和知名的在线销售商使用 gig 工人来快递杂货、餐馆外卖和包裹。基于 APP 的服务可以为在家里或其他地方的客户提供医生或护士上门服务。还有其他短期工作包括清洁房屋、跑腿、遛狗和帮人排队等候。这种工作形式扩展了自雇人员为许多其他人或公司提供技能或服务的趋势，而不是只能为一个雇主全职工作。

显然，在共享经济、按需服务和零工之间存在很多重叠。一个 APP 可以将拥有除雪设备的人与需要它的人进行匹配，这样做就意味着按需共享。Zipcar 和 Car2Go 等汽车共享公司也提供按需短期汽车租赁服务，它们的车辆分散在方便的位置；它们在市区和大学校园附近很受欢迎。共享乘车具有以下三个特征：应用程序在客户所在位置按需（只需几分钟）匹配客户与车辆和驾驶员。由于共享乘车的普及、它所引发的法律和社会问题以及有时引起的强烈反对，我们会使用共享乘车作为本节的主要案例。

2. 优缺点和需要解决的问题

共享经济将不使用的商品、空间和劳动力转化为经济资产，从而减少浪费，为可能需要的人提供收入来源，并以低于其他方式的价格向消费者提供商品和服务。将 gig 工作者与潜在客户联系起来的 APP，通过降低形成此类连接的开销和成本可以使整个社会受益，从而使更多的工作和服务在经济上变得实用和可用。

对于消费者的优势包括快速服务、便利和更低的价格。乘坐共享乘车服务的乘客发现驾驶员比出租车司机会更容易打交道，而且他们的车也更干净一些。根据一些研究，快速、廉价的出行服务可以减少因醉酒驾驶而被逮捕和致命的撞车事故[21]。一些研究（在纽约和洛

⊖　这里，更准确的术语应该是访问经济（access economy），但是共享经济这个术语已经得到了广泛的使用。

杉矶）还发现 Uber 在低收入社区可以提供比出租车更多、更快、更便宜的服务 [22]。对使用 gig 工作人员的消费者带来的风险包括潜在的不诚实或能力低下的工作者，当然这些也可能会在传统企业中遇到。在雇用或与潜在工人签订合同之前，一些工作服务部门会仔细对工作者进行调查并制定相应的标准；有些部门则不会这样做。一些 gig 服务要求客户提供反馈信息，这样做有助于为表现好的（和表现差的）工作者建立其声誉。

可能给工作者带来的优势包括灵活性和自主性。除了自己的另一份工作，以及传统的 gig 工作岗位（例如表演）之外，新类型的 gig 工作为人们提供了赚取额外收入的一个宝贵机会。他们为那些每天只能工作几个小时的人（例如，学生、在孩子上学期间工作的父母或退休人员）增加了选择的机会。另外，共享乘车 APP 会帮助处理付款和收款，因此司机不会携带大量现金，从而降低了被抢劫的风险。

gig 工作人员必须承担一些雇主通常会为员工支付的费用。例如，许多共享乘车的驾驶员提供他们自己的车辆，并支付燃油和保险费。（当然，有些出租车司机也需要支付这些费用。）为了减少这个问题，一些共享乘车公司与汽车制造商或租赁公司达成协议，以较低的价格向司机租车或免除工作时间较长的司机的租车费用。gig 工作人员也没有雇主提供的医疗保险、病假、休假日或失业保险。对于一些人，特别是那些没有其他工作的人，这会是一个问题。有些人可以从家庭成员的工作或其他雇主那里获得这些福利。（例如，在 Uber 司机中，大约有一半拥有来自其他来源的医疗保险 [23]。）

共享民宿还会带来其他问题。随着 Airbnb 的普及，一些用户及其邻居遇到了许多问题。居住在附近的居民抱怨吵闹的假期租房者。现有的噪音法规能解决这个问题吗？一些短期租房者破坏了他们租用的地方，也有一些客户抱怨在租房时被隐藏的摄像头监视。如果不使用一些可能需要侵犯其隐私的手段，我们还可以对潜在用户怎么进行筛选呢？Airbnb 等服务应该采取什么样的政策来终止那些产生大量投诉的人员的会员资格？这些问题在多大程度上是技术支持服务的组成部分，而它们又在多大程度上与传统业务结构发生的问题是类似的？

3. 安全驾驶员？

在最便宜的共享乘车服务中，拥有普通驾驶执照的驾驶员会使用自己的汽车提供服务。很多不同城市和国家禁止提供这些服务，因为他们要求所有收费运送乘客的司机都必须拥有专业的驾驶执照。各地的许可要求可能各不相同，但一般都会包括培训和背景调查。这样做的目的是为了保护乘客的安全。因此，我们可能想要问的是，对共享乘车驾驶员要求专业驾驶执照是否会显著提高安全性。

共享乘车服务会对司机进行背景调查，但还是有些司机被发现有严重的刑事犯罪记录。那么，曾经具有刑事定罪的共享乘车司机的数量与拥有此类定罪的出租车司机的数量相比又如何 [24]？有关有些 Uber 司机曾经被判有罪的宣传和诉讼，导致了人们正在讨论用于筛选共享乘车和出租车司机的各种方法。那么筛选过程应该有多严格？广泛的宣传引起了人们对难以解决的社会政策问题的关注，例如因为某些非暴力犯罪被判刑，或者在过去超过一定年限之前被判刑的情况，是否应该导致潜在的驾驶员失去资格？

共享乘车 APP 和车辆技术也可以提供以前无法提供的安全机制。该 APP 可以让乘客轻松提供反馈。（由于 APP 可以确定特定乘客是否与特定驾驶员在一起，因此在餐厅、酒店和其他企业的网站上存在的假冒评论在这里就不太可能出现。）手机和车辆中的传感器可以提供有助于共享乘车和送货服务的数据，可以用于监控驾驶员的驾驶习惯，例如速度、制动的平稳性，以及驾驶员是否在驾驶时使用电话。来自数据的反馈可以帮助驾驶员改进其驾驶习惯，并且可以帮助服务提供商确定应该终止哪些驾驶员的合同。这些机制还可以提供关于驾驶员质量的持续（几乎总是存在）的信息[⊖]。

我们提到的研究表明，在 Uber 开始在一些城市开展业务后，因醉酒驾驶而被逮捕和致命事故减少了。我们可能无法确定具有专业许可证的驾驶员是否比 Uber 驾驶员更好，但是我们确切地知道，后者一定比醉酒驾驶员更好。在不能亲自驾车的情况下，多了一种便捷、低廉的替代方案，这本身就可以提高安全性。

职业驾照培训能够提供的安全水平与通过筛选和监测技术提供的安全水平相比，哪个会更好？职业驾驶培训带来的好处是否超过了廉价共享乘车服务所带来的好处？

4. 是承包人还是受雇员工？

从 20 世纪 30 年代开始，美国劳动法对员工和独立承包商进行了明确的区分。法律和法规中规定了如何对一个工作进行分类的标准，并要求雇主为员工提供某些福利。小企业主、自雇专业人士（包括自由职业程序员）和其他独立承包商则不会获得雇主提供的福利。在许多类型的工作中，独立承包商会通过获得更高的报酬来支付其中一些福利的成本。

通过 APP 促成的大量 gig 工作不适合员工或独立承包商这两个法律类别中的任何一个。与独立承包商相比，许多共享经济公司对工作者施加了更多控制，而相比正式员工来说往往控制又更少一些。许多 gig 工作人员起诉了几家公司，要求把他们归为正式员工，从而可以获得员工福利。美国一项针对 Uber 的重要案件仍在庭审中。在英国两名 Uber 司机的诉讼中，法院裁定司机是员工，并因此受到有关最低工资、病假工资、假期工资等的法律保护；Uber 正在对裁决提出上诉。在一些工作人员通过起诉被归类为正式员工后，至少有一家基于 APP 的初创公司被迫关门了。Instacart 是一家杂货店购物服务公司，它开始允许某些类别的工作人员可以在员工身份和承包人两个状态之间做出选择 [25]。

关于 gig 工作人员地位的诉讼中的最终判决将对基于 APP 的共享经济服务产生重大影响。成为员工的工人的明显优势是以福利形式获得额外收入。而明显的缺点则是丧失了灵活性和自主性：由于管理员工的负担和雇主的责任，公司可能会设定最低工时和有关工作地点、时间和方式的额外要求。还有一些潜在的影响可能并不是很明显。工人总成本的增加可能会导致公司利润减少或消费者价格上涨。如果消费者不愿意支付更高的价格，或者投资者认为他们的投资回报率太低，公司就会停止提供此类产品或服务。因此，如果法律或法院判决严重限制了服务公司使用软件将独立工人与客户进行匹配的模型，那么价格将会上涨或此类创新服务与工作岗位将会减少。

与其将 gig 工作人员分类为员工，其他替代方案包括创建一个新的类别，可能称为"非独立的承包商"，该类别可以用来指代在正式员工与独立承包商之间的中间位置，更好地适用于共享经济。另一种选择是修改劳动法以允许更大的灵活性，允许工人和公司通过合同来决定他们的关系状态。

5. 来自政府和竞争对手的反对

成熟的企业认识到新业务结构的价值和新技术带来的服务，因此会选择采用（或购买）它们。例如，Zipcar 是一家初创企业，安飞士巴基特集团（Avis Budget Group）[⊖]收购了它；通用汽车提供了类似的按小时的汽车租赁服务；而且一些出租车公司开始使用移动 APP 来

⊖　与其他监控工具一样，在使用这些信息时也必须要理智。有驾驶员报告说，在路上遇到突然闯入的狗的时候，她突然踩了刹车，然后就收到了一个警告。

⊖　Avis 和 Budget 都是美国比较知名的汽车租赁服务提供商。——译者注

更有效地派遣出租车。然而，对创新的一种常见反应往往是反对意见。各种城市和国家政府对共享经济和按需服务施加了严格限制，特别是共享乘车和短期房屋租赁。我们先举一些例子，然后讨论其原因。

一些城市完全禁止了共享乘车服务。还有一些规定了乘车服务的最低费用，从而消灭了低价的优势。一些城市禁止共享乘车司机在机场接载乘客；有些机场请人冒充旅行者，引诱司机前往机场，然后向他们开罚单。纽约市长提议限制该市允许的 Uber 汽车的数量。在许多城市，出租车公司是城市官员在竞选时的重要捐款者。

在世界各地的很多城市，许多出租车司机举行罢工并封锁道路，要求对共享乘车服务施加更多限制（见图 6.3）。在某些情况下，他们甚至会猛烈地攻击提供共享乘车服务的司机。法国的反对声音特别强烈。法国法律要求共享乘车司机（但不是出租车）在接下一位顾客之前必须要先返回车库；一家法国法院命令 Uber 向出租车联盟支付 120 万欧元，因为它没有明确告诉 Uber 司机这一要求。法国一家法院判处 Uber 和两名法国 Uber 高管的刑事指控成立，并罚款 964 000 欧元。这些罚款包括为潜在的乘客和没有专业执照的司机建立联系（针对的是 Uber 的低价 UberPop 服务的司机），该服务在法国大约有 500 000 名乘客使用。Uber 在法院和监管机构的压力下，被迫关闭了法国和其他几个国家的 UberPop。在阿布扎比，Uber 和 Careem（中东的共享乘车服务）在他们的司机被逮捕后，不得不关停了服务。在匈牙利议会通过法律允许政府屏蔽不符合其规定的共享乘车服务的 APP 和网站，并对司机实施严厉处罚后，Uber 不得不暂停了匈牙利的业务 [26]。

图 6.3　巴西的出租车司机抗议 Uber

许多城市的出租车司机认为他们只是想要一个"公平的竞争环境"；他们希望共享乘车司机遵守他们必须遵守的相同规则。因此，一个明智的方法是重新审查这些规则，并确定哪些是合理的，哪些是不合理的并因此导致出租车服务收费如此昂贵，以至于共享乘车才会如此具有竞争性的威胁。如果机场对接乘客的出租车收取费用，那么共享乘车司机支付类似费用可能也是合理的。在许多城市，出租车公司或司机必须为每辆出租车购买特殊的出租车牌照，并且他们抱怨共享乘车司机不需要购买这些牌照。这些牌照最初价格低廉，但因为一些地方政府严格限制其发行数量，从而使一些城市的出租车牌照价格上涨到了数十万美元。牌照的价格反映了限制出租车服务供应所带来的垄断利润。是否应该通过消除诸如限制出租车数量等反竞争限制来平衡"竞争环境"？

与 Uber 一样，Airbnb 也面临着强烈反对。许多社区禁止短期租赁。例如，纽约要求人们在出租公寓时，出租时间不得低于 30 天；在共享租房网站上列出不符合规定的出租信息，会被罚款 7500 美元。有些城市还限制了每个人每年可以提供共享租房的总天数。这样的禁令、限制和罚款是否合理？禁令的支持者认为，很多人购买多个房产并将其出租，实际上就是将住宅改建成了酒店，改变了社区的功能特性并减少了住房的供应。这样一个人出租多个房产的情形的确存在，但是绝大多数用户仅列出一套房的出租信息。房屋出租对住房供应的影响与其他因素（例如对新住房建设的限制）的影响相比哪个更大呢？对 Airbnb 的核心反对声音似乎是来自担心可能失去潜在客户的酒店、可能会从酒店税费中获得的收入减少的地方政府，以及可能失去工作的酒店工作人员。这些人的疑虑会在多大程度上阻止或限制这些流行的新服务的竞争力？

在美国以外的国家，对 Uber 等公司的反对还可能会有一些其他来源。一个是对一家大型外国（即美国）公司的敌意，部分原因是它是一家大型外国公司，还因为一些政府官员抱怨说，外国公司在其国内没有缴纳足够高的税收。另一个批评是对该国的法律和文化缺乏敏感性；例如，Uber 因违反法国隐私法而被定罪，这些法律比美国的法律要更加严格得多。

在 3.2.5 节中，我们看到根据限制言论自由的旧法律，互联网实现业务和共享信息的新方式是非法的。在一些案件中，诉讼会导致旧的限制被取消。这似乎比人为地提高新服务的价格或禁止它们要更好。你是否认为共享经济服务的受欢迎程度和好处将会（或应该）导致反对声音和各种限制的减少？

6.4 全球劳动力

1. 离岸外包

在 20 世纪的许多年间，随着交通和通信的改善，制造业的就业岗位逐渐从富裕的国家转移到了不那么富裕的国家，特别是一些亚洲国家。工资高低的差异大到足以弥补额外的运输成本。互联网把许多种信息化工作的"运输"成本降低到了几乎为零。随着与其他国家的人和公司一起工作变得越来越容易，服务工作的离岸外包（offshoring）⊖已经成为一种普遍现象，并且带来了相应的政治问题。

数据处理和计算机编程是最早被离岸外包的服务工作，其中大多数都被外包到了印度。在前一个例子中，外包的原因是由于印度有大量低技术工人；而在第二种情况下，是因为存在许多训练有素、会讲英语的计算机程序员。美国消费者最为熟悉的例子是，把客户服务呼叫中心和软件公司的"帮助台"转移到印度、菲律宾和其他国家。离岸外包也存在许多其他形式，例如把许多"后勤办公室"的工作（如工资单处理）转包到其他国家。印度精算师为英国保险公司处理保险索赔。美国和英国的医生需要记录病人就诊的笔记，他们把数字化语音文件发送到印度，在那里的医疗文员会听写记录，把文本文件发回美国。还有一些大公司不是把工作承包给另一个国家的公司，而是自己建立离岸的部门（例如，用于研究和开发）。

随着离岸外包的熟练工种（有时也被称为"知识工作"）急剧增加，人们开始更多的担心现在中产阶级持有的高薪工作可能会消失的威胁。公司把法律服务、飞机工程、生物技术

⊖ 外包一词是指一家公司向其他公司支付费用，让其帮忙生产产品零部件，或提供服务（如市场营销、科研的现象或客户服务），而不是自己来完成这些任务的现象。外包是很常见的。一般来说，公司会雇佣在同一个国家的公司来为其工作，但是也并非总是如此。术语"离岸外包"指的就是雇用位于其他国家的公司或员工。

和医药研究，以及股票分析和其他金融服务工作都转包到国外。个人和小企业聘请其他国家的人来完成培训，以及设计徽标和提供网站服务。

在某些情况下，外包的一个重要原因是在美国有没有足够多的训练有素的专业人士。例如，史蒂夫·乔布斯（Steve Jobs）在 2011 年告诉奥巴马总统，苹果公司在中国雇佣了 70 万名工人，因为这些工厂在现场需要 3 万名工程师，而苹果无法在美国找到足够多的合格的工程师。乔布斯还表示，在中国很容易建立一个工厂，但是在美国，因为各种法规和不必要的成本，建造新工厂是很困难的 [27]。亚马逊和谷歌在其他国家建立了无人机测试设施，因为美国联邦飞行管理局不允许他们在美国进行飞行测试。

2. 离岸外包的影响

劳工统计局（BLS）的报告显示，在大规模裁员（在一个月内裁员超过 50 人）中，只有非常小的比例是因为离岸外包。然而，离岸外包的影响可能还会增加。它到底能走多远？联邦储备委员会的前副主席、经济学家艾伦·布林德（Alan Blinder）对可以在遥远的地方完成的知识和服务工作的类型进行了研究，这些工作可能在不久的将来成为离岸外包的对象 [28]。据他估计，目前在美国仍有 2800～4200 万人在从事这样的工作。因此，他认为离岸外包存在很大的破坏潜力。然而，布林德强调，外包意味着巨大的转型，而不是大规模的失业。

许多社会科学家、政治家和机构把劳动力的全球化视为一种可怕的消极现象，视为信息和通信技术与企业追求利润的贪婪所造成的负面结果之一。他们认为，从发达国家的工人的角度来看，这意味着减少了数百万个就业机会，并且会伴随着工资和生活水平的降低。

失去的工作岗位是显而易见的。在 6.2.1 节中讨论关于计算机和通信技术消灭和创造工作岗位的时候，提示我们应该考虑外包可以如何创造新的就业机会。较低的劳动力成本与效率提高，可以降低消费者的购买价格；而较低的价格鼓励更多的使用，从而使新的产品和服务成为可能。计算机硬件的制造工作较早成为离岸外包的对象，这是硬件成本下降的一部分原因，而由此导致了较低的价格，推动了行业的巨大发展。促进离岸外包的相同技术也使得美国公司（例如银行、工程、会计等）可以用更容易和更低廉的方式，向其他国家销售更多的服务。在不太富裕的国家，离岸外包为低收入人群和高技能工人都创造了就业机会。收入的增加加上商品和服务的价格降低，有助于这些国家的经济增长。这有可能会让双方都产生更多的就业机会。

布林德认为，在美国，未来更多工作可能会集中在需要人在现场完成的工作，我们应该对这样的转变提前做出规划。他的例子中既包括低技能的工作，也包括高技能的工作。他反对阻止离岸外包的企图，但他也警告说，我们必须开始准备转移教育的重点。他预计，相比经济较为僵化的发达国家，美国经济的灵活性将有助于它更快、更顺利地适应离岸外包 [29]。正如我们在 6.2.1 节观察到的，在技术导致工作岗位消失的时候，长远来看虽然会创造新的就业机会，但是对于失去工作的人来说则"远水解不了近渴"。对于离岸外包可能造成的个人和社会破坏，有益的应对措施包括（见 6.2.1 节）：灵活性、规划和教育计划的变革。

回岸内包：两个不同的角度

为外国企业工作的美国人

美国人过去已经习惯了从日本进口汽车。现在，日本汽车制造商在美国制造汽车。奥托博克健康护理（Otto Bock Health Care）是一家德国公司，他们制造使用微处理器控制的先进假肢，他们把研究、开发和制造"离岸外包"给几个国家，其中就包括美国（和中国）。德国软件公司 SAP 在美国雇用了数千人。一家德国公司的离岸外包，就意味着是美国的**回岸内包**（inshoring）。索尼、宜家家居、拜耳、诺华、联合利华和丰田公司都在美国雇佣员工。总体来看，大约有 5% 的美国工人在为外国公司工作，这些工作支付的工资比美国国内公司的中等工资要高。事实上，随着印度信息技术产业的增长，印度的大公司开始把成千上万的就业机会外包到美国和欧洲。在一个全球性的、相互关联的经济体中，外包是为消费者提供产品和服务的一种更为有效的方式。

印度的视角 [30]

许多年来，印度的计算机科学家和工程师们蜂拥到美国来寻找就业、发财和创业机会，而与此同时，印度 IT 企业为外国公司提供服务和呼叫中心。从印度的角度看，批评者担心人才会流失。他们担心印度无法发展自己的高科技产业。一些公司虽然已经开发了自己的软件产品，但是为了不与他们提供服务的美国公司产生竞争，他们被迫停止了自己的产品。

随着时间的推移，我们看到的是更积极的发展结果。印度的信息技术公司开始提供更为先进的服务，这远远超出了许多美国人遇到的呼叫中心。他们开发软件，并为之提供服务。"回岸内包"的工作提供了专业的培训和经验，包括在全球商业环境下的工作经验。他们提供了信心和高额薪水，使得有了积蓄的人们开始冒险，开始创立自己的公司。一位印度企业家指出，印度文化普遍对企业家持有负面看法，但这种情况正在发生改变。一些去美国工作的训练有素的印度计算机科学家和工程师开始回国工作或在家创业。向外国公司提供信息技术服务，包括低层次的服务，到高度复杂的工作，这在印度已经成为一个价值数十亿美元的产业。

3. 离岸外包的问题和副作用

无论是客户、公司还是工人，都会发现离岸外包存在一些问题。消费者对于设在国外的客户服务呼叫中心提出了不少投诉。外国口音很难听懂；服务人员也不熟悉消费者所提问的产品或服务——他们只是机械地阅读手册中的内容。虽然这些投诉并不仅限于离岸外包的客户呼叫中心，但是在这些地方出现的问题更加频繁。在这些离岸的呼叫中心工作的员工也会遇到问题。由于时差，在印度的客服工人需要在晚上工作。有些人觉得相对较高的薪酬比对他们的生活带来的扰乱更有价值，而其他人则选择了辞职退出。软件工程师、经理和经理人需要从远处管理人和项目，也需要在其他国家工人上班的时候组织开会。

一些技术公司已经发现，由于印度对高技能工人的需求增加，已经迫使其工资水平上升。一位美国企业家说，他在印度雇用的工程师的薪金在两年间从美国工资的 25% 上升到了美国工资的 75%。因此对于他的公司来说，继续雇用他们已经没有价值。由于客户满意度、培训、没有达到预期的开支节省等问题，导致一些企业发现离岸外包对他们并不合适，并因此停止了离岸外包。

对于离岸外包带来的问题，我们不应该感到惊讶，贯穿本书的一个主题就是新事物往往会遇到意想不到的问题。我们发现它们，并为它们寻找解决方案、适应变化，或决定不使用某些选项。基本经济学理论告诉我们，离岸外包目的地的工资一定会上涨，当在本国和目的地国家的工资之间的差距已经不再大到足以覆盖离岸外包的其他开支的时候，这一趋势就会有所下降。另外，随着其他国家在特定领域发展了专业技能和高度熟练的技术工人，我们也可能会选择使用他们的服务，就像我们在美国住在一个州，而选用来自另外一个州的公司提供的服务一样。

4. 雇用外籍劳工的道德问题

关于离岸外包，在经济学与伦理学上存在很大争议。在本节中，我们运用一些第 1 章中讲过的道德理论，从伦理道德的角度来分析离岸外包的实践。对于如何区分经济优势和伦理争议，这将会是一个很好的例子。一些国家已经通过立法，限制一些行业雇用外国工人。这里的讨论可能会对这种立法的道德问题进行深入分析。下面是我们要考察的场景：

> 假设你是一家软件公司的经理，将要开始一个大型软件项目。你需要聘请几十位程序员。利用互联网进行交流和软件交付，你可以在另一个国家，以比自己国家更低的薪水聘请到这些程序员。你应该这样做吗？[31]

为了讨论起见，我们假设该软件公司总部位于美国，而这位经理需要在美国和印度程序员之间做出选择。

在这个案例中，受该决定影响最大的其实是：你可能会聘用的印度程序员和美国程序员。为了激起一些关于这两个群体的看法、问题和观察，我们将使用功利主义和康德的原则，即把人本身看作其目的。我们该如何来比较这两个选项对于效用产生的影响？不管在哪一种情况下，需要聘请的员工数量应该是大致相同的。从伦理学的角度来看，似乎没有任何理由，仅仅因为他们的国籍，就给一组程序员的效用赋予较高的权重。我们是否应当根据每个程序员的工资是多少美元来权衡他们的效用呢？这样的观点会倾向于聘请美国程序员。还是说我们应该通过比较其工资与每个国家的平均工资之间的差距来权衡其效用？这样就会倾向于雇用印度程序员。由此我们可以看到，计算程序员的净效用的结果取决于一个人如何评估每组程序员的工作效用。

如果我们应用康德的原则，那么会如何呢？当我们雇人来完成某项工作的时候，我们正在以一种受到限制的角色与他们进行交互。我们其实是在做一种交易：用货币交换工作。程序员是一种达到目的的手段：以合理的价格生产适销对路的产品。康德没有说，我们一定不能把人当作达成某个目标的一种手段，而是说我们不应该只是把他们当作手段。而且，事实上来讲，从目标和手段的分析角度来看，雇佣谁的决定并没有以不同的方式来对待两国的程序员。

那么，你付给印度程序员比美国程序员更低的工资，是否意味着你利用了印度程序员，而且可能是在剥削他们呢？有些人认为这对于美国程序员和印度程序员都是不公平的，因为印度人收取了更少的钱来获得这样的就业机会。然而，在逻辑上我们也可以推论出：向美国程序员支付更高的薪水是一种浪费，或是慈善行为，或者干脆是冤大头。我们用什么标准来判断，一种薪酬水平比其他的更加"正确"呢？买家都想要少花钱买到他们想要的东西，而卖家则想要为他们的商品和服务获得更高的价格。在本质上来说，选择相对便宜的产品、服务或员工，本身并没有什么不道德的。

我们可以争辩说，当我们以比美国程序员更低的工资雇佣印度程序员的时候，把他们当作目的本身也包括尊重他们的选择，以及他们根据自己的判断，为了改善生活而做出的权衡。但也有特殊情况，我们可能得到相反的结论。首先，假设你的公司做了一些措施来限制印度程序员的其他选择。例如，如果你的公司正在游说美国政府，对该印度企业生产的软件施加进口限制，从而减少了在印度的其他编程工作，那么你就是在操纵这些程序员，使他们进入到一种很少或根本没有其他选择的状况。在这种情况下，你没有尊重他们的自由，让他们公平竞争。因此，你就是不把他们当作是目的本身。在下面的讨论中，我们将假设你的公司没有做类似这样的事情。

我们可能会认为印度程序员不被视为目的本身的另一个原因，与尊重其人格尊严有关，即他们的工作条件比不上美国工人所期望的（或者说是在美国法律所要求的）工作条件。程序员可能无法得到医疗保险。他们可能不得不在破旧、拥挤、没有空调的办公室中工作。在这样的条件下雇用他们工作是不道德的吗？还是说这样会使他们有机会改善自己国家的工作条件？

无论是不是道德上所必需的，基于以下的原因，你可能需要支付比印度的法律或市场条件要求的更高工资（或提供更好的工作条件）：人性共通的意识促使你想要提供你认为合理的条件；慷慨的意识（即，愿意做出贡献，以改善在一个没有你自己国家富裕的国家中的人民的生活）；以及对你的公司带来的好处。支付超出期望的工资，可能会鼓舞更高的士气，提高生产力，并提高公司的忠诚度[32]。

通常情况下，在不同国家都会有一大群潜在的劳动力愿意接受比标准工资更低的薪水（例如外国人、新移民、少数民族、低技术工人、青少年等）。有些国家已经通过了法律，要求同工同酬，以防止雇主剥削那些缺乏优势的工人。从历史上看，这些法律的影响之一是传统的高收入群体得到了大部分的工作。（通常来说，这一直是该法律的隐藏意图。）在这种情况下，几乎可以肯定的结果是，我们会选择聘请美国程序员。如果有法律或道德要求必须向印度程序员和美国程序员支付一样的薪水，那么它保护的是美国程序员的高额收入，以及支付更高薪水的公司的利润。

你的决定还会影响程序员以外的其他人：你的客户、你的公司的业主或股东，以及在较小程度上会间接影响在其他企业的许多人。招聘印度程序员会增加你的公司和客户的效用，并导致向程序员工作的社区注入更多资金。客户从产品价格下降中受益，而公司老板则从利润中受益。如果该产品是成功的，你的公司可能会支付广告、分销等费用，在美国为他人提供就业机会。

另一方面，如果你雇用了美国的程序员，他们将会比印度程序员在美国花费更多的收入，这样也为他人在美国创造就业机会和收入。如果因为编程成本较高，该产品无法赚钱，那么该公司可能会倒闭，对全体员工、老板和供应商都会产生负面影响。那么在所有这些人中，你对哪些人负有责任或义务呢？作为一个公司的经理，你有责任帮助产品和公司获得成功，让自己管理的项目赚取利润。除非本公司老板制定了专门的政策，例如要改善其他国家的人民的生活水平，或者是要求一定要"买美国货"，那么你对于他们的责任中包括以最好的价格雇佣合格的员工。如果你项目管理得不好，可能会让其他公司的员工丢掉其工作，那么你对他们的命运也负有一定的责任。

虽然在其他国家雇用工资较低的工人，经常会被描述为在道德上存在嫌疑，但是我们的讨论表明，从康德和功利主义的思想来分析，并没有强烈的道德论点来支持这一观点。你支持这样的结论吗？还是你能想到被我们漏掉的更有力的论点？我们会在练习题中涉及如何应用在第1章中介绍的其他伦理理论。

6.5 员工通信与雇主监控

长期以来，用人单位一直都会对其员工的工作情况进行监控。具体监控的详细程度和频率会根据工作类型、经济因素以及可用的技术而定。在计算机出现之前，大多数监控并不是持续不断的，因为一个主管需要负责监督许多工人，另外还有很多其他工作要做。工人通常知道什么时候主管会在场观察他们。然而，随着存储能力的巨大增长，就意味着雇主可以存储很长一段时间内关于员工活动的大量信息。

电子邮件、智能手机、社交网络、微博等工具的出现，使很多工作更高效、更舒适，也可以使雇主和员工双方都从中受益；同时它们也可以成为一种干扰、安全漏洞，或者是成为法律诉讼的来源。一个人在工作以外的时间发布在个人社交媒体上的内容，也可能会造成他被解雇。我们在本节会集中讨论如何使用这些工具，以及在工作中和工作以外对员工通信和网络空间活动进行监控的种种职场规则。

6.5.1　社交媒体内容

1. 对求职者进行调查

长期以来，用人单位都会对即将录用的员工进行各种形式的审查，其中包括犯罪背景审查。网络和社交媒体提供了关于求职者的大量信息。有些公司会专门负责利用公开的社交媒体内容对申请人进行广泛的背景调查。《纽约时报》列出了一个这样的公司，它们向用人单位提供的关于未来员工的卷宗中可能包括如下内容：种族主义言论、涉及毒品的内容、色情材料、与武器或炸弹有关的内容以及暴力活动等。（其中也会包括一些正面信息，例如慈善工作。）该公司提供的卷宗中不包括种族、宗教，以及其他法律禁止询问的信息，但是，用人单位想要在社交媒体中寻找这些信息也非常容易，即使不是有意去寻找这些信息也能看到 [33]。

雇主可以采取一些办法帮助保护申请人的隐私，并且降低在用人单位进行社交媒体搜索时因为可能会犯错而造成的后果。一种办法是我们前面提到过的：使用"第三方"公司来完成调查。调查公司会向用人单位提供（根据法律、招聘公司的政策，或者调查公司的政策）关于申请人的不恰当的信息。这样可以保护申请人的隐私，同时保护用人单位不会因为使用了不合适的信息来决定是否雇用而遭到投诉。用人单位可以（而且应该）把其关于信息查询的政策向申请人讲清楚。用人单位或调查公司也可以制定其政策，只有在申请人同意的情况下，才会执行社交媒体搜索。如果它向用人单位提供了负面信息，调查公司可以告知申请人，让申请人有机会纠正错误的信息，或解释该信息发生的上下文。

许多隐私倡导者从整体上反对在社交媒体上搜索关于求职者的信息。有些人认为，用人单位应该把它们要收集的关于申请人的信息限制在与工作要求直接相关的内容。电子隐私信息中心总裁马克·罗滕贝格（Marc Rotenberg）表示 [34]："用人单位不能根据一个人在远离工作场所的私人生活中的所作所为来对其做出判断。"这种观点对于许多用人单位来说是最好的政策，因为在工作和个人活动之间维护和保护一个界限是很重要的 [35]。大多数人每天都会和许多与他们自己的宗教、兴趣爱好、政治倾向和口味幽默不同的人进行交流和互动，这其中可以包括同事、邻居、汽车机械师、商店老板等。我们的互动是文明和富有成效的：我们不需要了解对方生活的各个方面，也不一定非要他们同自己有类似的观点。在这些交互或交易过程中，有足够多的人类共性和足够的价值，使我们都可以从中受益。

另一方面，似乎没有一个令人信服的道德论点来要求用人单位必须只能考虑与一个员工所做的具体工作相关的信息，而需要忽略该员工在工作中可能会表现出的所有其他方面。用人单位可能会了解到的关于申请人的某些事情，也有可能会影响到工作场所的安全性、公司希望维持的形象，以及由于员工行为而导致的针对公司的诉讼。用人单位可以使用多种筛选方法，来有效地从大量的申请人中筛选出需要作进一步考虑的少数人。有些公司通常会拒绝没有读过大学的申请人，即使那些人也同样可以把工作做好。一个特定的标准可能是不明智的，或者它可能运作得很好而且有用，但这样的标准不一定是不道德的。

根据从社交媒体获得的信息，做出一个负责任的和合理的雇用决定，可能会比较困难。一个在网上发布了很多与各种枪支合影的人，可能是一个狂热的猎人或者运动射击爱好者，而他们也很可能成为优秀的员工。抑或在极少见的情况下，他也可能是在某一天来上班的时候开枪射杀多名同事的那个人。社交媒体中的信息可能不准确，也可能是申请人以外的其他人张贴了包含问题的材料。有些用人单位可能畏首畏尾，一旦发现有负面的信息，就会拒绝聘请该申请人，而不去探索事情发生的上下文，或者认真去确认该信息的准确性。那么，这种行为到底是不道德的？抑或只是一种不太好的策略？还是说为了强调谨慎和效率也算是一种可接受的（虽然有时是不明智的）选择？如果一家用人单位经常雇用不理想的员工（无论是因为应用了不好的筛选标准，或是因为没有使用或滥用了相关的社交媒体信息），那么就会看到其业务受到损害。用人单位有权选择最有可能成为该公司或组织的未来财富的那些申请人。

有些人在要寻找工作的时候，会尝试清理他们在互联网上的形象。他们会尽量删除不修边幅的材料，把他们"最喜爱的书"改成看起来更加智慧的书名，依此类推。有些人在构建网上档案的时候，就像人们制作简历一样认真。当然，这意味着有些个人资料并非是一个人的可靠描述，但是这早已不会让我们感到惊讶。另一方面，有些人天真地认为，他们的博客对于未来的雇主是不可见的。他们肆意批评他们所面试的公司，却到最后都不清楚他们为什么没有得到这份工作。不管在哪种情况下，要消除一个人（或他的朋友）发布到网络空间中的所有负面信息和照片，是极其困难的。

人们往往会在网上搜索他们开始要交往的人，或者几乎他们遇到的所有人。如果雇主通过社交媒体发现了潜在的员工，对这种现象我们不应该再感到惊讶。我们可能会期望有一种文明、礼貌或社会约定，能够使我们和雇主都不会去查看不是提供给我们（或他们）的内容。这样的想法是愚蠢的吗？它是可以实现的吗？这与网络和社交媒体的文化是一致的吗？

2. 会给员工带来麻烦的内容

很多企业或公司的员工政策禁止在工作场所和公众场合发表各种类型的言论，这其中也包括社交媒体。下面是一个公司政策的节选：

> "禁止以庸俗、淫秽、威胁、恐吓、骚扰、诽谤的方式对客户、同事、上级、公司……或者供应商等进行评论或进行其他形式的沟通……也禁止基于年龄、种族、宗教、性别或任何其他违反法律的歧视行为。" [36]

针对特定的话题，员工禁止与除了特定的其他员工之外的任何人进行讨论。这其中包括客户信息（在监控和财务领域是一种常见的限制），以及关于新的产品和业务规划的信息。再比如，体育队伍通常也禁止胡乱评论（通常是贬低）其他竞争对手。

几乎有三分之一的跨国公司表示，他们会对员工滥用社交网络的行为进行纪律处分 [37]。在许多情况下，雇主是在其他员工向其主管投诉之后，才知道存在这些有问题的内容。基于个人的、非工作的社交媒体而进行纪律处分是很有争议的。雇主是否有很好的理由，一定要关心自己的员工在这些地方发表了什么内容吗？雇主因为员工的博客、微博和社交网络上发表的内容而解雇员工，这样做是否合理？下面我们看一些解雇员工的各种各样的原因：

- 有个学区因为一名女教师在酒吧喝酒的照片，而解雇了该教师。

- 另一个学区因为一位男老师在社交网络上与学生沟通，而在其个人资料中包括裸体男子的照片，而拒绝与该老师续约。
- 一个演员因为在 Twitter 上拿 2011 年日本发生的海啸开玩笑而被解雇。
- 一间餐厅的服务员因为在社交网络上抱怨一个顾客给小费太吝啬而遭到解雇，该服务员在帖子中提到了该餐馆的名字。
- 一名公司高管在发布了一段关于自己在一家餐馆里殴打一名员工的视频后，被公司解雇了。
- 一个警察局长解雇了他的副手，因为他在 Facebook 上"点赞"了警察局长竞选对手的竞选页面。
- 一个警察局对两名警官降职，因为他们在 YouTube 上发布的卡通视频嘲笑了当地监狱的一些行为。
- 一个非营利性的社会服务机构解雇了五名员工，因为他们在 Facebook 上的讨论中，批评他们的工作条件和另一名员工的工作表现 [38]。

这些例子表明，雇主会拥有各种各样的顾虑，从保护学生到保护雇主的形象和声誉（在有些例子中是合理的，而在批评本身有道理的时候则是不合理的）。一个常见的问题是，雇主对非工作的社交媒体施加的限制是否违反了员工的言论自由。许多这样的政策并不违反言论自由；这些限制是接受该工作的条件。然而有些特定限制则是非法的。例如，法律保护告密者，并允许员工与其他员工之间讨论工作条件。上面这家社会服务机构表示，它解雇的五名员工违反了其关于反对欺凌和骚扰的政策，但法官认为，他们在讨论的内容是关于工作条件的，因此解雇他们是不允许的。

当雇主是政府的时候，第一修正案是适用的，因此会让解雇的合法性更加不清晰。在上面谈到的副警察局长被解雇的案例中，联邦上诉法院裁定，为一个候选人的网页"点赞"是受到第一修正案保护的。嘲笑当地监狱警官的所作所为是"与警官身份不符"的行为，还是他只是在行使其言论自由？在上面关于学区的案例中发生的解雇是合适的吗？

虽然大多数雇主都有合法权利解雇违反其社交媒体政策的员工（只要其政策不违反法律），但我们可能会在其中发现一些不道德的行为，或者简单地说可能是一个坏主意。在许多情况下，关于解雇的道德或合理性的决定取决于所讨论材料的实际内容、分发的范围、雇主的类型以及其他标准。对于雇主，以及作为外部观察员的我们，都存在一个如何定义合理边界的问题：一方面是雇主的财产权、保护公司资产和声誉、保护客户或公众，以及需要监控可能的法律和责任问题；另一方面，则是侵犯隐私和限制员工合理言论自由的行为。最合理的政策并不总是显而易见的，而且并不总是双方都会持相同的看法，对所有类型的企业也不一样，另外，当新情况出现时也并不总是能分得很清楚。

6.5.2　把工作和个人通信分开或者合起来

在许多工作环境中，雇主禁止员工使用公司的工作电子邮件、计算机和其他设备来做个人的事情。还有在很多工作环境中，雇主禁止员工在工作中使用个人手机、平板电脑和其他设备。从雇主的角度来看，携带公司地址的一些个人信息可能会包含令公司难堪的内容，或者给公司带来法律问题。同样，一些公司也希望避免由于员工被曝光访问了色情站点、种族主义站点，甚至招聘网站而导致的尴尬。在这两种政策中，安全都是一个重要问题。个人使用会有更大可能性在一家公司的系统中引入恶意软件，导致公司运营中断，或者泄露关于公司或客户的敏感数据。员工可能会把个人设备携带到更多地方，也会有更多的机会丢失它或者被人偷走。使用个人设备对于根据法律要求严密监控员工通信的行业来讲，也会造成新的问题。

在政府机构中，电子邮件是官方记录的一部分，因此需要支持公开披露（存在一些例外）。一些政府官员故意使用他们的个人电子邮件，从而可以使其通信不用被记录。这种做法会颠覆政府的开放性原则。它也有严重的安全隐患。如果个人电子邮箱被黑客攻击，那么就可能会造成政府信息的泄露。

随着越来越多的人在日常生活中使用各种电子产品——包括笔记本电脑、智能手机、平板电脑和智能手表，而有时候，员工（特别是专业工作人员）发现雇主提供的工具不那么方便或不太通用。许多员工认为携带一部手机用于工作，而另一部用于个人用途，会造成很大的不便。雇主接受使用自己的设备（Bring Your Own Device，BYOD）的趋势，允许员工把个人设备用于工作中，并制定政策和规则以降低这样做的风险，例如要求员工始终使用密码访问其设备，并安装特定的安全软件。再后来，机构开始转向选择自己的设备（Choose Your Own Device，CYOD）的模式。员工可以选择公司批准的设备类型和操作系统，安全配置并加载必要的软件。雇主通常安装具有远程擦除功能的软件，如果设备丢失或被盗，由于雇主拥有所有权，就可以避免因为擦除员工个人设备而导致的一些潜在法律和道德问题。

有些雇主的政策要求，员工不得在他们的（工作）计算机或笔记本电脑上，安装除了雇主提供的软件之外的任何其他软件。例如，一些雇主会禁止在公司电脑上打游戏。对于上下班时间较长的人来说，这可能看起来很傻或过于严苛。为什么不能安装一些游戏，在公共交通或者飞机上玩呢？为什么不能下载一些音乐在工作时听呢？同样，一个主要的原因是安全性：为了防止病毒或其他恶意软件，它们可能会导致系统禁用，或者泄漏公司机密信息或个人数据。（在一个案例中，调查人员认为，在亚利桑那州的警察安装点对点下载软件之后，被黑客利用收集了多位警察的个人信息、照片和电子邮件地址。）另一个目的是为了保证在公司的计算机上不会安装侵权软件，以避免法律上的麻烦。到底什么程度的限制才是合理的？对于特定的行业和具体工作类型来说，答案也会有所不同。

6.5.3　雇主监控系统和员工跟踪

1. 监控员工对计算机系统的使用

各种调查发现，在企业和政府机构工作的员工中，有很大一部分会在工作中把网络用于非工作目的。在互联网还很新鲜的时候，很多人访问"成人"和色情网站，后来又让位于体育、购物、赌博和股票投资网站，再后来则集中于观看视频、下载音乐和与朋友交流。许多大公司使用软件工具来提供关于员工网络使用情况的报告，对网站的访问频率进行排名，或者对某个特定员工的活动提供详细报告。

零售企业的报告称，员工盗窃造成的损失多于商店扒手，因此他们使用软件来监控收款机上的交易，寻找可能表明是员工盗窃的可疑模式（例如，大量退款、空白或廉价商品的销售）[39]。

雇主声称他们有权利和需要对其设施的使用情况以及员工在工作时间做什么进行监控，但是监控员工活动会引发隐私问题，并由此引发了很多争议。其根源是对监控的原因，以及在雇主的权利和员工的隐私之间如何确定适当的边界，人们都存在较大分歧。

图 6.4 列出了监控员工活动和通信的各种目的。许多大公司都会把私有信息的泄露列为一个严重问题。在健康产业，对患者信息有关于隐私保护的非常严格的联邦规定；健康企业

和组织必须确保员工不违反这些规定。公司报告的一些事件中还包括：员工将笑话发送给成千上万的人，使用公司地址和运营个人业务，以及运营针对体育比赛的赌博彩池。绝大多数公司都不会频繁读取员工信件，一般主要是在接到投诉或出于一些其他原因而怀疑有问题的时候才会这样做。也有一些雇主经常性拦截进入和离开该公司网站的信息，在发出去的所有消息中，过滤可能会违反法律或公司政策的内容、可能会破坏客户关系的内容，或者可能会把公司暴露给法律诉讼的内容。还有些雇主会通过阅读员工电子邮件来找出公司员工在怎样评论他们或公司。

- 保护私有信息和数据的安全性。
- 防止或调查员工可能的犯罪活动（这可以与工作相关，如贪污罪；或者与工作不相关，如销售非法药物）。
- 检查是否有违反公司政策，发送有侵犯性的或淫秽色情信息的行为。
- 对有关骚扰的投诉进行调查。
- 在受严格监管的行业，只是为了符合法律规定。
- 防止员工为个人目的使用雇主的设施（如果是公司政策所禁止的）。
- 确定员工的位置。
- 当员工不在时，查找所需的业务信息。

图 6.4   监控员工通信的原因

那么，网上闲逛（cyberloafing）（即在工作中把网络用于和工作无关的目的）对雇主来说是一个严重的问题吗？还是说可以把它比作现代版的读报纸、听收音机，或者是在办公桌前打一个简短的个人电话？一家大型美国公司发现，通常在一天中，其员工观看了超过 50 000 个 YouTube 视频，并且会收听 4000 小时的音乐。另一家公司发现它的员工在一个月内观看了 500 万个视频。在员工拥有智能手机之前，他们会使用公司的计算机，导致互联网服务速度明显变慢[40]。即使当员工使用他们自己的设备的时候，一个关于工作时的无关网络活动的担心是，员工在应该工作的时间中，并没有真正投入工作。另一方面，一家公司发现，其表现最出色的员工之一每天都在网上花超过一个小时的时间管理自己的股票。该公司对此并不介意，因为他的工作表现很好。有些心理学家认为，允许一些个人在网上的活动，可以降低员工的压力，并提高员工的士气和工作效率。

2. 关于雇主系统的法律和案例

基于图 6.4 中列出的目的进行监控，在美国和其他国家通常是合法的[41]。《电子通信隐私法案》（ECPA）禁止在没有获得法院命令的前提下，拦截电子邮件和阅读存档的电子邮件，但是 ECPA 却把企业系统作为一个例外。它不禁止雇主阅读公司系统上的员工电子邮件。一些隐私倡导者和计算机伦理学家主张修改 ECPA，以禁止或限制雇主阅读员工的电子邮件。

在一起案件中，有家公司解雇了两名员工，因为他们的老板看到了他们批评他的电子邮件消息。法官裁定，该公司可以阅读这些电子邮件，因为系统是公司拥有和运营的。在另一起案件中，法院接受对有关老板的讨论进行监控，因为这样的讨论可

ECPA：见 2.3.2 节。

能会影响其商业环境。在其他情况下，法院也做出了类似的裁决。此外，法院一般允许雇主查看员工使用个人电子邮件账户发送或接收的消息，前提是员工使用的是雇主的计算机系统或移动设备来发送和接受这些邮件。在少数案件中，法院裁定，雇主无权阅读员工在工作时使用个人账户发送的在员工与其律师之间的邮件通信。关于律师和客户之间特权的长期原则会保护这样的通信。然而，至少在一起案件中，当员工使用公司的电子邮件系统与她的律师

通信时，明显违反了该公司禁止为个人目的使用公司设备的原则，因此法院裁定该公司可以阅读这些消息[42]。法院裁决给出了一个典型的结论："该公司有权防止在其电子邮件系统中可能会出现不适当和不专业的评论，甚至是非法活动，因为这样的权益超过了在这些通信中（员工所）主张的隐私权益[43]。"

当员工进入一个公司的办公场所的时候，他们并不用放弃所有的隐私。卫生间也属于公司，但是一般来说在卫生间安装监控摄像头是不可接受的。如果在一个案件中有足够的说服力证明，监控的目的是为了窥探个人和工会活动，或者是为了追查告密者，那么法院有时候会做出对雇主不利的裁定。工人拥有的合法权利中包括在彼此之间进行与工作条件有关的沟通，而有权对"工人－雇主"关系的案件进行裁决的国家劳动关系委员会在有些案件中裁决，工人可以在公司系统上做这样的沟通。因此，雇主不得禁止所有的非业务性通信[44]。

法院的裁决有时会取决于关于员工是否拥有合理的"隐私期望"的结论。有一些案件裁决强调公司拥有明确的政策声明的重要性。雇主应清楚地告知员工，是否允许个人使用雇主提供的通信和计算机系统，以及在什么情况下，雇主会

隐私期望：见 2.3.2 节。

访问员工的消息和文件。雇主应该清楚地说明，它会如何处理通过雇主的设备发送的个人账户里的消息。明确的政策可以消除一些关于隐私期望的猜测⊖。从伦理道德的角度看，明确的政策声明也很重要。尊重员工的隐私，也包括当有人观察到他显然是私人行为或通信的时候（除非在特殊情况下，例如犯罪调查），对当事人加以提醒。提供或接受需要员工使用雇主设备的工作，意味着双方都有道德上的义务，遵守为这种使用建立的政策。从实用的角度来看，拥有明确的政策可以减少（员工或雇主的）纠纷和滥用。

3. 监控位置、可穿戴设备与其他设备

当马萨诸塞州的一个政府机构给员工发放手机，从而上司可以确定员工在任何时候（在工作中）的位置的时候，该机构的检查员拒绝接受使用这种手机，并声称这是对隐私的侵犯。当卡车运输公司首次在卡车中安装跟踪系统，报告车辆的位置和速度时，一些卡车司机将铝箔包裹在发射器上，或停在公路桥梁下小睡。重型设备公司安装了用来记录设备操作细节的装置。一些医院的护士戴着跟踪其位置的徽章；护士长可以看到每个护士的位置，并在紧急情况下能够快速找到每一个护士。共享乘车服务可以跟踪驾驶员的驾驶细节，例如速度、加速度和刹车的情况。许多公司向员工分发运动监控器以鼓励员工参与健康活动；它们会记录员工每天睡多久，以及许多其他与健康相关的信息。

这些监测形式会带来许多好处。卡车系统可以更精确地规划取货和送货，提高效率，减少能源使用并降低整体成本。定位设备帮助车主找到了数百辆被盗的卡车。公司可以使用速度和休息时间的数据，来确保驾驶员遵守了安全规则。我们在 6.3.2 节中观察到，共享乘车服务可以使用有关驾驶员驾驶习惯的数据来提高安全性。此外，此类数据还可以在发生事故时，解决与客户之间的争议。一家重型设备公司了解到，当他们的工人在车辆驾驶室中吃午饭的时候，会让发动机运转以保持空调是开的；该公司后来禁止了这种行为，但是这些事件已经耗费了数千美元的额外燃料[45]。（这样做对工人公平吗？）

这种监控的风险或问题包括可能会侵犯工人的隐私和自主权。例如，如果医院的医务人

⊖　一些法院的判决表明，雇主并不需要明确说明该政策涵盖了每一种具体的技术。例如，如果雇主有关于笔记本电脑和手机的政策，那么员工应假定该政策也适用于平板电脑或新发明的设备。

员佩戴跟踪设备，则主管就会知道谁会和谁一起吃午餐，以及他们多久去一次洗手间。随着大量数据可用，一些雇主可能会试图以令人厌烦或适得其反的方式对员工进行微观管理。如果来自可穿戴式监视器的数据表明员工没有睡个好觉，那么雇主是否会避免将关键任务分配给这个人⊖？（这会是个好主意吗？会不会对员工利益造成损害？）

随着时间的推移，人们也会逐渐可以区分哪些是合理的。对于在外场工作的城市员工或者在医院工作的护士来说，在工作时间期望其位置保持隐私，这是否合理呢？可能不是，但是对于某些工作来说，在员工休息时关闭定位设备可能是合理的。另一方面，健康信息会更加敏感，鼓励员工使用健康和健身跟踪器的雇主，也可以雇用第三方公司来收集和管理这些数据，而它们可以只向雇主提供员工同意的有限数据。

与我们所考虑的与工作相关的其他问题一样，雇主必须制定明确合理的政策，告诉员工他们会如何使用这些跟踪和监控设备，并明确地向员工传达这些政策。

本章练习

复习题

6.1 列出两种工作类别，其职位数目由于计算机化出现了大幅下降。

6.2 试分别给出远程办公的一个优点和一个缺点。

6.3 试分别给出零工的一个优点和一个缺点。

6.4 给出在法国反对 Uber 的一个原因。

6.5 请提供因为社交网站上发表的材料使人被解雇的两个例子。

6.6 公司反对员工在工作中使用个人智能手机的一个原因是什么？

练习题

6.7 从 1.2 节举出会减少或消灭工作岗位的 4 个例子。具体解释它们分别减少或消灭了什么工作岗位。

6.8 列出在 20 年前根本不存在的 10 个工作岗位。

6.9 杰里米·里夫金 [46] 认为，日本汽车制造商能够在不到 8 个小时内生产一辆汽车，这种能力说明了计算机技术和自动化可能导致大规模失业的威胁。请给出一些数据或论点，以支持或反驳里夫金的观点。分别给出至少一个支持和反对的论点。你觉得哪个论点更强？为什么？

6.10 为什么很难确定因为计算机而消灭或创造的工作岗位的数量？

6.11 一篇文章 [47] 描述了一类"在规则中无法很好描述的物理任务，因为它们需要光学识别和精细肌肉控制，而且已经被证明难以编程。例子包括安全驾驶卡车、清洁建筑物以及在订婚戒指中安装宝石……计算机化应该对从事这些任务的劳动力的比例影响不大。"你认为现在这种说法在多大程度上是正确的？在五年或十年后它会在多大程度上还是正确的？

6.12 假设你经营了一家小公司，并计划使用机器人设备替换几十名为你工作超过两年的员工，从而可以以较低的成本完成相同的工作。你对员工的道德责任是什么？

6.13 假设你乘坐出租车并希望向出租车公司提供有关司机的反馈（不管是好的还是坏的）。你将会如何执行这些步骤（例如，识别公司和司机的身份、找到适当的联系信息，并与实际的联系人传达你的意见）？

⊖ 来自可穿戴设备的数据可能是不准确的。例如，如果雇主在员工之间开展健身竞赛的话，有些人可能会把计步器绑到宠物或机器上来作弊。

6.14 法院裁定，通过共享乘车 APP 来获取乘车顾客的驾驶员都应当被开发 APP 的公司当作正式员工，而不是独立承包人来对待。请给出支持和反对一项法律裁决的论据。

6.15 应用约翰·罗尔斯的思想（见 1.4.2 节）分析 6.4 节中的场景，解释我们应当聘请美国程序员还是印度程序员。

6.16 反对离岸工作的一个道德原因是，在一些国家对员工健康和安全的要求没有像在美国这样的国家那么严格。请对这种说法做出评价。

6.17 考虑一个大公司可以用来处理求职申请的自动化系统。对于卡车司机、清洁人员和自助餐厅工作人员等工作，系统会自动选择人员进行招聘，无需面试或其他人员的参与。描述这种系统的优点和缺点。

6.18 职业棒球运动员不允许在公开场合"语言攻击"他们的对手，例如在新闻发布会上或在接受采访时。一家球队对一名球员进行了训诫，因为他在 Twitter 上发布了诋毁对手的言论。球队把 Twitter 也包括在禁止"语言攻击"的规定中是合理的吗？禁止在 Twitter 上的言论是否侵犯了球员的言论自由？你对这种情形会有另一种解释或分析吗？请解释你的立场[48]。

6.19 考虑餐厅服务员由于在社交媒体对顾客进行评论而被解雇的案例（见 6.5.1 节）。在决定该解雇行为是否合理的时候，你会考虑哪些因素？你会如何把这个案例和社会服务工作人员的解雇被法院推翻的案例进行比较？你认为她被解雇是公平和合理的吗？

6.20 有些组织建议通过联邦立法，禁止对具有五年以上经验的客户服务或数据录入员工进行监控。请给出支持和反对监控经验丰富员工的理由。

6.21 考虑图 6.4 中给出的雇主监视员工通信的理由。基于什么原因，你认为对所有员工进行日常的持续监视是适当的？基于什么原因，你认为雇主只有在问题发生时才应该只针对特定员工访问其通信记录？请说明理由。

6.22 假设你在一家牙科诊所工作，负责为患者提交保险索赔表。你的进度落后于计划，并希望将十几个患者记录和表格复制到你的平板电脑中，以便在晚上可以在家中工作。描述这样做的几个优点和可能的风险。

6.23 假设你的雇主允许你把自己的智能手机用于工作目的，但前提是他们可以安装软件，在手机丢失或被盗，或者如果你离开公司的时候，它们可以清除手机的所有内容。描述你在决定是否接受本协议的时候需要考虑的利弊。你的决定是什么？

6.24 假设一家小企业的老板正在参与当地学校董事会的竞选，而他的一名雇员正在积极支持社交媒体上的另一名候选人。列出在决定下面每个问题时要考虑的一些标准：解雇该员工是否合法？这样做合理吗？这样做是符合道德的吗？

6.25 费城要求在所有出租车中都安装 GPS 系统。政府要求在私人出租车安装跟踪系统是合理的公共安全措施吗？还是对驾驶员和乘客隐私的不合理侵犯？请指出在这种政府要求与出租车公司自行选择在其出租车中安装 GPS 系统之间的几个区别。有没有觉得一个比另外一个更令人反感？为什么？

6.26 假设你是在所选择的领域中工作的一个专业人士。描述为了减轻在本章中讨论过的任意两个问题所产生的影响，你可以做什么具体的事情。（如果你想不到和你的专业领域相关的任何问题，也可以选择你感兴趣的其他领域。）

6.27 设想一下在未来几年中，数字技术或设备可能发生的变化，描述一个它们可能带来的、与本章中讨论的问题有关的新问题。

作业

下面这些练习题需要花时间做一些研究或完成一些活动。

6.28 《电子通信隐私法案》（ECPA）不禁止大学校方阅读学生在学校计算机上的电子邮件，这和它不禁止企业阅读员工在公司计算机上的电子邮件是类似的。找到你的大学关于教授和大学管理部门访问（学校计算机上的）学生计算机账户和电子邮件的政策。简要描述该政策。说明你认为哪些部分是好的，哪些是应该修改的。

6.29 查找由于员工在其社交网络页面上发布照片或其他内容而遭到解雇的法律诉讼。简要介绍该案例和判决结果。你认为这个结果是合理的吗？为什么呢？

课堂讨论题

下面这些练习题可以用于课堂讨论，可以把学生分组进行事先准备好的演讲。

6.30 如果有人发现了一个治疗感冒的秘方，他是否应该把它隐藏起来，以保护在感冒药这个庞大行业中工作的很多人的岗位？

　　如果对这个问题的答案并没有太大争议（我怀疑是这样）的话，请尝试寻找原因，为什么会有这么多的人对由于技术的进步消灭了一些工作岗位做出了强烈的负面反应？

6.31 假设一家总部设在美国或欧洲的制鞋企业决定关闭一个劳动力成本上升的亚洲工厂，并将其替换为主要使用机器人设备且员工人数会少很多的本国工厂 [49]。请分别使用康德、功利主义、罗尔斯、自然权利等思想（见 1.4.2 节）来分析这个决定的伦理问题。你可以在 6.4 节中讨论的离岸外包工作，及 2.5.3 节中关于广告拦截的讨论中，找到一些有用的想法。

　　如果对这个案例做如下的修改，你得到的伦理论据或结论是否会有所不同：

　　(a) 该工厂目前在本国，并且公司将会使用机器人设备来取代工人。

　　(b) 你正在开展新业务，可以选择是雇佣 100 名工人，还是使用机器人设备。

　　假设在不使用机器人的工厂中，一名工人在相同的时间内可以完成其他工人的两倍工作量。要求他放慢速度，以便你可以雇用另一个人，这样做在道德上是合理的吗？

6.32 在以下雇主中任意选择三个，讨论支持和反对他们对求职者进行社交媒体搜索的论点。

　　(a) 一所私立小学。

　　(b) 一家大型软件公司。

　　(c) 联邦政府专门为申请者发放安全许可的部门。

　　(d) 一家家庭式经营的管道公司。

　　(e) 一个大型汽车制造商。

　　(f) 一个游说组织。

6.33 (a) 雇主在网上搜索求职者的信息是对隐私的侵犯吗？请给出你的解释。

　　(b) 决定不雇用一个经常在网上发布极端政治观点的求职者，是否违反了这个人的言论自由？

　　　在这里雇主是私人或政府机构有区别吗？请给出解释。

6.34 在招聘中的年龄歧视是非法的。假设一位年纪大的人向联邦政府的平等就业机会委员会提出申诉，声称使用社交媒体作为招聘新员工的主要工具的公司，是在非法歧视不太会使用社交媒体的老年人。给出支持这一主张的论据和反对它的论据。

6.35 近年来，在美国获得计算机科学专业大学学历的学生中，只有大约 20% 是女性。而在 1985 年的高峰期时，女性的比例为 37%[50]。你认为为什么计算机科学专业的女性会相对较少呢？该领域的什么特点或形象可能会导致女性不选择计算机专业？

6.36 当一个大型互联网服务公司的四名员工，在吃过午餐之后返回办公室的路上，在一个公园散步的时候，他们开始胡闹，唱了一些乱七八糟的歌曲。其中一人在他的手机上拍摄了这些场景，并且发布到了各大视频网站上。在该视频中，该公司的标志可以在员工穿的 T 恤衫上清晰可见。该公司解雇了张贴该视频的员工，对于其他员工还没有做出最后的处罚决定。讨论赞成和反对该解雇行为的论点。你认为对于其他员工，什么样的纪律处分（如果应该有的话）才是合适的？

6.37　一个主流商业报纸刊登了一整版的文章，告诉人们如何在工作中绕开使用计算机的限制。例如，该文章会告诉人们如何访问被雇主的过滤器封锁的网站，如何安装雇主不批准的软件，如何在系统封锁的情况下还能检查一个人的个人电子邮件，等等。请讨论使用这些技术是否道德。

本章注解

[1]　CPU: Working in the Computer Industry, Computer Professionals for Social Responsibility, Feb. 15, 1995, www.cpsr.org/prevsite/program/workplace/cpu.013.html.

[2]　J. M. Fenster, "Seam Stresses," *Great Inventions That Changed the World,* American Heritage, 1994.

[3]　Ann Curry 的访谈, *Today,* NBC, June 14, 2011, 参见：Rebecca Kaplan, "Obama Defends Economic Policies, Need for Tax Increases In 'Today' Interview," *National Journal,* June 14, 2011, townhall. com/news/politics-elections/2011/06/14/ obama_defends_economic_ policies,_need_for_tax_ increases_in_today_interview. 访谈视频的网址：today.msnbc.msn.com/id/26184891/vp/43391550# 43391550.

[4]　Associated Press, "Electronic Dealings Will Slash Bank Jobs, Study Finds," *Wall Street Journal,* Aug. 14, 1995, p. A5D. W. Michael Cox and Richard Alm, *Myths of Rich and Poor: Why We're Better Off than We Think,* Basic Books, 1999, p. 129. G. Pascal Zachary, "Service Productivity Is Rising Fast—and So Is the Fear of Lost Jobs," *Wall Street Journal,* June 8, 1995, p. A1. Lauren Etter, "Is the Phone Company Violating Your Privacy?" *Wall Street Journal,* May 13–14, 2006, p. A7.

[5]　Cox and Alm, *Myths of Rich and Poor,* p. 129. Alejandro Bodipo-Memba, "Jobless Rate Skidded to 4.4% in November," *Wall Street Journal,* Dec. 7, 1998, pp. A2, A8.

[6]　Fenster, "Seam Stresses"

[7]　"High-Tech Added 200,000 Jobs Last Year," *Wall Street Journal,* May 19, 1998. "Chip-Industry Study Cites Sector's Impact on U.S. Economy," *Wall Street Journal*, Mar. 17, 1998, p. A20. Fatemeh Hajiha, "Employment Changes from 2001 to 2005 for Occupations Concentrated in the Finance Industries," U.S. Bureau of Labor Statistics, www.bls.gov/oes/2005/may/changes.pdf. "Retail Sales Workers," *Occupational Outlook Handbook,* U.S. Department of Labor, Bureau of Labor Statistics, www.bls.gov/ooh/sales/retail-sales-workers.htm.

[8]　Kimberly Rowe，写给编辑的一封信, *Wall Street Journal*, Aug. 31, 2006, p. A9.

[9]　"Musicians and Singers," *Occupational Outlook Handbook*, U.S. Department of Labor, Bureau of Labor Statistics, www.bls.gov/ooh/entertainment-and-sports/musicians-and-singers.htm.

[10]　Michael Mandel, "Where the Jobs Are: the App Economy," TechNet, Feb. 27, 2012, www.technet. org/wp-content/uploads/2012/02/TechNet-App-Economy-Jobs-Study.pdf.

[11]　Daniel E. Hecker, "Occupational Employment Projections to 2012," *Monthly Labor Review*, Feb. 2004, pp. 80–105 (see p. 80), www.bls.gov/opub/mlr/2004/02/art5full.pdf.

[12]　引言来源："The OECD Jobs Study: Facts, Analysis, Strategies (1994)," www.oecd.org/dataoecd/42/51/ 1941679.pdf.

[13]　"The OECD Jobs Study," p. 21.

[14]　Phillip J. Longman, "The Janitor Stole My Job," *U.S. News & World Report,* Dec. 1, 1997, pp. 50–52. Theodore Caplow, Louis Hicks, and Ben J. Wattenberg, *The First Measured Century: An Illustrated Guide to Trends in America,* AEI Press, 2001, p. 31.

[15]　Longman, "The Janitor Stole My Job." Amy Merrick, "Erasing 'Un' from 'Unemployable,'" *Wall*

Street Journal, Aug. 2, 2007, pp. B1, B6.

[16]   *Occupational Outlook Handbook,* U.S. Department of Labor, Bureau of Labor Statistics, 包括 www. bls.gov/ooh/business-and-financial/accountants-and-auditors.htm, www.bls.gov/ooh/computer-and-information-technology/home.htm, www.bls.gov/ooh/most-new-jobs.htm 和 www.bls.gov/ooh/computer-and-information-technology/software-developers.htm.

[17]   Caplow *et al., The First Measured Century,* p. 160. Cox and Alm, *Myths of Rich and Poor,* pp. 18–19. Bureau of Labor Statistics, "Employer Costs for Employee Compensation – September 2015," Dec. 9, 2015, www.bls.gov/news.release/ecec.nr0.htm. Heidi Shierholz and Lawrence Mishel, "A Decade of Flat Wages The Key Barrier to Shared Prosperity and a Rising Middle Class," Aug. 21, 2013, www.epi.org/publication/a-decade-of-flat-wages-the-key-barrier-to-shared-prosperity-and-a-rising-middle-class/.

[18]   W. Michael Cox and Richard Alm, "You Are What You Spend," *The New York Times,* Feb. 10, 2008, www.nytimes.com/2008/02/10/opinion/10cox.html?_r=2. Cox and Alm, *Myths of Rich and Poor,* pp. 7, 10, 43, 59, 60. U.S. Census Bureau: www.census.gov/const/C25Ann/sftotalmedavgsqft.pdf 和 www.census.gov/const/C25Ann/sftotalac.pdf. 关于一部智能手机用工作时间来计算的价格，我们使用的是劳工统计局在 2014 年 12 月发布的报告，劳动者每周平均收入为 850 美元。根据工作时间来计算，有些产品和服务的价格上涨了。报税服务费、Amtrak 火车票和普通邮票的价格上涨是由于更复杂的税收法律和垄断政策。一辆新汽车的平均价格上涨部分是由于新汽车中添加了新的功能。

[19]   Joel Kotkin, "Commuting via Information Superhighway," *Wall Street Journal, Jan.* 27, 1994, p. A14.

[20]   他们可能还有其他动机。AFL-CIO 的一位前官员 Dennis Chamot 也评价说："要想把在非常大的地理区域内分散的工人组织在一起是非常困难的。"（引自：David Rubins, "Telecommuting: Will the Plug Be Pulled?" *Reason*, Oct. 1984, pp. 24–32.）

[21]   Angela K. Dills and Sean E. Mulholland, "Ride-sharing, Fatal Crashes, and Crime," Social Science Research Network, May 31, 2016, papers.ssrn.com/sol3/papers.cfm?abstract_id=2783797. Gregory Ferenstein, "Ride-Hailing Apps Sharply Reduce Drunken Driving Deaths," *Newsweek, Aug.* 21, 2015, www.newsweek.com/ridesharing-apps-sharply-reduce-drunk-driving-deaths-364877. Brad N. Greenwood and Sunil Wattal, "Show Me the Way to Go Home: An Empirical Investigation of Ride Sharing and Alcohol Related Motor Vehicle Homicide," Social Science Research Network, Jan. 29, 2015.

[22]   Jesse Singal, "Should You Trust Uber's Big New Uber vs. Cab Study?" *New York Magazine,* July 21, 2015, nymag.com/scienceofus/2015/07/should-you-trust-ubers-big-new-study.html; Ali Meyer, "Report: Uber Serves Low-Income, Minority Neighborhoods 3X More than Taxis," *The Washington Free Beacon, Sept.* 14, 2015, freebeacon.com/issues/report-uber-serves-low-income-minority-neighborhoods-3x-more-than-taxis/.

[23]   来自普林斯顿大学和 Uber 的 Alan Krueger 的研究结果，相关报道参见：Brian Solomon, "The Numbers Behind Uber's Exploding Driver Force," *Forbes,* May 1, 2015, www.forbes.com/sites/briansolomon/2015/05/01/the-numbers-behind-bers-exploding-driver-force. 该研究发现，几乎三分之一的 Uber 驾驶员拥有另外一份全职工作，而还有另外三分之一的人会在其他地方兼职工作。

[24]   在某个大城市中，发现数百名出租车司机有犯罪记录，包括家庭暴力和醉酒驾驶：Ted Oberg, "Why Does the City of Houston Allow Ex-convicts as Cabbies?" ABC13 Eyewitness News, Apr.

25, 2014, abc13.com/archive/9515494/.

[25] 这里的美国案件是指"Douglas O'Connor 诉 Uber"案；在 2016 年法官绝了其庭外和解的协议。英国的案件和对其他公司的影响参见：Dara Kerr,"UK Court Rules Uber Drivers Are Employees, Not Contractors," *CNet,* Oct. 28, 2016, www.cnet.com/news/uber-uk-court-ruling-drivers-employees-not-contractors/; and Tom Mendelsohn,"Uber Drivers Are Company Employees Not Self-employed Contractors," *Ars Technica,* Oct. 31, 2016, arstechnica.com/tech-policy/2016/10/uber-drivers-employees-uk-court-ruling/. 全球超过一百万人成为了 Uber 驾驶员，而该公司在 2016 年只有不到 7000 名员工。如果所有的驾驶员都成为员工的话，Uber 就会成为世界上最大的五个公司之一。Luz Lazo,"Uber Turns 5, Reaches 1 Million Drivers and 300 Cities Worldwide. Now What?"*Washington Post,* June 4, 2015, www.washingtonpost.com/news/dr-gridlock/wp/2015/06/04/uber-turns-5-reaches-1-million-drivers-and-300-cities-worldwide-now-what/. Paul Sawers,"Instacart Opens Part-time Employee Roles to Contractors in All 16 U.S. Markets, *VentureBeat,* Aug. 17, 2015, venturebeat.com/2015/08/17/instacart-opens-part-time-employee-roles-to-contractors-in-all-16-u-s-markets/.

[26] Agence France-Presse,"Uber Ordered to Pay €1.2m to French Taxi Union by Paris Court," *The Guardian,* Jan. 27, 2016, www.theguardian.com/technology/2016/jan/27/uber-ordered-pay-france-national-union-taxis-paris-court. Sam Schechner, Douglas Macmillan, and Nick Kostov,"French Court Convicts Uber of Violating Transport, Privacy Laws," *Wall Street Journal,* June 9, 2016.

[27] Walter Isaacson, *Steve Jobs,* Simon & Schuster, 2011, Chapter 41.

[28] Linda Levine, "Unemployment Through Layoffs and Offshore Outsourcing," Congressional Research Service, Dec. 22, 2010, digitalcommons.ilr.cornell.edu/cgi/viewcontent.cgi?article=1821&context=key_workplace. Alan S. Blinder,"Offshoring: The Next Industrial Revolution?," *Foreign Affairs,* Mar./Apr. 2006, www.foreignaffairs.com/articles/2006-03-01/offshoring-next- industrial-revolution.

[29] Blinder, "Offshoring: The Next Industrial Revolution?"

[30] 这里讨论的想法来自：Corie Lok,"Two Sides of Outsourcing," *Technology Review,* Feb. 2005, p. 33.

[31] 作者（SB）感谢他的学生 Anthony Biag，他在课堂上关于这个问题的提问激发作者把它纳入书中。

[32] 然而，付太多钱也会对该国家带来负面的社会后果，因为会把其他重要职业的人吸引过来。在菲律宾，呼叫中心的工人可能会比医生的收入还高，参见 Don Lee,"The Philippines Has Become the Call-center Capital of the World," *LA Times,* Feb. 1, 2015, www.latimes.com/business/la-fi-philippines-economy-20150202-story.html. 外资公司通常会比本国雇主支付的工资更高。例如，印度尼西亚的一个研究发现，与国内企业相比，外资生产企业会向非熟练工人多支付 5%～10% 的工资，而向熟练工人多支付 20%～35% 的工资："Do foreign-owned firms pay more?" by Ann E. Harrison and Jason Scorse of the University of California, Berkeley (International Labour Office, Geneva, Working Paper #98, www.ilo.org/wcmsp5/groups/public/---ed_emp/---emp_ent/---multi/documents/publication/wcms_101046.pdf)。

[33] Jennifer Preston,"Social Media History Becomes a New Job Hurdle," *New York Times,* July 20, 2011, www.nytimes.com/2011/07/21/technology/social-media-history-becomes-a-new-job-hurdle.html.

[34] 来自 Preston,"Social Media."

[35] 搜索社交媒体在美国和许多其他国家一般都是合法的，但是意大利例外。意大利禁止监控员

工的社交网络活动或者从社交网络上查找关于求职者的信息，更多信息可参考："Employee Misuse of Social Networking Found at 43 Percent Of Businesses, According to Proskauer International Labor & Employment Group Survey," The Metropolitan Corporate Counsel, Aug. 1, 2011, www.metrocorpcounsel.com/articles/15021/employee-misuse-social-networking-found-43-percent-businesses-according-proskauer-int.

[36] Eli M. Cantor, "NLRB provides clarification of an acceptable social media policy," *Los Angeles Daily Journal,* www.dailyjournal.com, Dec. 11, 2012.

[37] "Employee Misuse of Social Networking Found at 43 Percent of Businesses."

[38] Kabrina Krebel Chang, "Facebook Got Me Fired," Boston University School of Management, May 18, 2011, www.bu.edu/today/2011/facebook-got-me-fired/. Chang 的文章中提到了几个案件，也包括了关于相关原则的有价值的讨论。*Spanierman,* v. *Hughes, Druzolowski, and Hylwa,* www.ctemploymentlawblog.com/uploads/ file/hughes.pdf. Jacob Sullum, "Renton Police Drop Cyberstalking Investigation of Cartoon Creator, Pursue Harassment Claim Instead," *Reason Hit & Run, Sept.* 7. 2011, reason.com/blog/2011/09/07/renton-police-drop-cyberstalki.（该警察局尝试获得一个警察的身份信息，该警官匿名发布了一系列"Mr. Fuddlesticks"的讽刺漫画，漫画的内容是关于该警察局的警察被降级和严重的警察失职行为。该警局声称这些漫画构成了网络跟踪和威胁，并因此创建了一种敌对的工作环境。）这个社会服务组织是 Hispanics United of Buffalo。这个案件和结果的介绍参见："Administrative Law Judge Finds New York Nonprofit Unlawfully Discharged Employees Following Facebook Posts," National Labor Relations Board, Sept. 7, 2011, www.nlrb.gov/news-outreach/news-story/administrative-law-judge-finds-new-york-nonprofit-unlawfully-discharged.

[39] 在一起欺诈事件中，一个员工帮助共犯的顾客扫描便宜的物品，支付较低的钱来拿走更贵的物品。Richard C. Hollinger and Lynn Langton, "2005 National Retail Security Survey," University of Florida, 2006, pp. 6–8. Security Research Project, University of Florida. Richard C. Hollinger, National Retail Security Survey 2002, reported in "Retail Theft and Inventory Shrinkage," www.jrrobertssecurity.com/security-news/security-crime-news0024.htm. Calmetta Coleman, "As Thievery by Insiders Overtakes Shoplifting, Retailers Crack Down," *Wall Street Journal*, Sept. 8, 2000, p. A1.

[40] Emily Glazer, "P&G Curbs Employees' Internet Use," *Wall Street Journal,* Apr. 4, 2012, www.wsj.com/articles/SB10001424052702304072004577324142847006340. Dana Mattioli, "For Penney's Heralded Boss, the Shine is Off the Apple," Wall Street Journal, Feb. 24, 2013, www.wsj.com/articles/SB10001424127887324338604578324431500236680.

[41] 如前所述，意大利是一个例外。

[42] *Stengart* v. *Loving Care Agency, Inc.,* New Jersey Supreme Court, Mar. 30, 2010. *Curto* v. *Medical World Communications, Inc. Holmes* v. *Petrovich Development Company, LLC.* See also "Fact Sheet 7: Workplace Privacy and Employee Monitoring," Privacy Rights Clearinghouse, www.privacyrights.org/fs/fs7-work.htm.

[43] *McLaren* v. *Microsoft,* Texas Court of Appeal No. 0597-00824CV, May 28, 1999, cyber.harvard.edu/interactive/events/conferences/2008/09/msvdoj/panel4.

[44] *Leinweber* v. *Timekeeper Systems,* 323 NLRB 30 (1997). National Labor Relations Board, "The NLRB and Social Media," www.nlrb.gov/news-outreach/fact-sheets/nlrb-and-social-media.

[45] James R. Hagerty, "'Big Brother' Keeps an Eye on Fleet of Heavy Equipment," *Wall Street*

Journal, June 1, 2011, p. B1.

[46]　Jeremy Rifkin, " New Technology and the End of Jobs, " in Jerry Mander and Edward Goldsmith, eds., *The Case against the Global Economy and for a Turn toward the Local,* Sierra Club Books, 1996, pp. 108–121.

[47]　Frank Levy and Richard J. Murnane, *Dancing with Robots: Human Skills for Computerized Work,* Third Way, content.thirdway.org/publications/714/Dancing-With-Robots.pdf.

[48]　感谢 Julie L. Johnson 提出了这个练习题的想法。

[49]　Paul Wiseman, " Why Robots, Not Trade, Are Behind So Many Factory Job Losses, " Associated Press, Nov. 2, 2016, apnews.com/265cd8fb02fb44a69cf0eaa2063e11d9/Mexico-taking-US-factory-jobs?-Blame-robots-instead.

[50]　National Science Foundation, " Science and Engineering Indicators 2008, Chapter 2: Higher Education in Science and Engineering, " wayback.archive-it.org/5902/20150818072824/ http://www.nsf.gov/statistics/seind08/c2/c2s4.htm.

技术的评估和控制

在这一章中，我们会考虑这样的问题：网络的开放性和"民主"是会增加有用信息的传播，还是会增加不准确的、愚蠢的和有偏见的信息的传播？我们应该如何应对后者？我们怎样才能评估关于物理现象和社会现象的复杂计算机模型？计算技术是邪恶的吗？为什么有些人会认为它是邪恶的？不同人群对于数字技术的参与度有何区别？我们应该如何对技术加以控制，以确保其产生正面的用途和后果？再过多长时间，机器人和数字设备就会比人更聪明？在那之后会发生什么？

有很多教材会专门讨论本章涉及的这些主题，因此这里的介绍必然会很简短。我们只介绍其中的一些问题和相关的论点。

7.1 信息评估

> 学识浅薄是一件危险的事情；
> 比埃利亚泉水要深吸，否则别饮；
> 浅浅喝几口会使大脑不清，
> 大量畅饮反会使我们清醒。
>
> ——亚历山大·蒲柏（Alexander Pope）⊖，1709 年 [1]

7.1.1 我们需要负责任的判断

1.哪些是真的？哪些是假的？这为什么重要？

"在我们的父辈还没来得及找到铅笔的时候，我们可能就已经得到了一个问题的错误答案。"

——罗伯特·麦克亨利（Robert McHenry）[2]

在网络上存在大量的信息，但其中很多都是错的。千奇百怪的治病良方比比皆是。被歪曲的历史、错误、过时的信息、糟糕的财务建议——这些都能在网上找到。广告营销和公关公司通过博客、社交媒体和视频网站传播未经标记的广告。搜索引擎已经在很大程度上取代了图书馆员来帮助我们查找信息，但是搜索引擎会（至少部分）根据人气对网页进行排名，并以突出的方式显示给它们付费的内容，而图书馆员则不会这样做。维基百科（Wikipedia）

⊖ 亚历山大·蒲柏（Alexander Pope）是 18 世纪英国最伟大的诗人；杰出的启蒙主义者。这里的文字节选自他的《批评论》(An Essay on Criticism)(第 1～4 行)，《批评论》是一首 744 行的长诗，前 200 行指出批评的重要性，第 201～559 行谈批评的实例与原因，第 560～744 行析出批评的正确原则及回顾欧洲批评史。其中"比埃利亚泉水"（Pierian Spring）因为缪斯女神的缘故而成为神水，任何人只要饮此处泉水即可获得文艺或诗歌上的灵感。现在常指产生灵感的源泉、知识的源泉等。——译者注

是世界上最大的在线百科全书，它非常受欢迎，但是当任何人都可以在任何时间编辑任何文章的时候，我们还可以依赖它的准确性和客观性吗？在社交新闻网站，读者提交新闻故事并进行投票表决；这是获得新闻的一种很好的方式吗？互联网的本质是鼓励人们发表他们立即的想法和反应，而不会花费时间去沉思或核对事实。没有了编辑来帮助选择写得很好或者经过调研的文章，我们怎么才能知道什么是值得一读的？

伪造照片并不是新事物。长期以来，许多摄影师都会选择搭建或虚构场景，并且在暗室里对照片进行后期修改。当我们看到在一个视频中，一位现在的流行歌手在和猫王（Elvis Presley，1977年去世）合唱的时候，我们知道看到的是创意的娱乐节目——其背后采用了数字技术。但是，同样的技术也可以造成欺骗，而在互联网上传播一张假照片可能会引发暴乱，或为无辜的人带来死亡威胁。这里有一个后者的例子：加拿大的一名年轻人在网上贴了一张他在浴室镜子前面手里拿着iPad的自拍照。在巴黎发生一系列恐怖袭击事件导致130人死亡后，有人修改了他的照片，使iPad看起来像是一本古兰经，并将该男子修改成看起来好像是穿着带炸药的自杀背心。修改他的照片的人（或其他人）随后在网上张贴了伪造的照片，声称该男子是巴黎恐怖分子之一。两家新闻公司重新发布了伪造的照片，并声称他们没有进行核实 [3]。

视频处理工具（以及带宽的增加）提供了更复杂的"伪造"人的机会。一个公司开发的动画系统可以对一个真人的视频图像进行修改，产生一个新的视频，可以让该人按照系统用户提供的任何内容讲话。另一个系统可以分析一个人的讲话录音，根据那人的语音、语调和声调来合成其讲话。把这些系统结合起来，将可能有许多用途，包括娱乐和广告，但显然人们也可以使用它们以非常不道德的方式来进行误导 [4]。

我们可能都听说过在互联网上流传的恶作剧。在第5章中，我们看到政府会侵入电子邮件账户和基础架构系统。这样做也可能会产生带有破坏性的恶作剧。路易斯安那州一家化学工厂发生爆炸和有毒物质泄漏的虚假报道在社交媒体上传播开来，虚假视频和知名新闻来源发布的虚假截图为其提供了支持，一名记者追踪了这个非常复杂的恶作剧以及其他类似的恶作剧事件，最后发现其来源是一个俄罗斯团队，他们经常在俄罗斯社交媒体上散步亲俄政府的宣传材料 [5]。

我们怎么才能知道什么时候有人在操纵我们？在传播挑衅性的图像、视频和故事之前，我们（特别是新闻机构）需要多么仔细地检查其真实性？

2. 例子：维基百科

为了探究关于信息质量的一些问题，我们以维基百科（Wikipedia）为例。维基百科是一个合作项目，有世界各地的大批陌生人参与其中。它规模庞大、自由、鼓励参与、非商业化、没有广告，并且全靠志愿者来编写。维基百科英文版拥有近500万篇文章，其规模比长期备受推崇的《大英百科全书》中所包含的几十万个条目已经多出了许多倍。（《大英百科全书》在1768年首次出版，从1994年开始在线出版 [6]。）维基百科无疑是互联网上最常用的参考站点之一。但是其作品是否正确、诚实和可靠？

我们期望百科全书是准确和客观的。传统上，会由编辑委员会来负责选择专家学者撰写百科全书。而在维基百科上，没有精心挑选的学者，而是由志愿者来编写并不断修改和更新其中的文章。任何人只要愿意参加都可以这样做。人们担心，缺乏编辑的控制意味着没有人负责任，没有质量标准，也没有办法让普通人对信息的价值做出判断。他们认为，因为有数亿人（任何人都可以）在编写或编辑文章，要保证准确性和质量是不可能的。真相并非来自大多数人的自由言论。政治候选人的幕僚经常扭曲维基百科上该候选人的传记，让他们的老板看起来更好。竞争对手和敌人也常常会恶意修改名人的资料。一个联邦机构的工作人员从维基百科的文章中删除了对该机构的批评。关于一些历史事件（如 2001 年 9 月 11 日的恐怖袭击，或者暗杀肯尼迪事件）经常会重复出现一些虚假的理论。一位律师发现，正在审理的一个案件中，其中一方对维基百科条目进行了编辑，使信息看起来对自己一方更加有利。（陪审员一般不应该在线查询关于审判的信息，但是其中也有人会这样做。）

删除虚假信息和恶作剧之类的信息需要志愿者管理人员与维基百科职员付出长期不断的努力。《大英百科全书中》也包含错误和古怪的内容，但维基百科的本质使得虚假信息更容易产生。由于作者的匿名性，会鼓励不诚实的行为。与印刷版的书籍出版商或封闭的、专有的在线信息来源相比，开放的、依赖志愿者的、即时发布的系统更难防止错误和避免被破坏。有一些维基百科的竞争对手（包括 Veropedia、Citizendium 和谷歌的 Knol 项目）都曾试图克服维基百科的缺点，但是一个也没有存活下来。

尽管存在错误、草率、拙劣的文字和故意扭曲，也许令人惊讶的是，维基百科的大部分内容还是高品质和价值巨大的。为什么呢？是什么在保护大规模、开放的志愿者项目的质量？首先，虽然任何人都可以编写和编辑维基百科的文章，大多数人并没有参与其中。大多数参与编辑的人都受过高等教育，并且在他们撰写的主题上有相应的专业知识。他们还会及时纠正文章中的错误。在出现了一些广为人知的、对文章进行操纵的事件之后，维基百科的管理者制定了相应的程序和政策，以减少发生此类事件的可能性。例如，他们对一些关于有争议的话题或人物的文章进行锁定；从而大众无法再直接编辑它们。作为用户，我们可以（而且必须）学习如何妥善处理新模式带来的副作用或缺点。即使维基百科上存在如此多优秀的、有用的内容，我们也应该知道，有人可能会在任何时间破坏任何一篇文章的准确性和客观性。我们了解到，关于技术、基础科学、历史和文学的文章更有可能是可靠的，而那些关于政治、有争议的话题和人物以及当前事件的文章则可能没那么可靠。我们要学会使用维基百科作为背景知识，但还要核实事实和不同的观点。我们应当如何来对维基百科（或者把它延伸为网络上的海量信息）做出判断呢？是根据它提供的优秀材料，还是其中包含的劣质材料？

> "这是傻瓜写给蠢人阅读的。"
>
> ——约瑟夫·康拉德的小说《特务》（1907）中的一个角色
> 对报纸（不是网站）的评价

3. 群体智慧

人们会在数字助手、手机 APP 和类似 answers.com 这样的网站上问各种各样的问题。这些问询可能会包括广泛的个人问题，比如约会、化妆、食品和大学（"网上大学课程是否和课堂教学一样好？"），以及更广范围的技术、社会、经济和政治问题（"如果我们可以生产足够的粮食来养活世界上的每一个人，我们为什么不这样做呢？"）。当然，很多答复都是驴唇不对马嘴。在有些网站上，提问者可以把他认为最好的答案指定为正确答案。那么既然提问者大概是一个不知道答案的人，那么他有什么资格来判断答复的质量呢？由于在网站张贴问题显然非常容易，这会在何种程度上降低一个人去寻求关于这个问题的研究信息或专家信息的可能性呢？很显然，对于有些问题，这种论坛可能无法提供最佳的结果。（一个可能的例子是：使用痤疮药物时饮酒是否安全？）然而，对于其他的问题，比如我在上面引用的两个示例问题，有可能会产生很多的想法和观点。有时候这正是提问者所希望的。如果没有网络，一个人遇到问题只能询问自己认识的几个朋友，那么他得到的答案就可能不会如此多样，同时也就用处不大。

网上的一些健康网站鼓励大众对医生、医院和医疗护理进行评价。那么这些评价是有价值的，还是危险的？它们是否会激励医生和医院改变他们的做法，以良好的医疗服务作为代价来获得更高的评价？很多网站如雨后春笋般涌现，支持购买和出售用户的投票，以便在社交媒体网站上突出显示相关的文章。如果在公众医疗评价的网站上也采用这种做法，那么会带来什么影响呢？负责任的网站运营商在根据排名或投票来展示内容的时候，会不会预期可能的操纵行为，并且制定策略来预防呢？

让我们稍微停顿一下，认真分析一下不正确、扭曲和被操纵的信息可能带来的问题。怪异治病良方和操纵性的营销手法并不新鲜。不把产品促销信息标记为广告的做法可以追溯到几百年前。18世纪的歌剧明星就曾付钱找人来观看表演，为他们喝彩或者嘘他们的对手。早在互联网出现之前，以新闻文章、书籍、广告和竞选传单的形式出现的"诋毁"就曾以不诚实的手法对很多政治家进行攻击。有很多书都存在写得不好或是不准确的问题。历史电影把真实与虚构融合在一起，有些是为了戏剧性的目的，还有些是出于意识形态的目的。关于究竟发生了什么事，它们留给我们的是一个扭曲的想法。在两百年前，城市里拥有比今天要多很多的报纸。大多数人都很固执己见或是党派狂热分子。在超市柜台，我们可以买到的报纸中包含和现在网上故事一样怪异的故事。《纽约时报》是一份受人尊敬的主流报纸，由受过训练的记者撰写，而且有一个编委会来负责。然而，其中一位记者还是捏造了许多故事。涉及抄袭、虚构和核查事实不足的许多其他事件，曾使很多报纸和电视网络蒙羞。

好吧，不可靠的信息并不是一个新问题，但是，它们的确是个问题，而且网络会把问题放大化。因此，我们需要考虑两个问题：群体智慧到底有多好？我们又该如何区分哪些网上信息的来源是好的？

研究人员发现，事实上，群体会对特定类型的问题给出较好的答案。当大量的人做出回应时，他们产生了很多答案，但其平均值、中位数或最常见的回答往往会是一个很好的答案。这在当人们彼此隔离来发表独立意见的时候，会更为可行。一些研究人员认为，对于一些问题，例如估计经济增长，或是预测一个新产品或电影的销售情况，一个大的（独立）群体可能会比专家更为准确。一家加拿大矿业公司（可能是期望利用这样的现象）在网上发布了大量的地质数据集，举行了一场选择不同区域来寻找黄金的竞赛。美国专利局正在试验以在线众包的方式来帮助确定专利申请中所描述的发明是否是真的或是新的，具有特定技术专业知识的人可以向专利局提醒是否存在相似的现有产品。

然而，群体智慧需要一些独立性和多样性。当人们看到别人提供的答案之后，就出现了一些不好的事情。人们会修改自己的答案，从而造成最后的答案集合变得不够多样化，这样最好的答案就可能无法脱颖而出。人们通过强化会变得更加自信，但是精确度却并没有改进。在社交网络上（以及在企业、组织和政府机构工作的人员团队中），同事压力和主导人物可能会降低该团体的智慧[7]。群体场景对于征求意见和反馈仍然有用，政府和企业长期以来一直都在使用公开论坛、市政厅会议和焦点小组来实现这些目的。

我们如何区分网上信息的来源是好的？搜索引擎和其他服务一开始会根据访问网站的人数来对网站进行排名。有些服务还开发了更复杂的算法来考虑用户提供内容的网站上的信息质量。各种各样的人和服务会对网站和博客进行评论和打分。对网上的信息质量和缺乏编辑控制持批评态度的人则对这种评级表示不屑，认为它们只是"人气比赛"，例如，他们争辩说互联网更倾向于满足"平庸的大众 [8]。"与维基百科或健康网站一样，他们认为，对于博客来说，人气、投票，甚至达成共识都不能用来决定真相。这是正确的，但是，无论是在网络上，还是在网络外，都不存在神奇的公式，来告诉我们什么是真实可靠的。有大量的人访问一个网站并不能保证其质量，但它提供了一些有用的信息。（为什么报纸一直都在发布"畅销书"的榜单呢？）如果我们愿意，我们可以选择只阅读由诺贝尔奖获得者和大学教授写的博客，或者那些只由朋友或者我们信任的其他人推荐的博客。我们可以选择只阅读由专业人员撰写的产品评论，或者我们也可以阅读由公众发表的评论，以获得关于不同观点的一个概况。

随着时间的推移，在网上相对应的负责任的新闻报道和超市小报之间的区别也逐渐变得清晰起来。就像过去几百年在网络下一样，在网上也会逐渐建立好的声誉。许多大学图书馆提供用于评估网站和其上信息的指南 [9]。一个很好的步骤是，先确定是谁在为该网站提供赞助。如果你不能确定一个网站的赞助商，那么你就可以把它所提供的信息看作是与你把车停到一个繁忙的停车场的时候，可能在你汽车雨刷下发现的小广告上的信息一样不可靠。最终，我们需要找到网站、评论者、评分、编辑、专家和我们相信的其他来源。与此同时，良好的判断力和保持怀疑的态度也总是有用的。

保持群体智慧的唯一方式是保护每个人的独立性。

——乔纳·莱勒（Jonah Lehrer）[10]

4. 处于弱势的观众

因为你正在阅读本书，你可能是一个学生，一个受过良好教育的人，正在学习如何分析各种论点，并做出良好的判断。你可能会建立一些技巧来评价在网络上阅读到的材料。但如果是受教育较少或能力较低的人呢？例如，小孩子在网上看到不良信息会产生什么样的风险？一些网络批评者最担心的是不准确的信息可能会对这样的弱势人群产生的影响。一些人的恐惧似乎倾向于支持一个信念，即我们（或专家，或政府）应该想出某种方式来防止此类信息的出现。关于言论自由的众多强有力的论据，总的来说都可以用来反对任何试图以集中化或者法律强制的方式来达成这一目标。那么，我们可以做些什么来提高信息的质量呢？基本的社会和法律力量可以（在一定程度上）提供帮助：言论自由（提供回应、更正、不同的观点，等等）、教师和家长、竞争、欺诈和诽谤的法律，还有那些热心的人自愿来撰写、审查和更正网上的信息。我们还可以再做点儿什么，让弱势人群可以尽量少访问这些危险的信息？

5. 减少信息流

尽管网络上充斥着垃圾和胡言乱语，但相比以前通过图书馆获得的信息，现在通过网络还是能够让我们获得更多高质量的最新信息，而且更为方便。以时事、政治和有争议的问题为例，我们可以在网络上：

- 阅读和收听成千上万的新闻来源，它们来自本国或其他国家，让我们可以获得关于事件的不同文化和政治观点。
- 阅读政府文件的全文，包括法案、预算、调查报告、国会证词和辩论，而不是像过去一样，只能依赖官方发布的新闻中引用的寥寥数语，或是持有偏见的新闻发言人的只言片语。
- 搜索过去 200 年里的新闻，其中包括了数以百万计的文章。
- 关注在网站、博客、微博和社交媒体上，关于保守派、自由派、自由主义者、茶党活动家、环保主义者、福音派基督徒、动物权利活动家等等的新闻，与我们曾经不得不去寻找和订阅打印版的通讯和杂志相比，现在会更加容易和廉价。

但是人们实际上是如何做的呢？一些人会从少量的几个网站获取所有的新闻报道和事件评论，而这些网站反映的可能是某种特定的政治观点。使用在线工具可轻松地实现：你只需要设置你的书签和来源，就不需要看其他地方了，只需查看那些你经常访问的网站所推荐的地方。一些批评家认为，网络在很大程度上鼓励政治狭隘性和极端政治，因为它使得人们很容易就会避开其他的观点。

我们使用的数字工具还会怎样导致信息流变窄呢？在第 2 章中，我们看到，搜索引擎会根据用户的位置、历史搜索、个人信息，以及其他标准来对用户搜索结果进行个性化。鉴于在网上拥有如此大量的信息，这样的精细调整可以帮助我们迅速找到我们想要的东西。这样做是非常有用的。然而，这意味着，当我们正在寻找的东西超出了我们通常的情况，例如可能包括关于有争议问题的一些信息，我们将可能不得不花费更大的努力，才能找到这些东西。

有时候，不是我们在寻找获得信息的更容易的方式；事实上，我们并不知道我们得到的信息是经过过滤的，或者是有偏见的。Facebook 意识到如果我们收到太多不感兴趣的信息，我们就会停止阅读它们。为了应对这一问题，Facebook 实现了一种对来自好友的新闻源更新条目进行过滤的算法，其依据的是一个成员最近有没有与他们进行沟通。这与政治新闻或社会问题会有关吗？是的，这里有一个例子：伊莱·帕里泽（Eli Pariser）是自由派的MoveOn.org 网站的总裁，在他的 Facebook 好友中包括很多保守派的用户，因为他想知道与自己不同的意见。因为他不会同这些用户定期沟通，所以随着时间的推移，他意识到他接收不到关于他们的更新了。虽然 Facebook 用户可以关掉对新闻源的过滤功能，但是大多数人都不会意识到这一点。帕里泽认为这种对信息进行过滤的问题令人非常不安，因此他专门写了一本书进行讨论 [12]。我们可以从 Facebook 的过滤功能中学到什么教训？ Facebook 的默认设置选择（打开过滤功能）可能不是最好的，但话又说回来，大多数人可能会更喜欢它。

白痴和榆木脑袋（idiots and dunderheads）

愚人有钱留不住。

——英国谚语

新技术还可能会产生意想不到的副作用，比如可能会导致减少使用一些较老的技能。例如，计算技术已经降低了草书手写体的使用，甚至许多小学都不再教它了。微软公司在 Microsoft Word 2000（以及一些更高版本）的同义词库中，所列出的"fool"的含义只有动词"trick"。它略去了名词"clown""blockhead""idiot""ninny""dunderhead""ignoramus"等在早些版本中包含的这些词汇。在其他的标准参考书，例如词典或者《Roget's Thesaurus》中都还包含其中的一些词汇，以及其他更多的选择。

微软公司表示，它淘汰的单词可能含有攻击性的含义 ⊖ [12]。这是否是一个错误的决定？因为它会使语言变得平淡，而且会减少人们认识的单词。如果厂家生产的是广泛使用的参考书，那么它们是否有道德上的责任，要准确地报告自己领域的内容？或者说它们拥有一种社会责任，需要消除潜在的攻击性语言？

⊖ 微软在之后恢复了其中一些用来表示"愚蠢的人"的同义词，但还是继续略去了更加丰富多彩、更具攻击性的词汇。

Pew Research 的一项研究发现，超过 60% 的美国成年人会从社交媒体上获知新闻。在一些情况下，也会出现政治偏见和影响的问题。一篇文章指出，负责选择热门话题（由算法辅助）的 Facebook 员工存在自由偏见的倾向。YouTube 限制了对由保守组织赞助的十多个短视频的访问，其内容涉及当前的社交和政治话题。（具有讽刺意味的是，受限制的视频之一是关于一些人用来阻止他人行使言论自由的方法。）在 2016 年美国总统大选之后，一些人认为 Facebook 上的虚假故事和右翼讨论可能影响了大选结果 [13]。

如果我们想减少政治偏见，最有效的方法是什么？人类编辑、算法或会员的反馈？编辑也会带有偏见，即使是无意的。当 Facebook 用自动化工具取代人类选择热门话题时，八卦和虚假故事增加了；缺少了一些人为判断，只靠算法本身也是做不好的。YouTube 解释说，其算法在决定限制哪些视频时会考虑社区的反馈输入。然而，过分重视成员或社区反馈使得持一种观点的人能够阻止另一种观点。在 2016 年大选之后，Facebook 表示将使用事实核查机构的评估来帮助确定哪些内容应该被标记为不真实。但这些机构也有偏见，而且也可能会犯错误。针对 2008 年一则政治竞选声明，一个事实核查机构刚开始将其标记为"准确"，但在多个事件证明其虚假之后，该机构把它的标签改为"年度最大谎言"。确定哪些陈述或主张是真实和公平的问题，从根本上来说是很困难的。我们需要持续关注和监督才能减少偏见。哪些功能可能是有用的？一位记者提出可以考虑增加一个"其他替代观点"的按钮。

总的来说，互联网是否会导致信息流变窄，并且明显减少我们看到关于有争议的社会和政治议题的不同看法？网络是否鼓励思想之间的隔离？人们倾向于选择和阅读与自己的观点一致的文章（在互联网出现很早之前就是这样）。因此，当我们寻找方法让我们自己和其他人能够看到准确的信息和各种不同观点的时候，必须认真地考虑人的本性，以及有偏见的倡导者和网络的运行机制。

对学术研究的影响

使用容易获取的信息，这种现象当然也适用于除了政治之外的其他领域。

一位研究人员分析了过去 50 年间发表的数以百万计的学术文章，他发现随着期刊搬到了网上，作者倾向于引用更少的文章、时间更近的文章，以及范围较窄的文章集合。他猜测这是因为研究人员使用搜索引擎来寻找与他们工作相关的文章，且他们会选择那些出现在搜索结果前列的文章来引用，而这些文章的引用率已经很高了。虽然这些文章可能确实是最重要的，但是这种方法会强化先前的选择，并可能导致研究人员错过一些人气不是那么高，但是却很相关的工作。与图书馆相比，研究人员在网上可以访问到更多（也更容易）的文章和期刊。然而，正如该研究报告的作者所说的 [14]，网上搜索"让研究人员更多地接触到主流观点，但是，这可能会加快共识，从而缩小发现的范围和建立在其上的想法"。加快共识和缩小结果范围的影响，可以类比为当人群成员不独立的时候，研究人员所看到的群体智慧，但是其机制是不同的。显然，研究人员应该意识到这一现象，并且应当在适当的时候拓宽自己的搜索范围。

学术论文发表的数量每年都在大幅度增长，现在达到了每年超过两百万篇。那么是不是以有点偷懒的方式使用搜索工具（或者说是因为论文本身的庞大数量），有可能会导致我们错过一些有价值的工作吗？未来如果有更加复杂的、基于人工智能的搜索工具可以帮我们阅读所有的论文的话，我们会做得更好吗？还是会因为在它们的程序设计时的偏见（不论是否是故意的）而限制可能得到的结果？

我们要非常小心，不要让自己成为关于真理的仲裁者。

　　　　　　　　——马克·扎克伯格（Mark Zuckerberg），Facebook CEO[15]

6. 推卸责任

使用计算机系统带来的便利，以及推卸自己做出判断的责任，会导致鼓励精神上的懒惰，从而可能造成严重后果。在英国，一个卡车司机由于忽视了"不适合大型车辆"的路标警告，而使他的卡车陷在一条羊肠小道上，因为他在开车时不加质疑地听从了导航系统的指示。巴基斯坦一家报社的编辑通过电子邮件收到了一封读者来信，只看了标题就将其刊登在报纸上。然而，这封信的内容是对先知穆罕默德的攻击。愤怒的穆斯林到该报社驻地放火抗议。几位编辑被逮捕，并被控有亵渎罪，有可能被判处死刑[16]。如果回到当年所有报纸内容都需要手动排版和编辑的时候，就不太可能会发生这样的事故。

企业在风险分析软件的帮助下，做出贷款和保险申请的决定。学区根据计算机打分和校准过的考试结果来了解学生的进展情况，并据此做出可能影响到学校管理人员职业生涯的决定。医生、法官和飞行员都会在软件的指导下做出决定。当决策者不知道系统局限性或错误的时候，他们就可能会做出糟糕或不正确的选择。

依赖计算机系统，而不是人为的判断，在有的时候会造成一个组织的管理变得"制度化"，而该组织的管理层与法律制度会对每个专业人士或员工施加强大的压力，让他们不得不听从计算机的指示。在官僚机构中，如果只是简单地接受软件的建议，而不再做额外的检查或做出该软件不支持的决定，那么决策者可能会觉得这样会降低个人风险（或者减少麻烦）。计算机程序可用于对医生提出患者的治疗建议。关键是要记住，在复杂的领域，计算机系统可能会提供有价值的信息和想法，但它可能还不足以好到可以代替经验丰富的专业判断。在一些机构中，当出了问题的时候，"我是按照程序的建议做的"相比"我是按照自己的专业判断和经验来做的"，在应对上级调查或诉讼时，会成为一个更好的辩护借口。然而，这样做的机构是在鼓励个人推卸责任，并且会带来潜在的有害结果。

上面的一些例子以及在第 8 章和第 9 章中要讲的一些例子显示了依赖于软件结果的危险性，因为这些软件的结果不足以在没有人为监督的情况下做出决策。另一方面，有许多例子表明软件可以比人们做得更好。随着人工智能系统的改进，管理这种二分情形会变得更加复杂。用户有责任了解他们所使用的系统的功能与局限性。

7.1.2　计算机模型

貌似真理并不意味着就是真理。

　　　　　　　　——彼得·L. 伯恩斯坦（Peter L. Bernstein）[17]

1. 评估模型

我们在新闻中经常会看到，计算机基于数学模型生成的预测会产生重要的社会影响。图 7.1 给出了几个例子。数学模型是数据和公式的集合，用来描述或模拟所研究对象的特点和行为。这里我们感兴趣的模型和模拟方法需要如此多的数据和计算，因此它们必须在计算机上才能运行。研究人员和工程师使用广泛的建模方法来模拟物理系统，例如设计一辆新的汽车或预测一条河的水流量；它们也可以用来模拟无形的系统，例如经济学中的问题。有了模型，我们就可以对不同的设计、方案和政策可能会产生的影响进行模拟和分析。模拟结果和模型可以提供许多社会效益和经济效益：它们可以帮助培训电厂、潜艇和飞机的操作人员，并且可能预测未来趋势，从而使我们能够提前考虑替代方案，并因此做出更好的决策，以减少浪费、成本和风险。

- 人口增长
- 某个政府计划提案的成本
- 二手烟的影响
- 某种重要的自然资源什么时候会耗尽
- 减税对经济的影响
- 全球变暖的威胁
- 什么时候可能会发生大地震

图 7.1　使用计算机模型研究的一些问题

模型是一种简化。虽然我们考虑的这些模型是抽象的（即数学上的），"模型"这个词的含义与它在"模型飞机"中的含义是类似的。模型飞机一般不会拥有发动机或电线，机翼也可能不会动。在化学课上，我们可以使用棍棒和球构建分子模型，以帮助我们了解它们的属性。分子模型可能无法显示的单个原子的组成。同样，数学模型也不可能在公式中将所有可能影响结果的因素都包含进来。它们通常包含简化的公式，因为完全正确的公式是未知的，或者太过于复杂。

物理模型通常与真实的大小并不相同。模型飞机比真实的要小很多，而分子模型则比真实的更大。在数学模型中，与现实有区别的往往是时间，而不是其物理尺寸。在计算机上做一个复杂的物理过程的细节建模，所需的计算往往比实际过程中发生的需要花费更多的时间。对于大范围现象的模型（如人口增长和气候变化），计算必须比真实现象花费更少的时间，因为只有这样的结果才是有用的。

根据昂贵的计算机和复杂的计算机程序做出的预测可以给许多人非常深刻的印象，但是模型的质量是千差万别的。有些模型是毫无价值的；有些模型则可能非常可靠。政治家和特殊利益集团使用模型预测的结果，来判断数十亿美元的计划和法律的可行性，因为它们会对经济产生重大影响，也会影响千百万人的生活水准和抉择。对于计算机专家和广大民众来说，重要的是，要稍微了解一下这样的计算机程序的功能是什么，其中的不确定性和弱点可能是什么，以及如何来评价它们所声称的结果。而对于设计和开发公共问题模型的人来说，他们有职业和道德上的责任，来诚实和准确地描述他们的模型的结果、假设和限制。

以下问题可以帮助我们确定一个模型的准确性和实用性。

1）建模的人是否清楚明白他们在研究的系统背后的科学或理论（不管是物理学、化学、经济学，或其他学科）？他们是否很好地理解了所涉及的材料的相关属性？这些数据的准确性和完整度如何？

2）模型必然涉及对现实的假设和简化。那么在该模型中采取了哪些假设和简化？

3）该模型的结果或预测与物理实验结果或实际经验中的结果之间有多接近？

美国政府开发了三个不同的模型，用来预测在采用全国医保系统之后可能对医疗保险开支带来的影响，但是它们的预测结果之间有数千亿美元的差别[18]。为什么会有这样明显的区别？对于模型为什么不准确，可能会有政治和技术方面的原因。特别是对于医疗保险这个例子来说，政治原因可能是显而易见的。除了该问题本身可能造成的一些技术方面的原因（对于所建模的系统拥有的不完整的知识、不完整或不准确的数据、错误或过于简单的假设）之外，其他原因还包括：所拥有的计算能力无法满足对该系统的全部复杂性进行建模所需的计算量，以及对表示人类价值和选择的变量进行数字量化的巨大困难，或者甚至根本不可能进行量化。

可重复使用（用可洗布制作）的尿布是否比一次性尿布更加环保呢？当环保主义者提出对一次性尿布实施禁令和加税的时候，这个争议本身消耗的能源都几乎和生产尿布一样多了。几个团体开发了计算机模型来研究这个问题。我们把这种特殊的模型称作"生命周期分析"，它试图考虑一个产品的生产、使用和丢弃等各个方面可能会对资源利用和环境所产生的影响。为了说明这样的研究可能会有多么困难，图 7.2 列出了在建模中假设的几个问题。根据不同的假设，就会得到不同的结论[19]。值得注意的是，该模型关注的只是其中的一个质量，即对环境的影响。在做出个人决定的时候，我们可能会考虑该模型的结果（如果我们认为它是可靠的），同时我们也还会考虑其他因素，例如成本、美观、方便、舒适和健康风险。

- 在丢弃一片传统尿布之前，家长一般会重复使用多少次？（数值范围：90～167 次。）
- 该模型中应该考虑通过废物焚烧而回收的能量吗？还是说焚烧带来的污染可能会抵消其带来的利益？
- 在给孩子换尿布的时候，家长每次会使用几片尿布？（为了增加保护，许多家长会一次使用两片尿布。）（模型中数值范围：1.72～1.9 片。）
- 在该模型中会如何计算在棉花种植中使用农药的影响？

图 7.2   对尿布的生命周期进行建模的因素

2. 测试的重要性

许多法官会使用提供风险评估的软件，可以帮助预测被判有罪的人将来犯下另一种罪行的可能性。如果软件所基于的模型做得很好，这可能是一个有价值的工具，可以在对罪犯进行定罪时，帮助做出符合人道和社会价值的有关决策。一种广泛使用的模型会基于 100 多个因素进行评估，例如，该罪犯的父母是否也曾入狱。我们可能已经知道，模型中的因素与重复犯罪是有关的。该模型中并不包括种族或出生国家。然而，对结果的研究发现该模型对黑人有偏见[20]。也就是说，被评估为重复犯罪高风险的黑人，实际上犯下另一种罪行的可能性会显著低于同样被评估为高风险的白人。开发该模型的公司对该研究的方法和结果提出了异议。我们对谁是正确的不采取立场，只是使用这个例子来说明因果关系问题和测试的重要性。

为什么模型可能出错？一种可能性是模型使用的某些标准与重复犯罪相关，但也与收入或种族等其他因素相关。你可能经常听到，相关性并不意味着因果关系。对于许多现象，原因是未知的，人们只能使用现有可以得到的最佳信息。但是，对于像确定刑期长短这样重要的事情，法官应该如何使用这种软件呢？在这种情况下，对任何模型来讲，其中一个关键任务都是测试，将实际犯罪分子的后期行为与评估结果进行比较。这可能需要很多年，也需要仔细的统计方法。与此同时，这样的程序也是一个可能有用的工具，但是法官需要知道它是如何工作的（或者至少知道它工作得是否足够好），并且必须保持怀疑态度，在将其输出结合到他们的决策中时要有良好的判断力。

3. 例 1：对汽车碰撞建模[21]

汽车碰撞分析程序使用了一种被称作有限元法的技术。如图 7.3 所示，他们在汽车的框架上叠加一个网格，把汽车分割成有限数量的小块（或元素）。模型还会用到描述每个元素的材料规格（例如，密度、强度和弹性）的数据。假设我们正在研究迎头相撞对汽车的结构可能产生的影响。工程师会对数据进行初始化，使之表示以指定的速度撞向一堵墙。该程序会计算在每个网格点上的作用力、加速度和位移，以及在每个元素中的压力和变化。重复这些计算，就可以用小的增量来显示随着时间的推移会发生什么。这些程序需要密集计算来模拟该冲击在每40～100毫秒中产生的实时效果。

一个真实的碰撞测试包括为一类新的汽车设计构建和测试一种专门的原型，而且可能会花费几十万美元。碰撞分析程序使工程师能够考虑替代方案，例如，改变特定组件的钢材厚度，或者完全改变其材料，在不用为每种可选方案构建一种原型的前提下，就可以发现其效果。但是，这些模型的效果如何呢？

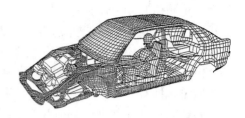

我们对于汽车碰撞的物理效果理解了多少？这些数据的准确度和完整性又如何？作用力和加速度是最基本的原则。在这些程序中涉及的物理学原理非常简单。对于有关在一辆车中使用的钢材、塑料、铝、玻璃和其他材料的属性，工程师都有相当的了解，而且也有关于所使用材料的密度、弹性和其他特性的高质量数据。然而，虽然他们理解在逐渐施加作用力时，各种材料所表现的行为，但是他们可能并不是非常了解在突然加速和高速撞击的情况下，这些材料会产生什么样的行为，或者在接近或到达极限点的时候，它们会发生什么。

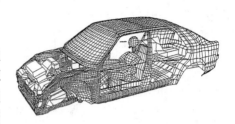

程序会进行什么样的简化？网格模型本身就是最明显的一种简化。汽车本身是光滑的，而不是由许多小块组成的。此外，时间是连续的。它并不会按照离散的步骤来流逝。模拟的准确性部分取决于

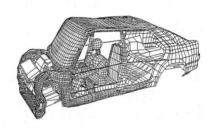

图7.3　对正面汽车碰撞的模拟（这里的网格是简化过的），图片经 Livermore 软件技术公司授权使用

网格有多细，以及模拟的时间间隔有多小。当前计算机速度允许我们在精细的网格上（例如，每个网格几毫米大小）以非常小的时间间隔（例如，低于百万分之一秒）进行计算。

计算结果与实际的真车碰撞测试相比如何？高速摄影机可以记录真实的碰撞测试。工程师在汽车框架上附加传感器和标记参考点。他们将传感器记录的值与程序计算的结果进行比较。他们会实际测量参考点的变形或位移，然后与这些点计算出来的位置进行对比。根据实际碰撞的结果，工程师利用基本的物理原理，来计算和确定其速度变化和作用在汽车上的其他作用力。他们也会拿这些值与模拟计算得到的值进行对比。那么结论是什么？碰撞分析程序表现得非常棒。部分原因是随着时间的推移，人们对于这些结果的有效性已经逐渐建立了信心，工程师在许多其他相关冲击分析的应用中（其中也包括图7.4中列出的应用），都已经使用了相同的碰撞分析建模程序的不同变体。

工程师们还是会进行物理碰撞测试。计算机程序是对理论的一种实现。虽然碰撞分析程序是非常优秀的设计工具，而且它们以非常低的开发成本增加了汽车的安全性，但我们还需要物理碰撞测试来确认它真的安全。

- 预测装有危险废料的容器如果撞到地上，可能造成的损坏。
- 预测飞机挡风玻璃或机舱（发动机外盖）如果与鸟相撞，可能造成的损坏。
- 确定如果装配线提速的话，是否会对啤酒罐表面造成碰撞痕迹。
- 模拟被称为球囊扩张术（balloon angioplasty）的医疗程序，医生会通过在被阻塞的动脉血管中塞入气球，对其充气，以打通动脉。计算机程序可以帮助研究人员确定如何执行该程序，才能对动脉壁产生较小的损伤。
- 预测汽车安全气囊的行为，以及为它们充气的传感器的合适位置。
- 改进汽车内饰件设计，以减少在碰撞时带来的伤害（例如，一个人的胸口撞上方向盘可能带来的伤害）。
- 设计自行车和摩托车头盔，以减少头部受伤。
- 改进照相机的设计，降低其不小心掉在地上时可能造成的损坏。
- 预测地震对桥梁和建筑物产生的效果。

图 7.4   碰撞分析程序的一些其他用途

4. 例 2：气候建模

从 19 世纪晚期开始，全球气温一直在持续上升，海平面也在逐步升高。在此期间，全球平均气温大约上升了 0.8℃ [⊖]。从 20 世纪 70 年代后期开始，温度上升开始加速。从 1870 年到 2000 年，全球海平面上升了平均约 1.7 米；目前上升速度已经增加到了每年 3 毫米[⊜] [22]。这些变化的原因包括小冰河纪（大约 1450 年至 1850 年）的结束、自然气候的变化以及人类活动。对未来全球变暖和其他气候变化的预测都是基于关于气候的计算机模型。在本节中，我们要考虑的就是这些模型。从 1990 年以来，由联合国和世界气象组织资助的政府间气候变化委员会（IPCC）会大约每五年发布一次关于气候变化的科学，以及气候模型的质量和预测的详细报告。本节中的信息大多来自这些报告 [23]。

在本节中，我们给出了 IPCC 报告和其他研究资料中的数字，以便使我们的讨论更加具体，但由于各种数据的时间范围不同、模型运行的初始化、所使用的模型的类型、它们模拟的内容是什么、测量技术的多样性以及其他因素的影响，读者看到的数字可能会令人困惑，偶尔也会出现不一致的情况。我们鼓励读者不要迷失在数字中，而是用它们来帮助理解这些想法。

与汽车碰撞分析模型一样，气候模型也要根据指定的模拟时间间隔，计算网格点和元素（在网格点之间的空间）的相关变量。这里的网格可以环绕地球，往上穿过大气层，往下深入到海洋深处。该模型包含太阳能量输出的信息；地球的轨道、倾角和自转；地理（陆地地图）；地形（山脉等）；云；海洋和极地冰盖；土壤和空气中的水分；以及大量其他因素。公式被用来模拟大气压力、温度、风速和方向、湿度、降水、洋流等。

在太阳辐射到达地球的时候，地球会将其中的一些反射回去，而在大气层中的气体会捕获其中的一些热量。后者的现象被称为温室效应（greenhouse effect）。没有它，地球上的温度会过于寒冷，导致无法维持生命的存活。水蒸气是主要的温室气体，但还有其他几个重要的温室气体，特别是二氧化碳（CO_2）。因为人类活动（特别是燃烧化石燃料），使得大气中二氧化碳的浓度提高了。虽然这种上升趋势是从大约 16 000 年前开始的[⊜]，但是自工业革命开始以来，二氧化碳浓度的增加开始提速，并且在 1950 年之后，二氧化碳的释放开始迅速增长。与 1750 年相比，现在二氧化碳的浓度大约提高了 40%[24]。气候模型的一个应用是用

⊖ 根据不同的温度数据集和特定的起始年份，温度升高的幅度大约在 0.72℃～0.82℃ 之间，误差范围为 ±0.2℃。

⊜ 在 20 世纪的数据中的误差范围是 ±0.2 毫米，而对于最近更高的数据，误差范围是 ±0.4 毫米。

⊜ 这些较早的数据来自对南极洲和格陵兰岛地下钻探的冰芯中捕获的气体的测量。

来确定如果大气中的二氧化碳浓度比工业时代之前的水平增加一倍，可能会带来什么效果。气候模型还可以在对人口、工业和经济活动、能源使用等做出不同情境的假设的前提下，对本世纪余下的时间里，全球温度、海平面以及其他气候特征可能产生的变化做出预测。模型的另一个任务是，区分其中多少变暖是由人类活动造成的，而多少变暖是由其他因素造成的。

从 20 世纪 80 年代末期开始，全球变暖逐渐引起了公众的关注。在 20 世纪 80～90 年代用到的模型是非常有限的。下面列出的是当时模型所做的一些简化和假设，以及建模的人也没有完全理解的一些因素：

- 模型没有区分白天和黑夜[25]。
- 他们使用的是粗粒度的网格（点之间的距离大约是 500 公里）⊖。
- 他们没有考虑厄尔尼诺现象。
- 他们没有考虑气溶胶（aerosol，空气中的小粒子）的冷却作用。
- 对海洋的表示极其简单；当时的计算能力不足以完成模拟海洋行为所需的大量计算。
- 云对于气候极其重要，但是涉及云的形成、影响和消散的许多过程在当时都没有得到很好的理解。IPCC 在 2001 年总结到[26]：“与我们在 1990 年的第一次 IPCC 评估报告中遇到的情形一样，对未来气候预测最大的不确定性很可能来自云，以及云与辐射之间的相互作用……云是在气候模拟中包含潜在错误的一个重要来源。”

在采用以往数据运行的时候，一些早期的气候模型在预测上个世纪的温度升高时，竟然会比实际情况高出三到五倍。因此，对于这些气候模型和它们的预测存在太多的怀疑，也就不足为奇了。

如今的模型更加详细和复杂。计算机能力的增加允许我们使用更细粒度的网格，对海洋进行完整的表示，并且使用模型完成更多的实验。由于数据收集的增加和基础科学研究的进步，也改善了我们对气候系统组成部分的行为和其相互作用的理解。

我们是否很好地理解了背后的科学？数据的准确度又如何？气候学家了解关于气候的大量知识，在模型中涵盖了大量的优秀科学研究成果和数据。但是，未知的世界也依然很巨大。

当地球变暖，水分蒸发，在大气中的额外水蒸气会吸收更多的热能，从而使得大气变得更暖。另一方面，水蒸气形成云，这反映了入射的太阳辐射具有一定的冷却效果。因此，云同时具有正面（不稳定）和反面（稳定）的反馈效应。关于该机制的基础科学是很容易理解的，但是对于该反馈机制的复杂性和规模则却缺乏理解。IPCC 表示，对云层的不同处理方法是造成二十多个模型预测结果差别很大的最大因素，这些预测针对的都是大气中二氧化碳浓度比工业时代之前的水平提高一倍可能带来的长期影响⊖。事实上，尽管在过去的 25 年间模型的复杂程度增加了很多，但最近的 IPCC 报告称其影响可能在 1.5℃～4.5℃ 的范围内，这与第一份报告[27]的增加范围是一样的⊜。

自 1850 年以来，温度记录也存在各种缺点，例如，海洋和偏远陆地区域的监测站很少，

⊖ 要理解网格大小的意义，可以想像一场暴风雨；若暴风雨落在网格点之间，则模型可能无法完整地表达它，或者模型可能将其视为整个网格元素。

⊖ 这种长期影响的技术术语是“平衡气候敏感性”（equilibrium climate sensitivity）。它包括二氧化碳加倍的影响，会在本世纪末结束之后发生。

⊜ IPCC 在做出这样的预测的时候，还考虑的模型结果之外的其他因素。

测量仪器的质量也存在差异。各种研究机构通过应用统计方法和其他技术开发了不同的温度数据集，对数据进行校正，并填补实际数据中的空白。

在利用卫星收集数据之前的这段时间内，针对很多现象的数据都是不足的。例如，IPCC 表示，南极海冰数据记录的短缺导致模拟冰的模型之间的差异很大，另外，我们对于自 1979 年以来冰增加的原因也缺乏足够的了解 [28]。

模型中做了哪些假设和简化？在理想的情况下，从模型背后的科学（通常是物理和化学）中导出的公式，可以对可能影响气候的所有过程建模。但这是不可行的，因为它需要太多的计算时间，而且并不是所有的基础科学都是已知的。人们用简化公式（称之为参数化）来表示许多过程，它们似乎给出了逼真的效果，但是从科学角度未必都是准确的。不同模型中采用的具体的参数化方式也有很大不同。IPCC 指出 [29]：“每一点点新增加的复杂性……同样会引入潜在错误的新的来源（例如，来自不确定的参数）。”

在基于场景（而不是针对具体的温室气体浓度增加）的模型预测中，包括对未来一个世纪内关于技术发展、经济发展、排放量的政府控制、人口、能源使用等因素的众多假设。

科学和虚构

在关于全球变暖的科幻电影中，给我们展示的是城市的建筑物都被淹在水下。娱乐业当然会夸大事实和展示戏剧化的效果。但是，为什么在科学博物馆的展览中，我们看到海平面到了自由女神像的中部（大约是高于海平面 200 英尺⊖）？某位气候科学家曾经说过 [30]：“为了捕捉公众的想象力，我们必须提供可怕的场景，做出简化的引人注目的言论，并且尽量不要提及我们自己可能存在的疑问……我们每个人都必须在有效和诚实之间做出正确的权衡。”虽然他说，他希望气候科学家可以做到既有效又诚实，但是如果我们为了追求别的东西而放弃诚信，那么显然是一个道德问题。这样做是一个好主意吗？如果海平面上升 20 英寸⊜，将会带来非常严重的问题，但是我们可以设法解决。如果海平面真的上升几十或几百英尺，那么将是一个巨大的灾难。夸张可能会导致人们采取建设性的行动。而夸张也可能会导致过度反应、适得其反、造成昂贵代价的行动，或者浪费其他有效途径的资源。如果我们希望能够解决真正的潜在问题（例如低洼地区可能会被淹没），我们必须先准确地定位这些问题。

模型的预测与实际经验相比如何呢？IPCC 表示，人们非常有信心地认为这些模型重现了全球平均温度变化的一般特征，包括 20 世纪下半叶的变暖趋势 [31]。长期趋势与观测到的温度、模型预测的季节变化和其他大范围现象是一致的。不同模型的一般预测模式是相似的。例如，他们都预测会变暖，他们都预测到更多的变暖将发生在极地附近和冬季。

我们现在可以回顾并比较过去几十年的温度预测与实际数据。这些模型的表现如何？1990 年的 IPCC 报告指出，温度每十年将增加 0.3℃⊜。从 1990 年到 2010 年，实际上，每十年温度增加的幅度是比预测值的一半多一点点 [32]。2007 年的报告称，这些模型预测未来几十年中，每十年会变暖 0.2℃。然而，自 20 世纪 90 年代末以来，至少有 15 年的时间内，全球气温上升很少（每十年大约 0.05℃～0.07℃，相比之下，1951～2012 年间每十年增加为

⊖　1 英尺＝0.3048 米。——编辑注
⊜　1 英寸＝0.0254 米。——编辑注
⊜　预测范围为 0.2℃～0.5℃。

0.12℃[⊖])。IPCC 将温度升高比较小的时期称为"停滞"（hiatus）期[⊖]。大多数模型都没有预测到会发生这种情况。这种差异有多重要？IPCC 表示，大约 15 年的时间段已经低于一些模型的趋势，但是也高于其他的一些模型的预测，并且在停滞期这段时间内，气候的其他方面与持续变暖的预测是一致的。它提出了温度小幅增加的几种可能原因，包括自然气候变化和模型中的各种可能的误差。其他科学家也提出了许多可能的解释，有些人修改了温度数据的分析，并得出结论认为没有发生停滞。我们可能还需要更多年，才能完全理解停滞期及其影响[33]。

不久的将来会怎样呢？IPCC 表示，模型预测有 50% 的可能性，2016～2035 年期间的平均温度将比 1850～1900 年期间的平均温度高 1℃，并且不太可能比 1850～1900 年期间的高出 1.5℃。在未来二十年，我们将能够评估这些预测的准确性。

7.2 关于计算机、技术和生活质量的新勒德主义观点

> 硅（或者沙子）的天然资源非常丰富，而且几乎没有货币价值，然而可以用它们制作微芯片。几粒沙子和人类思想的无限创造力结合在一起，所创造出来的机器将会在下个世纪为地球居民创造数万亿美元的新增财富，而且还能够节省大量的体力劳动和宝贵的自然资源。
>
> ——斯蒂芬·穆尔（Stephen Moore）[34]

> 撇开因为计算机的生产和使用对环境和医疗带来的弊病不说，至少有两个道德上的观点可以用来反对它。首先，计算机使我们的文明中的大部队，在为了实现赚钱和生产东西的恶性目标的过程中，可以更加迅速和有效地运作。其次，在使用这些技术的过程中，这些力量正在以比以往任何时候都要更快的速度和效率破坏大自然。
>
> ——柯克帕特里克·塞尔（Kirkpatrick Sale）[35]

7.2.1 对计算技术的批评

上述引用都来自 1995 年，它们说明了关于计算机技术的预期价值的两种极端看法之间的巨大分歧。对计算机技术的评价涵盖了从"奇迹"到"大灾难"之间的所有范围。虽然本书主要讨论的是使用计算机、互联网和其他数字通信技术会带来的问题，但是我们隐含的（有时是明确的）观点一直是：这些技术是一种积极的发展，会给我们带来很多好处。由于政府监控和消费者档案的建立，有可能会造成自由和隐私的损失，这是一种严重的危险。计算机犯罪会造成高昂的代价，而对就业带来的改变也是颠覆性的。我们在下一章中会讨论系统故障，它对我们提出警告：一些潜在的应用程序可能会有可怕的风险。我们可能急需尝试避免执行某些应用程序，以及迫切地倡导要增加保护来防范这些风险，但是，我们并不能因为这些威胁和风险，就把技术作为一个整体来加以谴责。在大多数情况下，我们把新的风险和负面影响看作在变化的自然过程中所发生的问题；不管是当作我们需要解决的问题，还是

⊖ 与所有这些数字一样，报告中都给出了误差范围。一些数据取决于报告的确切开始和结束日期。

⊖ 自 2000 年以来，有好几年是有史以来最热的。这与"停滞"并不矛盾：从 20 世纪 70 年代到 90 年代，温度持续升高，使温度达到 19 世纪以来的最高水平；因此任何上涨都可能创下纪录。

当作我们为了得到其好处而付出的代价，这都是某种折衷的一部分。许多拥有完全不同政治观点的人都认同这样的态度，虽然他们可能对于特定的计算机相关的问题，或是对于到底应该如何解决这些问题，会持有不同的观点。

另一方面，还有人完全拒绝承认计算技术是一个拥有许多重要好处的积极发展。他们看到的好处极其少，而且被所造成的损害完全压倒。尼尔·波兹曼（Neil Postman）⊖认为，在家里通过上网来投票、购物、进行银行交易和获取信息是一场"浩劫"；它会让人们有更少的机会"共处"，从而造成邻居之间的隔离。理查德·斯科洛夫（Richard Sclove）和杰弗里·朔伊尔（Jeffrey Scheuer）认为，电子通信将削弱家庭和社区生活，以至于人们将会哀悼他们的生活丧失了深度和意义[36]。本书的一位审稿人所提的意见说明了这种区别的角度。他反对我使用"火的礼物"这种比喻来说明这样的观点：计算机可以是非常有用的，但同时也是非常危险的。该审稿人认为，用"潘多拉的盒子"是更为合适的。潘多拉的盒子中包含了"人类的种种弊病"。柯克帕特里克·赛尔（Kirkpatrick Sale）是《反对未来的叛军》(Rebels Against the Future）一书的作者，他在公共场合表达对计算机的看法时，往往会在现场用大锤来砸碎一台计算机。

在 1811～1812 年的英格兰，人们焚烧工厂以阻止新技术和社会的变化，因为这正在消灭他们的工作机会。其中许多人都是在家里工作的小机器上的纺织工人。他们被称为勒德分子（Luddite）⊖。过去 200 年来，与暴力的勒德分子有关的记忆一直是反对工业革命这一最引人注目的形象。术语"勒德分子"长期以来被用来嘲笑那些反对科技进步的人。最近，技术的批评者把它当作一个光荣的名字。柯克帕特里克·赛尔和许多分享他的观点的其他人自称新勒德分子（neo-Luddites），或者干脆简称勒德分子。

新勒德分子发现计算机有哪些应该受到谴责的问题呢？他们的一些批评也困扰着那些对计算技术持积极态度的人，这些问题我们在前面的章节中已经讨论过。但是，新勒德分子的不同特点之一是他们把目光聚焦在这些问题上，却看不到任何解决方案或权衡策略，并因此得出这样的结论：计算机对于人类是非常糟糕的发展。他们的具体批评有以下几种：

- 计算机会导致大规模失业和工作的技巧缺失。"在生产计算机的过程中，有血汗工厂劳动的参与。"[37]
- 计算机"制造需求"，也就是说，我们使用它们，只是因为它们在那里，而不是因为它们可以满足实际需求。
- 计算机会导致社会的不公平现象。
- 计算机会导致社会解体；它们是非人性化的。它们会削弱社区，并导致人与人之间的隔离。
- 计算机会把人从自然中隔离，并且会破坏环境。
- 计算机使大企业和大政府受益最多。
- 在学校使用计算机，会降低社交能力、人类价值和儿童智力技能的发展。他们创造了一种与企业价值观一致的"不祥的知识统一性"[38]。
- 计算机并不能解决人类的真正问题。例如，在回应其他人关于信息访问带来的好处的观点时，尼尔·波兹曼[39]认为，"当家庭发生破裂、儿童被虐待、犯罪使城市感到恐怖、教育变得无能为力，这些都不是因为信息不足而造成的。"

⊖　Neil Postman，美国人类学家，纽约大学教授。他认为"新技术永远无法替代人的价值"。——译者注
⊖　勒德分子（Luddite）这一名字来源于该运动的虚构的、象征性的领导人勒德（Ludd）。

　　这些批评中的一部分可能是不公平的。计算机工厂的工作条件与早期工业革命中的血汗工厂的条件是很难相比的。在第 6 章中，我们看到，计算机会消灭一些工作岗位，并且计算机化的步伐会造成某些工作的中断，但是总的来说，声称计算机和技术导致大量工人失业是不能令人信服的。谴责计算机造成了世界上的社会不平等，其实是忽略了我们数千年的历史。波兹曼关于"信息不足并不是大多数社会问题的根源"的看法是正确的。在课堂上有了计算机，无法取代在家里拥有好的父母。但是，这是不是应该成为对计算机和信息系统的批评？访问信息和通信可以协助解决问题，而不太可能造成伤害。波兹曼认为，对于普通人来说，主要的问题是如何找到生命的意义。我们需要回答这样的问题[40]："我们为什么在这里？"和"我们应该如何做人？"但是，因为计算技术并没有解决我们几千年来一直存在的基本的社会和哲学问题，我们就应该对它进行批评吗？

　　对于新勒德分子来说，计算机在本质上是恶毒的，这个观点是他们另一个更广泛的观点的一部分，即几乎所有的技术都是恶毒的。对于现代的勒德分子来说，计算机技术仅仅是在人类社会的真善美的下降过程中的一个最新阶段，但是在许多方面也是最差劲的阶段。计算机比早期的技术更差，因为它们具有巨大的速度和灵活性。计算机加速了技术导致的负面趋势。因此，如果有人指出某个被归咎于计算机的问题其实早就存在的时候（由于某个早期的技术），勒德分子会认为其中的区别是次要问题。

　　在勒德分子的观点中，他们对技术反感的深度可以从他们对待我们大多数人日常使用的普通设备的态度中看得更加清晰。例如，赛尔曾说过："我发现打电话不仅会带来身体上的疼痛，还会造成精神上的痛苦。"另一位反对计算机的专家斯温·伯克茨（Sven Birkerts）说，如果他生活在 1900 年，他也可能会反对电话⊖。在谈到印刷出版的发明的时候，赛尔感叹："文字印刷……破坏了口口相传"。他认为不只是计算机，连文明本身也是一种灾难。我们中的一些人把现代医学看作是拯救生命和提高生命质量的一种福音；而一些勒德分子则指出，现代医学给我们带来的是人口爆炸和延长衰老[41]。

　　在阅读和听取技术爱好者和技术批评者的论据之后，我觉得令人吃惊的是：不同的人看待相同的历史、相同的社会、相同的产品和服务以及同样的工作的时候，对于他们所看到的东西会得出截然相反的结论。技术的支持者和反对者之间的世界观存在根本的区别，比看到一个杯子是半满还是半空的区别还要更大⊜。二者之间的区别似乎是关于杯子中放的应该是什么的两种相反意见，以及杯子里面的东西是在增加还是在减少。技术的支持者看到生活质量的上升趋势，人们一开始生活在只有一个空杯子的时代，任由大自然的摆布，然后技术在缓慢地向杯子中装东西。新勒德分子则认为玻璃杯原本是满的，那时候人们生活在小社区中，对自然界不会产生什么影响；而他们认为技术正在使杯中的水减少。

　　新勒德分子的观点与人类应当采用什么样的生活方式的特定观点是有关联的。例如，赛尔的第一个观点（即在本节最开始引用的话）做出了道义上的判断，认为赚钱和生产东西是有危害的。他的开场白和他的第二个观点则公开暗示他对"不要破坏自然"赋予异乎寻常高的价值（即使在当代背景下，人对于保护环境的重要性有了更多认识的时候，他的看法还是异乎寻常的高）。我们会进一步探讨这些观点。

⊖　批评电话的人抱怨说，它们用脱离现实的、远程的声音取代了真正的人与人之间的交往。它们实际上却扩大和加深了孤立人群的社会关系，例如普通妇女（尤其是农民妻子）和老人。

⊜　指的是半杯水的经典故事："面对桌上的半杯水，乐观者会说，还有半杯水；悲观者会说，只剩下半杯水。"
　　——译者注

7.2.2 关于经济、自然和人类需求的观点

勒德分子一般对企业、市场、消费类产品、工厂、现代化的工作形式持负面看法。他们认为，企业追求利润的目标与工人的福祉和自然环境之间存在根本的冲突。他们认为，在工厂、大办公室和一般商业企业中工作，是非人性化的、沉闷的和对工人健康有害的。因此，举例来说，勒德分子对钟表持批评意见。尼尔·波兹曼[43]把钟表的发明描述为"对那些将自己全身心投入到金钱积累中的人最为有用的技术。"

在一种说法中选择不同的用语会产生细微的差别，这有时候也能够说明勒德分子和非勒德分子之间的角度差异。技术的目的是什么？对勒德分子来说，它是为了消灭工作，并减少生产成本。对技术支持者来说，它是为了降低生产商品和服务所需的资源。这两种说法几乎描述的是同样的事情，但是前者意味着大量的失业、资本家的利润，以及使大多数工人过上更差的生活；第二种说法则意味着财富和生活水平的改善。

勒德分子的观点中包含了对企业的负面态度，特别是过高估计了公司能够操纵和控制工人和消费者的能力。例如，理查德·斯科洛夫（Richard Sclove）把远程办公描述成"被企业所强迫的"。（有趣的是，对工业革命最常见的批评之一是，人们需要到工厂工作，而不是在家里上班，这样会削弱家庭和当地社区。）

勒德分子对于汽车、城市以及通信和运输中涉及的大部分技术都做出特别强烈的批评。而值得注意的是，我们大多数人都会从中获得个人利益和社会福利。城市是文化、财富生产、教育和就业机会的中心[44]。现代交通和通信技术降低了产品的价格，增加了其品种和可用性。例如，我们可以在智能手机上找到我们想要的菜单和电影时间表，也可以在网上从全球购买商品。我们在一年中的任何时候都能吃到新鲜的水果和蔬菜，也可以通勤到离家很远的地点找到一个更好的工作，而不必卖掉房子和搬家，或者也可以选择在家工作。如果我们因为大学或工作而搬到一个新的城市，现代化的便利设施（如飞机、电话和互联网）可以使得我们的分隔变得没那么不愉快。我们可以更加频繁地去不同地方走动，可以通过社交媒体与朋友和家人互相问候和分享活动。勒德分子和其他技术的批评者对于这些好处的评价不高。从他们的观点来看，带来的优点仅仅是为了改善技术造成的其他问题。例如，波兹曼引用弗洛伊德的评论[45]说："如果从来没有铁路来战胜距离，那么我的孩子也不会离开自己的家乡，从而我应该也不需要电话就可以听到他的声音。"

1. 技术是为自己创造需求吗？

勒德分子认为，是技术导致生产了许多我们并不需要的东西。赛尔辩称，较小的便携式电脑并不是为了"满足任何已知或有人表示的需要"，但是企业之所以生产它们，只是因为计算部件的小型化使得这成为可能。人们已经购买了数以百万计的笔记本电脑、平板电脑和手机。它们的使用数量是惊人的；那么，可移动的计算机满足了什么需要吗？这取决于我们所说的"需要"是什么含义。我们需要在后院里做功课，或是需要用 iPod 听音乐吗？建筑师或承包商是否需要在施工现场放一台笔记本电脑吗？强调个人行动的价值和选择的人们认为需求和目标是相关的，而目标则是由个人来决定的。因此，我们是否应该要问，作为一个社会，"我们"是否需要便携式电脑呢？抑或这应该是可能会拥有不同答案的每个人自己的决定？很多人通过他们的购买行为证明了他们的确想要便携式电脑。如果一个人不觉得有欲望或需要购买，那么他就不用去买。然而，勒德分子则拒绝认同这种面向个人的看法，他们认为，广告、工作压力或其他外部力量会操纵买家。

"沃尔玛和电子商务"与"市中心和社区"

电子商务有没有对社区造成人们不期望的变化？理查德·斯科洛夫（Richard Sclove）和杰弗里·朔伊尔（Jeffrey Scheuer）是这么认为的[49]。他们认为沃尔玛商店从市中心的商店抢走了生意，造成繁华社区的衰落，"导致了所有消费者都不期望产生的结果"。他们还把沃尔玛的例子推广到了网络空间。随着我们进行更多的电子交易，就会失去更多的本地商店、当地的专业服务和社会服务，以及欢乐的小城镇市中心等公共场所。消费者是"被迫"不得不使用电子服务，"不管他们是喜欢还是不喜欢"。其他一些强烈批评技术的人持有与斯科洛夫和朔伊尔类似的基本观点，因此我们有必要研究他们的一些论点。

沃尔玛的是一个很好的类比；这样的情形可以用来说明和澄清关于电子商务对社区的影响的一些问题。假设在斯科洛夫和朔伊尔的观点中，刚刚有一个新的沃尔玛超市开在了郊区，大约一半的城镇居民开始在那里完成他们三分之一的购物需求，而其他人还会继续在市中心的购物中心购物。这样每个人都会在市中心的商店购物，并且每个人都希望保持市中心的商店。但是，市中心的商店会失去大约 16.5% 的销售额，因此其中很多店可能会无法继续生存下去。斯科洛夫和朔伊尔形容这是一种"非自愿的转型"，而且并不是消费者想要的情形。他们认为，之所以会发生这样的情况，是因为"不正当的市场动态"。然而，这些变化并不是非自愿或不正当的。斯科洛夫和朔伊尔的阐述的问题核心是，他们没有能够对两样重要的事情进行区分：一个人想要一个东西和愿意花钱购买它之间的区别，以及"被强迫或不自愿"和"不被人想要或不被人所期望"之间的区别。

先考虑一个简单的情况。假设我们对一个小镇的成年居民进行调查，假设有 3000 人，询问他们是否想要在镇里开一家精致的法国餐厅。几乎每个人都表示肯定。那么是否会有一家法国餐厅在镇里开业呢？大概不会有。几乎每个人都想要它，但是并没有足够的潜在业务来维持它的生存。这其中有市场驱动力的原因，但它并不是不正常的。事实上，消费者可能会希望拥有某种特定的服务、商店或产品，但如果没有足够的人愿意支付其价格，使该业务可以生存下去，那么消费者的期望就变得无关紧要。在斯科洛夫和朔伊尔关于沃尔玛的场景中，如果人们愿意支付更高的价格，以弥补被沃尔玛抢去的 16.5% 的收入，那么市中心的商店还可以继续存在。但我们知道，如果商店提价，那么他们几乎肯定会失去更多的客户。城里的居民并不愿意支付更多的成本，以保持市中心的商店不会关门。你可能会表示反对：居民之前并不用支付更高的价格。那现在为什么要这样？因为现在人们**可以选择**在沃尔玛超市或网上购物。不管是因为价格优势还是购物方便引诱了他们，这都是他们在之前无法获得的好处。这里依然是市场驱动力在起作用，但这也不是不正常的，而是竞争在起作用。

关于"沃尔玛/电子商务"场景中的第二个问题是，变化是否是"非自愿"的转型。斯科洛夫和朔伊尔说，随着当地的商业走下坡路，无论人们是否喜欢，都将被迫使用电子服务。这是准确的吗？我们可以反驳说，在没有新的选择之前，那些去沃尔玛购物或热衷于网上购物的人都被迫来到市中心的商店（或其他线下门店）去购物。新的现状并不比之前的情形更加不能自愿选择。虽然没有人希望看到市中心的衰落，但是可能导致这一结果的行动都是自愿的。当一个新的商店（在线或离线）开业的时候，没有人会被强迫到那里购物。对市中心商店的影响，可能一开始对所有的居民来说并不是很明显（虽然到现在已经非常常见，以至于他们可能预期会发生这样的情形），但是，一个意想不到的或意外的结果并不能等同于一个被胁迫的结果。在一个自由的社会，每个人根据自己的知识和偏好，来做出数以百万计的决定。这种分散的、个性化的决策产生了一种关于商店、服务和投资（更不用提社会和文化模式）不断变化的格局。没有人能预测结果会是什么，也没有人可以想象关于经济或社会的某种特定形式，但是，（除了政府补贴、禁令和法规之外，）消费者和商家的行为都是自愿的。没有一个人可以期望拥有他恰好想要的购物方式的多种选项的一个组合（或者其他社区特点）。如果从消费者和生产者所做出的无数决定中得到了某种结果，它也不是被强制的。若我们要判断是否有外力对人们加以强迫，需要通过过程来判断，而不是其结果。

　　环境组织和反技术组织也在使用计算机和网络。《野生地球》的编辑认为自己是一个新勒德分子，他"倾向于技术本质上是邪恶的"，但是他可以"通过电子邮件、计算机、激光打印机来传播自己的观点"[46]。在 2007 年，一个采访者报道说，在用他漫长的职业生涯攻击计算机之后，科克帕特里克·赛尔也开始使用笔记本电脑了。现在的问题是：赛尔和《野生地球》的编辑之所以使用计算机设备，是因为人工制造的需求，还是因为它是有用的和对他们有帮助？赛尔把使用计算机看作是一种令人感到不舒服的妥协。他说，使用计算机之后，会不知不觉地在用户身上嵌入制造该技术的社会价值观和思维过程[47]。

　　随着物联网的范围已经扩展到了雨伞和卫生棉条，我们可能想重新考虑赛尔的观点并提出一个新问题：我们真的需要连接到互联网上的所有东西吗？技术专栏作家乔安娜·斯特恩（Joanna Stern）嘲笑这种高度互联的生活，把物联网称作"每一个单独物件的互联网"[48]。我们是否需要一台冰箱通知我们鸡蛋存量不多了，或者在我们每次关冰箱门的时候，都拍摄一张冰箱里面的照片，从而我们在超市里购物时可以随时查看冰箱里当前的库存情况？为什么不像我们过去那样制作纸质的购物清单呢？我们是否需要连接到互联网的垃圾桶和水瓶？其中一些问题的答案是否定的；有些产品会消失，因为消费者不会购买它们。但是，当我们考虑过去创新带来的所有意外用途时，我们能否确定地说，我们或任何人可以提前知道哪些新设备有用和哪些没有用吗？物联网上的一些东西能够挽救生命。对许多人来说，它带来主要的好处是方便。有些我们乍一看可能会想笑的东西，很可能对特殊人群非常有帮助。你能想到一些这样的例子吗？

　　认为资本或技术可以操纵人们购买他们真的不想要的东西的观点，与认为使用计算机会对计算机用户带来阴险的破坏效果的观点一样，展现的都是一种看低了普通百姓的判断力和自主权的观点。与另一个人的价值观和选择不同是一件事情。而如果仅仅因为这种区别，就得出结论说另一个人过于软弱和无能，以至于他无法做出自己的决定，这完全是另外一件事情。在勒德分子关于正确的生活方式的看法中，现代的舒适和便利，以及种类繁多的商品和服务的可用性，这些都不存在很大的价值。可能大多数人会比勒德分子更加看重这些东西。为了更好地认识勒德分子所谓的正确生活方式，我们下面来讨论他们关于人类与自然的关系上的一些看法。

2. 自然和人类生活方式

　　勒德分子认为，技术并没有改善生活，或者最多也只是改善了一些无足轻重的地方。赛尔所列出的好处清单中包括速度、易用性和大众访问——所有这些都是他所不屑的。赛尔认为，虽然人们可能会觉得他们的生活因为计算机而变得更好，但他们所看到的是"工业的美德，而在另一种道德中可能就无法称之为美德"。他把道德判断定义为"能够对一件事情的对错做出判断的能力：当它提高了大自然的完整性、稳定性和美丽程度的时候，它就是正确的；而当它正好相反的时候，就是错误的[50]"。杰里·曼德（Jerry Mander）是深层生态学中心（Center for Deep Ecology）的创始人，也是反对技术和全球化的多本书的作者，他指出，既然过去很多代的人都可以不用计算机也能生活，这也就表明我们没有计算机也可以过得很好。虽然有些人会评估在农药的负面影响和它减少疾病或保护粮食作物的好处之间的各种权衡，曼德对技术的反对导致他做出了这样的结论：不可能存在"好"的农药。虽然很多人在开发降低汽车用油量的技术、法律和教育方法，但是曼德认为，不可能存在"好"的汽车[51]。

赛尔和曼德的这些意见背后的基本前提是什么？我们首先从道德判断的角度来考虑赛尔的意见。许多关于环境的争论都建立了人类与自然之间的对立[52]。这并不是真正的冲突。自然、生物多样性、森林、适宜的气候、清新的空气和水、远离城市的开放空间，这些对人类都是很重要和有价值的。用以躲避雨雪、寒冷和炎热的居所也是如此。用以挽救生命的药品和医疗技术也一样。关于环境的冲突并不是人与自然之间的冲突。它们其实是对于如何满足人类的需求有不同的看法的人与人之间的冲突。与赛尔的说法相反，对很多人来说，在几千年以来，道德判断意味着选择能够提高人的生命、减少痛苦、增加自由和幸福的能力。赛尔的观点中选择了自然作为道德价值的首要标准，而不是人性。

以人为本的标准来看，汽车（或计算设备）是否是"好的"，要看它是否符合我们的需求，以及它做得有多好，需要付出什么样的代价（包括环境和社会，以及我们的银行账户付出的代价），以及它与其他替代品相比如何。现代技术的批评者指出它们的缺点，但往往会忽视其替代品的缺点，例如，在一个世纪前，为了养马所需要种植的数百万亩草料，以及每天在城市街道上排放的数百吨的马粪[53]。蜡烛、汽灯、煤油灯会让家里充满烟雾和烟灰。我们需要电吗？我们需要热水龙头、电影和交响乐团吗？还是我们除了食物和住所之外什么都不需要？我们需要超过 25 岁的预期平均寿命吗？是不是我们仅仅只要存在就可以了？（还是说连存在也不需要？）还是说我们想要充满爱、有趣的活动，并有机会使用我们奇妙的、有创造力的大脑获得长寿、幸福和舒适的生活？

3. 技术的成就

人们很容易忽略过去几百年间在生活质量上发生的剧烈变化。下面我们讨论一些这样的例子。

技术和工业革命对人类预期寿命产生了巨大影响。1662 年的一项研究估计，在伦敦只有 25% 的人能活过 26 岁。根据 18 世纪的法国村庄的记录显示，死亡年龄的中位数低于结婚年龄的中位数。直到最近几代人，父母都还不得不忍受他们的大多数孩子会夭折。饥饿也曾经习以为常。在美国，出生时的预期寿命从 1900 年时的 47.3 岁，上升到了 2016 年的 79 岁。在世界范围内，平均预期寿命从 1900 年的约 30 岁，增加到了 2015 年的约 71.1 岁。在世界上的大多数国家，科学与技术（以及如教育这样的其他因素）减少或基本消除了伤寒、天花、痢疾、瘟疫、疟疾。在工作中、旅游过程中和事故中的死亡人数也急剧下降[54]。

在 21 世纪初，美国人花费不到 10% 的家庭收入在食物上，而在 1901 年的食物花费则高达约 47%。农艺学家诺曼·博洛格（Norman Borlaug）因为他改进农业生产力的工作，赢得了诺贝尔和平奖，他报告说，在印度引入了小麦和作物管理的新形式之后，产量从 1965 年的 1230 万吨，升到了 1999 年的 7350 万吨。大约在相同的时期，美国生产的 17 种最重要的作物从 2.52 亿吨上升到了 5.96 亿吨，同时却少用了 2500 万英亩的土地。人口专家尼古拉斯·埃伯施塔特（Nicholas Eberstadt）报告说，过去几十年来，无论是在发展中国家还是发达国家，粮食供应和国内生产总值（GDP）的增长都比人口的增长速度要快[55]。

发展中国家从电信和信息技术中获得的好处是巨大的。例如，一个联合国贸易与发展会议的报告中指出，通过鼓励电子商务的发展，发展中的经济体可以带来数十亿美元的生产力价值收益。该报告[59]称："这是因为互联网革命不只是与高科技、信息密集型行业有关，也会给整个经济生活组织带来好处……与先前的技术革命相比，发展中国家有更好的机会分享新技术带来的利益。"

技术肯定不是提高生活质量的唯一因素。对抗疾病、不适、早期死亡的进展同样要取决于政治和经济系统的稳定、自由和灵活性。衡量生活质量是主观的，有些人觉得其他措施比我们上面提到的几个更为重要。但是，对于很多人来说，这些数据表明，技术对人类福祉有很大贡献。

计算技术的环境影响

我们曾经考虑过，在这本书中增加一节来讨论计算机、移动设备和互联网对环境的影响。在查找数据的过程中，我们得出的结论是，试图对环境效益和成本加以量化，会受到与我们在7.1.2节中讨论的模型一样的缺点和批评。如何衡量所产生的影响，以及决定如何比较计算技术所取代的技术和活动的影响，都是非常困难的。但是，我们可以给出一些观察。

生产计算机会消耗大量能源，也会使用有害材料。由于有这些材料，如何对它们进行处置成为一个问题，就和我们如何处置荧光灯泡一样。在美国，运行和冷却连在互联网上的数以百万计的服务器，要消耗全美国约2%的电力供应，这个数字高于美国汽车业，而低于化工行业[56]。根据估计，生产计算机消耗的能量大约是运行它们所消耗能量的两倍；然而，随着主要的计算机、智能手机和其他电子设备制造商使制造过程更加节能，所耗费的能量也会减少。

另一方面，数字控制的机械比老的机电控制的机械要消耗更少的能源。把数字传感器和控制用以调节照明、采暖、空调和农田灌溉（还有许多其他的例子），通过确定具体的需求并减少浪费，可以节省资源。微处理器控制的混合动力汽车可以减少汽油的使用。远程办公、电子商务、网上图书馆和信息网站可以大大减少所需的驾驶和飞行，从而节省对燃料的需求。一个包含大约重150磅⊖的二氧化硅的光纤电缆，比重一吨的铜线传递的信息还要多[57]。

数字存储的文件、数据、照片等可以减少对纸张的需求（和产生的垃圾量）。下面的具体例子可以说明其减少的程度。一家大型保险公司把其手册以数字化方式存储，而不是把它们打印出来，在九个月内就减少了100万页的纸张使用。一个记录保险索赔的计算机系统替换了超过30万个索引卡片。我们使用电子邮件和发短信取代了发送信件和纸质贺卡。电子支付消除了纸质票据和支票。我们在平板电脑、电子阅读器和智能手机上阅读书籍、报纸、杂志等，减少了纸张的使用。虽然人口和经济活动增长了，但是美国邮政服务和印刷报纸的业务却下降了，这些都是纸张使用减少的迹象。但是，我们的确比我们以前少用了一些纸吗？我无法找到明确的纸张总使用的数据。然而，在2001年和2011年之间，美国每日报纸的年消费量大概下降了61%，而普通信件的数量下降

⊖　1磅＝0.453 592 4千克。——编辑注

了约 24%[58]。

在过去很长时间里，销售家具和电器的公司需要建造房屋（比如厨房），用来为他们的商品目录拍照片，然后又把屋子拆掉，并且丢弃掉大部分的材料。宜家（IKEA）现在可以使用 3D 图形程序来制作用于商品目录中的房屋图像，这样显然可以节省自然资源的使用（以及节省时间和开销）。

与过去使用胶片照相和冲洗相片相比，现在我们会拍摄、张贴和分享更多的照片（每月数十亿张）。这是在许多领域都发生的现象的一个例子：当一个产品或服务变得更为高效、更便宜的时候，我们使用它也会更加频繁。我们在其他领域也看到类似的效果：医疗技术、教育和能给我们带来好处的其他服务。

7.3 数字鸿沟

与新勒德分子的观点相反，绝大多数人都在继续扩大他们对计算技术和互联网的使用范围。"数字鸿沟"这个术语是指这样的事实：某些群体的人可以享受并定期使用各种形式的现代信息技术，而其他人则做不到。在 20 世纪 90 年代，数字鸿沟讨论的关注点是美国（以及其他发达国家）的不同群体在访问计算机和互联网之间的鸿沟。随着互联网访问和移动电话的快速发展，现在的关注点转向了世界上的其他地方。全球数字鸿沟的缩小速度超过了许多长期存在的其他全球鸿沟，比如说淡水和厕所，但是许多非常困难的问题仍然阻碍了贫穷国家和发展中国家访问计算机和互联网技术的机会。在本节中，我们将回顾美国的访问趋势，然后讨论在世界其他地区存在的问题。

在本书的大部分内容中，我们将研究数字技术带来的问题。因此，有趣的是，本节讨论的是因为缺乏技术带来的问题；这里隐含的假设是数字技术对全世界的人都是非常需要的。问题是如何得到它们。

7.3.1 在美国计算机访问的趋势

在美国，当个人电脑和后来的互联网首次对公众开放时，只有少数人喜欢它们。1990年，个人电脑的成本几乎是美国家庭平均年收入的 10%。我们使用缓慢、嘈杂的拨号调制解调器连接到互联网。频繁的互联网使用可能需要安装第二条电话线，因为我们在连接到互联网时无法拨打或接听电话。对大多数人都有用的应用程序几乎不存在，而且用户还需要学习一些技术技能才行。很多人买不起电脑，或者也没钱支付上网费用，还有很多人没有看到有这样做的需要。

随着计算机和互联网接入的价值变得越来越清晰，人们开始担心所有权和访问权的鸿沟。在 1990 年，美国只有 22% 的家庭拥有电脑。农村和偏远地区的访问量远落后于城市。黑人和西班牙裔家庭拥有计算机的可能性，差不多只有全部人口的一半。贫困儿童在学校和家中几乎无法使用计算机。在 20 世纪 90 年代初，只有 10% 的互联网用户是女性，而 65 岁以上的人很少使用电脑[60]。

软件创新（例如点击式图形用户界面、Web 浏览器和搜索引擎）导致普通人使用计算机变得更加简单。随着更低的价格、更有用的应用程序和更易于使用，购买和使用计算机的人也越来越多。到 1997 年的时候，用户的性别差距已经消失。到 2000 年，大多数公共图书馆都会向公众提供免费的互联网接入，98% 的美国高中都有互联网接入——尽管这种接入的质量仍然差异很大。在 2001 年，84% 有中学生的家庭都拥有了计算机和互联网接入。到 21 世纪初，在具有相同教育水平的人群中，西班牙裔、黑人和白人之间的差距几乎完全消失。企业、社区组织、基金会和政府计划都发挥了重要作用。联邦和地方政府为社区和学校的技术投入了数十亿美元。苹果、微软和 IBM 等公司贡献了数亿美元的设备和培训计划 [61]。

计算能力的价格还在持续下降，随着平板电脑和手机上的触摸界面的发展，易用性的趋势仍在继续。到 2015 年，92% 的美国成年人拥有移动电话，67% 拥有智能手机 [62]。

随着计算机、电话和互联网接入的普及，重点转向了访问质量的差异，例如，宽带（或高速的）互联网连接。在 2003 年，只有不到 20% 的美国家庭拥有政府所定义的宽带：每秒 4 兆比特（Mbps）的下载速度。但随着宽带的普及和改进，美国联邦通信委员会（FCC）将宽带的定义从 4 Mbps 改为 25Mbps ⊖。截至 2016 年，80% 的美国家庭达到了新的更高标准，而 6.3% 的家庭仍然未能拥有 4 Mbps 的服务 [63]。缓慢的网速或无法上网会导致难以找到就业机会、访问新闻和信息、参加在线课程以及利用在线的健康信息。

还有数百万有学龄儿童的家庭仍然无法在家上网。缺乏互联网连接使儿童难以完成一些学校作业和使用在线资源。作为解决这一问题的此类计划的一个例子，Sprint（美国一家大型电信公司）向低收入学生提供免费的数据连接，但是后来却发现该计划并不是很成功，因为这些学生也缺少使用这些数据的设备。这个例子说明了在提供此类计划时需要考虑得更加周密。Sprint 随后启动了一项新的计划，为低收入高中学生提供 100 万台设备（手机、笔记本电脑和平板电脑）以及免费数据访问。

虽然宽带网络在过去 13 年内得到了大幅度的扩展，从不到 20% 的家庭拥有 4 Mbps 连接，到现在 80% 的家庭拥有超过 25Mbps 的连接，但是我们还是需要留意那些缺乏设备和网络连接的低收入家庭，并设法去改善他们的生活。

7.3.2 下一个十亿用户⊖

全球约有 35 亿人可以在他们的家里使用互联网，这与 20 世纪 90 年代末期相比，已经增加了十倍以上 [64]。但是换一个角度看，这也意味着大约有同样数量的人仍然无法在家里上网。仅仅十多年前，世界上有一大半人从未打过电话。而现在，移动电话用户数量与世界上的人数大致相同（见图 7.5）。当然，这并不意味着每个人都拥有一部手机：在发达国家，许多个人和企业有多个手机号码，而大量的人（特别是在贫穷国家）却一个电话都没有。在世界上许多地方，如果你给某人一个免费的智能手机，它可能毫无用处——因为没有地方可以充电。

从一个角度来看，移动电话和互联网接入的普及在很短的时间内取得了非凡的成就。从另一个角度来看，这意味着世界上很大一部分

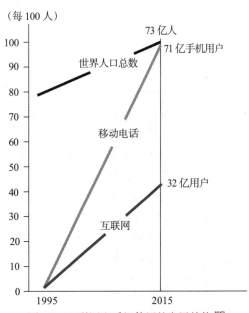

图 7.5 互联网和手机使用的发展趋势 [65]

⊖ 宽带的定义中还包括最低上传速度；FCC 把上传速度从 1Mbps 提高到了 3Mbps。

⊖ 大约十年前，当万维网首次覆盖全球十亿人口的时候，一些非营利组织和公司开始对发展中国家的人使用"下一个十亿用户"这一说法，他们希望在不久的将来这些人都能够上网。

人口依然缺少能够为他们提供信息、教育和医疗保健服务的技术，这些服务可以帮助个人和社区摆脱极端贫困。在这里，我们考虑阻碍计算机和互联网技术在贫穷和发展中国家发展的问题、一些试图提供为此帮助的项目，以及这些项目有时可能会失败的一些原因。

首先，我们给出更多数据来提供相关的背景信息。在发展中国家，根据非常粗略的估计⊖，约有 50% 的人口在使用互联网，而在经济最发达的国家这个比例则为 87%。在几十个最贫穷的国家，这一比例不到 10%。宽带互联网正在变得越来越普及并且价格越来越合理，但在许多发展中国家仍然遥不可及。正如美国早期的互联网时代，一些社区有网吧，人们可以在那里使用计算机和互联网，但它们的设备通常很旧并且大家要共享一个低速连接。虽然世界上许多人都拥有移动电话，但在贫穷国家，很少人拥有真正的智能手机 [66]。

世界上大部分地区缺乏互联网接入的原因与缺乏医疗保健和教育的原因其实都是类似的：贫困、孤立、经济不景气和政治。发达国家的许多公司和组织已开始实施用来改善网络访问的计划。他们经常专注于为有可能改善教育的学校提供计算机和互联网接入——这是减少贫困的关键因素。他们提供计算机设备，并且培训教师在课堂上使用相关技术。但是，以有用的方式向偏远和贫困社区提供计算机、通信和互联网接入可能非常困难，结果是许多项目都失败了。在各项计划中鲜见成功的案例，这告诉我们一个重要的教训：把技术带来然后抬腿就走，这样的方式不会缩小数字鸿沟。例如，将技术应用于学校课程的计划的成功与否，取决于是否存在支持性的技术和社会基础设施，如电力、网络、技术支持、父母支持、教师对技术的态度以及学校行政部门的支持。为了获得当地社区的支持，增加访问能力的计划必须解决当地的文化问题，并与那些其业务或地位可能会因为该计划的开展产生负面影响的社区成员进行沟通。

下面，我们考虑计算机和通信技术传播的一些障碍：电力、连通性、气候和文化。

全世界约有 12 亿人仍无法获得电力供应 [67]，而且世界上许多地方的电力也并不总是可靠的。在一个橄榄球比赛日，达拉斯牛仔队体育场的用电量是利比里亚整个国家能够为其电网提供的供电能力的三倍还要多 [68]。许多地区的移动电话用户必须前往有电的区域，然后付钱给手机充电。电压不稳、电压不足和突然停电会损坏计算机设备。如果需要汽油发电机或太阳能电池这样的本地发电设备，它们不仅安装费用代价高昂，而且维护和运行也很昂贵。一些项目尝试过一些创新的方法，例如利用人力自行车发电机来支持设备运行或者给电池充电。

许多地区的手机和互联网连接有时候是可用的，但却不可靠或速度缓慢。作为回应，谷歌开发了一款适用于慢速网络的 YouTube APP。显然，更多专为低速数据传输而设计的 APP 会对此很有帮助。为了改善对网络的访问，一些公司正在试验利用新的项目，例如使用大型无人机或卫星在没有互联网连接或互联网连接不良的地区提供网络接入节点。联合国报告说，由于战争或饥荒，有 6500 多万人流离失所 [69]。通信对这些人来说非常宝贵，但同时我们也很难在难民营提供可靠的电力和互联网连接。

"每个儿童一台笔记本电脑"（One Laptop per Child, OLPC）是一个非盈利性组织，专为发展中国家的小学生提供便宜的笔记本电脑。他们发现了一个经常被忽视的问题——极端气候。OLPC 设计的笔记本电脑可以工作在极热或极冷、极端的湿度以及充满灰尘或经常下雨

⊖ 数字变化很快，不同的研究得到的结果也各不相同；使用互联网通常指的是从家里访问网络，但是有的数据会包含拥有智能手机的人，而有的数据不包含。

的环境中。它们对电源的要求也非常低，但是其价格（大约 200 美元）对于许多贫穷国家来说还是太贵了 [70]。

文化和社会态度会减缓技术的传播速度。对妇女来说，她们通常认为，移动电话使她们能够独立、获得工作和参与政治制度，但是在非洲、中东和南亚的移动电话用户中，仍然存在巨大的性别差距。例如，在印度，只有 28% 的女性拥有手机（见图 7.6），而有 43% 的男性拥有手机。在印度、孟加拉国和巴基斯坦，男性使用 Facebook 的人数大约是女性的三倍。在一些社区，男人不允许他们的妻子和女儿拥有电话。包括盖茨基金会在内的大型公司和基金会正在努力缩小性别差距。谷歌和塔塔信托公司派遣了数千名受过训练的妇女，骑自行车前往印度农村，教女性如何使用网络 [71]。

> 🔥 网络中立性和非中立的计划：见 3.7 节。

图 7.6　多个印度妇女在共享一部手机

政治和社会观点会影响接受程度；例如，一些国家欢迎为无法负担这些费用的人提供免费的部分或有限访问互联网的计划，而其他高度重视网络中立性的国家则选择拒绝这些计划。

贫穷国家的计算机和互联网接入有多重要？一些政府和地方官员批评支持购买计算机设备的计划，因为他们认为，儿童的基本医疗保健和清洁用水才是更应该优先考虑的事项。另一方面，通信和信息访问可以为这些问题的解决方案提供帮助。在许多发展中国家，农民和渔民可以使用互联网或移动电话来查找可以把生产的农作物或捕获的海产品以更高价格销售的附近村庄（见图 7.7）。随着技术的普及，粮食生产和分配可以得到改善，从而可以进一步改善健康和经济状况。在比较富裕的国家，虽然我们享受数字技术带来的可以拯救生命和改善生活的许多好处，但大多数人使用技术工具的目的是为了更多的娱乐和便利，而不是基本需求。随着互联网接入继续蔓延到还无

图 7.7　布基纳法索的一位农民在用手机比较各个市场的农作物价格

法访问它的数十亿人，其影响可能会大得多，因为它有可能去改善这些极度贫困人口的生活。

7.4   控制我们的设备和数据

在第 4 章和第 5 章中，我们看到苹果公司试图控制人们可以在他们的 iPhone 上安装哪些应用程序，并且有些用户找到了关掉这些控制的方法，但这样做会增加黑客攻击的风险。在这一节，我们看一下提供设备、软件或数据的公司可以进入我们的设备并删除或修改我们的数据的案例。他们的干预可能有所帮助或者可以保护我们，也可能是为了满足公司的需求，或两者兼而有之。无论如何，这是我们失去对设备和数据的控制的一个例子。对于我们考虑的场景，请读者思考在利弊之间需要如何进行权衡。

7.4.1   远程删除软件和数据

在亚马逊开始为它的 Kindle 电子书阅读器销售电子图书之后不久，该公司发现有个出版商在亚马逊在线商店销售的一些书中，并没有取得在美国销售的合法版权。亚马逊从商店中删除了这些书，并且从在商店购买了这些书的用户的 Kindle 阅读器上删除了这些书，然后返还了他们支付的相关费用。这是否是一个合理和适当的反应呢？对于许多用户和媒体观察员来说，这样是不对的。令用户非常愤怒的是，亚马逊可以从他们的 Kindle 阅读器中删除书籍。人们惊奇地发现亚马逊竟然可以这样做⊖！人们的反应是如此强烈，以至于亚马逊公司不得不宣布它保证以后不会再从客户的 Kindle 中删除图书。很少有人意识到，在这个时候，苹果的 iPhone 已经拥有了可以用来远程删除手机应用的方法。当一个软件开发人员在一个 Android 手机的应用中发现了恶意代码之后，Google 迅速从应用商店和超过 25 万部手机中删除了该应用。虽然这是一个关于远程删除作用的好的例子，而且产生了有利的效果，但 Google 可以从手机中删除应用这一事实还是让很多人感到不安。

这种能力范围的扩展可能并不值得大惊小怪。在许多企业中，IT 部门可以访问到所有的桌面计算机，并且可以安装或删除软件。在个人电脑和其他电子设备上的软件，不需要我们的直接操作，就可以定期与企业和组织的服务器进行通信，以检查是否有更新的软件、新闻，以及朋友的活动。当我们启用软件更新之后，一个公司还有权远程删除旧的版本。

像 Google 和苹果这样的公司，进行远程删除的一个主要目的是为了安全性——在一个应用中发现了恶意软件之后，可以从所有下载了该应用的用户设备上删除它。事实上，像 Google 和苹果这样提供了流行应用商店的公司，觉得保护用户免受恶意软件的攻击是他们的责任。如果有数百万部手机都在运行某个恶意应用，那么就会对我们使用的整个通信网络带来破坏性的影响。有些公司会在用户使用协议的条款中告知他们有这些删除的能力，但是这样的协议可能会包含数十万字，并且包含很多含糊、笼统的说法；很少有人会阅读它们。

对于远程删除来说，潜在的用途和风险是什么呢？恶意的黑客可能会找到一种办法，使用删除机制来进行恶作剧或者索要赎金。在过去 2000 多年间，许多政府和宗教与社会组织都曾经焚烧过他们觉得不满的书籍。政府会对公司施加什么样的压力来删除他们不批准的内容呢？电子删除的影响会比销毁卷轴、古籍和印刷品更加有破坏性吗？

⊖   具有讽刺意味的是，亚马逊删掉的书中有一本是乔治·奥威尔的《1984》——这本小说讲的是关于一个集权政府的故事，它经常把文档送到一个"记忆洞"中来销毁它们。

7.4.2　自动软件升级

微软提供的升级功能可以把计算机操作系统从 Windows 7 升级到 Windows 10，我们使用这个例子来说明有关自动软件升级的一般性问题和质疑。在 2016 年，微软 Windows 7 的用户发现他们的计算机自动且意外地升级到了 Windows 10。长时间的升级过程给许多正在进行重要项目的人带来了不便，而其他人则遇到了更严重的问题。一些用户选择接受操作系统更新，但不希望整个操作系统升级到新的版本。微软表示只有在用户给出明确许可的情况下才会安装 Windows 10。有些用户可能已经允许升级而没有意识到他们这样做了，但是一些系统管理员表示他们看到在没有明确的用户同意的测试系统上，也出现了被升级的情况。

为什么操作系统供应商会强烈推动把旧系统升级到新系统？与其他案例一样，在这个案例中，较新的操作系统提供了许多改进的安全功能，以及公司支持的各种硬件平台（例如，PC、Xbox 和 Surface）之间更好的兼容性。当所有用户使用相同版本的操作系统时，公司更容易为用户提供支持。为什么有些用户不想升级？有些人可能使用了与新系统不兼容的软件，有些人更喜欢旧的用户界面，有些人不希望在大型项目进行过程中发生中断，以免发生潜在的未知问题。正如我们在第 5 章中提到的，自动软件更新可能会给那些没有机会对此次更新的兼容性和安全性进行测试的 IT 员工带来麻烦。

汽车、医疗设备等的软件更新可能会对安全产生严重影响。在更新安装过程中，你不希望自动驾驶汽车在高速公路上停下来。一家半自动驾驶汽车制造商会自动下载车辆的软件更新，并且通知车主，并让车主安排安装时间（例如，可以选择在晚上安装）。如果一个用户没有安装更新，他可能会使其他人面临不必要的风险。这种情况下公司应如何处理？

应该由谁来控制更新的过程？软件供应商是否能够很好地告知用户一次更新所属的类别（安全补丁、新功能等，或者是一个全新的操作系统）？根据设备类型的不同，比如手机、平板电脑、电视、汽车或者放射治疗机，软件的更新政策是否应该有所不同？

7.5　做出关于技术的决策

"没有人投票支持这种技术或是组成它的各种机器和工艺。"

——科克帕特里克·赛尔（Kirkpatrick Sale）[72]

7.5.1　问题

在 7.2 节中我们看到，要确定什么是真正的需要，取决于我们对价值的选择。在本书中，我们看到了针对有关计算机技术的特定产品、服务和应用（例如，个性化的广告、匿名网上冲浪和面部识别系统）的争议。对于一些基本的问题，关于是否应当整体采用一种技术或者采用该技术的主要部分，我们应该如何做出决定？应该由哪些人来做出这样的决定？

在科学、工程和商业领域的大多数人都会几乎毫不质疑地接受这样的观点：人们有权选择采用某种技术，不管其结果是好还是坏。技术的一些批评者则不同意。他们认为，技术并不是"中性的"。尼尔·波兹曼[73]说，"一旦技术（在我们的文化中）被接受，它就会出手；它一定会完成它被设计来做的事情。"这种观点认为技术本身会拥有控制力。

在一些对计算技术持批评态度的人的观点中，大企业和政府在做出有关采用技术的决策时，并没有听取普通人的观点或建议。赛尔在本节开始被引用的哀叹中表达的就是这样的观点：从来就没有人投票表决过我们是否应该拥有计算机、互联网、移动电话，或者是告诉我们应该怎样刷牙的智能牙刷。有些人认为，在我们完全研究和清楚一种新技术的后果，并确定其后果是可以接受的之前，我们不应该启用任何新的技术。其想法是，如果一种技术不符合一定的标准，我们就不应当允许它的开发和利用。

这种观点导致了几个基本问题。一个社会可以选择拥有某种特定的现代发明，并在同时禁止其他发明或是禁止整个技术吗？我们又如何能预测到一项新技术或应用的后果？谁应该对此做出决定？我们下面先考虑第一个问题，接下来的几节会讨论其他问题。

在我们做出关于可接受的和不可接受的技术的决定的时候，我们可以做到多么精细呢？有人批评赛尔说，他所颂扬的部落生活中，没有钢琴，没有小提琴，没有望远镜，也没有莫扎特，赛尔[74]回应说，"如果你的部落认为小提琴是一个有用和无害的工具，那么你可以选择发明它。"也许计算技术的批评者应该认识到它对残疾人的价值，从而应该允许为他们开发专门的应用程序。现在的问题是，一个部落或社会是否有可能在不拥有开发小提琴或者摄像头所依赖的技术和经济基础的前提下，专门为盲人发明出这些产品。这里的基础还应该包括创新的自由，一个足够大的经济体可以把材料从遥远的产地运输过来，以及有大量的应用潜力使得针对这些产品的基本成分的研究、开发和生产在经济上是可行的。如果其中一些组成部件根本就没有在以往产品（例如，可能是智能手机上的小摄像头）中存在过，就算有人会想到可以为盲人开发一个智能拐棍，这显然也是不可能的。如果公司没有为了许多其他目的销售无人机的话，那么他们也就不可能利用无人机在卢旺达快速运输可以拯救生命的医疗装备。

远程医疗：一种对技术的不好应用？

在第 1 章中，我们描述了远距离看病的场景，即**远程医疗**（telemedicine），把它当作计算机技术的一个好处。计算机和通信网络使远程检查患者和医疗测试结果成为可能，它们也使远程控制的医疗过程成为可能。你应该能够想到，这样的系统会带来一些潜在的隐私和安全问题。你可能还会想到其他的反对意见。我们是否应该禁止远程医疗呢？

有几个州通过了相关法律，禁止在该州没有执照的医生实施远程医疗。该法律的主要论点是安全，或担心外州的"江湖医生"。根据该法律的一个支持者所讲的，它是为了"赶走骗子和狡诈的推销员"[75]。另外，远程医疗可能会增加资金充足的大型医疗中心的影响力，因此损害当地的私人执业医生。有人争辩说，大医院可能成为"医疗界的沃尔玛"。现在的医疗已经很不人性化了，远程医疗还可能使之变得更糟。

关心患者是制定该法律的真正原因吗？关于骗子和庸医的论点似乎较弱，考虑到该法律针对的是有执照的医生，只是他们的执照是另外一个州颁发的。支持禁令的许多医生看到的是，远程医疗会成为一个显著的竞争威胁。某个州立医疗委员会的主任说[76]："他们担心的是保护自己的地盘。"该法律在限制竞争的同时，保护了既定的特殊利益集团——为了禁止一种新的技术或产品，他们愿意采取任何措施。

7.5.2 预测的困难

简单回顾一下通信技术和计算机技术的发展过程，可以看到评估一项新技术的后果和未来应用是非常困难的。早期的计算机被用于军事目的：计算弹道轨迹。个人计算机（PC）原本是用来做计算和公文写作的一种工具。除了少数有远见的人之外，没有人能想象到他们目前的大部分用途。每一种新的技术都能找到新的和意想不到的用途。当物理学家开始建立万维网的时候，有谁能预测到网上拍卖、社交网络或共享家庭视频呢？会有人能预测到我们使用智能手机的多种方式中的哪怕很小一部分吗？波兹曼声称技术完成的"是它所被设计来要做的事情"，他忽略了人的责任和选择、创新、发现新的用途、无法预料的后果，以及鼓励或阻止特定应用的社会行为。计算机科学家彼得·丹宁（Peter Denning）则持有不同的看法 [77]："虽然技术不能驱使人类采取新的做法，但是它塑造了可能的空间，使人们能够采取行动：人们被技术所吸引，是因为可以扩大自己的行为和关系的空间。"丹宁说，人们采用的新技术会给他们更多的选择。需要注意的是，他并没有说会有更多消费类产品可以选择，而是会有更多的行动和关系。唐·诺曼（Don Norman）[78] 也表示，社会可以影响技术的作用，他说到，"预测计算机革命的失败，是未能了解社会是如何把原来的计算设备的概念转变成为在日常活动有用的一个工具。"

政府委员会、智囊团或者计算机行业的高管，他们是否能很好地预测一种新技术的后果？在技术发展的历史上有无数完全错误的预测——有些过于乐观，有些过于悲观。一些科学家对空中旅行、太空旅行，甚至铁路都曾持怀疑态度。（他们认为，乘客将无法在高速列车上呼吸。）考虑图 7.8 中引用的一些说法⊖。有些话反映了人们缺乏足够的想象力，无法预测每一种新技术的无数用途，大众会喜欢什么，以及他们会花钱买什么。他们以幽默的方式证明，很多专家可能是完全错误的。杰出的数学家和早期的计算机科学家冯·诺伊曼（John von Neumann）在 1949 年说过 [79]，"我们已经达到了计算机技术可能达到的极限，但是做出这样的陈述的时候要十分小心，因为它们在 5 年后就可能会听起来很傻。"

- 我个人的愿望是完全禁止使用交流电。它们是不必要的，因为它们是危险的。

  ——托马斯·爱迪生（Thomas Edison），1899 年

- 在最初六个月之后，电视就无法再维持它占领的任何市场了。人们很快就会厌倦了每晚盯着一个胶合板做出的盒子。

  ——达里尔·扎纳克（Darryl Zanuck），20 世纪福克斯公司，1946 年

- 在未来的计算机可能……其重量只有 1.5 吨。

  ——《大众力学》，1949 年

- 到 2000 年，美国将有 220 000 台计算机。

  ——RCA 公司的官方预测，1966 年，实际数字是接近 1 亿台

- 手机绝对不会取代本地的有线系统。

  ——马蒂·库珀（Marty Cooper），1981 年（库珀是摩托罗拉的研究总监，他发明了一种早期的手机，但认为它们的价格会一直居高不下）

- 我预测互联网……很快就会像精彩的超新星一样，在 1996 年就会灾难性地崩溃。

  ——鲍勃·梅特卡夫（Bob Metcalfe），1995 年（梅特卡夫是以太网的发明者，他认为互联网基础设施不足以处理不断增加的流量）

- 每个人都会问我苹果什么时候会推出一部手机。我的回答是，"可能永远不会。"

  ——大卫·波格（David Pogue），《纽约时报》的技术撰稿人，2006 年

- iPhone 肯定无法获得任何重要的市场份额。一点机会都没有！

  ——史蒂夫·鲍尔默（Steve Ballmer），微软首席执行官，在 2007 年 iPhone 发售前不久接受采访

图 7.8　一些预测 [81]

⊖　在互联网上流传的很多类似引用都是假的或者被断章取义的。在这里尽我们所能地删掉了那些虚假的引言，并且为其他引言提供了其上下文。图 7.8 的尾注包含所有引言的来源。

我们接下来要更认真、更深入地研究关于预测的问题，下面考虑计算机科学家约瑟夫·魏泽鲍姆（Joseph Weizenbaum）在 1975 年发表的观点 [80]，他反对计算机技术中的一种特定技术：语音识别系统。现在，我们有超过 40 年的历史来回看这个事件。然而，很多物美价廉的语音识别应用其实在 20 世纪 90 年代初就已经出现了。下面是魏泽鲍姆反对的观点，以及从我们今天的角度所提供的评论。

"这个问题太大了，只有规模最大的计算机才有可能完成这样的任务。"现在，语音识别软件在智能手机上就可以运行。

"……一台语音识别机器注定是极其昂贵的……因此只有政府和可能极少数非常大的公司才能买得起它。"现在，无数人拥有包含语音识别功能的智能手机和其他设备。

"我们又能用它来做什么？"语音识别技术已经成为一个价值数十亿美元的产业。下面是它的一些现在的用途，而且目前还处于起步阶段：

- 我们可以用语音搜索信息、发送短信、预约会面时间、控制家用电器等。我们可以查询航空公司的航班时刻表、获取股票行情和天气信息、进行银行交易，以及在手机上购买电影票；这一切都只需要自然地讲话就可以完成，而不用任何按钮。
- 我们可以给一家公司打电话，然后说出想要找的人的姓名，就可以自动连接到这个人的分机。
- 软件可以从视频和电视的语音轨道创建对应的文字版本，这样有听觉障碍的人就可以读到语音的内容，搜索引擎也可以对此进行索引。
- 使用语音识别，培训系统（如空中交通管制员）和各种工具可以帮助残疾人使用计算机和控制家里的电器。
- 遭受重复性劳损的人可以使用语音识别来输入，而不必使用键盘。IBM 向诗人推销其语音输入软件，这样他们就能够专注于诗歌本身，而不是把精力放在打字上。有读写障碍的人也可以使用语音识别软件，这样他们就可以通过口述来写作。
- 语音翻译系统还可以识别语音并把它翻译成其他语言。它们对于游客、商务人士、社会服务工作者、酒店预订职员和许多其他人都是很有用的。
- 声控的、免提操作的手机、音响系统以及汽车里的其他电器可以消除在驾驶时使用这些设备的一些安全隐患。
- 除了简单地识别单词之外，软件还可以分析语音中的情绪。一个可能的应用领域是婚姻咨询。你还能想到其他用途吗？

军事部门计划通过语音命令来控制武器，这是"朝着完全自动化的战场迈出的一大步。"在战争场景下应用语音识别还是一个很有挑战的问题，但是我们已经可以对战争的某些方面进行自动化了，比如无人机的使用。有些人认为我们应该用最好的武器来捍卫自己。另一些人则认为，如果战争很容易打，那么政府就可能会发动更多的战争。如果一个国家使用远程控制的自动武器来打仗，而不用派人去战场上，那么这同人被屠杀的战斗相比是否是一种进步？如果只有战争的一方拥有高科技武器呢？这样是否会导致更多的侵略战争？是否有任何技术是军方不能或不会使用的呢？是否因为军队可以使用它们来制作军服，我们就应该拒绝发展与衣服面料相关的技术？显然，军事用途的高科技工具会引起严重的伦理和政策问题。那么这些问题是否给了我们足够的理由来放弃或谴责一种技术？

各国政府可以使用语音识别技术来提高窃听的效率和效果。的确是这样的：政府会使用语音识别来过滤数千小时的电话录音。魏泽鲍姆担心对窃听的滥用；他没有明确提到对犯罪嫌疑人的窃听。人们可以争辩说，政府可以使用相同的工具来合法地监听嫌疑罪犯和恐怖分子，但事实上，语音识别和许多其他技术工具一样，到了政府手中都可能带来危险。为了避免这样的滥用，部分依赖于对政府权力的严格控制，而在一定程度上还要依赖于适当的法律和执法机制来保证。

　　关于魏泽鲍姆的反对意见的讨论是很重要的，这是出于以下几个原因。1）虽然魏泽鲍姆在人工智能领域是专家，而语音识别是人工智能的一个分支，但是他关于其成本和效益的估计是错误的。2）他反对军队和政府的使用，这突出了这样的两难境地：我们是否应当拒绝开发可能被人滥用的新技术？还是说因为它们有有益用途，我们应该开发这些技术，然后使用其他手段（包括我们的选票和我们的声音）来影响政府和军事政策？3）魏泽鲍姆因为一种技术的预期成本而反对该技术，其说法与其他人关于当前和未来的计算机应用和其他技术所表达的论点是类似的。例如，反对一些新的医疗技术的常见观点是，它们是如此昂贵，只有富人能买得起。这种观点很短视，可能导致某些对于整个人类的福利被扼杀。许多新发明的价格一开始很高，但是很快就会回落。

　　魏泽鲍姆并没有试图把计算机技术当作一个整体来进行评价，而是只专注于一个特定的应用领域。如果我们允许政府、专家或者大众通过多数票选来禁止某些技术的发展，那么，我们至少要能够对其后果（既有风险，也有好处）做出相当准确的估算。我们无法做到这一点。专家们也无法做到这一点。

　　但是，如果一种技术可能会威胁人类的生存该怎么办？我们会在下一节讨论这样的例子。

7.5.3 智能机器和超智能人类——抑或是人类的终点？

　　汉斯·莫拉维克（Hans Moravec）、雷·库兹威尔（Ray Kurzweil）和弗农·维格（Vernor Vinge）等杰出的技术专家为我们描述了一个不是非常遥远的未来，其中高智能的设备、人工智能和智能机器人会深刻地改变我们的社会和我们自身[82]。较为乐观的情形包括人类使用的智能机器和多种服务。通过大脑植入物和脑计算机接口，人们可能获得更高级的精神力量。当有人中风的时候，医生可以删除大脑中的受损部分，用一个芯片来替代所失去的功能，它可能会拥有大量的内存，或是通过芯片直接访问网络。为什么非要等到中风之后呢？一旦这项技术真的可用，健康的人也可能会购买和安装这种植入设备。例如，麻省理工学院机器人研究员罗德尼·布鲁克斯（Rodney Brooks）建议，到2020年，医生可能会在我们的大脑中植入无线上网接口。他说，人们会习惯这样的做法，可能和现在他们在商场里就可以做激光眼科手术一样自然[83]。与心脏移植手术或心脏起搏器相比，这种植入设备会让一个人更加缺少人性吗？在未来的几十年里，更高的智能会带来什么样的社会问题？当我们把人类和机器智能以这种亲密的方式结合，会产生什么样的哲学和伦理问题？

　　展望更远的将来，我们是否会把我们的大脑"下载"到更长寿的机器人身体中？如果我们这样做，我们还可以被称为人类吗？

1. 技术奇点

　　技术奇点（technological singularity）这个术语指的是人工智能或一些组合的人机智能可能会发展到的某个地步，以至于我们无法理解在这个点上的另一边会是什么样的。计算机科学家弗诺·文奇（Vernor Vinge）[84]认为，很可能会成真的是，"我们可以在相当近的将来，创造或成为在每一种智能或创造性的维度都能超越人类的一种生物。超越这样一个奇异事件之后的所有事件，都是我们难以想象的，就像扁形虫无法理解歌剧一样。"

有些技术专家欢迎这样的想法，在本世纪内，把人类转变成一种超级智能的、基因工程生物，这将是一种我们无法识别的物种。有些人则觉得它很可怕，还有人则觉得这不太可能发生。有些人看到这有可能对人类的生存产生潜在威胁。他们看到，机器自身可能会实现人类的智力水平，然后会迅速把它们自己提高到超人类的水平。一旦机器人可以改进自身的设计和创造更好的机器人，它们是不是就可能"胜过"人类？它们是否会取代人类，就像各种动物会取代其他动物一样？这会很快发生吗？比如说在未来 20 年左右的时间？

有两种预测会支持这些场景。一种是对人类大脑的计算能力的预测。另一种是基于摩尔定律（Moore's Law）的预测。摩尔定律是基于英特尔公司的共同创始人戈登·摩尔（Gordan Moore）在 1965 年的观察，他发现新的微处理器的计算能力大约每 18～24 个月会增加一倍。摩尔定律在过去 50 年间都是成立的。但是现在，芯片上的电子元件是如此之小（低于 14 纳米，甚至是 10 纳米），芯片制造商在控制生产质量时已经遇到了问题，与物理规律有关的问题也减慢了这一步伐。现在计算能力翻倍的时间大约是 2.5～3 年。如果硬件能力还会继续以这样的速度发展，那么在大约 2040 年，计算机硬件将会同一个人的大脑的能力一样强大，足以支持智能机器人所需要的计算能力需求。

无论是认为机器智能或人机智能的极端进展很可能会在不久的将来发生的人，还是那些批评这些想法的人，都提供了不少原因来说明它为什么很可能不会发生。下面是其中的一些原因。首先，硬件的进步可能会放缓。其次，我们可能无法在未来几十年开发所必需的软件，或根本不可能将这些软件开发出来。在人工智能领域的进展，尤其是在通用智能领域的进展，已经远远比该领域开始时研究人员所预期的要慢。（另一方面，有些专家并没有预料到最近出现的一些进展，比如他们认为要再过十年计算机才能打败围棋大师。）再者，关于人类大脑的"硬件"计算能力（复杂的神经元的计算能力）的估计可能比实际上要低很多。最后，一些哲学家认为，使用人工智能软件编程的机器人不可能复制人类心智的完全能力。

2. 如何应对智能机器的威胁

无论该奇点是出现在几十年内，或者之后，或是根本不出现，许多相关领域的专家都预言，在我们的有生之年，可能会出现通用的智能机器。根据奇点的定义，我们无法对发生奇点之后的事情做任何准备，但是我们可以对愈加缓慢的发展做一些应对。在前面的章节中，我们探讨的问题与更高的智能有关。那么软件错误或其他故障是否会杀死成千上万的人？黑客会破解人的大脑吗？在人力所能及的智能与超智能之间，是否会出现非常大的区别？我们看到，在计算机系统中的安全性和隐私保护往往很薄弱，因为一开始在设计上就不够认真。我们有必要在超智能系统和人类智能增强之前，提前开始考虑这些问题，这样我们就可以设计出最佳的保护方法。

比尔·乔伊（Bill Joy）是 Sun Microsytems 公司（现在已被 Oracle 公司收购）的创始人之一，也是 Berkeley Unix 和 Java 编程语言的主要开发者。在他的文章《为什么未来不需要我们》(Why the Future Doesn't Need Us) [85] 中，乔伊描述了他对机器人学、基因工程和纳米技术的担忧。他指出，这些技术将会比 20 世纪的技术（如核武器）更加危险，因为它们将会自我复制，而且并不需要稀有和昂贵的原材料和巨大的工厂或实验室。乔伊预言可能会出现影响深远的威胁，其中包括人类灭绝的可能性。

那么，担心人类未来的专家有没有提出什么保护建议？乔伊描述和批评了一些其他人的建议，然后给出了他自己的建议。太空爱好者建议我们在太空建立殖民地，而有些私人机构已经开始为这个目标在努力了。乔伊指出，这不会很快发生。如果发生的话，即使它可能会拯救人类，但是也无法拯救地球上的绝大多数人。如果殖民者把他们的现有技术带上，那么相同的威胁还会存在。第二个解决方案是，开发能阻止失控的危险技术的保护方法。未来学家弗吉尼亚·波斯特莱尔（Virginia Postrel）建议采用"一种弹性反应的组合"[86]。乔伊认为，我们无法及时造出这样的"盾牌"，而且即使我们能够造出来，它们也必然与它们应该保护我们免受威胁的技术至少是一样危险的。

乔伊的建议是"放弃"，他的意思是，我们必须"通过限制我们对某些种类知识的追求，以限制开发出太危险的技术"。他举例说，就像以前的例子，可以使用条约来限制某些种类的武器，以及美国单方面决定放弃发展生物武器。然而，放弃本身也拥有乔伊所反对的方法的弱点：它们是"不讨人喜欢或无法实现的，或两者兼而有之"。强制放弃即使有可能，也会是非常困难的。

乔伊承认，让他担忧的智能机器人和其他技术，也存在大量潜在有益的应用，其中许多将可以拯救生命和改善生活质量。政府应该在什么时候停止对知识和发展的追求呢？有道德的专家会拒绝参加一些人工智能应用程序的开发，但他们也面临在哪里画清界线的难题。假设我们使用的技术发展到一个地步，使我们在得到有用的应用的同时，还可以受到法律和技术的安全控制。但是，我们将如何防止有远见或疯狂的科学家、黑客、青少年、激进政府或恐怖分子规避管制，而跨越被禁止的程度呢？乔伊设想的是我们需要一种规模空前的验证程序来检查所有人都"放弃"进行这些研究，把这种验证程序应用到网络空间和物理设施中，会严重破坏隐私、公民自由、商业自主和自由市场。因此，这种放弃不仅意味着我们可能会失去创新发展、有益的产品和服务，我们还将会失去许多基本的自由。

虽然我们可以在所有用来防止强大技术的建议中都能找到其中的缺陷，但这并不意味着我们应该忽视面临的风险。我们需要在各种不同建议中选择适当的元素，并尽我们所能开发出最好的保护措施。

"预测是困难的，尤其是关于未来。"[87]

7.5.4　一些观察

我们已经给出了一些论据，用来反对从一开始就要对新技术进行评估或者干脆加以禁止的观点。这是否意味着，任何人都不应该对于开发一项新技术的某个特定应用是好是坏做出决定？并非如此。前面的论据和实例表明了两件事：1）我们对决定是否开发新技术的范围加以限制，或许可以限定到特定产品上；2）我们下放决策过程，并把它变为非强制性的，以减少失误的影响，避免害怕竞争的一些根深蒂固的公司对此加以操纵，以及防止对自由的侵犯。我们往往无法预测个别工程师、研究人员、程序员、企业家、风险资本家、顾客和青少年在他们的车库中鼓捣的时候所做出的决定，以及他们的决定会带来的结果，但是这样的做法会有较好的健壮性。我们面临的根本问题不是要对某个特定技术做什么决定。相反，它是为了选择一个好的决策过程，这样做最有可能得到人们想要的东西，尽管很难预测后果，它还能工作得很好，它不仅尊重人们关于理想的生活方式的个人意见的多样性，同时还可以做到相对较少的政治操纵。

当我们考虑最极端的潜在进展（例如超智能机器人）的时候，我们应该对其产生的可怕后果有多么肯定，才能够对有可能带来奇妙好处的技术和产品的开发加以限制呢？

本章练习

复习题

7.1　关于维基百科（Wikipedia）最主要的一个批评是什么？

7.2　我们应该用什么问题来评估计算机模型？

7.3　给出新勒德分子对电子商务的一个批评。

7.4　在发展中国家的农村地区，手机的最常见的一种用途是什么？

7.5　谷歌或苹果为什么可能要从人们的智能手机中删除一个 APP？请给出一个原因。

7.6　举一个对计算机预测错误的例子。

练习题

7.7　考虑在一个社交媒体网站上，根据读者的投票来决定应该显示哪些新闻。它的网站经营者有没有道德上的义务确保选票不会被人收买？还是说这仅仅是一个良好的商业政策？或者说二者兼而有之？

7.8　描述一个场景，小孩在网上找到的有偏见的或不正确的信息可能会对他造成伤害。请建议一种机制来防止此类伤害，并对它做出评估。

7.9　（a）给出一个对图像或视频进行数字操作或修改的例子（实际的或假想的均可），它不存在伦理问题，它显然是合乎道德的。

　　（b）给出一个对图像或视频进行数字操作或修改的例子（实际的或假想的均可），它不需要任何复杂的论点，它显然是不道德的。

　　（c）给出一个对图像或视频进行数字操作或修改的例子（实际的或假想的均可），判断它是否符合道德并不简单，因为正反双方都存在一些合理的论点，或者需要考虑其所处的上下文。给出详细的阐释；并分别给出支持和反对的论点。

7.10　我们提到了一位记者关于为网上有争议话题提供一个"其他替代观点"按钮的想法。这个想法有哪些缺点？

7.11　举一个因为计算机或互联网所鼓励的思想懒惰导致做出错误决定或糟糕行为的例子。（尝试举一个在书里没有讲过的例子。）

7.12　假设一个计算机程序使用下面的数据，来确定在多少年之后一种重要的自然资源（例如铜）会耗尽。

● 已知资源储备中的吨数。

● （全球）每人每年平均使用的资源量。

● 世界总人口数量。

● 关于未来几十年的人口增长率的估计。

　　（a）为什么这个程序不能很好地预测资源什么时候会耗尽？列出所有你能想到的原因。

　　（b）在 1972 年，一个被称作"罗马俱乐部"的团队发表了一项研究，利用计算机模型预测，到 20 世纪 80 年代，世界上几种重要的天然资源（例如锡、银和汞）就会用完，他们还预测还有几种天然资源到 20 世纪末也会用尽。到今天为止，即使在中国和其他发展中国家的需求有了极大增长，这些资源还是没有用完。你认为为什么有很多人接受了该研究中的预测结果？

7.13　与 150 年前相比，现在人们之间"共存"或面对面进行社会交往的机会是增加还是减少了？

7.14　在传统的学校攻读学位，学生可以和教师与其他学生"共存"，与此相比，讨论一下学生在网上获得大学学位存在什么优点和缺点（对学生来说，或者对整个社会来说）。

7.15　因为来自大规模连锁超级书店和像 Amazon.com 这样的网上商店的竞争，社区附近小书店的数量正在急剧减少。是否应该有一个法律禁止 Amazon.com 开张？如果不是这样，我们是否应该禁止它销售二手书，以帮助保护社区附近的二手书店？请说明你的理由。假设你喜欢在你家附近的书店购物，并担心它可能会不得不被迫关门。你能做些什么呢？

7.16　许多以前使用骰子、卡片和塑料配件来玩的儿童游戏现在都搬到了计算机上。这是不必要地使用新技术（用它只是因为它的存在）的一个例子吗？描述一些用计算机游戏取代桌上游戏的优点和缺点。

7.17　分析下面关于"我们被迫拥有手机"的说法。它有说服力吗？

　　　　有些人不希望拥有或使用手机。技术倡导者说，如果你不想要一个东西，你大可不必去购买。但这是不正确的。我们不得不拥有一个东西。在手机流行之前，到处都有投币式电话，在街角、商店里和商店附近、餐馆里、加油站都能找到。如果我们需要在外面打电话，我们可以使用付费电话机来拨打电话。现在大多数付费电话都不见了，所以不管我们是否真的想要，我们必须要有一个手机。

7.18　在 7.2.1 节中列出的勒德分子对计算机的批评中，你认为最有效和最重要的是哪些？为什么呢？

7.19　回忆关于"沃尔玛和电子商务与城市中心和社区"的讨论（见 7.2.2 节），并考虑以下问题：人们究竟有没有选择不上网购物，而是在小的邻里商店购物的权利呢？在一个小镇上的人有权要求在法国餐馆吃饭吗？请区分其中的消极和积极权利（见 1.4.2 节）。

7.20　在物联网上找一个看似非常愚蠢或不必要的物品。然后想一想它可能会有用的特殊情况。

7.21　在开发软件以帮助家长和互联网服务提供商屏蔽对不适合儿童的资料的访问之后，一些政府采用该软件来屏蔽对政治和宗教讨论的访问。这个例子以什么方式说明了技术将不可避免地具有负面用途的观点？正如尼尔·波兹曼所说的，"一旦技术被接受，……它一定会完成它被设计来做的事情。"

7.22　在 20 世纪 90 年代中期，连接到互联网上的计算机中大约 70% 都来自美国。这个数据是否意味着在"拥有"和"不拥有"的国家之间的差距越来越大？请给出你的理由。（尝试找出现在有多少百分比的计算机或网站是来自美国的）。

7.23　在全世界大约有 6000 种口头语言。这个数字正在迅速下降，其原因包括交通和运输的增加，商业和贸易的全球化，等等。这些总的来说都是技术提高的副作用，特别是互联网起到的影响。语言消失的优点和缺点分别是什么？总体而言，这是一个重大的问题吗？

7.24　假设你是一个新勒德分子。请给出你的论点，证明对于将手机向贫穷国家传播是一件坏事。

7.25　在 3.7 节中，我们描述了"免费基本功能"的计划，该计划在许多人无法负担上网费用的国家，提供免费的部分互联网访问功能。把这些计划帮助降低数字鸿沟的价值，与网络中立的价值进行对比。

7.26　一些作家对互联网上内容消费者和内容创建者之间的数字鸿沟表示了关切 [88]。互联网用户创建博客、网页、视频和产品评论。作为内容创建者，使用户能够将他的消息传递给大量人群。对于那些拥有创建内容的技能、教育和工具的人来说，互联网可以成为变革的强大推动者。内容创建者往往受教育程度更高，内容消费者和创建者之间的差别展现了基于社会经济地位的用户之间存在的鸿沟。我们应该如何看待互联网内容消费者和创建者之间的差别？考虑与互联网出现之前的内容创建者进行对比。

7.27　美国政府交通安全机构希望要求所有新的重型车辆（如卡车和公共汽车）都必须安装电子控制装置来限制其最高速度。（监管机构正在考虑实行每小时 60～68 英里之间的限制。）给出支持和反对这种要求的论点。

7.28　一位哲学家在十多年前写文章反对使用语音合成技术。他觉得如果一个人可以同一台机器在电话里交谈，并可能认为对方是一个真实的人，这种情形是令人不安和危险的。描述语音合成的一些用途。它有什么好处？又有什么需要担心的理由呢？

7.29　讲话人识别软件通过分析语音来确定是谁在讲话（与语音识别不同，它识别的不是讲话者说的内容）。请描述该技术的一些潜在用途，以及一些潜在的威胁或危险的应用。

7.30　假设你是在所选择的领域中工作的一个专业人士。描述为了减轻在本章中讨论过的任意两个问题所产生的影响，你可以做什么具体的事情。（如果你想不到和你的专业领域相关的任何问题，也可以选择你感兴趣的其他领域。）

7.31　设想一下在未来几年中，数字技术或设备可能发生的变化，描述一个它们可能带来的、与本章中讨论的问题有关的新问题。

作业

下面这些练习题需要花时间做一些研究或完成一些活动。

7.32　在维基百科上，查找关于你已经很了解的一个主题的文章。阅读和评价这篇文章。你认为它是准确、认真和完整的吗？

7.33　查找关于一个人应该每天消耗多少维生素 C 的建议的网站。至少找一个在某个方面比较极端的网站，以及至少一个你认为是合理可靠的网站。简要介绍这些网站，并解释你对它们做出判断的基础。

7.34　本题探讨群体智慧是否可以成功地运营一个足球队。在 2008 年，成千上万的球迷通过 MyFoot-BallClub.co.uk 网站共同投资购买了一家英国足球队。他们的计划是在网络上投票来做出管理决策。请查找关于该球队的信息，它运转得如何，球队成绩又如何？

7.35　谣言经常会在互联网上和社交媒体上迅速蔓延。找一个经常报告神话、谣言和"都市传奇"的网站。给出网站的引用，并讲一个你在该网站找到的故事。

7.36　近期关于 21 世纪人口增长的预测与几十年前的预测相比，已经发生了很大改变。查找关于老年人口模型的报告（比如说，20 世纪 60 年代、20 世纪 70 年代和 20 世纪 80 年代的报告），并找到最近关于人口模型的报告。它们有什么不同？模型中的假设发生了哪些改变？

7.37　3D "打印机"可以在计算机文件的指导下，使用胶水和树脂来逐层创造 3D 结构。调查一下个人和企业会使用这些设备来做什么。假设在 15 年前，有人把这些设备描述成一个潜在的发明，请问：它们会填补任何真正的需要吗？你想大多数人会怎么回答？现在你的答案是什么？

课堂讨论题

下面这些练习题可以用于课堂讨论，可以把学生分组进行事先准备好的演讲。

7.38　有些人认为自己能够区分网络上的可靠信息和不可靠信息，他们担心的是，绝大多数普通民众都没有受到足够的教育，也没有足够的经验来做到这一点。他们容易轻信谎言，他们可能会听从危险的医疗或财务建议，依此类推。你相信这是多么严重的一个问题？它该如何解决呢？

7.39　有些人批评使我们能够指定在网络上看到哪些种类信息的工具，认为这些工具会鼓励沿着政治路线对社会造成隔离。有些人则认为，在过去大多数人都只能从三个电视网（指 CBS、ABC 和 NBC）获得新闻的时候，在当时拥有一个更具凝聚力的信息共享背景。如果人们只能从网上看到一种政治观点，这会带来多么严重的问题？

7.40　有不少人主张通过立法要求谷歌公开它在显示搜索查询结果时使用的网站排名算法。考虑在这一章中提到的问题以及其他相关问题，讨论赞成和反对这样的要求的论点。

7.41　在一起谋杀案中，在一份证据中发现了至少三个人的 DNA 混合物，因此难以确定哪个属于嫌疑人。分析 DNA 样本的计算机程序得出结论，嫌疑人的 DNA 确实在这里面。辩护律师要求专家检查软件，看看它是如何工作的，并查找是否存在错误。生产该软件的公司表示，泄露该程序的代码会泄露商业机密并对公司造成损害。讨论一下双方的论点。给出在不查看代码的情况下可以判断软件有效性的替代方法，并进行评估。

7.42 你认为以下模型中，哪些会产生非常准确的结果？你认为哪些结果不是很可靠？请给出你的理由。

(a) 在 1895 由一群数学家建立的模型，使用关于人口增长、经济增长和交通流量增长的预测值，来预测到 1995 年在城市街道上遗撒的马粪的吨位。

(b) 预测不同的移民政策可能会对国内生产总值（GDP）产生影响的模型。

(c) 预测 30 年后月球和地球之间的相对位置的模型。

(d) 预测一个大型城市在 30 年后将需要多少光纤的模型。

(e) 预测在 30 年后，全球因为燃烧化石燃料会释放多少二氧化碳的模型。

(f) 预测在指定的风力条件下，一个新的竞赛用船的船体设计的速度的模型。

7.43 一些新勒德分子认识到，计算技术对许多人是有益的，但他们认为主要的受益者是政府和大型企业。他们认为这里的关键问题是：谁从中受益最多？考虑以下问题，并讨论谁受益最多的问题。

当一家制药公司开发出一种新的抗癌药物时，它的管理人员会随着股票的上涨而赚到数百万美元，而那些患癌症的人会多活 20 年，谁从中受益最多？谁从社交媒体中受益最多：政府、企业还是普通用户？谁能从互联网上获得最大利益：你，还是在没有固定电话和道路不畅的乡村生活的你的同龄人？

7.44 在 10 年后，"数字鸿沟"可能会呈现为什么形式？与早期出现的非数字的信息和通信技术所导致的社会分隔相比，数字鸿沟又有什么不同？

7.45 在普罗米修斯的神话中，众神之王宙斯对于普罗米修斯向人类传授科学技术非常愤怒，因为它们会使人类更强大。宙斯是嫉妒他的力量，并且决心不让人类用火，从而使人们不得不生吃食物。对于谁会从技术中受益最多，宙斯和勒德分子代表了不同的观点。

(a) 宙斯的观点是技术会帮助不那么强大的群体，从而使更强大的群体失去其优势，请给出支持其观点的论据。

(b) 勒德分子认为技术会帮助更强大的群体（例如，政府和大型企业），请给出支持其观点的论据。

7.46 阅读比尔·乔伊（Bill Joy）的文章《Why the Future Doesn't Need Us》，以及弗吉尼亚·波斯特莱尔（Virginia Postrel）的回复（参见文献 [85-86]）。你认为谁的论据更有说服力？为什么？

本章注解

[1] 来自蒲柏（Pope）的诗歌《An Essay on Criticism》。在希腊神话中，马其顿的比埃利亚泉水会给喝泉水的缪斯女神和其他人以灵感。蒲柏的诗用它比喻知识。

[2] 引自 Stacy Schiff, "Know It All: Can Wikipedia Conquer Expertise?" *New Yorker*, July 31, 2006, www.newyorker.com/archive/2006/07/31/060731fa_fact. McHenry 是《大英百科全书》的一位编辑。

[3] Soraya Nadia McDonald, "How Internet Hoaxers Tricked the World into Believing this Random Sikh Guy Was a Paris Terrorist," *Washington Post,* Nov. 16, 2015, www.washingtonpost.com/news/the-intersect/wp/2015/11/16/how-internet-hoaxers-tricked-the-world-into-believing-this-random-sikh-guy-was-a-paris-terrorist/.

[4] Robert Fox, "News Track: Everybody Must Get Cloned," *Communications of the ACM,* Aug. 2000,

43:8, p. 9. Lisa Guernsey, "Software Is Called Capable of Copying Any Human Voice," *New York Times,* July 31, 2001, pp. A1, C2.

[5]　Adrian Chen, "The Agency," *The New York Times Magazine,* June 2, 2015, www.nytimes.com/2015/06/07/magazine/the-agency.html?_r=0.

[6]　"Wikipedia: Size Comparisons," Wikipedia, en.wikipedia.org/wiki/Wikipedia:Size_comparisons; www.britannica.com.

[7]　Jan Lorenz, Heiko Rauhut, Frank Schweitzer, and Dirk Helbing, "How Social Influence Can Undermine the Wisdom of Crowd Effect," *Proceedings of the National Academy of Sciences,* May 10, 2011, www.pnas.org/content/early/2011/05/10/1008636108.full.pdf. James Surowieki, *The Wisdom of Crowds,* Anchor, 2005. Michael Roberto 讲授的一门关于决策的课程以及 Jonah Lehrer 的一篇文章让作者（SB）有了这些想法和这里的引用。

[8]　Joseph Rago, "The Blog Mob," *Wall Street Journal,* Dec. 20, 2006, p. A18.

[9]　Examples include: American Library Association, "Using Primary Sources on the Web," www.ala.org/rusa/sections/history/resources/primarysources; Johns Hopkins University library, "Evaluating Information Found on the Internet," guides.library. jhu.edu/evaluatinginformation; and University of California, Berkeley, library, "Evaluating Web Pages: Techniques to Apply & Questions to Ask," guides.lib.berkeley.edu/evaluating-resources.

[10]　Jonah Lehrer, "When We're Cowed by the Crowd," *Wall Street Journal,* May 28, 2011, online.wsj.com/article/SB10001424052702304066504576341280447107102.html.

[11]　来自微软公司对其政策的解释，引自 Mark Goldblatt, "Bowdlerized by Microsoft," *New York Times*, Oct. 23, 2001, p. A23, www.nytimes.com/2001/10/23/opinion/bowdlerized-by-microsoft.html.

[12]　Eli Pariser, *The Filter Bubble: What the Internet Is Hiding from You,* Penguin Press, 2011.

[13]　Jeffrey Gottfried and Elisa Shearer, "News Use Across Social Media Platforms 2016," Pew Research Center, www.journalism.org/2016/05/26/news-use-across-social-media-platforms-2016/. Georgia Wells, "Facebook's 'Trending' Feature Exhibits Flaws Under New Algorithm," *Wall Street Journal,* Sept. 6, 2016, www.wsj.com/articles/facebooks-trending-feature-exhibits-flaws-under-new-algorithm-1473176652. "YouTube and PragerU," *Wall Street Journal* (editorial), Oct. 30, 2016, www.wsj.com/articles/youtube-and-prageru-1477866319. Max Read, "Donald Trump Won Because of Facebook," *New York Magazine,* Nov. 9, 2016, nymag.com/selectall/2016/11/donald-trump-won-because-of-facebook.html. Mike Isaac, "Facebook, in Crosshairs After Election, Is Said to Question Its Influence," *New York Times,* Nov. 12, 2016, www.nytimes.com/2016/11/14/technology/facebook-is-said-to-question-its-influence-in-election.html.

[14]　James A. Evans, "Electronic Publication and the Narrowing of Science and Scholarship," Science, July 18, 2008 (Vol. 321, no. 5887, pp. 395–399), www.sciencemag.org/content/321/5887/395.abstract. 作者 (SB) 从 Jonah Lehrer 的一篇文章中发现了这篇引用文章。

[15]　Isaac, "Facebook, in Crosshairs after Election."

[16]　Barry Bearak, "Pakistani Tale of a Drug Addict's Blasphemy," *New York Times,* Feb. 19, 2001, pp. A1, A4.

[17]　Peter L. Bernstein, *Against the Gods: The Remarkable Story of Risk,* John Wiley & Sons, 1996, p. 16.

[18]　Amanda Bennett, "Strange 'Science': Predicting Health-Care Costs," *Wall Street Journal,* Feb. 7, 1994, p. B1.

[19] Cynthia Crossen, "How'Tactical Research'Muddied Diaper Debate," *Wall Street Journal,* May 17, 1994, pp. B1, B9.

[20] Julia Angwin, Jeff Larson, Surya Mattu, and Lauren Kirchner, "Machine Bias," *Pro-Publica,* May 23, 2016, www.propublica.org/article/machine-bias-risk-assessments-in-criminal-sentencing.

[21] 本节的一个早期版本是 Sara Baase, "Social and Legal Issues," 它是这本书中的一章: *An Invitation to Computer Science* by G. Michael Schneider and Judith L. Gersting, West Publishing Co., 1995. (授权使用。)

[22] T. F. Stocker et al., "2013: Technical Summary," in *Climate Change 2013: The Physical Science Basis,* Intergovernmental Panel on Climate Change, Cambridge University Press, p. 37, www. climatechange2013.org/images/report/WG1AR5_TS_FINAL.pdf. Christopher S. Watson et al., "Unabated Global Mean Sea-Level Rise Over the Satellite Altimeter Era," *Nature Climate Change,* 5, 565–568, May 11, 2015, www.nature.com/nclimate/journal/v5/n6/full/nclimate2635.html. NASA, Global Climate Change: Sea Level, climate.nasa.gov/vital-signs/sea-level/.

[23] IPCC 报告的来源 (剑桥大学出版社出版): T. F. Stocker et al., *Climate Change 2013: The Physical Science Basis;* S. Solomon et al., eds., *Climate Change 2007: The Physical Scientific Basis,* 2007 (Technical Summary at ipcc-wg1.ucar.edu/wg1/wg1-report.html); J. T. Houghton et al., eds., *Climate Change 2001: The Scientific Basis, 2001;* J. T. Houghton et al., eds., *Climate Change 1995: The Science of Climate Change,* 1996; J. T. Houghton, B. A. Callander, and S. K. Varney, eds., *Climate Change 1992: The Supplementary Report to the IPCC Scientific Assessment,* 1992; J. T. Houghton, G. J. Jenkins, and J. J. Ephraums, eds., *Climate Change: The IPCC Scientific Assessment,* 1990. 各种不同的 IPCC 报告的来源: www.ipcc.ch/publications_and_data/publications_and_data_reports.shtml. 作者 (SB) 在背景中也使用了来自大量其他书籍和文章中的材料。

[24] T. F. Stocker et al., "2013: Technical Summary," p. 50 and p. 51.

[25] 这个区别很重要的一个原因是北半球大片区域的温度记录都显示冬天夜间的温度升高幅度比夏天白天的温度升高幅度大，这看起来可能是一种气候变暖的潜在的有益形式。

[26] D. L. Albritton et al., "Technical Summary," in Houghton, *Climate Change 2001,* pp. 21–83; see p. 49.

[27] Gregory Flato et al., Chapter 9: Evaluation of Climate Models, in Stocker, *Climate Change 2013,* p. 817. The issue of clouds is mentioned in several places in the reports. Solomon, "Technical Summary," *Climate Change 2007,* p. 70. "Greenhouse Gases Frequently Asked Questions," National Oceanic and Atmospheric Administration National Climatic Data Center, www.ncdc.noaa. gov/oa/climate/gases.html. Long-term projection: Stocker et al., "2013: Technical Summary," p. 81.

[28] Stocker et al., "2013: Technical Summary," p. 69.

[29] Flato, Chapter 9: Evaluation of Climate Models, p. 824.

[30] Stephen Schneider，引自: Jonathan Schell, "Our Fragile Earth," *Discover*, Oct. 1989, pp. 44–50.

[31] Stocker, "2013: Technical Summary," p. 75.

[32] David J. Frame and Daithi A. Stone, "Assessment of the First Consensus Prediction on Climate Change," *Nature Climate Change,* 3, 357–359 (2013), Figure 1: Changes in global mean temperature over the 1990–2010 period, www.nature.com/nclimate/journal/v3/n4/fig_tab/nclimate1763_F1.html. National Oceanic and Atmospheric Administration, National Climatic Data Center, "State of the Climate Global Analysis Annual 2011," Dec. 2011, www.ncdc.noaa.gov/sotc/global/2011/13.

[33] 2007 年的预测: Solomon, "Technical Summary," *Climate Change 2007,* Table TS.6, p. 70. The

0.05℃ figure (for 1998–2012): IPCC, "Climate Change 2014 Synthesis Report Summary for Policy Makers," pp. 3–4, www.ipcc.ch/pdf/assessment-report/ar5/syr/AR5_SYR_FINAL_SPM.pdf. 关于 0.07℃的图（1999~2008 年）: J. Knight et al., "Do Global Temperature Trends Over the Last Decade Falsify Climate Predictions?" pp. 22–23, within T. C. Peterson and M. O. Baringer, eds., "State of the Climate in 2008," *Bulletin of the Meteorological Society,* 90, Aug. 2009, 1–196, journals.ametsoc.org/doi/pdf/10.1175/BAMS-90-8-StateoftheClimate. 停滞期: Stocker, "2013: Technical Summary," p. 37, p. 67.

[34] Stephen Moore, "The Coming Age of Abundance," in Ronald Bailey, ed., *The True State of the Planet,* Free Press, 1995, p. 113.

[35] "Interview with the Luddite" (Kevin Kelly, interviewer), *Wired,* June 1995, pp. 166–168, 211–216 (see pp. 213–214).

[36] Alexandra Eyle, "No Time Like the Co-Present" (interview with Neil Postman), *NetGuide,* July 1995, pp. 121–122. Richard Sclove and Jeffrey Scheuer, "On the Road Again? If Information Highways Are Anything Like Interstate Highways—Watch Out!" in Rob Kling, ed., *Computerization and Controversy: Value Conflict and Social Choices,* 2nd ed., Academic Press, 1996, pp. 606–612.

[37] Kirkpatrick Sale, *Rebels Against the Future: The Luddites and Their War Against the Industrial Revolution: Lessons for the Computer Age,* Addison-Wesley, 1995, p. 257.

[38] Jerry Mander, *In the Absence of the Sacred: The Failure of Technology and the Survival of the Indian Nations,* Sierra Club Books, 1991, p. 61.

[39] Neil Postman, *Technopoly: The Surrender of Culture to Technology,* Alfred A. Knopf, 1992, p. 119.

[40] Eyle, "No Time Like the Co-Present."

[41] Harvey Blume, "Digital Refusnik" (interview with Sven Birkerts), *Wired*, May 1995, pp. 178–179. Kelly, "Interview with the Luddite."

[42] 来自社会学家 Claude Fisher 的一项研究，相关报道参见: Charles Paul Freund, "The Geography of Somewhere," *Reason,* May 2001, p. 12.

[43] Postman, *Technopoly,* p. 15.

[44] 参见: Jane Jacob's classic *The Economy of Cities,* Random House, 1969.

[45] Postman, Technopoly, p. 6. 关于弗洛伊德的引言来自: *Civilization and Its Discontent* (例如，由 James Strachey 编辑和翻译的版本，W. W. Norton, 1961, p. 35).

[46] John Davis，引自: Sale, *Rebels Against the Future,* p. 256.

[47] Peter Applebome, "A Vision of a Nation No Longer in the U.S.," *New York Times,* Oct. 18, 2007, www.nytimes.com/2007/10/18/nyregion/18towns.html. Sale, *Rebels Against the Future,* p. 257.

[48] Joanna Stern, "Smart Tampon? The Internet of Every Single Thing Must Be Stopped," *Wall Street Journal,* May 25, 2016, www.wsj.com/articles/smart-tampon-the-internet-of-every-single-thing-must-be-stopped-1464198157.

[49] Sclove and Scheuer, "On the Road Again?"

[50] 这里的引言来自: Kelly, "Interview with the Luddite," p. 214 and p. 213. 赛尔的这个观点还可以在这里找到: *Rebels Against the Future,* p. 213.

[51] Sale, *Rebels Against the Future,* p. 256.

[52] 这种二分法在作者（SB）看来总觉得很怪异，因为它几乎意味着人是从其他地方来到地球的外星生物。我们是在这里进化的。我们也属于大自然的一部分。人类的房屋与鸟巢是一样自然的，虽然我们和鸟不一样，因为我们有能力构建各种丑陋和美好的东西。

[53] Martin V. Melosi, *Garbage in the Cities: Refuse, Reform, and the Environment: 1880–1980,* Texas A&M University Press, 1981, p. 24–25.

[54] Ian Hacking, *The Emergence of Probability,* Cambridge University Press, 1975, p. 108. C. P. Snow, "The Two Cultures and the Scientific Revolution," in *The Two Cultures: And a Second Look,* Cambridge University Press, 1964, pp. 82–83. 人口的数字来自 National Center for Health Statistics, Centers for Disease Control and Prevention, www.cdc.gov/nchs/fastats/life-expectancy.htm; Global Health Observatory, World Health Organization, www.who.int/gho/mortality_burden_disease/life_tables/situation_trends/en/; Health, United States, 2010, Table 22, p. 134, National Center for Health Statistics, Center for Disease Control, www.cdc.gov/nchs/data/hus/hus10.pdf; 以及来自联合国的数据，参见 Nicholas Eberstadt, "Population, Food, and Income: Global Trends in the Twentieth Century," pp. 21, 23 (in Bailey, *The True State of the Planet*) 和 Theodore Caplow, Louis Hicks, and Ben J. Wattenberg, *The First Measured Century: An Illustrated Guide to Trends in America,* AEI Press, 2001, pp. 4–5. 非车辆相关的事故死亡人数从 1900 年的每 10 万人中 72 人，下降到了 1997 年的每 10 万人中 19 人 (Caplow et al., *The First Measured Century,* p. 149)。

[55] Moore, "The Coming Age of Abundance," p. 119. Eberstadt, "Population, Food, and Income," p. 34. 花费在食物上的家庭收入：Stephen Moore and Julian L. Simon, *It's Getting Better All the Time: The 100 Greatest Trends of the 20th Century,* Cato Institute, 2000, p. 53, and U.S. Department of Agriculture Economic Research Service, "Food CPI, Prices and Expenditures: Food Expenditure Tables," Table 7, accessible at www.ers.usda.gov/data-products/food-expenditures.aspx. Ronald Bailey, "Billions Served" (interview with Norman Borlaug), Reason, Apr. 2000, pp. 30–37. Julian L. Simon, "The State of Humanity: Steadily Improving," Cato Policy Report, Sept./Oct. 1995, 17:5, pp. 1, 10–11, 14–15.

[56] Arman Shehabi et al., "United States Data Center Energy Usage Report," Lawrence Berkeley Laboratory, 2016, eta.lbl.gov/publications/united-states-data-center-energy-usag. Steve Hargreaves, "The Internet: One Big Power Suck," CNN Money, May 9, 2011, money.cnn.com/2011/05/03/technology/internet_electricity/index.htm.

[57] Optical fiber: Ronald Bailey, ed., *Earth Report 2000: Revisiting the True State of the Planet,* McGraw Hill, 2000, p. 51.

[58] William M. Bulkeley, "Information Age," *Wall Street Journal,* Aug. 5, 1993, p. B1. "Newstrack" ("Claims to Fame"), *Communications of the ACM,* Feb. 1993, p. 14. Vertical Research Partners (verticalresearchpartners.com), reported in Jennifer Levitz, "Tissue Rolls to Mill's Rescue," *Wall Street Journal,* Feb. 16, 2012, p. A3. U.S. Postal Service.

[59] United Nations, "E-Commerce and Development Report 2001," quoted in Frances Williams, "International Economy & the Americas: UNCTAD Spells Out Benefit of Internet Commerce," *Financial Times,* Nov. 21, 2001.

[60] 本段和下一段的绝大多数数据都来自下列机构的民意调查和研究：Pew Research Center, Forrester Research, Luntz Research Companies, Ipsos-Reid Corporation, Nielsen//NetRatings, the U.S. Commerce Department 等，可以参考来自各个新闻媒体的报道。Susannah Fox and Gretchen Livingston, "Latinos Online," Pew Research Center, Mar. 14, 2007, pewresearch.org/pubs/429/latinosonline. Jon Katz, "The Digital Citizen," *Wired, Dec.* 1997, pp. 68–82, 274–275.

[61] 参见上面的注解。

[62] Lee Rainie and Katheryn Zickuhr, "*Always on Connectivity,*" Aug. 26, 2015 www.pewinternet.

org/2015/08/26/chapter-1-always-on-connectivity/.

[63] Micah Singleton, " The FCC Has Changed the Definition of Broadband," *The Verge,*Jan. 29, 2015, www.theverge.com/2015/1/29/7932653/fcc-changed-definition-broadband-25mbps.

[64] " Internet Users," www.internetlivestats.com/internet-users/. " Human Development Report 2015," Chapter 3, United Nations Development Programme, report. hdr.undp.org. " Increased Competition Has Helped Bring ICT Access to Billions," United Nations International Telecommunication Union, Jan. 2011, www.itu.int/net/pressoffice/stats/2011/01/#.V_uHIneZPOY.

[65] " Human Development Report 2015," Chapter 3, United Nations Development Programme, report. hdr.undp.org.

[66] Jacob Poushter, " Smartphone Ownership and Internet Usage Continues to Climb in Emerging Economies," Pew Research Center, Feb. 22, 2016, www.pewglobal.org/2016/02/22/smartphone-ownership-and-internet-usage-continues-to-climb-in-emerging-economies/. " Billions of People in Developing World Still Without Internet Access, New U.N. Report Finds, " United Nations, Sept. 21, 2015, www.un.org/apps/news/story.asp?NewsID=51924#.WAfmD_RjKO0. Jacob Poushter, " Smartphone Ownership Rates Skyrocket in Many Emerging Economies, but Digital Divide Remains," Pew Research Center, Feb. 22, 2016, www.pewglobal.org/2016/02/22/smartphone-ownership-rates-skyrocket-in-many-emerging-economies-but-digital-divide-remains/.

[67] Marianne Lavelle, " *Five Surprising Facts About Energy Poverty,"* *National Geographic,* May 30, 2013, news.nationalgeographic.com/news/energy/2013/05/130529-surprising-facts-about-energy-poverty/.

[68] Ben Lefebvre, " What Uses More Electricity: Liberia, or Cowboys Stadium on Game Day? " *Wall Street Journal*, Sept. 13, 2013, blogs.wsj.com/corporate-intelligence/ 2013/09/13/what-uses-more-electricity-liberia-or-cowboys-stadium-on-game-day.

[69] Euan McKirdy, " UNHCR Report: More Displaced Now than after WWII, " *CNN,* June 20, 2016, www.cnn.com/2016/06/20/world/unhcr-displaced-peoples-report/.

[70] One Laptop per Child: one.laptop.org. Ruy Cervantes et al., " Infrastructures for Low Cost Laptop Use in Mexican Schools," *Proceedings of the 2011 Annual Conference on Human Factors in Computing Systems,* dl.acm.org/citation.cfm?id=1979082.

[71] Eric Bellman and Aditi Malhotra, " Why the Vast Majority of Women in India Will Never Own a Smartphone," *Wall Street Journal,* Oct. 13, 2016, www.wsj.com/articles/why-the-vast-majority-of-women-in-india-will-never-own-a-smartphone-1476351001. Facebook data: Simon Kemp, " Digital in APAC 2016," We Are Social, Sept. 6, 2016, wearesocial.com/uk/special-reports/digital-inapac-2016. Cherie Blair, " Women & Mobile: A Global Opportunity, " p. 16, www.gsma.com/mobilefordevelopment/wp-content/uploads/2013/01/GSMA_Women_and_Mobile-A_Global_Opportunity.pdf. Newley Purnell, " How Google's Bicycle-Riding Tutors Are Getting Rural Indian Women Online," *Wall Street Journal,* Oct. 3, 2016, blogs.wsj.com/indiarealtime/2016/10/03/how-googles-bicycle-riding-internet-tutors-are-getting-rural-indian-women-online/.

[72] Sale, *Rebels Against the Future,* p. 210.

[73] Postman, *Technopoly,* p. 7.

[74] Kelly, " Interview with the Luddite."

[75] Bill Richards, " Doctors Can Diagnose Illnesses Long Distance, to the Dismay of Some," *Wall Street Journal,* Jan. 17, 1996, pp. A1, A10.

[76] Richards, "Doctors Can Diagnose Illnesses Long Distance."

[77] Peter J. Denning, " The Internet After 30 Years," in Dorothy E. Denning and Peter J. Denning, eds., *The Internet Besieged,* Addison Wesley, 1998, p. 20.

[78] Donald A. Norman, *Things That Make Us Smart: Defending Human Attributes in the Age of the Machine,* Addison-Wesley, 1993, p. 190.

[79] Matt Novak, "7 Famous Quotes About the Future That Are Actually Fake," *Gizmodo,* Sept. 8, 2014, paleofuture.gizmodo.com/7-famous-quotes-about-the-future-that-are-actually-fake-1631236877. Novak 的报告说冯·诺依曼的陈述经常在引用时会被省略掉后半句。

[80] Joseph Weizenbaum, *Computer Power and Human Reason: From Judgment to Calculation,* W. H. Freeman and Company, 1976, pp. 270–272.

[81] Edison: Thomas Edison, " The Dangers of Electrical Lighting," *The Electrical Engineer,* Volume 8, 1899, page 518 (quote is on page 520). Zanuck: George F. Custen, *Twentieth Century's Fox: Darryl F. Zanuck and The Culture of Hollywood,* Basic Books, 1997. *Popular Mechanics,* Mar. 1949, p. 258. RCA: Thomas Petzinger Jr., " Meanwhile, from the Journal's Archives," *Wall Street Journal,* Jan. 1, 2000, p. R5. Cooper: Peter Grier, " Really Portable Telephones: Costly, But Coming?" , *Christian Science Monitor,* Apr. 15, 1981, www.csmonitor.com/1981/0415/041506. html. Metcalfe: Bob Metcalfe, " Predicting the Internet's Catastrophic Collapse and Ghost Sites Galore in 1996," *InfoWorld,* Dec. 4, 1995, p. 61 (found in books.google.com via search). David Pogue, " Pogue's Posts: iPhone Rumors," *New York Times,* Sept. 27, 2006, pogue.blogs.nytimes. com/2006/09/27/27pogues-posts-3/?_r=0. Ballmer: David Lieberman, " CEO Forum: Microsoft's Ballmer Having a ' Great Time' ," *USA Today,* Apr. 30, 2007. 关于这些预测的一些信息出现在：Kathy Pretz, " Five Famously Wrong Predictions About Technology," *The Institute,* IEEE, Dec. 19, 2014, theinstitute.ieee.org/ieee-roundup/members/achievements/five-famously-wrong-predictions-about-technology.

[82] Ray Kurzweil, *The Singularity Is Near: When Humans Transcend Biology,* Viking, 2005. Hans Moravec, *Robot: Mere Machine to Transcendent Mind,* Oxford University Press, 2000. Vernor Vinge, " The Coming Technological Singularity: How to Survive in the Post-Human Era," presented at the VISION-21 Symposium (sponsored by NASA Lewis Research Center and the Ohio Aerospace Institute), Mar. 30–31, 1993, www-rohan.sdsu.edu/faculty/vinge/misc/singularity.html.

[83] Rodney Brooks, " Toward a Brain–Internet Link," *Technology Review,* Nov. 2003, www. technologyreview.com/Infotech/13349/.

[84] " Superhuman Imagination," interview with Vernor Vinge by Mike Godwin, *Reason,* May 2007, pp. 32–37.

[85] Bill Joy, "Why the Future Doesn't Need Us," *Wired,* Apr. 2000, www.wired.com/2000/04/joy-2/.

[86] Virginia Postrel, "Joy, to the World," *Reason, June* 2000, reason.com/archives/2000/06/01/joy-to-the-world.

[87] 这里的说法被认为是来自 Neils Bohr 和 Albert Einstein；但是对此我们却没有找到可信赖的来源。

[88] Jen Schradie, " The Digital Production Gap: The Digital Divide and Web 2.0 Collide," *Poetics,* .Vol. 39, No. 2, Apr. 2011, pp. 145–168.

第 8 章

A Gift of Fire: Social, Legal, and Ethical Issues for Computing Technology, Fifth Edition

错误、故障和风险

8.1 计算机系统中的故障和错误

8.1.1 概述

"导航系统把汽车导到了河里"

"因为软件错误导致数千名罪犯被提前释放"

"在追踪核材料的软件中发现了缺陷"

"软件故障使滑板车车轮突然反转方向"

"机器人杀死了工人"

"加州放弃了花费 1 亿美元开发的儿童支持系统"

"因为 FBI 计算机数据故障，造成某人被捕五次"

"软件和设计缺陷造成医保网站的瘫痪"

这些新闻头条描述的都是真实事件。是不是计算机系统用起来太不可靠，太不安全呢？或者，像许多其他新闻故事一样，新闻头条和恐怖故事中都只会强调坏的消息，即戏剧性的但却不常出现的事件？我们经常听到关于车祸的报道，但我们并不会听到新闻报道说：本市今天司机安全完成了多少万次驾车出行。虽然大多数汽车旅行是安全的，只报道撞车事故其实也有其正当的理由：它告诉我们风险是什么（例如，在浓雾中驾驶），它提醒我们要负责和谨慎地驾驶。正如许多因素会造成车祸（例如，设计错误、制造或维修不良、路况不好、司机不小心或缺乏训练、混乱的路标等），计算机故障和系统故障也有无数的原因，包括设计错误、实施马虎、粗心大意或训练不足的用户以及糟糕的用户界面。通常来说，可能会存在一个以上的因素。

从消费者软件到控制通信网络的系统，大多数计算机应用都是如此的复杂，以至于几乎不可能生产出没有错误的程序。在接下来的几节中，我们会描述各种错误、问题和故障，以及造成它们的一些因素。有些错误是不重要的，例如，一个文字处理器软件可能会在对一行末尾放不下的单词进行断词时出现错误。有些事件是有趣的；有些还会耗资数十亿美元；而有些则会造成悲剧。由于计算机系统的复杂性，有时候，虽然所有人都遵守了好的立场和职业实践规范，而且并没有人犯任何错误，但还是会有意外发生。还有些时候，我们可以把软件开发人员和管理人员的不负责任类比为醉酒开车。研究这些失败、造成它们的原因，以及它们带来的风险，有助于防止未来的失败情形。

如果计算机系统固有的复杂性意味着它们不会是完美的，那么我们如何能分辨：哪些是为了该系统带来的好处，作为取舍我们可以接受的错误；而哪些是由于不可原谅的疏忽和无能或不诚实而造成的错误？要有多好才是足够好？我们（或政府，或一个企业）应该在什么时候决定一个计算机系统或应用程序如果使用的话会太过于冒险？为什么有些耗费数百万美元的系统的结局会如此悲惨，以至于为它们投资的企业和机构宁愿在完成前放弃它们？我们不能完全回答这些问题，但是本章会提供一些有关的背景和讨论，可以帮助我们形成一些结论。我们应该从我们所扮演的几个角色的角度来理解这些问题：

- 计算机用户。无论我们使用的是自己的平板电脑或工作中的复杂的、专业化的系统，我们都应该理解计算机系统的局限性，以及对适当培训和负责任使用的需要。

- 受过教育的社会成员。有很多关于社会、法律和政治决策的个人决定，会取决于我们对计算机系统故障的风险认识。我们可能会被选入一个陪审团。我们也可能成为立法游说组织的积极成员。我们可能需要决定是否由机器人进行手术。此外，我们还可以把本章中的一些解决问题的方法和原则应用到计算机系统之外的其他专业领域。

- 计算机专业人员。如果你计划成为一名计算机专业人员（例如，系统设计者、程序员，安全专家或质量保证经理），那么了解计算机系统的故障可以帮助你成为一名更好的专业人员。如果你将负责购买、开发或管理一个复杂的系统，把它用于医院、机场或公司的话，那么了解故障的根源和后果也是很有价值的。本章中的例子讨论的内容包括有关如何避免类似问题的许多隐性和显性的教训。

我们可以通过多种方式来对计算机错误和故障进行分类，举例来说，可以根据其原因、影响的严重性，或者根据应用程序的领域。不管我们用什么方式来组织讨论，都会出现在某些类别中会有重叠，或是在其他类别中出现不同例子的混合情形。下面将会采用三个类别：个人遇到的问题，通常是作为消费者的角色；可能会影响大量的人或花费大量金钱的问题；以及可能会伤害或杀死人的安全攸关型应用程序的问题。我们将会专门深入探讨一个安全攸关的案例（见 8.2 节）：Therac-25。它是一种计算机控制的放射治疗机，存在大量的缺陷，并因此导致几个病人死亡。在 8.3 节和 8.4 节中，我们试图讨论一些可能会让人觉着混乱的例子。8.3 节会更加深入地探查其根本原因，并介绍在它们发生时，用来预防故障和正确处理它们的专业做法和其他方法。8.4 节会以不同的角度来分析其风险。

这里所描述的事件只是许多可能会发生的事件中的一个样例。罗伯特·沙雷特（Robert Charette）是软件风险管理方面的专家，他强调计算机系统的错误和故障在所有国家都有发生，在为企业、政府和非营利组织（大的或小的）开发的系统中也都有发生，"与他们的地位或名誉没有关联"[1]。在大多数情况下，在提到具体的公司或产品时，我们不是专门把它们挑选出来当作特别的反面教材。人们可以在新闻报道中、软件工程类期刊，以及在彼得·诺伊曼（Peter Neumann）的《风险论坛摘要》（Risks-Forum Digest）[2] 中，找到许多类似的故事。诺伊曼收集了成千上万的报告，它们描述的是各种各样的计算机相关问题。

8.1.2 个人遇到的问题

1. 账单错误
我们首先来看几个相对比较简单的错误。

- 一位女士收到 630 万美元的电费账单。正确的金额应该是 63 美元。原因是有人在使用新的计算机系统的时候，导致了输入错误。

- 国税局（IRS）往往是大错误的常见来源。有一次他们修改了程序，以避免向美国中西部受到水灾影响的灾民收税，但是计算机却为近 5000 人生成了错误的账单。伊利诺伊州一对夫妇收到了一张几千美元的税收账单，另外还包括 680 亿美元的罚款。在一年时间里，国税局向 3000 人发送了金额超过 3 亿美元的账单。有一位女士收到税单金额为 40 000 001 541.13 美元。

- 一位 101 岁的男子的车险费率突然增加了两倍。保险费用取决于年龄，但是该程序能处理的年龄最多只能是 100。它错误地把该男子归类为十多岁的小年轻。

- 芝加哥数百名猫主人收到市政府寄来的账单，声称他们没有对腊肠狗进行登记，问题是他们根本没有养狗。该城市使用两个数据库来试图找到未注册的宠物。一个数据库中使用 DHC 作为国产家猫（domestic house cat）的代码，而在另一个数据库中则使用 DHC 来表示腊肠狗（dachshund）。

这些错误可能会让人感到好玩，而不是觉得很严重；因为大的错误是显而易见的，它们通常会很快得到修正，但即使是这样也可能要花费一个人大量的时间且引起精神紧张。持续不断出现的小错误可能更不容易被发现，但却对低收入的人群带来严重的负面作用，因为他们没有意识到错误，所以通常会按照错误的账单缴费。有些错误还可能会抹黑一个人的名声或信用记录。

程序员和用户可以避免我们上面描述的一些错误。例如，程序员可以采用测试来确定账单金额是否超出了合理范围，或者与以前的账单相比发生了显著改变。换句话说，因为程序和用户输入中可能包含错误，好的系统必须拥有对用户输入进行检查和对结果合理性进行检查的规定。如果你有一定的编程经验，你就会知道采用这样的测试并标记需要进一步审查的地方，都是不难的。

计费系统中的一些错误会给客户带来显著的开销和服务中断。当洛杉矶水电部门（LADWP）实施新的计费系统时，许多客户收到了错误的、超额的账单。这些账单是基于对用水的估计，而不是实际的水表读数（在公用事业行业的一种常见做法）。当数以千计的客户打电话询问错误的原因时，LADWP 工作人员通常表示，在下一次读数时，错误就会得到解决。几个月过去了，错误越累越多，许多账户开始累积未付余额的利息。LADWP 官员知道系统中存在的问题，但他们还是这样付诸实施了。通常负责收取迟交款项的 LADWP 工作人员被分配来处理这些账单错误；结果是，在未支付的正确账单中有数百万美元被作为坏账处理。后来通过一起诉讼的和解才解决了账单溢价问题，并且要求 LADWP 再投资 2000 万美元来彻底检修该系统。

对我们（短暂）有利的错误

当我（TH）在写这一章时，学校工资单系统中的一个计算机故障导致我本周收到两份工资存单。遗憾的是，我需要归还其中一份。另外，有一天早上，我在我的投资账户里发现多出了 1000 万美元。几小时后它消失了。

人们对错误的看法有时取决于他们站在哪一边。如果你因为同一次信用卡购物被扣费两次，你会想要取消其中一项费用。如果你在银行或投资账户上存了钱，但是却错误地进入了别人的账户，你也会希望错误得到纠正。

我们期待账单系统应当如何接近完美呢？一家水厂给客户发送了一份 22 000 美元的错误账单。该公司的一位发言人指出，在每月 275 000 份账单中，只有一份出错实际上已经相当好了。它的准确率高于 99.999%。这样说是合理的吗？在某种程度上，为了改进系统所需的费用与其收益相比已经不值得了，特别是对于错误对客户的影响较小的应用，在错误发生时对它进行检测和修复，比试图去防止所有错误花费的代价更小。

2. 数据库中不准确的和被曲解的数据

企业不愿公布包含数百万人信息的许多大型商业数据库的错误率。企业本身可能也没有这样的数据，而且我们还需要对某人的地址拼写错误和关于有人支票被退回的错误报告加以区分。因此，我们很难拿到准确和有意义的数据。下面，我们可以考虑一些例子。

信用局的记录中有成千上万的新英格兰地区的居民的信用记录出错，说他们没有缴纳当地房产税，出现该问题的原因似乎只是一个输入错误。很多人因此被拒绝了贷款申请，直到有人认定了该问题的范围，信用局才对信息进行了修改。像400亿美元的税单一样，影响了成千上万人的系统错误可能会很快被人发现。有关公司或机构就有可能迅速解决它。然而，也许更严重的是在个别人的记录中出现的那些错误。在一个案例中，一个县级机构在给信用局的报告中把一个没有支付子女抚养费用的父亲的中间名给弄错了。恰好有同一个县内的另一名男子的名字跟报告中的名字一模一样，他在购买汽车或房子时都无法获得贷款。还有个人在申请几家零售店的职位的时候，都遭到了拒绝。最终，他才了解到，这些商店都使用了一个数据库来筛选申请人，而该数据库将他列为一个商店扒手。事实上，是一个真正的商店扒手把偷来的钱包中的证件交给了警方。

一所高中把一个14岁的男孩排除在足球和一些其他课程之外，并没有给任何解释。他最终了解到，学校官员认为他在上初中时使用过毒品。这两所学校在计算机记录中所使用的关于处罚的代码是不同的。这个男孩犯的错误其实仅仅是嚼口香糖和迟到。这种案例与之前描述的把腊肠狗和猫搞混的例子是非常类似的，但是其产生的后果更加严重。这两个案例都说明，不去花足够的时间负责任地学习如何正确使用计算机系统，而是单纯地依赖它们，就会产生很多问题。

联邦法律要求，各州都要维持一个因儿童性犯罪被定罪的犯人数据库，并向公众发布有关他们的信息。在一个州在网上张贴了新罪犯的居住地址之后，有一个家庭收到了频繁的骚扰、威胁和人身攻击。该州的相关部门并不知道该名罪犯已经搬走了，而这个家庭是新搬来的。在华盛顿州的另一个案例中，一名男子从该州的性罪犯数据库中获取地址之后，谋杀了在该地址居住的两名男子，在缅因州也有一名男子杀死了在网上名单中列出的两名男子。而其中一名男子被列在数据库中，是因为在他还是未成年人的时候，与他的女朋友发生了性关系，而他的女朋友只差几星期就到合法年龄了。虽然在技术上这并不是数据库中的错误，这个案例说明，对于数据库中应该包括什么信息，以及我们该如何把它们呈现给公众，需要经过仔细考虑，特别是当它涉及的是一个受到高度关注的主题的时候。

E-Verify是一个旨在验证在美国雇用的工人是否得到合法工作授权的系统。它使用来自社会安全局和国土安全部（DHS）的数据。对大多数企业来说这是自愿的，但有些州要求所有工人都必须进行验证，联邦政府也要求联邦承包商使用该系统。有些人主张要求所有雇主在雇用每个新人的时候，都必须先获得E-Verify的批准。美国公民及移民服务机构表示，E-Verify可以快速核实近99%的申请人，但其准确程度又如何呢？衡量系统不准确性的标准必须包括：被系统批准但实际上没有被授权工作的人，以及否认有权工作但实际上被授权工作的人。政府问责办公室的一份报告估计，该系统错误地批准了一半以上实际上未被授权工作的申请人。其中一些申请人使用的是被盗身份。所有申请人中约有0.2%最初被拒绝，但在经过纠正错误的过程后重新获得批准。错误地被拒绝的原因包括姓名拼写不一致、使用系统时的雇主错误以及DHS数据库中的错误。（针对非公民的初始拒绝率明显高于美国公民。）政府认为，所有在申诉之后被拒绝的决定没有被撤销的人，应该都是未经授权的。然而，一家外部研究公司对政府进行的分析估计，超过 6% 的受到最终拒绝的人（约占总数的 0.05%）实际上是有合法授权的。这样低的错误率是否是可以接受的？每年大约有 6000 万人在美国换工作或进入劳动力市场。如果该系统成为强制性的，错误率为 0.2% 的初始拒绝将影响到每年 120 000 名合法工人。当然，0.05% 听起来很低，但这意味着大约 30 000 名根据法律应该能够工作的人将无法获得工作机会 [5]。

被毁掉的职业生涯和暑假 [3]

CTB / McGraw-Hill 为学校开发了标准化测试并为其打分。每年有数百万名学生参加它们的测试。CTB 软件中出现了一个错误，导致它在几个州错误地报告了测试结果——大大低于正确的分数。教育者因此遭受了个人和职业生涯的耻辱。在纽约市，因为一些学校似乎在阅读教学中取得的成绩很差，使其校长和督学都遭到了解雇。一名男子说，他在该州申请了 30 个其他的督学工作，但没有一个录用他。学生家长也很不高兴。由于分数的错误，近 9000 名学生不得不参加暑期学校以补习功课。最终，CTB 纠正了错误。纽约市的阅读成绩实际上已经提高了 5 个百分点。

为什么这个问题没有被及早发现，从而就可以避免管理者被解雇和暑期学校的发生？几个州的学校测试官员都对该分数持怀疑态度，因为这次的分数出现了突然的、意外的下降。他们向 CTB 提出了质疑，但是 CTB 告诉他们说一切正常。他们认为，CTB 没有告诉他们其他州也遇到了类似的问题，并提出了抗议。当 CTB 发现软件错误之后，该公司并没有及时告知学校，而是拖了好几个星期，尽管 CTB 的总裁在这几周期间还和学校官员进行了会见。

我们可以从这个案例中学到什么经验教训？当然，软件错误是无法避免的。人们通常会注意到显著的错误，就像这个事件中一样。但该公司没有对有关结果的准确性问题采取足够的重视，也不愿承认出错的可能性，甚至在后来错误被确定之后还不愿承认。这种行为必须发生改变。如果发现错误并能迅速纠正，那么该错误造成的损害是可以控制在小范围的。

CTB 建议学区不要使用它的标准化测试的分数作为决定哪些学生应参加暑期学校的唯一因素。但纽约市这样做了。在一个有类似教训的案例中，佛罗里达州的政府官员依靠计算机生成的可能的重刑犯名单，以禁止一些人参加投票，但是提供该名单的数据库公司则明确说明，州政府应该进行额外的验证 [4]。单纯依靠一个因素或一个数据库中的数据是如此容易，特别是考虑到额外的审查或验证带来的开销的时候，这对人们是一种简单的诱惑。然而，在许多情况下，负责关键决策的人都无法抵制这种诱惑。

如果错误发生在执法机构使用的数据库中，其后果可能包括在枪口下被逮捕、脱衣搜查和与暴力罪犯一起被关在监狱里。例如，有一家租车公司错误地把一辆车标记为被盗，结果是有两个成年人被关在监狱中 24 个小时，而他们的孩子被送到了少管中心，直到警方花了很长时间确定他们所开的车真的是租来的。警察拦住并搜查了一个无辜的驾驶员，因为他的车牌号错误地出现在了警方数据库中，被当作杀害了一个州警的逃犯的车牌号。

在 2001 年恐怖袭击后，美国联邦调查局向很多机构提供了一个"观察名单"（watch list），收到该名单的机构包括警察部门和一些企业，例如汽车租赁公司、银行、赌场以及货运和化工企业。收到名单的单位又把信息通过邮件发给了其他人，最终有成千上万的警察局和公司都收到了这个名单。许多人把该名单添加到了他们的数据库和系统中，用来筛选客户或求职者。虽然该名单包括的人不全是犯罪嫌疑人，还包括警察需要质问的一些人，但是一些公司把列表中的人都标记为"恐怖分子嫌疑人"。其中许多表项不包含出生日期、地址或其他识别信息，使得错误识别很容易出现。有些公司通过传真收到这个名单，依照模糊的副本把错误的名字输入到他们的数据库中。在联邦调查局停止更新列表之后，并没有告诉所有收到列表的人，因此许多条目的信息都过时了 [6]。即使有人在原始数据库中更正了错误，对受影响的人来说，麻烦也不会就此结束。在其他系统中，还会包含不正确或错误标记的数据副本。

因为在数据库中的错误，以及对其内容的误解，导致人们遭遇问题的频率和严重程度取决于几个因素：

- 人口众多（很多人都有相同或相似的名字，而且与我们交往的大部分人都是陌生人）。
- 自动处理系统不具备人类的常识，或者没有识别特殊情形的能力。
- 对在计算机上存储的数据准确性的过度自信。
- 在数据录入（有时候因为粗心）时出现的错误。
- 未能及时更新信息和纠正错误。
- 缺乏对错误的问责。

第一个因素是不可能改变的；它是我们生活的环境。我们可以通过规范系统和培训用户来减少第二个负面影响。在上面的列表中的其余因素都在个人、专业人士和政策制定者的控制范围之内。我们会在本章中接着讨论这些因素。

> 对于自由社会的原则来说，任何人都不应因政府疏忽而导致的计算机错误被警方逮捕，这是令人厌恶的。随着越来越多的自动化入侵到现代生活中，关于奥威尔描述的恶作剧的可能性也在增加。
>
> ——亚利桑那州最高法院 [7]

8.1.3　系统故障

现代通信、电力、医疗、金融、零售、交通系统都严重依赖于计算机系统，然而这些系统并不总是能按照计划运行。我们会介绍一些失败的例子，并说明一些案例的原因。对于计算机专业的学生和其他可能会承包或管理定制软件的人来说，我们的一个目标就是要让你看到故障的严重影响，以及看到你想要努力避免的事情。充分的规划和测试、在出现错误的时候采取备份计划，以及在对付错误时以诚相待，这些教训同样适用于其他行业的大型项目。以下是一些故障示例。

- 一个软件错误迫使成千上万的星巴克门店关闭。原因是一次日常软件更新导致门店无法处理订单、接受付款或继续开展正常业务。
- 瑞士银行合作社（Swiss Bank Coop）的一个软件错误导致银行客户不仅收到了他们自己的年终报表，还收到了其他几家银行客户的报表。该事件侵犯了数千名客户的财务隐私，并使其账户的安全性受到威胁。
- 在一个有两百万行代码的电信交换程序中，因为修改了三行代码，就造成了几个主要城市的电话网络故障。虽然该方案经过了 13 周的测试，但是在进行该修改之后没有进行重新测试，其中包含了一个简单的拼写错误。
- 在圣诞购物季，美国运通公司（American Express Company）的信用卡验证系统发生了故障；商家只好打电话进行核实，铺天盖地的电话都打到了呼叫中心。

- 当大量的人群在安装常规的 Windows 更新之后，同时重新启动他们的计算机时，大量的用户登录使得 Skype 的点对点网络系统出现了严重超载。大多数 Skype 互联网电话用户有两天时间无法登录系统。

- 一个软件升级的错误关闭了东京证券交易所的所有交易。在纳税年度的最后一天，伦敦证券交易所的计算机故障导致其业务停顿了几乎八个小时，影响了很多人的税单 [8]。

- 嘉信理财公司（Charles Schwab Corporation）的计算机系统在升级时出现一个小故障，使该系统瘫痪了两个多小时，并在接下来几天还造成很多间歇性问题。客户无法访问自己的账户或无法在网上交易。奈特资本集团（Knight Capital Group）是一个投资公司，它的新软件在短时间内造成了数百万起不应该出现的股票交易，给公司带来了超过 4 亿美元的损失，对公司的生存造成了威胁。

- Amtrak（全美铁路客运公司）的预订和票务系统在感恩节周末的故障造成了大量延误，因为他们的代理无法打印时间安排或票价清单。

- 维珍美国（Virgin America）航空公司在感恩节前一个月切换到一个新的预订系统。它的网站和乘机自动办理系统有好几个星期都无法正常工作 [9]。

- 花费 1.25 亿美元的火星气候探测者号（Mars Climate Orbiter）在应该进入环绕火星的轨道的时候，消失不见了。原因是开发导航软件的一个团队使用的是英制度量单位，而另一个团队使用的却是公制单位。对该损失的调查结果强调说，虽然该错误本身是直接原因，但是根本的问题是缺乏能够检测到该错误的规定和程序 [10]。

- 2002 年，华盛顿州劳改部门用来计算囚犯释放时间的计算机系统进行了修改。这一修改错误地将在县监狱获得的减刑奖励额度给了州监狱里服刑的罪犯，导致在 2012 年发现该错误之前，已经提前释放了 3000 多名囚犯。该错误直到 2016 年才得到修复。

1. 投票系统

2002 年，国会通过了《协助美国投票法案》（Help America Vote Act），并批准拨款 38 亿美元来改进投票系统。在许多州，这意味着用电子系统来替代纸质选票，但是由于转向电子投票机的过程比较匆忙，证明了它们也会存在许多缺点。下面是一些出现过问题的例子：

- 一些电子投票系统崩溃，选民无法投票。

- 因为机器的内存已满，一个县损失了超过 4000 张选票。

- 在得克萨斯州的一个县，一个编程错误导致产生了 100 000 张额外选票。

- 还有一个编程错误导致部分候选人收到了实际投给其他候选人的选票。

政府所提供的电子投票系统能够做到防止选举舞弊和破坏，是选举中至关重要的一个问题。软件可以被破坏和操纵，从而提供不准确的结果；而且取决于系统的设计，独立的重新计票可能是很困难的。对投票软件进行验证通常是不可能的，因为许多公司认为该软件是专有的，并将源代码作为商业秘密隐藏起来。

安全研究人员强烈抨击电子投票机，他们说机器存在不安全的加密技术（或根本没有使用加密），软件升级安装时安全性不足，以及对存储选票的内存卡的物理保护较差。一个研究小组展示了一个系统漏洞，病毒可以轻松接管该机器，并操纵投票结果。他们发现，投票系统开发商缺乏足够的安全培训。程序员省略了一些基本的流程，例如输入验证和边界检查。研究人员可以用一个标准钥匙打开投票机的访问面板，这种钥匙很容易获得，经常用于办公家具、电子设备和酒店迷你吧中。虽然存在投票系统的认证标准，但是一些有缺陷的系统也通过了认证；说明只有标准是不够的。在一些县，选举官员甚至把投票机发给高中学生和其他志愿者，志愿者把投票机保存在家中，到了选举那天再分别把它们送到投票站[11]。

许多故障发生的原因都是我们反复会看到的：缺乏足够的规划和对安全问题的考虑、测试不足和训练不足。在这样的项目中，各州期望获得联邦拨款的愿望促成了他们的操之过急。而且该拨款对于各州必须如何把钱花掉，有比较短的时间限制；而为了满足比较短的时间窗口，规划、测试和培训的时间都被压缩到了几乎不产生任何效果的程度。在这个应用场景中，用户培训的任务是非常复杂的，因为成千上万的普通人志愿担任选举工作人员，并在选举日负责管理和操作机器。

在线投票会带来一些好处，例如给选民带来便利，但它也提出了额外的问题，包括选民身份验证、投票验证和可能被攻击的更多漏洞。在一名计算机科学教授的指导下，一个研究生团队攻击了一个实验性的在线投票系统，并修改了选票。他们还发现伊朗袭击该系统的证据。美国许多州允许特殊人群进行在线投票，例如残疾人和海外军人。阿拉斯加州允许所有选民在线提交选票（例如，发送扫描选票的 pdf 文件），同时警告使用该系统的人可能需要放弃他们进行无记名投票的权利，并接受传输错误的可能性[12]。

爱沙尼亚的在线投票始于 2005 年。爱沙尼亚系统被认为是最安全的互联网投票系统。密歇根大学的一个团队进行的分析发现，规程控制的问题和严重的系统弱点都可以被黑客利用来改变投票结果，而且不会被发现。许多漏洞来自选举人员没有遵循文件中规定好的规程和对敏感信息的疏忽，例如公开显示 Wi-Fi 凭证或在摄像机视线范围内输入密码。研究人员还表示，该系统没有使用允许独立验证投票的推荐加密技术。他们建议停止使用该系统。爱沙尼亚政府强烈反对该报告。爱沙尼亚人口只有大约 130 万（略高于罗德岛州），而且选民身份验证依赖于爱沙尼亚的强制性国民身份证。目前尚不清楚该系统是否能在一个像美国这样规模大的国家（约有 3.2 亿人）以及强制性国民身份证还存在争议的情况下运作良好[13]。

在我们使用计算机投票以前，芝加哥和德州部分地区也曾发生过臭名昭著的选举舞弊。在一些城市，直到选举结果出来之后，选举官员才发现许多盒子中充满了无数的没有被统计的纸制选票。在一个健康的民主制度下，关于计票结果合理的准确性和真实性是必不可少的。电子系统具有降低某些类型的欺诈和防止选票意外丢失的潜力，但是它们也引入了许多必须解决的其他问题。开发这些系统需要高度的敬业精神和较高的安全度。我们愿意在秘密选票、便利性和开销之间做出什么样的权衡呢？这些系统会消灭哪些形式的欺诈？又会带来哪些新的欺诈形式呢？什么程度的安全性才是可以接受的？

> "投票的人并不能决定什么。统计选票的人才能决定一切。"
> ——（据传）约瑟夫·斯大林（前苏联总理）[14]

2. 被抛弃的系统

在某些系统中的缺陷是如此极端，以至于该系统在浪费了数百万美元，甚至是数十亿美元之后，最终被扔在垃圾桶里。下面是一些例子[15]：

- 一个大型的英国食品零售商花费超过 5 亿美元开发了一个自动化供应管理系统，导致货物被丢在仓库和转运站。他们又额外雇佣了 3000 个工人来把这些物品搬回到货架上。
- 福特汽车公司放弃了 4 亿美元的采购系统。

- 一个酒店和汽车租赁业务的财团斥资 1.25 亿美元开发了一个综合旅游产业的预订系统，然后因为它无法工作又取消了该项目。
- 经过九年的开发，英国国家健康服务中心放弃了一项费用超过 100 亿英镑的患者记录系统。这个项目的失败原因包括：项目规模太大、需求说明的变化、卫生部管理不善、技术问题以及与供应商的纠纷。
- 加利福尼亚州花费超过 1 亿美元开发了一个全国规模最大、最昂贵的州政府计算机系统：该系统可以跟踪拖欠子女抚养费的父母。在五年后，加州政府放弃了该系统。
- 在原定开发周期为四年的一个项目干了七年后，宾夕法尼亚州放弃这个管理失业补偿金的系统。在项目取消的时候，该系统比其原先的 1.07 亿美元预算已经多花了 6000 万美元，并且依然无法正常运行。
- 在耗资 40 亿美元后，国税局放弃了一个税收系统现代化的规划；政府问责办公室的报告把失败归咎于管理不善。

软件专家罗伯特·夏雷特（Robert Charette）估计，在所有信息化项目中，大约有 5% 到 15% 会在交付之前或之后不久被当作"无可救药的缺陷系统"而抛弃。图 8.1 中包含了他列举的一些原因 [16]。多达六分之一的大型软件项目的进展是如此糟糕，以至于它们会对公司的生存带来威胁。这样大规模的损失需要很多人的关注，包括计算机专业人员、信息技术管理人员、企业管理人员和为大型项目设置预算和进度的政府官员。

- 缺乏清晰的、深思熟虑的目标和需求说明。
- 客户、设计师、程序员等之间的管理不善和缺乏沟通。
- 由于机构或政治压力，鼓励了不切实际的低价投标、不切实际的低预算要求，以及对时间需求的严重低估。
- 使用了非常新的技术，其中可能包含未知的可靠性和问题，而且它的软件开发者也没有足够的经验和专业知识。
- 拒绝承认和接受一个项目已经出现了问题。

图 8.1 为什么这些被抛弃的系统会失败

3. 遗留系统

在全美航空公司（US Airways）和美国西部航空公司（American West）合并之后，他们把彼此的预订系统合并到了一起。造成了自助值机服务机器无法工作；人们都到登记手续办理柜台区排队，导致数千名乘客和航班的延误。把不同的计算机系统进行合并是非常棘手的，而且问题也很普遍；但是，这起事件说明了另一个因素。根据全美航空公司副总裁的说法，大多数航空公司的系统开发时间都是在 20 世纪 60 年代和 70 年代。它们是专为那个时代的大型计算机设计的。航空公司高管说，这些旧系统"是非常可靠的，但是非常不灵活 [17]"。这些都是"遗留系统"的例子，即依然在使用中的过时系统（硬件、软件或外围设备都已经过时了），它们通常会配备特殊的接口、转换软件或其他适应性改变，使它们可以与更现代的系统进行交互。

遗留系统的问题多如牛毛。旧的硬件会发生故障，而需要更换的部件很难找到。与现代系统的连接是另一个频繁的故障点。旧软件通常运行在新的硬件之上，但它如果是使用程序员不再学习的老的编程语言写的，那么维护或者修改这些软件就会非常困难。旧程序往往文档很少或根本没有说明文档，写软件或操作该系统的程序员都已经离开了公司、退休或去世了。即使有好的设计文档和手册，它们也可能不再存在或无法找到。编程风格和标准在这些年也发生了大的变化。例如，在早期计算机上的有限内存导致了模糊和简洁的编程习惯，所以程序员现在可能用"flight_number"来表示的变量，在当时可能会被简单地表示为"f"。更老的系统，例如1980年代的机场用来和飞行员通信的系统，在设计时没有考虑现在的网络威胁，因此可能包含安全漏洞。

计算机在初期的主要用户包括银行、航空公司、政府机构和像电力公司这样提供基础设施服务的公司。这些系统是逐步成长的，因此完全重新设计和开发一个新的现代系统，当然是非常昂贵的。这将需要一个大规模的培训项目。转换到新的系统可能需要一些停机时间，这也可能是破坏性的，并且需要对员工进行大规模重新培训。因此，遗留系统仍然存在。

我们将继续发明新的编程语言、范型和协议——我们稍后还会把它们添加到我们以前开发的系统中。在遗留系统给计算机专业人员提供的经验教训中，有一点是：我们需要意识到在30或40年后，还有人可能会使用你的软件。因此，为你的工作准备文档是非常重要的。它对于设计的灵活性、可扩展性和升级都非常重要。当鼓励软件开发团队为代码写文档，并使用良好的编程风格时，一些管理人员会提醒开发人员"想想那些不得不维护你的代码的可怜的程序员。想办法让他们的生活愉快点吧，他们会感激你的善良"。

8.1.4　案例1：停滞的机场（丹佛、香港和吉隆坡）

在耗费32亿美元巨资修建的丹佛国际机场的原定启用时间过去了10个月之后，作者（SB）在这个巨大机场的上空飞过。它占地53平方英里，大约是曼哈顿面积的两倍左右。这里呈现的是一个阴森恐怖的景象，没有任何东西在移动。在机场里没有任何飞机或汽车，在通向机场的宽阔的公路上，几英里内都看不到一辆汽车。它的启用时间至少拖延了四次。花在债券利息和运营成本上的延迟支出每月超过3000万美元。而造成大部分延迟的主要原因是耗资1.93亿美元开发的计算机控制的行李处理系统[18]。

该行李系统的规划相当雄心勃勃。通过自动化的行李车系统，行李车可以在长达22英里的地下轨道上，以高达19英里的时速穿梭，从而在登记柜台或路边柜台托运的出发行李可以在10分钟以内到达该机场的任何角落。同样，到达的行李也可以自动传送到登机口或直接转送到机场任何地方的转机航班。该系统中的激光扫描仪会追踪4000辆小车，并把它们的位置信息发送到计算机。计算机使用包含航班、登机口和路线信息的数据库来控制小车的发动机和转向开关，以将行李车送到目的地。

该系统没能按计划正常工作。在测试过程中，小车会在轨道交叉点处相撞。该系统会出现错误路径、丢弃和乱放行李。本应该去搬运行李的小车却被错误地送到等待区。在这个案例中，无论是具体问题还是一般的根本原因，都是很有启发性的：

- 现实世界的问题。有些扫描仪被弄脏了或者被撞歪了，因此无法检测到路过的小车。在有些小车上出现了插销故障，导致行李会落在轨道上。
- 在其他系统中的问题。该机场的电气系统无法处理与行李系统有关的电源峰值。在第一次全规模测试时，造成许多电路被烧坏，因此测试不得不中止。
- 软件错误。一个软件错误导致真正需要的小车被导向了等待区。

没有人期望如此复杂的软件和硬件能够在首次测试时就可以完美地工作。会存在设计人员可能没有预料到的无数的相互作用和状况。如果在早期测试时发现行李会被送错，并且错误被修复的话，那么并不会让人觉得尴尬。但是如果问题是在系统运行之后才被发现，或者它需要花一年时间来修复的话，这才是令人尴尬的。是什么导致了在丹佛行李系统出现的这种令人惊讶的拖延呢？似乎有两个主要的原因：

- 留给开发和系统测试的时间是不够的。唯一一个同等规模的行李处理系统是在德国法兰克福机场。开发该系统的公司花了六年时间进行开发，并用了两年进行测试和调试。而负责建造丹佛行李系统的 BAE 自动系统公司则总共只给了两年时间。一些报告表明，因为机场的电气问题，实际上只有六个星期的测试时间。

- 在项目开始之后，丹佛对项目需求做了大量修改。最初，该自动化系统只是为了服务美国联合航空公司，但是丹佛官员决定将它扩大到包括整个机场，使得该系统的规模比 BAE 公司曾在旧金山国际机场为联合航空公司安装的自动行李系统的规模扩大了 14 倍。

《PC 周刊》的一名记者表示[10]："该事件的底线教训是，当把成熟的技术扩展到一个更复杂的环境中的时候，设计师需要预留大量的测试和调试时间。"有观察家批评 BAE 公司，它们在应该知道没有足够的时间来完成它的时候，就不应该接手这个任务。还有其他人指责市政府管理不善，决策带有政治动机，以及试图推动一个虽然宏大却不切实际的计划。

计算机系统糟糕的规划和实现也导致香港和吉隆坡新机场的开幕变成了灾难。这些机场都计划用雄心勃勃的复杂计算机系统来管理一切：每小时移动 20 000 件行李，协调和调度工作人员，为航班分配登机口，等等。这两个系统都失败得很壮观。在香港赤鱲角机场，清洁工和加油车、托运行李、乘客和货物都走错了登机口，有时候离他们飞机的所在位置非常远。原定要起飞的飞机却是空的。在吉隆坡，机场员工不得不手工填写登机牌，人工搬运行李。当然，很多航班被延误；在热带酷暑中，很多滞留食品都腐烂了。

在这两个机场，失败最初被归咎于人们在系统中键入了不正确的信息。在香港，很可能是一个错误的登机口或到达时间，被尽职尽责地发送到了整个系统中。在吉隆坡，由于办登机手续的工作人员对系统不熟悉，导致其瘫痪。马来西亚机场的一个发言人说："系统并没有任何问题。"在香港机场的发言人做了一个类似的声明。他们都错得很离谱；一个不正确的登机口号码并不可能造成香港机场所经历的所有问题。任何具有大量用户和大量用户输入的系统都必须经过认真设计和严格测试，使之可以处理输入错误。"系统"包括除了软件和硬件之外的其他东西。它也包括经营它的人，因此成功的实现必须考虑人的因素。还是举丹佛机场的例子，人们质疑在确定机场启用的预计时间时，是否考虑了政治上的需要，而不仅仅是项目的需要[20]。

8.1.5　案例 2：美国社保网站 HealthCare.gov [21]

2013 年 10 月 1 日，美国卫生和公众服务部（HHS）启动了健康保险登记系统，为 30 多个州的居民提供根据《患者保护与平价医疗法案》（Patient Protection and Affordable Care Act）注册医疗保险的机会，该法案通常被称为"奥巴马医改"（Obamacare）。人们需要通过 HealthCare.gov 网站访问该系统。此次发布是一次巨大的失败。在前两个月的运营中，该网站对大多数访问者来说无法使用。第一天，在 470 万独立网站访问者中，只有 6 人能够完成注册过程[22]。该网站在前 10 天内拥有 1460 万独立访问者，但只有几千人完成了这一过程。数百万人对极慢的响应时间、令人困惑的指示以及容易出错的网站感到非常沮丧。这些问题导致联邦注册保险的截止期限被延长。确定这个项目的成本非常困难。HHS 报告说，截至 2014 年 2 月，它已花费了 8.34 亿美元。HHS 监察长办公室给出的数字为 17 亿美元，后来的一些估计数字比这个更高。无论确切的数字是多少，其成本都远高于早期的估计[23]。

这样一个重要的项目怎么会搞得如此糟糕？

1. 规划、管理和测试问题

将 HealthCare.gov 称为一个"网站"严重低估了该项目的复杂性。该系统是联邦政府运营的最大的软件项目之一，拥有数百万行代码。它需要与众多联邦机构的数据库实时互动，包括国税局、社会保障局和国土安全部。它必须与 300 多家私营保险公司交换数据。有超过 50 家不同的公司签订了分包合同，负责网站的某些部分、数据库以及与其他机构、组织和保险公司的接口的工作 [24]。

当 HealthCare.gov 项目开始时，需求说明还没有被最后固定，因为此时仍然需要完成一些立法和政策行为。该项目第一部分的合同只有两年时间，目标是实现一个需求说明不明确的项目——对于这样规模的项目来说，时间非常短。由于没有设定明确要求，原始合同也没有一个固定价格，而是采用"成本事后报销"。这种类型的合同使供应商更容易在细节展开时，获得额外工作的报酬，但这可能导致显著的成本超支。据《纽约时报》报道，在实施前的 10 个月内，硬件和软件的项目要求被大幅修改了七次 [25]。整个项目错过了许多截止日期。

像 HealthCare.gov 这样规模的项目需要经验丰富的项目经理，他们需要了解整合大量承包商和机构的工作所带来的复杂性。尽管拥有这种专业知识的内部员工非常少，但医疗保险和医疗补助服务中心（Centers for Medicare and Medicaid Services，CMS，它是 HHS 的一部分）还是决定由自己来管理该项目。在 CMS 内部，部门之间的内斗导致许多决策的延迟，并且供应商也经常收到相互矛盾的信息。在某些情况下，CMS 工作人员会隐藏来自 CMS 中其他团队的重要信息。在 2013 年初，一家外部承包商参与了项目风险评估，并制定战略以增加成功的机会。该报告包含许多建议，例如限制系统功能，以便项目团队有时间完成并彻底测试网站；并且可以在以后再添加其他功能。CMS 项目经理根本没有查看该承包商的最终报告 [26]。

软件编码直到 2013 年 3 月才开始进行，这样就只有七个月的时间来开发和测试该系统。直到实施日期为止，需求一直在变化。在开发过程的后期实施的更改是非常危险的，因为即使是简单的更改，也可能在高度互联且复杂的软件中产生深远的影响。通常，对于该系统的规模和复杂性来说，这样的测试是不够的。集成测试是用来测试系统中的所有部分能否一起正常工作的一种测试方法，但是集成测试直到发布日期前几周才开始。如果测试太接近发布日期，就无法让开发人员有时间修复问题然后重新测试该系统。《华盛顿邮报》报道说 [27]，"截至 9 月 26 日（发布前几天），还没有通过测试以确定消费者是否可以从头到尾完成整个过程。"

2. 安全漏洞

除了试图使用该网站的人遇到的显而易见的问题之外，还有一些不是那么明显的各种问题，其中就包括安全问题。HealthCare.gov 系统拥有大量的个人身份信息，并且只要它在运转，就一定是恶意黑客的攻击目标，但该项目并没有专人负责整体的系统安全，并且在网站推出之前也没有进行彻底的安全测试。实施后，就发现了一个安全漏洞，可以允许黑客接管用户的整个保险账户。导致安全问题更加复杂的是，该网站要求用户在查看保险计划之前先要输入个人信息并创建账户。因此，即使有人从未通过该网站购买保险，该网站也会获得其个人信息。此政策与仅在结账时需要个人识别信息的典型在线市场形成鲜明对比。总体而言，政府问责办公室的一份报告 [28] 称，该网站存在的不必要的安全风险包括对个人信息未经授权地访问、披露或修改。

另一个主要的安全问题是未能注册拼写错误或类似的域名（网站名称）。许多网站所有者注册了与他们网站类似的名称，以方便错误输入或拼错名称的用户以及防止被恶意网站滥用。（例如，Microsoft 不仅注册了 www.microsoft.com，还注册了像 www.microsfot.com 这样的其他网站。）注册类似的网站域名，并把它们重定向到 HealthCare.gov 是非常重要的。由于没有这样做，输入错误网站地址的客户可能会被导向设置为模仿 HealthCare.gov 的恶意网站，并收集用户凭据和个人信息以识别盗窃。《华盛顿观察家报》报道，在 HealthCare.gov 推出后不久，有 200 多个网站貌似在非法利用该域名 [29]。

3. 改进和"后端"问题

在网站发布后的几周内，一个技术专家团队确定了影响该网站的技术和领导力问题，并监督了数百个软件修复和硬件升级。

经过了几个月之后，HealthCare.gov 终于可以正常运转，可以处理超过 80 000 个并发用户的访问。修复和改进仍在继续。但是，虽然 CMS 把注意力集中在消费者界面上，但该系统并未执行所有必要的幕后操作。成千上万的人认为该系统多收了他们的钱，或不恰当地拒绝了他们的医保，这些人提出了上诉，但 CMS 却没有制定或实施《平价医疗法案》保障的上诉程序；它只是保存了用户提交的申诉表格。在网站发布几个月后还不能付诸使用的其他功能包括：与各州的医疗补助计划交换注册信息的能力，以及当一个人的家庭（或其他）情况发生变化时调整覆盖范围的能力。在网站推出 18 个月之后，支付医疗保险公司的一个电子系统仍然没有完全运转，公司不得不向 HHS 发送预估的账单 [30]。

4. 问题

与其他例子相比，比如我们在 8.1.4 节中描述的机场系统，这个例子有什么不同？我们看到丹佛机场系统和 HealthCare.gov 存在的一些共同问题：分配给项目的时间严重不足，政治决策影响了截止日期，需求说明的重大变化增加了困难。

政治家经常低估大型项目的成本以鼓励促成这些项目。HealthCare.gov 花费的 10～20 亿美元中，有多少对于这样一个复杂的系统来说实际上是合理的，哪些又是由于管理不善造成的浪费？

其中的安全问题解决得如何？

我们是否会因为 HealthCare.gov 的推出直接影响了这么多人，就认为它比其他做得不好的大型项目更为糟糕？

8.1.6 哪里出了毛病？

计算机系统故障一般有两个原因：它们正在做的工作本来就很难，以及有时候它们没有把工作做好。之所以它们的任务很困难，是因为有几个因素交织在一起造成的。计算机系统需要与现实世界（包括机械设备和不可预测的人类）进行交互，包含复杂的通信网络，它们拥有众多相互连接的子系统，拥有需要满足许多类型用户的功能，而且它们的规模是非常大的。从智能手机到汽车、客运飞机和喷气式战斗机，它们的设备和机器上都包含数百万行计算机代码 [31]。虽然机械系统中的一个小错误可能会导致一个小的性能下降，而在计算机程序中一个地方敲错就可能会导致行为上的巨大差异。

在构建和使用一个系统的工作中，任何一个阶段都可能出问题：从系统设计和实现，到系统的管理和使用。（当然，这个特性不是计算机系统独有的。我们可以用相同的方式来描述建造桥梁、楼房、汽车，或其他任何复杂的系统。）图 8.2 列出了在计算机错误和系统故障中的一些因素。我们所描述的例子阐释了其中的大部分，我们会对其中一些加以评论。

- 设计和开发：
  - 与客户的交流不够导致不清晰或不正确的需求说明。
  - 不够重视潜在的安全风险。
  - 与不能按预期工作的物理设备之间的交互。
  - 软件和硬件，或应用软件和操作系统的不兼容性。
  - 没有对意外的输入或场景进行规划和设计。
  - 容易混淆的用户界面。
  - 过度自信和测试不足。
  - 从另一个系统复用的软件没有进行足够的检查。
  - 没有足够的市场或法律激励把事情做好。
  - 粗心大意。
  - 隐藏开发过程中出现的问题；对于报告上来的问题的响应不够。
- 管理和使用：
  - 数据输入错误。
  - 缺乏风险管理。
  - 对用户培训不足。
  - 在解释结果或输出时出错。
  - 未能保持数据库中的信息是最新的。
  - 用户对软件过度自信。
  - 对故障的规划不足；没有备份系统或程序。
  - 虚假陈述，隐瞒问题；对报告的问题的回应不够。

图 8.2　计算机系统出现错误和故障的一些因素

1. 过度自信

过度自信，或者说对一个复杂系统中的风险拥有不切实际的或不足的认识，是软件故障的一个核心问题。当系统开发人员和用户能够理解风险的时候，他们有更多的动力来利用现有的"最佳实践"以构建更可靠和更安全的系统。

发生故障的一些安全关键系统都拥有所谓的"故障保护"（fail-safe）的软件控制。在某些情况下，程序的基本逻辑是好的，而出现故障是因为没有考虑到系统与实际用户或现实世界进行交互的问题（如线缆变松、火车轨道上的落叶、一杯咖啡洒落到飞机驾驶舱内，等等）。

对可靠性和安全性的不切实际的估计，可能来自真正缺乏了解、粗心大意，或故意的不实陈述。对诚信不是很重视的人，或者在缺乏诚信文化和没有专注于安全的组织中工作的人，有时候会为了商业或政治压力而夸大安全或隐藏缺陷，其目的是为了避免不利的宣传，或避免因为改正错误或诉讼而造成的费用。

2. 软件复用：阿丽亚娜 5 型火箭和"禁飞"名单

在法国阿丽亚娜 5 型火箭（见图 8.3）首次发射后不到 40 秒，火箭就偏离了轨道[32]。火箭和它携带的卫星的成本约为 5 亿美元。引起这起事故的是软件错误。在阿丽亚娜 5 型火箭中使用了一些为较早的、很成功的阿丽亚娜 4 型火箭开发的软件。该软件中包含了在阿丽亚娜 4 型火箭发射启动后大约会运行几分钟的一个模块，用来执行与速度有关的计算。它在阿丽亚娜 5 发射之后，并不需要运行，但是当时的决定是不要对在阿丽亚娜 4 上运行良好的模块进行修改，以避免引入新的错误。因为阿丽亚娜 5 在起飞后的飞行速度高于阿丽亚娜 4，因此该计算产生的数字超过了该程序可以处理的范围（技术术语是"溢出"），从而造成系统死机。

一个叫杨·亚当斯（Jan Adams）的女人，和姓 Adams 并且名字的首字母是 J 的许多其他人一样，都被标记为可能是恐怖分子，从而在试图登机时会受到阻拦。事实上，在航空安全局发给航空公司的可疑恐怖分子（或其他被认为有安全威胁的人）的"禁飞"名单上的名字是"Joseph Adams"。为了与在"禁飞"名单上的乘客名字进行比较，一些航空公司使用的是比较老的软件和策略，其目的是为了帮助机票代理商迅速找到乘客的机票预定记录（例如，如果乘客打电话咨询或要做出修改的时候）。该软件会执行快速搜索，并且会"广撒网"。也就是说，它会找到所有可能的匹配，然后由销售代理执行进一步的验证。在该软件的预期应用场景中，如果该程序给代理提供具有类似名称的多个匹配，并不会给大家带来不便。然而，在把乘客标记为可能的恐怖分子的情况下，一个人如果被错误"匹配"，就可能会不得不接受安全人员的质询以及对行李和身体的额外检查。

图 8.3　阿丽亚娜 5 型火箭

这些例子是否告诉我们说不应该对软件进行复用？面向对象的代码这类编程范型的一个重要目标是开发可以广泛使用的软件构件，从而可以节省我们的时间和精力。复用运行良好的软件还可以提高安全性和可靠性。毕竟，它经历过在真实的运行环境下的现场测试，我们也知道它可以正常工作；至少，我们认为它可以正常工作。关键的一点是，它需要可以在不同的环境下正常工作。因此，我们必须重新审视该软件的需求说明、假设和设计，考虑在新环境下的影响和风险，并对该软件的新用途进行重新测试。

8.2　案例研究：Therac-25

8.2.1　Therac-25 辐射过量

计算机技术对医疗保健带来的好处不仅众多，而且非常令人印象深刻。然而，关于致命的软件故障的一个经典案例分析的却是一种医疗设备——放射治疗仪。

Therac-25 是用于治疗癌症患者的用软件控制的一种辐射治疗仪。从 1985 年至 1987 年，Therac-25 在四个医疗中心对六个病人造成了严重的辐射过量。在有些案例中，因为机器显示的数据中表明它没有给病人进行辐射治疗，导致操作员重复进行了过量治疗。医务人员后来估计，一些患者接受的辐射是预定剂量的 100 倍以上。这些事件造成了严重和痛苦的伤害，以及三名病人死亡。

为什么我们要研究这样一个有超过 30 年历史的案例呢？因为造成这些伤害和死亡的根本原因还继续出现在今天的系统中。在 Therac-25 出事几十年后，在巴拿马操作另外一种辐射治疗仪的医生试图规避软件的限制，尝试为患者提供更多的辐射屏障。他们的行为造成了剂量计算错误；28 例患者接受了过量的辐射，造成了多人死亡 [33]。似乎戏剧性的经验教训在每一代人身上都会重复出现。关于 Therac-25 事件的研究表明，许多因素促成了它造成的伤害和死亡。这些因素包括缺少良好的安全性设计、测试不足、在控制机器的软件中的错误，以及没有完善的事故报告和调查制度。关于这个事件讨论的主要来源是计算机科学家南希·勒夫森（Nancy Leveson）和克拉克·特纳（Clark Turner）的论文，以及乔纳森·杰基（Jonathan Jacky）的文章 [34]。

为了理解这些问题，有必要首先了解一些有关该仪器的信息。Therac-25 是一种双模式的机器。也就是说，它可以产生电子束或 X 射线光子束。所需的光束类型取决于要治疗的肿瘤种类。该仪器的线性加速器会产生非常危险的高能量电子束（2500 万电子伏）。患者不能直接被原始电子束所照射，所以在电子束开启的时候，一定要有适当的防护装置就位。有一台计算机负责监视和控制一个装有这些装置的转盘。根据期望的治疗手段，机器会把这些装置的不同组合转到电子束前面，对它进行扩散，从而使之变成安全的。转盘的另一个位置会使用一个光束，而不是电子束，其目的是帮助操作者把光束精确地定位到患者体内的正确位置。

8.2.2　软件和设计的问题

1. 设计缺陷

Therac-25 是较早的 Therac-6 和 Therac-20 治疗仪的后续产品。与前两者不同的是，它是完全由计算机控制的。老机器含有硬件安全联锁机制，它独立于计算机系统之外，用以防止在不安全的条件下发射电子束。在 Therac-25 的设计中，消除了这些硬件的许多安全特性，但是复用了 Therac-20 和 Therac-6 上的一些软件。开发人员显然不正确地假定该软件在新的环境下能够正常使用。当新的操作员使用 Therac-20 的时候，虽然会频繁出现停机和保险丝被烧断的情形，但是从来没有发生过辐射过量。Therac-20 的软件也存在缺陷，但是其上的硬件安全机制在起作用。有可能是厂家并不知道 Therac-20 所存在的问题，或者他们完全没有意识到它会带来的严重影响。像它的前任一样，Therac-25 也会频繁发生故障。一家医疗机构报告说，有时候每天会出现 40 次的剂量故障，一般都是剂量偏低。因此，操作员逐渐习惯了经常会出现的这些错误消息，其中并没有迹象表明有可能存在安全隐患。

在操作界面的设计上存在不少的设计缺陷。出现在显示屏上的错误信息通常是简单的错误代码或是含糊不清的信息（"Malfunction 54"或"H-tilt"）。这对于早期的计算机程序并不鲜见，因为当时的计算机所拥有的内存和大容量存储都比现在要少很多。人们不得不手动去查找关于每个错误代码的更多解释。但是，Therac-25 的操作手册并没有包括关于错误消息的说明。维修手册也没有解释它们。

机器会根据要继续操作所需的工作量来区分错误的程度。对于某些错误情形，机器会暂停，操作员可以通过按一个键就继续操作（打开电子束）。对于其他类型的错误，机器会停止运转，从而不得不执行完全复位的操作。人们通常会假定，只有在轻微的、非安全相关的错误之后，该机器才会允许一键恢复。然而，一键恢复也发生在一些严重事故中，使患者接受了过量辐射。

Therac-25 的制造商是加拿大原子能有限公司（AECL），一个隶属于加拿大政府的公司。研究这些事件的调查人员发现，AECL 在程序开发过程中所产生的关于软件说明或测试计划的文档非常少。虽然 AECL 声称，他们对该机器进行了广泛测试，但其测试计划似乎是不够的。

2. 软件错误

调查人员能够把一些过量的情形追溯到两个特定的软件错误上。因为本书的许多读者是计算机科学专业的学生，我们会介绍一下这些错误。这些描述说明使用良好的编程技巧是非常重要的。因为有些读者可能没有或只有很少的编程知识，这里的描述会尽量简单。

在操作者从控制台输入治疗参数之后，被称为"设置测试"（Set-Up Test）的一个软件过程会负责进行各种检查，以确定机器是否位于正确的位置，以及其他事项。如果有什么事情还没有准备好，这个过程会安排自己重新运行检查。（该系统可能只需要等待转盘移动到相应的位置。）在设定一次治疗的过程中，该"设置测试"过程可能会运行数百次。有一个标志变量被用来表示该机器上的特定设备是否在正确的位置上。如果它的值是 0，意味着该设备已准备就绪；如果值非 0，意味着它必须接受检查。为了确保该设备会被检查，每次运行"设置测试"过程时，都会对该变量加 1，使之变为非 0 值。问题是，当该标志变量被增加到它能保存的最大数值的时候，变量会产生溢出，它的值会变成 0。如果在这一刻，所有其他事情都是准备好的，那么该程序就不会去检查设备的位置，治疗可以继续进行。调查人员认为，在一些事故中，这个错误会允许当转盘被定位为利用光束的时候，却可以使用电子束，这种情况下并没有任何保护装置就位来对电子束进行衰减。

在这个案例中的悲剧的部分原因是，该错误是如此简单，改正也是非常容易的。任何一个好的学生程序员都不应该犯这样的错误。该解决方案是将用来指示需要进行检查的标志变量设置为一个固定的值，例如 1 或者"true"，而不是每次递增它。

还有其他错误导致了该机器会忽略由操作员在控制台上所进行的改动或更正。当操作员输入了关于一次治疗的所有必要信息之后，程序就开始将各种设备移动到位。这个过程可能需要几秒钟，在此期间，软件会检测操作者是否会对输入进行编辑，如果它检测到有编辑的情况，就会重新启动设置过程。然而，由于在这段程序中的错误，该程序的某些部分会收到被编辑的信息，而另一些部分则没有收到。这导致机器的设置是不正确的，并且与安全治疗规定不一致。根据美国食品药物监督管理局（FDA）后来的调查，在该程序中似乎没有进行一致性检查。

在一个控制物理机械设备的系统中，在操作员输入信息并有可能会对输入进行修改的时候，有很多复杂的因素可能会促成微妙的、间歇性的并且难以被检测到的错误。开发这样的系统的程序员，必须学会使用良好的编程习惯来避免这些问题，并且坚持通过测试流程来暴露潜在的问题。

8.2.3　为什么会有这么多事故？

已知的 Therac-25 过量事故至少有 6 起。你可能想知道，在第一次过量事故发生后，为什么医院和诊所还在继续使用该机器？

Therac-25 在一些诊所已经使用了超过两年。医疗机构并不会因为最初的几个意外就立即把它停止使用，因为他们并无法立刻知道这些伤害是该机器造成的。医务工作人员会考虑各种其他的解释。他们向制造商提出了可能辐射过量的质疑，但该公司（在几次事故发生后）回应说，该机器不可能会造成对病人的这种伤害。按照勒夫森和特纳的调查报告，他们甚至还告诉一些医疗机构，没有出现过类似的受伤案件。

在第二次事故发生后，AECL 进行了调查，并发现了涉及转盘的几个问题（不包括任何我们所描述的问题）。他们对系统中做了一些修改，对操作过程提出了一些建议性的改变。他们宣布已经把该机器的安全性提高了五个数量级，但他们告诉美国 FDA 说，他们也不知道该次事故的确切原因。也就是说，他们并不知道他们是否发现了造成该起事故的问题，抑或只是其他不相干的问题。在做出是否继续使用该机器的决定时，医院和诊所不得不考虑很多原因，包括：停止使用一台价格高昂的机器带来的成本（收入损失，以及导致需要它的病人无法得到治疗）；关于该机器是否是造成伤害的原因的不确定性；以及后来当问题清楚之后，制造商关于他们已经解决了这个问题的保证。

一家加拿大的政府机构和使用 Therac-25 的一些医院提出了更多的修改建议，以加强其安全性；它们都没能付诸实施。在第五次事故发生后，美国食品药品监督管理局（FDA）宣布该机器存在故障，并下令 AECL 通知所有用户该机器存在问题。FDA 和 AECL 花了大约一年时间（在此期间发生了第六起事故）对应该如何改动该机器进行谈判。最终方案包括了超过 20 项的改动。他们最终还是安装了关键的硬件安全联锁装置，在此之后，仍在使用的大部分机器都没有发生过新的辐射过量事件 [35]。

过度自信

使用该机器的医院假设它可以安全工作，这是一种可以理解的假设。不过，他们的一些行动则表明存在过度自信，或者至少存在一些他们应该避免的实践。

- 在第一起过量事件中，当患者告诉机器操作员说，机器让她感到"灼烧"，操作员对她说这是不可能的。
- 操作员会忽略错误消息，因为机器产生的错误消息太多了。
- 在治疗室的摄像机和对讲系统使操作员能够监视治疗，并与病人沟通。（操作员在被屏蔽的治疗室外面使用一个控制台。）一个诊所已经使用该机器成功治疗了超过 500 名患者。然后，在有一天视频监控和对讲设备都无法使用的时候，事故发生了。操作员无法看到或听到病人在辐射过量之后，尝试站起来的场景。在他走到门口并用力撞门之前，他又接受了第二次过量治疗。

对于软件过度自信最明显和最重要的迹象是，AECL 做出了取消硬件安全机制的决定。在这些事件发生多年以前，AECL 对该机器进行的安全性分析表明，他们并不认为软件错误会带来显著的问题。在一个案例中，其中一间诊所自己在机器上添加了硬件安全功能，AECL 告诉他们这是没有必要的。在该诊所，没有发生任何意外事件。

8.2.4　观察和展望

从设计决策一路到对辐射过量事故的响应方式，Therac-25 的制造商展现出了一种不负责任的模式。Therac-25 的事件给了我们一个鲜明的提醒：粗心大意、偷工减料、工作不专业和试图逃避责任会带来严重的后果。一个复杂的系统虽然可以正常工作上百次，但也会存在在很少见的异常情况下才会出现的错误，因此在操作有潜在危险的设备时，遵循好的安全流程总是非常重要的。这个案例也说明了个人的主动性和责任感的重要性。回想一下，有些诊所还是对他们的 Therac-25 机器安装了硬件安全设备。他们认识到了风险，并采取了行动来减少风险。在一家诊所工作的住院医生花了大量时间，来尝试重现过量可能会发生的条件。在缺少制造商的支持和信息的情况下，他独立找出了其中的一些故障原因。

为了强调安全需要的不仅仅是没有错误的代码，下面考虑涉及其他放射治疗系统的故障和事故。两位新闻记者审阅了提交给美国政府的超过 4000 例关于辐射过量的报告。这里有一些它们所描述的过量事件（与 Therac-25 无关）[36]。

- 一位技术人员在治疗开始之后，离开了病人 10～15 分钟去参加办公室聚会。
- 一位技术人员未能仔细检查需要治疗的时间。

- 一位技术人员没有对所需使用的放射性药品进行称重，她觉得只要看起来适量就可以了。
- 至少在两个案例中，技术人员把微居里和毫居里这样的单位都搞混了⊖。

这里涉及的基本问题是粗心大意、对所涉及的风险缺乏了解、培训不够，以及缺乏足够的惩罚措施来鼓励更好的做法。（在大多数案例中，医疗设施只支付了少量罚款或根本没有支付罚款。）我们刚才所描述的一些事件发生在没有使用计算机的系统中。这些例子提醒我们，无论我们使用什么技术，个人和管理责任、良好的培训和问责机制都是非常重要的。

8.3 提高可靠性和安全性

> 要想成功，实际上就需要避免可能导致失败的多种原因。
>
> ——贾里德·戴蒙德（Jared Diamond）[37]

8.3.1 专业技术

纽约证券交易所安装了一个造价 20 亿美元的系统，包括数百台计算机、200 英里的光缆、8000 条电话线路、300 个数据路由器。为了应付可能的交易峰值，交易所管理人员按照正常交易量的三倍和四倍对系统进行了压力测试。有一天，交易所处理的交易量超过了此前最高记录的 76%，该系统都能正常处理所有交易，没有出现错误或延误[38]。我们在本章描述了许多故障案例。然而，有许多大型、复杂的计算机系统工作得非常好。我们每天都要依靠它们。我们怎样才能设计、建造和运营能够运转良好的系统呢？

为了制造良好的系统，我们必须在开发的各个阶段使用良好的软件工程技术，包括需求说明、设计、实现、文档和测试等阶段。与几乎所有的领域一样，在不良的工作和良好的工作之间有很大的一个范围。专业人员（包括程序员和管理人员）都需要学习和使用现有的专业技术和工具，并遵循在各种相关道德准则和职业实践中所建立的既定规范和指南。软件工程研究所（SEI）和计算机安全组织 CERT 制定了详细的编码标准，用来指导软件开发人员创建鲁棒和安全的程序[39]。附录中列出了其中两个重要的一般性规范和指南：《软件工程职业道德规范和实践要求》（The Software Engineering Code of Ethics and Professional Practice），以及《ACM 道德规范和职业行为准则》（ACM Code of Ethics and Professional Conduct）。还有一个重要的资料是项目管理研究所（PMI）的《项目管理知识手册》（Project Management Body of Knowledge，PMBOK）。PMI 使用来自不同行业的数千名项目经理的输入制定了PMBOK；它包含可以提高一个项目成功完成机会的最佳实践、过程和其他内容。

1. 安全攸关的应用

计算机科学中有一个子领域专门关注安全攸关软件的设计和开发。安全专家强调，开发人员必须从一开始就把安全“设计进去”。通过危险性分析技术，可以帮助系统设计人员识别风险和防范它们。在安全攸关应用领域工作的软件工程师应接受专门的培训。软件专家南希·勒夫森（Nancy Leveson）[40]强调，如果拥有良好的技术实践和良好的管理，你就可以正确地开发大型系统：“一个教训是，大多数事故并不是因为对科学原理不了解，而是由于在应用某个众所周知的标准工程实践的时候出了问题。”

⊖ 居里（curie）是放射性的计量单位，1 毫居里是 1 微居里的一千倍。

为了说明在安全攸关型应用中的两个重要原则，我们使用摧毁了两架航天飞机的事故作为例子，每起事故都造成航天飞机上的七名宇航员全部遇难。虽然计算机系统和软件并不是造成事故的原因，但是这些悲剧可以很好地说明我们的观点。在挑战者号（Challenger）发射之后不久，从火箭泄露出的燃烧气体引发了爆炸，摧毁了整架航天飞机。在预定发射的前一天晚上，工程师主张应该推迟发射。他们知道，寒冷的天气对航天飞机会造成严重的威胁。我们不能绝对证明一个系统是安全的，我们也不能绝对证明它一定会失败并且会造成某些人遇难。在挑战者号的案例中，一名工程师的报告 [41] 说，"他们要求我们证明，在没有丝毫疑点的情况下，发射是不安全的。"对于道德决策者来说，采用的策略应该是，在没有令人信服的理由来证明安全的情况下，应当暂停或延迟该系统的使用，而不是在没有令人信服的理由证明灾难会发生时，就选择继续使用。

在第二起意外中，在哥伦比亚号（Columbia）航天飞机的发射过程中，一大块绝缘泡沫发生了脱落，并与机翼产生了碰撞。NASA 知道此事，但泡沫块以前也曾经脱落过，并且在之前其他飞行过程中击中过该航天飞机，而没有造成大的问题。因此，美国航空航天局（NASA）的管理人员拒绝寻求可能的措施来观察并修复造成的损害。在其任务即将结束，重新进入地球大气层的时候，哥伦比亚号发生了解体。这个悲剧说明了自满的危险 [42]。

2. 风险管理和交流

管理专家使用术语"高可靠性组织"（High Reliability Organization, HRO）来指代在恶劣的环境下运作的组织机构（企业或政府），他们通常拥有复杂的技术，如果出现故障可能产生极端的后果（例如，空中交通管制，核电厂等） [43]。研究人员针对做得非常好的 HRO，总结了它们的特征。对于关键应用和非关键应用，这些特征都可以用于改进其中的软件和计算机系统。其中一个特点是"专注于失败"。这意味着总是会假设某些意想不到的事情都可能出错：不仅仅是针对团队可以预见的所有问题进行规划、设计和编程，而且总是要意识到他们可能会错过一些东西。风险管理包括对可能表明有错误出现的线索保持警觉。它包括对接近失败的情形进行完全分析（而不是因为它躲过了实际故障的发生，就假定系统可以"正常工作"），以及寻找关于错误或失败的系统性原因，而不只是狭隘地专注于出错的细节。（例如，为什么火星气候探测者号的有些程序员假设度量单位是英制的，而其他程序员却假设使用的是公制单位？）

成功的软件项目组织的另一个特点是松散的结构。它应该让设计师或程序员可以很容易与公司内其他部门的同事或上司进行交流，而不是一定要通过严格死板的渠道，因为这样会阻碍沟通。在组织内和公司与客户之间建立一种开放、坦诚沟通的气氛对于尽早发现问题和减少处理它们所需的工作是至关重要的。

在组织特点和项目管理之外，还有更多可以鼓励成功的因素。对于项目经理、创业公司的创始人和任何管理人士来说，花点时间研究它们都是非常有必要的。

3. 开发方法

做得很好的计算机系统开发团队会花费大量的精力来了解客户需求，并了解客户将如何使用该系统。优秀的软件开发人员会帮助客户更好地了解自己的目标和要求，而客户可能并不擅长于把这些说清楚。通过漫长的规划阶段，可以帮助发现和修改不切实际的目标。一家公司开发了一个成功的金融系统，可以每天处理一万亿美元的交易，该公司花了数年时间为该系统制定需求说明，然后只花了半年时间编程，之后还进行了精心设计的详尽测试。其他大的项目要求更具有迭代性的方法，因为可能直到项目开始开发和产生反馈之后，才能确定系统的细节。

敏捷开发是一种迭代开发方法，在零售、银行、在线服务（例如 Spotify）领域的系统开发者以及整个软件行业中流行。软件开发人员编写了《敏捷软件开发宣言》（图 8.4），以回应使用传统的顺序开发方法的信息技术项目的高失败率。使用敏捷开发方法的项目团队经常每天与客户进行频繁交互，并在尽可能短的时间内（通常为两到四周）交付系统中可工作的部分，而不是等待整个系统完成。在需要制定需求和设计文档的时候，只要能达到可以开始开发软件的程度就可以了。

> 我们一直在实践中探寻更好的软件开发方法，
> 身体力行的同时也帮助他人。
> 由此我们建立了如下价值观：
>
> | 个体和互动 | 高于 | 流程和工具 |
> | 工作的软件 | 高于 | 详尽的文档 |
> | 客户合作 | 高于 | 合同谈判 |
> | 响应变化 | 高于 | 遵循计划 |
>
> 也就是说，尽管右项有其价值，
> 我们更重视左项的价值。
>
> | Kent Beck | James Grenning | Robert C. Martin |
> | Mike Beedle | Jim Highsmith | Steve Mellor |
> | Arie van Bennekum | Andrew Hunt | Ken Schwaber |
> | Alistair Cockburn | Ron Jeffries | Jeff Sutherland |
> | Ward Cunningham | Jon Kern | Dave Thomas |
> | Martin Fowler | Brian Marick | |
>
> © 2001，著作权为上述作者所有。
> 此宣言可以任何形式自由地复制，但其全文必须包含上述申明在内。

图 8.4 《敏捷软件开发宣言》[44]

敏捷项目强调"用户故事"，即用户与系统交互的活动或方式。目标是拥有一个可交付的产品，用户可以每隔几周就测试一次。开发人员结合用户反馈并继续逐步构建系统中的逐个功能。当在项目开始的时候还不知道大多数系统功能时，敏捷软件开发方法特别有用。

在 8.1.3 节至 8.1.5 节中给出的开发不良的系统示例中，我们注意到需求的变化是问题的主要来源。敏捷开发方法旨在快速响应不断变化的需求和信息。成功的项目会通过专门的变更管理委员会或其他变更审批流程来控制其变更，以确保所有变更都符合项目的目标。敏捷方法可能不适用于在使用前必须具备所有安全功能的某些应用。许多软件开发人员使用混合的方法，将最适合其项目的各个方面结合起来。

4. 用户界面和人为因素

如果你正在编辑一个文档，并且试图不保存修改就退出，那么会发生什么？大多数程序会提醒你，你还没有保存你的更改，并给你一个机会保存它。文字处理软件的设计者知道，人们可能会忘记，或有时候点击、触碰或键入了错误的命令。他们还给我们提供了"恢复"按钮。这是在设计软件的时候需要考虑人的因素的一个简单和常见的例子。

系统设计人员和程序员需要向心理学家和人为因素专家进行学习。精心设计的用户界面可以帮助避免很多问题。下面是好的用户界面的一些特点：

- 简单、一致和有目的的信息展示。
- 明确的指示和错误消息。
- 检查用户输入中的错误和与之前输入的一致性。
- 精心选择的默认动作和默认值，可以减少用户的工作量。

● 给用户提供反馈，说明程序在做什么。

在哥伦比亚的卡利（Cali）市附近坠毁的美国航空 965 航班，就说明了一致性（和良好的用户界面）的重要性。在接近机场时，机组打算把自动驾驶仪锁定到名为"Rozo"的灯标上，这样飞机就可以自动降落到该机场。飞行员输入了"R"，然后飞行管理系统（FMS）显示了一系列以"R"开头的灯标。通常情况下，最近的灯标会出现在列表的顶部，但在这个案例中，"Rozo"没有出现在列表中。飞行员或副驾驶没有经过认真检查，就点了最顶端的第一个。但是，在列表顶端的灯标的位置是在 100 英里之外的波哥大（Bogota）附近。这架飞机转弯超过 90 度，在几分钟后，它在黑暗中撞上了山体，造成 159 人遇难 [159]。哥伦比亚飞行局的调查把责任都归于飞行员的操作失误。飞行员没有对选择的灯标进行认真确认，并且在飞机转了一个意料之外的大弯之后，还在任之继续下降。造成此次惨剧的还有许多其他因素。然而，FMS 系统出现的异常行为（即没有显示距离飞机最近的灯标）是造成这种危险情形的一个原因。

我们以自动飞行系统和半自动驾驶汽车为例，来讲解可以帮助建立更好的和更安全的系统的几个原则。这些点也可以应用到许多其他应用领域 [46]。

用户必须充分了解系统。这可能是用户（以及开发培训系统的人）的责任，也是系统设计人员的责任。在若干事件中，飞行员改变了某个设置（例如，速度或目标高度），而没有意识到做这个改变还会导致其他设置的改变。例如，韩亚航空公司 214 航班上的飞行员没有意识到他选择的特定自动驾驶模式脱离了自动油门功能。结果，飞机在接近旧金山机场时速度下降太快，尾部撞到地面并断开。事故造成三名乘客死亡，其他大多数人受伤。该飞机具有多种自动驾驶模式，每种模式控制不同飞行阶段的不同特征集合。一个良好的用户界面怎样才能清楚地说明每种模式会控制哪些功能（见图 8.5）？

图 8.5　一架现代商业飞机中的驾驶舱控制

在另外几个案例中，由于另一个设计问题，飞行员无意中脱离了所期望的控制。我们再举两个例子。

警报、警告和错误消息必须清晰且恰当。正如我们在 Therac-25 事件中看到的那样，用户会忽略或覆盖经常发生的警告，特别是如果他们不了解其原因的时候。印度尼西亚亚洲航空公司 8501 航班坠毁事故是由于技术故障和机组人员的错误反应造成的。在飞行过程中，控制飞机方向舵的系统发出了四次警报。为了停止该警报，飞行员关闭了控制方向舵和其他几个飞行系统的计算机，然后再将其重新打开。每次计算机重新启动时，系统都会正常运行，但过几分钟后，警报会再次响起。在第四次，驾驶舱内有人拆下了一个断路器来重置该系统。这样的行为解除了自动驾驶；飞机急剧上升，停滞然后坠毁，造成 155 名乘客和机组人员死亡。调查发现，警报是由焊接裂缝造成的，飞机上的任何人都无法修复，但并不影响方向舵的操作。

系统的行为应该是有经验的用户所期望的表现。在接近飞行员自己想要的高度的时候，他们往往会降低飞机的爬升速率。在有些飞机上，自动系统所保持的爬升率通常会比飞行员选择的速度要高许多倍。飞行员因为担心飞机可能会冲过目标高度，因此会手动做出调整，但是却没有意识到，他们的干预会导致飞机达到所需高度会自动拉平的功能被关闭。因此，由于自动化功能表现出了意想不到的行为，会造成飞机爬升过高，而这正是飞行员试图阻止的。（随着培训的加强，该问题出现的频率也下降了。）

用户需要得到反馈，来了解系统任何时刻正在干什么。如果自动飞行出现故障，或者飞行员因为某些原因必须关闭自动飞行，而飞行员必须要突然接管时，这是至关重要的。

工作负荷过低也可能是危险的。显然，劳累过度的操作员会更容易犯错误。自动化的一个目标是减少人的工作量。然而，如果工作量过低也会导致无聊、过度自信或注意力不集中。这对于具有大量自动驾驶能力但尚未完全自行驾驶的汽车来说，就可能是一种危险。特斯拉的第一次致命撞车事故，发生在驾驶员使用汽车的自动驾驶功能，而没有足够注意交通情况的时候。特斯拉认识到这种诱惑的存在，如果它发现驾驶员手离开方向盘太长时间，它会让车子发出嘟嘟的叫声，但是当一辆车可以完成大部分驾驶功能的时候，注意力不集中的诱惑力会很大。

人为因素问题对半自动驾驶车辆很重要。在全自动驾驶汽车取代大多数汽车之前，我们会拥有一系列不同类型的驾驶辅助技术。随着汽车制造商急于增加软件控制和更多功能，问题就出现了。屏幕会令人感到困惑或无法正常工作。车主可能无法安装更新，尤其是安装过程很不方便的情况下。司机不了解他们所拥有的虽然智能但是并不完美的汽车所具有的能力和局限性，并因此可能会过度信任它们。分心、困惑、沮丧或知情不足的司机都可能会犯各种错误。

5. 冗余和自检

对于我们的生活和命运所依赖的系统来说，冗余（redundancy）和自检（self-checking）这两种技术都非常重要。冗余在硬件和软件中有几种不同形式。在飞机上，可能有几台计算机来控制一个襟翼上的制动器。如果一台计算机出现故障，另一台还可以完成此项工作。

软件模块可以检查自己的结果，通过一个标准进行比对；也可以通过两种不同的方式来计算同样的事情，然后对这两个结果进行比对。一种更复杂的冗余形式旨在防止一个编程团队采用一贯错误的假设或方法。举例来说，可以让三个独立的小组使用三种不同的编程语言分别编写一个模块，实现相同的功能。这些模块在三个不同的计算机上运行。用第四个单元检查这三个模块的输出，最后选择由至少两个获得的相同结果。安全专家认为，即使程序员独立工作，他们往往也倾向于犯同一类型的错误，特别是如果在程序需求说明中含有错误、模糊或遗漏的地方 [47]。因此，这种类型的"投票"冗余，虽然在许多安全攸关应用中是有用的，但是也可能无法克服在软件开发过程中其他方面的问题。

6. 测试

对一个软件进行充分和精心设计的测试的重要性，是怎么强调都不为过的。对于软件和系统的结构化测试，已经有了不少清晰定义的标准和方法。当一个系统已投产或已使用的时候，即使很小的变动或更新都需要进行回归测试——它是用来确保新的变化不会影响在该更新之前所有能正常工作的活动的一种测试形式。在许多以前可以正常工作的系统中，出现显著的计算机系统故障的时间点都是在安装更新或升级后不久。不幸的是，许多精打细算的经理、程序员和软件开发人员都把测试视为一种可有可无的奢侈品，或者是为了赶最后期限或省钱就可以省略的一个步骤。这是一个很常见，但是同时又很愚蠢和危险，而且往往不负责任的态度。

在软件系统中寻找错误时，一种被称作"独立验证和确认"（IV&V）的实践也可以非常有用。IV&V 是指找一个独立的公司（即，不是开发程序的公司，也不是客户）来测试和验证一个软件。由独立机构进行测试和验证并不是对所有项目都现实，但很多软件开发商都拥有自己的测试团队，他们独立于开发系统的程序员。IV&V 团队扮演的是"对手"的角色，很像我们之前讲到的渗透测试（见 5.5.3 节），他们的目标是试图找到软件中的缺陷。IV&V 之所以有帮助，是因为开发应用的人往往看问题的角度和实际用户是不一样的。设计或开发系统的人会认为该系统能够正常工作。他们认为，他们想到了所有可能出现的问题，并且解决了它们。虽然拥有最好的意图，但是他们往往测试的是他们已经考虑过的问题。另外，在意识或潜意识里，建造该系统的人可能不愿意在里面找到可能存在的缺陷；他们的测试可能是半心半意的。独立的测试人员可以带来不同的视角，对他们来说，成功找到缺陷不会在情感上或职业上与这些缺陷的责任有任何关联。

对一家医院的攻击[48]

2015 年，一架美国空军 AC-130 武装直升机袭击了阿富汗的无国界医生（Doctors Without Borders）组织的医院，造成 30 名工作人员和病人死亡，并造成更多人受伤。尽管调查将人为错误视为事件发生的主要原因，但技术失败和对计算机系统的不信任在这场悲剧中扮演着不可或缺的角色。袭击发生的那天晚上，地面部队请求空中支援部队的时候，飞机匆忙提前起飞。结果是，机组人员没有在执行该任务前完成一次完整的通报，并且期望一旦到了空中，还会得到关于任务的更新消息。在飞机升空后的某个时间，机载电子系统发生了故障，使得飞机失去了发送和接收视频、电子邮件或电子信息的能力。虽然此时的关键决策要依赖于从飞机到指挥中心的可靠通信，但是发生故障的电子系统却没有备份。

由于机组人员相信他们在抵达该区域时已成为导弹的目标，因此他们在距目标很远的地方盘旋，从而降低了目标图像的质量和火控系统的精确度。现场的地面团队将建筑物的目标坐标传递给机组人员。当机组人员将坐标输入目标计算机时，它瞄准的是距离实际目标 300 米的空地。机组人员认为系统中存在错误，或者坐标在转录的时候出了错，因此他们使用低质量的夜间图像，将系统重新定位到看起来与目标的物理描述相匹配的一座建筑物上。

随着飞机要接近发射的时候，目标系统正确地自我检查并重新调整到正确的目标建筑物上，但它没有向飞行员提供有关其动作原因的详细信息。机组人员认为系统执行的这些动作是错误的，并将目标调整回他们选择的建筑物（也就是医院），部分原因是地面上并没有人反对他选择的目标。在袭击前不久，机组人员将他们选择的建筑物的坐标传送到了指挥中心。尽管坐标与医院位置匹配上了，但由于与早期通信故障相关的混淆，没有其他自动系统将目标与非打击目标列表进行对比，所以指挥中心没有人意识到这一点。飞机开始射击，而当他们发现错误时，攻击已经结束了。

我们之前谈到关于安全性需要一个令人信服的理由。在这里，由于所有的混乱、系统故障和感知系统故障，机组人员没有令人信服的理由来证明其目标的正确性。技术失败在多大程度上促成了这种结果？这是由于他们没有按照攻击规则中的标准操作程序来执行，而导致的偶然错误吗？还是因为机组人员如此依赖技术，从而系统的故障和不一致性会显著增加风险？这个案例是否支持或反对将更多技术和人工智能整合到战场中的论点？设计或构建战场系统的技术专业人员有哪些责任？

你可能曾经使用了一个产品的 beta 版或者听说过的 beta 测试。beta 测试是测试接近最终交付的一个阶段，在客户（或大众）中选择一些人在真实世界的环境下，使用一个完整的、应当被认为已经经过认真测试的系统。因此，这是由普通用户而不是软件专家在进行测试。beta 测试可以检测设计者、程序员和测试人员没能发现的那些软件限制和缺陷。它还可以揭示用户界面上存在的令人困惑的问题，可能需要更加坚固耐用的硬件，在与其他系统进行交互时遇到的问题，或在较旧的计算机上运行一个新的程序时出现的问题，以及许多其他各种各样的问题。

> "我们的禀性是我们行为的结果。因此，卓越不是一种行为，而是一种习惯。"
> ——威尔·杜兰特（Will Durant），在他的《尼各马可伦理学》
> 一书中总结亚里士多德的观点 [49]

8.3.2   相信人还是计算机系统？

在危机发生时，计算机应该拥有多大的控制权？这个问题会在许多应用领域出现。我们在飞机和汽车系统的上下文中探讨它。

现在的汽车中都装有防抱死制动系统，可以控制刹车以避免打滑（可以比人做得更好），与此类似，在飞机上的计算机系统可以控制飞机突然大幅攀升，以避免出现失速。如果发现客舱失压，而飞行员不迅速采取行动的话，有些飞机会自动下降。

交通防撞系统（Traffic Collision Avoidance System, TCAS）可以检测空中两架飞机可能会相撞，并指示飞行员避开对方。该系统的第一个版本存在非常多的假警报，因此是不实用的。在一些事件中，系统引导飞行员朝着对方开，而不是飞向相反方向，这样反而有可能导致冲撞，而不是避免冲撞。然而，TCAS 进行了改进。根据航空公司飞行员协会的安全委员会负责人的说法，它是安全的一大进步 [50]。当一架坐有许多儿童的俄罗斯飞机和一架德国货机飞得过于接近对方的时候，TCAS 系统的运行是正常的。TCAS 系统检测到潜在的碰撞，并告诉俄罗斯飞行员攀升，德国飞行员下降。不幸的是，俄罗斯飞行员听从了空中交通管制员的指令，也选择了下降，因而造成了两机相撞。在这个例子中，计算机的指示比人更好。在这个悲剧发生几个月后，汉莎航空公司 747 的飞行员忽视了空中交通管制员的指令，而是听从了计算机系统发出的指令，从而成功避免了一次空中相撞。美国和欧洲的飞行员在训练中都被要求遵循 TCAS 的指示，即使这些指示与空中交通管制员的指令有冲突。

飞行员有时会对碰撞警告反应过度，因而做出极端的动作，可能会伤害乘客或导致与该区域的其他飞行物的冲突；更好的培训和自动化系统可以减少这个问题。在一些飞机上的自动化系统会在驾驶员试图做某些动作时，禁止这些动作的发生（例如，以一个非常陡的角度横倾斜（banking））。有人对此表示反对，认为在紧急情况下，不寻常的行动是必要的，因此飞行员应该有最终控制权。根据事故统计，一些航空公司认为不然：与在可能是必要的非常罕见情况下，放手让飞行员做一些在程序限制之外的大胆而英勇的行动相比，避免让他们做一些"愚蠢"的事情反而可以挽救更多的生命[51]。

自动驾驶汽车的制造商相信，允许人来推翻汽车的决定，可能会造成不安全的情形。自动汽车已经在加州和其他地区的公共道路上进行了大约 200 万英里的测试。它们也出过少量事故，但是绝大多数都是由于人类驾驶员的责任。

8.3.3　法律、监管和市场

1. 刑事和民事处罚

针对有缺陷的系统可以采用的法律补救措施包括起诉开发或销售该系统的公司，以及如果发生了欺诈或过失的情况下发起刑事指控。Therac-25 事件的受害者家属向法院起诉，并且达成了庭外和解。有家银行赢得了对一家大型软件公司的判决，因为这家公司开发的有缺陷的金融系统造成的错误，用一位用户的话来说，是"灾难性的"。几个人赢得了对征信机构的大额法院裁决，因为在信用报告中的不正确数据，对他们的生活造成严重的破坏。

在许多企业计算机系统的商业合同中，都会对客户可以从花费在计算机系统上的实际金额中可收回的部分加以限制。当然，因为欺诈和虚假陈述都不是合同中的一部分，因此一些公司在蒙受巨大损失之后，会指控销售者存在欺诈和虚假陈述以试图收回部分损失。

精心设计的责任法和刑事法，既没有极端到会阻碍创新，也能够做到足够清晰和强大到足以鼓励大家生产好的系统，这样的法律是提高计算机系统的可靠性和安全性以及数据库中数据准确性的重要法律手段，它们同时也是保护隐私和保护其他行业客户的重要法律手段。"事后"处罚并无法撤消已经发生的伤害，但是因为要为错误和草率支付赔偿，这样的措施会激励开发者更加负责和谨慎。赔偿会用来补偿受害人，并在某种程度上提供一些正义。如果个人、企业或政府不需要为自己的错误和不负责任的行为做出赔偿的话，那么他们就没有动力去改正问题。

不幸的是，在美国的责任法中存在许多缺陷。对责任诉讼制度的滥用几乎使美国的小飞机制造业关停多年。人们常常会赢得数百万美元的诉讼，而其实并没有科学证据或合理的理由来证明一个产品的制造商或销售商对事故或其他负面影响负有实际上的责任。大型计算机系统的复杂性使得制定责任标准变得很难，但这是一个必要的任务。

2. 监管和安全攸关型应用

是否有法律或监管可以用来防止危及生命的计算机故障？如果通过一项法律说，辐射治疗仪不应该对患者过量治疗，那看起来会很傻。我们都知道，它不应该这么做。我们可以禁止使用计算机来控制如果出错可能会致命的应用，但这样的禁令也是不明智的。在许多应用中，使用计算机的好处与其风险相比是非常值得的。

一个被广泛接受的选项是监管（regulation），其中包括在一个新产品可以出售之前，需要通过特定的测试要求以及政府机构批准的其他要求。FDA 已经对药品和医疗器械实施了几十年的监管。公司必须做大量的测试，提供大量的文档，并得到政府批准，才能销售新药品和一些医疗设备。对于药品和安全攸关的计算机系统，赞成这样的监管的论点包括以下内容：

- 更好的措施应该是避免使用劣质产品，而不是在灾难之后才采取补救措施。
- 可能会处于危险之中的大多数潜在客户和公众（如病人）并不具备专业知识来判断一个系统的安全性和可靠性。
- 对于普通人来说，要想成功起诉大公司实在是太困难和代价太高了。

如果 FDA 曾详细审查过 Therac-25 之后才让它投入运行，那么它就有可能在造成任何患者受伤之前就已经找到了破绽。不过，我们也应该注意到在监管方式中的一些弱点和需要做出的权衡 [52]。审批过程是非常昂贵和费时的。在引进一个好的产品的过程中拖延多年，可能要以付出许多生命作为代价。政治问题会影响审批流程。竞争对手也可能影响决策。此外，对于政府官员和监管者来说，会倾向于过于谨慎。如果被批准的产品造成损伤，那么会导致不好的宣传形象，并可能会导致批准它的人被解雇。由于延迟或未能通过一项很好的新产品，而造成的死亡或损失则通常并不是那么明显，也不会有很多人知道。

勒夫森和特纳在他们关于 Therac-25 的文章中，总结了其中一些困境：

> "在对有风险的技术进行监管时，问题是非常复杂的。过于严格的标准可能会抑制进步，要求采用远落后于当前发展水平的技术，并把责任从制造商转移给政府。责任的确定需要一种微妙的平衡。必须有人代表公众的需求，不然就可能会屈服于一个公司的利润期望。在另一方面，标准可能会造成一些人们不想看到的效果，限制公司采取的安全措施和投资，因为他们会觉得只要遵循标准，就可以达到自己的法律和道义责任。一些关于安全的最有效的标准和措施是由用户提出的。制造商会有更多的动力试图去满足客户，而不是去满足政府机构的要求。"

3. 专业认证

提高软件质量的另一个有争议的方法是对软件开发专业人员要求强制认证。认证是从事

🔥 认证规定和网络之间的冲突：见 3.2.5 节。

某些特定工作的许可，很多交易和职业都需要进行认证，从医疗行业，到插花和算命。这样做的预期效果是确保从事该职业的人的能力，并保护公众不会遇到质量差和不道德的行为。联邦政府会给一些特定的领域颁发执照，例如联邦航空管理局对飞行员进行认证，但是绝大多数认证都是在州一级政府来处理的。

一个州通常不接受来自其他州的执照，因此当从事特许职业的人搬到新的一个州时，他们在获得新执照之前不能在他们的领域工作。对于软件开发人员来说，这就提出了一个棘手的问题。自由职业的程序员可以接受来自任何州的项目。他们是否需要在拥有客户的每个州都获得相应的执照？大型软件公司通常为公司及其程序员所在州以外的客户开展项目。公司是否需要确保项目团队中的每个人都在涉及的所有州获得执照？在联邦一级来认证软件专业人员并不是一个简单的解决方案，因为美国没有任何部门或机构来监督软件安全，就像美国联邦航空局负责空中交通一样。

专业认证要求通常包括特定培训、通过能力考试、道德要求和继续教育。软件技术领域一直在持续发展和变化。语言、工具和开发技术都在不断变化。那么培训和测试的标准应该是什么？软件专业人员怎样才能保持不落后？

在许多领域进行强制认证的历史表明，实际的目标和效果并不总是很高尚。在有些行业（例如管道工），所设计的认证规定是为了把黑人排除出去。对于具体的学位和培训计划的要求，相对于通过自学或在工作中学习，往往会造成较贫穷的人没有资格获得执照。在至少一个州，认证法律禁止同时持有牙医和整牙医生执照的人为穷人提供折扣价的基本牙科服务。你能想到这样做的原因吗？经济分析表明，认证产生的效果减少了在该领域的从业人数，使得收费和收入高于没有认证的情形，并且在很多情况下，服务质量并没有得到任何改善[54]。任何用来认证软件开发人员的值得尊敬的道德计划，都需要进行仔细的设计和维护，以避免这种负面的副作用和潜在的滥用。更根本的是，有些人认为需要政府批准的执照要求是对工作自由的侵犯。

也有一些自愿的方法来判断软件人员的资格——例如，知名学校的文凭和各种认证计划。认证通常是狭义的；它们证明某个人已在特定领域达到一定水平的知识、技能或专业知识，例如，针对特定的工具、技术或软件。认证没有像执照一样有广泛的许可范围。专业协会可以建立一个更广泛的自愿认证计划，包括与许可相关的各种测试、道德标准和继续教育，但是却不要对未经许可的从业者施加法律禁令。

关于对软件专业人员进行认证的问题在信息技术领域也引起了激烈争论，两个关键的专业组织各有不同的观点：IEEE 支持对软件工程师进行认证，而 ACM 则不支持。

4. 承担责任

在计算机出错的某些案例中，企业会向出问题或遭受损害的客户进行赔偿（不需要提起诉讼）。例如，Intuit 公司表示愿意支付因为有缺陷的所得税程序而造成的错误支付利息和罚款。当美国联合航空公司在其网站上显示的机票价格出错，造成美国和欧洲之间的航班最低只有 25 美元的时候，他们兑现了在价格纠正之前出售的所有机票。起初，美联航向购票客户收取了正确的票价，而且可能他们也的确有这样做的法律权利，但是航空公司最后发现激怒这么多客户可能会比票价造成的损失更大。

我们在前面注意到，企业压力会导致偷工减料和发布有缺陷的产品。企业的压力也可以成为坚持好的质量和维护良好的客户关系的原因。优秀的企业管理者会认识到客户满意度和企业声誉的重要性。此外，一些企业制定了相应的道德政策，对自己的行为负责任，并为其错误买单，就如同一个人如果因为垒球跑偏而不小心打破了邻居的窗户玻璃，也会做出赔偿一样。

除了消费者的强烈反对之外，还有一些其他的市场机制也会鼓励优质的工作，并提供处理失败风险的一些方法。保险公司有责任评估他们承保的系统，并要求它们必须满足一定的标准。对于有些组织来说，如果他们的系统对于公共安全非常关键，例如警察部门和医院，那么他们应该负起责任，确保他们有适当的备份服务，其中包括可能不得不支付额外的费用以获得更高级的服务。

客户如何保护自己免受有缺陷的软件的困扰呢？一个企业如何才能避免购买到拥有严重缺陷的程序呢？对于大量的消费者和小企业的软件，用户可以参考评价软件的许多网站，或者咨询自己的社交网络。拥有较小市场的专业系统则更加难以进行购前评估。我们可以检查卖家的信誉，也可以咨询以前的客户，询问卖方之前的工作是否完成得很好。对于潜在的和现有的客户来说，针对特定软件产品的在线用户群体是信息的最佳来源。在 Therac-25 的案例中，用户最终在彼此之间传播了相关信息。如果在这些事故发生时，互联网已经存在的话，那么该问题很可能会被更快地发现，而其中一些意外就不会发生。

8.4 依赖、风险和进步

8.4.1 我们是不是过于依赖计算机？

很多人在写关于计算机的社会影响的时候，都会感慨我们对计算技术的依赖。因为它们的有用性和灵活性，计算机、手机和类似设备现在几乎无处不在。这是好事？还是坏事？或是中性的？单词"依赖"往往是贬义的。"依赖于计算机"意味着对我们使用新技术及相关设备的批评。这种批评是否合适呢？

在荷兰，一个深居简出的老年男子在他的公寓里去世半年后，才有人发现他的尸体。终于有人注意到他有大量堆积的信件。这起事件被形容为一个"特别令人不安的依赖计算机的例子"。该男子的账单，包括房租和水电费，都一直在自动支付。他的退休金支票也自动转存到他的银行账户。因此，"所有有关当局都认为他还活着[55]"。但是有谁会期望当地燃气公司或者其他"有关部门"来发现有人死亡吗？这里的问题，很明显，是缺乏关心他的家人、朋友和邻居。

另一方面，许多人和企业如果在没有他们每天都在使用的计算机系统和电子设备的情况下，会感到无所适从。在一些事件中，计算机故障或其他意外造成了通信服务中断。司机无法使用他们的信用卡购买汽油。"客户是真的生气了"，一位加油站经理说。一家超市的经理报告说，"客户都在大喊和尖叫，因为他们取不到钱，也无法使用自动柜员机在超市付费购物[56]"。一个医生评论说，现代的医院和诊所若缺乏医疗信息系统就无法有效运转。现代打击犯罪的活动依赖于计算机。如果他们的导航系统失灵，很多司机都将迷路。

我们对电子技术的"依赖"与我们对电的依赖有什么不同吗？我们在日常的照明、娱乐、制造、医疗，以及几乎所有一切活动中都离不开电？我们对计算机的"依赖"与一个农民对犁的依赖有什么不同？如果同现代外科手术对麻醉的依赖相比呢？

计算机、智能手机和犁都是工具。我们使用工具，是因为有了它们，我们可以过得更好。它们减少了对重体力劳动和单调乏味的例行脑力劳动的需求。它们帮助我们提高工作效率，或者使我们更安全、更舒适。当我们有一个很好的工具，我们可能会忘记（或者甚至不再学习）执行该任务的旧方法。如果该工具坏了，我们就无法干活。直到有人修复它，我们才能继续完成该任务。这可能意味着，在好几个小时内都无法打通电话，大量的金钱损失，并且对一些人带来危险甚至危及生命。但是，并不能因为崩溃带来的负面影响就谴责工具。与此相反，对于许多应用（不是全部）来说，崩溃带来的不便之处或危险是对这些工具带来的便利、生产效率或安全性的一个提醒。例如，故障可以提醒我们每天发生在我们身边的数十亿次的通信，其中承载了大量语音、文字、照片和数据，这一切都是因为有了技术的进步才成为可能，或是变得更加方便或廉价。

关于对计算机的依赖的一些误解，可能来自对风险的角色理解得不够，把"依赖"与"使用"混为一谈，以及在计算机可能只是无辜旁观者的时候，把所有指责都指向它们。另一方面，没有人愿意为过度自信或无知承担相应的责任也是一个严重的问题。有些对依赖性的技术批评是合理的，例如当系统设计中允许一个小部件的故障导致整个系统崩溃的时候。当企业、政府机构和组织没有制定处理系统故障的计划时，有些对依赖性的批评也是合理的。聪明的人们会对自动取款机、信用卡和智能手机钱包带来的便利心怀感激，但同时也会在家里存一点点额外的现金，以防万一。使用自动导航系统的司机也可能会选择在车上保留一份地图。

8.4.2　风险与进步

> "电让我们可以取暖、煮饭，并享有安全和娱乐。但如果你不小心，它也可能会伤害你。"
>
> ——"用电须知"（圣地亚哥电气公司的账单中寄来的传单）

当我们打开电灯或是骑自行车的时候，我们信任这些较老的技术。技术总体上会让我们更加安全。例如，随着采用的技术、自动化和计算机系统在几乎所有工作场所都有所增加，在工作中因为事故死亡的风险从每 10 万工人 39 起（1934 年）下降到了每 10 万工人 3.3 起（2013 年）[57]。但是，随着我们使用的工具和技术变得更加复杂和更加互联，由于单个中断或故障而带来的破坏规模也会增加，我们有时会不得不为戏剧性和悲剧性事件付出代价。举例来说，如果一个人出去散步撞到另外一个人，两个人都不容易受到伤害。如果两人都在以 60 英里的时速驾驶汽车，他们可能都会被撞死。如果两架飞机相撞，或者一架飞机引擎出现故障，就可能夺取几百人的生命。然而，如果按照每英里出行的死亡率来计算，航空旅行比开车的死亡率要低。

许多新技术在首次开发时，都不是很安全。软件工程教材使用在 8.3.1 节中讲到过的卡利坠机事件作为一个例子，希望未来的软件专家不会重复在该飞机的计算机系统上所犯的错误。此外，卡利坠机事故这样的悲剧还推进了地面接近警告系统的发展，用来减少撞上山体的事故。老的基于雷达的系统有时会在潜在的撞击发生前的 10 秒钟发出警告。较新的系统（称为地形感知和警告系统）中包含世界地形的数字地图。如果飞机太靠近山（或其他地形），它们可以给飞行员提供提前一分钟的警告，并自动显示附近山脉的地图。这些系统会有助于防止在很多情形下可能发生的事故，例如飞行员错误地设置高度计，试图在低能见度的情况下迫降，或者错误地把建筑物灯光当作机场灯光等。自从这些增强系统投入使用以来，再也没有美国的商业客机坠毁在山上[58]。

我们一直在学习。总体而言，计算机系统和其他技术使得空中旅行更加安全。如果美国的商业航空公司的事故死亡率与 50 年前一样的话，那么每年大约会有 8000 人在飞机失事中遇难。

科学家和工程师研究灾害和学习如何预防它们，以及如何从灾害中恢复。一场灾难性的火灾会导致我们发明消防栓，从而有办法从街道地下的水管中把水运输到火灾现场。汽车工程师过去会把汽车的前部设计得非常刚性，目的是为了在碰撞发生时保护乘客。但是，因为车子框架会把碰撞力转移到乘客身上，因此会造成死亡和严重受伤。在 20 世纪 50 年代，梅赛德斯奔驰公司的工程师们搞明白了，在制造汽车时如果包含"吸能区"来吸收撞击力，会更好地保护乘客[59]。之后还有更多的改进措施，从而美国的机动车事故死亡率从 1965 年到 2013 年下降了将近 80%（从每 1 亿车辆行驶里程死亡 5.30 人，下降到每 1 亿车辆行驶里程死亡 1.09 人）。其中一个显著的影响因素是提高了关于负责任使用的教育（例如，反对酒后驾车的宣传活动）。另外一个影响因素是引入了有助于避免事故发生的各种设备，以及当系统出现故障时保护人的设备：

- 后视摄像头帮助司机避免在倒车时撞到小孩或者物体。
- "夜视"系统侦测汽车路径上的障碍物，并把该物体的影像或轮廓投影到汽车的挡风玻璃上。
- 电子稳定系统可以在司机意识到出问题之前，使用传感器侦测到汽车可能会发生侧翻，并以电子方式使发动机减速。

- 当其他设备失败而发生碰撞时，安全带和安全气囊还可以保护车里的人。

计算技术变化的步伐比其他技术要快很多，而且在计算机和其他技术之间还存在一些重要区别，会增加它带来的风险：

- 计算机系统会做出决定；而电力系统则不会。
- 计算机的强大功能和灵活性，鼓励我们建立更复杂的系统，其故障会产生更严重的后果。
- 与许多其他工程领域相比，软件不是基于标准可信的部件来构建的。
- 物联网的互联特性可以把故障传播到数百万台相距很远的设备上。

这些差异会影响我们所面临的风险种类和范围。它们需要我们的持续关注，不管是作为计算机专业人员、其他领域的工作人员和其规划者，还是普通市民。

观察

在本章中，我们讲述了以下的观点：

- 许多与计算机系统的可靠性和安全性有关的问题，其实在其他技术上早都已经出现过了。
- 对于新技术，存在一个"学习曲线"。通过研究故障发生的原因，我们可以减少其发生的几率。
- 关于如何以合理、安全和可靠的方式来设计、开发和使用复杂系统，已经有很多已有的知识和方法。有道德的专业人士都有责任学习并遵循这些方法。
- 我们不可能期望所有大型系统都完全没有错误。计算机系统的复杂性使得错误、疏忽和故障都是无法完全避免的，但是我们可以减少它们的概率。
- 我们需要比较使用计算机技术与使用其他方法的风险，并权衡它带来的好处和风险。
- 许多事故和悲剧都不是技术故障的直接结果，而是因为人在应对技术缺陷的时候，所做出的糟糕决定或错误动作而导致的结果。

这并不是说，因为在其他技术中也会发生故障，我们就应该原谅或忽视计算机的错误和故障；这也不意味着因为完美是不可能的，我们就应该容忍粗心或疏忽。我们不能接受糟糕和不负责任的工作产品，把它作为"学习过程的一部分"；而且这也并不意味着，因为总的来说计算机技术的贡献是正面的，我们就应该原谅意外的发生。

因为计算机系统的缺陷会对正常活动带来严重破坏，还可能会危及人民群众的生命健康，这种可能性应该总是在提醒从事计算机专业的人员，需要在工作中负起责任。计算机系统的开发人员和负责规划和选择系统的其他人员，需要认真、诚实地评估系统的风险，包括安全防护，以及在系统发生停机的时候做出适当的计划，包括在合适的时候备份系统，以及在发生故障后如何恢复。

如果知道一个人会因为自己导致的破坏承担赔偿责任，那么对于寻找改进和提高安全性会是一种强烈的激励。当评估一个特定的故障实例时，我们可以去寻找那些应该负责任的人，并要尽量保证让他们来承担他们所造成的损失的代价。当评价一个特定的应用领域，或者把技术作为一个整体来评估的时候，我们还应该看到风险和收益之间的平衡。

本章练习

复习题

8.1 列出本章中讲过的两个案例，其中造成程序错误或系统故障的因素之一是测试不足。

8.2 列出本章中讲过的两个案例，其中系统提供者在通知客户关于系统漏洞的时候做得不够。

8.3 丹佛机场完工时间被延误的一个主要原因是什么？

8.4 描述 HealthCare.gov 网站在开通前几周无法正常运转的一个主要原因。

8.5 举一个因为软件复用造成严重问题的案例。

8.6 给出成功的高可靠性组织的一个特征。

8.7 描述在安全攸关型应用中特别重要的一个人机界面设计原则。

练习题

8.8 （a）假设你写了一个计算机程序将两个整数相加。假设每个整数与它们的和都能放到计算机上使用的标准整数内存单元里。你认为计算出的结果有多大可能是正确的？（如果你使用不同的整数运行该程序一百万次，你认为它有多少次会给出正确的答案？）

（b）假设一个公用事业公司（例如水电燃气公司）拥有一百万客户，它会运行一个程序来确定任何客户是否有逾期未付的账单。你认为程序结果完全正确的可能性有多大？

（c）你对上述两题给出的答案可能是不同的。为什么在这两个例子中可能的错误数字是不同的？请解释其中的原因。

8.9 考虑在 8.1.2 节描述的案例，其中因为两所学校在他们的计算机记录中使用了不同的惩戒代码，导致其中一所学校假定该男生是一个吸毒者。描述可以帮助防止此类问题的一些政策或做法。

8.10 为什么租车公司会把它的一辆出租的汽车错误地列成被盗？请给出几个可能的原因。其中哪些问题可以通过更好的软件或更好的政策来避免？哪些类型的错误是很难或不可能避免的？

8.11 在许多医院，医生会把病人的处方药订单输入到计算机系统中。这些系统可以减少在阅读医生潦草的笔迹时可能产生的错误，并且可以自动检查与该病人正在服用的其他药物是否冲突。在一个系统上，当另一名医生使用了前一个医生忘了退出的终端时，该系统把第二个医生开的药方分配给了第一个医生的病人。描述为了减少这类错误，该系统应该包含哪两个功能。

8.12 美国食品药品监督管理局（FDA）负责维护超过 120 000 种药品的注册信息。由美国健康和卫生部组织的一项调查发现，其中大约 34 000 种药物的信息是不正确或过时的。而且在该目录中漏掉了大约 9000 种药物 [61]。该数据库的信息如此过时，可能会造成什么风险？该数据库中的信息为什么会过时？请给出你能想到的尽可能多的原因。

8.13 考虑在 8.1.2 节中所描述的关于标准化测试成绩报告错误的案例。假设测试公司向学校报告的成绩不是比正确成绩更低，而是比正确成绩要高很多。你觉得会有人发现错误吗？如果是的话，可能会是怎样发现的？在有些情形下，人们可能会选择不去报告计算机的错误，请给出几种你认为属于这种情形的例子。并对于每个例子，给你出的理由（例如，乐观、无知、轻信、不诚实等）。

8.14 考虑丹佛机场行李系统（见 8.1.4 节）的开发过程和联邦医疗保险登记系统（见 8.1.5 节）的开发过程，列出在开发过程中与这两个系统存在的问题有关的相似之处。再描述一下二者之间的主要区别。

8.15 假设你任职的一个咨询团队正在为你所在的州设计一个投票系统，人们可以通过登录网站（从计算机、智能手机或其他连接互联网的设备）投票。你需要考虑哪些重要的设计因素？讨论这样一个系统的一些优点和缺点。总体而言，你认为这是一个好主意吗？

8.16 在 Therac-25 的案例中，违反了《软件工程职业道德规范和实践要求》（附录 A）中的哪些规定？

8.17 在讨论高可靠性的组织机构的时候，我们提到，其中一个重要的做法是对可能表明出现错误的线索保持高度警觉。在 Therac-25 的案例中，生产厂商遗漏或忽略了哪些线索？一些用户又遗漏或忽略了哪些线索？

8.18   找出在所有这三个案例中都违反了哪个相同的伦理要求：库存管理系统（见 8.1.3 节），标准化测试成绩报告错误（见 8.1.3 节），以及 Therac-25。

8.19   有一种在世界范围内广泛使用的医用输液泵，它的几种型号拥有一个缺陷，被称为"按键反弹。"当用户在键盘上键入药剂用量的时候，按键可能发生反弹，从而导致该数字被记录两次。因此，2 个单位的剂量可能会变成 22 个单位。该输液泵可能因此给病人过量用药。在该公司被警告该输液泵可能存在问题五年之后，美国食品药品监督管理局（FDA）发布了召回通知 [62]。试找出在这个案例中不同人做错（或可能做错）的一些事情。

8.20   假设你在负责一个计算机系统的设计和开发，用来控制一个游乐园中的过山车系统。座椅上安装的传感器可以确定哪些座位已经被占用，从而使该软件可以考虑其重量和平衡性。该系统在运行过程中可以控制机器的速度和持续时间。游乐园对该系统的目标是，一旦机器启动之后，就不需要人来操作这个系统。

　　　列出你为了保证系统的安全性可以（或应该）做的一些重要事情。考虑开发、技术问题、操作说明等所有方面。

8.21   在对一个大型银行的计算机系统的程序做了一个修改之后，一个员工忘记输入了一些命令。其结果是，由银行收取的大约 800 000 笔直接存款的信息，直到第二天才记录到客户账户里。该错误的一些潜在后果是什么？如果你是银行行长，需要向新闻媒体或你的客户起草一份声明，你在声明中会说些什么？

8.22   谁是"好人"？在本章讨论过的人或机构中挑选两个，他们的工作有助于使系统更加安全或减少错误的消极后果。请说明你为什么会选择他们。

8.23   我们提到过，有些手机上包含数百万行的计算机代码。估计一下如果把一百万行代码打印出来，会有多少页。（请说明你所做的假设。）

8.24   像自动刹车和车道偏离警告这样的功能在什么情况下会降低汽车的安全性？

8.25   考虑以下事件：

　　　医院里的一名婴儿连接到多个监控设备，这些设备带有警报装置，如果出现了医疗问题会发出警告信号。一位护士关掉了婴儿房间里响起的警报，以便精疲力尽的母亲可以睡一会儿觉。在不经意间，她的动作还导致了护士站的警报也不会响了。后来婴儿出现了问题，警报却没响，结果宝宝去世了。

假设你正在调查此事件。列出可能导致警报不响的几种潜在的错误类型或错误来源。

8.26   在武装直升机袭击医院的事件中，列出你可以找到的所有错误和故障的情形（见 8.3.1 节）。尝试将它们分为两类：用户错误和计算机系统错误。

8.27   如果你有一整天找不到手机，你会受到什么影响？

8.28   请选择你所熟悉的一种非计算机活动，并且它拥有一定的风险（如滑板、潜水或在一家餐馆打工）。描述其中的一些风险和安全措施。把这些风险与计算机系统相关的风险进行类比。

8.29   在 Therac-25 的案例中，缺失了成功的高可靠性组织（见 8.3.1 节）的哪些因素？在航天飞机灾难（见 8.3.1 节）中的哪些影响因素也出现在了 Therac-25 的案例中？

8.30   软件开发人员有时会被建议"针对故障来设计"（design for failure）。这可能是什么意思？试着给出一些例子。

8.31   这个练习针对的是计算机科学专业的学生或写过软件的人。描述你如何在你写的程序中添加冗余或自检功能。如果你真的曾经这样做过，介绍一下这个项目和你采用的方法。

8.32   假设你是在所选择的领域中工作的一个专业人士。描述为了减轻在本章中讨论过的任意两个问题所产生的影响，你可以做什么具体的事情。（如果你想不到和你的专业领域相关的任何问题，也可以选择你感兴趣的其他领域。）

8.33 设想一下在未来几年中，数字技术或设备可能发生的变化，描述一个它们可能带来的、与本章中讨论的问题有关的新问题。

作业

下面这些练习题需要花时间做一些研究或完成一些活动。

8.34 查看最新一期的"Risks Digest"（风险文摘）（catless.ncl.ac.uk/risks/），阅读其中的几条内容。并为其中两条内容撰写简单的总结。

8.35 三星召回了数百万台 Galaxy Note 7 手机，因为它的电池会过热并可能引起燃烧。在我们写本书的时候，其原因仍然是未知的，并且推测可能的原因范围包括硬件（电池有故障，或电池盒太小）和软件。查一下原因现在是否已知，如果是的话，请描述其原因。

8.36 多年以来，对于来自手机的无线电波是否会增加患脑癌的风险，一直存在着争论。请查找最近的研究成果。他们的结论是什么？

8.37 查找在过去的一年内发表的、讨论计算机系统的重大故障的新闻或科学论文。写一篇总结，介绍一下该事件，并对文章中对该问题的分析进行评论。要求包括该文章的完整引用。

课堂讨论题

下面这些练习题可以用于课堂讨论，可以把学生分组进行事先准备好的演讲。

8.38 考虑下面的信息。

在一家特定公司的汽车在出事故后，涉事司机将事故归咎于电子油门系统缺陷而导致的意外加速。美国宇航局的一项研究发现电子油门系统没有任何问题。在某些情况下，汽车的事件记录器表明驾驶员在打算踩刹车时会错误地踩下加速器。一些事故是由于地板垫上的踏板引起的。在涉及意外加速的事故中，很大比例的驾驶员年龄都在 65 岁或以上。负责检查电子油门源代码的一个软件专家团队对代码提出了许多批评，并且认为代码中的问题可能会在某些情况下导致意外加速。

以这些不同的信息作为背景，讨论在驾驶员把一起事故归咎于电子油门的意外加速而起诉该汽车公司的时候，必须提供什么级别的因果证据才能赢得这起诉讼？在特定的情况下还应该考虑哪些信息？你的回复对包含大型复杂软件系统的其他产品有何影响？

8.39 对 HealthCare.gov 网站开发项目提出批评的人士，经常将其与 Facebook 在用户人数、开发成本、复杂性和易访问性等方面进行比较。讨论这种比较和差异的原因。

8.40 假设 Therac-25 的一位受害者的家庭已经提起了三项诉讼。他们分别起诉了使用该机器的医院、制造机器的公司（AECL）和为 Therac-25 写程序的软件工程师。把学生分成六组，分别代表三个被告的律师，以及针对三个被告的原告律师。每组准备关于该案件论点的五分钟演讲。然后，组织全班讨论这个案件的所有方面，并对每个被告的责任程度进行投票。

8.41 有些州在考虑立法禁止自动驾驶汽车，除非有办法让人从计算机系统中获取控制权。讨论支持和反对这种法律的论据。立法者应该通过这个法律吗？

8.42 一个工厂里包含一个区域，其中所有的工作都由机器人来完成。在该区域周围都设有栅栏。当机器人正在工作的时候，工人不应该进入该区域。如果有人打开栅栏的门，那么系统会自动切断机器人的电源。有一名工人翻过护栏去修复出现故障的机器人，而当另一个机器人把零件送给出问题的机器人的时候，意外地把修机器人的工人压在了机器上，并导致了他的死亡。

假设你的班级是（由一个中立第三方）聘请来的一个调查该事件的顾问团队，并且需要撰写调查报告。考虑与安全攸关型系统相关的几个因素。哪些事做的是对的？哪些做错了？在这个案件的介绍中，是否还需要一些你希望包括的其他重要信息？如果有，是什么？你会如何把事件责任分配给设计机器人系统的软件公司、经营工厂的公司和工人自己？为什么呢？你认为工厂管理层应该做哪些措施，来减少更多人死亡的可能性。

本章注解

[1] Robert N. Charette, " Why Software Fails, " *IEEE Spectrum,* Sept. 2005, www.spectrum.ieee.org/sep05/1685.

[2] *The Risks Digest: Forum on Risks to the Public in Computers and Related Systems,* archived at catless.ncl.ac.uk/risks.

[3] Jacques Steinberg and Diana B. Henriques, " When a Test Fails the Schools, Careers and Reputations Suffer, " *New York Times*, May 21, 2001, pp. A1, A10–A11.

[4] Andrea Robinson, " Firm: State Told Felon Voter List May Cause Errors, " *Miami Herald,* Feb. 17, 2001.

[5] Department of Homeland Security, U.S. Citizenship and Immigration Services, " E-Verify Performance, " www.uscis.gov/e-verify/about-program/performance. Westat, " Evaluation of the Accuracy of E-Verify Findings, " July 2012, www.uscis.gov/sites/default/files/USCIS/Verification/E-Verify/E-Verify_Native_Documents/Everify%20Studies/E-Verify%20Accuracy%20Report%20Summary.pdf. " Immigration: You Can't Rely on E-Verify, " editorial in *Los Angeles Times,* May 27, 2011, articles.latimes. com/2011/may/27/opinion/la-edarizona-20110527. Government Accountability Office, " Employment Verification, " Dec. 2010, www.gao.gov/new.items/d11146.pdf. 注意这些错误率百分比在不同文档中有所区别；这里给出的数据是基于最新的报告的，但也只是近似值。

[6] Ann Davis, "Post-Sept. 11 Watch List Acquires Life of Its Own," *Wall Street Journal,* Nov. 19, 2002, p. A1.

[7] *Arizona* v. *Evans,* 相关报道参见 " Supreme Court Rules on Use of Inaccurate Computer Records, " *EPIC Alert,* Mar. 9, 1995, v. 2.04.

[8] Reuters, " Glitch Closes Tokyo Stock Exchange, " *The New Zealand Herald,* Nov. 2, 2005, www.nzherald.co.nz/tokyo-stock-exchange/news/article.cfm?o_id=272&objectid=10353098. Julia Flynn, Sara Calian, and Michael R. Sesit, " Computer Snag Halts London Market 8 Hours, " *Wall Street Journal,* Apr. 6, 2000, p. A14.

[9] Jack Nicas, " Jet Lagged: Web Glitches Still Plague Virgin America," *Wall Street Journal,* Nov. 23, 2011, www.wsj.com/articles/SB10001424052970203710704577053110330006178.

[10] Mars Climate Orbiter, mars.jpl.nasa.gov/msp98/orbiter.

[11] Davide Balzarotti, Greg Banks, Marco Cova, Viktoria Felmetsger, Richard Kemmerer, William Robertson, Fredrik Valeur, and Giovanni Vigna, " Are Your Votes Really Counted? Testing the Security of Real-World Electronic Voting Systems, " *Proceedings of the International Symposium on Software Testing and Analysis,* July 2008, www.cs.ucsb.edu/~seclab/projects/voting/issta08_voting.pdf. Ed Felton, " Hotel Minibar Keys Open Diebold Voting Machines, " Sept. 18, 2006, www.freedom-to-tinker.com/?p=1064.

[12] Jeremy Hsu, "Alaska's Online Voting Leaves Cybersecurity Experts Worried," *IEEE Spectrum,* Nov. 6, 2014, spectrum.ieee.org/tech-talk/telecom/security/alaska-online-voting-leaves-cybersecurity-experts-worried. " Absentee Voting by Electronic Transmission, " State of Alaska Division of

Elections, www.elections.alaska.gov/vi_bb_by_fax.php.

[13] Drew Springall *et al.*, "Security Analysis of the Estonian Internet Voting System," *Proceedings of the 21st ACM Conference on Computer and Communications Security,* Nov. 2014, jhalderm.com/pub/papers/ivoting-ccs14.pdf.

[14] Balzarotti *et al.*, "Are Your Votes Really Counted?"

[15] Charette, "Why Software Fails". Virginia Ellis, "Snarled Child Support Computer Project Dies," *Los Angeles Times,* Nov. 21, 1997, p. A1, A28. Peter G. Neumann, "System Development Woes," *Communications of the ACM,* Dec. 1997, p. 160. Rajeev Syal, "Abandoned NHS IT System Has Cost £10bn So Far," *The Guardian, Sept.* 17, 2013, www.theguardian.com/society/2013/sep/18/nhs-records-system-10bn. Oliver Wright, "NHS Pulls the Plug on its £11bn IT System," Aug. 2, 2011, www.independent.co.uk/life-style/health-and-families/health-news/nhs-pulls-the-plug-on-its-11bn-it-system-2330906.html.

[16] Charette, "Why Software Fails."

[17] H. Travis Christ, 引自 Linda Rosencrance, "US Airways Partly Blames Legacy Systems for March Glitch," *Computerworld,* Mar. 29, 2007. Linda Rosencrance, "Glitch at U.S. Airways Causes Delays," *Computerworld,* Mar. 5, 2007, computerworld.com/article/2543659/enterprise-applications/glitch-at-u-s--airways-causes-delays.html.

[18] 丹佛国际机场（DIA）的延迟在新闻媒体中有广泛报道。在这里的讨论中用到的材料包括：Kirk Johnson, "Denver Airport Saw the Future. It Didn't Work." *New York Times,* Aug. 27, 2005, www.nytimes.com/2005/08/27/us/denver-airport-saw-the-future-it-didnt-work.html; W. Wayt Gibbs, "Software's Chronic Crisis," *Scientific American,* Sept. 1994, 271(3), pp. 86–95; Robert L. Scheier, "Software Snafu Grounds Denver's High-Tech Airport," *PC Week,* 11(19), May 16, 1994, p. 1; Price Colman, "Software Glitch Could Be the Hitch. Misplaced Comma Might Dull Baggage System's Cutting Edge," *Rocky Mountain News,* Apr. 30, 1994, p. 9A; Steve Higgins, "Denver Airport: Another Tale of Government High-Tech Run Amok," *Investor's Business Daily,* May 23, 1994, p. A4; Julie Schmit, "Tiny Company Is Blamed for Denver Delays," *USA Today,* May 5, 1994, pp. 1B, 2B.

[19] Scheier, "Software Snafu Grounds Denver's High-Tech Airport."

[20] Wayne Arnold, "How Asia's High-Tech Airports Stumbled," *Wall Street Journal, July* 13, 1998, p. B2.

[21] 我们在本节的背景知识中使用了许多材料，其中包括下面的内容：Jim Hirschauer, "Technical Deep Dive on What's Impacting Healthcare.gov," App Dynamics Blog, App Dynamics, Oct. 25, 2013, blog.appdynamics.com/apm/technical-deep-dive-whats-impacting-healthcare-gov/; U.S. Government Accountability Office, "HealthCare.gov: Ineffective Planning and Oversight Practices Underscore the Need for Improved Contract Management," July 2014, GAO-14-694, www.gao.gov/assets/670/665179.pdf; "HealthCare.gov: CMS Has Taken Steps to Address Problems, but Needs to Further Implement Systems Development Best Practices," GAO Report to Congressional Requesters, Mar. 2015, www.gao.gov/assets/670/668834.pdf; Joshua Bleiberg and Darrell M. West, "A Look Back at Technical Issues with HealthCare.gov," Brookings Institute, Apr. 9, 2015, www.brookings.edu/blog/techtank/2015/04/09/a-look-back-at-technical-issues-with-healthcare-gov/.

[22] Devin Dwyer, "Memo Reveals Only 6 People Signed Up for Obamacare on First Day," *ABC News*, Oct. 31, 2013, abcnews.go.com/blogs/politics/2013/10/memo-reveals-only-6-people-signed-up-for-

obamacare-on-first-day.

[23] U.S. Senate Committee on Health, Education, Labor, and Pensions Hearing, Questions for Secretary of Health and Human Services, May 8, 2014, www.help.senate.gov/imo/media/050814_HELP_Burwell_QFRs-Alexander-FINAL.pdf. "An Overview of 60 Contracts That Contributed to the Development and Operation of the Federal Marketplace," Office of the Inspector General Report, Aug. 26 2014, oig.hhs.gov/oei/reports/oei-03-14-00231.asp.

[24] Ariana Cha and Lena Sun, "What Went Wrong with HealthCare.gov," *Washington Post,* Oct. 24, 2013, www.washingtonpost.com/national/health-science/what-went-wrong-with-healthcaregov/2013/10/24/400e68de-3d07-11e3-b7ba-503fb5822c3e_graphic.html.

[25] Sharon LaFraniere, Ian Austen, and Robert Pear, "Contractors See Weeks of Work on Health Site," *New York Times,* Oct. 20, 2013, www.nytimes.com/2013/10/21/us/insurance-site-seen-needing-weeks-to-fix.html?pagewanted=all&_r=1&.

[26] David Chao (CMS project manager), Testimony given to Senate House Committee Inquiry, Nov. 19, 2013, www.youtube.com/watch?v=QKu95EnUaTs.

[27] Lena H. Sun and Scott Wilson, "Health Insurance Exchange Launched Despite Signs of Serious Problems," *Washington Post,* Oct. 21, 2013, www.washingtonpost.com/national/health-science/health-insurance-exchange-launched-despite-signs-of-serious-problems/2013/10/21/161a3500-3a85-11e3-b6a9-da62c264f40e_story.html.

[28] Government Accountability Office, "HealthCare.gov: Actions Needed to Address Weaknesses in Information Security and Privacy Controls," GAO-14-730, Sept. 2014, www.gao.gov/products/GAO-14-730.

[29] Joel Gehrke, "Obamacare Launch Spawns 700+ Cyber Squatters Capitalizing on HealthCare.gov, State Exchanges," *Washington Examiner,* Oct. 23, 2013. Testimony of Morgan Wright Before the House Committee on Science, Space, and Technology, Nov. 19, 2013, www.projectauditors.com/Papers/Troubled_Projects/HHRG-113-SY-WState-MWright-20131119.pdf.

[30] Amy Goldstein, "HealthCare.gov Can't Handle Appeals of Enrollment Errors," *Washington Post,* Feb. 2, 2014, www.washingtonpost.com/national/health-science/healthcaregov-cant-handle-appeals-of-enrollment-errors/2014/02/02/bbf5280c-89e2-11e3-916e-e01534b1e132_story.html. Rachana Pradhan and Brett Norman, "Behind the Curtain, Troubles Persist in HealthCare.gov," *Politico*, Feb. 17, 2015, www.politico.com/story/2015/02/healthcare-gov-troubles-115276.

[31] Robert N. Charette, "This Car Runs on Code," *IEEE Spectrum*, Feb. 2009, spectrum.ieee.org/transportation/systems/this-car-runs-on-code.

[32] 专门负责调查此次爆炸事件的独立调查委员会得出的报告可以参见：sunnyday.mit.edu/accidents/Ariane5accidentreport.html.

[33] "FDA Statement on Radiation Overexposures in Panama," www.fda.gov/radiation-emittingproducts/radiationsafety/alertsandnotices/ucm116533.htm. Deborah Gage and John Mc-Cormick, "We Did Nothing Wrong," *Baseline*, Mar. 4, 2004, www.baselinemag.com/article2/0,1397,1543564,00.asp.

[34] Nancy G. Leveson and Clark S. Turner, "An Investigation of the Therac-25 Accidents," *IEEE Computer,* July 1993, 26(7), pp. 18–41. Jonathan Jacky, "Safety-Critical Computing: Hazards, Practices, Standards, and Regulation," in Charles Dunlop and Rob Kling, eds., *Computerization and Controversy,* Academic Press, 1991, pp. 612–631. 在本章中关于 Therac-25 事件的大多数事实背景都来自 Leveson 和 Turner 的文章。

[35]　Conversation 与 Nancy Leveson 的谈话，Jan. 19, 1995.

[36]　Ted Wendling, "Lethal Doses: Radiation That Kills," *Cleveland Plain Dealer, Dec.* 16, 1992, p. 12A. (I thank my student Irene Radomyshelsky for bringing this article to my attention.)

[37]　Jared Diamond, *Guns, Germs, and Steel: The Fates of Human Societies,* W. W. Norton, 1997, p. 157.

[38]　Raju Narisetti, Thomas E. Weber, and Rebecca Quick, "How Computers Calmly Handled Stock Frenzy," *Wall Street Journal,* Oct. 30, 1997, p. B1, B7.

[39]　www.securecoding.cert.org/conf luence/display/seccode/SEI+CERT+Coding+Standards.

[40]　来自 Nancy G. Leveson 的一封电子邮件广告：*Safeware: System Safety and Computers,* Addison Wesley, 1995.

[41]　Roger Boisjoly, 引自：Diane Vaughan, *The Challenger Launch Decision: Risky Technology, Culture, and Deviance at NASA,* University of Chicago Press, 1996, p. 41.

[42]　关于哥伦比亚号事故背后的系统性和组织问题的讨论，参见 Michael A. Roberto, Richard M. J. Bohmer, and Amy C. Edmondson, "Facing Ambiguous Threats," *Harvard Business Review,* Nov. 2006, hbr.org/2006/11/facing-ambiguous-threats.

[43]　讨论 HRO 的特性的一篇文章是：Karl E. Weick, Kathleen M. Sutcliffe, and David Obstfeld, "Organizing for High Reliability: Processes of Collective Mindfulness," Chapter 44 in *Crisis Management: Volume* Ⅲ, edited by Arjen Boin, Sage Library in Business and Management, 2008, www.archwoodside.com/wp-content/uploads/2015/09/Weick-Organizing-for-High-Reliability.pdf.

[44]　敏捷软件开发宣言（Manifesto for Agile Software Development）：agilemanifesto.org/.

[45]　Federal Aviation Administration, "American Airlines Flight 965, B-757, N651AA," lessonslearned. faa.gov/ll_main.cfm?TabID=3&LLID=43&LLTypeID=0. Stephen Manes, "A Fatal Outcome from Misplaced Trust in 'Data,'" *New York Times, Sept.* 17, 1996, p. B11.

[46]　关于这里的一些原则的描述可以参考：Barry H. Kantowitz, "Pilot Workload and Flightdeck Automation," in M. Mouloua and R. Parasuraman, eds., *Human Performance in Automated Systems: Current Research and Trends,* Lawrence Erlbaum, 1994, pp. 212–223.

[47]　M. Sghairi, A. de Bonneval, Y. Crouzet, J.-J. Aubert, and P. Brot, "Challenges in Building Fault-Tolerant Flight Control System for a Civil Aircraft," *IAENG International Journal of Computer Science,* Nov. 20, 2008, www.iaeng.org/IJCS/issues_v35/issue_4/IJCS_35_4_07.pdf.（作者感谢 Patricia A. Joseph 帮助找到了这个引用。）"Airbus Safety Claim 'Cannot Be Proved,'" *New Scientist,* Sept. 7, 1991, 131:1785, p. 30.

[48]　2015 年 11 月 25 日，John Campbell 将军在一次国防部的新闻发布会上，从阿富汗通过电话会议给出的发言：www.defense.gov/News/Transcripts/Transcript-View/Article/631359/department-of-defense-press-briefing-by-general-campbell-via-teleconference-fro. Matthew Rosenberg, "Pentagon Details Chain of Errors in Strike on Afghan Hospital," *New York Times,* Apr. 29, 2016, www.nytimes.com/2016/04/30/world/asia/afghanistan-doctors-without-borders-hospital-strike.html?_r=0. Sean Gallagher, "How Tech Fails Led to Air Force Strike on MSF's Kunduz Hospital," *Ars Technica,* Nov. 30, 2015, arstechnica.com/information-technology/2015/11/how-tech-fails-led-to-air-force-strike-on-msfs-kunduz-hospital/.

[49]　Will Durant, *The Story of Philosophy: The Lives and Opinions of the World's Greatest Philosophers,* Simon & Schuster, 1926.

[50]　William M. Carley, "New Cockpit Systems Broaden the Margin of Safety for Pilots," *Wall Street Journal,* Mar. 1, 2000, pp. A1, A10. Kantowitz, "Pilot Workload and Flightdeck Automation," p. 214.

[51] Andy Pasztor and Robert Wall, "Airbus Scrapped 'Auto-avoid' Technology Aimed at Preventing Planes from Being Used as Weapons," *Wall Street Journal,* Mar. 30, 2015.

[52] 这些问题和权衡考虑通常发生在以下场景：新的药物和医疗设备的监管、污染的监管，以及其他各种形式的安全监管。关于它们的讨论主要出现在关于监管的经济影响的杂志中。

[53] Leveson and Turner, "An Investigation of the Therac-25 Accidents," p. 40.

[54] Walter Williams, *The State Against Blacks,* McGraw-Hill, 1982, Chapters 5–7. Council of Economic Advisors, "Occupational Licensing: A Framework for Policymakers," July 2015, p. 4, www. whitehouse.gov/sites/default/files/docs/licensing_report_final_nonembargo.pdf.

[55] Tom Forester and Perry Morrison, *Computer Ethics: Cautionary Tales and Ethical Dilemmas in Computing,* 2nd ed., MIT Press, 1994, p. 4.

[56] Heather Bryant, an Albertson's manager, quoted in Penni Crabtree, "Glitch Fouls Up Nation's Business," *San Diego Union-Tribune,* Apr. 14, 1998, p. C1. Miles Corwin and John L. Mitchell, "Fire Disrupts L.A. Phones, Services," *Los Angeles Times,* Mar. 16, 1994, p. A1.

[57] U.S. Department of Labor, Bureau of Labor Statistics, Census of Fatal Occupational Injuries, Rate of Fatal Work Injuries 2006–2014, www.bls.gov/iif/oshwc/cfoi/cfch0013.pdf. Datum from 1934: "A Fistful of Risks," *Discover,* May 1996, p. 82.

[58] Alan Levin, "Airways Are the Safest Ever," *USA Today,* June 29, 2006, p. 1A, 6A. William M. Carley, "New Cockpit Systems Broaden the Margin of Safety for Pilots," *Wall Street Journal,* Mar. 1, 2000, p. A1.

[59] 在 1999 年 2 月 16～17 日播放的《新星》（Nova）电视片[⊖]（本集的名称为 "Escape! Because Accidents Happen"）中，展示了在过去 2000 年的历史中，人类用来降低火灾和轮船、汽车与飞机事故中的伤亡而发明的各种方法。

[60] National Highway Traffic Safety Administration, Fatality Analysis Reporting System, www-fars. nhtsa.dot.gov/Main/index.aspx.

[61] "FDA Proposes Rules for Drug Registry," *Wall Street Journal,* Aug. 24, 2006, p. D6.

[62] "Class 1 Recall: Cardinal Health Alaris SE Infusion Pumps," Food and Drug Administration, Aug. 10, 2006, www.fda.gov/cdrh/recalls/recall-081006.html. Jennifer Corbett Dooren, "Cardinal Health's Infusion Pump is Seized Because of Design Defect," *Wall Street Journal,* Aug. 29, 2006, p. D3.

⊖ 《新星》（Nova）是美国公共广播公司（PBS）制作的科教电视片，目前已拍摄了近五百集，既生动又精确地介绍科学研究的各个前沿领域，被视为科教电视片的典范。——译者注

职业道德和责任

9.1 什么是"职业道德"？

术语"计算机伦理"（computer ethics）和"数字伦理"（digital ethics）可以包括一些社会和政治问题，例如计算机对就业的影响、计算机对环境的影响、是否应该不向极权政府销售计算机、在军队中使用计算机系统，以及新的应用对隐私的影响等。或者，我们也可以更加关注个人的角度，包括可以在互联网上发布什么内容，以及可以下载什么内容。在本章中，我们更专注于狭义范畴的一类职业伦理（或职业道德），举例来说，有点类似于医疗、法律和会计等职业的伦理问题。我们考虑的是，作为计算机专业人士，一个人在工作中可能会遇到的伦理问题。职业伦理包括与很多人的关系和责任，这些人包括客户、同事、雇员、雇主、使用自己的产品和服务的人，以及你的产品可能会影响到的其他人。我们会讨论对于建立和使用计算机系统的个人来说，与其行动和决策有关的伦理困境与准则。我们会审视你必须做出关键决定的情形，以及你和其他人可能会造成重大影响的情形。

我们在新闻中经常会看到在许多职业领域中发生了严重的道德缺失的极端例子。在许多事件中，在著名的新闻机构供职的记者也曾抄袭或编造过一些故事。一个著名和受人尊敬的研究人员发表的干细胞研究论文是伪造的，他号称获得了他还没有达到的成就。一位作家在一本号称是关于自身经历的事实回忆录中，编造了很多戏剧性的事件。这些例子涉及的是公然的不诚实，而这样做几乎总是错的。

诚信是最基本的道德价值之一。我们每天都要做数百次的决定。一些决定的后果影响较小，而有些决定的影响则是巨大的，可能会影响到我们从来没有遇到过的人。我们做决定的时候，会部分基于我们所知的信息。（例如，开车上班需要 10 分钟；这个软件有严重的安全漏洞；张贴在社交网站的内容只有指定好友才能访问。）这些信息并不总是完全准确，但我们的选择和行动必须是根据我们所知道的信息来做出的。谎言会故意破坏作为人类本性的这一基本活动：吸收和处理信息，并做出选择以追求我们的目标。谎言往往是为了操纵其他人。正如康德所说，谎言把人看作仅仅是达到目的的手段，而不是目的本身。谎言可以产生很多负面后果。在某些情况下，谎言会不公正地对其他人的工作或说法带来质疑。它伤害了那些人，并且会影响根据这些人的说法来行动的人，使他们的决定增加了不必要的不确定性。伪造作品可以被看作对该作品的一种间接形式的盗窃，它造成了资源的浪费，因为如果把这些资源给别人使用，可能会更加富有成效。对于依赖于这些工作成果来做出选择和决策的人来说，会增加其选择和决策的不正确性。谎言的成本和间接影响还可能会叠加，导致非常严重的危害。

与在诚实或不诚实之间做出选择相比，许多伦理问题会显得更加微妙。例如，在医疗保健领域，医生和研究人员必须决定如何为等待器官移植的患者设置优先级。负责任的计算机专业人员面临的问题包括：在一个系统中，多少风险（隐私权、保安性和安全性[⊖]）是可以

⊖ 在本章中，用"保安性"来指代 security，而用"安全性"来指代 safety。——译者注

接受的? 以及如何使用其他公司的知识产权是可以接受的?

假设一家私营企业要求你所在的软件公司开发一个数据库, 保存从政府记录中获取的信息, 这些信息可能是生成关于被定罪的窃贼或儿童性骚扰者的名单, 也可能是新购房者的宣传列表、富裕的游船主人, 或是带有小孩的离异父母。出现在这些列表中的人无法选择这些信息是否会向公众开放。他们并没有批准企业可以使用这些信息。你将如何决定是否接受该合同? 基于该记录已经公开并且任何人都可以访问的理由, 你可以接受该合同。或者, 因为反对二次使用人们非自愿提供的信息, 你可以拒绝该合同。你可以尝试确定该列表的好处是否大于它可能造成对某些人隐私的侵犯或带来的不便。然而, 关键的第一步是, 你必须认识到你面对的是一个伦理问题。

发布一个智能手机应用程序, 用于在手机上支付账单, 这样的决定与道德有关: 你知道它的保安性如何? 发布一个软件将文件从内置了复制保护的格式转换为人们可以轻易复制的格式, 这样的决定中也与道德有关。同样, 分配大约多少资金和精力来培训员工使用新的计算机系统的决定也与道德有关。我们已经看到, 许多相关的社会和法律问题都是有争议的。因此, 一些道德问题本身也是有争议的。

在一个职业环境中, 做出道德决策有一些特殊之处, 但是决策还是要基于一般的道德原则和理论来做出。1.4 节描述了这些一般原则。建议读者现在最好重读或复习一下。在 9.2 节中, 我们会讨论计算机专业的道德准则。在 9.3 节中, 我们会考虑一些案例场景。

9.2　计算机专业人员的道德准则

9.2.1　专业人员道德的特殊方面

专业人员的道德有几个特点不同于一般的道德。专业人员角色的特别之处体现在以下几个方面。首先, 专业人员是一个领域的专家, 无论对计算机科学或医学, 大多数客户都知之甚少。会被这些设备、系统和专业服务影响到的大多数人并不明白它们是如何工作的, 也不能简单地判断其质量和安全性。这对于专业人员来说意味着责任, 因为客户不得不依赖于专业人士的知识、专业技术和诚实。一个专业人士会对外宣传他的专业知识, 因此在提供这些知识时也拥有责任。其次, 许多专业人士的产品 (例如, 公路桥梁、投资咨询、手术方案和计算机系统) 会深刻地影响大量的人。计算机专业人士的工作会影响其客户或公众的生命、健康、金融、自由和未来。一个专业人士可能会因为不诚实、疏忽或不称职造成巨大的伤害。通常情况下, 受害者几乎没有能力保护自己, 因为他们不是专业人士的直接客户, 在选择产品或做出有关它的质量和安全的决策时, 并没有直接的控制权或起到安全决策的作用。因此, 计算机专业人士不仅对他们的客户负有特殊责任, 同时也对普通大众和其产品的用户负有特殊责任, 不管他们是否与用户有直接的关系。这些责任包括考虑到隐私、系统保安性、安全性、可靠性和易用性的潜在风险。它们还包括采取行动来降低过高的风险。

在第 8 章中, 我们看到在计算机系统中的一些漏洞造成的主要和次要的后果。在其中一些案例中, 人们采取了显然不道德或不负责任的行动方式。但是, 在许多情况下, 人们可能并没有不良意图。软件可以是非常复杂的, 而且其开发过程中涉及拥有不同的角色和技能的许多人之间的通信。因为计算机系统的复杂性、风险和影响, 专业人士的道德责任不仅包括避免故意的恶行, 而且要做到高度谨慎和遵循良好的职业实践, 以减少问题发生的可能性。这包括保持预期的高水准竞争力的责任, 以及对该专业最新的现有知识、技术和标准的掌握。职业责任包括了解或学习关于应用领域的足够知识，以便把工作做好。对于管理或使用复杂计算机系统的非计算机专业人员来说，其责任包括了解或学习关于该系统的足够知识，以了解潜在的问题。

在 1.4.1 节中，我们观察到，尽管人们经常把勇气同英雄行为联系起来，在日常生活中，我们有很多机会可以通过做出不受欢迎的正确决策，来彰显自己的勇气。在一个专业的环境中，勇气可能意味着向客户承认你的程序有问题，拒绝一个你不够格去完成的任务，或者当你看到别人做错事的时候，要站出来说话。在有些情形下，它可能意味着为此辞去你现在的工作。

大众汽车的"失效装置"：一个影响广泛的道德缺失案例[1]

大众汽车集团生产的数百万辆柴油车（包括大众、奥迪和保时捷品牌）中，包含了专门用于伪造美国和欧盟尾气排放测试的软件。该软件能够检测到这些汽车何时进行尾气排放测试，并且会在这个时候正常地启用排放控制系统，该系统中包括氮氧化物污染物（NO_2）$^{\ominus}$的捕集装置。该捕集装置的运行会增加燃料的使用量，因此为了提高汽车在路上行驶时的性能，软件会故意减少该装置在行驶时捕集的 NO_2 的量。这样就导致释放到空气中的 NO_2 比美国环境保护局（EPA）所允许的 NO_2 排放量高出了 40 倍。为了隐藏捕集装置在运行时的行为，他们修改了车载诊断系统的软件，以便让排放控制系统看起来是正常运行的。该软件系统和相应的控制硬件被称为"失效装置"（defeat device）。

在该失效装置被公开发现之后，大众汽车的首席执行官因这件丑闻而辞职，但是，还有数十名工程师、程序员和其他工作人员参与到了该事件中。奥迪团队开发了这种失效装置，其目的是作为一种捷径，以避免需要对汽车进行重新设计以满足排放标准可能带来的极高成本。当大众汽车和后来的保时捷汽车也面临类似的挑战时，该技术在其他车型中被共享，并进行了相应的修改。调查结果显示，在大约 10 年的时间里，在众多车型上至少实施了 6 种不同的失效装置。为了实现单个失效装置，至少需要有某个人或团队来设计它，需要另一个团队对其进行编程，然后还有一个团队负责测试并将其集成到汽车系统中。从员工提供的证词和大量电子邮件中可以清楚地看到，这些参与失效装置开发的员工及其经理都知晓这些系统的用途。尽管大众汽车公司内部的许多人都知道这种设备的存在，但是直到一个大学的研究人员发现了这种排放差异，并且在 EPA 跟进调查之后，这个装置才最终被公之于众。

这个案件引发了许多问题。一个重要的问题是：在参与失效装置的设计和实现以及知道其存在的众多人之中，为什么没有一个人跳出来成为告密者并将之公开？大众公司将此事件归咎于个人的不端行为，以及在一些部门中存在可以容忍违规行为的文化。但是，政府和新闻机构则指出，这是由于大众汽车为了实现成为头号汽车制造商的目标，而鼓励作弊的一种近乎自杀式的企业文化。

企业文化或同伴压力可能会成为对道德行为的一种强大威胁。因为"其他人都在这样做"或"这是一直以来的方式"，就可能导致道德的界限模糊化。在这种情况下，我们就需要职业道德准则来提供相应的指导。

9.2.2　专业道德准则

许多专业组织都有制定相应的专业行为守则。它们提供了关于道德价值的一般性陈述，

$\ominus$　氮氧化物可能引起肺气肿、支气管炎和其他呼吸道疾病。

并提醒从事该职业的人，道德行为是他们工作的一个重要组成部分；该准则还提供了有关特定的职业责任的提示。职业准则可以为从事该职业的新的或年轻的成员提供宝贵的指导：因为这些人可能想要遵守道德规范，却不知道该怎么去做。因为经验有限，在遇到困难的道德情形时，他们还无法做到足够警醒并适当地处理它们。

在"计算机专业"所包括的职业范围内，有几个重要的专业组织。其中最主要的是 ACM 和 IEEE 计算机学会（IEEE CS）[2]。他们制定了《软件工程职业道德规范和实践要求》（ACM 和 IEEE CS 共同采用）和《ACM 道德规范和职业行为准则》（详见附录）。在下面的讨论中，以及在 9.3 节中，我们使用缩写的《SE 准则》和《ACM 准则》来分别指代这两个专业道德规范。这些准则强调的是诚实和公平的基本道德价值观⊖。它们涵盖了专业行为的许多方面，其中包括有责任遵守保密性⊜、保持专业能力⊜、了解相关的法律®和遵守合同与协议®。此外，这些准则还特别强调了一些对于计算机系统特别容易出问题的领域（但并不是计算机系统独有的）。它们强调有责任尊重和保护隐私®、避免伤害他人⊕和尊重财产权（其中知识产权是与计算机系统本身最相关的例子）®。《SE 准则》覆盖了关于软件开发的许多具体问题。它被翻译成了几种语言的版本，并且很多组织都采用它作为其内部的职业标准。

经理人有特殊责任，因为他们负责监督项目的实施，并负责设定员工的道德标准。在《SE 准则》中的第 5 条原则包括很多针对经理人的具体指南。另一个对项目经理来说比较重要的道德准则是项目经理协会（PMI）的《道德规范和职业行为准则》（Code of Ethics and Professional Conduct）。这个准则为所有的项目经理提供了必须遵守的标准以及经理应该努力去遵守的鼓励性标准。

9.2.3　指南和专业责任

在这里，我们会强调生产一个好系统的几个原则，主要涉及的是软件开发人员、程序员和咨询师。有几个原则针对的是其他领域的专业人士，因为他们会在大型组织购置计算机系统的时候负责做决策。许多更具体的准则可以在《SE 准则》及《ACM 准则》中查询，我们也会在 9.3 节的不同场景中进一步加以介绍和解释。

理解成功意味着什么。在吉隆坡机场开幕当天的绝对混乱之后，一个机场官员把它归咎于机场职员输入了不正确的命令，他说，"系统没有出任何问题"。他的说法是不对的，而在他的说法背后的态度也是该系统开发会失败的原因之一。该官员对机场系统的作用的定义过于狭义：假设所有的输入都是正确的，它就能正确地完成某些数据操作。它的真正作用是让乘客、机组人员、飞机、行李和货物都能如期到达正确的登机口。它没有成功做到这一点。开发者和计算机系统的机构用户必须要在一个足够大的环境下来审视该系统的作用和他们的责任。

为了提供安全有用的系统，在设计和测试阶段需要把用户（例如医务人员、技术人员、

⊖　《SE 准则》：1.06 条，2.01 条，6.07 条，7.05 条，7.04 条；《ACM 准则》：1.3 条，1.4 条。

⊜　《SE 准则》：2.05 条；《ACM 准则》：1.8 条。

⊜　《SE 准则》：8.01 条～8.05 条；《ACM 准则》：2.2 条。

®　《SE 准则》：8.05 条；《ACM 准则》：2.3 条。

®　《ACM 准则》：2.6 条。

®　《SE 准则》：1.03 条，3.12 条；《ACM 准则》：1.7 条。

⊕　《SE 准则》：1.03 条；《ACM 准则》：1.2 条。

®　《SE 准则》：2.02 条，2.03 条；《ACM 准则》：1.5 条，1.6 条，2.8 条。

飞行员和办公室职员）包括进来。这一准则的重要性可以通过对飞机的计算机控制的讨论来说明（见 8.3.1 节），其中混乱的用户界面和系统行为会增加事故风险。这方面存在无数的"恐怖故事"，其中都是因为技术人员在开发系统的时候，不知道什么对用户才是最重要的。例如，一家医院的新生儿温室的系统把每个宝宝的体重四舍五入到最近的整数磅。对于早产儿来说，几盎司的区别是至关重要的信息 [3]。开发人员有与用户交流的责任，这并不仅限于影响安全和健康的系统。不管是设计用来管理新闻网站上的文章的系统，在一家玩具店管理库存的系统，还是管理一个网站的文档和视频的系统，如果在设计时没有充分考虑实际用户的需求，都可能会导致沮丧、浪费客户的钱，并最终被丢到垃圾堆里。许多研究都发现，在一个系统的设计和开发过程中的用户输入和交流，对于系统的成功是非常关键的。在"强化排斥"一栏中说明了我们需要时刻记着用户的更多案例。

强化排斥

　　说话人识别（speaker recognition）系统（包括硬件和软件）可以用来标识正在讲话的人是谁。（这与 7.5.2 节所讨论的语音识别技术是不同的，语音识别技术识别的是话语中的单词。）说话人识别的一个应用是用于商务会议的远程会议系统。系统可以识别谁在讲话，并在每个人的屏幕上显示这个人。有些说话人识别系统在识别男声时比识别女声更容易。有时候，当系统无法识别女性说话人，而无法把注意力集中在她们身上时，实际上会把女性说话人排除在讨论之外 [4]。难道系统的设计者是有意歧视妇女？大概不会。难道是因为女性的声音本来就更加难以辨认？大概也不会。那到底发生了什么事？事实是：男程序员的人数比女程序员更多；而参加高层商务会议的男性人数比女性多。因为男性是主要的开发人员和系统的测试者，所以该算法会对男性声音的较低频段进行特别的优化。

　　比尔·盖茨在他的《未来之路》一书中告诉我们，一个微软的程序员团队开发和测试了一个手写识别系统。当他们认为系统可以正常工作的时候，就拿来给盖茨试用。系统表现得很失败。因为该团队的所有成员都用右手写字，而盖茨却是左撇子 [5]。

　　在某些应用中，专注于特定观众或忽略一些特殊的观众可能是有意义的，但这样的选择应该是有意识的（并且是合理的）。这些例子表明，我们很容易就会使所开发的系统在无意中排斥了一些人，因此在设计和测试系统时，把思想跳出一个人自己的群体之外是多么的重要。除了妇女和惯用左手的人，其他需要考虑的群体包括非技术用户、不同民族的人、残疾人、老年人（例如，他们可能需要大字体的选项）和儿童。

　　在这些例子中，这样做在社会意义上的"对"或"错"，也就是说注意不要强化排斥特定的人群，恰好与生产好的产品并扩大其潜在的市场是一致的。

　　在对项目做规划和调度，以及在编写标书或合同的时候，一定要做到彻底认真。这其中包括：分配足够的时间和预算用于测试软件或系统及其安全性，以及完成开发过程中的其他重要步骤。规划中的不足可能会导致压力并在后期需要偷工减料。（参见《SE 准则》3.02 条、3.09 条和 3.10 条。）

　　为真实用户进行设计。在许许多多的案例中，只是因为有人打字输入不正确，就会导致计算机崩溃。在一个案例中，因为技术人员没有按"Enter"键（或按得力度不够狠），就造成了整个寻呼系统的关闭。真实的人会写错别字，会感到困惑，或者是刚刚加入工作。系统设计师和程序员有责任提供明确的用户界面和包含适当的输入检查。要让软件来检测所有不正确的输入是不可能的，但是，已经有技术可以捕获许多类型的错误，并减少因为错误造成的损害。

对于安全性（safety），需要一个令人信服的理由。 在安全攸关的系统中，最棘手的伦理问题是决定多大的风险是可以接受的。在这里我们重复8.3.1节讲过的一个准则：对于道德的决策者来说，采取的政策应当是在没有令人信服的安全性时，暂停或延迟使用该系统，而不是在没有令人信服的理由会发生灾难的时候，就继续使用该系统。

对于保安性（security），需要一个令人信服的理由。 正如我们在第5章中所看到的，早期的互联网、早期版本的应用程序以及许多组成物联网的设备都是在没有考虑保安性的情况下开发的。在事后打安全补丁的系统很少像开发人员从一开始就设计了保安性的系统那样安全。许多不安全的设备，一旦部署之后，就无法召回或升级，因此仍然容易受到攻击。对于连接到互联网上的每个设备或应用程序，其设计人员都应该预期有恶意企图的人可能会发现它，并试图暴露其数据或接管其操作。与安全性一样，采取的策略也应该是在没有令人信服的保安性的情况下，暂停或延迟系统的使用。

不要假设现有软件是安全的或正确的。 如果你使用了其他应用中的软件，一定要验证其是否适合当前项目。如果该软件是为一个应用设计的，而在该应用中由于故障带来的伤害程度可能比较小，那么它的质量和测试标准可能不会达到在新的应用程序中所必需的程度。该软件可能采用了混乱的用户界面，在原来的应用中可以忍受（虽然并不是很令人喜欢），但是可能在新的应用中却会造成严重的负面后果。我们在第8章看到，完整的安全性评估是很重要的，即使是同一个应用的早期版本的软件，如果出现故障，也可能产生严重的后果。（回想一下Therac-25和阿丽亚娜5型火箭的例子。）

对于软件的能力、安全性和限制要保持公开和诚实。 在第8章描述的几个案例中，有较强的论据说明对待客户是不够诚实的。销售人员的诚信并不是一个新问题。强调你最好的品质和不诚实之间的界限并不总是很清楚，但有一点很明确：隐藏已知的、严重的缺陷和对客户说谎，一定是站在了错误的一边。诚信包括对他人造成的损害或伤害承担责任。如果你在玩球的时候打破了邻居窗户的玻璃，或是砸了谁的车，你有义务赔偿他们的损失。如果一个企业发现其产品造成了伤害，它也不应该隐瞒事实，或试图把责任推给别人。

关于系统存在的局限性的诚信对于专家系统来说尤其重要， 专家系统也被称为决策系统，它是使用模型和启发式规则，结合专业知识来指导决策的系统（例如，医疗诊断或投资计划）。开发人员必须把系统的局限性和不确定性解释给用户（包括医生、财务顾问等，并且在适当的时候向公众进行解释）。用户也不得推卸理解它们并正确使用该系统的责任。

注意默认设置。 似乎一切都是可以定制的：在手机或无线网络的加密级别；消费者在一个网站买东西之后，是否会被加入到一个发送广告的电子邮件列表中；一个电脑游戏的难度级别；你最喜欢的新闻网站为你展示的新闻报道的类型；垃圾邮件过滤器会过滤掉哪些邮件；你在社交网络上向谁分享了哪些内容。所有默认设置可能似乎并不重要。的确是这样。很多人不知道自己可以控制哪些选项。他们不明白安全问题。他们往往也不花时间来更改默认设置。系统设计者应对默认设置认真加以思考。有时候，保护（例如保护隐私权或免受黑客攻击）是在道德上应该优先考虑的。有时候，易用性和与用户期望保持一致是应该优先考虑的。有时候优先级之间会产生冲突。

培养沟通技巧。 一位计算机安全顾问告诉我（SB），很多时候，当他与客户谈论安全风险和可以用来防止这些风险的产品时，他看到客户的目光是呆滞的。对于他来说，需要怎样讲才能让客户真的听明白并且吸收这些内容，就是一个棘手的伦理和职业困境。

在很多情况下，计算机专业人士不得不向客户和同事讲解技术问题。学习如何组织信息，区分在沟通时什么是重要的，什么是不重要的，以及在交谈中积极让听者参与进来并保持兴趣，等等，这些将有助于使一个人的展示更加有效，并有助于确保客户或同事是真正知情的。

9.3　案例场景

9.3.1　概述和方法

本节要讲解的案例只是发生过的事件类型中的一些样例，但大多数都是基于真实的事件。它们各有不同的严肃性和难度，包括了用来说明对一般大众来说，专业人员对计算机系统的消费者、客户、雇主、同事和潜在用户以及其他人的责任。在本章结尾处的练习题中会出现更多的案例场景。

在这本书的大部分篇幅里，我们一直在试图对有争议的问题给出正反两方面的论点，而不会选择哪一方。伦理问题往往比我们已经覆盖的一些其他问题更为困难，而且对于在这里讨论的一些案例，计算机伦理学专家在一些观点上很可能会存在意见分歧。在任何实际的案例中，都会存在许多其他相关的事实和细节可能会影响我们的结论。尽管做出伦理结论会比较困难，我们还是会对其中一些案例给出一些结论，特别是对于比较简单的场景。你可能会面临这里的一些场景，而你又不得不做出一个决定。我们不想给读者留下这样的印象：因为做出一个决定是困难的，或者因为不管怎样做总是会有某些人受益或受损，就好像无法找到伦理基础来做出最终决定。（这样不做决定似乎在伦理上也是不负责任的。）

另一方面，在 1.4 节中，我们强调的是，对于一个伦理问题，并非总是只有一个正确的答案。许多反应或行动往往在道德上都是可以接受的。我们还强调过，没有什么算法可以生成我们所需要的正确答案。我们经常要使用关于人们会如何表现的知识，曾经在过去发生过的问题，等等，用这些来决定什么样的选择才是合理的。在这本书中，我们在讲解需要解决的问题时，接触过很多问题。例如，身份窃贼会通过某种方式得到信息；我们怎样才能使他们更难以获取这些信息，并同时还能为消费者保持多样化和便捷的服务？互联网会让孩子们接触到色情内容；我们怎样才能让孩子们难以接触这些信息，同时保护言论自由和成年人获取这些信息的自由？我们将会在本章中的一些伦理场景中，看到需要采用相同的方法。我们并不是针对某一特定产品、服务或行动是对还是错，而简单得到一个结论；我们作为负责任、讲道德的专业人士，会寻求新的方式来减少其负面影响。

我们应如何来分析具体的情况呢？我们现在有许多工具。我们可以尝试运用我们最喜欢的道德理论，或这些理论的某种组合。我们可以问一些反映基本的道德价值观的问题：是否诚实？是否负责？有没有违背我们订立的协议？我们可以参考职业道德准则。道德理论和指导准则可能会发生冲突，或者我们可能会发现在准则中没有合适的条款恰好可以适用。《SE准则》的序言中认识到了这个问题，并强调需要良好的判断力，以及对公众的安全、健康和福利的关切。

虽然我们不会在所有场景中都严格遵循下面列出的大纲中的步骤，我们的讨论通常会包括这个列表中的大部分内容。

1. 头脑风暴阶段

- 列出所有受影响的个人和组织。(他们是利益相关者。)
- 列出可能的风险、议题、问题和后果。
- 列出可能的好处。标记出每个好处的受益者是谁。
- 在无法得到一个简单的是或否的决定的情形中，如果一个人必须选择一些行动，那么列出可能采取的行动。

2. 分析阶段

- 识别决策者的责任。(一般伦理和职业伦理的责任都要考虑到。)
- 识别利益相关者的权利。(最好能说清楚它们是积极权利还是消极权利，这里可以参考 1.4.2 节。)
- 考虑行动的不同选项可能对利益相关者造成的影响。分析其后果、风险、好处、危害，以及所考虑的每种行动的成本。
- 在《SE 准则》或《ACM 准则》中，找到可以适用的条款。考虑 9.2.3 节的准则。考虑康德、密尔和罗尔斯可能会采取的方法。然后，把每个潜在的行动或回应都分为三类：伦理上必需的、伦理上禁止的，或伦理上可接受的。
- 如果有几个伦理上可接受的选项，通过考虑每种选择的道德优劣、给他人造成的影响、实用性、自我利益、个人喜好等，在其中选择一个行动。(在某些情况下，需要根据每种行动的回应，规划一个行动序列。)

头脑风暴阶段可能会导致长时间的讨论，其中会出现一些好玩的和显然是错误的选项。在分析阶段，我们可能会拒绝某些选项，或决定一些利益相关者的要求是不相关的或次要的。但这并不意味着生成这些选项和要求是白费力气。头脑风暴可能会提出一些我们可能无法立即想到的伦理和现实的考虑，以及其他有用的想法。而且，知道有些因素为什么不具有重要的伦理权重，与知道哪些因素在伦理上是重要的，对我们的帮助都会很大。

9.3.2 保护个人资料

你的客户是一个社区诊所，为有家庭暴力问题的家庭提供服务。它在同一个城市有三个站点，其中包括一个受虐待妇女和儿童的庇护所。他们的主任想要开发一个计算机化的记录和预约系统，把三个站点用网络连起来。她想要购买一些平板电脑，工作人员可以在对客户进行家访的时候，随身携带相关记录，并通过电子邮件与客户保持联系。她还询问了为工作人员开发一个用于这些平板电脑和智能手机上的 APP，使他们能够访问社会服务机构的信息记录。在庇护所中，员工对所有的客户都只称呼其名(不包括姓氏)，但是在记录中会包含他们的姓氏，以及最近离开的妇女的信件转发地址。目前，该诊所的记录都在纸上，以及位于主诊所办公室的两台共享桌面计算机上的文字处理和表格应用软件中。该诊所的预算不是很多。

诊所主任很可能已经注意到在这些记录中的信息的敏感性，并且了解如果这些信息发布不当的话，可能会导致来该诊所的家庭感到窘迫，或者对使用该庇护所的妇女造成人身伤害。但是，她可能不知道在她想要的系统中的技术风险。而你作为计算机专业人士，拥有这方面的专业知识。你有义务提醒诊所主任该系统存在的风险，这就好像一个医生有义务提醒患者他所开药品的副作用一样。(参见《ACM 准则》1.7 条、《SE 准则》2.07 条和 3.12 条)。

在这里，最容易受伤害的利益相关者是诊所的客户和他们的家庭成员，而他们并不会参加你与诊所主任的协商。你、诊所主任、诊所员工以及为该诊所提供资金的捐赠者或机构也是利益相关者。

假设你提醒了诊所主任，黑客可能会通过未经授权的访问来获取敏感信息，而且在传输过程中，记录可能会被拦截。你还建议了一些保护客户隐私的措施：

- 在不需要使用客户的真实姓名的时候，在诊所中应该使用客户识别码（注意不是社会安全号码）。
- 使用安全软件以减少黑客可能窃取数据的威胁。
- 对记录传输过程进行加密。
- 对平板电脑上的记录进行加密。
- 购买提供额外安全特性的平板电脑（例如指纹读取器，这样只有授权的员工才可以访问数据，或者包含远程跟踪或删除的功能）。

你警告主任说，员工也可能被别人收买，从而会出售或发布该系统中的信息。（比如说，某个客户可能是市议员候选人，或是正在打关于孩子监护权的一个官司。）你建议了一些过程，来减少这种泄露的可能性：

- 为每个工作人员设置用户 ID 和密码，每个人都只能访问自己需要的信息。
- 添加日志功能用于跟踪谁访问和修改了记录。
- 对员工的电子邮件和 Web 活动进行监测和控制。

你援引了一些敏感数据丢失和被窃的事件案例来支持你的这些推荐。请注意，你提供这些建议和案例的能力取决于你的专业能力、在该领域中的现状，以及对相关当前事件的普遍认识。

你推荐的特性会使系统的开销增加。如果你说服这位主任你的建议是重要的，而且她同意支付超出的费用，那么你的专业／道德行为也就帮助提高了该系统的安全性和保护其客户。

假设诊所主任说，该诊所无法承受所有的安全功能的开销。她还要你开发这个系统，但是却不要其中的大多数安全功能。你有几种选择：

- 开发一个价格便宜，但是安全性很脆弱的系统。
- 拒绝开发该系统，并且可能因此丢掉工作（尽管你的拒绝可能会说服诊所主任这些安全措施的重要性，并改变她的想法）。
- 添加这些安全功能，却不向他们收费。
- 制定出一种妥协方案，在其中只保留你认为重要的安全措施。

除了第一个选项之外，其他选项很显然都是道德上可以接受的。那么第一个选项呢？你是否应当同意提供一个不包括你认为它应该具有的安全性的系统？难道现在需要诊所主任自己来权衡风险和成本，根据这些信息做出明智的选择？在只有客户会承担风险的情况下，有些人会说是这样的，因为你的工作就是告知，而不用管更多。另一些人会说，客户缺乏专业知识去评估风险。然而，在这个案例中，诊所主任并不是唯一处于危险之中的人，而且一个不安全的系统会造成最大风险的人也不是她。你有道德上的责任，考虑敏感信息暴露可能会对客户造成的潜在危害，因此拒绝去构建一个没有足够的隐私保护措施的系统。

最艰难的决策可能是要决定怎样才是足够的。对便携式设备上的个人记录加密可能是必不可少的，而监控员工上网行为可能并不是必要的。在足够的防护和不足的防护措施之间，总是无法画出一条清晰的界限。你需要依赖自己的专业知识，依赖对关于当前风险和安全措施的最新了解，依赖良好的判断力，而且可能需要咨询一下开发过类似应用的其他人（《SE准则》7.08条）。

请注意，虽然我们把重点放在对隐私保护的需求上，你对这样的保护也可能会过度。你的职业道德责任还要求你，不要通过吓唬客户使其支付昂贵的安全费用，却只用来防止一些不太可能出现的风险。

9.3.3 设计一个包含定向广告的 APP

你的公司正在开发一个免费的移动 APP，用来搜索互联网上的数据库和新闻故事，检索用户感兴趣的食物、菜谱和餐馆数据。它允许用户向安装了该 APP 的朋友分享这些信息和发送文本消息。这个 APP 将会包括基于消息内容、用户搜索和朋友所进行搜索内容的定向广告（该 APP 假设一个人的兴趣与他的朋友是类似的）。你是设计该系统团队中的一员。你有哪些道德责任？

很明显，你必须保护用户搜索和消息内容的隐私。该公司计划采用一个复杂的文本分析系统来扫描搜索和消息，并选择适当的广告。没有人会阅读这些消息的内容。在为免费 APP 做推广时，会清楚地告诉用户，他们会看到定向广告。在隐私政策中将解释用户活动的内容会决定出现哪些广告。所以，营销总监争辩说，你已经满足了隐私保护的首要原则，即知情同意。在向公众提供这项服务的时候，为了满足你的道德责任，还有什么是你必须考虑的呢？

使用软件，而不是用人，来扫描电子邮件和指定广告，这样做事实上会降低其隐私威胁。但是，该系统会存储什么信息？它会保存关于它向特定用户显示的广告的数据吗？它会保存关于消息中的哪个关键词或短语决定了会选择哪个特定广告的数据吗？它会保存关于谁点击了特定广告的数据吗？因为系统会基于内容来选择广告，所以显示给特定用户的广告集合本身，就可以提供关于该人的大量资料。而因为在广告定向方法中的奇怪算法，其中有些信息可能是不正确或误导性的。

我们是否应当坚持认为所有这样的数据都不应该被存储？那也不一定，因为其中一些数据可能具有重要的用途。有些记录对于应该向广告商收多少钱是有必要的，有些可以用于进行分析以改善广告定位的策略，而且可能有些信息还可以用于对电子邮件用户或广告商的投诉进行回应。该系统的设计团队需要确定：存储哪些记录是必要的，哪些信息需要和单个用户关联起来，需要存储多长时间，将采取什么措施来保护它们（例如黑客攻击、意外泄漏等），以及在什么条件下才会透露这些信息。

现在，让我们退一步，重新考虑一下知情同意的问题。仅仅是告诉客户，他们会看到根据他们的搜索和消息内容而展现的广告，这是不够的，因为系统中存储 ?? 的数据可以把广告列表与特定的用户关联在一起。你必须在隐私政策或用户协议中向潜在用户进行书面的解释。但是，我们知道，大多数人不会去阅读隐私政策和用户协议，尤其是页数很多的协议。用户点击一个按钮可能意味着在法律上的同意，但是道德上的责任则还要更进一步。不管在协议中写了什么内容，设计人员都需要考虑系统风险和如何在设计中实施保护。

有一些方法可以减少因为为一个特定用户选择的广告被意外披露而造成的潜在伤害。例如，考虑一些敏感话题：健康（可能会在搜索或消息中出现关于厌食症、糖尿病饮食、素食主义者等信息）、宗教（犹太教或清真食品），或者财务问题（比如消息中出现关于高档餐馆太贵的话题）。如果系统的广告不会基于这些特定话题，那么系统存储的记录中也就不会有关于这些话题的信息。因此，为增加保护，设计人员应考虑对系统用于定位广告的主题加以限制。

　　系统是否应当允许用户完全关闭广告呢？因为这个 APP 是免费的，所以广告的目的是为了支付其费用。如果有任何人反对广告的话，他可以选择使用其他方法来查找信息。我们没有强有力的论点，来证明提供"选择退出"的选项是在道德上所必需的。如果提供这样的退出选项，可能会是令人钦佩的，但是，它也可能成为一个很好的商业决策，可以营造良好的意愿，从而吸引可能会因此转而使用其他公司服务的那些用户。像很多其他公司一样，你也可以考虑为该 APP 开发一个去广告的付费版本。

9.3.4　学校笔记本电脑上的摄像头 [6]

　　　　作为你的职责中的一部分，你负责监管大批订单上的软件包的安装。一个本地学区最近预定了一批笔记本电脑，其中需要加载网络摄像头软件。你知道，这个软件允许远程激活电脑上的网络摄像头。

　　远程操作摄像头和麦克风可以用于电视机、游戏系统、平板电脑、手机和其他设备中。因此，类似这种情况的问题也可能会出现在许多其他情形中。

　　你是否有责任知道你的客户将会如何使用你所提供的产品？你是否应该告诉他们，提醒他们，甚至要求他们必须采取措施来保护将会使用该产品的用户？

　　对于任何做生意的人来说，可能最具挑战性的问题之一是"我应该对谁负责"？最明显的答案是对付款的用户：在这个案例中，也就是购买电脑的学区。但是在《ACM 准则》中指出，我们的责任超越了客户、雇主、用户和公众（见《ACM 准则》2.5 条和 3.4 条）。在这种情况下，利益相关者不仅包括学区的管理人员，还包括学生、家长、老师以及我们自己的公司。无论他们是否知情，每一方都对网络摄像头软件的安全性和正确使用拥有相关利益。

　　首先，需要了解关于订单的更多信息。很有可能，这些电脑将会由学生来使用。如果是这样，那么他们和他们的父母都需要知道其具有远程激活的功能。如果是给该学区的员工用的话，他们可能已经同意了某种形式的隐私政策，或者已经获得了相关的知情同意。

　　考虑这样的情况：很可能甚至学区都不熟悉他们所购买的软件包的工作原理。假设该学区并不知道该摄像头可以被远程激活。假设一个不诚实的学校员工激活了几个网络摄像头，用它来窃听学生在家里的情况（这种情况至少在一个学校出现过 [7]）。一旦该事件被揭露，就会发现各种指责到处乱飞。家长想知道为什么学校会安装这些软件，为什么它没有提供适当的安全措施。学校行政人员由于事先完全不知情，想知道你为什么没有告知他们有关的风险，并为他们提供额外的安全性。家庭和学校之间以及你和你的客户之间的宝贵信任在突然间就蒸发掉了，而这是很难恢复的信任。

　　你的公司在道德上有责任通知你的客户你所销售产品的风险，不管该产品是由本公司或第三方来设计和制造的。不要把这种责任视为一种负担，认为它可能会危害这笔销售订单，而是把它看作是向客户提供的一种服务。当你告知客户有关安全或隐私风险的时候，可以同时提出解决方案或替代办法，例如禁止某些功能，或者说建议某种可以降低或消除风险的替代产品。让你的客户知道你会在那里帮助他们了解风险，并且你的目标是提供一种能够满足所有利益相关者的需求的产品。

与在许多情况下一样，你有可能无法得到一个圆满的结局。有可能学区会拒绝你关于更好的安全性的提议，或是买不起更安全的替代产品。在这些情况下，你和你的公司将不得不进一步权衡可能对其他方造成的风险。有时候，你可以做的在道德上唯一正确的行动可能是放弃该合同。好的意识和事前准备可以帮助避免这种负面的情况。一定要熟悉本公司提供的所有产品。如果出售的一些产品可能会出现（安全和隐私等）伦理困境，那么就应当事先制定好合同要求，并从一开始就提交到任何潜在的顾客面前。在摄像头软件的案例中，你可以事先制定一个政策，只有在系统上满足一些最低安全要求的前提下，才会允许安装这些软件。把这些事项移到谈判进程的前面，就可以有助于避免在后期遭遇伦理困境。此外，这样做还可以把你的公司定位为一个熟悉它所销售系统的风险和好处的公司，或是一个拥有较高道德标准的公司。

9.3.5　发布安全漏洞

麻省理工学院（MIT）的三个学生计划在一个安全会议上演讲一篇论文，内容是关于波士顿的公交收费系统的安全漏洞。在波士顿交通运输部门的请求下，法官下令这些学生取消其演讲，并且不要散发他们的研究论文。学生们正在辩论是否应该在网络上发布他们的论文⊖。假设你是其中的一个学生。

如果你想要发布这篇论文，你的理由是什么？你可能会认为法官的命令侵犯了你的言论自由，而发布该论文是一种抗议。你想要在网上发布论文可能与你计划在该会议中做演讲的理由是一样的：为了使其他安全专家意识到该问题，也许是为了促成关于安全补丁的工作，也许是为了鞭策交通运输部门来解决问题。

发布该漏洞会带来一些风险。你和你的合作者可能会因为违反法庭命令，而面临法律诉讼。你的大学也可能面临一些负面后果，因为这项工作属于一个学校研究项目中的一部分。选择以匿名的方式发布这些漏洞可能会降低这些风险，但是大学的很多人和安全圈的人都已经知道这个工作是谁做的。如果你能够匿名发布的话，你会选择这样做吗？

如果有人恶意利用了该信息，那么交通系统可能会失去一笔可观的收入。而如果在该网络中的某个场所，收费系统连接到同地铁列车交互的其他系统的话⊖，那么黑客就可能可以获得该系统的访问，从而危及乘客的生命。

在实际的这个案例中，交通运输部门请求了五个月的禁令，以提供时间让他们解决该问题。法官在一个星期后就取消了该禁令。我们拥有一个健全的法律制度，在双方产生分歧的时候，都有机会展示他们的论点。该系统具有大量的缺陷，但它比大多数系统还是要好。维护一个和平、文明的社会，有时要求我们不得不接受一个公正的评判所做出的决定。无视法律的决定在某些情况下可能是道德的，但是不能仅仅是因为一个人的好恶就无视法律。

注意，我们主要考虑的是是否应当违反法官的命令。学生还必须决定他们是否公布以及何时公布他们的发现。在5.5.3节中，我们讨论了关于负责任地披露安全漏洞的问题。

⊖　这个场景的第一部分来自一个真实事件。我们并不知道这些学生是否会考虑违反法官的命令，这个部分是虚构的。

⊖　回顾一下黑客能够从娱乐系统控制一辆汽车的刹车和其他控制。一个人可能以为不会互连的系统往往却是连接在一起的。

9.3.6 规约文档

你是一个比较初级的程序员，任务是开发一个软件模块，从贷款申请表中收集相关数据，并将其转换成用于评估的应用程序所需的格式。你发现在一些表格中缺少人口统计数据，特别是关于种族和年龄的数据。你的程序该怎么做呢？你应该怎么做？

你应该咨询该程序的规格说明文档（规约，specification）。任何一个项目都应该具有由客户或开发项目的公司经理（或两者一起）批准的规约。你的公司有道德和业务上的责任，以确保规约是完整的，并且开发一个满足这些规格说明的程序。这里的问题在伦理上包括（但是却已经超越了）一个公司完成商量好的任务和别人付钱给你做的事情。像在这个场景下，当数据采集活动（填写纸质或在线表格）与数据录入活动是分离的时候，系统设计者应当总是要预期对于要求的数据可能会有所缺失或者出现不正确的值。许多系统都有一个选项，用来设置"未指定的值"。

假如你在规约中没有找到覆盖你的问题的任何内容。下一步应该是把这个问题告知你的经理。假设经理告诉你说："如果种族那栏是空的，程序可以假定是白人，因为反正银行无论种族也都应该一视同仁。"你是否应该接受经理的决定？不应该。经理这样快速而简单的回应，表明他对自己的行为并不负责。

经理的决定还会造成什么其他后果？假设该公司后来在另一个项目中使用了你的模块，比如说，对患者进行评估，以判断是否可以纳入新药物的研究中。一些疾病和药物对于不同种族的人可能会产生不同影响。不准确的数据可能会威胁到参与该研究的人的健康和生命，并且会以各种方式扭曲其结论，而损害后来使用该药物的其他人。但是，你可能会说，我们在第 8 章和 9.2.3 节中强调过，复用现有软件的人，尤其是在安全攸关的项目里，应审查该软件及其规约，以确保它满足新项目的标准。你认为这是他们的责任。但是，如果你处理缺失数据的方法没有写到规约中，那他们怎么会知道呢？也许有人会注意到，规约是不完整的。也许他们在重复使用这个模块之前会对该模块进行彻底的测试，并发现代码到底做了什么事情。然而，我们看到过太多人为错误的例子，所得到的教训是：作为一个负责任的专业人员，不要指望其他人都能完美地做好其本职工作。尽你所能，以确保你自己的部分不是促成失败的因素之一。

你的经理做出的决定在哪些方面可能是错误的？经理可能并不知道关于该程序的使用的足够信息，以做出很好的决定。在这个例子中，很可能程序中评估贷款申请的模块根本不会使用关于种族的数据。也有可能借款人或政府希望使用关于种族的数据，以确保遵守了禁止歧视的政策和法律。这时候，你和你的经理应该做的是及时和客户讨论这个情形，因为要实现的应用必须满足该组织的需要。此外，你的公司需要把它所做的任何决定都写入文档。也就是说，规约需要修订，从而才能保证它们是完整的（见《SE 准则》3.11 条）。

9.3.7 进度的压力

1. 一个安全攸关的应用

你的团队正在开发一个计算机控制的设备，用于治疗癌症肿瘤。计算机可以控制一个光束的方向、强度和时机，用该光束来破坏肿瘤。因为出现了各种延迟，已经导致了该项目进度落后，而且最后限期马上就要到了。你没有足够的时间去完成所有的测试计划。该系统在到目前为止测试过的常规治疗方案中都能正常运行。唯一剩下的测试是针对罕见和意想不到的场景。假设你是项目经理，你正在考虑是否要按时交付该系统，同时如果发现存在错误的话，团队会继续测试和制作补丁。因为该设备已经获得政府批准，公司的高级管理层把决定权留给了你，但是他们更倾向于按时进行发布。

正如我们在第 8 章观察到的，经常有压力迫使我们减少软件测试的内容。测试是开发过程中的最后步骤之一，所以当最后期限接近的时候，测试计划往往会萎缩。

这里的核心问题是安全性。你的公司正在开发的是一台旨在拯救生命的机器，但如果它发生故障，可能会杀死或伤害患者。也许实际情况似乎是显而易见的：按时交付该系统有利于公司，但可能危及患者的安全——这是一个典型的"利润对安全性"的案例。但是，我们暂时先不做结论，而是先进一步对这个案例进行分析。

你的决定会影响到哪些人？首先是使用该机器接受治疗的患者。任何故障都可能导致人身伤害或死亡。另一方面，如果机器延迟发布的话，一些可能可以治好的患者则可能不得不接受手术治疗。我们将假定使用新机器进行治疗是更好的，因为它具有较少的侵入性，需要更少的住院治疗和恢复时间，拥有更高的成功率，并且总体上费用更低。对于一些患者来说，手术可能是不行的，他们会因为用不到你的新设备而死于癌症。第二组利益相关者是将会购买该机器的医院和诊所。如果他们计划在预定的时间启用该机器的话，那么延迟发布可能导致财务损失。然而，他们应该有合理地期望，认为该机器的设计和测试是专业和完整的。如果你不告诉他们你还没有进行完整的测试，那么你就是在欺骗客户。第三，你的决定会影响你和你的公司（包括其雇员和股东）。延迟交付的负面影响可能包括损害你管理项目的声誉（对工资和提职可能带来影响）、名誉的损失、可能带来公司股票价格下跌，以及影响其他合同而带来的损失，从而会造成公司的程序员和其他员工的工作职位被削减。作为项目经理，你拥有必须帮助公司把事情做好的义务。在另一方面，如果系统造成患者受伤，同样的消极后果也都可能发生，另外还包括内疚和自责的个人情感，以及由于诉讼而造成的大额金钱损失。

这个简短的分析表明，交付一个没有经过完整测试的系统，可能对患者和其他利益相关者造成消极和积极的影响。这个问题不是简单的"利润对安全性"的问题。我们假设你是诚实的，试图在交付系统和延迟成本的风险之间做出权衡。然而，我们必须考虑可能会影响决策的人性的几个方面。一是更加看重短期或极有可能产生的影响。许多延迟成本是相当确定和直接的，而发生故障的风险则是不确定的，而且会发生在未来。同时，人们倾向于使用一个情形固有的不确定性和一方面的真实论据，来证明做出错误的决定也是有道理的。也就是说，他们利用不确定性来证明采取讨巧的策略是对的。要想抵制选择短期效应而忽视长期风险这样的诱惑，可能需要经验（对于专业和伦理问题）、对 Therac-25 这样的案例的了解以及足够的勇气。

我们已经看到双方的不同论据，现在我们必须决定如何权衡它们，以及如何避免把一些错误的行为合理化。首先，机器在迄今为止进行的例行试验中都运转良好。在 Therac-25 的案例中表明，一个复杂的系统可以正确运行几百次，但是在异常情况下还是会出故障并导致致命的后果。你的客户可能不知道这一点。但是，你作为一个计算机专业人士，对于有关计算机程序的复杂性和潜在错误应该拥有更多的了解，特别是与现实世界的事件进行交互的程序，例如操作员输入和控制机器的程序。我们假设在制定该机器的原始测试计划的时候是经过了深思熟虑的。你应该选择延迟交付并完成所有测试。（参见《SE准则》1.03条和3.10条以及《ACM准则》1.2条。）

有些患者将会受益于按时交付。那么他们的利益是否应该与因为故障可能会遭到伤害的患者的利益拥有相同的权重？不一定。该机器代表的是医疗手段的改善，但并没有道德义务来使它一定在某一特定日期给公众使用。你并不需要对依靠现有的治疗手段的病人负责。你对将会使用该机器的人有义务，确保该机器的安全性达到了良好的专业实践可以到达的水平，其中就包括进行适当的测试。你在道德上没有义务治愈所有癌症患者。但是你在道德上有义务使用你的专业判断，使那些对这些一无所知的患者不会遭受额外的伤害[⊖]。而且，如果机器没有经过完整测试就被发布，并且它失败了的话，对公司和该机器的声誉造成的损害，可能会造成该机器永远也没有机会被发布，因此导致未来的病人无法从中受益。

那么你对公司的责任呢？即使我们经过权衡认为，交付延迟带来的短期效应会比由于故障造成的损失风险的权重更高，但是道德上的论点支持的是对机器进行充分测试的一方。是的，你有责任帮助你的公司走向成功，但是这并不是绝对的义务。（回忆1.4.3节中讲过的关于目标和约束的内容。）如果我们用（可能从竞争对手或者客户那里）盗窃来讲解这个问题，或许区别会显得更明显。相对于道德约束来讲，你对公司盈利方面的职责，是次要责任。在这个案例中，避免伤害到患者的不合理风险就是一种伦理约束（见《SE准则》1.02条）。

2. 把一个产品推向市场

大多数产品都不是安全攸关的，它们的缺陷可能不会威胁到人们的生命。考虑如下的场景：

> 你是在一家非常小的初创公司工作的程序员。公司拥有一个较为普通的产品线，并正在开发一个真正创新的产品。每个员工都在每周工作60小时，而距离目标的发布日期还有9个月。编程和测试的大部分工作已经完成。你们即将开始进行beta测试。（参见8.3.1节中关于beta测试的说明。）公司老板（他自己不是程序员）了解到有个一年一度的行业展会，将会是推出新产品的理想场所。距离该展会只有两个月了。老板与项目经理进行了会谈。他们决定跳过beta测试，并开始着手准备提前发布的计划[8]。

你是否应该提出异议？学生在讨论这个案例的时候，普遍认同这是一个糟糕的决定，该公司应该先做完beta测试。不过，他们的问题是，一个程序员是否有权表示抗议呢？你难道不是应该听从项目经理和你的直接上司所指派的任何事情？那么你是否应该什么都不说，还是应该说出来，或者是干脆辞职？

考虑这个可能的结果：你要求与老板会面。你解释说该产品还没有准备好，beta测试是开发中一个非常重要的阶段，公司不应该跳过它。如果老板同意你的说法，会放弃提前发布的想法。按照原来计划发布的新产品是成功的。你最终成为一家冉冉升起的公司中的质量控制总监。

这不是一个童话。这是一个实际的案例，而且我刚才所描述的结果也是实际发生过的

⊖　在许多情况下，患者明知有风险，也会去尝试新的药物或治疗方法。在这里，我们假设医生和医院不会把设备作为高风险或实验性的设备来使用，而是作为一个新的、假定是安全的治疗设备。

事情。这个案例提供了一个非常重要的观点：有时候人们会听你的话，当然，前提是你是令人尊重、思路周全和准备充分的。在另外一个真实的案例中，一个不属于软件部门的公司经理要求程序员做一些事情，而程序员知道这不是一个好主意。虽然她担心她会因为拒绝经理的要求，而可能会失去工作，她还是拒绝了，并提供了一个简短的解释。该经理接受了她的解释，而这个事件就这样结束了。人们经常会要求他们不一定指望会得到的事情。重要的是要记住，别人可能会尊重你的意见。你可能是认识到问题或理解某个特殊情况的唯一一个人。你对贵公司的责任包括运用你的知识和技能，以帮助避免错误的决定。在这个初创公司的案例中，站出来可能对本产品的成功和公司带来显著的影响。许多人都是通情达理的，并且会认真考虑一个很好的解释或论点。许多人是这样，但不是所有人。一家小型电子公司的CEO 提出，在三个月内要生产一个产品的新版本。工程总监（一个优秀的、经验丰富的软件工程师）撰写了所有必要步骤的详细时间表，并告诉 CEO 说，该项目需要花费一年多的时间。需要注意的是软件工程师并没有简单地告诉 CEO，他认为三个月的计划是不合理的。他对它的说法提供了文字佐证。（这里适用《SE 准则》2.06 条和 3.09 条。）CEO 把他换成了一个拥有"我能行"的态度的其他人。虽然似乎对这个工程师来说，他的结局是前两个案例的对立面，但这个案例也说明了对专业负责就是对自己负责。这个软件工程师不想要承担在极不合理的进度下的工作压力，也不希望承担必然失败的责任。在这种情况下，离开公司也不是一件坏事。

假设在听到你的论点后，我们场景中的初创公司的老板决定产品必须为这次交易展会做好准备。按照原计划，稍后发布产品将会使主要竞争对手获得显著的市场优势，从而可能导致贵公司的产品无法收回其开发成本。你现在有什么选择？削减测试内容仍然不是一个好主意，但如果你专注于解决方案并寻找替代方案，你可能会找到一个。是否可以减少产品中的功能数量？这样做可以缩短开发时间并留出更多时间进行测试。这样可能还只需要较少的测试，因为要测试的功能变少了。通过在展会上及时发布产品可以最好地为公司服务，而通过发布经过全面测试的稳定产品能够更好地为客户服务。

9.3.8　软件许可违规

你的公司在评估是否要购买昂贵的虚拟现实和模拟程序的时候，拥有 10 台机器的试用许可证。在试用期结束时，贵公司开始与供应商就 85 个完整许可证进行价格谈判，并开始将软件复制到将使用该应用程序的 85 台机器上。几周后，谈判破裂，软件许可证购买合同没有谈成。此时，公司中的多个部门还在经常使用未经许可的软件，并希望继续这样做 [9]。

此案例的第一步应该是通知你的上司，公司有软件拷贝违反了许可协议。假设你的上司不愿意采取任何行动，你接下来该怎么做？如果你把问题向公司更高层的人反映，却没人愿意管，又该怎么办？现在，你可以有几种可选的行动方式：放弃；或者你尽自己最大努力来纠正该问题。还可以打电话给软件供应商并报告违反许可协议的行为。甚至是辞职。

在这件事情上选择放弃在道德上是否可以接受？有些学生认为，这部分取决于你是否是签署许可协议的那个人。如果是的话，你就已经同意了有关使用该软件的协议，而你作为公司的代表，有义务履行该协议。因为你没有制作这些拷贝，所以你并没有直接破坏该协议，但你对软件负有不可推卸的责任。在实际情况下，因为你的名字出现在许可协议中，就可能会把你暴露在法律风险之下，或者如果公司里的经理不够道德的话，也有可能让你成为替罪羊。因此，你可能会倾向于举报该违反事件，或是辞职并把你的名字从该许可协议中删除，以保护自己。如果你并不是签署该许可协议的人，那么当你观察到有人做错事，只需要把它告诉公司里合适的人，提醒他们注意即可。那么这样做是否足够呢？如果你仔细阅读《SE准则》的2.02条、6.13条和7.01条，以及《ACM准则》的1.5条和2.6条，它们的建议是什么？

9.3.9　公开披露安全风险

假设你是正在为汽车开发计算机控制的防碰撞系统的一个团队中的一员。你认为该系统有一个缺陷，可能会危及人身安全。项目经理似乎对此并不关心，并预计很快会宣布该项目完工。你在道德上是否有义务做一些事情？

考虑到可能造成的潜在后果，你应该行动（参见《SE准则》1.04条；《ACM准则》1.2条和2.5条）。我们可以考虑多种不同的选择。首先，在最低限度下，你应该同项目经理讨论你的疑虑。把自己的担忧讲出来不仅是令人钦佩的，而且也是你的义务；这也会对你的公司有好处。公司内部的"告密"行为，在保护公众的同时，也可以帮助保护公司避免因为发布了危险产品而遭受所有的负面后果。如果经理决定按计划进行，而不去检查你提出的问题，你的下一个选择应该是去找公司内职位更高的人。

如果在公司内有权力的人都不愿意调查你的担忧，那么你就会处于一个更困难的窘境。现在你可以选择到公司外面去，把这个问题公开给客户、新闻媒体或者政府机构。当然这会带来个人风险：你可能会失去你的工作。这样做也同样会存在伦理问题：你可能会给你的公司带来伤害，以及对于那些最终会受益于该系统的人带来伤害。你也有可能是错误的。或者你可能是正确的，但是你告密的方法却可能会产生负面宣传，杀死一个有价值的和可以改好的潜在项目。在《ACM准则》（1.2条）中说道，"关于违规事件的被误导的报告，本身也是有害的。"在这一点上，可能需要认真考虑你是否有信心认为，你拥有评估该风险的专业知识。与其他专业人士讨论一下该问题可能会有所帮助。如果你的结论是，管理层的决定是可以接受的（而且你不会因为担心是否会丢掉工作而影响你的结论），那么在此时可能就应该放弃追究这个问题。如果你确信，这个安全漏洞是真实的，或者如果你知道公司管理人员中拥有一种不谨慎、不负责任的态度，那么你就必须更进一步（见《SE准则》6.13条）。你不能让自己成为一个漠然的旁观者，对道德义务的问题表现得模棱两可。该项目支付你的薪水，你是团队的一员，你是一个参与者。另外请注意，这恰好是在《SE准则》2.05条中建议的一种情况，要注意你可能会违反保密协议。

在好几起受人关注的案例中，专业人士都遇到过这种困难的局面。在旧金山湾区捷运系统（BART）工作的计算机工程师担心为控制列车所设计的软件的安全性。虽然他们尝试了好几个月，却无法成功地说服他们的经理做出改变。最终，一家报纸发表了一些他们批评该软件的备忘录和报告。这些工程师遭到了解雇。而在接下来的几年中，发生了好几起碰撞事故，并因此进行了公开的调查，并为改进系统的安全性提供了许多建议[10]。

BART的一名工程师对于该过程中做了如下的评论：

"如果有些事情应该在一个组织内部得到纠正，那么解决这个问题最有效的方法就是穷尽所有的可能，努力在组织内部做到这一点……你可能最终不得不选择极端的手段，对外发布这些东西，但你永远不应该一开始就采用这样的方式。"[11]

出于现实和道德上的原因，重要的一点是，在你尝试把该问题引起经理层注意的过程中，一定要保存一份完整和准确的记录，并且记录下他们的反应。该记录可以保护你和那些负责任的人，有助于避免你们在之后遭受到毫无根据的指控。

9.3.10 发布个人信息

我们会讨论两个相关的场景。下面是第一个：

> 你可能在国税局、社会安全局、医疗诊所、视频流播放公司或社交网络服务公司中工作。有人向你索要关于一个特定的人的记录的副本，他会付给你 10 000 美元。

在这个案例中，谁是利益相关者？
- 你。你有机会从中赚一些额外的钱。也有可能被送进监狱。
- 索要该记录的人。想必他也会从中获得一些利益。
- 被索要记录的那个人。如果你提供信息，会侵犯其隐私，或者以其他方式威胁到这个人。
- 你的公司或机构中保存个人信息的所有人。如果你出售关于一个人的信息，那么你很可能还会在未来出售更多人的信息。
- 你的雇主（如果是私人公司）。如果变卖个人信息的消息被公开，那么受害人可以起诉该公司。如果这种变卖信息的情况变得很普遍，那么该公司将会被认为做事不认真，并将因此有可能会失去生意和引来诉讼。

对你来说，也可以有多种选择：
- 出售记录。
- 拒绝出售，并不向任何人提起。
- 拒绝出售，并把此事报告给你的主管。
- 拒绝出售，并报警。
- 联系被行贿者索要信息的人，告诉他这个事。
- 同意出售信息，但实际和警方合作，收集证据来给试图购买它的人定罪。

那么这些选择中，哪些是伦理上禁止或必须做的？第一个选择（出售这条记录）显然是错误的。它几乎肯定违反了在你接受该工作时同意遵守的规则和政策。作为一名员工，你必须遵守公司或机构已经对其客户或公众承诺的保密性。根据你所变卖的信息的用途，你可能会成为帮凶，对受害者带来严重危害。披露信息的行为本身也有可能是非法的。你的行为可能会造成你的雇主面临罚款。如果有人发现了该泄密行为，雇主和警察可能怀疑另一名员工，那么他也可能面临逮捕和惩罚。（参见《ACM 准则》1.2 条、1.3 条、1.7 条、2.6 条、《SE 准则》2.03 条、2.05 条、2.09 条、4.04 条、6.05 条、6.06 条。）如果你家里面临经济压力怎么办？额外的钱可以帮助缓解你家庭的压力？你应该考虑一下吗？如果金额更高，比如给你 20 万美元怎么办？你不仅可以帮助你的家人，还可以帮助其他人。你的用钱计划并不会改变该行为的道德特征；无论看起来多么诱人，它仍然在道德上是错误的。

那么第二个选择（拒绝提供记录，但不向上报告）是否是对的？根据公司的政策（以及与某些政府机构有关的法律；同时参见《SE 准则》6.06 条和《ACM 准则》2.3 条），你可能有义务报告任何试图获取个人信息记录的行为。有很多理由说明你应该报告该事件。向上报告可能会导致抓获一个通过秘密非法购买个人敏感信息来做生意的人。这样做也可以保护你和其他无辜的员工，因为如果后来有人发现了被销售的记录，却可能会不知道是谁出售了这些信息。（一些伦理学家（如义务论者）认为因为对自己有利而采取的行动在道德上是不对的。然而，我们可以说，采取行动来保护一个无辜的人，在道德上是正确的，即使要保护的人是你自己。）

《ACM准则》1.2条和1.7条建议说有报告的义务，但并没有明确的规定。关于你在拒绝出售该信息之后，是否有道德上的责任做更多的事情，可能会存在意见上的分歧。如果你没有参与错误的行为，对于你必须做多少事情来防止错误事情的发生，是很难做出抉择的。一个忽视身边所有罪恶和痛苦的"隐士"，可能并没有做什么不道德的行为，但是他并不是我们所认为的好邻居。采取行动以防止错误的发生，是成为一个好邻居、好员工和好公民的一部分，即使在有些情况下，它并不是道德上必须的，但它在道德上是令人钦佩的。

现在考虑这个场景的一个变种：

> 你知道公司有一个员工在出售人们的个人信息。

你的选择包括：什么都不做；与该员工交流，并试图劝他停止销售信息（可以通过伦理的依据或威胁曝光）；向你的主管报告；或者向适当的执法机构报告。这里的问题是：你是否有义务一定要做一些事情。此案例与前一个案例的不同之处有两点。首先，你没有直接参与，也没有人试图贿赂你。这种差异似乎会倾向于支持说你没有更多的义务。其次，在前一个案例中，如果你拒绝出售该文件，买家可能会放弃，而受害人的信息将受到保护。在这个案例中，你知道出售机密和敏感信息的事件已经发生了。这使得赞成有义务采取行动的论点变得更强（见《SE准则》6.13条和7.01条）。你应该报告你所知道的一切。

9.3.11　利益冲突

> 你开了一家小型咨询公司。CyberStuff公司计划购买软件来运营云数据存储业务。他们想雇用你来评估来自供应商的投标。你的配偶在NetWorkx公司工作，并且在NetWorkx计划提交的投标报告中负责完成了大部分的工作。在你的配偶撰写该投标报告的过程中，你就已经阅读过其内容，你觉得它非常优秀。你是否应该告诉CyberStuff你的配偶和NetWorkx公司的关系？

利益冲突的情况可能发生在许多行业。有时候，行为的道德与否是非常明确的。有时候，根据你的行为可能影响的人或组织和你之间的关系有多近，也可能会更加难以确定。

在专业人士之间和学生之间讨论这个案例的时候，我见过对类似的场景有两种直接的反应。一种观点是，如果你真的相信你可以做到客观、公正地考虑所有报价，那么你在道德上并没有义务一定要说什么。另一种观点是，它是一个简单的"利润对诚信"的例子，伦理要求你必须通知公司你和软件供应商之间的联系。哪种观点是正确的？这是不是二选一的简单选择：要么什么也不说并获得咨询的工作，或者是透露你的关系并丢掉这份工作？

受影响的当事方包括CyberStuff公司、你自己、你的配偶、配偶的公司、你将会审查其报价的其他公司，以及CyberStuff的云存储服务的未来客户。在考虑后果时的一个关键因素是，我们不知道CyberStuff是否会在后来发现你与其中一个投标者之间有关系。如果你对利益冲突闭口不谈，你会从中受益，因为你得到了这份咨询工作。如果你最后推荐的是 NetWorkx（因为你相信它的报价是最好的），那么它也会从这份合同中受益。但是，如果 CyberStuff 发现了你存在的利益冲突以后，你的声誉和诚实（这些对于一个咨询师来说非常重要的东西）将会受到影响。你配偶的公司声誉也可能受到影响。需要注意的是，即使你认为你是真的公正，并且在道德上没有义务告诉 CyberStuff 关于你与配偶的公司之间的关联，你的决定可能对 NetWorkx 公司的声誉和诚实带来风险。表面上的偏向与实际上的偏向一样，都可能会带来一样的损害（对你和 NetWorkx 公司）。如果你推荐了 NetWorkx，而另一家投标人发现了你的关联，类似的负面结果也可能会出现。

假设你接受这份工作，而且你发现其他投标人比 NetWorkx 的报价要好得多。你是否愿意以符合道德的方式处理这种情况？

如果你现在向你的客户披露你存在的利益冲突会产生什么后果？你可能会失去这份工作，但 CyberStuff 可能会更加珍视你的诚实，因此你可能会在未来为自己赢得更多的业务。因此，即使对你来说，通过披露利益冲突也可能会带来利益。

假设不太可能有人会发现你与 NetWorkx 公司之间的关联。那么你作为一个职业咨询师，你对你的潜在客户拥有什么责任呢？当有人聘请你担任顾问时，他们希望你能提供公正、诚实、不偏不倚的专业意见。这其中有一个隐含的假设，即你对于最后结果不拥有任何个人利益，也不会因为个人原因更喜欢其中的某个报价。这个案例的结论的决定因素就在于此。尽管你相信自己拥有公正性的信念，你也可能会在无意识中做出偏颇的判断。对于你是否可以做出公正的决定，这不该是由你自己来决定的。应该由客户来做出这样的决定。你在这种情况下，在道德上有义务把你的利益冲突告知 CyberStuff 公司。（参见《SE 准则》4 条、4.03 条和 4.05 条，以及《ACM 准则》2.5 条。）

9.3.12　回扣及披露

你是一所著名大学的系统管理员。你所在的部门需要选择几个品牌的安全软件，推荐安装到学生用的台式电脑、笔记本电脑、平板电脑和其他设备上。你要评估的其中一个软件公司的销售邀请你出去吃饭，为你提供免费的软件（除了要购买的安全软件之外），并且愿意为你支付参加计算机安全专业会议的费用，另外学生每购买一套安全套件，就可以给大学提供其价格一定百分比的回扣。

你对贿赂问题比较敏感，但是一顿饭钱和他们送你的软件的成本相对较小。这所大学无法付钱送你去开学术会议，而参加这个会议可以提高你的知识和技能，让你更好地胜任自己的工作，因此对你和大学都有益处。从销售的比例中提成对大学有利，因此也对所有学生有好处。这听起来似乎对所有人来说，都是一个很好的协议。

类似的情况也出现在学生贷款业务中。大学会向寻求助学贷款的学生推荐贷款公司。很多新闻报道都曾披露过，一些大学和他们的助学贷款管理人员会向特定的贷款公司提供特殊权限和优先推荐，以换取它们向大学支付一定的费用，以及为管理人员支付咨询费、差旅费和其他礼物。一些助学贷款管理人员对他们的做法进行了辩护。专业机构不得不匆忙为此制定新的道德准则。一些贷款公司因此被处以高额罚款，同时大学的声誉也遭受了损失。政府对贷款行业进行了大力调控，所以我们再回来讨论关于安全软件的案例，我们关注的主要是道德问题，而不是法律问题。

首先，你的雇主是否有关于从供应商处接受礼物的政策？即使礼物对你来说似乎很小，而且你也有信心认为它们不会影响你的判断，但是你还是有义务遵循你的雇主所制定的政策。违反该政策，意味着违背了你所做出的承诺。违反该政策还可能会导致雇主不得不面临负面的宣传（也可能是法律的制裁）。（参见《SE 准则》6.05 条和 6.06 条。《SE 准则》1.06 条、4.03 条和 4.04 条也与这个案例相关。）

谁不会从与这些软件公司的安排中受益？所有能够以更低价格提供质量相当的软件的其他公司。所有能够以相同价格或者稍高一些的价格提供更好的产品的其他公司。所有依靠这些推荐做出选择的学生。学校在做出上述建议的时候，主要的义务还是面向学生的。管理人员和学校所获得的好处，是否会影响到他们在选择公司时的决定，以至于他们不会为学生选择最好的产品？

人们想知道，一个建议是否代表诚实的意见，以及是否有人为该建议提供了额外好处。我们期望大学和若干其他组织在提供他们的建议的时候能够做到不偏不倚。当大学选择所推荐的软件的时候，我们会假定大学的意见是为了学生的最大利益。如果有其他原因会影响该选择，大学就应披露它们。信息披露是非常关键的一点。许多组织鼓励其会员申请向该组织提供回扣的信用卡。这并不是不道德的，主要是因为对于该回扣有明确的说明。它更是一个卖点：使用这个信用卡，同时可以为我们的高尚事业提供资助。然而，即使大学在它的建议中明确说明了它会从推荐的软件中获得好处，我们也有足够的论据反对这样的做法，这里的论据与前面反对贷款管理人员的论据是类似的。管理人员和特定公司之间的温馨关系，可能会导致在最后的决策中并没有考虑学生的最佳利益。

9.3.13　测试计划

一个程序员团队正在开发一个通信系统，供消防员在救火时使用。有了这个系统，消防人员将能够在彼此之间、与现场附近上级，以及与其他紧急救援人员进行沟通。程序员打算在公司办公室附近的现场对该系统进行测试。

这里的道德问题是什么？该测试计划是不够的，这个应用程序可能会使生命受到威胁。测试该软件应包括在建筑物内或在不同地形下工作的真正的消防队员，也许还应该在实际的大火中（也可以使用受控的燃烧环境）进行测试。编写该系统的程序员知道它该如何使用。他们都是经验丰富的用户，拥有一些特定的期望。对于测试该系统来说，他们不是合适的人选。测试必须解决一些问题，例如，该设备能否经受高温、水和烟尘？带厚手套的人是否可以操纵该系统的控制界面？在光线不好的条件下，其控制界面是否清晰和易于使用？建筑物的结构是否会干扰其信号？

在一个实际案例中，纽约市消防局关停了花费 3300 万美元开发的数字通信系统，因为有一个消防员在他的电台呼叫救援的时候，没有任何人听到他的求救。消防队员报告了在模拟测试中没有发现的许多其他问题。消防局评论说："我们测试了该产品的质量、耐用性和可靠性，但我们没有花足够的时间在现场进行测试，也没有让消防队员熟悉它们的使用。"[12]

请注意，我们这个场景中并没有指明你所扮演的角色。如果你是编程团队的成员，你表达你关注的义务与之前的某些场景中是相似的。如果你负责测试，那么你需要认识到所描述的测试只是良好测试计划中的一小步。如果你负责为消防部门购买通信系统，那么你的角色可能包括询问制造商所做的测试，并与制造商和消防部门合作制定消防员现场测试计划。

9.3.14　人工智能与罪犯量刑

> 你的团队正在开发一个复杂的程序，利用人工智能技术来对被判有罪的犯人做出量刑决定。

这样的程序可以采用几种不同的方法。在 7.1.2 节中，我们描述了一个系统，该系统通过检查有关被定罪人的大量因素，然后产生一个分数，以表明未来他将犯下罪行的可能性。法官在判决时会考虑这个分数。另一种方法是我们在这里要考虑的，我们会用它来说明不同的问题，它可以通过分析以前类似的刑事案件来"学习"如何做出类似的决定。

审查具有相似特征的案件中所采用的量刑是有帮助的，但是法官在决定刑期（在法律规定的范围之内）的时候会使用自己的判断。法官会考虑检察官和辩护律师提出的辩护观点，所以这些也应该作为软件输入的一部分。法官的多年经验所提供的洞见是很难编码到软件中的。法官可能会考虑在个案中的异常情况、被定罪的人的性格，以及一个程序可能无法处理的其他因素。法官有时候在量刑时会遇到需要考虑之前没遇到过的全新因素。而只会分析先前案件并从中做出选择的程序则不可能创新。在另一方面，一些法官在量刑时喜欢给出比较严厉的惩罚，而有的法官则倾向于给出较轻的量刑。有些人认为，软件会比法官更加公平，因为法官可能会受到个人印象、疲劳或饥饿 [13]，还有偏见的影响。还有另外一个方面，我们在 7.1.2 节中讨论的软件包的批评者认为，这样可能会产生带有种族偏见的结果。因此，基于这些原因，我们可能会不想要软件来做出这个决定。现在，我们对原始案例做了一点小的修改，添加了两个词：

> 你的团队正在开发一个复杂的程序，利用人工智能技术来**帮助法官**对被判有罪的犯人做出量刑决定。

我们假设你的团队所开发的系统将会分析该犯罪行为和罪犯的特点，来发现相似的其他案例。基于对案例的分析，它是否应该对当前案例的量刑提出一个建议？还是应该多少像一个搜索引擎一样，只是简单地把案例展示出来，供法官查看呢？抑或是它应该同时提供推荐量刑与相关的案例？

对于这个应用来说，显然有必要让专家和潜在用户都参与到设计中来。法官和律师的专业知识和经验，对于确定用来选择相似案例的标准和策略都是非常必要的，因为程序会根据这些案例做出推荐量刑，或是法官会基于这些案例做出决定。同时，如果该系统会提出建议的话，那么其建议还必须符合法律规定的量刑要求。

律师的参与可能会对决定做出更微妙的改进。考虑这样一个问题：系统如何对找到的案例进行排序？它是应该按日期进行排序，还是应该按照刑期长度进行排序？如果是后者，那么应该是最短还是最长的刑期优先呢？这最后一个问题表明，该项目的顾问应当包括检察官和辩护律师。但可能这些排序都不是最好的。也许你应该对这些案例与当前案子的相似性或相关性进行评估，然后按照评估结果进行排序。这种排序标准与日期或刑期相比，显得更加模糊。需要再次强调的是，在设计过程中，把拥有不同视角的各种专家都包含进来，是非常重要的。

对所选案例如何进行排序真的很重要吗？当你正在研究某个话题时，在搜索引擎返回的结果中，你会查看多少个页面呢？许多人可能只会看第一页的内容。我们期望法官在做出判决的时候，会更加认真一些。然而，经验提醒我们，人们有时会感到厌倦或需要赶时间。有时候，他们对计算机系统的结果拥有太多的信心。即使当人们会对计算机系统返回的结果加以周密细致的解释的时候，用户会以何种方式看到这些数据，也可能会影响他们的看法。因此，认真进行规划，包括认真咨询相关的专家，对于将会对人们的生活产生显著影响的系统来说，是一个伦理上的要求。

　　一个公司或政府机构在开发或安装此系统的时候，必须考虑将会如何维持并更新该系统。很显然会有新的案例需要添加。该系统将会如何处理量刑法律的改变？它是否应该放弃所有依据旧有法律判决的案例？还是把它们包括进来，并清楚地把它们标记为是在变化之前发生的？在系统的选择标准中，应该给这样的案例多少权重呢？

　　我们还没有回答有关系统是否应该提出量刑建议的问题。系统给出的具体建议，如果与法官的初步计划不同的话，可能会导致法官给予该案更多的思考。或者，它对法官所产生的影响可能会超出它应有的影响范围。如果系统给出了一个建议，立法会议员或管理人员可能会开始认为，不再需要法官，一个文员或法律系学生就可以对系统进行操作和进行宣判。这在短期内是不太可能的，因为法官与律师都会提出反对。但是，它是一个可能的后果，在任何专业领域，都有复杂的人工智能系统在做出显然是明智的决定。这也有可能会造成法官（或其他职业）的职位需求下降，但这并不是我们要考虑的主要问题。决策的质量才是我们要考虑的。因此，这个问题的一个答案将部分取决于在系统开发的时候，人工智能技术（以及具体系统）的质量，以及该应用的敏感程度。（参见练习题6.17中的另一个应用领域。）

　　假设你所在州的法官使用一个量刑决策系统展示类似案件，供法官审查。你是一个为州政府工作的程序员。你所在的州刚刚把在大学考试时使用手机列为刑事犯罪。你的老板（一个司法部门的管理人员）告诉你修改程序，把这一新的罪行添加进去，并为这类案件分配与在开车时使用手机一样的权重（后者在该州已经是非法的）。

　　第一个问题是针对你老板的问题，即支持该系统运行的合同中，是否允许该州进行这样的修改。对于许多消费类产品，如果消费者把该产品拆开并进行更改的话，那么保障和服务协议都会失效。同样的问题也可以适用于软件。我们在这里假定你的老板知道，该州签订的合同允许对该系统进行修改。

　　假设你知道你的老板迅速、独立地做出这个决定。你应该以适当的礼貌和理由对他的决定说不。《SE准则》3.15条陈述了一个非常重要的，但往往会被忽视的原则："对待一切形式的软件维护，都要采用与新开发一个软件一样的专业态度。"这里当也包括制定规约，在这个例子中，需要向懂得法律及其微妙之处的律师和法官进行咨询。在这里，我们提出与系统设计有关的一些复杂和敏感的问题，这里的例子只是一个样例。系统修改和升级也应该接受全面的规划和测试。

9.3.15　做一个亲切的主人

　　你是一个中等规模的公司的计算机系统管理员。你可以从家里监视公司网络，而且你经常在家工作，在你家庭计算机上会保存一些公司文件。你的侄女是一个大学生，她要到你家住一个星期。她的手机电池没电了，她问是否可以使用你的计算机来检查她的电子邮件。你说："当然可以！"

　　你只是想表现为一个亲切的主人。这里有什么道德问题？

也许并不存在道德问题。也许你安装了很好的防火墙和优秀的杀毒软件。也许你还记得，你的机器登录到了你公司的系统中，而在你让你的侄女使用计算机之前，你已经从公司系统中退出了。也许你的文件有密码保护，并且你会在计算机上为侄女创建一个单独的账户。有可能因为你是系统管理员，所以你会想到这些事情；但是你也可能没有想到。一个在家工作的公司普通雇员可能不会想到这些问题。也许在你的侄女要求用计算机或其他设备的时候，大多数人甚至可能根本没有考虑到安全性。

你的侄女是个负责任的人。她不会故意窥探或伤害到你或你的公司。但是检查电子邮件后，她可能会检查在她的 Facebook 上的朋友，然后找人买一张便宜的演唱会门票，然后……谁知道呢？她的行为可能会导致在你的计算机上安装一个病毒，并因此感染你公司的网络。也可能她自己的计算机在过去六个月曾经因为病毒出现过多次系统崩溃。

你公司的网络中包含员工记录、客户记录，以及关于公司的项目、财务和计划的大量信息。取决于你的公司业务是什么，系统中可能会包含其他非常敏感的信息。由于病毒或类似的问题造成的宕机时间，可能会给公司带来昂贵的代价。在一个真实事件中，在一个抵押贷款公司雇员的家中，有人注册了一个对等文件共享服务，却没有正确设置标明哪些文件需要共享的选项。因此造成了关于数千位客户的抵押贷款申请的信息泄露，并在网络上传播。我们必须时刻警惕潜在的安全风险。

本章练习

复习题

9.1 职业伦理和一般性的伦理有哪两处不同？

9.2 大众汽车的"失效装置"打败的是汽车的哪个零部件？

9.3 为什么微软程序员开发的读取手写文字的程序会失败？

9.4 一个公司在设计基于邮件内容来发送定向广告的系统时，需要考虑的一个重要的政策决定是什么？

9.5 假设你是一个程序员，而且你认为在你的公司正在开发的软件中存在一个严重的缺陷。你应该首先向谁反映这件事呢？

练习题

9.6 描述在工作中或在学校里发生过的一个案例，有人曾经要求或迫使你做一些你认为不道德的事情。

9.7 一家手机服务公司的管理团队正在讨论设计客户如何获取他们的语音留言的一些选项。有些管理者认为，为了提供快速检索，可以在系统识别出该呼叫来自客户自身电话的时候，不需要 PIN 码就可以直接访问其语音留言。有些管理者认为，应该把它设计为一个选项，允许客户自己开启或关闭。其他人则认为公司应该总是要求用户输入 PIN 码。不需要输入 PIN 码会带来哪些风险？这些选项（或你可能会想到的其他选项）中哪些是道德上可以接受的？哪个是最好的？

9.8 假设在上个练习题中的手机服务公司最终选择提供不使用 PIN 码就可以访问其语音留言的快速检索选项。你认为当有人开始使用该服务的时候，关于该选项的默认设置（打开或关闭）应该是什么？为什么？

9.9 你的公司销售的设备（智能手机、平板电脑或其他小型便携设备）允许其拥有者可以从你们的应用商店下载第三方 APP。该公司公布的政策中说，当且仅当公司发现一个 APP 中包含恶意软件

（例如可能会破坏用户设备或设备上敏感用户数据的病毒）的时候，公司才会从用户设备中删除该APP。该公司发现有一个 APP 具有一个没有说明但是却很容易启动的构件，它会显示令人极为反感的侮辱和粗暴攻击少数族裔的视频。该公司决定立即从应用商店中删除该 APP，并提醒客户从他们的设备中删除这个 APP。公司是否应当从所有下载了该 APP 的设备中远程删除这个 APP？请分别给出支持和反对双方的论点。你认为哪一方的论点更强？为什么？

9.10 许多年纪大的人有记忆困难，记不住单词、人的姓名和最近发生的事情。设想一个记忆辅助产品。它应该有哪些功能？你会为哪些设备设计这个产品？

9.11 假设你加入了调查大众汽车安装失效装置来打败尾气检测的软件专家委员会。你会建议对设计、建造和测试这些装置的工程师采取什么样的惩罚措施？

9.12 在 9.3.2 节和 9.3.4 节的案例讲述的是不同的情形，但它们有许多共同的原则。请指出这些案例拥有的一些共同原则。

9.13 考虑 9.3.2 节中的诊断场景。如果你拒绝了这项工作，如果诊所主任找了另外一家公司，开发出的系统造价低但是安全性脆弱，你对此负有责任吗？请给出正反两方面的论点，然后说明你的想法以及原因。

9.14 你任职的公司正在开发安全产品。你帮助编写了一个汽车门锁软件，可以根据司机的指纹来进行匹配开锁。该项目的经理已经离开了公司。当地一家发电站希望你的公司为他们开发一个指纹式门锁，来保护电站的安全区域。你的老板说可以使用之前为汽车门锁开发的软件。你对此会做何反应？

9.15 写一个场景来阐释《SE 准则》2.05 条和《ACM 准则》1.8 条。

9.16 你是一个健康保护组织的经理。你发现你的一位员工在未经授权的情况下阅读人们的医疗记录。你可以采取哪些行动？你会做出哪种选择？为什么？

9.17 在许多城市，由法院处理的遗嘱属于公共记录。一个企业销售的信息来自当地的公共记录，他们正在考虑增加一个新的"产品"，出售最近继承了大笔资金的人员列表。使用 9.3.1 节的方法分析这样做的道德问题。

9.18 你正在设计一个数据库，当患者在医院的时候对他们进行跟踪。关于每一个病人的记录中将包括他们的特殊饮食要求。在输入用户数据的时候，该如何设计用户可以选择的饮食类型的列表？请描述一些不同的方法。并对这些方法进行评估。

9.19 假设你是一位"说话人识别系统"的专家。（参见 9.2.3 节。）一家公司要求你帮忙开发一个系统，通过从截获的电话交谈的大量声音文件中进行筛选，来找到具体某些人的谈话。该公司计划将该系统销售给美国和其他国家的执法机构，而且该系统的使用将会遵守所在国家的法律。你会问哪些问题（如果有的话）来帮助你做出决定？这些问题的答案会如何影响你的决定？如果你不需要进一步的信息就做出接受或拒绝这份工作的决定，请给出你的决定和做出该决定的理由。

9.20 你是一家公司的高管，该公司提供一种语音控制的家庭控制和个人辅助系统，类似于 Amazon 的 Echo 和 Google Home。警察局要求获得位于某个谋杀嫌疑人的家中的这个系统记录的所有内容。你会作何反应？在附录中的哪些准则是与此相关的？

9.21 一个正在为新一代航天飞机开发软件的公司给你提供了一份工作。你对于你将要工作的程序中使用的具体技术并没有接受任何相关培训。在工作面试的时候，你可以从面试官的表现中看出，他认为你读大学的时候已经学过相关的内容。你是否应该接受这份工作？你是否应该告诉面试官你没有这方面的任何培训或经验？使用 9.3.1 节的方法来分析这个案例。在附录的道德准则中寻找相关的条款。

9.22 一个小公司给你提供了一份编程工作。你的工作是开发一个软件产品的新版本，用来禁用电子书籍上的拷贝保护和其他访问控制。（对于这个练习，假设你所在的国家没有取缔用来规避拷贝保护的工具，例如美国的《数字千年版权法案》就禁止这种行为。）该公司的程序会允许购买电子书的人可以在硬件设备上阅读他们的电子书（这属于合理使用）。用户也可以使用该程序，对受版权保护的书籍制作很多未经授权的拷贝。该公司的网页上隐含地鼓励这种做法，特别是对于想要不花钱使用电子教科书的在校大学生。分析接受该工作的伦理问题。在附录的道德准则中寻找相关的条款。

9.23　在本书讲过的例子中，找到至少两个违反《SE 准则》3.09 条的例子。

9.24　《SE 准则》1.03 条说，"在批准一个软件的时候，应当有足够理由确信其不会侵害隐私或对环境造成伤害。"搜索引擎可能会影响人们的隐私。它们是否违反了这一条款？这一条款讲的是我们可以做出权衡，还是应该把它解释为一个绝对的规则？ 1.03 条的最后一句话说，"该产品的终极效果应该是对公众有好处。"这是否意味着我们可以对此做出权衡？

9.25　《SE 准则》8.07 条说我们应该"不因为无关的偏见而不公正地对待任何人"。在《ACM 准则》1.4 节的指引中说，"基于国籍……的歧视……是明确违反 ACM 政策的，将不会被容忍。"分析在下面案例中的伦理问题。你认为在该案例中的决定在伦理上是可接受的吗？两个准则中的哪些相关部分可以应用到这里？哪个准则关于歧视的说法更好？为什么？

> 假设你 15 年前从伊拉克来到美国。现在你拥有一个小的软件公司。你今年需要聘用六个程序员。由于在你的祖国因为战争造成的破坏，你决定在招聘程序员的时候，只考虑来自伊拉克的难民。

9.26　考虑下面的两种说法。

1）除了安全的社会环境之外，人类福祉还包括安全的自然环境。因此，计算机专业人士在设计和开发系统的时候，必须警惕可能对当地或全球环境带来的任何潜在的破坏，并让他人知晓 [14]。

2）我们不能想当然地认为以计算机为基础的经济能自动为未来每个人提供足够的就业机会。在设计和实施的程序可能会减少那些最需要工作的人的就业机会的时候，计算机专业人员应该了解其工作对就业产生的这种压力 [15]。

比较这两种说法，把它们作为计算机专业人员的道德准则是否合适？你觉得这两条是否都应该加到准则中？还是都不应该？或者只有一个是合适的？（哪一个？）请给出你的理由。

9.27　你是一个小的电脑游戏公司的总裁。你的公司刚刚购买了另一个小游戏公司，它们正在开发三款新游戏。你会发现其中一个已经完成，并且在准备销售。但是该游戏非常暴力，而且会贬低女性。它可能可以卖一百万份。你必须决定如何来处理这个游戏。请给出一些选项，并给出支持和反对它们的论点。你会怎么做？为什么？

9.28　考虑在 9.3.7 节中的如下场景。假设该公司已经决定完成全部测试之前就发布该设备，并且你也已经决定了你必须通知所有购买它的医院。你是否应该在发给医院的信息中包括你的真实姓名，还是应该匿名提供？请讨论其中的道德问题。

9.29　在 9.3.7 节中第一个案例涉及的是安全攸关型系统。假设在第二个场景中的产品是一种会计系统，或一个游戏，或是一个照片共享系统。在第一个场景的分析中的哪些原则或想法可以应用到第二个场景中？哪些不能应用到第二个场景中？请解释你的答案。

9.30　假设你是在一家汽车公司的高层经理。你必须决定是否批准在前排乘客座位前的屏幕上添加完全互联网访问功能的项目建议。司机从驾驶座不太会轻易看清楚屏幕内容。这样做的问题包括什么？请做出决定并加以解释。

9.31　假设在你的城市中存在两个相互竞争的大型电信公司。两个公司之间都很敌视对方。并且每个公司都有关于未经证实的工业间谍活动的传言。你的配偶在其中一家公司工作。你正在面试另一家公司的工作。你有道德上的义务告诉面试官你配偶的工作情况吗？这种情况与 9.3.11 节中讲的利益冲突的情况有哪些类似和不同之处？

9.32　在 9.3.11 节的利益冲突的案例中，我们提到 CyberStuff 的云存储服务的未来客户也是利益相关者，但我们没有对他们进一步讨论。请问你的决定会怎样影响到他们？你对他们又拥有什么样的道德义务？

9.33　在 9.3.12 节中，我们讨论了从销售商处接受礼物的问题。为什么针对这个问题的政策对于不同类型的员工会有所区别？例如，员工可能来自一个小的私有公司、一个州立大学、一个有很多股东的大公司，以及一个政府机构。请给出你的理由。

9.34　你正在开发一个应用程序，可以用于移动设备上的浏览器，用来根据网站会从用户的设备上收集什么数据的标准，来把游戏网站标记为安全或不安全。你对于你要评价的游戏网站和你的应用程序的潜在用户分别拥有什么道德责任？

9.35　几个工程师专业协会反对增加熟练高科技工人的移民。这样做是否道德？请给出正反两方面的论点。然后给出你的意见，并捍卫它。

9.36　一家电视制造商聘请贵公司开发一种个性化系统，使用电视机和人脸识别软件前面的摄像头，通过编程并将广告定向到看电视的人。这样做会带来什么样的隐私风险？你应该在其中包括哪些功能？系统或电视公司应该如何向买家说明该系统的功能？如果系统识别出有两个人正在看电视，那么应该使用哪个人的个人资料来推荐节目或选择要展示的广告？

9.37　贵公司制造的系统可以控制各种家用电器，从暖气和空调到音乐播放器和花园洒水器。用户通过自然语音向系统发出命令，并且系统的接收器是位于家中的桌子或架子上的小型设备。该设备会监听它的"名称"，并在听到其名称时开始记录和处理语音。系统会将语音命令发送到云服务器进行处理和记录。你的任务是处理响应语音的控制模块，你发现类似的名称和普通单词的某些短语也可能会激活该系统。这是一个严重的问题吗？为什么？你会怎样做？

9.38　你是一名经验丰富的程序员，负责处理一个涉及可穿戴健身设备数据的项目的一部分。你已经发现，你可以以比规范中描述的方法更有效的方式执行你的部分程序。你确信你的方法是正确的，并且知道你的修改对程序的其他部分没有影响。你了解遵循规范的重要性，但你也知道任何提议的修订都会产生漫长的官僚程序，需要数周时间才能获得自己公司和客户公司许多人的批准。这种情况下，如果对需求规约没有修改就使用更好的方法的话，什么样的权衡会使这样做是合理的？解释你的回答。

9.39　假设现在是 12 月初[⊖]。你是某个大型零售连锁店 IT 部门的经理，你已准备好将所有连锁商店都转换到新系统，来处理客户的信用卡付款。新系统应该会更快、更安全。给出支持和反对现在安装新系统，而不是等到假期之后再这样做的原因。

9.40　使用 9.3.1 节的方法分析以下场景。该行动是否合乎道德规范？

假设你在一家软件公司工作，开发一个系统来处理抵押贷款公司的贷款申请。你将在交付后对系统进行维护。你正在考虑在构建一个后门，以便在把它安装到各种客户设施之后，还可以轻松进入系统。（这不在维护的规约说明中；这是你的秘密。）

作业

下面这些练习题需要花时间做一些研究或完成一些活动。

9.41　调查一下大众汽车尾气丑闻对公司带来的开销估计有多大（包括罚款、顾客的诉讼、股票价值

⊖　美国 12 月底圣诞节前后是销售旺季。——译者注

的蒸发以及业务量下降等）。

9.42 观看一部时间设定在不久的未来的科幻电影。描述在该电影中出现的、目前还不存在的一种计算机或电信系统。假设在电影情节发生之前的几年，你是开发该系统的团队的一员。描述该团队应该考虑的关于职业道德的问题。

9.43 研究一下汽车制造商目前如何对汽车中的驾驶辅助软件进行更新（例如，包括使汽车保持在车道内的软件，以及在汽车检测到障碍物时导致自动刹车的软件）。了解是否有任何政府法规可以要求制造商该如何处理此类更新。假设几年后，你为一家完全自动驾驶汽车的制造商工作，并且正在制定汽车软件的更新政策和过程。不同系统的更新策略会有什么不同？例如，与转向或制动系统相比，娱乐系统是否应该有不同的更新政策？

课堂讨论题

下面这些练习题可以用于课堂讨论，可以把学生分组进行事先准备好的演讲。

9.44 假设你是在诊所场景（见 9.3.2 节）中的程序员。诊所主任要求你对你做出的关于安全和隐私的保护措施进行排序，这样她就可以选择其中最重要的措施，同时还可以尝试不要超出她的预算。把这些建议分成至少三类：必需的、推荐的和最不重要的。包括为了帮助确定某些功能的重要性，你可能给她提出的解释和你所做的假设（或你可能会问她的问题）。

9.45 你认为下列哪种行为风险更低：开发为罪犯定罪的公平软件，还是为自动驾驶汽车开发安全软件？你会觉得选择哪一个感觉更舒服一些？为什么？

9.46 一所大学的教员要求校园商店出售一种电子设备 Auto-Grader，学生可以使用它来参加机器打分的考试。学生在该设备上输入考试答案。在考试完成后，它们会把答案发送到课堂上老师的笔记本电脑或平板电脑上。一旦教师的电脑接收到答案，它会立即给出考试分数，并将每个学生的成绩返回给学生的设备。

假设你是该大学的教务长，你必须决定是否允许使用该系统。把它当作一个道德问题和实践问题来分析你的决定。讨论潜在的好处和存在的问题，或使用该系统的风险。讨论做出决定时需要考虑的（与本书主题有关的）所有相关问题。如果你批准使用该系统，给出你可能会做出的任何警告或政策。

9.47 我们在 7.5.3 节中看到，一些人担心智能机器人的发展可能给人类带来灾难性后果。从事以改善人工智能为目标的研究是否是道德的？

9.48 软件工程研究所（SEI）和计算机安全组织 CERT 制定了编码标准来指导软件开发人员创建鲁棒和安全的程序 [16]。计算机专业人员是否有伦理上的责任必须遵守这些标准？

本章注解

[1] 本节的信息来自下列文章：Jack Ewing and Graham Bowley, "The Engineering of Volkswagen's Aggressive Ambition," *New York Times*, Dec. 13, 2015, www.nytimes.com/2015/12/14/business/the-engineering-of-volkswagens-aggressive-ambition.html; Guilbert Gates, Jack Ewing, Karl Russell, and Derek Watkins, "Explaining Volkswagen's Emissions Scandal," *New York Times*, Sept. 12, 2016, www.nytimes.com/interactive/2015/ business/international/vw-diesel-emissions-scandal-explained.html; Jack Ewing, "VW Presentation in '06 Showed How to Foil Emissions Tests," *New York Times,* Apr. 26, 2016, www.nytimes.com/2016/04/27/business/international/vw-presentation-in-06-showed-how-to-foil-emissions-tests.html; Jack Ewing and Hirroko Tabauch, "Volkswagen Scandal Reaches All the Way to the Top, Lawsuits Say," *New York Times,* July 19, 2016, www.nytimes.com/2016/07/20/business/international/volkswagen-ny-attorney-general-emissions-scandal.

html; Complaint filed by New York States Attorney General against Volkswagen, July 19, 2016, cdn. arstechnica.net/wp-content/uploads/2016/07/new_york_vw_complaint_7.19.pdf; Megan Guess, "Massachusetts, New York, Maryland Accuse Volkswagen Execs in Fresh Lawsuits," *Ars Technica,* July 19, 2016, arstechnica.com/cars/2016/07/states-sue-volkswagen-execs-for-fraud-current-ceo-named-in-lawsuits/.

[2] 这两个组织的全名分别是"the Association for Computing Machinery"和"the Institute of Electrical and Electronics Engineers"。

[3] Bob Davis and David Wessel, *Prosperity: The Coming 20-Year Boom and What It Means to You,* Random House, 1998, p. 97.

[4] Charles Piller, "The Gender Gap Goes High-Tech," *Los Angeles Times, Aug.* 25, 1998, p. A1.

[5] Bill Gates, *The Road Ahead,* Viking, 1995, p. 78.

[6] Julie Johnson 提供了这个场景和大部分的分析。

[7] Jacqui Cheng, "FBI, Grand Jury Now Probing High School's Webcam Spying," *Ars Technica,* Feb. 22, 2010, arstechnica.com/tech-policy/2010/02/fbi-grand-jury-now-probing-high-school-webcam-spying/.

[8] 感谢 Cyndi Chie 提供了这个场景，并告诉我们实际案件的结果。

[9] 这个场景的灵感来自：David Kravets, "Batten Down the Hatches—Navy Accused of Pirating 585k Copies of VR Software," *Ars Technica,* July 23, 2016, arstechnica.com/tech-policy/2016/07/batten-down-the-hatches-navy-accused-of-pirating-585k-copies-of-vr-software.

[10] Robert M. Anderson et al., *Divided Loyalties: Whistle-Blowing at BART,* Purdue University, 1980.

[11] Holger Hjorstvang, quoted in Anderson et al., *Divided Loyalties,* p. 140.

[12] Robert Fox, "News Track," *Communications of the ACM,* 44, no. 6 (June 2001), pp. 9–10. Kevin Flynn, "A Focus on Communication Failures," *New York Times,* Jan. 30, 2003, p. A13.

[13] 有研究表明法官在一大早或者刚吃过东西之后会更加可能给出宽大处理：Kurt Kleiner, "Lunchtime Leniency: Judges' Rulings Are Harsher When They Are Hungrier," *Scientific American,* Sept. 1, 2011, www.scientificamerican.com/article/lunchtime-leniency/.

[14] 《ACM 道德规范和职业行为准则》的 1.1 节。

[15] Tom Forester and Perry Morrison, *Computer Ethics: Cautionary Tales and Ethical Dilemmas in Computing,* 2nd ed., MIT Press, 1994, p. 202.

[16] SEI CERT Coding Standards, www.securecoding.cert.org/confluence/ display/seccode/SEI+CERT+Coding+Standards.

后　记

　　虽然本书大部分内容关注的都是存在的问题和有争议的话题，但是我们为计算机技术和互联网给我们带来的巨大好处而感到欢欣鼓舞。很少有人能够预测到如此多的全新现象，例如便携的互联网资源、社会化媒体、与无数普通大众一起共享内容，以及这些现象带来的奇妙的好处与造成的新问题。

　　人类智慧和技术都是永不停息的。改变总是会破坏现状。技术总是在改变不同力量之间的均势——在政府和公民之间，在黑客和安全专家之间，在想要保护自己的隐私的个人和想要收集和使用个人信息的企业之间。我们可以依靠政府来解决一些因为技术原因造成的问题，但我们应该记住，政府是也是一个机构，像企业和其他组织一样，政府也拥有自己的利益和动机。一些根深蒂固的力量，例如政府或行业中的主导企业，将会争取保持自己的地位。

　　技术带来了变化，但往往也会带来新的问题。随着时间的推移，我们通过很多手段解决或减轻了其中许多问题，这些手段包括更多或更好的技术、市场、创新服务和商业管理、法律、教育、等等。但是，我们无法消除所有的负面影响，所以我们接受了其中一些，并且试着适应新的环境，我们也做出了一些取舍。

　　在一些领域，例如在个人资料和活动的隐私性方面，计算机技术带来了深刻的变化，可能从根本上改变我们与周围的人和我们的政府之间进行交互的方式。重要的是要考虑个人的选择及其后果。对企业、政府和计算机专业人员来说，重要的是要考虑使用一种技术的正确指南。关键是要超前思考——要能够预见潜在的问题和风险，并通过产品设计和政策来减少这些问题。另一方面，我们必须小心，不要过早对它们采用一些监管方式，扼杀创新和阻碍其带来的新的好处。

　　禁止一种工具或技术的问题也曾经出现在一些其他场景中，包括加密、匿名访问网络、复制音乐和电影的机器、绕过版权保护的软件、智能机器人等。因为很难预测这些技术在未来是否会出现有益的用途，因此我们有很强的理由反对这种禁令。

　　我们从经验中学习。系统故障，甚至灾难，会为我们带来更好的系统。但是，不能因为观察到完美是不可能的，就认为可以不负责任地完成马虎或不道德的工作。

　　计算机专业人士有很多机会开发优秀的新产品，并利用他们的技能和创造力来为我们所讨论的一些问题构建解决方案。我们希望本书可以激发很多想法，通过对风险和失败的讨论，会鼓励你行使最高程度的专业和个人责任。

《软件工程职业道德规范和实践要求》⊖

下面列出的《软件工程职业道德规范和实践要求》（第 5.2 版）是由 ACM 和 IEEE 计算机协会（IEEE Computer Society，简称 IEEE-CS）软件工程职业道德规范和实践要求联合工作组推荐，由 ACM 和 IEEE-CS 批准定为讲授和实践软件工程的标准。

《软件工程职业道德规范和实践要求》(简明版)

序言

本规范的简明版以更高层次的摘要形式归纳了规范的主要意图，完整版所包括的条款则给出了范例和细节，说明这些意图会如何改变软件工程专业人员的行为。如果没有这些意图，细节就会变得过于法律化和繁琐；而如果没有细节补充，这些意图又会显得高调而空洞。因此，意图和细节一起构成了本规范的整体。

软件工程师应履行其实践承诺，使软件的需求分析、规格说明、设计、开发、测试和维护成为一项有益和受人尊敬的职业。为实现他们对公众健康、安全和福祉的承诺目标，软件工程师应当坚持以下八项原则。

1. **公众**：软件工程师的行为应当以公众利益为目标。
2. **客户和雇主**：在保持与公众利益一致的原则下，软件工程师的行为方式应当满足客户和雇主的最高利益。
3. **产品**：软件工程师应当确保他们的产品和相关的改进符合最高的专业标准。
4. **判断**：软件工程师应当维护他们职业判断的完整性和独立性。
5. **管理**：软件工程的经理和领导人员应赞成和促进对软件开发和维护合乎道德规范的管理方式。
6. **职业**：在与公众利益一致的原则下，软件工程师应当推进其职业的完整性和声誉。
7. **同事**：软件工程师对其同事应当持平等和支持的态度。
8. **自我**：软件工程师应当终生参与和职业实践有关的学习，并促进合乎道德的职业实践方法。

《软件工程职业道德规范和实践要求》(完整版)

序言

目前，计算机正在商业、工业、政治、医疗、教育、娱乐和整个社会中发挥着核心和日益增长的作用。软件工程师通过亲身参与或者讲授，对软件系统的分析、说明、设计、开发、授权、维护和测试做出贡献。正是由于他们在软件系统开发中起到的重要作用，软件工程师有很大的机会去造福或者危害社会，并有能力去促使或影响他人造福或者危害社会。为了尽可能确保他们的努力会被用于好的方面，软件工程师必须做出自己的承诺，使软件工程成为有益和受人尊敬的职业，为符合这一承诺，软件工程师应当遵循下列的《职业道德规范和实践要求》。

本规范包含有关职业软件工程师的行为和决断的八项原则，涉及人员包括软件工程的实际工作者、教育工作者、经理、主管人员、政策制定者以及该职业的受训人员和学生。这些原则指出了个人、团队和组织参与软件工程的道德责任关系，以及这些关系中的主要责任。每个原则的条款会对这些关系中的某些责任做出说明。得出这些责任的基础是软件工程师的人性、对受软件工程师工作影响的人们的特别关注，以及软件工程实践的独特因素。本规范把这些责任规定为任何把自己称作是或有意从事软件工程的所有人必须遵守的基本原则。

不能把本规范的个别部分孤立开来使用，以辩护有意或无意犯下的错误。本规范所列出的原则和条款并不是非常完善详尽的。在所有实际使用情况中，都不应当将条款中关于职业行为的可接受部分与不可接受部分分开来讲。本规范也不是可以用来产生道德决定的简单道德算法。在某些情况下，标准可能互相抵触或与来自其他地方的标准产生抵触，在这种情况下，就要求软件工程师运用自己的道德判断能力，根据特定情况，按照符合《职业道德规范和实践要求》精神的方式来选择自己的行为。

解决道德冲突最好的方法是对基本原则进行全面的思考，而不是盲目依靠一些具体规定条款。这些原则应当会促使软件工程师们去更广泛地思考哪些人会受到他们工作的影响，去审视他和他的同事是否给予其他人足够的尊重，去考虑对他们工作有足够了解的公众会如何看待他们的决定，去分析他们的决定如何对劣势人群的影响最小，以及去思考他们的行为是否符合一名理想的专业软件工程师的标准。在所有这些判断中，对公众健康、安全与福祉的关注是最主要的；也就是说，"公众利益"是本规范的核心。

由于软件工程这一行业的多变性与苛刻性，它要求相关规范也能适应和应对不断出现的新情况。然而，即使在这样一般化的情况下，本规范记录了这个行业的道德立场与标准，依然可以为软件工程师以及他们的经理提供支持，帮助他们对所遇到的特定情况采取建设性的行为。对团队中的个人和团队作为一个整体来说，本规范都提供了一个可以遵循的道德基础。本规范还有助于判断哪些行为对于软件工程师或其团队来说，属于道德上不正当的追求。

本规范不仅可以用来辨别那些可能存在疑问的行为的性质，它还具有非常重要的教育功能。由于本规范表达了这个行业对于职业道德的一致认识，因此可以作为一种工具，来教育公众和那些有志向的专业人员，让他们了解软件工程师的道德责任。

原则

原则 1：公众

软件工程师的行为应当以公众利益为目标。具体来讲，在适当的情况下，软件工程师应做到：

1.01　对自己的工作承担完全的责任。

1.02　以公共利益为目标，综合考虑软件工程师自身、雇主、客户和用户的利益。

1.03　在批准一个软件的时候，应当有足够理由确信该软件是安全的、符合规格说明、经过适当的测试、不降低生活品质、不会侵犯隐私，也不会对环境造成伤害。该产品的终极效果应该是对公众有好处。

1.04　当他们有理由相信有关的软件和文档可能对用户、公众或环境造成任何实际或潜在的危害时，应当把该信息告知适当的人或部门。

1.05　努力合作来解决由软件及其安装、维护、支持和文档所引起的公众严重关切的各种事项。

1.06　在所有关系到软件或者相关文档、方法和工具的声明，尤其是在那些公开声明中，要做到公正，避免欺诈。

1.07　认真考虑由于身体残疾、资源分配、经济劣势和其他可能影响使用软件的益处的各种因素。

1.08　应致力于将自己的专业技能用于公益事业，并对本学科有关的公共教育做出应有贡献。

原则 2：客户与雇主

在保持与公众利益一致的原则下，软件工程师的行为方式应当满足客户和雇主的最高利益。具体来讲，在适当的情况下，软件工程师应做到：

2.01　在其胜任的领域内提供服务，对其经验和教育方面的不足应持诚实和坦率的态度。

2.02　不故意使用通过非法或非合理渠道获得的软件。

2.03　只在客户或雇主知晓和同意的情况下，只在获得授权许可的范围内使用客户或雇主的资产。

2.04　确保所依赖的每一个文档都是经过批准的，而且如果必要的话，应当是由授权人士进行批准的。

2.05　对在工作中遇到的任何机密信息要注意保密，而且这种保密要与公众利益和法律保持一致。

2.06　根据其判断，如果一个项目有可能失败，或者费用过高，违反知识产权法规，或者存在其他问题，应立即进行确认、记录在案、收集证据，并报告客户或雇主。

2.07　如果意识到在软件或相关文档中涉及某些重大的社会关注问题时，要及时进行确认、记录在案，并报告给雇主或客户。

2.08　所接受的外部工作，不能对他们在为主要雇主执行的工作产生不利影响。

2.09　不做损害雇主或客户利益的事情，除非其行为破坏了更高层的道德规范；而在这种情况下，应向雇主或合适的部门反映该道德问题。

原则 3：产品

软件工程师应当确保他们的产品和相关的改进符合最高的专业标准。具体来讲，在适当的情况下，软件工程师应做到：

3.01　努力保证高质量、可接受的成本和合理的进度，确保你做出的所有影响较大的权衡对于雇主和客户都是清楚和认可的，并且把它们提供给用户和公众来考虑。

3.02　确保所从事或建议的项目有适当和可达到的目标。

3.03　识别、定义和解决工作项目中有关的道德、经济、文化、法律和环境问题。

3.04　确保自身拥有合适的教育、训练和经验背景，从而能够胜任正在从事或建议开展的工作项目。

3.05　确保在从事或建议的项目中都使用了合适的方法。

3.06　在工作中，遵循最适合手头工作的可用的专业标准，除非有道德或者技术上的正当理由支持你不这么做。

3.07 努力做到充分理解所工作的软件的规格说明。

3.08 确保所工作的软件的规格说明拥有良好的文档、满足用户需要，并且经过了适当的批准。

3.09 确保对其从事或建议的项目做出现实和定量的估算，包括成本、进度、人员、质量和成果，并对估算的不确定性做出评估。

3.10 确保对其从事的软件和相关文档有足够的测试、调试和复审。

3.11 确保对其从事的任何项目都有足够的文档，包括所有他们发现的问题和采取的解决方案。

3.12 在工作中，开发的软件和相关的文档应尊重那些受软件影响的人的隐私。

3.13 应保持警惕，只使用通过合乎道德和法律的手段获取的准确数据，而且只按照被正当授权的方式去使用它们。

3.14 维护数据的完整性，时刻注意是否存在过期和有问题的数据。

3.15 对于任何形式的软件维护，要有和开发新软件一样的专业精神。

原则 4：判断

软件工程师应当维护他们职业判断的完整性和独立性。具体来讲，在适当的情况下，软件工程师应做到：

4.01 在做出所有的技术判断时，都要考虑支持和维护人性价值的需要。

4.02 只签署在本人监督下准备的文档，或者在本人专业知识范围内并已达成共识的文档。

4.03 评估任何软件和相关文档时，都要保持专业的客观性。

4.04 不参与欺骗性的财务行为，包括行贿、重复收费或其他不正当的财务行为。

4.05 对于无法回避和逃避的利益冲突，应当通知所有利益相关方。

4.06 如果一个组织（包括私有的、政府的和专业的组织）与他们自己、雇主或客户之间，在关心的软件问题上可能存在未披露的利益冲突，那么应当拒绝作为成员或顾问参与这样的组织。

原则 5：管理

软件工程的经理和领导人员应赞成和促进对软件开发和维护合乎道德规范的管理方式。具体来讲，在适当的情况下，管理或领导软件工程师的人应当做到：

5.01 保证对其从事的项目进行良好的管理，包括采用提高质量和减少风险的有效手段。

5.02 保证软件工程师在遵循标准之前便知晓它们。

5.03 保证软件工程师知道其雇主用来保护对雇主或其他人保密的密码、文件和信息的有关政策和方法。

5.04 布置工作任务之前，应认真考虑其教育和经验可能带来的贡献，并考虑是否有促进和提高其教育和经验的愿望。

5.05 保证对他们从事或建议的项目做出现实和定量的估算，包括成本、进度、人员、质量和成果，并对估算的不确定性做出评估。

5.06 在招募软件工程师时，需实事求是地介绍雇佣条件。

5.07 提供公正和合理的报酬。

5.08   不能不公正地阻止一个人取得可以胜任的岗位。

5.09   对软件工程师有贡献的软件、过程、研究、写作或其他知识产权的所有权，保证有一个公平的协议。

5.10   对违反雇主政策或本规范的指控，提供正规的听证过程。

5.11   不要求软件工程师去做任何与本规范相违背的事。

5.12   不能处罚任何对项目表露出道德疑虑的人。

原则6：职业

在与公众利益一致的原则下，软件工程师应当推进其职业的完整性和声誉。具体来讲，在适当的情况下，软件工程师应当：

6.01   协助建立一个支持按照道德规范行动的组织环境。

6.02   推进软件工程知识的普及。

6.03   通过适当参与各种专业组织、会议和出版物，来扩充自己的软件工程知识。

6.04   作为一名专业人员，支持其他软件工程师努力遵循本规范。

6.05   不以牺牲职业、客户或雇主利益为代价，谋求自身利益。

6.06   遵守所有监管其工作的法规，除非在非常罕见的情况下，在这种要求与公众利益有不一致时例外。

6.07   要准确叙述自己所做的软件的特性，不仅要避免虚假陈述，也要防止那些可能被认为是揣测的、空洞的、有欺骗性、误导的或者有疑问的陈述。

6.08   对所从事的软件和相关文档，负起检测、修正和报告错误的责任。

6.09   保证让客户、雇主和主管人员知道软件工程师应当承诺遵守本规范，以及该承诺会带来的影响。

6.10   避免与本规范有冲突的企业和组织有任何关联。

6.11   充分认识到违反本规范与一名专业软件工程师的身份是不相称的。

6.12   在出现明显违反本规范的情况时，应向有关当事人表达自己的关切，除非在没有可能、会适得其反或有危险时才可例外。

6.13   当向明显违反道德规范的人进行磋商，显然是没有可能、会适得其反或有危险时，应向有关当局报告明显违反本规范的行为。

原则7：同事

软件工程师对其同事应当持平等和支持的态度。具体来讲，在适当的情况下，软件工程师应当：

7.01   鼓励同事坚持本规范。

7.02   在职业发展过程中帮助同事。

7.03   对别人的工作完全归功于别人，禁止抢占别人的功劳。

7.04   在评审别人工作时，应做到客观、坦诚，并适当进行记录。

7.05   以良好的心态听取同事的意见、关切和抱怨。

7.06   协助同事充分熟悉当前的标准工作实践，包括保护口令、文件和保密信息有关的政策和步骤，以及一般的安全措施。

7.07   不要不公正地干涉同行的职业发展，但出于雇主、客户或公众利益的考虑，软件工程师可以善意态度质询同行的胜任能力。

7.08   当遇到超越本人胜任范围的情况时，应主动征询熟悉这一领域的其他专业人员。

原则 8：自我

软件工程师应当终生参与和职业实践有关的学习，并促进合乎道德的职业实践方法。具体来讲，软件工程师应当持之以恒地致力于：

8.01　深化知识，了解在软件的分析、规格说明、设计、开发、维护和测试、相关文档与软件开发过程管理方面的进展。

8.02　提高在合理的成本和时限范围内，开发安全、可靠和有用的质量软件的能力。

8.03　提高产生正确、提供有用信息的和良好编写的文档能力。

8.04　提高对所从事软件和相关文档资料，以及应用环境的了解。

8.05　提高对从事软件和文档有关标准和法律的了解。

8.06　提高对本规范、其解释和如何把它应用于工作中的了解。

8.07　不因为无关的偏见而不公正地对待任何人。

8.08　不影响他人采取可能会破坏本规范的任何行动。

8.09　充分认识到违反本规范与一名专业软件工程师的身份是不相称的。

本规范的制定方是 ACM 和 IEEE 计算机协会（IEEE-CS）软件工程道德和职业实践联合工作组（SEEPP）：

- 执行委员会：Donald Gotterbarn（主席），Keith Miller，Simon Rogerson。
- 委员：Steve Barber，Peter Barnes，Ilene Burnstein，Michael Davis，Amr ElKadi，N. Ben Fairweather，Milton Fulghum，N. Jayaram，Tom Jewett，Mark Kanko，Ernie Kallman，Duncan Langford，Joyce Currie Little，Ed Mechler，Manuel J. Norman，Douglas Phillips，Peter Ron Prinzivalli，Patrick Sullivan，John Weckert，Vivian Weil，S. Weisband，Laurie Honour Werth。

《ACM 道德规范和职业行为准则》[⊖]

本规范于 1992 年 10 月 16 日由 ACM 理事会通过并采纳。

序言

美国计算机协会（ACM）的每位会员（包括有投票权的正式会员、准会员和学生会员）都应该承诺遵守符合道德的职业行为准则。

本规范包括 24 条规则，作为对个人责任的声明，确立了这样的承诺所包含的具体内容。它包含专业人士可能会面对的许多（但不是全部）问题。第 1 节概述基本的道德事项，而第 2 节则给出了额外的、更具体的职业道德的注意事项。在第 3 节中特别给出了与处于领导地位的个人有关的规定，无论他们是在一般的工作场所或是以志愿者身份参与像 ACM 这样的组织。第 4 节给出的是涉及遵守本规范的原则。

本规范应当由一组指南作为补充，用来提供详细的解释，以协助会员处理在本规范中所包含的各种问题。相比本规范，我们期望这些指南会更加频繁地发生变动。

本规范及其补充指南旨在作为在专业工作的开展中做出道德决策的基础。其次，它们也可以作为判断违反职业道德标准的正式投诉能否成立的基础。

应该指出的是，虽然在第 1 节的规定中没有提到计算机，本规范关心的是如何把这些规定适用于计算机专业人士的行为。这些规定被表达为一种一般形式，是为了强调适用于计算机伦理学的道德原则是从更一般的道德原则衍生出来的。

我们理解，在道德规范中，一些单词和短语可能会有不同诠释，而且在特定情况下，任何道德原则都可能会与其他道德原则产生冲突。涉及道德冲突问题的时候，最好的答案是认真思考基本的原则，而不是简单依赖详细的规定。

内容和指南

1. 一般的道德规定
2. 更具体的职业责任
3. 对管理者的规定
4. 如何遵守本规范

1. 一般的道德规定

作为一个 ACM 会员，我承诺……

1.1 为社会和人类福祉做贡献。

本原则关心的是所有人的生活质量，它强调的是保护基本人权和尊重所有文化的多样性的义务。计算机专业人士的一个重要目的是最大限度地减少计算系统的负面后果，包括对健

康和安全的威胁。在设计或实现系统时，计算机专业人员必须努力确保其工作的产品将会以对社会负责的方式使用，将会满足社会的需求，并避免对健康和福祉产生不良影响。

除了安全的社会环境之外，人类福祉还包括安全的自然环境。因此，计算机专业人士在设计和开发系统时，必须警惕可能对当地或全球环境带来的任何潜在的破坏，并让其他人也知道。

1.2   避免伤害他人。

"伤害"是指受伤或其他不良后果，如不良的信息丢失、财产丧失、财产受损或不好的环境影响。这一原则禁止利用计算技术造成对他人的损害，包括用户、普通公众、雇员和雇主。有害的行动包括故意毁坏或修改文件和程序、导致严重的资源损失，或不必要的人力资源消耗，例如为了清除"计算机病毒"系统所耗费的时间和精力。

善意的行为（包括为了完成所指派工作的行为）也可能会导致意外的伤害。在这种情况下，对此负责的人（或人们）有义务撤消或尽可能减轻所产生的消极后果。避免意外伤害的方法之一是，在设计和实施过程中做出决定的时候，仔细考虑对受这些决定影响的所有人可能产生的影响。

为了尽量减少间接伤害他人的可能性，计算机专业人员必须遵循系统设计和测试中普遍接受的标准，以最大限度地减少故障的发生。此外，往往需要对系统的社会后果进行评估，以预测对他人带来任何严重危害的可能性。如果没有如实向用户、同事或上司描述系统功能，那么该计算专业人士就需要对由此产生的任何伤害负责。

在工作环境中，计算机专业人士有额外的义务，报告可能会导致严重的人身或社会损害的系统威胁的任何迹象。如果一个人的上司不采取行动以减少或减轻这种危险，那么就可能有必要"揭发"以帮助纠正问题或降低风险。然而，反复无常或存在误导的报告本身也可能是有害的。在报告违规行为之前，必须要对事件的所有相关方进行彻底评估。特别是，对风险和责任的评估必须是可信的。我们建议，最好从其他计算机专业人士那里获取一些建议。关于全面评估的内容，参见 2.5 条。

1.3   诚实守信。

诚实是信任的一个重要组成部分。没有信任，一个组织就不能有效地发挥作用。诚实的计算专业人士不会对一个系统或系统设计做出故意虚假或欺骗性的陈述，而是全面披露所有与系统有关的限制和问题。

计算机专业人士有责任如实描述他或她自己的职业资格，以及所有可能会导致利益冲突的情形。

作为在像 ACM 这样的志愿者组织的会员，有时候可能导致其陈述或行为被解释为承载了更大一批专业人士的"权重"。ACM 会员应当小心不要歪曲 ACM 或任何 ACM 下属机构的立场和政策。

1.4   做到公平、反对歧视。

本规定的核心是：平等、宽容和尊重他人的价值观，以及平等公正的原则。基于种族、性别、宗教信仰、年龄、残疾、国籍或其他等因素的歧视，是明确违反 ACM 政策的，将不会被容忍。

不同群体之间的不平等可能是由于信息和技术的使用或滥用而导致的。在一个公平的社会中，所有个人将有平等机会参与利用计算机资源，并从中受益，不分种族、性别、宗教信仰、年龄、残疾、国籍或其他这样类似的因素。然而，这些理想并不能证明未经授权地使用计算机资源是合理的，也没有提供充分依据可以违反本规范中的任何其他道德义务。

1.5 遵守包括著作权和专利在内的财产权。

侵犯著作权、专利、商业机密和许可协议条款，在大多数情形下都是法律所禁止的。即使在软件没有提供这样的保护的时候，这种侵权行为也违反了职业行为准则。只有在适当授权的前提下，才能制作软件拷贝。未经授权而复制材料一定是不能宽恕的。

1.6 对知识产权持应有的尊重。

计算机专业人员有义务保护知识产权的完整性。具体来说，我们不能把别人的想法或工作据为己有，即使在其工作尚未明确受著作权或专利等保护的情况下也是如此。

1.7 尊重他人隐私。

计算机和通信技术使我们能够以文明史上规模空前的方式进行个人信息的收集和交换，并因此增加了违反个人和团体的隐私的潜在可能。专业人士有责任保持描述个人信息的数据的私密性和完整性，这包括采取预防措施以确保数据的准确性，以及保护它免受未经授权的访问或意外泄露给不恰当的人。此外，还必须建立规程来允许个人审查其记录和修正不准确之处。

本规定意味着在一个系统中只能收集必不可少的个人信息，该信息的保留和销毁日期必须能够明确定义和强制实施，而且在没有经过个人同意时，收集来用于特定目的的个人信息不许用于其他目的。这些原则适用于包括电子邮件在内的电子通信，并在没有用户许可或真实授权的前提下，禁止收集或监控关系到系统运行和维护的用户数据（包括消息）。在系统运行和维护的正常工作下，观察到的用户数据必须加以最为严格的保密处理，除非是作为违反法律、组织规定本规范的证据。在这些情况下，该信息的性质或内容都必须只能披露给合适的当局。

1.8 遵守保密原则。

诚信原则可以延伸到信息的保密性问题，包括当一个人做出明确承诺会遵守保密性，或者当接触到与一个人所履行的职责不直接相关的私人信息时所暗含的保密承诺。这里的道德关注点是遵守对雇主、客户和用户的所有保密义务，除非根据法律的要求或本规范的其他原则，免除了这些保密义务。

2. 更具体的职业责任

作为一个 ACM 计算机专业人员，我承诺……

2.1 在专业工作的过程和产品中，力求达到最高的质量、效益和尊严。

卓越或许是一个职业最重要的义务。计算机专业人员必须努力实现高质量，必须认识到一个质量较差的系统可能导致的严重的消极后果。

2.2 获取并保持职业竞争力。

卓越取决于获得和保持职业竞争力的个人。专业人士必须参与制定合适的能力水平的标准，并努力达到这些标准。升级自己的技术知识和能力可以通过不同方式来实现：做独立研究、参加研讨会、会议或课程，以及参与专业组织的活动。

2.3 了解并遵守有关专业工作方面的现行法律。

ACM 会员必须服从现有的地方、州（或省）、国家和国际法律，除非有令人信服的道德理由可以不这样做。一个人同样必须遵守所参与的组织机构的规定和政策。但是遵守法规的同时，还需要认识到，有时现行法律和规定可能是不道德的或不适当的，因此必须受到挑战。违反法律或规定有可能也是道德的，因为该法律或规定拥有的道德基础不足，或当它与另一个更重要的法律发生冲突的时候。如果因为它被视为不道德的，或是任何其他原因，你决定违反一项法律或规定，那么你应该对自己的行为和后果承担完全的责任。

2.4 接受并提供适当的专业评审。

高质量的专业工作，尤其是在计算机行业，需要依靠专业的评审和鉴定。在适当情况下，各会员应寻求和利用同行评议，并为他人的作品提供严格评审。

2.5 为计算机系统和其影响做全面和彻底的评估，其中包括可能的风险分析。

计算机专业人员必须在评估、推荐和展示系统描述和替代品时，努力做到敏锐、彻底和客观。计算机专业人员处于一种受到特殊信任的位置，因此也就拥有特殊的责任，需要向雇主、客户、用户和公众来提供客观可信的评价。当提供评估时，该专业人士也必须披露任何利益相关的冲突（如 1.3 条所述）。

在讨论 1.2 条的时候，我们注意到为了避免伤害，必须要把关于系统的任何危险信号报告给那些有机会和责任解决问题的人。关于伤害有关的细节，包括如何报告职业违规行为，请参考 1.2 条的指南。

2.6 履行合同、协议和被赋予的责任。

履行自己的承诺，是正直和诚实的问题。对于计算机专业人士来说，这包括确保系统各部分都能达到预期效果。此外，当一个人签署合同为另一方工作时，有义务向对方适当地通知关于完成工作的进展情况。

计算机专业人士有责任要求对他或她感觉无法按要求完成的任务做出变动。只有经过认真考虑和对雇主或客户充分披露风险和疑虑之后，才应该接受该任务。这里的主要基本原则是，接受专业工作中的个人责任的义务。在某些情况下，其他的道德原则可能会占据更大的优先权。

关于不应该执行一个特定任务的判断可能会不被接受。在明确指出自己的疑虑和做出该判断的理由之后，如果还是未能促使该任务发生改变，就可能还是不得不按照合同或法律继续完成该任务。计算机专业人士的道德判断应该是决定是否继续进行的最后指南。不管最终决定如何，都必须肩负承担其后果的责任。

需要注意的是，"违反自己的判断"执行任务，并不能免除该专业人士承担任何不良后果的责任。

2.7 提高对计算技术及其后果的公众认识。

计算机专业人员有责任向公众分享技术知识，鼓励他们理解计算技术，包括计算机系统的影响及其局限性。本规定意味着反对与计算机有关的虚假观点的义务。

2.8 只有在授权时，才访问计算和通信资源。

盗窃或破坏有形及电子财产是 1.2 条（避免伤害他人）所禁止的。本规定涉及的是非法入侵和非授权使用计算机或通信系统。非法入侵包括，在没有明确授权的情况下，访问通信网络和计算机系统，或与这些系统有关的账户或文件。个人和组织有权限制人们访问他们的系统，只要他们不违反歧视原则（见 1.4 条）即可。任何人都不应未经许可进入或使用他人的计算机系统、软件或数据文件。在使用系统资源，包括通信端口、文件空间、其他系统外围设备和计算机时间之前，总是需要有适当的批准。

3. 对管理者的规定

作为一个 ACM 成员和组织机构的管理者，我承诺……

背景说明：本节内容很多都来自 IFIP [⊖]的道德规范草案，特别是其中关于组织机构伦理和对国际问题的关注。组织机构的道德义务在许多职业规范准则中往往被忽视，可能的原因是这些规范都是从个体成员的角度来写的。为了解决这种困境，我们从组织机构领导者的角度来列出下面的这些规定。在这里，"领导者"指的是一个组织机构中拥有领导职位或教育责任的任何成员。这些规定一般适用于这些组织机构及其领导者。在这里，"组织机构"指的是企业、政府机构和其他"雇主"，以及志愿者组成的专业机构。

3.1　明确组织机构部门中每个成员的社会责任，并鼓励他们充分接受这些责任。

因为各类组织机构对公众的影响，他们必须承担对社会的责任。在一个组织机构内建立旨在提高质量和促进社会福利的规定和态度，将可以降低对公众的危害，从而服务于公共利益和履行社会责任。因此，组织机构的领导者必须鼓励全面参与满足社会责任和质量性能的需求。

3.2　投入人力和资源来设计和构建可以提高工作环境质量的信息系统。

组织机构领导者有责任确保计算机系统会提升（而不是降低）工作环境的质量。在实现一个计算机系统时，组织机构必须考虑所有员工的个人和职业发展、人身安全与人格尊严。在系统设计和工作场所中，应当考虑适当的符合人体工程学的人机交互标准。

3.3　承认并支持对一个组织的计算和通信资源的适当和授权用途。

由于计算机系统在给组织带来好处的同时，也可能成为伤害的工具，领导者有责任明确定义什么是对组织机构计算资源的适当和不适当的用途。虽然这些规则的数量和范围应该尽可能少，但一旦建立之后，这些规则应该能够完全实施。

3.4　确保在需求评估和设计的过程中，用户和将会受系统影响的其他人都有机会清晰阐述自己的需要；并且在系统完成后，必须验证是否满足了这些需求。

对于当前系统用户、潜在用户和其生活可能会受到该系统影响的其他人，都应该对他们的需要进行评估，并且添加到需求说明中。在系统验证过程中，应确保系统遵守了这些需求。

3.5　阐明并支持保护用户和受计算系统影响的其他人的尊严。

设计或实现一个有意或无意贬低个人或群体的计算系统，在道德上是不可接受的。身处决策职位的计算机专业人士，应该对系统的设计和实现进行验证，以保护个人隐私和提高个人尊严。

3.6　为组织机构成员创造机会，了解计算机系统的原则和限制。

本规定是对公众知情规定（2.7 条）的补充。教育机会对于促进所有组织机构成员的充分参与是必不可少的。机会必须提供给所有成员，以帮助他们提高关于计算机的知识和技能，包括提供课程，帮助他们熟悉特定类型的系统所带来的后果和限制。具体来讲，专业人士必须意识到使用过于简单的模型来构建计算机系统的危险性，为每一种可能的操作条件加以预测和设计的不可能性，以及与这个行业的复杂性有关的其他问题。

⊖　IFIP 指国际信息处理联合会（International Federation for Information Processing），是一个从事于信息处理的非政府的、非营利的国际组织。——译者注

4. 如何遵守本规范

作为一个 ACM 成员，我承诺……

4.1　维护和促进本规范中的原则。

计算机行业的未来取决于在技术和道德两方面的卓越。重要的是，ACM 的计算机专业人士不仅应该坚持在本规范中表述的原则，而且每个成员应该鼓励和支持其他成员对本规范的坚持。

4.2　把违反本规范看作是不符合 ACM 会员身份的行为。

要求专业人士坚持道德规范在很大程度上是自愿的。但是，如果一个会员不遵守本规范，有严重失职的行为，那么 ACM 可以终止他们的会员身份。

本规范及补充指南的制定者是《ACM 道德规范和职业行为准则》修订工作组：Ronald E. Anderson、Chair、Gerald Engel、Donald Gotterbarn、Grace C. Hertlein、Alex Hoffman、Bruce Jawer、Deborah G. Johnson、Doris K. Lidtke、Joyce Currie Little、Dianne Martin、Donn B. Parker、Judith A. Perrolle 和 Richard S. Rosenberg。该工作组由 ACM / SIGCAS 负责组织，并由 ACM SIG Discretionary Fund 提供资金支持。本规范及补充指南已于 1992 年 10 月 16 日由 ACM 理事会通过并采纳。

本规范可以在未经允许的情况下出版，前提是不得对内容进行修改，还必须包含版权说明。